ஜீன் மெஷின்
ரைபோசோம் ரகசியங்களும் கண்டுபிடிப்பில் போட்டிகளும்

ஜீன் மெஷின்
ரைபோசோம் ரகசியங்களும் கண்டுபிடிப்பில் போட்டிகளும்

த. சற்குணம் ஸ்டீவன் (பி. 1946)
மொழிபெயர்ப்பாளர்

மதுரையில் பிறந்தவர். தமிழ்நாடு அரசு கலை–அறிவியல் கல்லூரிகளில் விலங்கியல் பேராசிரியராகப் பணிபுரிந்தவர். சென்னைப் பல்கலைக்கழகப் பேரவை, கல்விக் குழு உறுப்பினராகச் செயல்பட்டவர். தமிழக அரசின் கல்வித் துறையில் பள்ளிக் கல்வியில் உயிரியல் பாடத்திட்டக் குழுவிலும் பாடநூல் குழுக்களிலும் தலைமைப் பொறுப்பில் பணிசெய்தவர். தமிழக அரசின் அறிவியல் கலைச்சொல்லாக்கக் குழுவில் உறுப்பினராகச் செயல்பட்டவர். நூலாசிரியர், மொழிபெயர்ப்பாளர், கட்டுரையாசிரியர்.

மின்னஞ்சல்: sargunamstephen@gmail.com

வெங்கி ராமகிருஷ்ணன்

ஜீன் மெஷின்
ரைபோசோம் ரகசியங்களும் கண்டுபிடிப்பில் போட்டிகளும்

தமிழில்
த. சற்குணம் ஸ்டீவன்

காலச்சுவடு பதிப்பகம்

அன்பார்ந்த வாசகருக்கு,

வணக்கம்.

காலச்சுவடு நூலை வாங்கியமைக்கு நன்றி.

நூலின் உள்ளடக்கம், உருவாக்கம், அட்டைப்படம் இன்ன பிற அம்சங்கள் பற்றிய உங்கள் கருத்துகளையும் ஆலோசனைகளையும் காலச்சுவடு வரவேற்கிறது. தகவல், எழுத்து, வாக்கியப் பிழைகள் தென்பட்டால் அவசியம் தெரிவித்து உதவுங்கள். நூல் தயாரிப்பில் கடும் குறைபாடு இருப்பின் மாற்றுப் பிரதி உங்களுக்குக் கிடைக்கக் காலச்சுவடு ஏற்பாடு செய்யும்.

மின்னஞ்சல்: **publisher@kalachuvadu.com**

காலச்சுவடு நாகர்கோவில் அலுவலகத்திற்குக் கடிதம் அனுப்பலாம்.

தங்கள்
எஸ்.ஆர். சுந்தரம் (கண்ணன்)
பதிப்பாளர் — நிர்வாக இயக்குநர்

GENE MACHINE The Race to Decipher the Secrets of the Ribosome by Venki Ramakrishnan

© Venki Ramakrishnan (2018)

ஜீன் மெஷின்: ரைபோசோம் ரகசியங்களும் கண்டுபிடிப்பில் போட்டிகளும் ✦ அறிவியல் ✦ ஆசிரியர்: வெங்கி ராமகிருஷ்ணன் ✦ தமிழில்: த. சற்குணம் ஸ்டீவன் ✦ முதல் பதிப்பு: டிசம்பர் 2022, ஐந்தாம் பதிப்பு: ஏப்ரல் 2025 ✦ வெளியீடு: காலச்சுவடு, 669, கே.பி. சாலை, நாகர்கோவில் 629001

jiin meshin: raipoocoom rakaciyankaLum kaNTupiTippil pooTTikaLum ✦ Science ✦ Author: Venki Ramakrishnan ✦ Translated by Sargunam Stephen ✦ Language: Tamil ✦ First Edition: December 2022, Fifth Edition: April 2025 ✦ Size: Royal ✦ Paper: 18.6 kg maplitho ✦ Pages: 312

Published by Kalachuvadu, 669, K.P. Road, Nagercoil 629001, India ✦ Phone: 91-4652-278525 ✦ e-mail: publications@kalachuvadu.com ✦ Printed at Clicto Print, Jaleel Towers, 42 KB Dasan Road, Teynampet Chennai 600018

ISBN: 978-93-5523-128-4

கிரீம் மிஷிசனுக்கு (1944–2016)

பொருளடக்கம்

முகவுரை	11
தமிழ்ப் பதிப்பிற்கான முன்னுரை	13
முன்னோட்டம்	15
1. எனது திட்டத்தில் எதிர்பாராத மாற்றம்	17
2. ரைபோசோமைத் தேர்ந்தெடுத்தேன்	25
3. காணவியலாததைக் கண்டது	45
4. ரைபோசோம் படிகங்கள் கிடைத்தன	60
5. படிக வரைபடவியலின் புனிதத் தலம்	76
6. பழமை எனும் பனி விலகுதல்	91
7. வழி கிடைத்தது	101
8. துவங்கும் போட்டிகள்	115
9. யூட்டாவில் தொடங்குகிறது	128
10. மீண்டும் புனிதத் தலத்திற்கு...	146
11. கூண்டிலிருந்து வெளியேறல்	158
12. கிட்டத்தட்ட கைநழுவிய வாய்ப்பு	171
13. இறுதி முயற்சி	187
14. ஆய்வுகளில் புதிய கண்டுபிடிப்புகள்	201
15. ரைபோசோம் அரசியலில் சிக்கிக்கொண்டேன்	212
16. ரைபோசோம்: சுற்றுப் பயணங்களும் பரப்புரைகளும்	223
17. திரைப்படம் தயாராகிறது	238
18. அக்டோபர் மாதத்தில் வந்த தொலைபேசி அழைப்பு	255
19. ஸ்டாக்ஹோமில் ஒரு வாரம்	268
20. தொடரும் அறிவியல் ஆய்வுகள்	279

முடிவுரை	289
நன்றி	299
நூல் குறிப்புகளும் தொடர் வாசித்தலுக்கான பரிந்துரைகளும்	301
அறிவியல், தொழில்நுட்பக் கலைச்சொற்கள்	306

முகவுரை

புரோட்டீன்கள் தயாரிப்பு என்பது செல்களின் அடிப்படைச் செயல்திறனாகும். இது ஆதிகாலம் முதல், உயிரிகள் வாழ்தலுக்கான நடவடிக்கை. இச்செயல்பாடு எவ்விதம் நடைபெறுகிறது என்பது நீண்ட காலமாகவே உயிரியலாளர்களின் கவனத்தை ஈர்த்துள்ளது. மாணவராக, பேராசிரியராக, ஆய்வாளராக இருந்த தன் வாழ்க்கை நிகழ்வுகள் அதனை அறிந்திடும் வகையில் அமைந்திருந்ததைத் தனது அனுபவ விவரிப்பாக வடிவமைத்துள்ளார் நூலாசிரியர். இவ்விவரிப்பில் கண்டுபிடிப்புகளின் மீதான அவரது தீவிர ஆர்வம், ஆய்வகச் சோதனைகளின்போது ஏற்பட்ட தோல்விகள், தனது தனிப்பட்ட வாழ்விலும் பணியிடங்களிலும் நடைபெற்ற போராட்டங்கள் ஆகியவற்றினூடாக வெற்றிப் பாதையை எட்டியதை உயிர்ப்புமிக்க செய்தியாக இங்கு எழுதியுள்ளார்.

பல வகைகளில் அவரது பார்வை மாறுபட்ட ஒன்றாகவே அமைந்துள்ளது. அமெரிக்காவிலும் அதன் பிறகு இங்கிலாந்திலும் இயற்பியலாளரான ஆசிரியர், உயிரியல் உலகினுள் நுழைந்து செயல்பட்டது சிறப்புடன் விவரிக்கப் பட்டுள்ளது. குறிப்பாக வேற்று நாட்டினராகவும் வேற்றுத் துறை சார்ந்தவராகவும் இத்தலைப்பிலான ஆய்வுகளில் அவர் பங்காற்றியபோது அமைந்த அவரின் உணர்வுகள் நன்கு வெளிப்படுத்தப்பட்டுள்ளன. இத்தகைய தீராத ஆர்வத்தால் ஆய்வுத் துறையின் கண்டுபிடிப்புகளில் இதுவரை அறியப்படாமல் இருந்ததை முனைப்பான செயல்திறன்களால் ஆராய்ந்து கண்டுபிடித்ததை விளக்கும் வகையில் இந்நூல் அமைந்துள்ளது. இவரது அறிவியல் கண்டுபிடிப்புகள் பாரம்பரிய, மரபுப் பண்புகளுக்கான குறிப்புகளை நியூக்ளிக் அமிலங்களிலிருந்து புரிந்து – பெற்று, அதன் அடிப்படையில் புரோட்டீன்களைத் தோற்றுவிக்கும் ரைபோசோம்கள், புவியில் வாழ்தலுக்குத் தேவையான புரோட்டீன்களைத் தோற்றுவிக்கும் இயல்பினைத் தெளிவுற உணர்த்தும் வகையில் அமைந்திருந்தன. மேலும் ரைபோசோம்களின் பெரியதும் சிறியதுமான இரண்டு வகைத் துணையலகுகளின் அற்புத அமைப்பினை இவரது ஆய்வுகள்

விளக்கியுள்ளன. இவர் துணையலகுகளின் மூலக்கூறு அளவிலான அமைப்புகளை விவரிப்பதுடன் தொற்றுநோய்களுக்குக் காரணமான நுண்ணுயிரிகளின் ரைபோசோம்களில் நோய் எதிர்ப்பு மருந்துகள், மூலக்கூறு அளவில் எவ்விதம் நோய்ப் பாதுகாப்பிற்குச் செயல்படுகின்றன என்பதையும் விவரித்துள்ளார். ரைபோசோமின் சிறிய துணையலகின் அமைப்பைக் கண்டறிய மேற்கொண்ட குறைந்த அளவிலான முதல் முயற்சிகளிலிருந்து படிப்படியாகப் பல ஆய்வகங்களுக்கும் சென்று பயிற்சி பெற்றுச் சிறிய துணையலகினைத் தூய்மைப்படுத்திப் படிகமாக்குதலில் அவர் பெற்ற வெற்றிகள் பற்றிய விவரிப்புகள் ஆச்சரியப்படுத்துகின்றன.

பொதுவாக அறிவியல்சார்ந்த எந்த ஒரு கண்டுபிடிப்பினையும் பலரின் ஒருங்கிணைந்த பங்களிப்புகளால் மட்டுமே நிகழ்த்த இயலும். மேலும் ஆய்வுகளில் இன்னலுற்றுப் பின்னடைவை எதிர்கொள்பவர்களுக்கு உதவுவதால் ஒரு பிரச்சினை பற்றிய பொதுவான புரிதலைத் தோற்றுவிப்பது எளிதாகிவிடும். ஆய்வுச் செயல்முறையின்போது தோன்றும் புதிய எண்ணங்கள் எவ்விதம் உருப்பெறுகின்றன என்று தெளிவாகத் தெரியவில்லை. அவை தனிமனிதரின் எண்ணங்களா அல்லது பலருடன் கலந்துரையாடுவதால் தோன்றுவதா என்றும் புரியவில்லை. வெற்றியை எட்டவிருக்கும் வேளையில் உடனாய்வாளர்களுடன் ஏற்படும் போட்டிகளை உரிய திறமையுடன் சமாளிக்க வேண்டும். 2009ஆம் ஆண்டு வேதியியலுக்கெனத் தரப்பட்ட நோபல் பரிசு ஆடா யோனத் தொடக்க காலத்தில் படிகமாக்குதலில் பெற்ற வெற்றிக்கான அங்கீகரிப்பாகவும் பின் அதனைத் தொடர்ந்து ரைபோசோம் துணையலகின் அமைப்பினை அறிவதில் வெங்கி ராமகிருஷ்ணனும் டாம் ஸ்டீயிட்சும் பெற்ற வெற்றிக்கானதாகவும் அமைந்துள்ளது. மூன்று பேருக்கு மட்டுமே ‘பரிசு’ எனக் கட்டுப்படுத்தப்பட்ட நிலையில் இத்தகைய ஆய்வுகளை மேற்கொண்ட வேறு சிலர் விடுபட்டுப்போனதும் இந்நூலில் குறிப்பிடப்பட்டுள்ளது. இவை பற்றிய செய்திகளை எளிதில் வாசித்துப் புரிந்துகொள்ளும் விதமாகத் தெரிவித்திருப்பது இவற்றை வரலாற்றுச் செய்திகளாக அறியாமல் ஆசிரியரின் நினைவுக் குறிப்புகள் என்றே கருதத் துணை செய்கின்றன. அறிவியலையும் அறிவியல் செயல்முறைகளையும் கற்கும் மாணவர்கள் கண்டுபிடிப்புகளுக்கான பாதையில் தோன்றும் தொல்லைகளையும் புதிய அறிவியல் அனுபவங்களையும் கதைகளாகவே அறிந்துகொள்ளலாம். இந்நூலின் செய்திகள் அனைத்தும் அறிவியல் பதிவுகளுக்கான ஆச்சரியப்படுத்தும் பங்களிப்புகள் என முடிவாகக் கூற முடியும். இவை உண்மைகளின் விவரிப்புகளாகவும் ஓர் அறிவியலாளரின் வெற்றிக்கு முன்பான, உணர்ச்சிகளின் உள்ளார்ந்த தன்மையினை விளக்கும் பதிவுகளாகவும் அமைந்திருப்பவை எனவும் அறியலாம்.

ஜெனிபர் ஆன் தௌதுனா
(Jennifer Anne Doudna)
அமெரிக்க உயிர்வேதியலாளர்,
2020ஆம் ஆண்டுக்கான வேதியியல் நோபல் பரிசைப் பெற்றவர்.

தமிழ்ப் பதிப்பிற்கான முன்னுரை

சிதம்பரத்தில் தமிழ்க் குடும்பம் ஒன்றில் பிறந்த எனக்கு என்னுடைய நூல் தமிழில் வெளிவருவது மிகவும் மகிழ்ச்சி அளிக்கிறது. இப்போதெல்லாம் அறிவியல் நூல்கள் பெரும்பாலானவை ஆங்கிலத்தில்தான் வருகின்றன. அவை ஒரு சிலருக்கே பலனளிக்கின்றன. அறிவு மேலும் விரிவான அளவில் மக்களிடையே சென்றடைய வேண்டும் என்று கருதுகிறேன். தங்கள் தாய்மொழியில் அறிவியலைப் பற்றிப் படிக்க விரும்புபவர்களுக்கும் அவை போய்ச்சேர வேண்டும். ஸ்ரீனிவாச இராமானுஜன், சி.வி. ராமன், சுப்ரமணியன் சந்திரசேகர் போன்ற மகத்தான அறிவியலாளர்களையும் சிந்தனையாளர்களையும் தமிழ்நாடு உருவாக்கியிருக்கிறது. நான் அவர்களைப் போல மகத்தானவன் அல்ல. என்னைப் போன்ற சாதாரணமானவர்களும் தத்தமது துறைகளில் வெற்றிகரமாக விளங்க முடியும் என்பதை என்னுடைய கதை மக்களுக்கு உணர்த்தக்கூடும்.

இந்தப் புத்தகம் அறிவியலை வெளிப்படையாகவும் நேர்மையாகவும் அணுகுகிறது. அறிவியல் உலகில் வாழ்க்கை எப்படி இருக்கிறது என்பதையும் அறிவியலாளர்கள் எப்படி இருக்கிறார்கள் என்பதையும் இந்நூலின் வழியாக வாசகர்கள் ஓரளவு அறிய முடியும் என்று நம்புகிறேன். நமது உயிருக்கு அத்தியாவசியமான, மிகப் புராதனமான மூலக்கூறு மிஷினான ரைபோசோம் என்னும் அற்புதத்தைப் பற்றியும் ஓரளவு தெரிந்துகொள்வார்கள் என்றும் நம்புகிறேன். இறுதியாக, தமிழ்க் குழந்தைகள் தங்கள் விருப்பத்தின் அடிப்படையில் தங்கள் விருப்பம் சார்ந்த தேடலை முன்னெடுத்துச் செல்ல இந்த நூல் ஊக்கமளிக்கும் என்றும் நம்புகிறேன்.

வெங்கி ராமகிருஷ்ணன்

முன்னோட்டம்

நடந்ததை நினைத்துப்பார்க்கும்போது, அவரின் வருகை எத்தகைய சிறிய விளைவினை ஏற்படுத்தியது என்பது ஆச்சரியப்படுத்துகிறது. அன்று 1980ஆம் ஆண்டு இலையுதிர் காலத்தில் ஒருநாள். யேல் பல்கலைக்கழகத்தின் அறிவிப்புப் பலகையில் அவர் தெளிவில்லாததொரு தலைப்பில் விரிவுரை செய்யவிருப்பது பற்றிய தகவல் வெளியாகியிருந்தது. அவரின் உரை தொடங்குவதற்குச் சற்று முன்னர் நான் அரங்கினுள் நுழைந்திருந்தேன். அரங்கில் கூட்டம் அதிகமில்லை. அமருவதற்கான இருக்கை எளிதில் கிடைத்தது. ஒரு சில சிறப்பு ஆய்வு விஞ்ஞானிகளே வருகைபுரிந்திருந்தனர்.

மிகுந்த தன்னம்பிக்கையுடன் துணிச்சலான பாவனை கொண்ட பெண்ணாக அவர் அரங்கினுள் நுழைந்தார். ஜீன்களின் செய்திக் குறிப்புகளை புரோட்டீன் களாக்கும் பணியில் ஈடுபடும் பல்வேறு மூலக்கூறுகளைத் தனது பெர்லின் ஆய்வுக் குழுவினர் படிகங்களாக மாற்ற மேற்கொண்ட முயற்சிகளை விவரித்தார். அன்று மூலக்கூறுகளின் அமைப்புகளை அறிவதில் படிகமாக்குதலே முக்கியமான ஆரம்ப நிலையாக இருந்தது.

இவ்வுரையின் செய்திகளைக் கொண்டு என்ன செய்வது என ஒருவரும் அறிந்திராத நிலையில் அவரது விரிவுரை முடிவடைந்தது. கேள்வி கேட்க ஒருவரும் முன்வரவில்லை. நெகிழ்ச்சியான இயல்புடைய பெரிய துகள்களை முப்பரிமாண ஒழுங்கு வரிசையில் படிகமாக்கும் வகையில் அவர் அமைத்துக் காட்டியிருந்தது ஆச்சரியமளிப்பதாக விளங்கியது. கூட்டம் முடிந்த பின் நாங்கள் ஆய்வகம் நோக்கிச் செல்லுகையில் என்னுடன் பணியாற்றும் ஒருவர் மற்றொருவரிடம், ‘அது எப்படி! உன்னால் மிக நுண்ணிய துகளை ஏன் படிகமாக்க இயலவில்லை, ஆனால் அவர் முழு அமைப்பையும் படிகமாக்கிவிட்டாரே!’ எனக் கேலி

செய்யும் வகையில் கேட்டார். ஆனால் மேடையில் அவர் கூறிய படிகங்கள், அமைப்பைக் கண்டறியக்கூடிய வகையில் சிறந்தவையாகத் தோன்றவில்லை. அன்று அவ்வளவு பெரிய பொருள் ஒன்றின் அமைப்பை எவ்விதம் அறிவதென ஒருவருக்கும் தெரியாது. எனவே இம்முயற்சி ஆர்வமூட்டக்கூடியது என்றுதான் நாங்கள் நினைத்தோம். உலகம் மாறிவிட்டது, நாம் செய்பவற்றை நிறுத்திவிடுவதுதான் உசிதமானது என எங்களில் யாரும் கருதவில்லை.

அடுத்த முப்பது ஆண்டுகளுக்கு அறிவியலறிஞர் ஆடா யோனத் எனது ஆய்வுப் பணிக்கால வாழ்க்கையில் முக்கிய இடத்தைப் பெறுவார் என்பதை அன்று நான் ஊகிக்கவில்லை. அனைத்து உயிரினங்களின் வாழ்விலும் முக்கியமான இடம்பெறும் பொருள் ஒன்றினை முழுமையாக அறிந்துகொள்வதற்கான பந்தய ஓட்டத்தில் ஆடாவுடனும் மற்றவர்களுடனும் போட்டியாளராக நான் இருப்பேன் என்றும் எண்ணவில்லை. ஒரு டிசம்பர் மாதத்தில் ஸ்டாக்ஹோமின் நோபல் பெருவிருந்தில் அவருக்கும் ஸ்வீடன் நாட்டு இளவரசிக்கும் இடையில் அமர்ந்திருப்பேன் என்றும் கருதவேயில்லை.

1

எனது திட்டத்தில்
எதிர்பாராத மாற்றம்

இந்தியாவிலிருந்து புறப்படும் வேளையில், ஒரு கோட்பாட்டு இயற்பியலாளராகப் (Theoretical physicist) பரிணமிக்க வேண்டும் எனும் ஆவல் கொண்டிருந்தேன். அன்று எனக்கு வயது 19. அண்மையில்தான் பரோடா பல்கலைக்கழகத்தில் பட்டப்படிப்பினை முடித்திருந்தேன். வெளிநாடுகளுக்குச் சென்று பி.எச்.டி. ஆய்வுப் பட்டப் படிப்பைத் துவங்குவதற்கு முன்பாக இந்தியாவிலேயே மேற்பட்டப் படிப்பை முடித்துவிடுவது பலரின் வழக்கம். ஆனால் நான் விரைவாக அமெரிக்காவிற்குச் சென்றுவிட விரும்பினேன். அமெரிக்கா பல நல்ல வாய்ப்புகளைக் கொண்டிருக்கும் நாடு. மேலும் ரிச்சர்ட் ஃபின்மேன் (Richard Feynman) போன்ற பல அறிவார்ந்த ஹீரோக்கள் வாழும் நாடு. ஃபின்மேனின் புகழ்பெற்ற 'இயற்பியல் விரிவுரைகள்' எனது பட்டப் படிப்பில் பாடமாக இருந்தன. எனது பெற்றோர் ஏற்கெனவே அமெரிக்காவில் இருந்தனர். எனது தந்தை ஊர்பானாவின் (Urbana) இல்லினாய்ஸ் பல்கலைக்கழகத்தில் விருப்ப ஊதிய விடுப்பில் இருந்தார்.

அமெரிக்காவிற்குச் சென்றுவிடுவது என்பது எனது கடைசி நிமிட முடிவு. இதனால் அமெரிக்கப் பல்கலைக் கழகங்களில் பட்டப் படிப்பில் சேர்வதற்கு அடிப்படைத் தேவையான GRE தேர்வினை நான் இங்கு எழுத இயலவில்லை. அவ்வாறெனில் பல பல்கலைக்கழகங்களில் எனது விண்ணப்பத்தை ஏற்றுக்கொள்ள மாட்டார்கள். இருப்பினும் இல்லினாய்ஸ் பல்கலைக்கழகத்தின் இயற்பியல் துறை என்னை ஏற்றுக்கொண்டது. ஆனால் அங்குள்ள பட்டப் படிப்புக் கல்லூரியில் எனது வயது பத்தொன்பதுதான் என அறிந்தவுடன் தயங்கினர். குறைந்தது இரண்டு ஆண்டுகளுக்கு கிரெடிட் மதிப்பீடுகளுக்கெனப் பட்டப்படிப்பில் அங்கு பயில வேண்டும் என வற்புறுத்தினார்கள். நான் நடுத்தரக்

குடும்பத்து மாணவன். இளம் அறிவியல் பட்டப்படிப்பிற்கென மீண்டும் கட்டணம் செலுத்தி அங்கு படிப்பதோ, தங்கியிருப்பதோ இயலாதவை. இவ்வேளையில் ஓஹையோ பல்கலைக்கழகத்தின் மாணவர் சேர்க்கை பற்றிய சுற்றறிக்கை பரோடா பல்கலைக்கழகத்திற்கு வந்திருந்தது. எனது இயற்பியல் துறைத் தலைவர் அதனைக் காண்பித்தார். அந்த அறிக்கையில் பட்டப்படிப்பை இங்கு முடிப்பவர்களுக்கான அமெரிக்கக் கல்வி வாய்ப்பு பற்றித் தெரிவிக்கப்பட்டிருந்தது. இப்பல்கலைக்கழகத்தைப் பற்றி இதற்கு முன்பு நான் கேள்விப்பட்டதில்லை. ஆனால் அங்கு இயற்பியல் துறையில் IBM System/360 கணினியும் வான் டி கிராஃபின் மின்விசை முடுக்கி (Van de Graff accelerator)யும் உண்டு என அறிந்துகொண்டேன். அங்கிருந்த பேராசிரியர்கள் உலகின் சிறந்த பல்கலைக்கழகங்களில் பயின்றவர்கள் என்ற சிறப்புச் செய்தியும் எனக்குத் தெரியவந்தது. உடனே, இதுவே எனது தேவை என உணர்ந்தேன். GRE தேர்வு மதிப்பீடு தேவையில்லை என்றும் நேரடியாக நிதி உதவியோடு என்னை ஏற்றுக்கொள்வதாகவும் தெரிவித்துவிட்டனர். கடினமான நேரடித் தேர்வினை பம்பாயின் யு.எஸ். தூதரகத்தில் முடித்துக்கொண்டு எனது வளர்ச்சிக்கு உத்திரவாதமளிக்கும் நாட்டிற்கு விமானப் பயணச்சீட்டினை வாங்கினேன்.

எனது பட்டப்படிப்பின் இறுதித் தேர்வை பரோடா பல்கலைக் கழகத்தில் எழுதி முடித்தேன். இந்தியாவின் கடுமையான கோடை வெப்பச் சூழலிலிருந்து தப்பித்து அமெரிக்காவிற்குப் புறப்பட்டேன். பயண வேளையில் சற்றே காய்ச்சல் உணர்வு இருந்தது. பெய்ரூட், ஜெனிவா, பாரிஸ், லண்டன் வழியாக நீண்ட பயணம். ஒருவழியாக நியூயார்க் வந்திறங்கினேன். அங்கிருந்து சிகாகோ நகரத்திற்கு விமானம் ஏறினேன். சிகாகோவிலிருந்து சாம்பெய்ன் – அர்பானாவிற்குச் சிறு விமானப் பயணம் மேற்கொண்டேன். 1971ஆம் ஆண்டு மே 17ஆம் நாள் அவ்விடத்தின் விமான ஓடுதளத்தில் கால் பதித்தேன். இறங்கியவுடன் கடும் குளிர்க் காற்று என்னைத் தாக்கியதை உணர்ந்தேன். இக்குளிர் எனக்குப் புதிய அனுபவம்.

திடீரென அமெரிக்கக் கல்வி வாழ்க்கையினுள் நுழைந்தது அதிர்ச்சியாக இருந்தது. இந்தியாவில் நான் அனுபவித்தது பழைய பாணியிலான கல்லூரி வாழ்க்கை. மாணவர்கள் கட்டுப்பெட்டித்தனமான ஆடைகளுடன் எந்நேரமும் படிப்பில் ஆழ்ந்திருப்பவர்கள். நான் உட்படப் பலரும் எங்களது பெற்றோர்களுடன் வாழ்ந்திருந்தோம். பெண் நண்பர்களுடன் வெளியில் சுற்றுவது, திருமணத்திற்கு முன்பே நெருக்கமாகப் பழகுவது போன்றவை இந்தியாவில் இல்லை. அமெரிக்காவில் நான் குட்டையான தலைமுடி, தடித்த ஃபிரேமில் கண்ணாடி, அளவில் பெரிய, மென்மையான தோலினாலான காலணிகளுடன் தோற்றமளித்தேன். அதாவது 1971ஆம் ஆண்டில் 1960ஆம் ஆண்டுக்கான ஆடையலங்காரத்தில் இருந்தேன். அங்கிருந்த மாணவர்களிடையே வேறுபட்டவனாகத் தோன்றினேன். அமெரிக்க மாணவர்கள் வேற்று மனித இனத்தவராகவே எனக்குத் தெரிந்தனர். ஆண் மாணவர்கள் ஆங்காங்கே கிழிந்த ஜீன்ஸ் பேண்ட்டுகளுடனும் பெண்களைக்காட்டிலும் நீண்ட தலைமுடிகளுடனும் காணப்பட்டனர். பெண் மாணவர்கள் இறுக்கமான ஆடைகளும் ‘ஹால்டர் டாப்’ எனும் உள்ளாடைகள் போன்ற மேலாடைகளுடன் – இந்திய பெண்களோடு

ஒப்பிடுகையில்—அரைகுறையாக ஆடை உடுத்தி இருந்தனர். நான் சென்றிருந்த நேரத்தில் அமெரிக்காவின் பல்கலைக்கழக வளாகங்கள் அனைத்திலும் வியட்நாம் போருக்கு எதிரான முழக்கப் போராட்டங்கள் நிகழ்ந்துகொண்டிருந்தன. ஒருநாள் மதியம் ஆர்வத்தாலும் இரக்கத்தாலும் உந்தப்பட்டு அமைதி ஊர்வலம் ஒன்றில் கலந்துகொண்டேன். அக்கூட்டத்தில் நான் ஒரு வித்தியாசமான நபராகவே தென்பட்டேன். எனக்குப் பின்னால் என்னைப் போன்றே மலிவான பாலியெஸ்டர் ஆடைகளுடன் இருவரைக் கண்டேன். அவர்கள் அருகில் சென்று நட்புடன் பேச விரும்பினேன். என்னை அவர்கள் கண்டுகொள்ளவேயில்லை. மேலும், அவர்கள் என்னை சந்தேகப் பார்வையுடன் பார்த்தனர். பிறகுதான், அவர்கள் FBI அதிகாரிகள் என அறிந்து கொண்டேன். அவர்கள் போராட்டக்காரர்களைக் கண்காணித்துக்கொண்டிருந்தனர்.

எனது பரோடா கல்வியின் குறைபாடுகளை ஈடுசெய்வதற்காக அந்தக் கோடைகாலத்தில் முதலாவதாகச் சில பாட வகுப்புகளில் இணைந்துகொண்டேன். கோடைகாலத்தின் இறுதியில் எனது பெற்றோருடனும் சகோதரியுடனும் தெற்கு ஓஹையோவில் உள்ள ஏதென்ஸ் நகரின் அழகிய மலைப்பகுதிப் பல்கலைக்கழகத்திற்கு காரில் சென்றோம். அடுத்த சில ஆண்டுகளுக்கு இதுவே எனது வசிப்பிடம். அங்கு தங்குவதற்கு வீடு கண்டுபிடிப்பது முதன்மைப் பிரச்சினையாக இருந்தது. நான் உணவுப் பழக்கத்தில் சைவம். மேலும் ஆசிரியப் பணிக்கான 'உதவிப்பணம்' பெறுபவன். அந்த உதவியில்தான் அங்கு வாழ வேண்டும். ஒரு சிறிய குடியிருப்பு இடம் கிடைத்தால் அங்கேயே எனது உணவையும் சமைத்துக்கொள்ளலாம் என எண்ணினேன். செய்தித்தாள்களின் அறிவிப்பு விளம்பரங்களில் தேடினேன். உரிய வீடு கிடைக்கவில்லை. ஒரு வீடு காலியாக உள்ளது என அறிந்து அங்கு சென்றேன். வீட்டு உரிமையாளரான அம்மையாரைச் சந்தித்தேன். என்னைப் பார்த்த ஒரு சில நிமிடங்களில் 'வீடு காலியில்லை, வேறொருவர் முன்பதிவு செய்துவிட்டார்' என்றார். முதன்முறையாக அமெரிக்காவின் 'இன வேறுபாடு வெறுப்புணர்வு' வெளிப்பாட்டினை இங்கு கண்டேன். தனி வீடு கிடைக்காத நிலைமை. அவ்வார இறுதியில் 'ஒரே அறையில் பலர் தங்கும்' டார்மிட்டரி விடுதியில் இடம் கிடைத்தது. சிற்றுண்டி உணவகத்தில் கிடைத்த 'சீஸ் சாண்ட்விச்' ரொட்டித் துண்டுகள் எனது முதலாம் ஆண்டிற்கான உணவாயின.

இவ்விடுதியில் தங்கியிருப்பதில் உணவுப் பிரச்சினை இருந்தாலும் பல நன்மைகளும் இருந்தன. விரைவில் நண்பர்கள் குழுவைப் பெற்றுவிட்டேன். அவர்களுடன் தங்கியதால் வெளிநாட்டு மாணவராகத் தனிமைப்படுத்தப்பட்ட உணர்வோ அல்லது கூட்டமாக வாழும் நகர்ப்புற வாழ்க்கை முறையோ இல்லாதிருந்தது. அமெரிக்காவின் கல்லூரி வாழ்க்கைக்கு நான் பழகிக்கொள்ள எனது நண்பர்கள் மிகவும் உதவினர். அங்கிருந்த முதல் சனிக்கிழமையன்று கால்பந்து விளையாட்டுப் போட்டி ஒன்றினைக் காணச் சென்றோம். மைதானம் விழாக்கோலம் பூண்டிருந்தது. வீரர்களுக்கு ஊக்கமூட்டும் நடனக் குழு, வாத்தியக் குழு, பலத்த ஓசையெழுப்பும் ஒலி அமைப்பு போன்ற அமர்க்களமான விஷயங்கள் கால்பந்து போட்டியைவிட முக்கியத்துவம் பெற்றிருந்தன.

படம் 1.1 ஓஹையோ பல்கலைக் கழகத்தில் பட்டப் படிப்பு மாணவராக நூலாசிரியர்

எனது தங்குமிடம் இயற்பியல் துறைக்கு அருகிலேயே இருந்தது. துறை மாணவர் பலரும் எனது விடுதியிலேயே தங்கியிருந்தனர். இதனால் எங்களுக்குள் நட்பு மிகுந்த, பயிலும் குழுக்களை அமைத்துக்கொள்ள முடிந்தது. இங்கு பட்டப்படிப்பு மாணவர்கள் ஒன்று அல்லது இரண்டு ஆண்டுகள் முறையான அடிப்படை இயற்பியல் கல்வி பயிலவேண்டும். அதைத் தொடர்ந்து விரிவான தேர்வு ஒன்றை எழுத வேண்டும். அதன்பின் முனைப்பான ஆய்வு ஒன்றில் ஈடுபட வேண்டும். எனது இயற்பியல் படிப்பையும் அதற்கான தேர்வுகளையும் எவ்விதப் பிரச்சினையும் இல்லாமல் முடித்துவிட்டேன். இறுதியில் வாய் மொழித் தேர்வின்போதுதான் எனக்குச் சிறந்த இயற்பியலாளராகும் தீவிர எண்ணம் இல்லையோ எனும் சந்தேகம் தோன்றியது. நேர்முகத் தேர்வில் அண்மையில் நிகழ்ந்த இயற்பியல் சார்ந்த கண்டுபிடிப்பு ஒன்றினைக் கூறும்படி கேட்டனர். என்னால் எதுவும் கூற இயலவில்லை. தேர்வுப் பேராசிரியர்கள் என்னை விடாப்பிடியாகத் தூண்டிவிட்டுக் கேட்டதால் எனக்கு ஆர்வமுள்ள ஒரு கண்டுபிடிப்பைக் கூறினேன். எப்படியோ என்னைத் தேர்ச்சியடையச் செய்துவிட்டார்கள். அதன் பிறகு நான் டோமோயாசு தனாக்காவின் (Tomoyasu Tanaka) மேற்பார்வையில் ஆய்வுப் படிப்பில் ஈடுபடலாம் என எண்ணினேன். அவர் பலராலும் மதிக்கப்பட்ட 'அடர் பொருண்மை'க் கோட்பாட்டாளர். அதே வேளையில் உயிரியல் சார்ந்த பல கேள்விகளும் என் மனதில் தோன்றிக் கொண்டிருந்தன. இதனால் எனது 'ஆய்வு ஏடு' தயாரிப்பு 'முன்வரைவில்' சில உயிரியல் ஆய்வுக் கேள்விகளையும் சேர்த்துக்கொண்டேன். எனக்கோ அல்லது டோமோயாசுவுக்கோ உயிரியலைப் பற்றிச் சிறிதளவும் தெரியாது. உயிரியல் தொடர்பான எனது ஆய்வு முயற்சி நான் ஆசைப்பட்ட

கற்பனையான விருப்பமே. எனவே இதைப் பிறகு எனது முன்வரைவுத் திட்டத்திலிருந்து நீக்கிவிட்டேன்.

எனது பட்டப்படிப்பின் ஆய்வின் துவக்கத்தில் 'ஆய்வின் முக்கிய நோக்கங்கள் என்ன? அவற்றை எவ்விதம் அணுகுவது' போன்றவை என் எண்ணத்தில் தோன்றவே இல்லை. சொல்லப்போனால் ஆராய்ச்சிப் பணியின் மீது எனக்கு ஆர்வம் ஏற்படவேயில்லை. எனது நண்பர்களுடன் நேரத்தைச் செலவிடுவது, விளையாடுவது போன்றவற்றில் ஈடுபாடு கொண்டிருந்தேன். பல்கலைக்கழகச் சதுரங்க விளையாட்டு அணியில் இருந்தேன். எனது நண்பன் சுதிர் கைக்கருடன் நடைப்பயணங்கள் செல்லுதல், மற்றொரு நண்பன் டோனி கிரிமால்டியுடன் மேற்கத்திய இசை கற்றல் எனப் பல செயல்களில் ஆர்வம் செலுத்தினேன். இப்படியாக எனது பட்டப்படிப்பில் ஆய்வுப் பணியைத் தொடராமல் பிற அனைத்து நடவடிக்கைகளிலும் ஈடுபடலானேன். டோமோயாசு, பிற ஜப்பானியர் களைப் போன்று அமைதியும் அடக்கமும் கொண்டவர். என்றாவது ஒருநாள் எனது அலுவலகத்திற்கு வருகை புரிந்து நான் இதுவரை என்ன செய்திருக்கிறேன்? என்பதை மென்மையாக விசாரிப்பார். நானும் சுற்றி வளைத்துப் பேசி எதுவும் செய்யவில்லை என்பதைத் தெரிவிப்பேன். இப்படியே இரண்டாண்டுகள் சென்றன. 'நான் மட்டும் ஆசிரியராக இருந்து, என்னிடம் இப்படிப்பட்ட ஒரு மாணவர் இருந்திருந்தால் அந்த மாணவரை அடித்துத் துரத்தியிருப்பேன்' என மனதில் எண்ணிக்கொள்வதுண்டு.

எனது வாழ்வில் மாற்றங்கள் ஏற்படத் துவங்கின. அண்மையில் தனது கணவரிடமிருந்து பிரிந்த வேரா ரோசன்பெரியை அவரது 4 வயது மகளுடன் சந்திக்க நேர்ந்தது. நாங்கள் இருவரும் பழகும் வாய்ப்பினை எனது நண்பர்கள் உருவாக்கித் தந்திருந்தனர். நாங்கள் பழகினோம். எங்களது பழக்கத்திற்கு முக்கியக் காரணம் நாங்கள் இருவரும் சைவம் என்பதுதான். 1970களில் சைவ உணவாளர்களைக் காண்பது அரிது. அன்று ஒரு நாள் நன்றி தெரிவிக்கும் தினத்தில் இருவரும் சந்தித்தோம். எங்களது சந்திப்பு ஒரு யதார்த்தமான நிகழ்ச்சியாக அமையும்படி நண்பர்கள் ஏற்பாடு செய்திருந்தனர். நான் இதைச் சரியாகப் புரிந்துகொள்ளவில்லை. எங்களது சந்திப்பு தற்செயலாக அமையும் வகையில் இரவு விருந்தில் மற்றொரு இணையரும் எங்களுடன் கலந்துகொள்ள நண்பர்கள் முயற்சி செய்திருந்தனர். தனது மகளுடன் விருந்திற்கு வந்திருந்த வேரா பார்ப்பதற்கு அழகாகவும் புத்திசாலியாகவும் எனக்குத் தோன்றினார். அவரின் தோற்றம், அவர் என்மீது ஆர்வம் காட்ட மாட்டார் எனும் எண்ணத்தை எனக்கு ஏற்படுத்தியது. எனவே அவரை எனது மற்றொரு நண்பர் ஒருவருக்கு அறிமுகம் செய்து அவரையும் விருந்தில் கலந்துகொள்ளும்படி அழைத்துக் கொண்டேன். நண்பரும் வேராவும் பேசட்டும் என்று எண்ணி, நான் வேராவின் மகள் டான்யாவுடன் (*Tanya*) சிறிது நேரம் விளையாடிக்கொண்டிருந்தேன். நான் டான்யாவுடன் இயல்பாகப் பழகி விளையாடிக்கொண்டிருந்ததை வேரா உன்னிப்பாக கவனித்ததாகவும் என் மீது வேராவிற்கு ஆர்வம் இருப்பது தெரிந்ததாகவும் எனது நண்பர் பிறகு தெரிவித்தார். இப்படித்தான் வேடிக்கையாகத் துவங்கியது எங்கள் உறவு. ஓராண்டு காலம் நட்புடன் இருந்தோம். வேரா தனது முதல் கணவரிடம் விவாகரத்து பெற்றவுடன் எங்கள் இருவரின் திருமணமும் நிகழ்ந்தது. இவ்விதம் எனது 23 வயதில்

நான் 5 வயதுக் குழந்தையின் வளர்ப்புத் தந்தையானேன். எங்களது குடும்ப வாழ்வு துவங்கியது.

திருமணம், எனது பணிகளின்மீதான கவனத்தை ஊக்குவித்தது என்றுதான் சொல்லவேண்டும். வேரா மேலும் ஒரு குழந்தையைப் பெற்றுக்கொள்ள விரும்பினார். இதனால் குடும்பத்தினை எவ்விதம் பராமரிப்பது எனும் நிலை தோன்றியது. இயற்பியல் துறையிலேயே நான் தொடர்ந்தால் எஞ்சிய வாழ்நாள் முதுவதும் ஆர்வமற்ற கணக்கீடுகளுடன் போராடிக்கொண்டு எவ்வித முன்னேற்றமும் இல்லாமல் நாட்களைச் செலவிட வேண்டி நேரும் என எண்ணினேன். இயற்பியல் 20ஆம் நூற்றாண்டின் துவக்க காலத்தில் பெற்ற மாற்றங்களையும் வளர்ச்சிகளையும் உயிரியல் துறையானது அண்மைக் காலத்தில் பெற்றிருப்பதாக உணர்ந்தேன். DNA மூலக்கூறு அமைப்பினை அறிவியல் உலகம் அறிந்தவுடன் மூலக்கூறு உயிரியலில் தோன்றிய புரட்சிகர மாற்றங்கள் தொடர்ந்து வளர்ச்சியடைந்து வருகின்றன என்பதையும் புரிந்துகொண்டேன். பல நூற்றாண்டுகளாக உயிர்ச் செயல் நிகழ்ச்சிகளில் அறியாதிருந்தவற்றை அடிப்படை அளவில் தெரிந்துகொள்ளும் வாய்ப்புகள் தோன்றியுள்ளன என்றும் அறிந்தேன். *Scientific American* இதழ்கள் ஒவ்வொன்றிலும் உயிரியல் தொடர்பான புதிய கண்டுபிடிப்புச் செய்திகள் வெளிவந்துகொண்டிருந்தன. என்னைப் போன்ற சாதாரண மனிதர்களே அக்கண்டுபிடிப்புகளை நிகழ்த்தியுள்ளனர் எனும் புரிதல் எனக்குத் தோன்றிற்று. உயிரியல் பற்றிய அடிப்படைகளை மட்டுமே நான் அறிந்திருந்தேன். அத்துறையில் ஆய்வுகள் செய்வதற்குத் தகுதியான அறிவு எந்த அளவிற்குத் தேவை எனும் கேள்வி என் மனதில் எழுந்தது. இயற்பியலில் பிஎச்.டி. ஆய்வுப் பட்டப் படிப்பினை முடிப்பதற்கு முன்பாகவே உயிரியலில் பட்டப்படிப்பினை முடித்துவிட வேண்டும் எனும் எண்ணம் தோன்றியது. புகழ்பெற்ற மாக்ஸ் பெரூட்ஸ் (Max Perutz), ஃபிரான்சிஸ் கிரிக் (Francis Crick), மாக்ஸ் டெல்புருக் (Max Delbruck) போன்ற அறிவியல் அறிஞர்களும் இத்தகைய முயற்சியை மேற்கொண்டவர்களே.

இது தொடர்பாகப் பல முன்னணிப் பல்கலைக்கழகங்களுக்கு வேண்டுகோள்களை அனுப்பினேன். ஆனால் அவர்கள் பிஎச்.டி. வரை படித்த ஒருவர் மீண்டும் பட்டப்படிப்பு வகுப்பில் சேர முயல்வதை ஏற்றுக்கொள்ளவில்லை. யேல் பல்கலைக் கழகத்தின் ஃபிராங்கிளின் ஹட்சின்சன் (Franklin Hutchinson) நட்புடன் கடிதம் எழுதியிருந்தார். அக்கடிதத்தில் அவர்களது பல்கலைக்கழகம் என்னை ஏற்றுக்கொள்ள இயலாது என்பதைத் தெரிவிதத்தோடு என்னைப் பற்றிய முழு விவரங்களை அனுப்பிவைத்தால் தனது பல்கலைக்கழகத் துறைகளுக்கு அனுப்பி வைப்பதாகவும் அதன் மூலம் ஏதேனும் ஒரு துறையில் முதுமுனைவர் ஆய்வு நிலை கிடைக்கலாம் எனத் தெரிவித்தார். இதைத் தொடர்ந்து டான் எங்கெல்மேனும் (Don Engelman) டாம் ஸ்டீயிட்சும் (Tom Steitz) என் மீது ஆர்வம் காட்டி எழுதியிருந்தனர். அவர்களுக்கு நன்றி தெரிவித்த நான், மேலும் என்னை முதுமுனைவர் நிலைக்குத் தகுதிப்படுத்திக்கொள்ள வேண்டியுள்ளது எனத் தெரிவித்துவிட்டேன். இத்தகைய ஆலோசனைகளுக்கு நேரெதிரிடையாக ‘கால்டெக்’ன் (Caltech–California Institute of Technology) ஜேம்ஸ் பான்னர் (James Bonner) அவர்களின் அறிவுரைகள் அமைந்திருந்தன. எனது விண்ணப்பத்தில், எனக்கு 23 வயதுதான் ஆகிறது.

மீண்டும் பட்டப்படிப்பிற்குச் செல்லும் வகையில் நான் இளைஞன்தான் என்றெல்லாம் எழுதியிருந்தேன். 'வயதைப் பற்றி ஏன் பிதற்றுகிறாய், நான் பிஎச்.டி. பட்டம் பெறும்போது எனக்கும் 23 வயதுதான். எனது குடும்பத்தினர் நான் கல்வியில் இன்னும் முன்னேறவில்லை என்றே கருதிக் கொண்டிருந்தனர்' என்று பான்னர் பதிலளித்திருந்தார். மேலும் நான் எனது விண்ணப்பத்தில் ஆர்வம் கொண்டிருப்பதாகக் குறிப்பிட்டிருந்த 'மாற்றிணைவுப் புரதங்கள்', 'செல்படலப் புரதங்கள்', 'நரம்பணு உயிரியல்' ஆகியவற்றைக் குறிப்பிட்டு 'இவையெல்லாம் வளர்ந்துவரும் புதிய துறைகள். இத்துறைகளில் ஆய்வுசெய்ய வேண்டுமெனில் உங்களிடம் மிகச் சிறந்த தரத்தை கால்டெக் எதிர்பார்க்கும். நிச்சயம் உங்களை மாணவராக கால்டெக் ஏற்றுக்கொள்ளாது' எனத் தெரிவித்தார். ஒருவேளை அவர் 'Catch 22' நூலைப் படித்திருக்க மாட்டாரோ! என எண்ணினேன். அதிர்ஷ்டவசமாக சான்டியாகோவின் கலிபோர்னியா பல்கலைக் கழகத்தில் உள்ள உயிரியல் துறையில் என்னைப் பட்டப்படிப்பு மாணவனாக ஏற்றுக்கொள்வதற்கு டேன் லிண்ட்ஸ்லே (Dan Lindsley) இசைவு தெரிவித்திருந்தார். உதவித்தொகையும் கிடைக்கும். மற்றொரு நல்ல விஷயமாக, வேராவும் டான்யாவும் என்னுடன் கலிபோர்னியாவில் வாழ விருப்பம் தெரிவித்தனர். குறைந்த உதவித்தொகை. குழந்தையுடன் வாழ வேண்டும். கார் கிடையாது. இந்தச் சூழலிலும் அவர்கள் சம்மதித்தனர்.

ஏற்றுக்கொள்ளக்கூடிய ஓர் ஆய்வறிக்கையை எப்படியோ சிரமப் பட்டுத் தயாரித்துவிட்டேன். எனது பிஎச்.டி. தேர்வு முடிந்த ஒரு மாதத்தில் எங்களது மகன் ராமன் பிறந்தான். இரண்டு வாரங்களுக்குப் பின் வீட்டுப் பொருட்களுடன் ரைடர் டிரக் ஒன்றில் எனது நண்பருடன் ஒஹையோவிலிருந்து கலிபோர்னியா நோக்கிப் புறப்பட்டேன். வீரா, குழந்தைகள், எனது மாமியார் அனைவரும் ஒரு வாரத்திற்குப் பின் விமானத்தில் புறப்பட்டனர். ஒருவழியாக அனைவரும் கலிபோர்னியா வந்தடைந்துவிட்டோம். அன்று 1976இன் இலையுதிர்காலம். நான் தீவிரமான படிப்பினைத் துவங்கினேன்.

உயிரியல் படிப்பில் எண்ணற்ற உண்மைகளை அறிய வேண்டும் என்பது முதலில் என்னை வியப்படையச் செய்தது. புதிய பட்டப்படிப்பு மாணவர்களுக்கான அறிமுக வகுப்புகளின் விரிவுரைகளில் பல புதிய உயிரியல் கலைச் சொற்களைக் கேட்க நேரிட்டது. அவை எனக்குப் புதியவை. புரியவில்லை. அறிந்துகொள்வதற்கென மரபியல், உயிர்வேதியியல், செல்லியல் ஆகிய பிரிவுகள் தொடர்பான அனைத்துப் பாட வகுப்புகளையும் படிப்பிற்குத் தேர்ந்தெடுத்துக்கொண்டேன். இவை எனது தேவையான படிப்பிற்கும் அதிகப்படியானவை. அமெரிக்கப் பட்டப்படிப்பு மாணவர் ஒருவர் ஒவ்வொரு பாடத்திற்கும் ஆறு வாரங்களில் மேற்கொள்ளும் பயிற்சியானது சோதனைச் சாலையில் பிஎச்.டி ஆய்வில் இணைவதற்குத் தேவையான அறிவினையும் தகுதியினையும் அவருக்குத் தந்துவிடும். நான் தேர்ந்தெடுத்துக்கொண்ட பாடங்கள் அவற்றையும்விட அதிகமானவையே. இதற்கு முன் நான் மேற்கொண்டிருந்த இயற்பியல் ஆய்வுகள் அனைத்தும் கோட்பாடுகள் சார்ந்தவை. அத்தகைய ஆய்வில் சோதனைச் சாலையைப் பயன்படுத்திக் கற்றுக்கொள்ளும் வாய்ப்புகள் இருந்ததில்லை. இந்நடைமுறையினைச் சுழற்சி முறைப் பயிற்சியிலான

ஆய்வகப் படிப்பில் உணர்ந்தேன். அன்று மில்டன் சேயரின் ஆய்வகத்தில் (Milton Saier's lab) பாக்டீரியங்கள் சர்க்கரையை உள்ளெடுத்துக் கொள்ளுதல் தொடர்பான ஆய்வில் அவ்வுண்மை தெரியவந்தது. இந்த சோதனை நுண்ணுயிர் வளர் தளத்தில் உள்ள பாக்டீரியங்கள், தளத்தில் இடப்பட்ட கதிர்வீச்சு அணுக்கள் கொண்ட குளுக்கோஸ் சர்க்கரைப் பொருளை வெவ்வேறு கால அளவுகளில் எவ்வகையில் எடுத்துக்கொள்கின்றன என்பதைக் கண்டறிதலாகும். இச்சோதனையில் பயன்படுத்தப்பட வேண்டிய குளுக்கோஸ் சர்க்கரையின் அளவானது நான் இதுவரை பயன்படுத்திப் பழகாத மிக நுணுக்கமான அளவு. அதாவது 20 மைக்ரோலிட்டர் (ஒரு தேக்கரண்டியில் 1 சதவிகிதத்திற்கும் குறைவான அளவு) அளவிலானது. இவ்வளவு குறைவான அளவீட்டை எவ்விதம் கையாள்வது எனக் கேட்டேன். செய்முறையை எனக்குப் பயிற்றுவித்த தொழில்நுட்ப உதவியாளர், ஒரு பெண். அவர் மகிழ்ச்சியுடன் உதவக்கூடியவர். மிகக் குறைவான திரவப் பொருளைக் கையாள்வதற்கு 'பிப்பெட்மேன் பிப்பெட்' எனும் உறிஞ்சி அளவு குழலைப் பயன்படுத்தும்படி அறிவுறுத்தினார். அந்த பிப்பெட் பிஸ்டன் அமைப்பு கொண்ட உறிஞ்சி குழல். எப்படிச் சரியான அளவில் உறிஞ்சி எடுப்பது என்பதனையும் கடைசித் துளிவரை எவ்விதம் பிஸ்டனிலிருந்து வெளியேற்றுவது என்பதனையும் கற்றுத்தந்தார். இதைப் பயன்படுத்துவது, மிக எளிது எனக் கூறிவிட்டார். எனது ஆய்விற்காகக் கதிரியக்க அணுக்கள் கொண்ட குளுக்கோஸ் கரைசலுக்குள் பிப்பெட் நுனியை அமிழ்த்தி உறிஞ்சி எடுக்க முற்பட்டேன். நான் செய்வதைக் கவனித்துக்கொண்டிருந்த தொழில்நுட்ப உதவியாளர் 'ஐயோ! என்ன செய்கிறாய்? பிப்பெட்டின் நுனிப்பகுதியில் பிளாஸ்டிக் முனையைப் பொருத்த வேண்டும். நீ அதைப் பொருத்தவில்லை' எனக் கதறினார். அந்த மைக்ரோ–பிப்பெட், ஆய்வகங்களில் பலராலும் அடிக்கடி பயன்படுத்தப்படும் கருவி. எனவே இந்தச் சிறிய குறிப்பை என்னிடம் தெரிவிக்க அவர் மறந்துவிட்டார். நான் செய்த தவறினால் கதிரியக்கம் ஆய்வகத்தில் பரவிவிடும் ஆபத்து உண்டு.

ஒரு சிறிய குழந்தையுடனும் மற்றொரு கைக்குழந்தையோடும் புதிய இடத்தில் வாழ்ந்து, புதிய துறையில் கல்வி கற்க முனைவது எளிதான செயலன்று. ஆனால் வீட்டிலிருந்தபடியே குழந்தைகளுக்கான புத்தகங்களுக்குப் படங்கள் தயாரிக்கும் பணியிலிருந்த மனைவி வேரா எனக்குக் கிடைத்தது நல்லூழ். குழந்தைகள் கவனிப்பு, வீட்டு வேலைகள் அனைத்தையும் வேரா மேற்கொண்டார். இதனால் படிப்பில் கவனம் செலுத்துவது எனக்கு எளிதானது. முதலாமாண்டு இறுதியில் உயிரியலிலும் சோதனைச் சாலை பயன்பாட்டிலும் பலவற்றையும் அறிந்துகொண்டேன் எனும் பெருமித உணர்வு எனக்குத் தோன்றியது. இரண்டாவது ஆண்டில் மாரிசியோ மான்டலுடன் (Mauricio Montal) என் கல்வியைத் தொடர்ந்தேன். அவர் செல்களைச் சுற்றியுள்ள கொழுப்பு மூலக்கூறினால் ஆன மென்படலங்களின் வழியாக அதிலுள்ள புரோட்டீன்கள் எவ்விதம் அயனிகளை அனுமதிக்கும் என்பது பற்றிய ஆய்வுகளிலிருந்தார். அவரது ஆய்வகத்தில் நான் நீண்ட நாட்கள் இருக்கப்போவதில்லை. சந்தர்ப்பவசமாக நாட்டின் பல பகுதிகளுக்கும் சென்று மிக முக்கிய உயிர் மையச் செயல் பண்பு கொண்ட மூலக்கூறுகளில் ஆய்வு செய்யும் வாய்ப்புகளைத் தேடும் நிலைகள் தோன்றவிருந்தன.

2

ரைபோசோமைத் தேர்ந்தெடுத்தேன்

'DNA' எனக் கூறியவுடன் பலரும் புரிந்ததுபோல் தலையாட்டுவது வழக்கம். நாம் அனைவருமே DNA என்பது எதனைக் குறிக்கிறது என்பதை உணர்ந்திருக்கிறோம், அல்லது உணர்ந்திருப்பதாக நம்புகிறோம். நாம் யார், என்பதைத் தீர்மானிப்பதும் நமது அடுத்த தலைமுறைக்கு நமது பண்புகளைக் கடத்துவதற்குக் காரணமானதும் DNAதான். இன்று நடைமுறை வாழ்க்கையில் பொருட்களின் அடிப்படைப் பண்புகளை உருவகப்படுத்திக் குறிப்பிடுவதற்கான குறியீட்டுச் சொல்லாகிவிட்டது 'DNA'. ஒரு பெரும் நிறுவனத்தைப் பற்றி கருத்துரைக்கும் போது அந்நிறுவனத்தின் DNAயில் அது இல்லை, இது இல்லை என்றெல்லாம் கூறும் அளவிற்கு, 'DNA' பலரும் அறிந்த நடைமுறைப் பயன்பாட்டுச் சொல்லாகிவிட்டது.

ஆனால் யாரிடமாவது 'ரைபோசோம்' என்று சொல்லிப் பாருங்கள். 'என்னது?' என்று முழிப்பார்கள். பல அறிவியலாளர்களும் அப்படித்தான். ஒரு சில ஆண்டுகளுக்கு முன் BBC வானொலியின் புகழ்பெற்ற அறிவியல் நிகழ்ச்சியான *Material world* எனும் தொடரை நிகழ்த்திக்கொண்டிருந்த குயின்டின் கூப்பர் என்னிடம், "கடந்த வாரம் வருகை புரிந்த ஒரு நிகழ்ச்சி விருந்தினர் 'ரைபோசோம் போன்ற சிறிய மூலக்கூறு பற்றிய நிகழ்ச்சிக்கு முழுத்தொடரையே ஒதுக்கியுள்ளீர்கள், 'கண்' பற்றி பேசும் எனக்கு நிகழ்ச்சியில் பாதி நேரம் தானா?" என்று கேள்வி எழுப்பி, கடுப்பாகி, ஆர்ப்பாட்டம் செய்துவிட்டார்" என்றார். ஆம், ரைபோசோம்கள் கண்களின் பகுதிகளில் மட்டும் அமைந்திருக்கவில்லை. அவை உயிரிகளின் அனைத்து உடல் செல்களிலும் உள்ளன. செல்களில் உள்ள அனைத்து உயிரி மூலக்கூறுகளும் ரைபோசோம்களால்தான் உருவாக்கப்பட்டவை. மூலக்கூறுகள் ரைபோசோம்கள் உருவாக்கும் என்சைம்களாலேயே தயாரிக்கப்பட்டவை. நீங்கள் இந்தப் பக்கத்தை வாசித்து முடிக்கும் வேளையில் உங்களது உடம்பில் டிரில்லியன் கணக்கிலான செல்களில் ஆயிரக்கணக்கான புரோட்டீன்களை ரைபோசோம்கள்

உற்பத்தி செய்துத் தள்ளியிருக்கும். பல மில்லியன் உயிரினங்களுக்குக் கண்கள் இல்லை. ஆனாலும் அவ்வுயிரிகள் அனைத்திற்கும் ரைபோசோம்கள் தேவை. ரைபோசோம்களையும் புரோட்டீன்கள் தயாரிப்பில் அவற்றின் பங்களிப்பையும் கண்டுபிடித்தது இன்றைய உயிரியல் கண்டுபிடிப்புகளின் உச்சம் என்றே கூறலாம்.

உயிரியல் படிப்பிற்கென நான் கலிபோர்னியா வந்தபோது பிற இயற்பியலாளர்களைப் போன்று எனக்கும் 'ரைபோசோம்' என்றால் என்னவென்று தெரியாது. 'ஜீன்'களைப் பற்றி ஏதோ பெயரளவில் சற்றுத் தெரிந்திருந்தது. நமது முன்னோர்களிடமிருந்து பண்புகளை நாம் ஜீன்களின் மூலம் பாரம்பரியமாகப் பெற்றுக்கொள்கிறோம் என்ற அளவில் எனக்குத் தெரிந்திருந்தது. ஜீன்களைப் பற்றி இதற்கு மேலும் செய்திகள் உண்டு என்பதைப் பிறகு அறிந்துகொண்டேன். கருமுட்டை எனும் ஒற்றைச் செல்லிலிருந்து முழுமையான ஓர் உயிரி தோன்றுவதற்கான வகைமுறைச் செய்திகளைக் கடத்தும் அலகுகள் ஜீன்களே என்பதனையும் தெரிந்துகொண்டேன். உடலின் அனைத்துச் செல்களிலும் ஜீன்களின் தொகுப்பு முழுமையாக ஒன்றுபோலவே உண்டெனினும் அனைத்தும் ஒரே நேரத்தில் செயல்படுவதில்லை. செயல்படும் ஜீன் தொகுப்புகள் திசுக்கள் தோறும் வேறுபடுகின்றன. உதாரணமாக ரோமம் அல்லது தோலின் திசுச் செல்களில் உள்ள ஜீன்கள் ஒன்றுபோலவும் ஒரே மாதிரியான வரிசை அடுக்கமைவிலும் இருந்தாலும் ரோமம் அல்லது தோல் செல்களில் முறையே செயல்படும் ஜீன் தொகுப்புகளும் கல்லீரல் அல்லது மூளைச் செல்களில் செயல்படும் ஜீன் தொகுப்புகளும் ஒரே மாதிரியானவை அல்ல. அதாவது அனைத்துச் செல்களிலும் உள்ள ஜீன்கள் மாறுபட்ட செல்களில் வேறுபட்ட நேரத்தில் செயலாற்றுகின்றன அல்லது செயலை நிறுத்திக்கொள்கின்றன. இப்போது இங்கு உருவாகும் கேள்வி 'ஜீன் என்றால் என்ன?' என்பதாகும்.

ஒரு ஜீன் என்பது நீண்ட DNA மூலக்கூறு தொடரமைப்பு. இம்மூலக்கூறு தொடரில் ஒரு செல்லின் செயல்பாட்டிற்குத் தேவையான ஒரு புரோட்டீனை எவ்விதம், எப்போது உருவாக்க வேண்டும் எனும் குறிப்புச் செய்தி அமைந்திருக்கும். உயிரியின் உடலில் நிகழும் பல்லாயிரக்கணக்கான செயல்களையும் புரோட்டீன்களே நிகழ்த்துவிக்கின்றன. தசைகளின் இயக்கத்தை அவைதான் நடத்துவிக்கின்றன. ஒளியுணர்வு, தொடுதல் உணர்ச்சி, வெப்பமறிதல் போன்ற செயல்பாடுகளுக்கும் அவையே காரணம். நோய்களை எதிர்த்து உடல் போரிடுவதிலும் இவை பங்கேற்கின்றன. நுரையீரலிலிருந்து தசைகளுக்கு ஆக்ஸிஜனைக் கொண்டுசெல்வதும் புரோட்டீன்கள்தான். நினைத்தல், நினைவில் கொள்ளுதல் போன்றவற்றுக்கும் அவை காரணமாகின்றன. தேவையான புரோட்டீன்களை உருவாக்கம் செய்வதும் என்சைம்கள் எனப்படும் புரோட்டீன்கள்தான். இவ்வகையில் புரோட்டீன்கள் செல்லிற்கான அமைப்பையும் வடிவத்தையும் தருவதோடு அதன் செயல் திறன்களிலும் முக்கியத்துவம் பெறுகின்றன.

DNA மூலக்கூறின் ஒரு சிறிய பகுதியில் உள்ள செய்தி எவ்விதம் புரோட்டீன் தயாரிப்பிற்குக் காரணமாகிறது என அறிந்தது அரியதொரு அறிவியல் கண்டுபிடிப்பு. இது DNA அமைப்பு, செயல்திறன் ஆகியவற்றைக் கண்டுபிடித்த பத்தாண்டுகளில் உச்சநிலைக் கண்டுபிடிப்பு எனலாம்.

இந்நிலையின் துவக்கம் 1953இல் ஜேம்ஸ் வாட்சனும் ஃபிரான்சிஸ் கிரிக்கும் வெளியிட்ட DNA இரட்டை வடம் அமைப்பு பற்றிய புகழ்பெற்ற ஆய்வுக் கட்டுரையில் ஆரம்பிக்கிறது. அன்றிலிருந்து 10 ஆண்டுகளுக்குள் மரபுப் பண்புகள் கடத்தலில் DNAவின் பங்களிப்பு, கடத்தப்படும் முறைகள் போன்றவை தெளிவாகின. மரபுப் பண்புகளை வெளிப்படுத்துதலுக்கான புரோட்டீன்களை DNA மூலக்கூறின் சிறு சிறு பகுதிகள் எவ்விதம் உருவாக்க உதவிடும் எனும் செய்தி அறிவியலில் முக்கிய நிலையைப் பெற்றது. பொதுவாக ஒரு மூலக்கூறின் அமைப்பு அம்மூலக்கூறானது அமைப்பு ரீதியில் எவ்விதம் செயல்படும் என்பதனைத் தெரிவித்துவிடுவதில்லை. அதிலும் குறிப்பாக DNAயில் அம்மூலக்கூறு எவ்விதம் செய்திகளை எடுத்துச் செல்லும் என்பதும் எவ்விதம் தன்னைத்தானே பெருக்கிக்கொள்ளும் என்பதும் உடனடியாகத் தெரியவில்லை. மரபுப் பண்புகள் பற்றிய செய்திகள், செல்கள் பிரிந்து புதிய செல்கள் தோன்றுகையில் எவ்விதம் கடத்தப்படுகின்றன, எவ்விதம் அடுத்த தலைமுறை அச்செய்திகளைப் பெற்றுக்கொள்கிறது போன்றவை நீண்ட நாளைய மர்மங்களே.

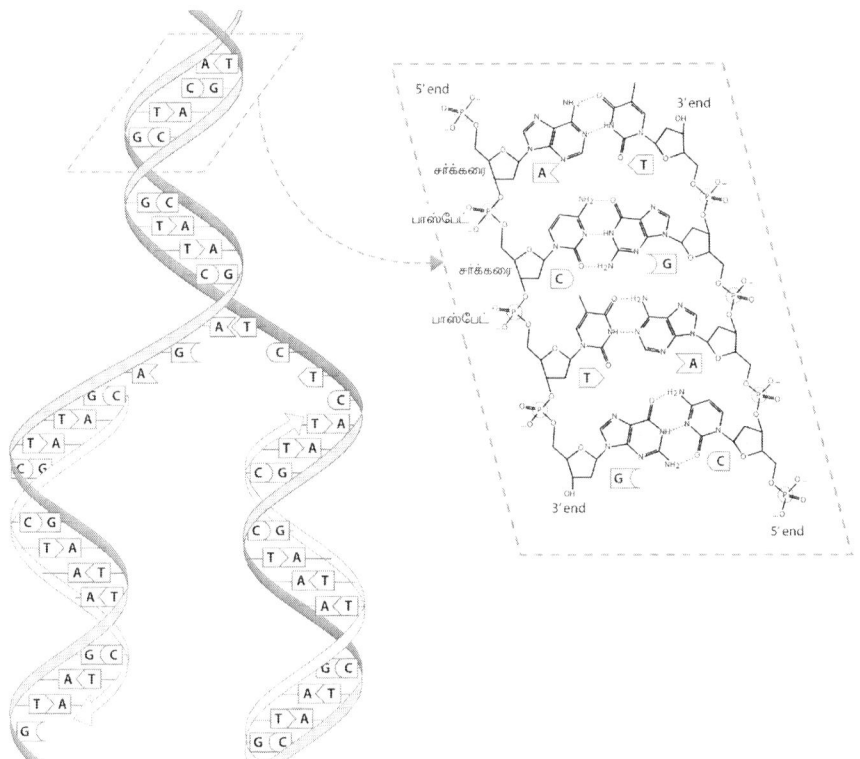

படம் 2.1 DNA அமைப்பு

ஒவ்வொரு மூலக்கூறிலும் இரண்டிரண்டு DNA தொடர்கள் உள்ளன. இத்தொடர்கள் நேரெதிர் அமைப்பில் இரட்டை வடச் சங்கிலி போன்று திருகு வடிவில் (Double helix) அமைக்கப்பட்டுள்ளன. இதில் ஒவ்வொரு

தொடரிலும் முதுகெலும்பமைப்பாகச் சர்க்கரை, பாஸ்பேட் தொகுப்புகள் அடுத்தடுத்து உள்ளன. A, T, C, G (Adenine, Thymine, Cytosine, Guanine) எனும் நான்கு உப்பு மூலங்கள் மையத்திலுள்ள சர்க்கரை மூலக்கூறுகளுடன் இரட்டை வடத் திருகின் உள்நோக்கி இணைந்துள்ளன.[1] இவ்வமைப்பில் இரட்டை வடத்தின் ஒரு தொடரில் உள்ள 'A' வேதியியல் ரீதியில் இணையின் அடுத்த தொடரின் T–யுடன் பொருந்தியுள்ளது. இவ்வமைப்பு வாட்சனின் மிக அரிய கண்டுபிடிப்பு. மேலும் அவர், ஒரு தொடரின் A மற்றொரு தொடரின் வேறு மூலங்களுடன் இணையாமல் T–யுடன் மட்டுமே இணையும் என்றும் அதேபோன்று G எனும் உப்பு மூலம் C–யுடன் மட்டுமே இணையும் என்றும் தெரிவித்தார். AT அல்லது CG உப்பு மூல இணையின் வடிவம் ஒரே மாதிரியாக இருக்கும். அதாவது உப்பு மூலங்களின் வரிசை முறை மாறியிருந்தாலும் இரட்டை முறுக்கு வடத்தின் வடிவமும் பருமனும் மாறாதிருக்கும். இத்தகைய உப்பு மூல இணைவுகளின் அமைப்புமுறை இணையான அடுத்த வடத்தின் உப்பு மூல அடுக்கு அமைவில் எப்படி இருக்கும் என்பதனைத் தெளிவாக உணர்த்துவதாக இருக்கும்.[2] இதனால் செல்கள் பிரியும் வேளையில் பிரிவடையும் இரு வடங்களும்

---

1. மொழிபெயர்ப்பாளரின் குறிப்பு 1:

DNA அமைப்பை உணர்ந்துகொள்ள ஓர் மூங்கில் ஏணியை மனதில் உருவகித்துக் கொள்ளுங்கள். அந்த ஏணி திருகலாக (சுழல் படிக்கட்டுகளைப் போன்று) இருப்பதாகவும் எண்ணிக்கொள்ளுங்கள். இந்த ஏணியின் படிக்கட்டுகள்தான் AT, GC அல்லது TA, CG. படிக்கட்டுகள் நீண்ட மூங்கில் கட்டைகளில் அடுத்தடுத்து சொருகியிருக்கும் அல்லவா, அப்படி சொருகிய இடங்களே சர்க்கரை மூலக்கூறுகள். ஆக, அந்த மூங்கில் கட்டைகள் இரண்டும் அடுத்தடுத்த சர்க்கரை – பாஸ்பேட் – சர்க்கரை – பாஸ்பேட் என நீண்டு உள்ளன. (நாம் ஏணியில் ஏறும்போது A–T, G–C படிக்கட்டுகளில் கால் பதித்து சர்க்கரை – பாஸ்பேட்டு மூங்கில்களைப் பிடித்துக்கொண்டு ஏறுகிறோம்.) இப்போது DNA அமைப்பை உணர்ந்திருப்பீர்கள்.

2. மொழிபெயர்ப்பாளர் குறிப்பு 2:

A – அடினைன், T – தைமின், G – குவனைன், C – சைட்டோசின்

சர்க்கரை $_{+}$A ________________ T$_{+}$சர்க்கரை

சர்க்கரை $_{+}$A .... ?

சர்க்கரை $_{+}$A ________________ T$_{+}$சர்க்கரை

சர்க்கரை $_{+}$G ________________ C$_{+}$சர்க்கரை

சர்க்கரை $_{+}$G .... ?

சர்க்கரை $_{+}$G ________________ C$_{+}$சர்க்கரை

இதே போன்று

சர்க்கரை $_{+}$T ________________ A$_{+}$சர்க்கரை

சர்க்கரை $_{+}$C ________________ G$_{+}$சர்க்கரை

இதனால்

சர்க்கரை $_{+}$A என்பது அதற்கு இணையாக அமைய வேண்டிய T$_{+}$சர்க்கரையின் நகல் அச்சு

இவ்வாறே

சர்க்கரை $_{+}$T, சர்க்கரை $_{+}$G, சர்க்கரை $_{+}$A போன்றவை முறையே

A$_{+}$சாக்கரை

C$_{+}$சர்க்கரை

T$_{+}$சர்க்கரை போன்றவற்றின் நகல் அச்சுகள் ஆகும்.

பிரிவடைந்துவிட்ட அடுத்த வடத்தை உருவாக்கும் 'நகல் அச்சு' எனும் *template*களாக இருக்கும். இவ்வகையில் ஜீன்கள் தங்களது நகல்களை உருவாக்கிக்கொள்ள முடிகிறது. இப்படியாகப் பல நூற்றாண்டுகளுக்குப் பிறகு மரபுப் பண்புகள் எவ்விதம் ஒரு தலைமுறையிலிருந்து அடுத்த தலைமுறைக்குக் கடத்தப்படுகிறது என்பதனை மூலக்கூறுகள் அடிப்படையில் அறிந்துகொண்டுள்ளோம்.

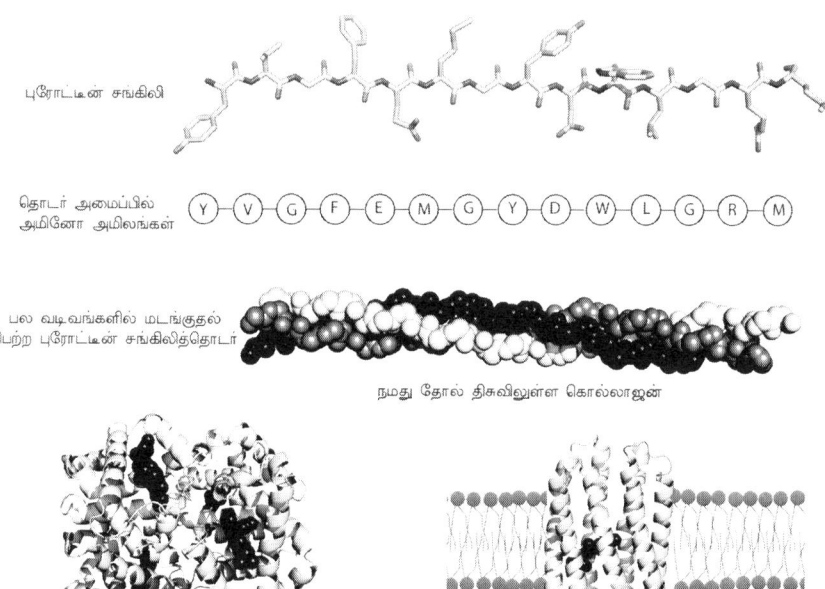

படம் 2.2 புரோட்டீன்கள்

DNA மூலக்கூறின் அமைப்பை அறிந்ததன் மூலம் ஜீன்கள் எவ்விதம் பிரிந்து அடுத்த தலைமுறைக்குக் கடத்தப்படுகின்றன என்பது தெரிய வந்தது. ஆனால் ஜீன்களில் உள்ள செய்திகளின் அடிப்படையில் பண்புகளைத் தோற்றுவிப்பதற்கான புரோட்டீன்கள் எவ்விதம் உற்பத்தி செய்யப்படுகின்றன என்பது ஆரம்ப நிலையில் தெரியவில்லை. பிரச்சினை என்னவென்றால் ஒவ்வொரு DNA தொடரும் 4 வகை உப்பு மூலங்களால் மட்டுமே கட்டப்பட்டுள்ளன. ஆனால் DNAயால் தோன்றும் புரோட்டீன்களும் அவற்றின் அமைப்புகளும், அவற்றிலுள்ள அமினோ அமிலங்களும் வரிசையமைப்புகளும் இணைப்புகளும் வேறு மாதிரியானவை. இயற்கையில் 20 வகை அமினோ அமிலங்கள் உண்டு. இவற்றால் உருவான புரோட்டீன்கள் எண்ணற்ற வகைகளாகும். ஒவ்வொரு புரோட்டீனிலும் அமினோ அமில எண்ணிக்கையும் வரிசையமைப்பு முறைகளும் மாறுபட்டவை. புரோட்டீன் சங்கிலிகள் குறிப்பிட்ட வகையில் மடங்குதல்களும் வடிவங்களும் கொண்டுள்ளன. அவ்வகையில்தான் அவை செயல்பட இயலும். இவ்வமைப்புகளுக்கான வடிவக் குறிப்புகளும் அமினோ

அமில வரிசைத் தன்மையிலேயே உள்ளது. DNAயில் உள்ள மூலங்களின் இணைவுகளே புரோட்டீன்களின் அமினோ அமில வரிசைகளையும் தீர்மானிக்கின்றன. இதை கிரிக் கண்டுபிடித்தார். ஆனால், இவையெல்லாம் எவ்விதம் நிகழ்கின்றன என்பது கேள்விக்குறியாகவே நின்றது.

பத்தாண்டுகளுக்கு மேல் பல விஞ்ஞானிகள் ஆய்வுகளை மேற்கொண்டனர். இவற்றின் பலனாக DNAயின் மரபுப் பண்பானது செய்தியாக எவ்விதம் செல்லினுள் கடத்தப்படுகிறது என்பது தெரிய வந்தது. நீண்ட தொடராகவுள்ள DNAயில் மரபுப் பண்புக் குறிப்பு உள்ள பகுதிகள் ஜீன்கள் எனப்படுகின்றன. இவற்றிலிருந்து செய்திக்கான உப்பு மூலங்களின் அடுக்கு வரிசை RNA மூலக்கூறு எனும் தூதுவர் RNAக்கு நகலெடுக்கப்படுகிறது. இதை mRNA *(messenger* RNA) அல்லது செய்தி RNA எனவும் சொல்வதுண்டு. mRNA செய்தியை செல்லின் தேவையான பகுதிக்குக் கடத்துகிறது. RNA என்பதன் விரிவாக்கம் ரைபோ நியூக்ளிக் அமிலம் என்பதாகும். RNA மற்றும் DNA வேறுபடுவது அவற்றிலுள்ள சர்க்கரை அமைப்பால்தான். RNAயில் உள்ள சர்க்கரையில் ஓர் அதிகப்படியான ஆக்ஸிஜன் உண்டு. DNAயில் அது இல்லை. எனவேதான் DNAவானது டியாக்ஸி ரைபோ நியூக்ளிக் அமிலம் என்பதாகும். RNA, DNAக்கு மற்றுமொரு வேறுபாடும் உண்டு. DNAவில் உள்ள தைமின் (T) எனும் உப்பு மூலத்திற்குப் பதிலாக RNAவில் யூராசில் (U) எனும் உப்பு மூலம் அமைந்திருக்கும்.

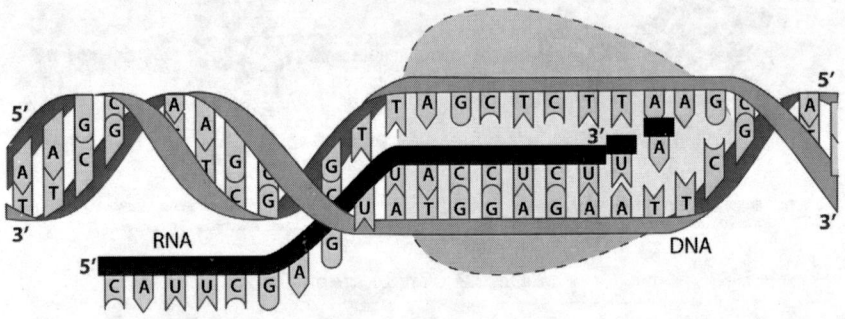

படம் 2.3 நுண்குறிப்பேற்றுதல் – ஓர் ஜீனிலுள்ள DNAயின் நுண்குறிப்புகள் தூதுவர் RNAயில் நகலெடுக்கப்படுதல்

நான்கு உப்பு மூலங்களால் 20 வகை அமினோ அமிலங்கள் இணைக்கப்படுவது எவ்விதம் சாத்தியப்படும்? இது ஒரு முக்கியக் கேள்வி. இது நீண்ட செயல்முறைக் குறிப்புகள் கொண்ட வாக்கியத்தை வேற்றுமொழி அகரவரிசையால் சுருக்கி எழுதுவது போன்றது. DNAயில் அமைந்துள்ள A, T, C, G எனும் உப்பு மூலங்கள் அடுத்தடுத்து உள்ள நீண்ட தொடரில் மூன்று மூன்றாக உணரப்படுகின்றன. இவை ஒவ்வொன்றிற்கும் 'நுண் குறிப்புத் துணுக்கு' என்று பெயர். இத்தகைய 'நுண் குறிப்புத் துணுக்கு'களைப் பற்றி ஏற்கெனவே கிரிக் ஓரளவு ஊகித்திருந்தார். அதன்படி tRNA எனும் செயலி RNAயின் ஒருமுனையில் 'நேரெதிர் குறிப்புத் துணுக்கு' எனும் முக்கூட்டு உப்பு மூலங்களும் மறுமுனையில் அதற்கான அமினோ அமிலமும் அமைந்திருக்கும். முக்கூட்டு உப்பு மூலங்கள் துல்லியமாக mRNA எனும் தூதுவர் RNAயின் நேர் கோடான் எனும் முக்கூட்டு நுண் குறிப்புத் துணுக்குடன் இணையும்

இயல்பு கொண்டிருக்கும். இவ்விதம் mRNAவின் நேர் நுண் துணுக்கு tRNAவின் எதிர் நுண் துணுக்கினைக் கவர்ந்திழுத்து இணைந்திருப்பது இரட்டைவட DNAவில் எதிரெதிர் உப்பு மூலங்களின் இணைவிற்கு நிகரானது. mRNAவின் அடுத்த நேர் நுண்குறிப்புத் துணுக்கினை மற்றொரு tRNAவின் எதிர் நுண் குறிப்புத் துணுக்கு அடையாளம் கண்டு இணைகிறது. இவ்வகையில் இணையும் ஒவ்வொரு tRNAவும் தங்களது மற்றொரு முனையில் முக்கூட்டு உப்பு மூலங்களுக்கான உரிய அமினோ அமிலத்துடன் சேர்ந்து அதை இழுத்துவருகின்றன. ஆக நேர் – எதிர் நுண்குறிப்புத் துணுக்குகளின் பல முக்கூட்டு இணைப்புகளால் குறிப்புகளுக்கேற்ற அமினோ அமிலங்களும் வரிசைப்படி அமைக்கப்பட்டுவிடுகின்றன.

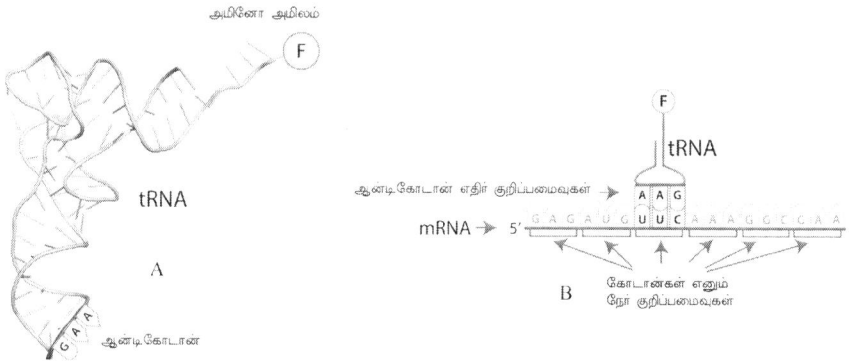

படம் 2.4 A) அமினோ அமிலங்களைக் கொணரும் tRNA.
இது mRNAயின் குறிப்பை உணர்கிறது.
B) ஆன்டிகோடான் எதிர் குறிப்பமைவுகள் கோடான்கள் எனும் நேர் குறிப்பமைவுகள்

இத்தகைய இணைவு நிகழ்வுகள் தாமாக ஏற்படவில்லை என்பது அடுத்த பெரிய கண்டுபிடிப்பு. ஒரு செல்லின் எப்பகுதியில் DNAவிலிருந்து விடுபடும் mRNA எனும் தூதுவர் RNAக்களின் நுண்குறிப்புகள் உணரப்பட்டு புரோட்டீன்கள் தோற்றுவிக்கப்படுகின்றன என்பதைச் செல்லியல் விஞ்ஞானிகள் பிறகு கண்டுபிடித்தனர். இவர்கள் செல்லினுள் பல சிறிய துகள்கள் உண்டு எனவும் அங்குதான் புரோட்டீன் தயாரிப்பிற்கான mRNAவின் நுண்குறிப்புச் செய்திகள் மொழிபெயர்க்கப்பட்டு புரோட்டீன் உருவாக்கச் செயல்கள் நடைபெறுகின்றன எனவும் உணர்ந்தனர். ஒரு ரோமத்தின் குறுக்குவிட்ட அளவில் சுமார் 4000 துகள்கள் அமையும் அளவிற்கு அவை மிக நுண்ணியவை. பாக்டீரியங்களிலிருந்து மனிதன் வரை அனைத்து உயிரிகளின் செல்களிலும் இந்த நுண் துகள்கள் ஆயிரக்கணக்கில் உள்ளன. மூலக்கூறு ரீதியாகக் கணக்கிட்டால் அவை எண்ணிலடங்காதவை. இத்துகள்கள் ஒவ்வொன்றிலும் ஏறக்குறைய 50 புரோட்டீன்களும் 3 பெரிய RNA துண்டுகளும் (mRNA, tRNAவை அடுத்து மற்றொரு RNAவும் உள்ளது) அடங்கியுள்ளன. செல்களில் ‘மைக்ரோசோம்’ எனும் நுண் உறுப்புகள் உண்டு. அவற்றிலிருந்து உருவான துணுக்குகள் இவை எனக் கருதி இவற்றை அன்றைய விஞ்ஞானிகள் ‘மைக்ரோசோம் துகள்களின் ரைபோநியுக்ளியோபுரோட்டீன் துகள்கள் (‘ribonucleoprotein particles of the microsomal fraction') என்றனர். இப்பெயர் பயன்பாட்டிற்கு மிக நீண்டது. எனவே 1950களின் இறுதிக் காலத்தில் நிகழ்ந்த ஓர் கருத்தரங்கில் ஹாவர்டு டின்சிஸ் (Howard Dintzis) இதைச் சுருக்கமாக 'ரைபோசோம்' எனப் பெயரிட்டார். அப்பெயர் நிலைத்துவிட்டது. ரைபோசோமின் எந்தப் பகுதியின் வழியாகப் புரோட்டீன் சங்கிலித் தொடர் வளர்ந்து நீட்சியடையும் என்பதையும் டின்சிஸ் தெரிவித்தார். 30 வருடங்களாக ரைபோசோம் துறையில் ஆய்வு செய்துவரும் நான், டின்சிஸ் பற்றியும் அவரது ஆய்வுகள் குறித்தும் அறியாதிருந்தேன் என்பது எனக்கு நெருடலாகவே இருந்தது. ஒருவழியாக 2009இல் ஜான்ஸ் ஹாப்கின்ஸ் பல்கலைக்கழகத்தில் விரிவுரைக்காக அழைக்கப்பட்டிருக்கும் வேளையில் அவரைச் சந்திக்கும் வாய்ப்பினைப் பெற்றேன். 'ரைபோசோம்' எனும் பெயரை ஏற்படுத்தியதற்கு அவர் அன்றும் பெருமையுடன் மகிழ்ந்திருந்தார்.

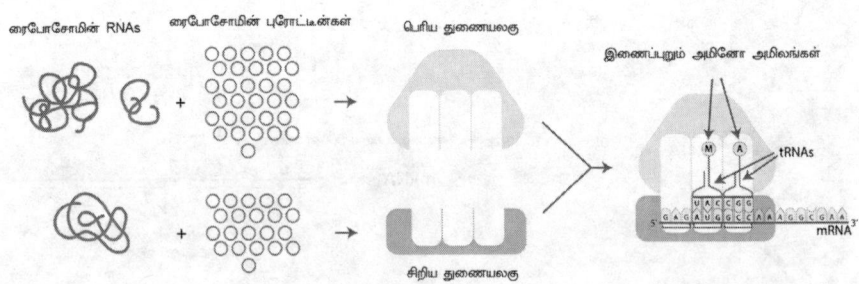

படம் 2.5 ரைபோசோம்களின் அமைப்புப் பொருட்கள்

முழுமையான ரைபோசோம் ஒன்றினுள் ஒரு மில்லியன் அணுக்கள் உண்டு. ரைபோசோம்கள் நமது ஜீன்களுக்கும் புரோட்டீன்களுக்கும் இடையிலான இணைப்புப் பாலங்கள். இவை நமது வாழ்வின் உயிர்த்தன்மைக்கான மிக முக்கிய அமைப்புகள். இந்த உண்மையைப் பலரும் அறிந்திருந்தாலும் அமைப்பு ரீதியாக இவை இரண்டு பகுதிகளைக் கொண்ட மென்கோளங்கள் என்று மட்டுமே அறிந்திருந்தனர். அது குறைவான அறிதல், மேலும் அறிதல் வேண்டும். எவ்விதமோ ரைபோசோமில் இணைந்துள்ள mRNA–யானது tRNA–யால் கொண்டுவரப்படும் அமினோ அமிலங்களைத் தொகுத்து புரோட்டீன்களை உருவாக்கிவிடுகிறது. இந்நிகழ்ச்சிக்கான அமைப்புகளைத் தெரிந்துகொள்ளாமல் எவ்விதம் இச்செயல்களைப் புரிந்துகொள்வது?

நீங்கள் உங்களைச் செவ்வாய் கிரகவாசியாக உருவகித்துக் கொள்ளுங்கள். விண்வெளியிலிருந்து பூமியை உற்று நோக்குகிறீர்கள். பூமியின் மேற்பரப்பில் மிகச் சிறிய பொருட்கள் நேர்கோட்டுப் பாதையில் செல்வதையும் சில வேளைகளில் செங்கோணத்தில் திரும்பி நகர்வதையும் காண்பீர்கள். இன்னும் சிறிது நெருங்கி உற்று நோக்குங்கள். நீங்கள் முதலில் பார்த்த மிகச்சிறிய பொருட்களினுள் மிக நுண்ணிய பொருட்கள் நுழைவதையும் உடனே மிகச் சிறிய பொருட்கள் நகர்வதையும் காண்பீர்கள். மிக நுண்ணிய பொருட்கள் வெளியேறினால் மிகச் சிறிய பொருட்கள் நின்றுவிடுவதையும் காண்பீர்கள். உங்களிடம் துல்லியமான உணர்

உறுப்புகள் இருந்தால் நகரும் அப்பொருட்கள் ஹைடிரோகார்பன்களையும் ஆக்ஸிஜனையும் உள்ளிழுத்துக் கொண்டு கார்பன்–டை–ஆக்ஸைடு, நீர், சில மாசுப் பொருட்கள், வெப்பம் ஆகியவற்றை வெளியேற்றுவதையும் நீங்கள் உணரலாம். அவ்விதம் நகர்ந்து செல்லும் அப்பொருள் என்ன? என்று உங்களுக்குத் தெரியாது. என்ன பொருள் என்று தெரியாமல் அது எப்படி செயல்படும் என்று உங்களுக்குத் தெரியப் போவதில்லை. அந்த நகரும் பொருளின் கட்டமைப்பை அறிவதன் மூலம் மட்டுமே அதிலுள்ள நூற்றுக்கணக்கான பகுதிகளையும் அப்பகுதிகள் இணைந்து செயல்படும் எஞ்ஜின் ஒன்று உள்ளது என்பதையும் அறியவியலும். அந்த எஞ்ஜின் எனும் இயந்திரம் அதனுடன் இணைந்த 'சுழல் மாற்றித் தண்டினைச் (Crankshaft) சுழலச் செய்து அதன் தொடர்ச்சியாகச் சக்கரங்களையும் சுற்றச் செய்கிறது என்பதனையும் காணலாம். மேலும் சற்றுக் கூர்ந்து நோக்கினால் அந்த எஞ்ஜினில் 'முசலகம்' எனும் பிஸ்டன் அமைப்பு கொண்ட அறைகள் உண்டு என்பதைக் காணலாம். ஒரு பொறியூட்டி எரிபொருள், ஆக்ஸிஜன் கலவையைக் கொளுத்தி பிஸ்டனை முன்னோக்கித் தள்ளுகிறது என்பதை உணரலாம்.

இதைப் போன்றதுதான் மூலக்கூறுகள் பற்றி அறிந்துகொள்ளுதலும். DNA மூலக்கூறின் முழுமையான அமைப்பினை நாம் அறிந்துகொண்டது ஒரு பெரும் புரட்சியையே ஏற்படுத்திவிட்டது. எவ்விதம் DNA மரபுச் செய்திகளைக் கொண்டிருக்கிறது, அடுத்த தலைமுறைக்கு அவற்றைக் கடத்துகிறது, மரபுச் செய்திகளைப் பரப்புகிறது என்பனவற்றையெல்லாம் அறிதல் எளிதாயிற்று. ஆனால் ரைபோசோம் DNA மூலக்கூறுகளைப் போன்று அத்தனை எளிமையான அமைப்புக் கொண்டதல்ல. அதன் அமைப்பு நம்மை வியக்கவைக்கும் வகையில் மிகச் சிக்கலான தன்மை கொண்டது.

DNAவின் அமைப்பு, செயல்திறன் குறித்தெல்லாம் மிக விரிவான ஆய்வுகள் மேற்கொண்ட கிரிக் (Crick) போன்ற புகழ்பெற்ற விஞ்ஞானிகள் ரைபோசோமைக் கண்டுகொள்ளாமல் பிற ஆய்வுகளுக்குக் கடந்து சென்றுவிட்டனர். கிரிக்கினுடைய சக ஆய்வாளர்களில் ஒருவரான சிட்னி பிரன்னர் (Sydney Brenner) mRNAவைக் கண்டுபிடித்தவர்களில் ஒருவர். இவர் 1960இல் ரைபோசோம்களைப் பற்றிக் கூறும்போது மிகவும் அலட்சியமாக 'ரைபோசோமின் அமைப்பை அறிய ஆய்வுகள் மேற்கொள்வது அற்பமான வேலை. இத்தகைய வேலையை கேம்பிரிட்ஜில் செய்ய வேண்டிய அவசியமில்லை. இதை அமெரிக்கர்கள் பார்த்துக்கொள்வார்கள்' எனக் கூறிவிட்டார். இதைக் கேள்விப்படுகையில் தீர்க்க முடியாத வியட்நாம் போர் குறித்து செனட்டர் ஜியார்ஜ் அய்க்கன் கூறியது நினைவில் தோன்றுகிறது. அவர் அமெரிக்கர்களாகிய நாமே, அமெரிக்கா வெற்றி பெற்றதாக அறிவித்துவிட்டு வெளியேறிவிட வேண்டியதுதான் என்றார். தொடர்ந்து ரைபோசோம் பற்றிய ஆய்வுகளில் ஈடுபட்டிருந்தது மூத்த மூலக்கூறு உயிரியல் விஞ்ஞானி வாட்ஸன் ஒருவர்தான். தனது ஆய்வகத்திற்கு வந்திருந்த ஜெனீவாவின் உயிர்–வேதியலாளர் ஆல்ஃபிரட் டிஸ்ஸியர்ஸ்ஸுடன் (Alfred Tissieres) வாட்ஸன் ரைபோசோம் ஆய்வில் ஈடுபட்டிருந்தார். இதை நாற்பது ஆண்டுகளுக்குப் பிறகு 2001இல் 'கோல்ட் ஸ்பிரிங் ஹார்பரில்' நிகழ்ந்த ஒரு

கூட்டத்தில் வாட்ஸன் நினைவுகூர்ந்தார். "அன்றே ரைபோசோம் அமைப்பு எவ்வளவு சிக்கலானது என்பதை உணர்ந்த நான் அதைப்பற்றி முழுவதுமாக என்றும் நாம் அறியவியலாது எனும் முடிவிற்கு வந்துவிட்டேன்" எனத் தெரிவித்தார்.

மாரிசியோ மோன்டலின் (Mauricio Montal) ஆய்வகத்தில் பணியாற்றத் துவங்குகையில் ரைபோசோம் பற்றி நான் நினைக்கவேயில்லை. அங்கு ஒரு சில மாதங்களுக்குப் பிறகு 'சயின்டிஃபிக் அமெரிக்கன்' இதழில் ரைபோசோம் பற்றிய ஒரு கட்டுரையை வாசிக்க நேரிட்டது. அக்கட்டுரை எனது வாழ்க்கையை மாற்றி அமைப்பதாக அமைந்தது. அதில் நியூட்ரான்களைச் சிதறச் செய்யும் தொழில்நுட்பத்தின் மூலம் ரைபோசோமின் பல புரோட்டீன்களை எவ்விதம் பிரித்து அறியலாம் எனத் தெரிவிக்கப்பட்டிருந்தது. நியூட்டிரான் பரவல் எனும் செய்முறை நுட்பம் இயற்பியலாருக்குத் தெரிந்திருப்பினும் அன்று அம்முறை உயிரியலில் பயன்படுத்தப்படாமல் இருந்தது. அக்கட்டுரையின் ஆசிரியர்கள் டான் எங்கிள்மேன் (Don Engelman), பீட்டர் மூர் (Peter Moore) ஆகியோர். டானை ஏற்கெனவே அறிவேன். நான் இயற்பியலிலிருந்து உயிரியல் ஆய்வுகளுக்கு மாறிவிடலாம் என எண்ணிக்கொண்டிருந்த காலத்தில் இவர் தமது ஆய்வகத்தில் என்னை முதுமுனைவராக (Post doctoral) இணைத்துக்கொள்வதில் ஆர்வம் கொண்டிருந்தார். அன்று உயிரியல் பயிலாத நிலையிலேயே எனக்கு அவர் ஆய்வகத்தில் வாய்ப்பளிக்க விரும்பிய நிலையில், இன்று நான் உயிரியல் பயின்று ஓராண்டு கால ஆய்வகப் பயிற்சிகளிலும் தேர்ச்சியடைந்திருக்கும் தகுதியுடன் உள்ளேன். அவர் மேலும் ஆர்வத்துடன் என்னை வரவேற்றிருப்பார் என எண்ணிக்கொண்டேன். அவருடன் ஆய்வுகள் மேற்கொள்ளத் தேவையான பயிற்சிகளை நான் இன்று பெற்றிருப்பதால் மீண்டுமொரு முறை உயிரியலில் PhD பட்டம் பெறுவதற்கு அவசியமில்லை என்றே கருதினேன்.

படம் 2.6 ரைபோசோம் ஆய்வில் முன்னோடிகளான
ஆல்ஃபிரட் டிஸ்ஸியரும் ஜேம்ஸ் வாட்சனும்

எனவே டானுடனான எனது பழைய கடிதத் தொடர்பை நினைவு படுத்தி, இப்போது நான் முதுமுனைவர் ஆய்வுநிலைக்குத் தயார் எனக் கடிதம் எழுதினேன். நான் இப்போது இணைந்திருக்கும் மாரிசியோவைப் போன்றே டானுக்கும் செல் படலங்கள், அவற்றிலுள்ள புரோட்டீன்கள் ஆகியவற்றின் மீது ஆர்வம் உண்டு என்பதை நான் அறிவேன். இவை பற்றி அவருடைய ஆய்வகத்தில் ஆய்வு செய்ய விரும்புகிறேன எனத் தெரிவித்தேன். இதற்குப் பதிலெழுதிய டான் தற்போது என்னைச் சேர்த்துக் கொள்வதற்கான வசதி தன்னிடம் இல்லை எனத் தெரிவித்தார். மேலும் அவர், தனது உடன் – ஆய்வாளர் பீட்டர் மூரிடம் ஓர் இடமுள்ளது எனவும் அங்கு சேர்ந்துகொண்டு நான் வழக்கமாகச் செய்யும் ரைபோசோம் ஆய்வுகளையும் 'நேரம் கிடைக்கும் வேளை'களில் அவருடைய செல்படல ஆய்வுகளையும் மேற்கொள்ளலாம் எனத் தெரிவித்தார். ரைபோசோம் ஆய்வுகளின் முக்கியத்துவத்தை உணர்ந்திருந்த நான் அத்திட்டத்திற்குச் சம்மதம் தெரிவித்தேன். ஆனால் டான் தெரிவித்த 'நேரம் கிடைக்கும் வேளை' என்பது அமையவேயில்லை.

டான் ஆலோசனைப்படி பீட்டரைத் தொடர்புகொண்டேன். தான் சான் டிகோவிற்கு ஒரு கருத்தரங்கத்திற்கென வருவதாகவும் அப்போது சந்திக்கலாம் என்றும் அவர் கடிதம் எழுதியிருந்தார். நான் அவரைச் சந்திக்கச் சென்றேன். பழுப்பு நிற கார்டுராய் கோட்டுடன் மிக நேர்த்தியான ஆடையணிந்து தடித்த ஃபிரேம் கண்ணாடியுடன் அமெரிக்காவின் பெருமை மிகு *Ivy League* தரத்திலுள்ள பல்கலைக்கழகங்களின் அறிவார்ந்த மனிதராகக் காட்சிதந்தார். அவர் உண்மையில் மிகுந்த அறிவார்ந்தவரே. அவர் தனது வாழ்வின் துவக்கத்திலிருந்தே புகழ்பெற்ற கல்வி நிறுவனங்களில் பயின்றவர்; பணியாற்றியவர். பிற சாதாரண மான நிறுவனங்களில் வாழ்க்கை எப்படியிருக்கும் என்பதை அவர் உணர்ந்திருப்பாரா என்பது சந்தேகமே. அவரின் தந்தை ஹார்வர்டு பல்கலைக்கழகத்தில் மாற்று அறுவைச் சிகிச்சையின் ஆரம்ப காலத்தில் சிறப்பான பங்களிப்பைச் செய்தவர். ஒரு தனியார் பள்ளியில் பயின்ற பீட்டர், அதைத் தொடர்ந்து யேல், ஹார்வர்ட் ஆகிய பல்கலைக்கழகங்களில் பயின்றவர். ஹார்வர்டில் வாட்ஸனுடன் இணைந்து ரைபோசோம் பற்றிய ஆய்வுகளை மேற்கொண்டவர். அதன் பிறகு ஜெனீவாவில் வாட்ஸனின் நண்பரும் உடன் ஆய்வாளருமாகிய ஆல்ஃபிரட் டிஸ்ஸியர்சிடம் பணியாற்றச் சென்றிருந்தார். டிஸ்ஸியர்ஸ் அன்று ரைபோசோம் துறையில் முன்னிலை வகித்தவர். ரைபோசோம்கள் உருவாக்கும் பலவகைப் புரோட்டீன்களைத் தனிமைப்படுத்திக் கண்டறியும் ஆய்வுகளில் ஈடுபட்டிருந்தார்.

ரைபோசோமின் அமைப்பு, செயல்திறன் ஆகிய அனைத்தையும் அறிவதற்கு அதனுடைய கட்டமைப்பை முழுமையாகப் புரிந்துகொள்ள வேண்டும் என பீட்டர் உணர்ந்தார். இதற்கான திறமையைப் பெறுவதற்காக ஜெனிவாவிலிருந்து புறப்பட்டு இங்கிலாந்தின் கேம்பிரிட்ஜ் பல்கலைக் கழகத்திலிருந்த MRC எனப்படும் 'மருத்துவ ஆராய்ச்சி மற்றும் ஆலோசனைக்குழு'வின் LMB எனும் 'மூலக்கூறு உயிரியல் ஆய்வக'த்தில் (Laboratory of Molecular Biology) சேர்ந்தார். இவ்வாய்வகம் உலகப் புகழ்பெற்ற DNA விஞ்ஞானிகள் வாட்சனும் கிரிக்கும் பணியாற்றிய ஆய்வகத்திலிருந்து

நேரடியாகத் தோன்றியது. இது MRCயின் ஓர் அலகு. DNAவின் அமைப்பினைக் கண்டுபிடிக்கக் காரணமாக இருந்த இந்த ஆய்வகம் உயிரியல் 'மூலக்கூறுகளின் அமைப்பினை அறிதலுக்கான மெக்கா' எனப் புகழ்பெற்றது. இங்கிலாந்து நாட்டில் மருத்துவ ஆய்வு ஆலோசனைக் குழுவின் கட்டுப்பாட்டில் உள்ள பல ஆய்வகங்களில் இது ஒன்று மட்டுமே தெரிந்துகொள்ளக்கூடியது எனும் வகையில், அமெரிக்கர்கள் இந்த ஆய்வகத்தை 'MRC' என்றே குறிப்பிடுவர். ஆங்கிலேயர்கள் இதை 'MRC–LMB' அல்லது சுருக்கமாக 'LMB' எனக் கூறுவதுண்டு.

படம் 2.7 1980களில் யேல் பல்கலைக் கழக ஆய்வகத்தில் பீட்டர் மூர்

LMBயில் ஆய்வுகள் செய்த பீட்டர், பின் தனது தாயகமாகிய யேல் பல்கலைக்கழகத்தில் பேராசிரியராகத் தொடர்ந்து பணியாற்றினார். அறிவியலின் அனைத்துத் துறைகளின் வரலாறு, சிறப்புகள் போன்றவற்றை நன்கு அறிந்த பீட்டர், சற்று கூச்ச சுபாவமுள்ளவர். பலரிடமும் எளிதில் கலகலப்பாகப் பேசமாட்டார். ஆனால் அறிவியல் தொடர்பான விஷயங்களில் தனது இயல்பான மௌனத்தைக் கலைத்து சரளமாகப் பேசத் துவங்கிவிடுவார். அவரது விரிவுரைகள் சொல்லாற்றலுடன் நகைச்சுவையுணர்வு மிகுந்தவையாக அமைந்திருக்கும். உப்புச் சப்பில்லாத விவாதங்களை நிகழ்த்தும் யேல் மாணவர்கள் அவரின் கோபத்திற்கு ஆளாவதுண்டு.

சான் டீகோ (San Diego) கருத்தரங்கத்தில் அவரை முதன் முறையாகச் சந்தித்தேன். தன்னைச் சுற்றிப் பலர் இருப்பினும் அவர் என்னை எதிர்பார்த்து காத்திருப்பது போலத் தோன்றியது. ஒரு சிறிய அறிமுகத்தைத் தொடர்ந்து

என்னைப் பற்றியும் அவரது ஆய்வுத் திட்டங்கள் குறித்தும் சிறிது நேரம் பேசினோம். இந்த மேம்போக்கான நேர்காணலின் பலனைக் குறித்து எனக்கு சந்தேகம் இருந்தது. ஆனால் வெகு விரைவிலேயே என்னை யேல் பல்கலைக்கழகத்திற்கு வரச் சொல்லி அவரிடமிருந்து கடிதம் வந்தது. அங்கு நான் சென்றது மிகவும் மகிழ்ச்சியாக இருந்தது. மிகுந்த முன் அனுபவம் இல்லாத அந்த நேர்காணலில், பீட்டர் என்னை இணைத்துக்கொள்வதாக முறையாக அறிவித்து வரவேற்றார். நானும் அழைப்பினை உடனே ஏற்றுக் கொண்டேன். நான் ஏற்கெனவே இருந்த மாரிசியோவின் ஆய்வகத்தில் அந்தக் கல்வியாண்டில் முடிக்க வேண்டிய வேலைகளைச் செய்து முடித்தேன். கடைசியில் கோடைகாலத்தின் இறுதியில் நியூ ஹேவனுக்குப் புறப்பட்டேன். வழியில் ஓஹையோவில் சில வாரங்களாகத் தங்கியிருந்த எனது குடும்பத்தினரையும் அழைத்துக்கொண்டேன்.

1978ஆம் ஆண்டின் இலையுதிர்காலத்தில் பீட்டரின் ஆய்வகம் சென்றடைந்தேன். அப்போது எனக்கு ஒருவகையான பய உணர்வு மிகுந்திருந்தது. யேல் பல்கலைக்கழகத்தில் நான் முதுமுனைவராகச் செயலாற்ற வேண்டியிருந்தது. நான் ஏற்கெனவே உயிரியலில் இரண்டு ஆண்டுகள் பட்டப் படிப்புப் படித்திருந்தாலும் உயிரியல் ஆராய்ச்சிகளில் எனக்குப் போதுமான அனுபவம் இல்லை. இதனால் ஏற்கெனவே எனக்கிருந்த தன்னம்பிக்கையை இழந்தவனாகவே இருந்தேன். ஒருநாள் யேல் பல்கலைக் கழகத்தின் நியோ–கோதிக் கட்டிட அமைப்புகொண்ட ஸ்டெர்லிங் வேதியியல் சோதனைச்சாலையின் நீண்ட நடைபாதையில் பீட்டரும் நானும் நேரெதிராகச் சந்திக்கும் வகையில் நடக்க நேரிட்டது. அருகில் நெருங்கியவுடன் பீட்டர் என்னைக் காணாதது போல முகத்தைத் திருப்பிக்கொண்டார். 'ஏன் இவனைப் பணியமர்த்தினோம்!' என நினைத்திருப்பாரோ எனும் அச்சம் எனக்கு ஏற்பட்டுவிட்டது. அங்கு அவருடன் நீண்ட நாட்களாகப் பணியாற்றும் தொழில்நுட்ப உதவியாளர் பெட்டி ரென்னியிடம் இதைத் தெரிவித்தேன். கேட்டவுடன் சிரித்த அவர் 'அதுதான் அவரது தன்மை' எனக் கூறிவிட்டார். அதன் பிறகு பீட்டர் என்னிடம் இயல்பாகவே பழகினார். ஓராண்டிற்குப் பிறகு பீட்டர் சபாட்டிகல் விடுப்பில் ஆக்ஸ்ஃபோர்ட் செல்ல நேரிட்டது. அந்த ஓராண்டுக் காலத்திற்கு அவர் என்னை நம்பிக்கையுடன் விட்டுச் சென்றதாகவே எண்ணிக்கொண்டேன். அவர் விடுப்பில் சென்றவுடன் நான் தாடி வளர்க்கத் துவங்கினேன். அடுத்த 25 ஆண்டுகள் நான் தாடியுடனேயே இருந்தேன்.

நான் பீட்டருடன் பணியாற்றிய காலத்திலேயே ரைபோசோம்கள் பற்றிய சில அடிப்படை உண்மைகள் ஏற்கெனவே நிலைநிறுத்தப்பட்டிருந்தன. அவை, 'அனைத்து ரைபோசோம்களிலும் இரண்டிரண்டு துணையலகுகள் உள்ளன. ஒன்று பெரிய துணையலகு. மற்றொன்று சிறிய துணையலகு. சிறிய துணையலகு மரபுப் பண்புச் செய்தியைக் கொண்டுவரும் mRNAவுடன் இணையும் இயல்புடையது என்பதும் பெரிய துணையலகு tRNA இழுத்துவரும் அமினோ அமிலங்களை முறைப்படி இணைத்து புரோட்டீன்களை உருவாக்குகின்றன என்பதும் அறிந்த உண்மைகளாகி விட்டன. tRNAவில் 3 செயலிடங்கள் உள்ளன' என்பதாகும்.

'– ஓரிடம், புதிய அமினோ அமிலங்களைக் கொண்டுவருவதற்கு.

– மற்றோரிடம் வளரும் புரோட்டீன் தொடரைத் தாங்கிப் பிடிப்பதற்கு.

– மூன்றாவது இடம் புரோட்டீன் தொடர், ரைபோசோமிலிருந்து விடுபட்டு விலகுவதற்கான இடம்.'

இச்செயல்பாடுகளில் tRNA அடுத்தடுத்த செயலிடங்களுக்கு நகருகையில் திறமையுடன் mRNAவையும் உடன் இழுத்து நகரும். இதனால் ரைபோசோமும் mRNAவுடன் நகர்வதுபோன்று இது அமையும். அத்தகைய நகர்வால் tRNAக்கள் mRNAவில் உள்ள ஒவ்வொரு நுண் குறிப்புத் துணுக்கினையும் உணர்ந்து முறையான புரோட்டீன் தொடர் தோன்றுதல் எளிதாகிறது. இத்தகைய தொடர்நிகழ்ச்சியில் ஒவ்வொரு நிலையிலும் தோன்றிக்கொண்டிருக்கும் புரோட்டீன் தொடரின் பங்களிப்பும் தேவைப்படுகிறது. இவை அனைத்தும் மிகவும் சிக்கலும் நுணுக்கமு மான நிகழ்வுகள். இந்நிகழ்வுகளைச் செயல்படுத்த ஆற்றலும் சக்தியும் தேவைப்படுகிறது. இத்தகைய செயல்தன்மைகளால்தான் ரைபோசோமை 'மூலக்கூறு இயந்திரம்' அல்லது 'மிகுநுண் இயந்திரம்' என்கிறோம்.

ரைபோசோம்கள் தங்களின் அடிப்படைப் பணிகளால் உயிரியலில் ஜீன்களுக்கும் புரோட்டீன்களுக்கும் இடையிலான மையமாக இருப்பதாலேயே அதைப் பற்றி மேலும் அறிதல் அவசியமானதாகிறது. 'Antibiotics' எனும் 'எதிர் உயிர்மப் பொருட்கள்' ரைபோசோம்களின் செயல்களைப் பல இடங்களில் தடைப்படுத்துகின்றன. இதைப் பலர் அறிந்திருக்கின்றனர். மனிதரின் ரைபோசோம்கள் பாக்டீரியங்களின் ரைபோசோம்களிலிருந்து சற்று மாறுபட்டவை. எனவே பல ஆன்ட்டிபயாட்டிக்குகள், குறிப்பாக பாக்டீரியங்களின் ரைபோசோம் களுடன் இணைந்து நோய்த் தொற்றைத் தடுத்துவிடுகின்றன. பாக்டீரியங் களும் காலப்போக்கில் இதற்கான தடுப்புத் திறனைப் பெற்றுவிடுகின்றன. எனவே ஓர் ஆன்டிபயாட்டிக் எவ்விதம் ரைபோசோமுடன் இணையும் என்பதை அறிவதன் மூலம் புதிய, சிறந்த மருந்துப் பொருளை உண்டாக்கலாம்.

இத்தகைய அடிப்படைக் கருத்துக்கள் பாடப்புத்தகங்களிலும் பதிவாகிவிட்டன. இந்நிலையில் யாரிடமாவது "நான் ரைபோசோமில் ஆராய்ச்சி செய்கிறேன்" என்று கூறினால், அவர்கள் என்னிடம் "அதுதான் ஏற்கெனவே செய்தாகிவிட்டதே!" என்று கூறி ஒரு பரிதாபமான முகபாவனையோடு என்னைப் பார்ப்பதுண்டு. 'என்ன இவன், தேவையற்ற ஆராய்ச்சியில் ஈடுபட்டிருக்கிறான்' என்று எண்ணுவது போலத் தோன்றும். ஆனால் உண்மை நிலை யாதெனில் ரைபோசோம் என்ன செய்கிறது என்பதை நாம் மேம்போக்காகவே அறிந்திருக்கிறோம் என்றுதான் சொல்ல வேண்டும். ரைபோசோம் புரோட்டீன் தொடரை உருவாக்குவது சிக்கலானதொரு செயல்பாடு. இதன் பல படிநிலைகளில் ஒரு நிலையின் நுணுக்கமான இயல்பினைக்கூட நாம் தெளிவாக அறிந்திருக்கவில்லை. இதற்கு உதாரணமாக கார் பற்றிய பொதுவான அறிதலைக் கூறலாம். ஒரு காரின் அமைப்பில் நான்கு சக்கரங்களும் ஓட்டுநர் அமரும் இடத்தில் ஒரு ஸ்டீயரிங் வீலும் உண்டென்பதை அறிவோம். அதற்கு மேல், கார் எப்படி

இயங்குகிறது என்பது நமக்குத் தெரியாது. அதைப் போன்றதுதான் நமது ரைபோசோம் அறிதலும்.

பிற துறைகளைப் போன்று அறிவியலிலும் பல சுவையான புதுமைகள் உண்டு. எந்தக் காலத்திலும் அறிவியலின் ஒரு குறிப்பிட்ட பகுதி மற்றவற்றைவிட ஆர்வம் தூண்டுவதாக அமைந்துவிடலாம். அப்பகுதியின் வளர்ச்சியும் வேகமானதாக அமைந்திருக்கும். ஒரு துறையின் சிரமமான பகுதியில் ஆராய்ச்சிகள் செய்யும் விஞ்ஞானிகள் மேலும் புதிய கண்டுபிடிப்புகள் நிகழ்த்த இயலவில்லையெனில் வேறொரு புதிய பிரிவை நோக்கி சென்றுவிடுவதுண்டு. புதிய ஆய்விற்கான தலைப்பைத் தோற்றுவித்துக்கொள்வார்கள். வேறு சிலர் அப்போதைய பிரபலமான துறையை நாடுவதும் உண்டு. இவ்விதம் அறிவியலாளர் தங்களது நோக்கத்தை மாற்றிக்கொண்டேயிருந்தால் ஒரு நிகழ்வினைப் பற்றிய அறிதல் முழுமையானதாக அமைந்திருக்க வாய்ப்பில்லை. மேலெழுந்தவாரியான புரிதல்களாகவே அது விளங்கும். ஒரு சிலர் தொடர்ந்து விடாப்பிடியாக அறிவியல் பிரச்சினையின் ஆழத்தை முழுமையாக அறிந்துவிட முயற்சிகள் செய்வார்கள்.

ரைபோசோம்களைப் பற்றிக் கடந்த இருபது ஆண்டுகளாகப் பலர் ஆராய்ச்சிகள் செய்துள்ளனர். என்ன பயன்! ரைபோசோமுடன் தொடர்புடைய 50 புரோட்டீன்கள் என்ன வேலைகள் செய்பவை என்பதை மட்டுமல்ல; அவை ரைபோசோமில் எங்கு அமைந்துள்ளன என்பதையும் நாம் அறிந்திருக்கவில்லை. எனவே இவற்றை அறிவதற்காக பீட்டரும் டான் எங்கில்மேனும் இணைந்து ஓர் ஆய்வுத் திட்டத்தை மேற்கொண்டிருந்தனர். இவர்கள் இருவரும் சிறிய வேறுபாடுகளுடன் ஒருவகையில் ஒரே மாதிரியானவர்கள். கலிஃபோர்னியராகிய டான் நன்கு உயரமானவர். இவர் பீட்டரைப் போலன்றி அனைவருடனும் நன்கு பழக்கக்கூடியவர். சீர் செய்யப்பட்ட தாடி வைத்திருந்தார். அடித்தொண்டையில் உச்ச ஸ்தாயியில் பேசும் இயல்புடையவர். எந்த ஒரு தலைப்பாக இருந்தாலும் தானே அதை முழுவதும் அறிந்தவர் எனும் விதத்தில் உரத்த குரலில் பேசக்கூடியவர். போர்ட்லேண்டின் ரீட் கல்லூரியில் பயின்ற டான், யேல் பல்கலைக் கழகத்தில் *PhD* பட்டம் பெற்றவர். அதன் பின் முதுமுனைவர் பணிக்கென DNAயின் மூன்றாவது மனிதரான (third man of DNA)[3] மாரிஸ் வில்கின்ஸ் உடன் இணைந்திருந்தார். அவரது ஆய்வகத்தில் செல்களைச் சூழ்ந்திருக்கும் 'செல் படலங்கள்' எனும் மெல்லிய படலத்தின் அமைப்பு பற்றிய ஆய்வினை மேற்கொண்டிருந்தார். இப்படித் தனது ஆராய்ச்சிக் காலத்தை மாறுபட்ட ஆய்வுத் துறைகளில் செலவிட்டவர் டான். இதற்கு நேர்மாறாக பீட்டர், தனது ஆய்வுகளில் 'ரைபோசோம்கள்' பற்றிய ஒரு துறையில் மட்டுமே கவனம் செலுத்தியவர்.

---

3. மொழிபெயர்ப்பாளர் குறிப்பு 3

DNA மூலக்கூறின் அமைப்பைக் கண்டுபிடித்து, அதற்கென நோபல் பரிசைப் பெற்றவர்கள் James Watson, Francis Crick, Maurice Wilkins ஆகிய மூவர். இவர்களில் கடைசியில் உள்ள Maurice Wilkinsஇன் பெயர் பொதுவெளியில் அதிகம் கூறப்படுவதில்லை. எனவே அவர் 'DNAயின் மூன்றாவது மனிதன்' எனப்படுகிறார். அவரது சுயசரிதை நூலின் தலைப்பும் 'The Third Man of Double Helix' என்பதாகும்.

பீட்டரும் டானும் ஒருமுறை புரூக்ஹேவனில் உள்ள தேசிய ஆய்வகத்தில் பென்னோ ஷுன்பார்ன்னின்[4] உரையைக் கேட்க நேரிட்டது. உயிரிகளின் நுண் அமைப்புகளை மூலக்கூறு அளவில் காண்பதற்கு எவ்விதம் நியூட்ரான்களைப் பயன்படுத்தலாம் என அவர் விவரித்திருந்தார். பொதுவாக, நியூட்ரான்களைப் பற்றியெல்லாம் இயற்பியலாளர்கள்தான் குறிப்பிடுவார்கள். மேலும் ஆய்வுகளில் நியூட்ரான்களைப் பயன்படுத்த வேண்டுமெனில் தேவையான அளவில் அதைப் பெறுவதற்கு அணுஉலை ஒன்றும் தேவைப்படும். மேலும் உயிரியல் ஆராய்ச்சிகளில் நியூட்ரான்களைப் பயன்படுத்துவதில் உள்ள சுவையான விஷயம் என்னவென்றால் நியூட்ரான் களுடன் ஹைட்ரஜனும் அதனுடைய எடைமிகு ஓரகத் தனிமமாகிய (Isotope) டியூட்டிரியமும் மாறுபட்ட முறைகளில் வினைபுரியும் என்பதாகும். உயிர்மூலக்கூறுகளாகிய புரோட்டீன்களிலும் RNAக்களிலும் பாதி அளவிற்கு ஹைட்ரஜனே அணுக்களாக அமைந்துள்ளது.

பென்னோவின் அந்த உரை ரைபோசோமில் புரோட்டீன்கள் எங்கெல்லாம் உள்ளன என்பதனைக் கண்டறிவதற்கான வழிமுறையைக் காண்பிப்பதாக பீட்டரும் டானும் எண்ணினர். ரைபோசோமில் உள்ள ஏதேனும் இரண்டு புரோட்டீன்களில் ஹைட்ரஜனுக்குப் பதிலாக டியூட்டிரியத்தை அமையச் செய்துவிட்டால் அந்த இரண்டு புரோட்டீன்களும் இயற்பியல் ஆய்வில் நியூட்ரான்களை வேறு வகையில் சிதறடிக்கச் செய்துவிடும். அதன் மூலம் அந்த புரோட்டீன்கள் ரைபோசோமில் அமைந்துள்ள இடத்தை அறிந்துவிடலாம் எனத் தீர்மானித்தனர்.

பாக்டீரியங்களை டியூட்டிரியம் ஆக்ஸைடு எனப்படும் மிகு அடர்வு நீரில் வளர்ப்பதன் மூலம் 'டியூட்டிரான் ஏற்றிய புரோட்டீன்களைத் (Deuterated Proteins) தோற்றுவித்துவிட இயலும். ரைபோசோமில் நாம் தேர்ந்தெடுத்த ஏதேனும் இரண்டு புரோட்டீன்களில் டியூட்டிரான்களை ஏற்றிய பின் ரைபோசோமை மறுகட்டமைப்பு செய்துவிடலாம். ரைபோசோமின் கட்டமைப்பிலிருந்து புரோட்டீன்களைப் பிரித்துப் பின் இணைப்பதற்கு விஸ்கான்ஸின் பல்கலைக் கழகத்தின் மஸயாசு நோமுராவின் (Masayasu Nomura) செய்முறை உதவும். இம்முறையில் ரைபோசோமின் ஒரு சிறிய அலகுப்பகுதியைத் தனிமைப்படுத்தி, பின் அதை உயிர்–வேதிய முறைகளால் பிரித்து அதன் கட்டமைப்பில் உள்ள புரோட்டீன்களைத் தனித்தனியே பிரித்துவிடலாம். இவ்வகையில் 20 மாறுபட்ட புரோட்டீன்களை 'chromatography' எனும் 'நிறப்பிரிகை வரைபட முறை'யில் தனித்தனியே பிரித்தெடுக்கலாம். அதன் பிறகு ரைபோசோம் துணை அலகின் பகுதிகளை ஒரு திரவத்திலிட்டுச் சரியான சூழல் தன்மையில் பிரித்தெடுத்த புரோட்டீன்கள், RNA ஆகியவற்றை ஒருங்கிணைத்துச் செயல்படும் துணையலகினை மீண்டும் உருவாக்கிட

4. மொழிபெயர்ப்பாளரின் குறிப்பு 4

பென்னோ ஷுன்பார்ன் (Benno Shoenborn) 'நியூட்ரான் படிகவிய'லில் சிறப்புப் பெற்றவர். அம்முறையை உயிரியல் ஆய்வுகளில் எவ்விதம் பயன்படுத்தலாம் எனக் கண்டறிந்தவர். பாக்டீரிய ரைபோசோம்களின் 30S துணையலகினைப் பற்றிய ஆய்வில் இம்முறையைப் பயன்படுத்திக் காட்டியவர். மையோகுளோபின் எனும் புரோட்டீன் அமைப்பை முதலில் கண்டறிந்தவர். இவர் இன்று 'Father of Neutron Protein Crystallography' என்று அழைக்கப்படுகிறார்.

இயலும், இம்முறையினால் டியூட்டிரியம் பொருத்தப்பட்ட இரண்டு புரோட்டீன்களைக் கொண்ட சிறிய அலகினைப் பெறலாம். இவ்விதம் தோற்றுவித்த ரைபோசோம் துணையலகினை லாங் ஐலேண்டில் உள்ள புரூக்ஹேவன் தேசிய ஆய்வுநிலையத்திற்கு எடுத்துச் சென்று அங்குள்ள நியூக்ளியர் அணு உலையின் உதவியுடன் ஆய்வு மேற்கொள்ளலாம். தொடர்ந்து பலமுறை கதிர்வீச்சினைச் செலுத்துவதன் மூலம் பல புரோட்டீன் இணைகளுக்கு இடையில் உள்ள தூரத்தை அறிந்திட இயலும். இத்தகைய அறிதலால் முப்பரிமாண அமைப்பில் பல இரண்டிரண்டு புரோட்டீன்கள் எவ்விதம் அமைக்கப்பட்டுள்ளன எனக் கண்டுபிடிக்கலாம். இம்முயற்சி நில அளவையாளர்கள் புதிய நிலப்பரப்புகளை 'முக்கோண அமைப்பு' (triangulation) வகையில் துல்லியமாக அளவீடு செய்வது போன்றது. இந்த ஆய்வுத் திட்டத்தில் ரைபோசோமில் உள்ள புரோட்டீன்களைப் பல வெவ்வேறு மாற்று இணைகளாகக் கையாண்டு திரும்பத்திரும்ப அதே இடைதூரக் கணக்கீடுகளை மேற்கொள்ள வேண்டும். இத்தகைய ஆராய்ச்சிகள் மிகவும் சலிப்பூட்டும் முயற்சிகளே.

நான் அந்த ஆய்வகத்தில் பணியமர்ந்தபோது ஒருசில புரோட்டீன் களுக்கு இடையில் உள்ள தூரம் மட்டுமே கணிக்கப்பட்டிருந்தது. இப்போது இப்பணியினை எனக்கு முன்பிருந்த முதுமுனைவர் டேன் ஷின்டிலரிடமிருந்து (Dan Schindler) நான் பெற்றேன். நியூக்ளியார் அணு உலையிலிருந்து வெளிப்படும் நியூட்ரான் கதிர்க்கற்றைகள் X–கதிர் கற்றைகளைவிட வீச்சு வேகம் குறைந்தவை. இதனால் டியூட்டிரியம் அணு கொண்ட புரோட்டீன்களிலிருந்து கிளம்பும் மிகச்சிறிய சமிக்ஞைகள் புதைந்திருக்கும் ரைபோசோம் பகுதிகளிலிருந்து வெளிப்பட்டு அதை நாம் கணக்கீடு செய்வதற்குப் பல நாட்களாகும். இதை முதன்முறையாக அந்த ஆய்வகத்தில் அறிந்தபோது எனக்கு ஆச்சரியமாகவே இருந்தது. இந்த ஆய்வுப் பணியினைக் கோடைகாலத்தில் மேற்கொள்வதில் சில நன்மைகள் இருந்தன. சோதனையில் தரவுகள் வெளிப்பட்டு மெதுவாகப் பதிவேற்றம் நிகழுகையில் தெற்கே ஒருசில மைல்கள் தூரத்திலிருந்த Fire Island கடற்கரைக்கு நான் அவ்வப்போது காலார நடந்து சென்றுவர முடிந்தது. ஆய்வகம், யாஃபாங்கிற்கு வெளியே எங்கோ ஓரிடத்தில் போர்ப்படையின் பழைய முகாம் இருந்த பழமையான கட்டிடத்தில் அமைந்திருந்தது. இதனுள் அடைபட்டுக்கிடப்பது மகிழ்வூட்டுவதாக இருந்ததில்லை. எங்கோ தூரத்திலிருக்கும் கிராமப்புறப் பகுதிகளிலிருந்தும் தனிமைப்படுத்தப்பட்ட கூட்டமாகவே இங்கிருந்த விஞ்ஞானிகள் வாழ்ந்துவந்தனர். ஒரு பல்கலைக்கழக நகரைப் போன்ற கலாச்சார நிகழ்வுகள், இரவு வாழ்க்கை போன்றவை இங்கு இல்லை. என்னைப் போன்ற தற்காலிக வருகையாளர்கள் மாலை நேரம் மற்றும் வார இறுதி நாட்களிலும் தன்னந்தனியாக என்ன செய்வதென்று தெரியாத சூழலில் சமாளிக்க வேண்டியிருந்தது. இங்கிருக்கும் நிலை, புகழ்பெற்ற *New Yorker* இதழின் '*Long Island Expressway*' எனும் கேலிச்சித்திரத் தொடரின் *Exit 66 – Yaphank. If you have already been to Yaphank, please disregard this exit* எனும் வரிகளை எனக்கு நினைவூட்டியது.

மூன்றாண்டுகளில் பாதியளவிற்கு மேலான எண்ணிக்கையில் புரோட்டீன்களை ரைபோசோமின் சிறிய துணையலகில் உள்ளமர்த்தி

விட்டோம். அவற்றின் இருப்பிடம் பற்றி ஆய்வுசெய்து இரண்டு கட்டுரைகளும் எழுதியாயிற்று. மீதமுள்ள புரோட்டீன்களின் நிலையை அறிய இன்னும் எவ்வளவு காலம் ஆகுமோ எனும் எண்ணம் எனக்குத் தோன்றியது. ஆய்வு உதவித்தொகைக் காலமும் இறுதிக் கட்டத்தை நெருங்கிவிட்டது. ஒருநாள் டான் என்னிடம், 'நீங்கள் முதுமுனைவராக வேண்டிய அளவிற்குப் பயிற்சி பெற்றுவிட்டீர்கள். இனி உங்களின் பணிக்காலத்தின் அடுத்த கட்டத்திற்குச் செல்ல முயலுங்கள் என அறிவுறுத்தினார். எனக்குப் பிறகு வந்த மால்கம் கேபல் இந்த ஆய்வுத் திட்டத்தை முடித்து வைத்தார். சிறிய துணையலகில் அனைத்து புரோட்டீன்களின் இருப்பிடத்தையும் விவரிக்கும் கடைசி ஆய்வுக் கட்டுரையும் எழுதியாயிற்று. அதில் புரோட்டீன்கள் பில்லியார்டு பந்துகளைப் போன்று துணையலகின் வடிவத்திற்குள் ஒன்றின் மீது ஒன்றாக அடுக்கப்பட்ட மாதிரியில் அமைந்திருந்ததாகக் குறிப்பிடப்பட்டிருந்தது. அப்பந்துகளில் மூன்றில் ஒரு பங்கு என்னுடையவை என வேடிக்கையாக நான் குறிப்பிடுவதுண்டு.

டான் என்னிடம் கூறியதன் அடிப்படையில் ஏறக்குறைய 50 ஆசிரியப் பணியிடங்களுக்கு விண்ணப்பித்தேன். ஆனால் அவ்வளவு எளிதில் வேலை கிடைப்பதாகத் தெரியவில்லை. அரசாங்கத்தின் குறைந்த அளவு பங்களிப்புடன் மிகக் குறைவான ஆராய்ச்சி நிதி ஒதுக்கப்படும் ரீகனின் காலத்தில் அன்றிருந்தோம். 'உயிரி–தொழில் நுட்பம்' (Biotechnology) அப்போது வளர்ச்சியடையாமல் இருந்தது. அதனால் ஆசிரியப் பணியிடங்கள் அதிகம் இல்லை.

இளம் அறிவியல் கல்லூரிகளிலிருந்து பலதரப்பட்ட பல்கலைக் கழகங்கள் வரை அனைத்து இடங்களுக்கும் விண்ணப்பங்கள் அனுப்பினேன். எனது நீண்ட இந்தியப் பெயரைப் பார்த்த சிறிய கல்லூரிகள் ஒருவேளை நான் ஆங்கிலத்தில் கற்பிக்க லாயக்கற்றவன் என எண்ணியிருக்கலாம். நான் அனுப்பிய விண்ணப்பங்களில் எனது கல்வி, ஆராய்ச்சித் தகுதிகளைக் கவனித்த பல்கலைக்கழகங்கள் நான் இயற்பியல் துறையில் பெற்ற இளம் அறிவியல், Ph.D பட்டங்கள் புகழ்பெற்ற பல்கலைக்கழகங்களிலிருந்து பெறப்படவில்லையே என எண்ணியிருக்கக்கூடும். மேலும், நான் இரண்டாண்டுகள் உயிரியல் பயின்று அதற்கான பட்டம் எதையும் பெற்றிருக்கவில்லை. அதைத் தொடர்ந்து நான் செய்த ஆராய்ச்சிகள் எவரும் கேள்விப்படாத தொழில்நுட்ப அடிப்படையில் அமைந்திருந்தவை. நான் மேற்கொண்டது பழமை என்று கருதப்பட்ட செய்முறைகளைக் கொண்ட பழைய ஆய்வுத்திட்டம். என்னை எவரும் நேர்முகத் தேர்விற்கு அழைக்காமல் இருந்ததில் ஆச்சரியமில்லை.

நல்லவேளையாக டென்னிஸியிலிருந்த ஓக் ரிட்ஜ் தேசிய ஆய்வகத்தில் அப்போதுதான் ஒரு 'நியூட்ரான் சிதறல்' கருவியை நிறுவியிருந்தனர். அதன் மூலம் ஆராய்ச்சிகள் செய்தவற்கு உயிரியல் கற்றவர் ஒருவரைத் தேடிக்கொண்டிருந்தார்கள். இதையறிந்த டான் எனது பெயரை அங்கு பொறுப்பிலிருந்த வால்லி கோலரிடம் பரிந்துரைத்தார். முதன்முறையாக முறையான வேலையில் அமரப்போகிறேன் என எனக்கு மனதில் உற்சாகமும் நம்பிக்கையும் ஏற்பட்டன. உடனே நானும் வேராவும் அங்கு ஒரு வீட்டை வாங்கினோம். 1982 பிப்ரவரியில் எங்களது சிறிய ஃபோர்டு ஃபியஸ்டா காரில்

பொருட்களை அடைத்துக் கொண்டு நியூ ஹேவனிலிருந்து டென்னசிக்குப் புறப்பட்டோம். வழியில் பென்சில்வேனியாவில் பனிப்புயல் வீசியது.

அங்கு சென்று, விரும்பும் துறையில் ஆய்வுகள் மேற்கொள்ளலாம் எனும் ஒப்புதல் அடிப்படையில் சென்றிருந்தேன். ஆனால் சென்ற பிறகுதான் தெரிந்தது, அங்கு உயிரியல் ஆய்வுகளுக்கான வாய்ப்பில்லை என்று. வால்லி கோலர், என்னிடம் நான் அங்குள்ள உயிரியல் ஆராய்ச்சியாளர்களுடன் இணைந்து நியூட்ரான் சிதறல் சோதனையில் மட்டுமே ஈடுபட வேண்டும் என்றும் தனித்து எந்தவகை ஆராய்ச்சியும் செய்ய வேண்டாம் எனவும் கூறிவிட்டார். கோலர் தனிப்பட்ட முறையில் நான் விரும்பும் புகழ்பெற்ற இயற்பியலாளர். ஆனால் உயிரியல் தொடர்பான ஆய்வுகளில் நியூட்ரான் பயன்பாட்டுச் சோதனைகளின் பங்களிப்பு மேம்போக்கானதுதான் என்பதை அவர் அறிந்திருக்கவில்லையோ என எண்ணினேன். ஓக் ரிட்ஜை விட்டுக் கிளம்பிவிட வேண்டியதுதான் என எண்ணத் துவங்கிவிட்டேன். நல்ல வேளையாக புரூக்ஹேவன் தேசிய ஆய்வகத்தில் நியூட்ரான்களை உயிரியல் ஆய்வுகளுக்குப் பயன்படுத்திக்கொண்டிருந்த பென்னோ சூன்பார்ன் எனது உதவிக்கு வந்தார். இவர் ஏற்கெனவே பீட்டர், டான் இருவரையும் ரைபோசோம் ஆராய்ச்சிகள் செய்யும்படி ஆர்வத்தைத் தூண்டியவர். அவரிருந்த புரூக்ஹேவனில் எனக்கு சுதந்திரமான வேலையைத் தருவதற்கு முன்வந்தார். ஓக் ரிட்ஜில் நானிருந்த நிலைக்கு அந்த வாய்ப்பை உடனடியாக நன்றியறிதலுடன் ஏற்றுக்கொண்டேன். இப்படியாக, ஓக் ரிட்ஜிக்கிற்கு வந்த 15 மாதங்களில் அங்கு நாங்கள் வாங்கியிருந்த வீட்டை 1983ஆம் ஆண்டின் கோடைக்காலத்தில் நஷ்டத்திற்கு விற்கும் நிலையும் ஏற்பட்டது. கிழக்குக் கடற்கரைப் பகுதியிலிருந்து Long Islandக்கு இடம் பெயர்ந்தோம்.

ஓக் ரிட்ஜின் அமைதியான சூழலில் இருந்த வாழ்க்கையையும் வீட்டிலிருந்த அழகிய தோட்டத்தையும் பிரிந்து வருவதற்கு வேராவிற்கு மனதில்லை. காரில் அங்கிருந்து புறப்பட்டு ஜார்ஜ் வாஷிங்டன் பாலத்தின் வழியாக Long Island விரைவுப் பாதையில் செல்கையில் அதிலிருந்த போக்குவரத்து நெரிசலைப் பார்த்தவுடன் 'நல்ல அமைதியான இடத்தை விட்டு வந்துவிட்டோமே' என வேரா வருந்தினாள். ஒருவழியாக Long Islandன் தெற்கு கடற்கரையில் பெல்போர்ட் எனும் கிராமத்திற்கு அருகில் எங்களுக்கு ஒரு வீடு கிடைத்தது. வீட்டிற்கும் எனது ஆய்வகத்திற்கும் 12 மைல்கள் தூரம். தினந்தோறும் அங்கு செல்ல வேண்டும். குளிர் காலத்தில் பனிப்புயலால் அப்பயணம் மேலும் நீளமானதாகத் தோன்றும்.

ஓக் ரிட்ஜில் கிடைத்தது போன்ற கொடுமையான அனுபவம் புரூக்ஹேவனில் இல்லை. இங்கு அனைத்து வசதிகளும் கொண்ட ஆய்வகம், ஒரு தொழில்நுட்ப உதவியாளர் போன்ற நல்ல வசதிகள் இருந்தன. மேலும், இங்கு நான் எனக்கு விருப்பமான ஆய்வுகளில் ஈடுபடலாம். உடன் பணிபுரிபவர்கள் நட்புணர்வுடன் உதவக்கூடியவர்களாக இருந்தனர். ஆனால் நான் முந்தைய இடத்தில் முதுமுனைவராகப் பணியாற்றுகையில் மேற்கொண்ட ஆய்வுகளைத் தொடர்வதற்கு இந்த வாய்ப்பைப் பயன்படுத்தக் கூடாது எனத் தெளிவாகக் கூறிவிட்டனர். நல்லவேளையாக நான் ஓக் ரிட்ஜில் குறுகிய காலம் பணிபுரிகையில் 'குரோமாட்டின்' அமைப்பில் ஆர்வம் கொண்டிருந்தேன் குரோமாட்டின் என்பது செல்களின் DNA

தொகுப்பு, ஹிஸ்டோன் புரோட்டீன்கள் ஆகியவற்றின் ஒட்டுமொத்த குரோமோசோம் அமைப்பு. இவ்வகையில் இங்கு நான் ரைபோசோம் பணியைத் தொடராமல் குரோமாட்டின் ஆய்வாளராகிவிட்டேன்.

அவ்வப்போது நானறிந்த நியூட்ரான் சிதறல் முறையில் ரைபோசோமையும் கவனிப்பதுண்டு. ஆனால் ரைபோசோம்கள் எவ்விதம் செயல்புரிகின்றன என்பது பற்றி நானோ அல்லது பிற விஞ்ஞானிகளோ எந்தவித முன்னேற்றமான கண்டுபிடிப்பினையும் செய்யவில்லை. ரைபோசோமின் தனித்தனிப் பகுதிகள் சில வேலைகளைச் செய்கின்றன எனும் அளவில் புரிதல் ஏற்பட்டிருந்தது. இந்த அறிதல் எப்படிப்பட்டது என்றால், ஒரு காரின் டயர், பிஸ்டன் போன்ற பகுதிகள் என்ன வேலைகள் செய்யும் என்பது தெரியும். ஆனால் காரில் அவையனைத்தும் எவ்விதம் ஒருமித்து இணைக்கப்பட்டுள்ளன எனத் தெரியாது என்பது போன்றது. இப்படித்தான் இருந்தன ரைபோசோம் ஆராய்ச்சிகள். ஒட்டுமொத்த ரைபோசோமும் அதன் செயல்பாடுகளும் மிகப் பிரம்மாண்டமான தன்மையுடையனவாகத் தோன்றின. நான் ரைபோசோமில் ஆய்வுகளைத் துவங்கிய காலத்திற்குப் பிறகு யாரும் அதில் ஆர்வம் காட்டவில்லை. அதேபோன்று நியூட்ரான் சிதறல் தொழில்நுட்பமும் ரைபோசோம் அல்லது குரோமாட்டின் ஆய்வுகளில் முடிவுகளை எட்டுவதற்குத் துணைசெய்வதாகத் தெரியவில்லை. நான் இயற்பியலிலிருந்து உயிரியலுக்கு மாறிப் பத்து ஆண்டுகள் கடந்துவிட்டன. எனது இந்த இரண்டாவது பணியும் வீணடிக்கப்பட்டதாகிவிடுமோ எனத் தோன்றத் துவங்கியது.

3

காணவியலாததைக் கண்டது

'கண்களால் காண்பதே மெய்' என்பதை நாம் அறிவோம். நேரடியாகக் காண்பதன் மூலம் பல வேளைகளில் உலகின் உண்மைகள் பலவற்றைச் சரியாக உணர்ந்துகொண்டிருக்கிறோம். பல நூற்றாண்டுகளாக நமது உடல் அமைப்பு (உள் உறுப்புகள்) பற்றிய தவறான எண்ணங்கள் நம்மிடையே நிலவி வந்திருக்கின்றன. இவற்றிற்குக் காரணம் அன்றைய கிரேக்க மருத்துவர் கேலன் விலங்குகளில் மேற்கொண்ட அறுவைகளும் விவரிப்புகளுமே. 1500களில் அன்டிரியஸ் வெசாலியஸ் இறந்த மனிதரின் உடலை அறுவை செய்து உள்ளுறுப்புகளைக் கண்டு விவரித்த பிறகுதான் நமது உடல் பற்றிய உண்மை களை அறியத்துவங்கினோம்.

ரைபோசோம்களைக் கண்டு விவரிப்பது எனும் முயற்சியில் இதுவரை நாம் கடைப்பிடித்த எந்த ஒரு முறையும் மிகச் சரியாக அவற்றின் அமைப்பைக் காண்பித்தன என்று கூறிவிட முடியாது. அதன் செயல்திறன்களை அறிதலும் சிரமமானதே. நமது கதையைத் தொடர்வதற்கு முன் கடந்த அரை நூற்றாண்டுக்காலத்தில் விஞ்ஞானிகள் ரைபோசோம்கள் பற்றி அறிய எத்தகைய முயற்சிகளை மேற்கொண்டார்கள் என்பதைக் காண்போம்.

மனித வரலாற்றுக் காலத்தின் பெரும்பகுதியில் பலவற்றையும் வெறுமனே கண்களால் மட்டுமே பார்த்து அறிந்துகொள்ள முயன்றிருக்கிறோம். ஒரு காலகட்டத்தில் நமது பார்வைத்திறன் தடாலடியாக முன்னேற்றம் பெற்றது. 1600களின் மையக்காலத்தில் டச்சு நாட்டின் லினன் துணி வியாபாரியாகிய அன்டனி வான் லியூவன்ஹூக் துணியிழைகளின் தரத்தினை அறியத் துணியினை மிக நுணுக்கமாகக் காண முற்பட்டார். இதற்கெனப் பல வகை லென்சுகளைப் பயன்படுத்தி அக்காலத்திற்கான சக்தி வாய்ந்த நுண்ணோக்கியைக்

கண்டுபிடித்தார். அதைப் பயன்படுத்தி, குளத்து நீர், பற்களின் பரப்பிலிருந்து சுரண்டி எடுக்கப்பட்ட அழுக்குப் பொருள் எனப் பலவற்றையும் ஆய்வு செய்தார். அவற்றில் மிகச் சிறிய உயிரிகள் வாழ்வதைக் கண்டார். அவற்றை 'நுண்விலங்குகள்' (Animalcules) என்றார். அவைகளே இன்று நுண்ணுயிர்கள் என்றழைக்கப்படுகின்றன. இவரைத் தொடர்ந்து ராபர்ட் ஹூக் என்பவரும் நுண்ணோக்கியைப் பயன்படுத்தி சிறிய பூச்சிகள் முதல் உடல் திசுக்கள் வரையிலும் பலவற்றையும் பார்வையிட்டார். தாவர திசுக்களில் தடுப்புச் சுவர் அமைப்புகள் கொண்ட சிற்றிடங்களுக்கு 'செல்' எனும் பெயரிட்டார். 'செல்' எனும் கருத்துருவாக்கம் உயிரியல் எண்ணங்களை முற்றிலுமாக மாற்றியமைத்துவிட்டது எனலாம். இன்று உயிரின் அடிப்படை அலகு, செல் என்பதனையும், தனித்தியங்கும் இவ்வமைப்புகள் ஒருங்கிணைந்து திசுக்களையும் திசுக்களால் முழு விலங்குகளும் ஆக்கப்பட்டுள்ளன என்பதனையும் அறிந்துள்ளோம். உருப்பெருக்கி நுண்ணோக்கிகள் மேலும் சிறப்படைந்ததால் செல்லினுள் குரோமோசோம்களைக் கொண்ட உட்கருவினையும் மற்றும் பிற செல் பகுதிகளையும் கண்டறிந்துள்ளோம். உயிரியல் துறையில் அறுவை செய்து மனித உள் உறுப்புகளைக் கண்டு வியந்துகொண்டிருந்த நாம், பிறகு செல்களுக்கு உள்ளேயிருக்கும் நுண் அமைப்புகளைக் காணத் துவங்கிவிட்டோம். நமது அடுத்த கேள்வி, செல்லிற்கு உள்ளாக அமைந்துள்ள நுண் அமைப்புகள் எவற்றால் ஆனவை என்பதுதான்.

நமது அன்றாடப் பயன்பாட்டுப் பொருட்கள், உடல் செல்கள், அவற்றினுள் உள்ள பகுதிகள் ஆகிய அனைத்தும் மூலக்கூறுகளால் ஆனவை. பல அணுக்களின் குறிப்பிட்ட வகைத் தொகுப்பு அமைப்புகளே மூலக்கூறுகள். பொருண்மையின் அணுக் கோட்பாடு (Atomic theory of matter) தோன்றுதலுக்கு நீண்ட காலமாயிற்று. அணுக் கோட்பாட்டின் முக்கியத்துவத்தைக் குறிப்பிட்ட புகழ்பெற்ற இயற்பியலாளர் ரிச்சர்ட் ஃபெயின்மேன், அனைத்து அறிவியல் அறிவும் திடீரென மறைந்து, அறிவியல் தொடர்பான ஒரேயொரு வாக்கியம் மட்டுமே அடுத்த தலைமுறைக்குத் தெரிவிக்கப்படும் எனின் அது "அனைத்துப் பொருட்களும் அணுக்களால் ஆனவை என இருக்கும்" என்று கூறி, "விலகிய நிலையில் உள்ள நுண்துகள்கள் ஒன்றையொன்று கவர்ந்திழுத்துக்கொண்டும், நெருக்கமாக அமைந்துள்ள நுண்துகள்கள் ஒன்றையொன்று விலக்கியபடியும் இருப்பவை" என்றார்.

18, 19ஆம் நூற்றாண்டுகளில் விஞ்ஞானிகள் மூலக்கூறுகளைக் கண்களால் காணாமலேயே, அவை பற்றியும் அவற்றின் அமைப்பு பற்றியும் கணித்திருப்பது ஆச்சரியமளிக்கிறது. மேலும் அவர்கள் மூலக்கூறுகளை உருவாக்கும் அணுக்களின் அமைவு முறைகளையும் தெரிவித்துள்ளனர். இரண்டே அணுக்களைக் கொண்ட சமையல் உப்பிற்கும் இரண்டு டஜன் அளவிற்கு அணுக்களைக் கொண்ட சிக்கலான அமைப்புடைய சர்க்கரை மூலக்கூறுகளுக்கும் அவர்கள் அமைப்பை வரையறுத்துள்ளனர். இவ்விதம் சிக்கலான அமைப்புடைய பெரிய மூலக்கூறுகளின் அமைப்பை நேரடியாகக் கண்டு உருவகிக்காமல் அறிவியல் ரீதியில் ஊகித்தல் மிகவும் கடினமானதே.

ஒளியின் தன்மைகளாலேயே இதுவரை மூலக்கூறுகளை நேரடியாகக் காண இயலவில்லை. ஒளி என்பது பல ஃபோட்டான்களால் ஆனது. இவை

குவாண்டம் இயற்பியல் அடிப்படையில் நுண்ணிய ஆற்றல் சொட்டுகள். மின்காந்த அலைவு, அடிப்படை நுண் துகள் பண்புகள் ஆகியவற்றைக் கொண்டவை. ஒளிப்பரவலில் ஒளியின் அலைவுத் தன்மையாலேயே லென்ஸ் எனும் கண்ணாடி வில்லைகளும் நுண்பெருக்கிகளும் செயல்படுகின்றன. ஒளியானது மிகச் சிறிய இடுக்குகளின் வழியே செல்வதற்கும் பொருட்களின் விளிம்புகளில் பரவுவதற்கும் ஒளிவிலகல் தன்மையால் தோன்றும் அலைவுத் தன்மையே காரணம். இந்த விளைவினை நாம் சாதாரணமாக உணர்வதில்லை. இரு மிகச் சிறிய துணுக்குகள் நெருங்கிக்கொண்டே வருகையில் ஒரு கட்டத்தில் அவற்றின் ஒளிப்பிம்பங்கள் பரவி, பின் இணைந்து இரண்டும் ஒன்றாகத் தென்படும். நுண்பெருக்கியின் மூலமும்கூட அவ்விதம் நெருங்கிய இரு நுண்துகள்களும் ஒன்றாகி அமைந்திருப்பதாகவே காணலாம். நெருங்கிய இரு பொருட்களையும் இரு வேறு பொருட்களாக வேறுபடுத்திக் காணுதல் ஒளி அலைவின் நீளம் இயல்பான தேவையின் பாதி அளவிற்குக் குறைவுபடும்வரையிலும் நிகழும். அதற்கும் குறைந்தால் அவை இரண்டாகத் தெரிவதில்லை. இதை 19ஆம் நூற்றாண்டில் இயற்பியலாளர் எர்னஸ்ட் அபே (Ernst Abbe) கணக்கீடுகளின் மூலம் கண்டறிந்தார். நாம் காணும் ஒளி என்பது 500 நானோ மீட்டர் அலைவு நீளம் கொண்டது. (ஒரு நானோ மீட்டர் = 1/1,000,000,000 மீட்டர்) எனவே 250 நானோமீட்டர் இடைவெளிக்குக் குறைவாக நெருங்கியிருக்கும் பொருட்கள் தனிப்பொருட்களாகத் தெரிவதில்லை. நெருங்கியிருக்கும் இரு பொருட்களைத் தனித்துக் காண்பது வரையிலான குறைந்த அளவு இடைவெளி தூரமே resolution limit அல்லது ‘பிரித்துக் காண்பதன் குறைந்தபட்ச அளவீடு’ எனப்படும் எனவே ஒளியின் மூலம் 250 நானோ மீட்டர் அளவிற்கும் குறைவான இடைவெளியில் நெருங்கியுள்ள பொருட்களை உற்று நோக்கினால் அவற்றை தெளிவாகக் காணவியலாது. அவை ஒருங்கிணைந்து தெளிவற்றதாகவே தென்படும்.

குறிப்பிட்ட அளவுள்ள பொருளில் எத்தனை மூலக்கூறுகள் அமைந்திருக்கும் என்பதனை 20ஆம் நூற்றாண்டின் துவக்கத்திலேயே மக்கள் அறிந்திருந்தனர். இதனால் ஒரு மூலக்கூறில் அணுக்களுக்கு இடையிலான தூரத்தை உத்தேசமாக உணர முடிந்தது. அந்த அளவீடு ஒளியின் அலைவு நீளத்தைவிட ஆயிரம் மடங்கு சிறியதாகவே அமைந்திருந்தது. அப்படியெனில் மிகச் சிறந்த ஒளிசார் உருப்பெருக்கியினைப் பயன்படுத்தியும் தனித்த மூலக்கூறினைக் காணவியலாது. மூலக்கூறுகள் என்றென்றும் புலப்பட முடியாதவைகளாகவே இருந்திருக்கும்.

1895ஆம் ஆண்டு ஜெர்மானிய இயற்பியலாளர் வில்ஹெல்ம் ரான்ட்ஜென் (Wilhelm Roentgen) கண்டுபிடித்த புதிய கதிரியக்கம் ஒளிக்கு மாற்றுருவாக அமைந்தது. அவர் வெற்றிடக் குழாய்களில் தோன்றும் மின்கதிர் வெளிப்பாடுகளைப் பற்றி ஆய்வு செய்தார். ஒரு காற்றழுத்தமில்லாத வெற்றிடக் குழாயின் இருபுறத்திலும் எலக்டிரோடு எனும் மின்முனைகள் அமைத்திருந்தார். இவை இடையில் உள்ள மிகை மின் அழுத்தத்தால் பிரிக்கப்பட்டிருந்தன. மின் தூண்டல் கிடைத்தவுடன் எதிர்மின் முனை வெப்பமடைந்து அதிலிருந்து எலக்ட்ரான்கள் வெளிப்பட்டன. இவை இடையிலுள்ள வெற்றிடம் வழியாகப் பறந்து எதிரிலுள்ள நேர்மின்

முனையைச் சென்றடைந்தன. அவ்வேளையில் அக்குழாயிலிருந்து பெயர் தெரியாத புதிய கதிர்கள் தோன்றி அங்கிருந்த பேரியம் கூட்டுப் பொருளை இருளில் ஒளிரச்செய்கின்றன என்று கண்டறிந்தார். தோன்றிய இக்கதிர்களை ஒருவரும் அறியா 'X–கதிர்கள்' என்று பெயரிட்டார். பின் அக்கதிர்களின் இயல்புகளைப் பற்றி ஆய்வு செய்தார். அக்கதிர்கள், பலவற்றையும் துளைத்துச் செல்லும் ஆற்றல் கொண்டிருந்தன. ஒளி புக இயலாத பல பொருட்களிலும் முதன் முறையாக நுழைந்து உட்புறம் காண உதவின. மனிதனின் கைகளினுள் நுழைந்து உள்ளிருக்கும் எலும்புகளைக் காணச் செய்தன.

X–கதிர்கள் என்றால் என்ன என்பது பற்றியும் அவை நுண்மத்துகள்களா அல்லது அலைவுகளா என்றெல்லாம் ஒருவருக்கும் தெரிந்திருக்கவில்லை. (அவை சாதாரண ஒளியின் ஃபோட்டான் போன்றவைதான் என்பதும் அதனால் இவை நுண்துகள்களும் அலைவுகளுமாகும் என்றெல்லாம் இன்று நமக்குத் தெரியும்.) 1912ஆம் ஆண்டு மாக்ஸ் வான் லுவும் (Max von Laue) அவரது இரண்டு சகாக்களும் துத்தநாகம், கந்தகம் எனும் இரண்டு வகை அணுக்களைக் கொண்ட துத்தநாக சல்பைடு படிகத்தினுள் X–கதிரினைச் செலுத்தினால் என்ன நிகழும் எனக் காண முயன்றனர். அம்முயற்சியில் X–கதிர்கள் சிதறடிக்கப்படாமல் ஒரு புள்ளியில் ஒருங்கிணைவதைக் கண்டனர்.

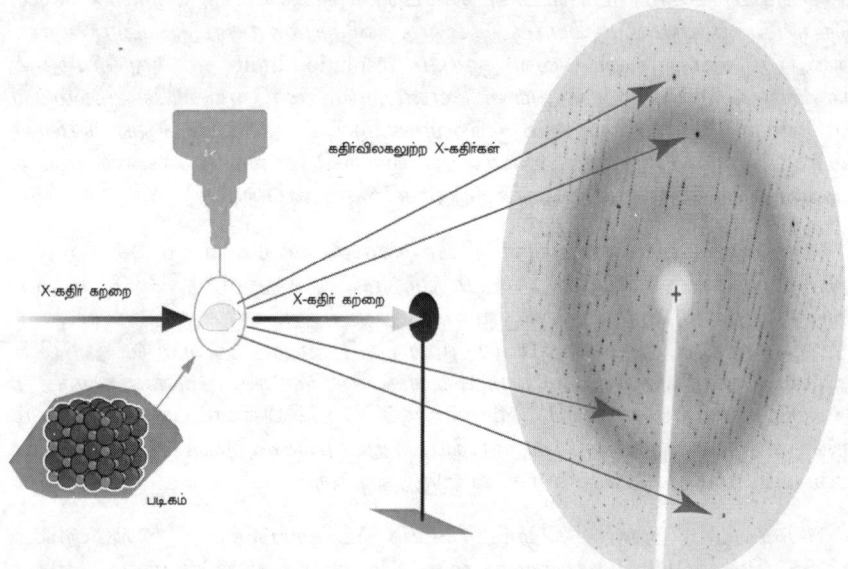

உணரி அல்லது ஃபிலிம் படலத்தில் தோன்றும்
கதிர் விலகல் புள்ளிகள்

படம் 3.1 படிகத்தினூடே செல்லும் X–கதிர்களின் 'கதிர்விலகல்' புள்ளிகள்

இச்சோதனையில் என்ன நிகழ்ந்தது என்பதை வான் லூ உடனடியாக உணர்ந்துகொண்டார். அவர் தமது ஆய்விற்குப் பயன்படுத்திய படிகத்தில் ஒரே மாதிரியான உருண்டைப் பந்து வடிவ மூலக்கூறுகள் முறையான முப்பரிமாண வடிவமைப்பில் ஒன்றன்மீது ஒன்றாகச் சீரிய முறையில்

அமைக்கப்பட்டிருந்தன என்பதை உணர்ந்தார். இத்தகைய அமைப்பில் அதைத் தாக்கும் X-கதிர்கள் அலைவுகளாக இருப்பின், அணுக்கள் அவ்வலைவுகளைப் பல திசைகளில் சிதறடிக்கச் செய்துவிடும். இவ்வியக்கம் சலனமற்ற குளத்து நீரில் ஒரு கூழாங்கல்லை எறிவதால் பல திசைகளிலும் வெளிப்புறம் நோக்கிப் பரவும் அலைவு வட்டங்களை ஒத்தது. எந்த ஒரு திசையில் பரவும் அலைவும் X-கதிர் இயக்கத்தால் ஒவ்வொரு அணுவிலிருந்தும் சிதறிய அலைவுகளின் ஒட்டுமொத்த அலைவின் கூட்டுத்தொகைக்குச் சம்மானதாக இருக்கும்.

இரண்டு அலைவுகள் இணையும்போது அவற்றின் மொத்த இணைவுத்திறன் அந்த இரண்டு அலைவுகளும் எவ்விதம் சேர்ந்தன என்பதன் அடிப்படையிலிருக்கும். அவ்வலைவுகளின் ஏற்றமும் இறக்கமும் ஒருங்கிணைந்திருப்பின் அது ஒரு 'நிலை' (phase) எனப்படும். இவ்வகையில் தோன்றிடும் இணை அலைவு, இருமடங்கு வலுவுடையதாகவே அமையும். இவ்விதம் அலைவுகள் ஒருங்கிணையாமல் ஓர் அலைவின் ஏற்றம் மற்றொரு அலைவின் இறக்கத்துடன் இணைந்திருப்பின், அலைவுகள் 'ஒருநிலை அற்றவையாக (out of phase) அமைந்து அவை ஒன்றையொன்று ரத்து செய்துவிடும். ஒத்தும் இல்லாமல் எதிர்த்தும் இல்லாமல் இடையிலிருப்பின் 'இடைநிலை'த் தன்மையே தோன்றும்.

மூலக்கூறில் அணுக்கள் அமைந்துள்ள இடத்தினைப் பொறுத்து அணுக்களால் சிதறலுற்ற அலைவுகள் வெவ்வேறு திசைகளில் பரவல் பெறுகின்றன என்பதனை வான் லூ உணர்ந்துகொண்டார். அவ்வகையில் அலைவுகள் ஒன்று மற்றொன்றிற்குப் பின்தங்கியோ அல்லது முன்சென்றோ அமையலாம். எனவே அவை 'ஒரு நிலையில்' அமையாமல் ஒன்று மற்றொன்றை ரத்து செய்வதாகவே அமைந்துவிடும். ஆனால் சில திசைகளில் வெவ்வேறு அணுக்களிலிருந்து தோன்றும் அலைவுகள் ஒட்டுமொத்தமாக அனைத்து அலைவுகளின் பின்னாகவோ அல்லது முன்னாகவோ அமைந்திருக்கலாம். இந்நிலையில் அந்த அலைவுகளின் ஏற்றங்களும் இறக்கங்களும் முறையான வரிசையில் 'ஒரு நிலை'யுடன் தங்களுக்குள் வலுவூட்டிக்கொண்டு அமைந்திருக்கலாம். எனவேதான் வான் லூ தனது படத்தில் அலைவுகளைப் புள்ளிகளாகக் கண்டார். இப்புள்ளிகள் எத்திசையில் படிகத்தின் அணுக்களிலிருந்து சிதறிய அலைவுகள் ஒன்றையொன்று வலுவூட்டிக்கொண்டன என்பதைக் குறிப்பதாக அமைகின்றன.

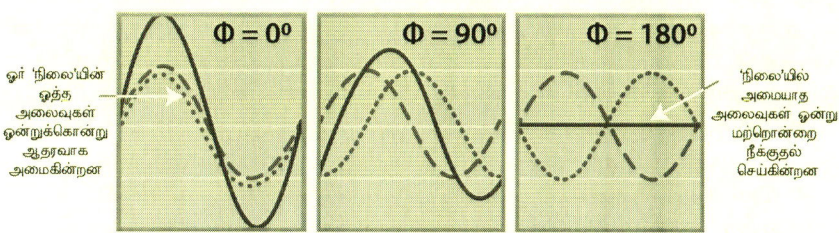

படம் 3.2 ஓர் 'நிலை'யின் ஒத்த அலைவுகள் ஒன்றுக்கொன்று ஆதரவாக அமைகின்றன 'நிலை'யில் அமையாத அலைவுகள் ஒன்று மற்றொன்றை நீக்குதல் செய்கின்றன

ஜீன் மெஷின்

இத்தகைய சோதனைகள் X–கதிர் என்பவை நிச்சயம் ‘அலைவுகளே’ என்பதைக் காண்பித்தன. படிகங்களில் அணுக்கள் முறையாக அமைக்கப்பட்டுள்ளன என்பதற்கும் இவை சான்றுகளாக விளங்கின. அணுக்கள் ஒன்றுக்கொன்று எவ்வளவு இடைவெளி கொண்டுள்ளன என்பதையும் அறிவியலார் உத்தேசமாக உணர்ந்தனர். இதனால் X–கதிர்களின் அலைவு நீளமும் தெரிந்தது. ஒளிக்கதிரின் அலைவு நீளத்தைக் காட்டிலும் பல ஆயிரம் மடங்குகள் அளவில் சிறியதான அணுவினைப் பற்றியும் அறிய முடிந்தது. இக்கண்டுபிடிப்புகளுக்கென இரண்டு ஆண்டுகளுக்குப் பிறகு *1914*இல் வான் லூ இயற்பியலுக்கான நோபல் பரிசைப் பெற்றார்.

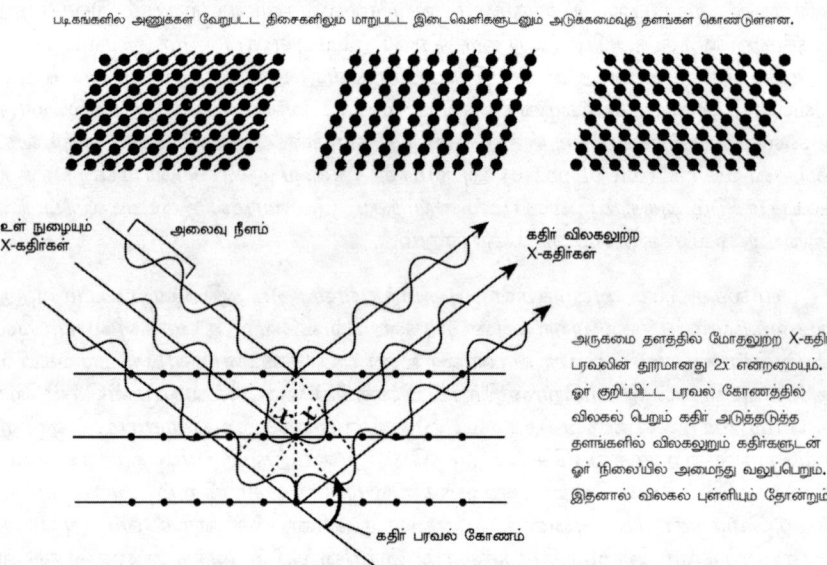

படம் 3.3 ஓர் படிகத்தின் பல தளங்களும் அவை குறிப்பிட்ட கோணங்களில் X–கதிர்களை ‘விலகல்’ பெறச் செய்தலும்

தனது படிகத்தில் துத்தநாகம், கந்தக அணுக்கள் எவ்விதம் அடுக்கப்பட்டுள்ளன என்பதனையும் வான் லூ ஊகித்தார். ஆனால் இதுபற்றிய அவரது பகுப்பாய்வுகள் பிழையுடையனவாகிவிட்டன. வான் லூவின் கண்டுபிடிப்பு முடிவுகள் கேம்பிரிட்ஜின் இளம் பட்டதாரி மாணவர் லாரன்ஸ் பிராக்கிற்கு (Lawrence Bragg) சந்தேகங்களைத் தோற்றுவித்தன. இதைப் பற்றிய எண்ணத்தால் குழம்பியிருந்த பிராக், சரியான அமைப்பைத் தெரிவிக்கும் வகையில் ஓர் அழகிய அணுகுமுறையைக் கண்டறிந்தார். ஒரு படிகத்தில் அணுக்கள் பல தொகுப்புப் பரப்புகளாக அமையலாம் என உணர்ந்தார். இப்பரப்புகள் இடைவெளிகளால் பிரிக்கப்பட்டுப் பல திசைகளிலும் அமைந்திருக்கலாம். அத்தகைய அணு அடுக்குப் பரப்புகளிலிருந்து சிதறும் X–கதிர்கள் மொத்தப் பரப்புகளிலிருந்து தோன்றும் பிரதிபலிப்புகளாகக் (reflecting off the plane) கருதப்படலாம். எனவே விலகல்

புள்ளிகள், பிரதிபலிப்புகள் (reflections) என்றும் அழைக்கப்படலாம். பல அணு அடுக்குகளைக் கொண்ட எந்த ஒரு தொகுப்பிலிருந்தும் சிதறடிக்கப்பட்ட X–கதிர்கள் அத்தொகுப்பின் அடுத்தடுத்த அடுக்குகளிலிருந்து சிதறிப் பயணித்தாலும் அப்பயணப் பாதையானது குறிப்பிட்ட கோணத்தின் ஒட்டுமொத்த அலைவு நீளமாகும். அந்தக் குறிப்பிட்ட கோணத்தில் ஒவ்வொரு தொகுப்புப் பரப்பிலிருந்தும் சிதறும் அலைவுகள் ஒரு நிலையிலிருந்து ஒன்றுக்கொன்று ஆதாரமாக இருக்கும். இவ்விதமே 'விலகல் புள்ளி' (diffraction spot) தோன்றுகிறது.

கதிர்கள் சிதறும் கோணத்திற்கும் பரப்புகளுக்கு இடையில் உள்ள தூரத்திற்கும் அமையும் தொடர்பு 'பிராகின் விதி' (Bragg's law) எனப்படும். எந்த ஒரு படிக நிலையிலும் அங்கு பல அடுக்குகள் பிராகின் விதியை நிரூபிக்கும் வகையில் அமைந்திருக்கும். ஒவ்வொரு அடுக்கிலும் விழுந்து பிரதிபலிக்கும் X–கதிருக்கான 'விலகல் புள்ளி' கிடைக்கும். படிகத்தைத் திருப்பி வைத்து X–கதிர் செலுத்தினாலும் ஒவ்வொரு பரப்பிலும் உள் நுழையும் X–கதிருடன் தொடர்புடைய கோணத்தில் 'விலகல் புள்ளிகள்' கிடைக்கும். நேர்வரும் கதிருக்கு ஏற்பப் படிகத்தைச் சுற்றி வைப்பதால் படிகத்திலிருந்து வெளிப்படும் அனைத்துப் புள்ளிகளையும் கணக்கிட இயலும்.

தனது பகுப்பு முறையினைக் கொண்டு பிராக், வான் லூவின் படிகத்தில் அணுக்களின் சரியான அடுக்குமுறையைக் கண்டறிந்தார். தனது கண்டுபிடிப்பை 'கேம்பிரிட்ஜ் தத்துவக் கழகத்தில் 1912ஆம் ஆண்டு நவம்பர் மாதம் தெரிவித்தார். அந்நிலையில் அவர் மாணவர் என்பதால் எலக்ட்ரான்களைக் கண்டுபிடித்த அவரது பேராசிரியர் ஜே.ஜே. தாம்சன் அதிகாரப் பூர்வமாக, பிராகின் கண்டுபிடிப்பைத் தன்னுடைய சார்பில் கழகத்தின் ஆய்விதழில் வெளியிட்டார்.

அதன் பிறகு பிராக் சமையல் உப்பின் மிக எளிய மூலக்கூறுகள் அமைப்பினை தனது கோட்பாட்டின் அடிப்படையில் ஆய்வு செய்தார். ஏற்கெனவே வேதியியலார், சோடியம் குளோரைடு மூலக்கூறு சோடியம், குளோரின் அணுக்களின் ஒருங்கிணைவால் தோன்றியது எனத் தெரிவித்திருந்தனர். உப்புப் படிகங்களின் X–கதிர் 'விலகல் புள்ளி'களை X–கதிர் படங்களின் மூலம் ஆய்வுசெய்த பிராக் அப்படிகங்களில் சோடியம் குளோரைடு மூலக்கூறுகள் அமைந்திருக்கவில்லை எனக் கண்டறிந்தார். படிகத்தில் சோடியம், குளோரின் அயனிகள் முப்பரிமாணத் தன்மையில் ஒரு சதுரங்கப் பலகை அமைப்பில் உள்ளன என்றார். (இவ்வமைப்பில் சோடியம் அணு ஒரு எலக்ட்ரான் எனும் மின்னணுவை இழந்தும் குளோரின் அணு ஒரு மின்னணுவைப் பெற்றும் அதனால் இவ்விரண்டும் நேரெதிர் மின்தன்மை ஏற்றப்பட்டுள்ளன.) இவ்வயனிகள் மின்விசைகளால் படிக அமைப்பில் ஒருங்கிணைந்துள்ளன என்றார்.

அவர் காலத்திய வேதியலாளர்கள், தாங்கள் நன்கு அறிந்திருக்கும் எளிய சமையல் உப்பின் மூலக்கூறு அமைப்பினை ஒரு பட்டப்படிப்பு மாணவன் தவறு என்று சொல்வதை ஏற்றுக்கொள்ள மறுத்தனர். அவர்களில் ஒருவரான ஹென்றி ஆர்ம்ஸ்டிராங் (இவர் லண்டன், இம்பீரியல் கல்லூரியின்

வேதியியல் பேராசிரியர்), *நேச்சர் (Nature)* அறிவியல் இதழுக்கு எழுதிய கடிதத்தில் இதற்குத் தீவிர தாக்குதல் நிகழ்த்தினார். 'சாதாரண உப்பு நமது பொது அறிவையே வெறுக்கும்படிச் செய்கிறதே!' எனப் புலம்பினார். மேலும் அவர் 'உப்பினுடைய அமைப்பை இப்படிக் கூறுவது அளவிடவியலா அளவீட்டிலான அபத்தத்தின் உச்சம்' என்றார். அது ஆங்கிலேயருக்கு ஏற்பட்ட பெருத்த அவமானம் என்றும் கருதப்பட்டது. ஆனால் பிராக் கூறியதே சரியானது எனப் பிறகு ஏற்றுக்கொள்ளப்பட்டது. தொடர்ந்து பிராக் பல எளிய மூலக்கூறுகளின் அணுக்கள் அளவிலான அமைப்புகளைக் கண்டறிய முயற்சித்தார். இவ்விதம் மூலக்கூறுகளை அடிப்படை அமைப்பில் காணவியலும் என்னும் நிலை தோன்றத் துவங்கியது. மூலக்கூறுகளைப் படிகங்களாக்கி அவற்றின் முப்பரிமாண அமைப்பை X–கதிர் விலகல் முறையில் கண்டறிவது 'X–கதிர் படிக வரைபட முறை (X–ray crystallography) என்றானது.

பிராகின் தந்தை வில்லியம் பிராக், (தந்தை, மகன் இருவருக்குமே வில்லியம் என்பது பொதுவான பெயர். லாரன்ஸ் எனும் நடுப்பெயரை, மகன், தனது நிலைப்பெயராக்கிக் கொண்டார்) ஓர் இயற்பியல் பேராசிரியர். அவர் ஏற்கெனவே X–கதிர்கள் தோற்றுவிக்கும் 'புள்ளி'களைத் துல்லியமாக அளவிட அக்காலத்திய பல மேம்பட்ட கருவிகளைக் கண்டுபிடித்தவர். பிராக் தனது கோட்பாட்டினை வெளியிட்டவுடன் தந்தையும் மகனும் இது தொடர்பான பல பரிசோதனைகளில் ஈடுபட்டனர். பிராக், கேம்பிரிட்ஜில் பயில்கையில் புகழ்பெற்ற இயற்பியலாளரான அவரது தந்தை பல இடங்களுக்கும் சென்று தனது மகனுடன் நிகழ்த்திய ஆய்வுகள் பற்றிப் பெருமையுடன் விரிவுரைகள் செய்தார். மாணவராக இருந்த பிராக் தனது கண்டுபிடிப்புகளின் அனைத்துப் புகழையும் தனது தந்தை தட்டிச்சென்றுவிடுவாரோ என வருந்தினார். இதனால் பதற்றமும் அதிகரித்தது. ஆனால் நோபல் பரிசு தேர்ந்தெடுப்புக் குழுவில் யாரோ ஒருவர் இவர்கள் இருவரையும் நன்கு அறிந்திருந்தவராக இருக்க வேண்டும். எனவே 1915ஆம் ஆண்டின் இயற்பியல் நோபல் பரிசு தந்தை–மகன் இருவருக்குமாக வழங்கப்பட்டது. அவ்வேளையில் பிராகிற்கு வயது 25 மட்டுமேதான். மிகக் குறைந்த வயதில் நோபல் பரிசு பெற்ற அறிஞர் எனும் புகழைப் பிராக் பெற்றார். நோபல் பரிசு அறிவிக்கப்பட்ட வேளையில் முதல் உலகப் போர் துவங்கியிருந்தது. அதனால் பிராக் ஸ்டாக்ஹோம் சென்று நேரடியாக நோபல் பரிசைப் பெற இயலவில்லை. நோபல் பரிசு அறிவிப்பு வெளியிடப்படுவதற்கு ஒரு சில வாரங்களுக்கு முன்புதான் பிராகின் சகோதரர் ராபர்ட் உலகப் போரில் கொல்லப்பட்டிருந்தார். எனவே தனது நோபல் விரிவுரைகளையும் பிராக் 1922இல் நிறுத்திக்கொண்டார்.

ஆரம்ப காலத்தில் பிராக் ஆய்வுகள் செய்த எளிய மூலக்கூறுகளில் ஒரு சில அணுக்களே இருந்தன. எனவே அத்தகைய மூலக்கூறுகளுக்கு அமைப்பினை ஓரளவு ஊகித்து 'பிராகின் விதி' அடிப்படையில் 'விலகல் புள்ளிகளையும் கண்டு, அவற்றின் படத்தோற்றமானது ஊகித்த அமைப்புடன் ஒத்துள்ளதா என்றெல்லாம் அறிய முடிந்தது. இவ்வகையில் ஊகங்களின் அடிப்படையில் ஆய்வு செய்து புள்ளிகளைத் தோற்றுவிக்கும் படங்களுடன் ஒப்பிட்டுப் பெரிய மூலக்கூறுகளின் அமைப்பினை அறிய

முடியாது. எனவே, பெரிய மூலக்கூறுகளுக்கு மற்றொரு அறிதல் முறை தேவையானது. நேரடியாக X–கதிர் இயக்கத் தரவுகளின் அடிப்படையில் உரிய கணக்கீடுகளின் மூலமாக மூலக்கூறு வரைபடத்தினைத் தோற்றுவித்து எங்கெங்கு அணுக்கள் அமைந்துள்ளன என அறியவியலுமா?

ஒரு வரைபடத்தை எவ்விதம் கணக்கீடு செய்வது என்பதைப் புரிந்து கொள்ள ஒரு லென்சைப் பயன்படுத்திப் பெரிதாக்கப்பட்ட பிம்பம் எவ்விதம் தோற்றுவிக்கப்படுகிறது என்பதனைப் புரிந்துகொள்ள வேண்டும். பெரிதாக்கப்பட வேண்டிய பொருளின் ஒவ்வொரு பகுதியிலிருந்தும் ஒளிக்கதிர்கள் சிதறுகின்றன. இவ்விதம் சிதறடிக்கப்பட்ட ஒளிக்கற்றைகளை லென்சானது ஒருமிப்பதால் பிம்பம் தோன்றுகிறது. இதில் லென்சு இருக்கிறதோ இல்லையோ சிதறடிக்கப்பட ஒளிக்கதிர்கள் தோன்றுகின்றன என்பது இங்கு முக்கியக் குறிப்பு. லென்சு அக்கதிர்களைச் சேகரித்து பிம்பத்தைத் தோற்றுவித்துவிடுகிறது. ஒரு மூலக்கூறின் அணுக்கள் மிக நுண்ணியவை. இவற்றைக் காண்பதற்கு மிகச் சிறிய அலைவு நீளம் உள்ள கதிர்கள் தேவை. ஒளியின் கதிர் அலைவு நீளம் இத்தகைய தேவையைவிட ஆயிரம் மடங்கு அதிகமானது. எனவே ஒளியின் அலைவுக் கற்றைகள் இதற்குப் பயன்படாது. ஆனால் X–கதிர்கள் மிகச் சிறிய அளவு அலைவு நீளத்தைக் கொண்ட கதிர்கள். இந்த அலைவு நீளத்தால் நுண்ணிய அணுக்களிலிருந்து கதிர்க் கற்றைகள் பிரதிபலிக்கப்பட்டு அணு அமைப்பினைக் காண உரியதாக இருக்க வேண்டும். படிகம், புள்ளிகள் என்றெல்லாம் மெனக்கெடாமல் X–கதிர்களைப் பயன்படுத்தி நேரடியாக லென்சு வழியே ஒரு நுண்பொருளைப் பெரிதுபடுத்திக் காணவியலுமா?

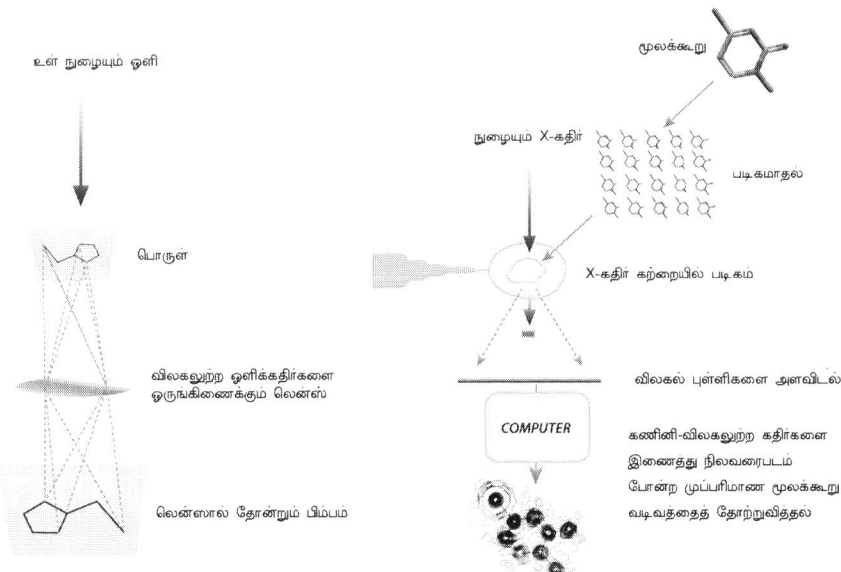

படம் 3.4 லென்ஸ் பயன்பாட்டினால் தோன்றும் பிம்பத்தை
X–கதிர் வரைபடத்துடன் ஒப்பிடுதல்

பிரச்சினை என்னவென்றால் X–கதிர்களால் மூலக்கூறுகளின் பிம்பத்தைத் தோற்றுவிக்கும் வகையிலான லென்சுகள் உலகில் இல்லை. அப்படியே செய்யவியலும் என்றாலும் மிகப்பெரிய இயலாமை யாதெனின் ஒளிக்கதிர்களைப் போன்றில்லாமல் X–கதிர்கள் அவை விழும் பொருட்களை பாதிப்படையச்செய்துவிடும் நிலை ஏற்படும். ஒரு மூலக்கூறினை முழு விவரங்களுடன் காண வேண்டுமெனில் மிக அதிக அளவில் X–கதிர்களைப் பொருளின் மீது பாய்ச்ச வேண்டியிருக்கும். இதனால் காண வேண்டிய மூலக்கூறு பாதிப்படைந்து அழிந்துவிடும். ஆனால் ஒரு படிகத்தில் X–கதிரைச் செலுத்துவதால் கிடைக்கும் 'விலகல் புள்ளி' பல மில்லியன் மூலக்கூறுகளால் சிதறடிக்கப்பட்ட X–கதிர்களை ஒருங்கிணைப்பதால் தோன்றுவதாகும். மில்லியன் கணக்கிலான மூலக்கூறுகளிலிருந்து அதிகரிக்கப்பட்ட சிக்னல்கள் கிடைக்குமெனில் X–கதிர் பீய்ச்சல் அளவினைக் குறைத்துப் படிகத்தினுள் செலுத்திப் பயன்படுத்திவிடலாம் அல்லவா! மூலக்கூறு அணுக்களின் அடுக்கமைவுகளை அறியப் படிகங்களைப் பயன்படுத்த இதுவும் ஒரு காரணமாகும்.

லென்சானது காண வேண்டிய பொருளின் பல பகுதிகளிலிருந்து கிடைக்கும் ஒளிக்கற்றைகளை ஒருங்கிணைத்து ஒரு பிம்பத்தைத் தோற்றுவிக்கிறது. X–கதிர்களைப் பயன்படுத்துகையில் புத்திசாலித்தனமான கணக்கீடுகளின் மூலம் ஒளி லென்சால் கிடைக்கும் அந்த பிம்பத்தை லென்சு இல்லாமல் X–கதிர் வரைபடத்தில் தோற்றுவித்துக் காணலாம். (கணிதப் பயன்பாடு அறிந்தவர்கள் சிதறும் கதிர்களுக்கான *Fourier transform* முறையைப் பயன்படுத்திக்கொள்ளலாம்.) X–கதிர் படத்தில் துல்லியமாகப் புள்ளியின் நிலையைக் கண்டறிந்து அதைக் கணினியில் தரவுகளாகச் செலுத்தி, காணும் பொருளின் பிம்பத்தைத் தோற்றுவிப்பதில் மிகுந்த சிரமம் உள்ளது. லென்சு பயன்படுத்துதலில் எப்போது ஒளிக்கதிர் அலைவின் பிரதிபலிப்புகள் ஒவ்வொரு பகுதியிலிருந்தும் தோன்றுகின்றன, கதிர் அலைவு மற்ற ஒளிக்கற்றைகளுடன் எப்போது இணைகிறது என்பதை லென்சு 'அறியும்'. அதாவது, பிம்பத்தின் தளம், மேடு, பள்ளங்களுடன் இணைந்த இணைவு நிலைகள் ஆகியவற்றை லென்சு 'அறியும்'. ஒரு படிகத்தின் X–கதிர் விலகல் புள்ளியின் வீச்சைக் கணக்கிடும் போது, நாம் கதிர் வீச்சின் அளவினை (amplitude) அதாவது வீச்சின் உச்ச அளவு உயரத்தை (இயல்பான அளவுடன் தொடர்புபடுத்தி) கண்டறிகிறோம். இந்த அளவீட்டில் அலைவு எந்நிலையில் உள்ளது எனும் தகவல் இல்லை. அதாவது, ஒவ்வொரு புள்ளியும் பிற புள்ளிகளோடு ஒப்பிடுகையில் அலைவின் உச்ச அளவின் முன்பாகவா பின்பாகவா எனும் விவரங்கள் கிடைக்கவில்லை. எனவே அளவீடுகள் பாதியளவு தரவுகளின் அடிப்படையில் அமைய நேரிடுகிறது. அத்தரவுகளும் முக்கியமற்றனவாகவே உள்ளன. கிடைக்கவேண்டிய பிம்பமானது சரியான வீச்சு அளவினைக் காட்டிலும் 'சரியான நிலை' (right phase) இயல்பைச் சார்ந்தது. படிகவியலில் இது ஒரு தொல்லைதரும் நிலைப் பிரச்சனை (Phase Problem). ஏனெனில் நிகழ்நிலைக் கட்டங்களை அறியாமல் மூலக்கூறு அமைப்பின் பிம்பம் கிடைக்காது.

இதற்கான தீர்வு ஒன்றினை ஆர்தர் லின்டோ பாட்டர்சன் (Arthur Lindo Patterson) எனும் படிகவியலாளர் விவரித்தார். அதன்படி 'கட்டத்தின் நிலை' தெரியாமலேயே புள்ளிகளின் வீரியத்தைக் கணக்கிட்டு, அதன் பின் மூலக்கூறின் தெளிவான முக்கிய அணுவின் இருப்பிடத்தை அறியலாம். அந்த முக்கிய அணு, மிகு எடை அணுவாக இருக்க வேண்டும். (ஏனெனில் அவற்றில் பல எலக்ட்ரான்கள் உள்ளன. அவை பல கதிர்களைச் சிதறடிக்கும். இதன் பிறகு நீங்கள் இந்த அணுக்கள் தோற்றுவிக்கும் 'நிகழ்நிலைகளை'க் கணக்கீடு செய்துகொள்ளலாம். இக்கணக்கீடுகளை முழு மூலக்கூறுக ளிலிருந்து பெறப்பட்ட கதிர்வீச்சு அளவீடுகளுடன் இணைத்துக் கொள்ளலாம். இப்படிச் செய்வதால் விடுபட்டுப்போன அணுக்கள் 'வெற்றுருக்களாக அமைப்பின் பிம்பத்தில் தோன்றும். இவ்வணுக்களையும் முதலில் கிடைத்த அமைப்புடன் சேர்த்துக்கொண்டு கணக்கீட்டை மீண்டும் செய்வதால் மேலும் பல வெற்றுருக்கள் அடுத்த சுற்றுகளில் தோன்றும். இவ்வகையில் படிப்படியாக அடுத்தடுத்த தரவுகளை இணைப்பதால் ஒட்டுமொத்த அமைப்பையும் அறியலாம்.

இத்தகைய முயற்சியால் இறுதியில் ஒரு மூலக்கூறின் முப்பரிமாணப் படம் அல்லது மூலக்கூறின் வரைபடம் கிடைக்கும். இவ்வரைபடங்களுக்கு 'மின்னணு அடர்த்தி வரைபடங்கள்' (Electron Density Maps) என்று பெயர். ஏனெனில், சிதறுபடும் அனைத்து X–கதிர்களும் அணுக்களின் எலக்ட்ரான்களிலிருந்து தோன்றியவை. இவ்வகையில் எந்த ஒரு குறிப்பிட்ட இடத்திலும் எலக்ட்ரானிகளின் அடர்த்தியை வரைபடம் காண்பிக்கும். நிலவியலின் செயல்முறையில் பெரும்பாலும் உட்கருவைச் சுற்றிலும் எலக்ட்ரான்கள் மிகை அமர்வு கொள்கின்றன. எனவே இம்முறை அணுவின் இருப்பிடத்தைக் காண்பித்துவிடும். நிலப்பரப்பு வரைபடத்தில் புவியமைப்பின் மலை முகடுகள் காண்பிக்கப்படுவது போன்று மூலக்கூறு வரைபடங்கள் ஒவ்வொரு பகுதியின் அமைப்புநிலை வரைகோடுகளைக் (Contours) காண்பிக்கும் வகையில் உருவகிக்கப்படுகின்றன. நிலப்பரப்பு வரைபடத்தில், ஓரிடத்தில் 'கடல்மட்ட ஒப்பீட்டு அளவு' அதிகரிக்கையில் அமைப்புநிலை வரைகோடுகள் அதிகரித்திருக்கும். அதேபோன்று மின்னணு அடர்வு வரைபடங்களில் அடர்வு அதிகமுள்ள பகுதிகள் அதிக அளவில் அமைப்புநிலை வரைகோடுகளைக் கொண்டிருக்கும். இதனால் மூலக்கூறில் எங்கெங்கு அணுக்கள் உள்ளன என்பதை அறிய முடியும்.

மிகச் சிக்கலான மூலக்கூறுகளின் அமைப்புகளை அறிந்திடும் வகையில் விஞ்ஞானிகள் பாட்டர்ஸன் முறையை (Patterson method) பயன்படுத்தத்துவங்கினர்.இம்முறையை அதிஉச்சநிலையில்பயன்படுத்தியவர் டாரத்தி ஹாட்கின் (Dorothy Hodgkin). இவர் ஆக்ஸ்ஃபோர்ட் பல்கலைக் கழகத்தின் சோமர்வில் கல்லூரியில் வேதியியல் ஹானர்ஸ் பட்டப்படிப்பில் முதல் வகுப்பில் தேறிய பெண்மணி. அதன் பிறகு கேம்பிரிட்ஜின் ஜான் டெஸ்மண்ட் பெர்னாலிடம் Ph.D ஆய்வுப் பட்டப் படிப்பில் சேர்ந்தார்.

பெர்னால் பல துறைகளில் அறிவுடைய சிறந்த புத்திசாலி. ஓர் அறிவார்ந்த வண்ணத்துப் பூச்சியாகப் பறந்து திரிந்து கொண்டிருந்தவர் அவர். பல துறைகள் சார்ந்த பிரச்சினைகளுக்கு விடைகாணும்

அளவில் அவரது பங்களிப்பு முதன்மையானதாக அமைந்திருக்கும். ஆனால் துவங்கிய பணிகளை நிறைவு செய்ய முடியாத அளவிற்கு அவருக்கு கவனச் சிதறல் இருந்தது. இரண்டாம் உலகப் போரின் போது நார்மண்டி கடற்கரையில் *D-day* எனும் அந்த முக்கிய குறிப்பிட்ட நாளில் நட்பு நாடுகளின் படைகள் இறங்குவதற்குச் சரியான இடங்களைக் குறிப்பிட்டுச் சொல்லும் பணியை பிரிட்டானிய அரசு இவருக்கு அளித்திருந்தது. இவர் ஓர் தீவிர கம்யூனிஸ்டு. ஸ்டாலினின் செயல்பாடுகள் வெளி உலகிற்குத் தெரிந்த பின்னும் சோவியத் அரசை ஆதரித்து உரையாடுபவராக இருந்தார். இவர் பெண்களை மிகவும் நேசித்தவர். ஒரே சமயத்தில் பல பெண்களுடன் நட்புப் பாராட்டுபவராக இருந்தார். ஹாட்கின் உட்பட பல பெண்களும் அவர் பெண்களின் நலனில் அக்கறை கொண்டவர் என்பதனை அறிவார்கள். தன்னுடன் அவர்கள் கடைசிவரை தொடர்பில் இல்லையென்றாலும் அவர்களின் வாழ்நாள் முழுவதும் நட்புணர்வுடன் இருந்தார். அவர் நோய்வாய்ப்பட்டு மரணப் படுக்கையில் தன் இறுதி நாட்களில் இருந்தபோதுகூடப் பல பெண்கள் முறை வைத்து அடுத்தடுத்து அவரைப் பராமரித்தனர்.

பல துறைகளில் ஒரே சமயத்தில் அவர் ஆர்வம் கொண்டிருந்த நிலையில் அவருடன் நட்புக் கொண்டிருந்த பலரும் தங்கள் தங்கள் துறைகளில் புகழ்பெற்றவர்களாகும் வாய்ப்புகள் ஏற்பட்டது. இதில் ஹாட்கின் மிக முக்கியமானவர். தனது Ph.D படிப்பினை முடித்த ஹாட்கின் ஆக்ஸ்ஃபோர்டு திரும்பினார். ஆனால் அங்கிருந்த கல்விச் சூழல் அவர் பெண் என்பதால் அவரை முறையாக வரவேற்கும் நிலையில் இல்லை. அவருக்கு அங்கு ஆசிரியர் நிலையும் கிடைக்கவில்லை. தற்செயலாக அவருடைய பழைய சோமர்வில் கல்லூரி அவருக்கு ஆய்வு நிதி வழங்க முன்வந்தது. அதனுடன் சமாளிப்பதற்கு ஒரு சில தற்காலிக ஆராய்ச்சி உதவி நிதிகளையும் பெற்றுக்கொண்டார். ஆய்வுச் சோதனைகளை நிகழ்த்தப் பல்கலைக்கழகத்தின் இயற்கை அறிவியல் அருங்காட்சியகத்தின் மாடிப்பகுதியின் ஒதுக்குப்புறத்தில் ஓர் இடம் தரப்பட்டது. பலமுறை இவர் ஏணிப்படிகளின் வழியே மாடிக்குச் செல்லுகையில் மிகவும் அரிதான படிகங்களை பாதிப்படையாமல் ஒரு கையால் தூக்கிச் செல்ல வேண்டியிருந்தது. இத்தகைய பல இன்னல்களாலும் மனம் தளராமல் மிகத் திறமையுடன் மிக முக்கிய உயிர் மூலக்கூறுகளாகிய பெனிசிலின், வைட்டமின் B12 போன்றவற்றில் ஆய்வுகள் செய்தார்.

பலநூறு அணுக்களைக் கொண்டிருக்கும் வைட்டமின் B12ன் அமைப்பினைக் கண்டறிந்தது மிகச் சிறந்த திறமை மிக்க உழைப்பே. ஆய்வின் ஒரு கட்டத்தில் அவரிடம் பெர்னால், "நீ எப்படியும் நோபல் பரிசு பெற்றுவிடுவாய்" என்றே தெரிவித்திருந்தார். அதற்கு ஹாட்கின் "என்றாவது ஒருநாள் ராயல் சொஸைட்டியின் மதிப்புமிகு உறுப்பினராகிவிட முடியுமா?" எனக் கேள்வியெழுப்பினார். பதிலளித்த பெர்னால், "நோபல் பரிசைக் காட்டிலும் அது கடினமானது" எனக் கூறிவிட்டார். ஆண்களுக்கான இவ்வாய்ப்பு வேறு மாதிரியானது. ஏனெனில் ராயல் சொஸைட்டி தனது 300 ஆண்டுகால வரலாற்றில் பெண்களுக்கு வாய்ப்பு அளித்ததேயில்லை. ஆனால் ஹாட்கினுடைய கண்டுபிடிப்புகள் அவர் பெண் என்பதால்

ஒதுக்கிவிடக் கூடியவை அல்ல. ஆனால் 1945இல் ராயல் சொஸைட்டி படிகவியலாளராகிய காத்லீன் லான்ஸ்டேலையும் (Kathleen Lonsdale) உயிர் வேதியலாளராகிய மார்ஜரி ஸ்டீபன்சனையும் (Marjorie Stephenson) தனது மதிப்புமிகு உறுப்பினர்களாக்கியது. இதைத் தொடர்ந்து 1947இல் ஹாட்கினும் அங்கு மதிப்புமிகு உறுப்பினரானார். 1964இல் ஹாட்கின் நோபல் பரிசும் வென்றார். அப்போது செய்தி இதழ் ஒன்று, தனது தலைப்புச் செய்தியில் "இல்லத்தரசியும் மூன்று குழந்தைகளின் தாயுமான ஒரு பெண் வேதியியலில் நோபல் பரிசு வென்றுள்ளார்" எனத் துவங்கும் கட்டுரையை வெளியிட்டது. பத்திரிக்கைக்காரர்களுக்குப் பெண்கள் வீட்டிலுள்ள நிலையும் பிள்ளை பெற்றுக்கொள்ளும் இயல்பும்தான் முக்கியமானதாகத் தெரிந்தன.

X – கதிர் படிக வரைபட முறை ஆராய்ச்சிகள் மிகப்பெரிய வெற்றியாக அமைந்தன. இருப்பினும் இம்முறைப் பயன்பாட்டின் துவக்க காலத்தில் புரோட்டீன்கள் போன்ற பெரிய மூலக்கூறுகளின் அமைப்பினையும் X – கதிர் பயன்பாட்டால் அறியலாம் என்பதை நாம் அறிந்திருக்கவில்லை. 1930களின் நடுக்காலத்தில் பெர்னாலும் ஹாட்கினும் முதன் முறையாக X – கதிர்களின் உதவியுடன் புரோட்டீன்களின் அமைப்பை அறிந்திட முயன்றனர். ஆனால் அவர்களுக்கு ஒருங்கிணைவுப் புள்ளிகள் கிடைக்கவில்லை. இதைக் கண்ட பெர்னால், புரோட்டீன் படிகங்களில் நீர் அதிகம் உண்டு என்றும் அதனால் உலர்தல் நிகழுகையில் புரோட்டீன் மூலக்கூறுகள் முறையான அமைப்பினை இழந்துவிடுகின்றன என்றும் உணர்ந்தார். மீண்டும் அவர்கள் இருவரும் அம்மூலக்கூறுகளில் சோதனையின்போது நீரேற்றம் செய்து மேற்கொண்டபோது அழகிய கதிர் விலகல் அமைப்புகள் கிடைத்தன. புரோட்டீன்கள் அமினோ அமிலங்களைத் தொடராகக் கொண்ட சங்கிலி அமைப்புகள் மட்டுமில்லை; அவற்றிற்கும் முறையான நிலைத்த வடிவ அமைப்பு உண்டு என்பது இவர்களது ஆராய்ச்சிகளால் தெரியவந்தது.

ஆனால் புரோட்டீன்களில் அணுக்கள் நூறுகளின் எண்ணிக்கையில் அல்ல, ஆயிரக்கணக்கில் அமைந்துள்ளன. எனவே வைட்டமின் B12இன் அமைப்பை அறிய ஹாட்கின் பயன்படுத்திய முறை புரோட்டீன்களின் அமைப்பினை அறிய உதவாது. நல்லவேளையாக ஆஸ்திரிய நாட்டிலிருந்து வந்தேறியாக இங்கிலாந்திற்கு வருகை புரிந்திருந்த மாக்ஸ் பெரூட்ஸ் விஞ்ஞானிகளின் மனதை உறுத்திக்கொண்டிருந்த புரோட்டீன் அமைப்பு தொடர்பான பிரச்சனையைச் சவாலாக எதிர்கொள்ள முயன்றார். 1930களில் ஆஸ்திரியாவில் நாஸிகளிடமிருந்து தப்பி வந்தவர் பெரூட்ஸ். ஹாட்கினைப் போன்று இவரும் கேம்பிரிட்ஜ் சென்று பெர்னாலுடன் ஆய்வுகள் செய்ய இணைந்தார்.

அது பெர்னால் அனைத்தும் அறிந்த மேதாவியாகக் கருதப்பட்டிருந்த காலம். ஹாட்கின், பெர்னாலின் ஆய்வகத்தை விட்டுச் சென்ற பின் பெரூட்ஸ் அவ்விடத்திற்கு வந்தார். அங்கு அவர் ஹீமோகுளோபினில் ஆய்வுகள் மேற்கொண்டார். ஹீமோகுளோபின் நமது இரத்தத்தில் உள்ள பெரிய புரோட்டீன் மூலக்கூறு. இதில் நான்கு தனித்தனியான புரோட்டீன் சங்கிலித் தொடர்களும் ஆக்சிஜனை நுரையீரலிலிருந்து உடல் திசுக்களுக்கு

எடுத்துச் செல்லும் இரும்பு அணுவும் உண்டு. ஆரம்ப காலத்தில் X – கதிர் படிகவரைபட முறையில் கண்டறிந்த மூலக்கூறுகள் அனைத்தினையும் விட ஹீமோகுளோபின் 50 மடங்குகள் பெரியது. இந்த அமைப்பைக் கண்டறிய பெரூட்ஸ் முயன்றபோது பலர் இவரைக் கேலி செய்தனர். தான் இதை எவ்விதம் கண்டறியப் போகிறோம் என்பது அவருக்கு கேள்விக்குறிதான். இந்த ஆராய்ச்சியில் அவருக்குக் கிடைக்கும் அழகிய X – கதிர் படிக வரைபடங்களைத் தன்னுடன் பணியாற்றுபவர்களிடம் காண்பிப்பதுண்டு. அவர்கள் 'இது என்ன?' என்று கேட்டால் உடனே பேச்சை மாற்றி வேறு ஏதாவது ஒன்றை இவர் கூறிவிடுவார். 1938இல் கேம்பிரிட்ஜின் கேவின்டிஷ் பேராசிரியராக பிராக் உயர்வு பெற்றார். எனவே அவர் தனது புகழையும் பெருமையையும் நிலைநிறுத்தும் வகையில் பெரூட்ஸை ஆய்வுகளில் மேலும் மேலும் ஊக்குவித்தார். இருப்பினும் பெரூட்ஸின் ஆய்வுகள் மிக மெதுவாகவே முன்னேறின.

ஒரு வழியாக இறுதியில் 20 ஆண்டுகளுக்குப் பிறகு 1953இல் புரோட்டீன்கள் ஆராய்ச்சியில் ஒரு விடிவு காலம் தோன்றியது. தனது படிகங்களுடன் மிகு எடை அணுக்களைக் கொண்ட மெர்க்குரியை சேர்த்தபோது தெளிவாகத் தெரியும் X – கதிரின் விலகல் புள்ளிகள் தோன்றின. மிகு எடை அணுக்கள் மூலக்கூறின் ஒருசில இடங்களிலேயே இணைந்திருந்தன. அவ்விடங்களிலிருந்து கிடைத்த விலகல் புள்ளிகளின் அடர்த்தியை பிற புள்ளிகளின் அடர்த்தியோடு ஒப்பிடுவதன் மூலம் மிகு எடை அணுக்கள் அமைந்துள்ள இடங்களை அறிய முடிந்தது. இதற்கு ஹாட்கின் பயன்படுத்திய பேட்டர்சன் கணக்கீடுகளைப் பயன்படுத்திக் கொண்டார். இத்தகைய கணக்கீடுகளால் மிகு எடை அணுக்கள் எங்கிருந்தன என்பதைத் துல்லியமாக அறிவதோடு ஒவ்வொரு புள்ளியின் நிலையமைப்பினையும் அறியலாம். இதன் மூலம் மூலக்கூறின் முப்பரிமாண அமைப்பினைக் கணக்கிடலாம். இம்முறையினைத் துல்லியமாகப் பயன்படுத்தி அடுத்த ஆறு ஆண்டுகளில் பெரூட்ஸும் அவரது முன்னாள் மாணவர் ஜான் கென்டுரூவும் ஹீமோகுளோபின் அமைப்பினைக் கண்டுபிடித்தனர். மேலும் அவர்கள், ஆக்ஸிஜனைக் கடத்தும் சிறிய புரோட்டீனாகிய மையோகுளோபின் *(Myoglobin)* அமைப்பினை யும் அறிந்தனர். இக்கண்டுபிடிப்புகள் 1960களில் நிகழ்ந்தன. இதற்கு 50 ஆண்டுகளுக்கு முன்னர்தான் X–கதிர் படிக வரைபட முறை துவங்கியிருந்தது. அன்று இரண்டே வகை அணுக்களைக் கொண்டு சதுரங்கப் பலகை வடிவமைப்பில் அணுக்களின் அடுக்கமைவு கொண்ட சாதாரண எளிய உப்பு மூலங்களின் அமைவு அறியப்பட்டது. ஆனால் இன்று ஆயிரக்கணக்கான அணுக்களைக் கொண்ட புரோட்டீன்களின் முப்பரிமாண அமைப்பை அறியும் முன்னேற்றம் ஏற்பட்டுள்ளது. ஆக, இவ்விதமாக 'அமைப்பு சார் உயிரியல் துறை' பிறந்துவிட்டது.

பெரூட்ஸ், கிரிக்கின் (Crick) Ph.D ஆய்வு மேற்பார்வையாளர் – கென்டிரூ, வாட்சனின் முதுமுனைவர், ஆய்வின் ஆலோசகர். இவையெல்லாம் தற்செயல் நிகழ்ச்சிகள் எனக் கூற முடியவில்லை. ஏனெனில் 1962இல் பெரூட்ஸும், கெட்டிரூவும் வேதியியலுக்கான நோபல் பரிசை முதல் புரோட்டீன் அமைப்பு கண்டுபிடிப்பிற்காகப் பெறுகின்றனர். அதே ஆண்டில்

அவர்களால் வழிநடத்தப்பட்ட வாட்சனும் கிரிக்கும் உடற்செயலியல்/மருத்துவத்திற்கான நோபல் பரிசு பெற்றனர். இவர்கள் DNAவில் செய்த ஆய்விற்காக மாரிஸ் வில்கின்ஸுடன் (Maurice Wilkins) பரிசைப் பகிர்ந்து கொள்கிறார்கள். அதே ஆண்டு பெரூட்ஸ், சைக்கிள்கள் கொட்டகையிலிருந்த தனது ஆய்வகத்தை (அந்த ஆய்வகம் நகர மையத்தில் காவெண்டிஷ் ஆய்வகத்தின் பின்புறம் இருந்தது. அவரை அங்கிருந்த 'இயற்பியல் விஞ்ஞானிகள்' பல ஆண்டுகளாகச் சகித்துக் கொண்டிருந்திருக்கிறார்கள்) புதிய நான்கு மாடிக் கட்டிடத்திற்கு மாற்றுகிறார். இப்படித்தான் கேம்பிரிட்ஜின் தென் பகுதியில் உள்ள புகழ்பெற்ற LMB எனும் MRC *Laboratory of Molecular Biology* தோன்றியது. ஆரம்பித்த முதல் ஆண்டிலேயே அட்டகாசமாக 4 நோபல் பரிசுகளைப் பெற்றது LMB.

4

ரைபோசோம் படிகங்கள் கிடைத்தன

மாக்ஸ் பெருட்ஸ், ஜான் கென்டிரூ ஆகியவர்களின் பாராட்டுதலுக்குரிய முயற்சிகளால் புரோட்டீன்களில் ஆயிரக்கணக்கான அணுக்கள் ஒருங்கிணைந்து மிகத் துல்லியமான அமைப்பினை எவ்விதம் உருவாக்கியுள்ளன என்பதை மக்கள் அறிய முடிந்தது. அவர்களின் கண்டுபிடிப்பில் ஹீமோகுளோபின். மையோகுளோபினில் ஆக்ஸிஜன் அணு ஆகியவை எவ்விதம் பொருந்தியுள்ளன என்பதனையும் அறிந்தார்கள்.

படிகங்கள் என்பவை அடிப்படையில் ஒரேமாதிரியான மூலக்கூறு அடுக்குகளின் முப்பரிமாண அமைப்புகளே. ஒரே வகையில் எளிய அணுக்களைக் கொண்ட படிகங்களில் அணுக்கள் பில்லியர்ட்ஸ் பந்துகளை முறையாக ஒன்றன் மீது ஒன்றாக அடுக்கியது போன்ற அமைப்பைக் கொண்டிருக்கும். ஆயிரக்கணக்கில் சீரற்ற வடிவத்தில் அணுக்களைக் கொண்ட மூலக்கூறுகளால் தோன்றும் படிக அமைப்பில் மூலக்கூறுகள் முறையாக ஒன்றன் மீது ஒன்றாக அடுக்கியது போன்ற அமைப்பைத் தரவியலாது. ஏனெனில் மூலக்கூறுகள் அனைத்தும் ஒருபுறம் நோக்கியே அமைந்திருக்கும். ஏதேனும் ஒரு சிறிய ஒவ்வாத வடிவத்தால் முறையற்ற அமைப்பு கொண்டிருந்தாலும் நேர்த்தியான அடுக்குத் தன்மை கிடைக்காது. சிறிய அளவு பிசகினாலும் ஒழுங்கமைவு பாதிப்படையும். இது சீரற்ற அமைப்புத்தன்மையுடைய ரயில் எஞ்சின் பொம்மைகளை ஒன்றன் மீது ஒன்றாக அடுக்கிவைத்தால் ஏற்படும் நிலை போன்றது. மூலக்கூறுகள் சிறு வளையங்களாக அலைபாயும் சிறு நீட்சிகளுடனும் தமக்கே உரிய நளினத்தன்மையும் கொண்டவை. எனவே புரோட்டீன்கள் படிகமாதல் என்பதே ஆச்சரியமானது. பொதுவாகப் பெரிய புரோட்டீன் மூலக்கூறுகளைப் படிகமாக்குதல் எளிதன்று. இன்றுகூடப் புரோட்டீன்களை எவ்விதம் படிகமாக்கலாம் என்பதை யாராலும் துல்லியமாகக் கூற முடியாது. இது எப்படி நிச்சயமற்றதோ அதேபோன்றதுதான்

ரைபோசோம்கள் படிகமாதலும். அவற்றில் ஆயிரக்கணக்கில் அல்ல பல நூறு ஆயிரங்களில் அணுக்கள் அமைந்துள்ளன.

முறையான அமைப்பில் படிகங்கள் தோன்ற வேண்டுமெனில் ஏறக்குறைய ஒரே மாதிரியான அமைப்புடைய மூலக்கூறுகள் அமைந்திருத்தல் வேண்டும். ஒரேவகை பாக்டீரியம் அல்லது ஒரு குறிப்பிட்ட விலங்கின் திசுக்களிலிருந்து பெறப்பட்ட ரைபோசோம்கள் ஒரே மாதிரியான அமைப்போ அல்லது ஒரே வகை புரோட்டீன்களையோ கொண்டிருக்குமா என்பது ஆரம்பத்தில் மக்களுக்குத் தெரியாது. செல்களில் ரைபோசோம்களின் இருப்பு கண்டறியப்பட்டுப் பத்து ஆண்டுகளுக்குப் பிறகுதான் அவற்றிற்குத் திட்டவட்டமான அமைப்பு உண்டு என்னும் முதல் குறிப்பு கிடைத்தது. கோழி முட்டையிலுள்ள கரு குளிர்விக்கப்பட்டால் அதில் உள்ள செல்கள் என்னவாகும் என்பதுபற்றி ஹார்வர்ட் பல்கலைக்கழகத்தின் பிரெக் பையர்ஸ் (Brech Byers) ஆராய்ச்சி செய்துகொண்டிருந்தார். தொடக்கத்தில் செல்களில் உள்ள ரைபோசோம்களை அவர் தேடவேயில்லை, அதற்குப் பதிலாக செல் பிரிதல் போன்ற பல நிகழ்ச்சிகளில் பங்குபெறும், செல்களினுள் உள்ள, நுண் குழல்கள் (Microtubules) எனப்படும் நீண்ட இழைகளைப் பற்றி அவர் ஆய்வு செய்துகொண்டிருந்தார். 1966இல் மேற்கொண்ட இத்தகைய ஆய்வின்போது கோழியின் குளிரூட்டப்பட்ட கரு செல்களில் ரைபோசோம்கள் ஒருங்கிணைந்து முறையான தகடுகளாக அமைந்திருப்பதைக் கண்டார். இத்தகடுகள் ஒரு ரைபோசோம் அளவிற்குப் பருமனுடன் முப்பரிமாண அமைப்பின்றி இருபரிமாண படிகங்களாக உள்ளதைக் கண்டார். இதைக் கேள்விப்பட்ட மாக்ஸ் பெரூட்ஸ், அந்தப் படிகங்களுடன் LMB ஆய்வு நிலையத்திற்கு வருகைபுரிந்து ஆய்வுகள் மேற்கொள்ளுமாறு பையர்ஸைக் கேட்டுக்கொண்டார். பையர்ஸ் 1960, 1970களில் அங்கு இருமுறை சென்றுவந்தார். ஆனால், இவ்வாய்வுகளால் பெரிதாக எதுவும் அறியப்படவில்லை.

இதேவேளையில் LMBயில் நைஜல் அன்வின் (Nigel Unwin) மற்றும் ரிச்சர்ட் ஹென்டர்சன் (Richard Henderson) எனும் இரு இளம் விஞ்ஞானிகள் உயிர்ப்பொருள் மூலக்கூறுகளின் அமைப்பினை அறிய மாற்றுமுறை ஒன்றினைக் கண்டறிய முயன்றுகொண்டிருந்தனர். உயர்ந்து, மெலிந்த உருவமுடைய அன்வின் காண்பதற்கு பீட்டில்ஸ் பாடகர்களைப் போன்று நீண்டு பரந்த தலைமுடியுடன் காணப்படுவார். சிறிது குள்ளமாக இருந்த ஹென்டர்சன் சிறு பையனைப் போன்ற உடல் அமைப்பில், காண்போர் விடலைப் பையன் என்று கருதும் தன்மைகள் கொண்டிருப்பார் (குட்டை கால்சட்டையும் சாதாரண சான்டல் செருப்புகளும் இவ்வமைப்பிற்கு மேலும் காரணமாயிருந்தன.) இவர்கள் இருவரும் மிகுந்த சுறுசுறுப்புடன் அறிவியலில் ஏதேனும் சாதித்துவிடவேண்டும் எனும் எண்ணத்திலிருந்தனர். பாக்டீரியோரோடாப்சின் (Bacteriorhodopsin) அமைப்பை அறிவதில் இருவரும் முனைப்பாக இருந்தனர். இந்த மூலக்கூறு ஒரு புரோட்டீன். இப்புரோட்டீன் உப்புத்தன்மையை விரும்பும் பாக்டீரியங்களின் சுற்றுப்படலத்தில் அமைந்து, ஒளியிலிருந்து சக்தியை உருவாக்கும் திறன் கொண்டது. அன்றைய காலகட்டத்தில் படலங்களின் புரோட்டீன்களை முப்பரிமாண படிகங்களாக்கும் செய்முறை அறியப்படவில்லை.

இப்புரோட்டீன்கள் செல்களைச் சுற்றியுள்ள கொழுப்புப் படலத்தின் எண்ணெய்ச் சூழலில் அமைந்துள்ளன. எனவே இவை நீரில் கரையும் இயல்பற்றவை. இக்காரணங்களால் வழக்கமான படிகமாக்கல் முறைகளால் இப்புரோட்டீன்களைப் படிகமாக்கல் செய்ய இயலவில்லை. எனவே பையரின் இரட்டைப் பரிமாண படிகங்களில் மின்னணு உருப்பெருக்கியைப் பயன்படுத்தி மூலக்கூறு அமைப்புகளைக் கண்டறியலாம் என அன்வினும் ஹென்டர்சனும் முடிவு செய்தனர்.

X – கதிர்களைப் போன்று எலக்ட்ரான்களுக்கும் சிறிய அலைவு நீளமுடைய அலைத் தன்மை உண்டு. தனிமங்கள், உலோக மூலக்கூறுகளின் அணு அமைப்பினை அறிய இதை ஏற்கெனவே பயன்படுத்தியுள்ளனர். ஆனால் உயிர்ப் பொருட்களின் மூலக்கூறுகள் நீர் அல்லது கொழுப்புப் படலச் சூழல் தன்மையால் மிகக் குறைவான அலைவுச் சிதறல் இயல்பு கொண்டிருக்கும். எனவே அச்சூழலில் மூலக்கூறின் அணுக்களை வேறுபடுத்தி அறிதல் சிரமமானது. ஓரளவு அணுக்களைத் தெளிவுபடக் காணவேண்டுமெனில் ஆய்வு செய்யும் பொருளின் மீது எண்ணற்ற எலக்ட்ரான் அலைவுகளைச் செலுத்த வேண்டியிருக்கும். இவ்விதம் செய்தால் அந்த மூலக்கூறின் அமைப்பை அறிந்து கொள்வதற்கு முன்பாகவே மூலக்கூறு பாதிப்படைந்து சிதைந்துவிடலாம். இருப்பினும் அன்வின்னும் ஹென்டர்சனும் படிகவரைபட முறையில் இரு பரிமாண மூலக்கூறுகளில் அவற்றின் அமைப்பினைக் கண்டறிய முயன்றனர். இதற்கு அவர்கள் மின்னணு நுண்ணோக்கியையும் மிகக் குறைந்த அளவிலான மின்னணுக்களையும் (எலக்ட்ரான்கள்) பயன்படுத்தினர்.

*1972*இல் இவர்கள் இம்முறையைப் பயன்படுத்தத் துவங்கிய வேளையில் அன்வின் இச்சோதனை தொடர்பான ஓர் ஆய்வுக் கட்டுரையைக் காண நேரிட்டது. அக்கட்டுரையில் பையர்ஸ் ஏற்கெனவே கண்டறிந்தபடி ரைபோசோம்கள் முறையான இருபரிமாண படிகங்களாக அமையும் என்று தெரிவிக்கப்பட்டிருந்தது. இவை பல்லியின் முட்டைகளை உற்பத்தி செய்யும் ஊசைட் எனப்படும் கருமுட்டை தோன்றிச்செல்களிலிருந்து கிடைத்திருந்தன. அன்வின் உடனடியாக அக்கட்டுரையை எழுதிய கார்லோஸ் டேடியைத் (Carlos Taddie) தொடர்புகொண்டு அப்படிகங்களைப் பற்றி விளக்கம் கேட்டுக் கடிதம் எழுதினார். பலமுறை எழுதியும் கார்லோஸிடமிருந்து பதில் கிடைக்கவில்லை. விடாப்பிடியான எண்ணத்துடன் அன்வின் கேம்பிரிட்ஜிலிருந்து நேப்பிள்ஸ் செல்வதற்கு இரயிலேறினார். நேப்பிள்ஸ் சென்று டேடியின் ஆய்வக அலுவல் அறையின் கதவைத் தட்டினார். இந்தப் பயணத்தின் பலனாக டேடி ஒரு சில நாட்கள் அன்வினுடன் இணைந்து ஆராய்ச்சி செய்வதற்காக LMB ஆய்வு நிலையத்திற்கு வருகை புரிந்தார். சற்றும் அலட்டிக்கொள்ளாத வித்தியாசமான இயல்புடைய டேடி, துவக்கத்தில் அன்வினுடைய கேள்விகளுக்கு முறையாகப் பதிலளிக்க முயலவில்லை. எந்நேரமும் தனது வாயில் புகைந்துகொண்டிருக்கும் புகையிலை பைப்பை அலட்சியமாக ஊதிக்கொண்டிருப்பவராகவே LMBயில் அவரை அனைவரும் கண்டனர். அவரின் இச்செய்கையால் ‘தீ எச்சரிக்கை’க் கருவி பலமுறை ஒலிக்கவும் நேர்ந்திருக்கிறது.

அன்வின் இந்த ஆராய்ச்சியை ஒரு சில ஆண்டுகள் மேற்கொண்டார். ஆனால் அவருக்குத் தேவையான செய்திகள் கிடைக்கவில்லை. இவ்வாய்வுகளில் பல்லியின் ஊசைட்டுகள் எனும் கருச்செல்களிலிருந்து பெறப்பட்ட இரட்டைப் பரிமாண ரைபோசோம் படிகங்களால் தெளிவான அமைப்புடைய வரைபடங்களைத் தோற்றுவிக்க இயலவில்லை. அதனால் அன்வின் இந்த ஆய்வினை நிறுத்திவிட்டு வேறு துறையில் ஆய்வு மேற்கொள்ள முடிவு செய்தார். அவரும் ஹென்டர்சனும் செல்களின் புறச்சவ்வுப் படலத்தின் புரோட்டீன் அமைப்பில் முன்மாதிரியான கண்டுபிடிப்புகளை நிகழ்த்த முயன்றனர். அவர்களின் ஆய்வு நிலையக் கட்டிடத்தின் அடித்தளத்தில் அன்வின் வளர்த்த பல்லிகள் கட்டிடத்தை விட்டு வெளியேறிவிட்டன. அவை பல்கிப்பெருகிச் சுற்றுப்புறப் பகுதிகளில் வாழத் துவங்கின. பல வருடங்களாக அவை கட்டடத்திற்கு வெளியே சுற்றித் திரிவதைக் காணமுடிந்தது.

கோழிமுட்டைக் கரு, பல்லிகளின் கருமுட்டைகள் ஆகியவற்றிலிருந்து பெறப்பட்ட இரட்டைப் பரிமாண ரைபோசோம்களும் அவை சார்ந்த ஆய்வுகளும் முழுமையான பலன்களைத் தரவில்லை எனினும் அவை முக்கியமான ஆய்வுகள். ரைபோசோம்கள் இரட்டைப் பரிமாணத்தில் படிகங்களாக அமைய முடியும் என்பதே முக்கியக் கண்டுபிடிப்புதான். இக்கண்டுபிடிப்பின் மூலம் ரைபோசோம்கள் குறிப்பிட்ட திட்டவட்டமான அணுக்கள் அமைப்பைக் கொண்டவை என்பது உறுதி செய்யப்பட்டது. முப்பரிமாணப் படிகங்களைத் தோற்றுவித்து ஹீமோகுளோபின் புரோட்டீன் அமைப்பைக் கண்டுபிடித்தது போன்று ரைபோசோம் அமைப்பை அறிவதிலும் நிகழுமா என்பது கேள்விக்குறியே. 1970களின் மையத்தில் ஹீமோகுளோபினைக் காட்டிலும் மிகப் பெரிய புரோட்டீன் மூலக்கூறுகளும் படிகமாக்கப்பட்டுவிட்டன. இதில் பெரிய புரோட்டீன் தொகுப்புகளும் முழு வைரஸ்களும் அடங்கும். இன்றைய நாளில் படிகமாக்கப்பட்ட மிகப்பெரிய மூலக்கூறுகளைக் காட்டிலும் ரைபோசோமின் பகுதி அலகுகள் பத்து மடங்குகள் அளவில் பெரிதானவை. அவற்றின் தெளிவான அமைப்பைக் கண்டுபிடித்து வெளிக்கொணர்வதற்குப் படிகவியல் விஞ்ஞானிகளை ஊக்குவித்து படிகங்களாக்கச் செய்ய வேண்டிய தேவை இருக்கிறது.

இவ்விதம் சிந்தித்தவர்களில் ஒருவர் ஹெயின்ஸ்–குன்டர் விட்மான் (Heinz – Günter Wittmann) இவரும் இவரது மனைவி பிரிஜெட் விட்மான்–லீபோல்டும் (Brigiitt–Wittmann–Liebold) Genetic code எனப்படும் மரபுப் பண்புக் குறியீடுகள் பற்றிய ஆய்வுகளுக்குப் 'புகையிலை மொஸைக் வைரஸ்'களைப் பயன்படுத்தினர். இவ்வைரஸ்கள் ஜீன்களில் DNAவிற்குப் பதிலாக RNAக்களைக் கொண்டுள்ளன. 1966ஆம் ஆண்டில் விட்மான் பெர்லினில் உள்ள மாக்ஸ் பிளாங்க் மூலக்கூறு மரபியல் நிறுவனத்தில் (Max Planck Institute for Molecular Genetics) இயக்குநராகப் பணியமர்த்தப்படுகிறார். இங்கு இவருக்கு ஆய்வுகளுக்கான மிகச் சிறந்த வசதிகளும் வாய்ப்புகளும் கிடைத்தன. மேலும் '*Abteilung*' எனும் ஜெர்மானிய ஆய்வுத் துறையும் இவரது கண்காணிப்பின் கீழ் வந்தது. இத்துறையிலிருந்து வெளியாகும் ஆய்வுக் கட்டுரைகள் 'அப்டிலங் விட்மான்' (Abteilung Whittmann) எனும் பெயரில்

வெளியாயின. (இன்றைக்கு மாக்ஸ் பிளாங்க் இயக்குநர்கள் தங்களது பெயரைத் துறையுடன் இணைத்துக்கொள்வதில்லை. அதற்குப் பதிலாக தங்களது ஆய்வுத் துறையின் பெயரை இணைத்துக்கொள்கின்றனர்.)

மாக்ஸ் பிளாங்க் நிறுவனத்தில் இயக்குநராகப் பணியமர்த்தப் பட்டவர்கள் வெளியேற்றப்பட்டதாகக் கேள்விப்பட்டதேயில்லை. எனவே விட்மான், நீண்ட நாட்கள் தேவைப்படும் ஆய்வுத் திட்டங்களையும் மேற்கொள்ளலாம். என்றென்றும் மாறாத ஜெர்மானிய நடைமுறைகளைக் கடைப்பிடித்த விட்மான் முறையாக ரைபோசோமின் அனைத்துத் தன்மைகளையும் ஆய்வு செய்யும் வகையில் தனது துறையின் கட்டமைப்புகளை அமைத்துக்கொண்டார். பலவகை உயிரினங்களின் ரைபோசோம் புரோட்டீன்களைச் சேகரித்து, அவற்றைத் தூய்மை செய்து கடும் உழைப்பால் அவற்றின் கட்டுமானப் பொருட்களாகிய பலவகை அமினோ அமிலங்களின் அடுக்கு வரிசையினைக் கண்டறிய முயற்சிகள் மேற்கொண்டார். இவ்விதம் ஒரேமாதிரியான செயல்பாட்டைப் பலவற்றிற்கும் இயந்திர பாணியில் மேற்கொள்வது ஜெர்மானிய முறை. இத்தகைய ஆய்வுகள் முக்கியமானவை என்றாலும் மண்டை காய்ந்துபோகும் அளவிற்குக் கடுமையானவை. 1977இல் ஃபிரடிரிக் சாங்கர் (Fredrick Sanger) DNA மூலக்கூறுகளின் கட்டமைப்பை அறிய முயன்ற முறை இவற்றைவிட முன்னேற்றமானது. ஏனெனில் புரோட்டீனின் கட்டமைப்பை அறிதலைக் காட்டிலும் அந்தப் புரோட்டீனை உருவாக்கும் ஜீனின் கட்டமைப்பை விரைவில் அறிந்திட இயலும். அப்படிப் பார்த்தால், ரைபோசோமின் செயல்திறன்களை அறிவதற்கு அதன் கட்டமைப்பை முழுமையாக அறிதல் வேண்டும் என ஆய்வுகள் மேற்கொள்ளத் திட்டம் வகுத்த விட்மானும் திறமைசாலியே.

விட்மான் தனது துறையைத் துவங்கிய ஒரு சில ஆண்டுகளில் படிகவரைபடவியல் துறையில் அறிவியலார் கவனத்தை ஈர்த்த நபர் ஒருவர் தோன்றினார். அவர் ஹஸ்கோ பாரடீஸ் (Hasko Paradies) எனும் ஜெர்மானியர். குழந்தைகள் நல மருத்துவம் பயின்ற இவர் முக்கிய மூலக்கூறுகளைப் படிகங்களாக்கும் ஆய்வில் ஆர்வம் செலுத்தினார். இவரால் படிகங்களாக்கப்படாத மூலக்கூறுகளே இல்லை என்பது போன்று இவரது பணிகள் இருந்தன. பல பெரிய புரோட்டீன் தொகுப்புகளைப் படிகமாக்கியது மட்டுமில்லாமல் முதன் முறையாக tRNAவைப் படிகமாக்கிக் காண்பித்து அசத்தினார். ஆனால் இவரது ஆய்வுகளில் பிரச்சினை என்னவென்றால், இவரது கண்டுபிடிப்புகள் பிற விஞ்ஞானிகளின் மேலாய்வுகளைத் தாக்குப்பிடிக்க இயலவில்லை. லண்டனின் கிங்'ஸ் கல்லூரியில் பாரடீஸ் பணியாற்றுகையில் ஒரு கருத்தரங்கில் படிகவியல் தொடர்பான உரையை நிகழ்த்தினார். அவ்வுரையில் tRNA படிகங்களின் X – கதிர் விலகல் படங்களைக் காண்பித்து, தான் உருவாக்கியதாகக் கூறி விவரித்தார். அன்றைய அரங்கில் படிகவியல் துறையின் முன்னோடியான டேவிட் புளோ (David Blow) கலந்துகொண்டிருந்தார். பாரடீஸ் காண்பித்து விவரித்த tRNA படிகத்தின் X – கதிர் படங்களை டேவிட் புளோ காண நேரிட்டது. அதைக் கண்டவுடன் தான் ஏற்கெனவே தோற்றுவித்த கைமோடிரிப்ஸின் எனும் ஒரு புரோட்டீனின் படம் அது என அடையாளம்

கண்டுகொண்டார். உடனே இவர் பாரடீஸிடம் விவாதத்தில் ஈடுபட்டார். இச்சம்பவத்தைத் தொடர்ந்து கிங்'ஸ் கல்லூரியிலிருந்து பாரடீஸ் பதவி விலக நேரிட்டது.

நடைமுறையில் பாரடீஸ் பலவகைப் படிகங்களை உருவாக்கி நல்ல அனுபவம் பெற்றவர். எனவே, அவர் எத்தகைய சூழ்நிலையில் லண்டன் கல்லூரியிலிருந்து விலகினார் என்பதை அறிந்திருந்தும் விட்மான் அவரைத் தனது துறையில் பணியமர்த்திக்கொண்டார். விட்மானின் நிறுவனத்தில் 1974வரை பாரடீஸ் பணியாற்றினார். அதே ஆண்டில்தான் ரைபோசோம்களைப் படிகமாக்குதல் தொடர்பாக ஓர் ஆய்வுக் கட்டுரையையும் வெளியிட்டிருந்தார். அதன் பிறகு பெர்லினின் ஃபிரீ பல்கலைக் கழகத்தில் பேராசிரியராக நியமனம் பெற்றார். ஒரு சில ஆண்டுகளுக்குப் பிறகு 1983இல் வெயின் ஹென்டிரிக்சனும் (Wayne Hendrickson) மேலும் சில முன்னணி படிகவரைபடவியல் துறையினரும் 'நேச்சர்' இதழில் ஒரு கடிதம் எழுதியிருந்தனர். அக்கடிதத்தில் 'பாரடீஸின் ஆய்வுப் பதிவுகளின் சில முக்கியப் பகுதிகள் வேண்டுமென்றே திரித்து எழுதப்பட்டவையாக உள்ளன. எனவே அவற்றை ஆய்வுலகம் கருத்தில் எடுத்துக்கொள்ளக் கூடாது' என எழுதியிருந்தனர். இதை மறுத்துத் தன்னிலை விளக்கம் அளித்த பாரடீஸ் அதன் பின் பெர்லினில் தனது பணியிலிருந்து விலகினார். இந்த நிகழ்விற்குப் பிறகு உயிர்ப்பொருள் அமைப்பியல் சார்ந்த ஆய்வுலகில் அவர் தென்படவேயில்லை.

பல நேரங்களில் இப்படி இதைச் செய்ய முடியும் என ஒருவர் தெரிவிப்பது, மற்றொருவர்க்கு அச்செயல் பற்றிய மிகப்பெரிய மனத்தடை நீங்கித் தானும் அவ்வகையில் தொடர் ஆய்வுகள் செய்யலாம் எனும் எண்ணத்தைத் தூண்டிவிட வாய்ப்புகளுண்டு. இவ்வகையில் tRNA படிகமாக்கல் தொடர்பான பாரடீஸின் ஆய்வுகளைப் பலர் ஏற்றுக்கொள்ளவில்லையெனினும் அத்துறையில் ஏற்கெனவே ஆய்வுகள் மேற்கொண்டிருந்த பிரையன் கிளார்க் (Brian Clark) அதில் ஆர்வம் காட்டினார். தான் பாரடீஸின் செய்முறைகளால் கவரப்பட்டதாகவும் tRNA படிகங்களைத் தோற்றுவிப்பதில் அம்முறைகள் தனக்கு உதவின என்றும் குறிப்பிட்டுள்ளார். இதே போன்று விட்மானும் பாரடீஸின் தோல்விகளைப் பற்றி அறியாமல் அல்லது அவற்றிற்கு முக்கியத்துவம் தராமல் அவரது துவக்க கால ஆய்வு முடிவுகள் ஏற்றுக்கொள்ளக்கூடியவை என்று கருதி அதே வழியில் ரைபோசோம் படிகமாதல் ஆய்வுகளில் யாரேனும் ஈடுபட வேண்டும் எனக் கருதினார்.

இதற்குரிய ஆய்வாளராக அவருக்குக் கிடைத்தவர் பாப் ஃப்ளெட்டரிக் (Bob Fletterick). பாப், கனடாவின் எட்மண்டனில் உள்ள ஆல்பெர்ட்டா பல்கலைக்கழகத்தில் ஒரு படிகவியலாளர். அங்கு அவர் மேலும் ஒரு குறிப்பிட்ட காலம் பணிபுரியும் வாய்ப்பு கிடைக்கவிருந்தது. ஆனால் அவரது காதலி ஜெர்மன் நாட்டினர் என்பதால் ஜெர்மனியில் ஒரு சில ஆண்டுகள் இருக்கலாம் என விரும்பினார். எனவே 1978ஆம் ஆண்டின் துவக்கத்தில் விட்மானைத் தொடர்புகொண்டு அவரது ஆய்வகத்தில் ரைபோசோம் படிகமாக்கலில் ஈடுபடவியலுமா என வினவினார். இதற்குச் சம்மதித்த விட்மான், ஃப்ளெட்டரிக்கின் பெயரை ஹம்போல்ட் ஆய்வு

நல்கைக்குப் (Humboldt Fellowship) பரிந்துரை செய்தார். அவ்வுதவியும் ஒரு சில மாதங்களில் கிடைத்துவிட்டது. கனடா நாட்டில் பல்கலைக்கழக ஆசிரியர் பணியில் கிடைத்த ஊதியத்தைக் காட்டிலும் இந்த நிதி உதவி அதிகம் என ஃப்ளெட்டரிக் கருதினார். ஆனால் அவரது காதலி திடீரெனத் தனது முடிவுகளை மாற்றிக்கொண்டதால் விட்மானுடன் ஆய்வு செய்யும் வாய்ப்பு இவருக்கு வாய்க்கவில்லை. அவ்வேளையில் அமெரிக்காவில் பேராசிரியர் பணியாற்ற அவருக்குப் பல வாய்ப்புகள் கிடைத்தன. கடைசியாக அவர் UCSFஇல் 'குறிப்பிட்ட காலப் பணி' அடிப்படையில் ஆசிரியராகப் பணியில் அமர்ந்தார்.

பாரடீஸ், ஃப்ளெட்டரிக் ஆகியோருடன் ஏற்பட்ட அனுபவங்கள் விட்மானுக்கு ஆய்வு ஊக்கத்தில் தொய்வை ஏற்படுத்தவே செய்தன. ஆனால் மூன்றாவது முறையில் அவருக்கு அதிர்ஷ்டம் அடித்தது. இஸ்ரேல் நாட்டைச் சார்ந்த ஆடா யோனத் (Ada Yonath) எனும் பெண் விஞ்ஞானி இவருடன் ஆய்வுகள் மேற்கொள்ள விருப்பம் தெரிவித்தார். விட்மானின் ஆய்வுத் திட்டத்திற்கேற்ற சரியான ஆர்வத்தையும் விடாப்பிடி இயல்பையும் ஆடா பெற்றிருந்தார்.

அந்த வேளையில் யோனத், இஸ்ரேலின் வீஸ்மான் நிறுவனத்தில் (Weizmann Institute) ஆசிரியப் பணியிலிருந்தார். விட்மானை ஒரு கருத்தரங்கில் சந்திக்கும் வாய்ப்பு அவருக்குக் கிடைத்தது. பெர்லினில் சிலகாலம் விட்மானுடன் பணியாற்றலாம் எனும் தனது கருத்தைத் தெரிவித்தார். நல்லவேளையாக, விட்மான் பரிவு செய்து கிடைத்த ஃப்ளெட்டரிக்குக்கான ஆய்வு உதவி நிதி இன்னும் பயன்படுத்தப்படாமல் இருந்தது. அதை யோனத் பயன்படுத்திக்கொள்ளும் வகையில் விட்மான் ஏற்பாடு செய்தார்.

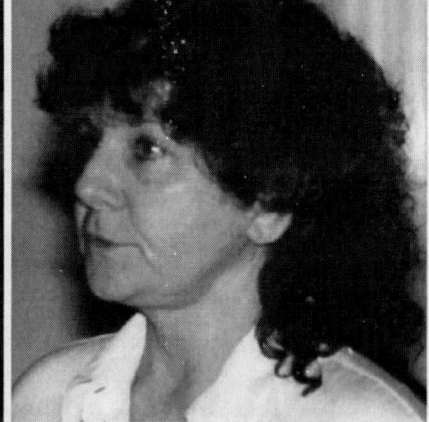

படம் 4.1 ஹெயின்ஸ் – குந்தர் விட்மேனும் ஆடா யோனத்தும்

யோனத் பெர்லின் செல்வது அவ்வளவு எளிதாக இயலவில்லை. பல தடைகள் இருந்தன. அவர் எருசலேமில் ஒரு சம்பிரதாயமான எளிய குடும்பத்தில் பிறந்தவர். அவரது தந்தை 42 வயதில் திடீரென இறந்தது ஒரு பிரச்சினையை உருவாக்கியது. யோனத்தின் பெற்றோர் அவரது

உயர்கல்விக்கு ஊக்கப்படுத்தினர். ஆனால் சிறு வயதிலேயே வேலை செய்து தனது குடும்பத்தைக் காப்பாற்ற வேண்டிய சூழ்நிலையில் அவர் இருந்தார். ஆர்வம் காரணமாக எப்படியோ பண உதவி பெற்று பல்கலைக்கழகப் படிப்பை மேற்கொண்டார். எருசலேமின் ஹீப்ரூ பல்கலைக்கழகத்தில் பட்டம் பெற்றார். அதன் பின் வீஸ்மான் நிறுவனத்தில் பிஎச்.டி ஆய்வுப் பட்டமும் பெற்றார். அமெரிக்காவில் முதுமுனைவர் ஆய்வு மேற்கொண்ட யோனத், பின் வீஸ்மேன் நிறுவனத்திற்குத் திரும்பி அங்கு உயர் கல்வி பேராசிரியராகப் பணியமர்ந்தார்.

ரைபோசோம் தொடர்பான ஆய்வுகளை மேற்கொண்ட யோனத், mRNA மூலக்கூறில் ஒரு குறிப்பிட்ட இடத்தில் ரைபோசோம் தோன்று வதற்குக் காரணமான புரோட்டீன் ஒன்றினைப் படிகமாக்குதலில் ஈடுபட்டார். ஆனால் அதில் அவர் வெற்றிபெறவில்லை. இதற்கிடையில் சைக்கிள் விபத்தில் சிக்கிய யோனத் உடல்நலம் பெறப் பல மாதங்களாகின. அவ்வேளையில், அதாவது 1999இல் *சயின்ஸ் (Science)* இதழுக்கு எலிசபெத் பென்னிசி (Elizabeth Pennisi) அளித்திருந்த நேர்காணல் நிகழ்ச்சியின் மூலம் விட்மானின் ஆய்வகம் பல உயிரிகளின் ரைபோசோம்களைப் படிகங்களாக்கும் முயற்சியில் ஈடுபட்டிருந்தது தெரியவந்தது. தானும் அப்படிகங்கள் உருவாக்கும் ஆய்வுகளில் ஈடுபட வாய்ப்புக் கிடைக்குமா என விட்மானிடம் கேட்டிருந்தார்.

படிகவரைபட ஆய்வுத் துறையில் யோனத்தின் அனுபவம் சற்றுக் குறைவானதே. ஒன்றிரண்டு சிறிய புரோட்டீன்களை மட்டுமே அவர் படிகமாக்கியிருக்கிறார். ரைபோசோம்கள் ஆய்வில் முன் அனுபவங்களோ, ஆய்வுக் கட்டுரை வெளியீடுகளோ இல்லை. பாரடீஸ், ஃப்ளாட்டரிக் ஆகியோருடன் ஏற்பட்ட தடைகளால் தளர்ந்திருந்த விட்மானுக்கு இத்தகைய மிகவும் சவாலான ஆய்வில் பங்கேற்க யோனத் விருப்பம் தெரிவித்தது உற்சாகம் தருவதாக அமைந்தது. *சயின்ஸ்* இதழில் பென்னிசி தனது நேர்முகக் கட்டுரையில் "விட்மான், இந்த ஆராய்ச்சி எனது வாழ்நாள் கனவு, தேவையான அனைத்து உதவிகளையும் தருவேன்" என்று கூறியதாகத் தெரிவித்திருந்தார். இதை யோனத் நினைவுகூர்ந்தார்.

உயிரியல் துறையின் ஆய்வு முன்னேற்றங்கள், மிகச் சரியான உயிரியை ஆய்விற்கென தேர்ந்தெடுத்ததாலேயே நிகழ்ந்திருக்கின்றன. உதாரணமாக நரம்புகளில் உணர்வுக் கடத்தல் பற்றிய கண்டுபிடிப்புகள் கடலில் வாழும் சிப்பிமீன் வகையாகிய 'ஸ்குவிட்' (Squid) எனும் உயிரிகளின் பெரிய நரம்பு செல்களின் ஆக்ஸான் (Giant axon) இழைகளில் மின் தூண்டிகளைப் பொருத்தி ஆய்வுகள் செய்ததாலேயே நிகழ்ந்தன. மரபியலார் ஆரம்ப காலத்தில் பழப்பூச்சிகளைப் பயன்படுத்தினர். ஏனெனில் பழப்பூச்சிகள் விரைவில் இனப்பெருக்கம் செய்யக்கூடியவை. அவற்றில் கண்களின் நிற வேறுபாடுகள் போன்று புறத்தோற்றத்திலேயே தெளிவாகத் தென்படும் மரபுப் பண்புகள் உண்டு. உயிர் வேதியியல், பாரம்பரியவியல் ஆகிய ஆய்வுகளுக்கு *E. coli* எனப்படும் எஸ்சரிச்சியா கோலை பாக்டீரியங்கள் உதவுகின்றன. இவற்றை வளர்ப்பது எளிது. மேலும் இவை ஒவ்வொரு 20 நிமிடத்திற்கும் இரு மடங்காக எண்ணிக்கையில் பெருக்கமடைகின்றன. எனவே இவற்றை மரபுப் பண்புகள் பற்றிய ஆய்வுகளில் பயன்படுத்துவது

எளிது. இவற்றின் முதல் பெயர் இப்பாக்டீரியங்களைக் கண்டறிந்த தியோடர் எஸ்செரிச் (Theodore Escherich) பெயராலும் இரண்டாவது பெயர் அவை வளரும் மனித கோலான் எனும் குடல் பகுதியைக் குறிப்பதாகவும் அமைந்துள்ளது. இவற்றின் வீரிய வகைகள் உண்டாக்கும் 'சீதபேதி' எனும் நோயால் இவை பலருக்கும் தெரிந்த பாக்டீரியங்கள். அறிவியல் உலகில் ரைபோசோம்களைப் பெற்று, தூய்மைப்படுத்தி ஆய்வுகள் மேற்கொள்ள இவை பொதுவான பயன்பாட்டு உயிரிகளாகிவிட்டன. துவக்ககால முயற்சிகளில் இவைகளிலிருந்து பெற்ற படிகங்கள் மிகநுண்ணியவையாகவே இருந்தன. விட்மானின் ஆய்வகத்தில் இந்நுண்ணுயிரிகள் அதிகம் பராமரிக்கப்பட்டன. இவற்றின் நுண்ணிய இருபரிமாண படிகங்களால் மின்னணு உருப்பெருக்கியின் உதவியுடன் மட்டுமே ஆய்வுகள் நிகழ்த்தப் பயன்பட்டன. தொடர்ந்து கதிரியக்க ஆய்வுகள் செய்வதற்கு வேறொரு புதிய உயிரி தேவைப்பட்டது. அதிர்ஷ்டவசமாக அவர்களது உடன் பணியாளர் வோல்கர் எர்ட்மான் (Volker Erdmann) அத்தகைய உயிரி ஒன்றில் ஆய்வுகள் மேற்கொண்டார்.

எர்ட்மான் 15 வயதில் ஜெர்மனியிலிருந்து அமெரிக்காவுக்கு வருகை புரிந்தவர். அங்கு நியூ ஹேம்ப்ஷயரில் உயர்நிலைப் பள்ளிப்படிப்பைத் தொடர்ந்தார். தனது தாய் நாட்டிற்குச் செல்ல விரும்பிய எர்ட்மான் பிறகு ஜெர்மன் நாட்டிற்கே திரும்பினார். அங்கு அவர் பிஎச்டி பட்டம் பெற்று அமெரிக்காவில் விஸ்கான்சினில் மஸாயாசு நோமுராவின் (Masayasu Nomura) ஆய்வகத்தில் பணியிலமந்தார். அவர் ஏற்கெனவே, நோமுரா ரைபோசோமின் சிறிய 30S துணையலகினைப் பிரித்தெடுத்துப் பின் அதை மீண்டும் பொருத்தியது பற்றிக் கேள்விப்பட்டிருந்தார். எனவே தானும் பெரிய 50S துணையலகில் அதுபோன்று செய்துபார்க்க எண்ணினார். 30S, 50S துணையலகுகள் எனப்படுபவை பேக்டீரிய ரைபோசோமின் துணையலகுகளின் பெயர்கள். இவ்வெண்கள் மைய விலக்கு சுழற்சிக் கருவியில் இவற்றைச் சுழலச் செய்வதால் கிடைக்கும் அலகுகளைக் குறிக்கும். இதில் 'S' என்பது ஓர் அலகு. விளக்கத்தில் 'ஸ்வெட்பெர்க் அலகு' (Svedberg units) எனப்படும். ஸ்வெட்பெர்க், இந்த அளவீட்டினை முதலில் அறிந்த ஸ்வீடன் நாட்டு விஞ்ஞானி. இவர் மூலக்கூறுகள் அதிவிசை மையவிலக்கு சுழற்சியில் எவ்விகிதத்தில் வீழ்படிவு ஏற்படும் என்பதை அறிந்தவர். பாக்டீரியத்தின் முழு ரைபோசோம் 70S கொண்டது. 80S அளவு கிடைப்பதில்லை. ஏனெனில் எவ்வளவு வேகமாகச் சுழற்றினாலும் வீழ்படிவுத் தன்மை நுண்பொருட்களின் ஒட்டுமொத்த வடிவத்தையும் பொருண்மையையும் சார்ந்திருக்கும்.

துவக்கத்தில் எர்ட்மான் E.coli யின் 50S துணையலகுகளில் மீள் இணைப்பு செய்ய முயன்றார். இதையேதான் நோமுரா 30S துணையலகு களுக்குச் செய்துகொண்டிருந்தார். இந்த ஆய்வில் எர்ட்மான் வெற்றிபெற வில்லை. எனவே அவர் பேசில்லஸ் ஸ்டியாரோதெர்மோஃபிலஸ் (Bacillus stearothermophilus) எனும் பாக்டீரியத்திற்கு தனது ஆய்வுத் திட்டத்தை மாற்றிக் கொண்டார். Stearothermophilus என்பதற்கு 'வெப்பத்தை விரும்பும்' என்பது பொருள். இந்த பாக்டீரியங்கள் 60°C (140°F) வெப்பம் உள்ள நீரூற்றுகளில் வாழக்கூடியவை. நோமுரா சிறு துணை அலகுகளைப் பிரித்து

ஆய்வு செய்த்தைப் போன்று இந்த வெப்பத்தை நாடும் பாக்டீரியங்களில் எர்ட்மான் 50S துணையலகுகளை எளிதில் பிரித்தெடுக்க முடிந்தது. ஆய்வு உதவி நிதி முடிவடையும் நிலையில் ஆய்வுகளை ஜெர்மனியில் தொடர்வதா அல்லது அமெரிக்காவில் தொடர்வதா என ஊசலாடிக்கொண்டிருந்தார். பின் பெர்லினில் உள்ள விட்மானின் துறையில் தொடர்வது என முடிவு செய்து அங்கு தனது ஆய்வகத்தை அமைத்துக்கொண்டார். அமெரிக்காவில் தயாரித்த 50S துணையலகுப் படிகங்களைத் தன்னுடன் எடுத்துச் சென்றார்.

1970களின் இறுதியில் ஒரு நாள் யோனத்தும் விட்மானும் எர்டுமானை அணுகி தாங்கள் ரைபோசோம்களைப் படிகங்களாக்கும் ஒரு திட்டத்தில் ஈடுபட்டிருப்பதாகக் கூறி எர்ட்மான் அதற்கு உதவ இயலுமா என வேண்டினர். அதற்கு சம்மதம் தெரிவித்த எர்ட்மான், B.ஸ்டியாரோதெர்மோஃபிலஸ் ரைபோசோம்களில் ஆய்வு செய்ய அனுமதித்தால் தானும் அவர்களுடன் இணைவதாகக் கூறினார். வெப்பத்தை விரும்பும் பாக்டீரியங்களில் மூலக்கூறுகள் நிலைத்தன்மை உடையவை. எனவே அவை எளிதில் படிகங்களாகும். எர்ட்மேன் தனது திட்டத்தையும் அங்கு தொடர விரும்பினார். அடுத்து வரும் ஞாயிற்றுக்கிழமை காலையில் அவர்கள் மூவரும் சந்திப்பதாக முடிவாயிற்று. எர்ட்மான் தன்னுடன் பணியாற்றிய தனது மனைவி ஹேன்னலோரையும் (Hennelore) அக்கூட்டத்தில் கலந்துகொள்ளுமாறு கேட்டுக்கொண்டார். அவரது மனைவிக்குத்தான் எர்ட்மானின் பழைய மாதிரிகளான (sample) பெரிய துணையலகு மூலக்கூறுகள் ‘குளிர் பதனப் பெட்டியில் எங்குள்ளன என்று தெரியும். யோனத் அதன்பின் எர்ட்மானும் அவரது மனைவியுடனும் இணைந்து ‘மாதிரி’களைப் படிகமாக்கும் முயற்சிகளை மேற்கொண்டார். மூன்றே நாட்களில் புதன்கிழமையன்று படிகங்கள் கிடைத்ததை விட்மான் கூறியதாக எர்ட்மான் நினைவுகூர்கிறார். அவை 50S துணையலகுகள்தான் என்பதை அங்கிருந்த மின்னணு நுண்பெருக்கியாளர் பேரன்ட் டெஸ்க் (Barendt Tesche) உறுதி செய்தார்.

இந்தக் குழுவினர் எர்ட்மானின் பழைய படிகங்களைச் சீர் செய்ய முயன்றனர். அப்படிகங்கள் அனைத்தையும் சீர் செய்த பின் புதிதாக எர்ட்மான் ரைபோசோம்களிலிருந்து எடுத்த பெரிய துணையலகுகளைப் பிரித்தெடுக்க வேண்டியிருந்தது. பழைய மாதிரிகளைப் படிகமாக்க இயலாத சில வேளைகளும்கூட இருந்தன. அவ்வேளைகளைப் பற்றி வேடிக்கையாக எர்ட்மான் என்னிடம் இப்படிக் கூறினார். ‘முதலில் கிடைத்த நல்ல படிகங்கள் குளிர் பெட்டியில் −80°C குளிரில் நான்கு வருடங்கள் துணையலகுகள் கிடந்ததால் கிடைத்தவை. இனிமேல் ஒவ்வொருமுறை பிரித்தெடுத்த ரைபோசோம் கிடைத்தாலும் நான்கு வருடங்களுக்குப் பிறகுதான் படிகமாக்க முடியும்.’ எது எப்படியோ, கடைசியில் அவர்களுக்கு முறையாகப் படிகங்கள் கிடைக்கத் துவங்கின.

பல நூறாயிரம் அணுக்களைக் கொண்ட மிகச் சரியான முப்பரிமாண படிகத்தைப் பெறுதல் என்பது ஒரு பெரிய சாதனையே, அத்தகைய கண்டுபிடிப்பை பெரிய பாராட்டுதல்களுடன் முக்கிய பிரபல அறிவியல் ஆய்வு இதழ் ஒன்றில் வெளியிடாமல் அப்போது புதிதாக வெளிவரத் துவங்கிய *Biochemistry International* எனும் இதழில் வெளியிட்டனர். அந்த

இதழ் தற்போது பதிப்பிலும் இல்லை. விட்மான் அந்த இதழின் துவக்க கால ஆசிரியர். பெயருக்கு ஏற்றபடி அந்த இதழ் பலராலும் பார்க்கப்படவில்லை. விட்மான் ஏன் புகழ்பெற்ற *நேச்சர்* அல்லது *சயின்ஸ்* போன்ற இதழ்களில் வெளியிடாமல் ஒருவரும் கவனிக்காத ஓர் இதழில் தனது கட்டுரையை வெளியிடச் செய்தார் என எர்ட்மானிடம் கேட்டேன். அதற்கு அவர், 'விட்மான் ஓரளவிற்குப் பழமைவாதி. ஏற்கெனவே பாரடீஸிற்கு நேர்ந்த நிகழ்ச்சியால் கவனமாகச் செயல்பட்டார். ஆய்வு முடிவை உடனடியாகப் பெரிதுபடுத்த எண்ணவில்லை. ஆனால் அதே வேளையில் இச்சிறிய இதழில் வெளியிட்டுத் தனது கண்டுபிடிப்பைப் பதிவு செய்து கொண்டார்' என்றார்.

ஆரம்பகால வெற்றியின் மகிழ்ச்சியிலிருந்த விட்மான், தனது துறையில் யோனத் தொடர்ந்து ஆய்வு செய்வதற்கான அனைத்து ஆதரவையும் அளிக்கத் துவங்கினார். தன்னைப் போலவே இயக்குநர் பொறுப்பையும் யோனத் பெறுவதற்கு முயன்றார். ஆனால், யோனத்தின் தகுதிகள் அவ்வேளையில் தேவையான அளவு இல்லை என மாக்ஸ் பிளாங்க் சொஸைட்டி அந்த முயற்சிக்கு மறுப்பு தெரிவித்துவிட்டது. இருப்பினும் யோனத்திற்கு ஜெர்மன் 'ஒருங்கிணைவு துகள்முடுக்கி' *(synchrotron)* கருவி இருந்த இடத்திற்கு அருகிலேயே ஆய்வகம் அமைக்க மாக்ஸ் பிளாங்க் சொஸைட்டியை நிர்ப்பந்தம் செய்து பெற்றுத்தந்தார். அக்கருவியில் உள்ள சக்திவாய்ந்த X – கதிர்கள் படிகங்களில் ஆய்வுகள் மேற்கொள்ள மிகவும் துணை செய்யும். மேலும் தனது துறையிலிருந்த ரைபோசோம்கள் ஆய்வகத்திற்குத் தேவையான அனைத்து உதவிகளையும் அளித்தார். இவ்விதம் சில ஆண்டுகளில் விட்மானும் யோனத்தும் நெருங்கிய நண்பர்களானார்கள்.

இவர்களின் வெற்றி, மற்றவர்களையும் இந்த ஆய்வுகளில் ஈடுபடத் தூண்டியது. சோவியத் அரசு புஷ்சீனோ எனும் சிறிய நகரை அறிவியல் மையமாக உருவாக்கியுள்ளது. இந்நகரம் சிறந்த நிதி ஆதாரங்கள் கொண்ட பல ஆய்வு நிறுவனங்களின் இருப்பிடமாக அமைந்துள்ளது. அந்நிறுவனங்கள் ஒன்றின் தலைவராக அலெக்ஸ் ஸ்பைரின் (Alex Spirin) விளங்கினார். இவர் சிறந்த ரைபோசோம் உயிர்–வேதியியல் விஞ்ஞானி. விட்மானைப் போன்று இவரும் ரைபோசோமின் அனைத்து இயல்புகளையும் ஆய்வு செய்யும் வகையில் பல விஞ்ஞானிகளைத் தனது நிறுவனத்தில் பணியமர்த்தி வழிகாட்டிவந்தார். அவர் விட்மானைப் போன்று ஆய்வுகளை அவ்வளவு முறைப்படியாகச் செய்யவில்லை. இருப்பினும் ஸ்பைரின் சிறந்த சிந்தனைத் திறனுள்ள விஞ்ஞானி. தனது புதிய எண்ணங்களை எவ்வித அச்சமும் இல்லாமல் தைரியமாக வெளியிடும் திறன் உடையவர். மேலும் தனது தனித்துவமான குணநலப் பண்புகளால் அதிகாரத்திற்கு அடிபணியாதவர். ஒருமுறை, சோவியத் நாட்டின் 'அணு இயற்பியல்' எதிர்ப்பாளரும் 'ஹைடிரஜன் அணுகுண்டின் தந்தை' என்றும் கருதப்பட்ட அன்டிரியை சக்காரோவை (Andrei Sakharov) சோவியத் அறிவியல் நிறுவனத்திலிருந்து (Soviet Academy of Science) வெளியேற்றுவதற்கான மனுவில் கையொப்பமிட வேண்டிய நெருக்கடி ஏற்பட்டது. ஸ்பைரின் அதற்கு மறுத்துவிட்டார். இவ்விதம் வெளிப்படையாக மறுப்பது என்பது அரசியல் ரீதியாக ஓர் இக்கட்டான நிலை, ஸ்பைரின் அந்நிறுவனத்தின் முக்கிய உறுப்பினர்.

மேலும், ஒரு பெரிய ஆய்வு நிறுவனத்தின் இயக்குநர். இருப்பினும் இதற்கு மறுத்ததோடு நீண்ட பயணத்தில் வேட்டைக்காகச் செல்வதாகக் கூறி புஷ்சினோவிலிருந்து புறப்பட்டுவிட்டார்.

ஸ்பைரினின் ஆய்வு நிறுவனம் ரைபோசோம் அமைப்பு பற்றிய ஆய்வுகளில் ஈடுபாடு கொண்டிருந்தது. அதன் உறுப்பினராகிய மரிய கார்பர் (Maria Garber) எனும் பெண் விஞ்ஞானி ஒரு சிறிய குழுவினருடன் ரைபோசோமின் தனிப்பட்ட புரோட்டீனைப் படிகமாக்குதலிலும் ரேபோசோம்களுக்குத் துணைபுரியும் புரோட்டீன்களைக் கண்டறிவ திலும் ஈடுபட்டிருந்தார். பிற விஞ்ஞானிகளைப் போன்று இவரும் *E. coli* பாக்டீரியங்களின் ரைபோசோம்களைப் படிகங்களாக்குவதில் முயற்சி செய்தார்.

1978ஆம் ஆண்டு கார்பரின் ரைபோசோம் ஆய்வு சற்றுத் திசை மாறியது. அந்த ஆண்டு ஜப்பானிலிருந்து ஓர் ஆய்வு முடிவு பதிவாகி யிருந்தது. அப்பதிவில் மிக அதிக வெப்பச் சூழலில் வாழும் B. ஸ்டியாரோதெர்மோஃபிலஸ் எனும் புதிய பாக்டீரியங்களின் ரைபோசோம்களில் செயல்படும் இரண்டு புரோட்டீன்களைப் பிரித்தெடுத்துப் படிகங்களாக்கியதைத் தெரிவித்திருந்தனர். அப்பாக்டீரியங் களை 1971இல் ஜப்பானின் இஸு தீபகற்பத்திலிருந்து டெய்ரோ ஓஷிமா (Tairo Oshima) அடையாளம் கண்டு பிரித்தெடுத்தார். இவை 75°C (அல்லது 167°F) வெப்பத்தில் வெப்ப நீரூற்றுகளில் வாழ்ந்திருந்தன. இவை வாழும் நீரினுள் நாம் கைகளை விட்டால் கைகள் வெந்துவிடும். அப்பாக்டீரியத்தின் அதீத வெப்ப வாழ் இயல்பிற்கு முக்கியத்துவம் தரும் வகையில் ஓரியல்பின் இருபெயர்களாக அதற்கு தெர்மஸ் தெர்மோஃபிலஸ் (Thermus thermophilus) எனும் பெயரிட்டனர்.

இப்பாக்டீரியத்தைப் பற்றிக் கேள்விப்பட்ட கார்பர் தனது ஆய்விற்கு இதுவே உகந்தது என முடிவு செய்தார். அவர் ஜப்பான் சென்று சில மாதங்கள் தங்கியிருந்து டிசம்பர் 1979இல் சிறிதளவு பாக்டீரியங்களை அங்கிருந்து எடுத்துக்கொண்டு திரும்பினார். ஆனால் வருத்தமளிக்கும் வகையில் அந்த பாக்டீரியங்கள் பயணத்திலேயே மடிந்துவிட்டன. அதனால் கார்பர், ஜப்பானில் உள்ள ஓஷிமாவைத் தொடர்புகொண்டு மேலும் சிறிது பாக்டீரியங்களைத் தபால் மூலம் அனுப்பிவைக்குமாறு கோரினார். ஓஷிமாவும் அனுப்பி வைத்தார். அவை பத்திரமாக வந்து சேர்ந்தன. 1980களின் இறுதியில் கார்பரும் அவரது குழுவினரும் அந்த பாக்டீரியங்களைப் பயன்படுத்தி அவற்றிலுள்ள பெரிய புரோட்டீனில் அழகிய படிகங்களைப் பெற்றுவிட்டனர். அந்தப் புரோட்டீன், ரைபோசோமானது mRNAயின் மீது படர்ந்து செயல்புரியத் துணை செய்யும் 'நீட்சிக் காரணி G' (elongation factor G) எனும் செயலி ஆகும்.

T. தெர்மோஃபிலஸுடன் கிடைத்த ஆரம்ப வெற்றி கார்பரையும் அவரது குழுவினரையும் மேலும் பல ஆய்வுகளைச் செய்யத் தூண்டியது எனலாம். அதிக அளவில் T. தெர்மோஃபிலஸ் பாக்டீரியங்களை வளர்ப்பது மிகுந்த செலவுபிடிக்கும் செயல்முறை. சோவியத் யூனியனில் அன்று கிடைத்த குறைந்த நிதி உதவியுடன் சிக்கனமாகச் செலவிட

வேண்டியிருந்தது. எதையும் விரயம் செய்ய முடியாது என கார்பர் உணர்ந்திருந்தார். எனவே தாங்கள் பராமரித்துப் பயன்படுத்தும் பாக்டீரியங்களிலிருந்து சோவியத் யூனியனில் உள்ள பிற விஞ்ஞானிகள் தங்களுக்குத் தேவையான புரோட்டீன்களைப் பங்கிட்டுக்கொள்ளலாம் என அறிவிப்பு செய்தார். இது ஆடு, மாடுகள் வெட்டப்படும் இறைச்சிக் கூடங்களில் வெட்டப்பட்ட விலங்கின் வெவ்வேறு பகுதிகளைத் தேவையானவர்கள் பங்கிட்டுக் கொள்வது போன்றது.

கார்பருடன் பணியாற்றுபவர்களில் ஒருவர் இகோர் செர்டியூக் (Igor Serdyuk). இவர் கம்யூனிஸ்ட் கட்சியின் உறுப்பினர். வெளிநாடுகளுடன் தொடர்புகொள்ளும் பணியில் ஈடுபட்டிருந்தார். இதனால் பலமுறை மேலை நாடுகளுக்கு, போர் நடைபெறும் வேளையிலும்கூட இவர் சென்று வருவதுண்டு. இவர் ஏற்கெனவே ரைபோசோமின் ஒட்டுமொத்த வடிவத்தைக் குறைந்த இடுக்குணர் தொழில்நுட்பத்தில் (low–resolution technique) கண்டறிந்திருக்கிறார். எனவே இவரும் கார்பரின் ஆய்வகப் பாக்டீரியங்களைப் பயன்படுத்திப் படிகங்கள் ஆக்குதலில் ஆர்வம் காட்டினார். பின் அவரும் அவருடைய மாணவர் லிஸ்ஸா கார்போவும் T. தெர்மோஃபிலஸின் ரைபோசோமைப் பிரித்தெடுத்துப் படிகமாக்கினார்கள். மிகச் சிறிய படிகங்கள் கிடைத்தன. அவை முதன் முதலில் பெர்லினில் கிடைத்த படிகங்களைப் போன்றிருந்தன. இந்த ஆரம்ப வெற்றியுடன் ஸ்பைரினை அணுகிய கார்பர், தான் ஒரு குழுவுடன் இணைந்து புதிய உயிரிகளின் ரைபோசோம் படிகங்களை உருவாக்குவதில் ஈடுபட விரும்புவதாகத் தெரிவித்தார்.

படம் 4.2 பூஷ்சினவில் மரியா கார்பரும் அவரது குழுவினரும்.
வலதுபுறம் மேல் பகுதியில் உள்ளவர் மாரட் யூசுப்போவ்

ஸ்பைரின் இதற்கு ஒப்புதல் தந்தார். கார்பருடன் பலர் இணைந்தனர். அவர்களில் கவனிக்கத்தக்கவர் ஸ்பைரினின் மாணவராகிய மாரட் யூசுப்போவ்

(Marat Yusupov). இப்புதிய குழுவில் படிகமாக்கலில் திறமையுள்ளவர்கள் பலர் இல்லை. எனவே மாஸ்கோவில் உள்ள 'படிகவியல் ஆய்வு நிறுவன'த்திலிருந்து இருவரை உதவிக்கு அழைத்தனர். அவ்விதம் உதவிக்கு வந்தவர்கள் விளாடிமிர் பேரினின் (Vladimir Barynin), செர்ஜியை டிராக்கனோவ் (Sergei Trakhanav). இவர்கள் 1986இல் இரண்டு சிறு துணையலகுகளின் படிகங்களைத் தோற்றுவித்தனர். ரைபோசோம்களைத் தூய்மைப்படுத்த டிரக்கனோவின் முறையைக் கையாண்டனர். இத்துணையலகுகளுடன் விட்மானின் முயற்சியால் கிடைத்த 50S துணையலகுகளையும் கணக்கிட்டால் முழு ரைபோசோமும் படிகமாக்கப்பட்டுவிட்டது.

பிரான்சின் ஸ்ட்ராஸ்பெர்க் நகரின் அருகிலுள்ள பிஸ்சென்பெர்கில் 1987இல் நடைபெற்ற கருத்தரங்கில் யூசுபோவ் தங்களின் கண்டுபிடிப்புகளை சுவர்ப்படமாக (Poster presentation) வெளியிட்டார். ஒரு மாதத்திற்குப் பிறகு ஐரோப்பிய அறிவியல் இதழாகிய 'FEBS Letters'இல் இவர்களின் கண்டுபிடிப்புப் பதிவானது. அடுத்த ஒரு சில மாதங்களில் யோனத்தும் விட்மானும் ரஷ்யர்கள் பயன்படுத்திய அதே T. தெர்மோஃபிலஸ் பாக்டீரியத்திலிருந்து சிறிய துணையலகுகளையும் முழுமையான ரைபோசோம் படிகங்களையும் உருவாக்கியதாக அறிவித்தனர். தங்களது முடிவுகளை Biochemistry International என்னும் அவ்வளவாகப் பிரபலமாகாத ஆய்விதழில் வெளியிட்டனர். இதே இதழில்தான் ஏற்கெனவே முதன்முறையாக படிகங்கள் தயாரித்த அறிக்கையினையும் வெளியிட்டிருந்தனர். அடுத்த ஆண்டு இன்னும் சிறப்பான 30S துணையலகினைச் சிறிய படிகங்களாக உண்டாக்கியதை யோனத் தெரிவித்திருந்தார். அப்படிகங்கள் ரஷ்யர்களின் படிகங்களுக்கு இணையானது எனவும் யோனத் கூறியிருந்தார்.

இதனால் ரஷ்ய, ஜெர்மன் குழுக்களிடையே போட்டி ஏற்பட்டது. ஆனால் அந்தப் போட்டி நிலைக்கவில்லை. ஜெர்மானியர்களோடு ஒப்பிடுகையில் ரஷ்யர்களுக்கு நிதி ஆதாரம் குறைவு. வசதிகளும் குறைவு. குறிப்பாகப் பெரிய மூலக்கூறுகளின் படிகமாக்கலில் இந்நிலைகளிருந்தன. ரைபோசோம் ஆய்வினை அடுத்த நிலைக்கு எடுத்துச் செல்வதற்கென மாரட் யூசுப்பாவும் அவரது மனைவி குல்நாராவும் (Gulnara) ஸ்டிராஸ்பெர்க் சென்றிருந்தனர். அங்கு ஜீன் பியர் ஈபல் (Jean-Pierre Ebel), டினோ மோரேஸ் ஆகியோருடன் இணைந்து செயல்பட்டனர். ஆனால் வெளியில் தெரியாத சில காரணங்களால் ஈபல் அந்தக் கூட்டு முயற்சியிலிருந்து விலகிக்கொள்ள முடிவெடுத்தார். ஈபல் தங்களுக்குப் போட்டியாளராக மாறிவிடுவாரோ என எண்ணி யோனத்தும் விட்மானும் அவர்களுக்கு ஊக்கம் தர மறுத்திருக்க வேண்டும் என ஸ்பைரின் கருதிக்கொண்டார்.

இப்படி ஏதோ சில காரணங்களால் முழு ரைபோசோம்களைப் படிகமாக்கும் முயற்சிகள் ரஷ்யாவில் பிசுபிசுத்துவிட்டன. மரியா தான் ஏற்கெனவே செய்துகொண்டிருந்த தனித்த ரைபோசோம் புரோட்டீன்கள் பற்றிய ஆய்விற்குத் திரும்பிவிட்டார். ஒரு சில ஆண்டுகளுக்குப் பிறகு, அதாவது 1990களின் மையத்தில் யூசுப்போவ் கலிபோர்னியா பல்கலைக்கழகத்தின் புகழ்பெற்ற ரைபோசோம் உயிர்-வேதியலாளராகிய ஹேரி நோல்லருக்குக் (Hary Noller) கடிதம் எழுதினார். அதில் நோல்லரின் ஆய்வகத்தில் ரைபோசோமின் அமைப்பு தொடர்பாக

ஆய்வுகள் செய்ய வரலாமா என வினவியிருந்தார். (இக்கதையைத் தொடர்ந்து வேறொரு இடத்தில் காண்போம்.) செர்ஜியை டிராக்கனோவ், ஜப்பான், அமெரிக்கா போன்ற பல இடங்களில் இரண்டு தசாப்தங்களாக அலைந்து திரிந்து பணியாற்றியவர். இவரும் யூசுப்போவ் கிளம்பிய பிறகு நோல்லரின் ஆய்வகத்தில் சிறிது நாட்கள் பணி செய்தார். பின் ஐரோப்பாவிற்குத் திரும்பிவிட்டார்.

ரைபோசோம் புரோட்டீன்கள் ஆய்வு தொடர்பான ரஷ்யர்களின் முயற்சி நின்றுவிட்டது. யோனத்தின் குழுவினர் மட்டுமே ரைபோசோம் படிகமாக்குதலில் ஈடுபட்டிருந்தனர். அவர்களும் 1980இன் முடிவுக் காலத்தில் ரைபோசோமின் முழு அமைப்புப் படிகமாதல் என்பது மட்டுமல்ல, அணுக்களின் அமைப்பை அறியும் வகையில் நல்ல துணையலகுகளின் படிகங்களைக்கூட உருவாக்கவில்லை. ஆனால் கொள்கை அடிப்படையில் புரோட்டீன்களும் RNAயும் எவ்விதம் அமைந்துள்ளன என்பதை வெளிப்படுத்தினார்கள்.

இதே நேரத்தில் மின்னணு உருப்பெருக்கியால் கண்ட தெளிவில்லாத அமைப்பிலிருந்து சிறிது சிறிதாக ரைபோசோமின் அமைப்பு வெளிவரத் துவங்கியது. அவ்வேளையில் நடைபெற்ற சில ஆய்வுகள் நமது நோய் எதிர்ப்புத்திறனால் தோன்றிய ஆன்டிபாடிஸ் எனும் எதிர் நச்சுக்கள் தொடர்பானவை. ஆன்டிபாடிஸ் குறிப்பிட்ட இடங்களில் இணையக் கூடியவை. UCLAயின் ஜிம் லேக் (Jim Lake) மின்னணு உருப்பெருக்கியின் உதவியுடன் ரைபோசோம்கள் பற்றிய ஆய்வில் ஈடுபட்டிருந்தார். தனது திறமையான தொழில்நுட்பத்தால் ரைபோசோமுடன் இணைந்து தோன்றிய ஆன்டிபாடிஸ் எனும் எதிர் நச்சுப் புரோட்டீனைக் காண்பித்தார். இதன் மூலம் புதிய புரோட்டீனின் அமைப்பு தெரியவந்தது. 1982இல் இவர் ஆன்டிபாடிஸ், ரைபோசோமின் பெரிய துணையலகிற்குப் பின்புறத்தில் ஒட்டியிருப்பதைக் காண்பித்தார். இவ்விடம், ரைபோசோமில் tRNA வுடன் இணைந்த அமினோ அமிலங்களால் இயல்பாக வளரும் புதிய புரோட்டீன் சங்கிலி தோன்றும் இடத்தின் எதிர்ப்பக்கம் இருந்தது. இத்தகைய அமைப்பைக் கண்டபோது பெரிய துணையலகின் முன்புறத்தில் tRNA அமினோ அமில இணைப்பால் தோன்றிய புதிய புரோட்டீனானது நுழைந்து செல்லும் வகையில் ஒரு சிறிய 'குகை' அமைப்பு இருக்க வேண்டும் என்னும் எண்ணம் தோன்றியது. இக்குகை அமைப்பின் வழியாகப் புதிய புரோட்டீனானது ரைபோசோமின் பெரிய துணையலகின் பின்புறம் சென்று ஆன்டிபாடியாகத் தெரிந்திருக்க வேண்டும் எனும் எண்ணமும் ஏற்பட்டது. ஒரு சில ஆண்டுகளுக்குப் பிறகு ஒரு பல்லியின் ரைபோசோமின் இருபரிமாண படிகத்தை மின்னணு உருப்பெருக்கியால் உற்று நோக்குவதன் மூலம் 1986இல் நைஜல் அன்வின் (Nigel Unwin) 'குகை' அமைப்பு உள்ளதை உறுதி செய்தார். அதற்கு அடுத்த ஆண்டு யோனத்தும் விட்மானும் இரு பரிமாண ரைபோசோம் படிகங்களை ஆய்வு செய்து அந்தக் 'குகை' அமைப்பைக் கண்டனர். மேற்கூறிய இரண்டு அறிக்கைகளும் தெளிவில்லாத, குறைந்த 'இடுக்குணர் திறன்' அமைப்பின் அடிப்படையிலானவை. இன்று நாம் காணும் ரைபோசோம்களுக்கும் 'குகை' அமைப்பிற்கும் அன்றைய அமைப்புகள் ஒத்துப்போகவில்லை. ஒருவேளை முதன்முதலில் ஆய்வு செய்த

ஜிம் லேக் அந்தக் 'குகை' அமைப்பைத் தெரிவித்திருக்காவிட்டால் அடுத்த இரண்டு குழுவினரும் தங்களது படிக வரைபடங்களில் அந்தக் 'குகை'யைப் பற்றி உறுதியாகத் தெரிவித்திருப்பார்களா என்பது தெரியவில்லை.

இத்தகைய குறைவான ஆய்வு முடிவுகளுடன் கண்டுபிடிப்புகள் மெதுவாகவே நடைபெற்றன. ரைபோசோமின் முப்பரிமாணப் படிகங்களை உருவாக்கி 10 ஆண்டுகள் கடந்த பின்னும்கூட அர்த்தமுள்ள கண்டுபிடிப்புகள் X-கதிர் படிக வரைபடங்களின் துணைகொண்டு அறியப்படவில்லை. ரைபோசோமின் அணுக்கள் அமைப்பை அறிதல் நிச்சயம் விருப்பக் கனவாகவே அமைந்திருந்தது எனலாம். தொழில்நுட்ப ரீதியாக அக்கண்டுபிடிப்பு சாத்தியம் என்று தெரியாவிட்டாலும் ஆடா யோனத் தனது கனவினை உயிர்ப்புடன் வைத்திருந்து செயல்பட்டார். அவர் தொடர்ந்து உயிரிகளின் ரைபோசோம்களைப் படிகங்களாக்குவதோடு படிகங்களின் தன்மைகளையும் மேம்படுத்திக்கொண்டே இருந்தார்.

5

படிகவரைபடவியலின் புனிதத் தலம்

1980களின் இடைக்காலத்தில் புரூக்ஹேவனில் எனக்குத் தெரிந்த தொழில்நுட்ப அறிவைப் பயன்படுத்தி இயன்ற அளவு அனைத்தையும் செய்து பார்த்துவிட்டேன். மெதுவாக ஆய்வில் ஒரு விரக்திநிலை தோன்றத் துவங்கியது. என்னுடைய ஆய்வுகளால் ரைபோசோமின் செயல்திறன் அல்லது குரோமாட்டின் அமைப்பு எவ்விதம் அமைந்திருக்கும் போன்றவற்றை அறிவதற்கான விரிவான வரைபடத்தைத் தோற்றுவிக்க இயலாது என எண்ணினேன். அதிர்ஷ்டவசமாக புரூக்ஹேவனில் இணைந்த ஒரு சில ஆண்டுகளில் ஸ்டீவ் ஒயிட் (Steve White) என்னுடன் சேர்ந்தார். இவர் பெர்லினில் உள்ள விட்மானின் துறையிலிருந்து வந்தவர். கிழக்கு லண்டனின் தொழிலாளர்கள் குடியிருப்புப் பகுதியில் வளர்ந்தவர். அங்கிருந்து விஞ்ஞானியாக வளர்ச்சியுறுவதற்கான வாய்ப்புகள் குறைவுதான். ஆனால் ஸ்டீவ் ஒயிட் புத்திசாலி இளைஞர். தனது திறமையால் '*Grammar* பள்ளி"யில் பயிலும் வாய்ப்பு பெற்றவர்.

இங்கு பயின்ற பின் அவர் பிரிஸ்டல் பல்கலைக்கழகத்தில் பயின்று பட்டம் பெற்றார். பின் ஆக்ஸ்ஃபோர்டு பல்கலைக் கழகத்தில் பி.எச்டி பட்டமும் பெற்றார். நட்புடன் பழகக் கூடியவர். என்னுடைய சற்று மோசமான நகைச்சுவைப் பேச்சையும் ரசிப்பவர். பிற ஆங்கிலேயர்களைப் போன்று நண்பர்களுடன் பீர் அருந்துவதை விரும்புபவர். பல வகையான விளையாட்டுகளையும் ரசிப்பவர். பெர்லினிலிருந்து அமெரிக்கா வந்த வேளையில் ஃபிலெடெல்பியாவிற்கு வந்திருந்த ஒரு தென்னிந்தியப் பெண்ணுடன் நட்பாக இருந்தார். அட்லாண்டிக் தாண்டும் வரை தொடர்ந்த அவர்களின்

---

1. மொழிபெயர்ப்பாளரின் குறிப்பு: Grammar பள்ளி – இங்கிலாந்தின் தெரிவுசெய்யப்பட்ட, அரசின் நிதியுதவி பெறும் பள்ளி. 11 வயதான மாணவர்கள் நுழைவுத் தேர்வின் மூலமாகவே இங்கு சேர முடியும். இங்கிலாந்தில் 163 'Grammar பள்ளி'கள் உள்ளன. இங்கு துவக்கத்தில் லத்தீன் மொழி கற்பிக்கப்பட்டது. இன்று இவை கல்வியில் சிறப்புற்ற பள்ளிகளாக உள்ளன.

நட்பு குறைவான தூரத்திலிருந்த லாங் ஐலேண்டு வரையிலும்கூடத் தொடரவில்லை. புருக்ஹேவனில் பெண்களின் எண்ணிக்கை அதிகமில்லை. எனவே தனித்திருக்கும் ஆண்களுக்குப் பெண் நண்பர்களைப் பெறும் வாய்ப்புகள் மிகமிகக் குறைவு. ஆனாலும் அவரது ஆங்கிலப் பேச்சுத் திறமையால் அடுத்தடுத்துப் பல பெண் நண்பர்களைப் பெறும் வாய்ப்புகள் அவருக்குக் கிடைத்தன.

பெர்லினில் ஆடா யோனத்தைப் போன்று முழுமையாக ரைபோசோமின் துணையலகுகளில் ஸ்டீவ், ஆய்வுகள் மேற்கொள்ள வில்லை. ஸ்டீவும் அவரது உடன் ஆய்வாளராகிய ஆங்கிலேயர், கீத் வில்சன் (Keith Wilson) கிரிஸ்டாஃப் அப்பெல்ட் (Kryztof Appelt) மற்றும் சிலருடன் எளிதில் செய்யக்கூடிய ரைபோசோமின் புரோட்டீன்களின் அமைப்பை அறிதலில் ஈடுபட்டனர். ஆய்வுகளில் சில தடைகள் ஏற்பட்ட ஒரு நீண்ட காலத்திற்குப் பிறகு அவர்கள் இரண்டாவது புரோட்டீன் அமைப்பினைக் கண்டறிந்துவிட்டனர். மேலும் 48 புரோட்டீன்கள் எஞ்சியிருந்தன. அனைத்து புரோட்டீன்களையும் அறிந்தாலும் அவை காரின் விளிம்புப் பகுதிகளாகிய பெட்ரோல் செல்லும் குழாய், ஸ்பார்க் பிளக் ஆகியவற்றைப் பற்றி அறிந்து கொண்டது போன்றதுதான். அந்த அறிவினால் காரின் அனைத்துப் பாகங்களும் பொறுத்தப்பட்டு கார் எவ்விதம் இயங்கும் என்பதைப் புரிந்துகொள்ள இயலாது. RNAயினால் உருவான ரைபோசோமின் மூன்றில் இரண்டு பகுதி நிச்சயம் அறியப்படாமல்தான் இருக்கும். ஆனால் ஒன்றும் தெரியாமல் இருப்பதற்கு அறிந்தவரையிலும் நல்லதுதான். புரோட்டீன்களில் அமைப்பு தெரிந்திருப்பதால் அவை ரைபோசோமில் எவ்விதம் பொருந்தும், என்ன வேலை செய்யும் என்பன பற்றி ஏதேனும் குறிப்புகள் கிடைக்கலாம். அதனால் அந்த ஆய்வுத் திட்டத்தை இங்கும் தொடரலாம் என ஸ்டீவ் முடிவு செய்திருந்தார்.

ஸ்டீவ் பயிற்சி பெற்ற சிறந்த படிகவியலாளர். இவர் ஏற்கெனவே பல ரைபோசோம்களின் புரோட்டீன்களை ஆய்வு செய்திருக்கிறார். நான் ரைபோசோம்களைப் பிரித்தெடுத்து அதன் புரோட்டீன்களைத் தூய்மைப்படுத்துவது ஆகியவற்றை நன்கு அறிவேன். ஆனால் படிகவரைபடமாக்குதல் எனக்குத் தெரியாது. எங்களது அறிதல்களை ஒருங்கிணைத்து ஆய்வுகள் மேற்கொள்ளலாம் என ஸ்டீவ் ஆலோசனை கூறினார். நான் மகிழ்ச்சியடைந்தேன். இவ்விதம் எங்களது கூட்டு முயற்சியினால் அமைந்த ஆய்வுகள் ஏறக்குறைய 15 ஆண்டுகள் தொடர்ந்தன. இவை எனது வாழ்வையும் மாற்றியமைத்தன.

துவக்கப் பணியாக யேல் பல்கலைக்கழகத்திலிருந்த *'Giant Fermenter'* எனும் பிரம்மாண்ட நொதிகலனைப் பயன்படுத்துவதற்காக அங்கு சென்றேன். அந்த நொதிகலனில் அதிக அளவில் பேஸில்லஸ் ஸ்டியாரோ தெர்மோபிலஸ் பாக்டீரியங்களை வளர்க்க இயலும். இந்த பாக்டீரியங்களிலிருந்துதான் பெர்லின் குழுவினர் 50S துணையலகுப் படிகங்களை உருவாக்கியிருந்தனர். அங்கிருந்த ஸ்டீவும் அவரது சக ஆய்வாளர்களும் பல ரைபோசோம்களின் புரோட்டீன்களைப் படிகங்களாக்கியிருந்தனர். ஆனால் அங்கு சென்ற பிறகுதான் இது மிகக் கடினமான முறை மட்டுமல்ல, இதிலிருந்து மிகக் குறைந்த அளவிலேயே

தூய்மைப்படுத்திய புரோட்டீன்கள் கிடைக்கும் என்பதை உணர்ந்தேன். எனவே இதற்கு ஒரு மாற்றுவழி இருக்க வேண்டும் எனச் சிந்திக்கத் துவங்கினேன். நல்லவேளையாக நான் சரியான இடத்தில் சரியான நேரத்தில் இருப்பதாக உணரும் வாய்ப்பு கிடைத்தது. எனது சக ஆய்வாளர்கள் பில் ஸ்டூடியரும் (Bill Studier) ஜான் டன்னும் (John Dunn) தங்களுக்குத் தேவைப்படும் எந்த ஒரு புரோட்டீனையும் அதிக அளவில் E. கோலை பாக்டீரியத்திலிருந்து பெறும் நுட்பத்தைக் கண்டுபிடிப்பதில் தீவிரமாக ஈடுபட்டிருந்தனர். E. கோலை தாக்கும் T7 எனும் வைரஸிலிருந்து பெறப்படும் சிறப்பு 'சிக்னல்' பாக்டீரியாவின் ரைபோசோமில் தனக்கான புரோட்டீன்களை உருவாக்கத் தூண்டும். இந்த நிகழ்வினைப் பயன்படுத்தி T7இன் சிக்னலைப் பிரித்தெடுத்து E. கோலை பாக்டீரியத்தினுள் மரபணுச் செயல்பாட்டின் துவக்கத்தில் செலுத்தி புரோட்டீன்களை உற்பத்தி செய்ய வைத்தனர். இதைக் கண்ட நான் ஸ்டீவிடம், 'நான் ஒரு சிறிய சபாட்டிகல் விடுப்பில் சென்று மூலக்கூறு உயிரியலின் அடிப்படைச் செயல்பாடுகளைக் கற்று வருகிறேன். அதுவரை சிறிது காலம் காத்திருக்கவும்' என்று கூறிவிட்டேன்.

அப்போது எனது ஆய்வகத்தில் தொழில்நுட்பப் பணியாளர்கள் சூ எல்லன் ஜெர்க்மேன், விட்டோ கிரேஸியானோ (Vito Graziano) என இருவர் இருந்தனர். ஒரு சில ஆண்டுகளுக்குப் பிறகு அவர்களுடன் ஹெலன் கைசியாவும் இணைந்துகொண்டார். ஸ்டீவ் ஒயிட்டும் அவரது பெர்லின் சக ஆய்வாளர்களும் படிகங்களாக்கியிருந்த அனைத்துப் புரோட்டீன்களுக்குரிய ஜீன்களையும் சூ எல்லனும் நானும் இணைந்து விரைவில் நகல் (clones) எடுத்துவிட்டோம். எங்களது இச்செயல்பாடுகள் பில், ஜான் ஆகியோரின் மேற்பார்வையில் நிகழ்ந்தன. வெகு விரைவில் பல புரோட்டீன்களைத் தயாரித்துவிட்டோம். இவ்விதம் E. கோலையில் உற்பத்தியான மரபணு மாற்ற முறையால் அல்லது புரோட்டீன் மாற்றமைப்பால் கிடைத்த புரோட்டீனின் படிகங்கள் வெப்ப விரும்பி பாக்டீரியங்களிலிருந்து நேரடியாகப் பெற்ற புரோட்டீன் படிகங்களை ஒத்திருந்தன. நாங்கள் மிகுந்த மகிழ்வுகொண்டோம்.

அந்த நேரத்தில் நான் மற்றுமொரு ஆய்விலும் ஆர்வம் கொண்டிருந்தேன். குரோமாட்டினைச் (குரோமோசோமை) சுருக்கி, இழைகள் போன்றாக்கி செல்களின் உட்கருவினுள் அடக்கி வைப்பதற்குக் காரணமான முக்கிய புரோட்டீனை அறிவதில் நாட்டமிருந்தது. இணைப்பு ஹிஸ்டோன் (linker histone) எனும் அந்த புரோட்டீனின் மையத்தில் உட்பொருளாக இருந்த பொருளின் பெயர் GHS. அதைப் படிகமாக்கிவிட எண்ணினேன். ஆனால் அத்தகைய படிகங்களை உருவாக்குவதில் எனக்கு அனுபவம் இல்லை. ஸ்டீவ் என்னிடம் "இது சிக்கலில்லாத எளிய முறை. நான் உனக்குச் செய்து காட்டுகிறேன்" என்றார்.

உப்பு அல்லது சர்க்கரைக் கரைசலை உலரச் செய்தால் படிகங்கள் தோன்றும் என்பதைப் பள்ளிக் குழந்தைகளும் அறியும். உப்பு அல்லது சர்க்கரைக் கரைசல் உலரும்போது கரைபொருளின் அடர்த்தி அதிகரிக்கும். அடர்வு அதிகமாவதால் ஒரு நிலையில் அது கரைசல் திரவமாக இல்லாமல் மூலக்கூறுகள் ஒருங்கிணைந்து படிகமாகி திரவ நிலையிலிருந்து

வெளிவருகின்றன. புரோட்டீன்களை அவ்விதம் உலரச்செய்தால் அவை திட–திரவ நிலையற்ற பிசுபிசுப்புத்தன்மையுடனான கூழ்மப் பொருளாகி விடும். படிகங்களாவதில்லை. ஏனெனில் புரோட்டீன்கள் பெரிய, மென்மையான, விரைப்புத் தன்மையற்ற மூலக்கூறுகள். இம்மூலக்கூறுகளைப் பல விதங்களில் ஒன்றுடன் ஒன்று நெருங்கி அமைத்துக்கொள்ளலாம். பாலில் எலுமிச்சைச் சாறினைச் சேர்த்தால் இதுதான் நிகழும். இங்கு பால் புரோட்டீன்கள் திரிந்துவிடுகின்றன. புரோட்டீன் மூலக்கூறுகளைக் கரைசல் திரவத்திலிருந்து படிகங்களாக வெளிவரச் செய்வதற்கு அதன் அடர்த்தியை மெதுவாக அதிகரிக்கச் செய்ய வேண்டும். இதனால் மூலக்கூறுகள் ஒன்றுடன் ஒன்று இணைந்து அடுக்கப்படுவதற்கு வாய்ப்பும் நேரமும் கிடைக்கும். ஒரு துளி புரோட்டீன் கரைசலோடு சிறிதளவு வீழ்படிவாக்கிகளான ஆல்கஹால் அல்லது உப்புக் கரைசலைச் சேர்ப்பதால் அதைக் கரையாப் பொருளாக்கலாம். அந்தத் துளிப் புரோட்டீனைப் பின் ஒரு மெல்லிய கண்ணாடி வில்லையின் மேல் இட வேண்டும். ஒரு குழியுள்ள கண்ணாடி நுண்வில்லையின் குழியில் உப்புக் கரைசல் அல்லது ஆல்கஹாலை நிரப்பி அதன் மீது தொட்டுக் கொண்டிருக்குமாறு மென் கண்ணாடி வில்லையைக் கவிழ்த்து வைக்க வேண்டும். குழியில் உள்ள திரவம் வில்லையில் ஒட்டியுள்ள புரோட்டீனைக் கரையாப் பொருளாக்கிவிடும். கவிழ்க்கப்பட்ட வில்லையில் ஒட்டியுள்ள புரோட்டீன்கள் சிறிது சிறிதாக நீர் மூலக்கூறுகளைக் குழியில் உள்ள உப்பு/ஆல்கஹாலில் இழந்து புரோட்டீன் துளியும் சுருங்கிவிடுகிறது. ஒரு நிலையில் வில்லையில் உள்ள புரோட்டீனில் ஏறும் உப்பின் அடர்த்தி குழியில் உள்ள உப்பின் அடர்த்திக்குச் சம்மாகிவிடும். இதனால் புரோட்டீனின் அடர்த்தி அதிகமாகி அது கரையா புரோட்டீனாகிவிடும். இதை மிகச் சரியாகவும் மெதுவாகவும் செய்தால் புரோட்டீன் மூலக்கூறுகள் சீரான அடுக்கமைவு பெற்றுப் படிகங்களாகிவிடுகின்றன. அந்நாட்களில் மேற்கூறிய அனைத்தையும் கைகளாலேயே செய்ய வேண்டியிருந்தது. ஆனால் இன்று 'ரோபோ' எனும் செயல் இயந்திரங்களைப் பயன்படுத்துவதால் ஆயிரக்கணக்கான முயற்சிகளில் கரைசல்களின் அடர்வுகளை மாற்றியமைத்து சரியான நிலையில் படிகங்களைத் தோற்றுவிக்கலாம்.

இவ்விதம் மாறுபட்ட சில வழிமுறைகளை முயற்சிசெய்து படிகங்களைத் தோற்றுவிக்க ஸ்டீவ் உதவினார். நாங்கள் S5 எனும் ரைபோசோம் புரோட்டீனை மீண்டும் படிகமாக்கினோம். (S5 – என்பது ரைபோசோமின் சிறிய அலகிலிருந்து பெறப்பட்ட 5ஆவது பெரிய புரோட்டீன் என்பதைக் குறிக்கும்.)

அந்தப் புரோட்டீன்களைப் பெற்ற பின் ஸ்டீவை மேலும் கண்டு பிடிப்புச் சிக்கல்களைச் சரிசெய்ய விட்டுவிட்டு நான் வெறுமனே வேடிக்கை பார்க்க விரும்பவில்லை. பிரச்சினைகளை எப்படித் தீர்ப்பது என்பதை நானே கற்றுக்கொள்ள விரும்பினேன். ஆனால் எனக்கு 'படிக வரைபடத் தயாரிப்பு' தெரியாது. இத்தொழில்நுட்பத்தில் மேதையாவது இருக்கட்டும், இதைக் கற்றுக்கொள்வதே கடினமானது என்பது கூட எனக்குத் தெரியாது. ஸ்டீவ் எனக்கு நம்பிக்கையூட்டினார். "உங்களது இயற்பியல் அறிவுப் பின்னணியில் இதை நீங்கள் எளிதில் கற்றுக்கொள்ள இயலும்" என்றார்.

இதனால் புதிதாக ஏதேனும் செய்யலாம் எனும் தைரியம் எனக்கு ஏற்பட்டது. ஆனால் எப்படி, என்ன செய்வது என்பது கேள்வியாக நின்றது.

முதலில் Cold Spring Harbour ஆய்வகத்தில் நடைபெற்ற 'படிகவரைவியல்' துரித வகுப்பு ஒன்றில் சேர்ந்தேன். இவ்வாய்வகம் புரூக்ஹேவனிலிருந்து மேற்குப் புறமாக 30 மைல்கள் தூரத்திலிருந்தது. இதன் தலைமைப் பொறுப்பில் அனைவரும் அறிந்த ஜிம் வாட்சன் (Jim Watson) இருந்தார். ஆய்வுகளும் அறிவியல் கருத்தரங்கங்களும் நடத்துவதோடு விஞ்ஞானிகளுக்குப் புதிய தொழில்நுட்பங்களைக் கற்றுக்கொள்வதற்குத் தேவையான சிறிய சிறப்புப் பயிற்சி வகுப்புகளையும் அந்த ஆய்வகம் நடத்திவந்தது. இவ்வகுப்பு களில் உலகப் புகழ்பெற்ற திறமைசாலிகள் பயிற்றுவித்தனர். 1988இல், அப்போதுதான் படிகவரைபடவியலுக்கு இரண்டு வாரத்திற்கான வகுப்பு ஒன்றினைத் துவங்கியிருந்தனர். அந்தத் துறையின் அடிப்படைகளை அறிந்துகொள்வதற்கு இது நல்ல வாய்ப்பு என நான் கருதினேன். அங்கு அத்துறையின் மிகப் பெரிய விஞ்ஞானிகள் கற்பித்தனர். ஓய்வு நாள் ஒன்றில் அவர்களில் ஒருவராகிய ஹேன்ஸ் டீஸன்ஹோஃபருடன் (Hans Diesenhofer) நடைபயணமாக எங்களது ஆய்வகத்தின் வடபகுதியில் ஒரு சில மைல்கள் தூரத்திலிருந்த டெடி ரூஸ்வெல்ட்டின் (Teddy Roosevelt) வீடு வரை சென்றோம். ஹேன்ஸ், அசௌகரியமான காலணிகளை அணிந்திருந்தார். வழியில் அவரது கால்களில் கொப்பளங்கள் ஏற்பட்டுவிட்டன. இரண்டு நாட்களுக்குப் பிறகு அவர் நோபல் பரிசைப் பகிர்ந்துகொண்டபோது அனேகமாக அந்தக் கால்வலியை மறந்திருப்பார். அந்த நோபல் பரிசு சூரிய ஒளியின் சக்தியைப் பெற்று அதை வேதிய சக்தியாக மாற்றுவதற்குக் காரணமான புரோட்டீனின் அமைப்பைக் கண்டுபிடித்தற்கானது. இக்கண்டுபிடிப்பு உயிரினங்களின் அடிப்படை வாழ்வு நிகழ்வுகளில் ஒன்றினை அறிதலாகும்.

ஓராண்டிற்குப் பிறகு எனது துறை மீண்டும் எனக்குப் பணி நீட்டிப்புத் தருவதைப் பற்றித் தீர்மானிக்க வேண்டியிருந்தது. நீட்டிப்புத் தரவில்லையெனில் நான் வேலையை இழக்க நேரிடும். அவ்வேளையில் 'படிகவரைபடவியலை'ப் பயில்வது எனது கவலைகளில் முக்கியமற்ற ஒன்றாகிவிடும். நான் ஏற்கெனவே 'நியூட்ரான் பரவல்' தொடர்பாக ஒரு சில நல்ல ஆய்வுக் கட்டுரைகளை வெளியிட்டிருந்தேன். ஆனால் மூலக்கூறுகளின் செயல்திறன் பற்றி அந்தச் செய்முறையானது உருப்படியாக எதனையும் தெரிவிக்கவில்லை எனும் எண்ணத்திற்கு அவ்வேளையில் வந்திருந்தேன். எனது ஆய்வுகள் முன்னேற்றமின்றி முட்டுச் சந்தில் சென்று நிற்பதாக உணர்ந்தேன். 'படிகவரைபட' ஆய்வுகள் மூலமாக மட்டுமே பயனுள்ள கண்டுபிடிப்புகள் நிகழ வாய்ப்புண்டு என எண்ணினேன். ஏதேனும் முக்கிய மூலக்கூறு ஒன்றினது அணுக்களின் அமைப்பைக் கண்டறிந்து கொள்வது எவ்வகையில் அத்துறையின் புரிதல்களை மாற்றியமைக்கிறது எனும் வகையில் புதிய ஆய்வுக் கட்டுரைகள் வெளிவந்தவண்ணம் இருந்தன. ஸ்டீவின் தூண்டுதல்களும் உதவிகளும் படிகவரைபடவியல் தொடர்பாக நான் பங்கேற்ற பயிற்சியும் எனது ஆய்வுப் பசிக்கு உணவாயின.

எனது பணி நீட்டிப்பைத் தீர்மானிக்கும் குழுவினர் எனது நீண்டகாலத் திட்டங்கள் பற்றித் தோண்டித் துருவிக் கேள்விகள் கேட்டனர். நீண்ட பெருமூச்சு ஒன்றினை வெளியிட்டுவிட்டு நான் அவர்களிடம் கூறியது

இதுதான்: 'எனக்கு நீண்ட கால ஆய்வு அனுமதி வழங்கினால், இப்போது செய்துகொண்டிருக்கும் 'நியூட்ரான் சிதறல்' ஆய்வுகளை உடனடியாக நிறுத்திவிடுவேன். பின் விருப்ப ஊதிய விடுப்பில் சென்று படிகவரைபட முறைகளைக் கற்பதற்கு ஓராண்டு செலவழிப்பேன்' எனக் கூறினேன். அது நல்ல முடிவு என்று கூறி எனக்கு அனுமதியளித்தனர். இது எனக்குப் பெரும் திருப்தியை அளித்தது. ஒரு சில நாட்களுக்குப் பிறகு துறையின் மூத்த பணியாளர்கள் கூடிப் பேசினார்கள். அன்று மாலையே ஜான் டன் எனது வீட்டிற்கு வந்திருந்தார். 'துறைப் பணிக்கு நல்வரவு' என்று கூறி அலுமினியத்தாள் சுற்றியிருந்த நீண்ட குச்சியைக் கொடுத்துவிட்டுச் சென்றார்.

விருப்ப ஊதிய விடுப்பில் எங்கு செல்லலாம் எனச் சிந்திக்கத் துவங்கினேன். அப்போது எனது மனதில் தோன்றிய ஒரே இடம்: கேம்பிரிட்ஜின் LMB. புரோட்டீன் வரைபடவியல் இங்குதான் தோன்றியது. அது மட்டுமல்ல; 'கிரிஸ்டல்லோகிராஃபி' எனும் அனைத்துப் படிகவியல்களும் தோன்றிய இடமே கேம்பிரிட்ஜ்தான். பல அமெரிக்க விஞ்ஞானிகள் இத்தகைய விடுப்பு காலத்தில் வந்திருந்து பயின்றிருக்கிறார்கள் என்பதை நான் அறிவேன். மனைவி வேராவும் நானும் இங்கிலாந்தை நேசிப்பவர்கள். ஆங்கில இலக்கியத்திலும் கலாச்சாரத்திலும் எங்களுக்கு மிகுந்த பற்று உண்டு. மிகுந்த ஆர்வத்தோடு '*Masterpiece Theatre*' தொடரைத் தொலைக்காட்சியில் பார்ப்பதுண்டு. *Monty Python*னின் வித்தியாசமான நகைச்சுவைக் காட்சிகளைக் காண்பது எனக்கு மிகவும் விருப்பம்.

அன்று LMBயின் இயக்குநர் ஆரோன் கிளக் (Aaron Klug). அவர் அமைப்புசார் உயிரியலில் மேதை. இரண்டு குழுவினர் tRNAயின் அமைப்பினை முதன்முதலாக ஒரே நேரத்தில் கண்டறிந்தனர். ஒரு குழுவிற்கு ஆரோன் தலைவராயிருந்தார். மற்றொரு குழு எம்.ஐ.டி.யின் (MIT – Massachusetts Institute of Technology) அலெக்ஸ் ரிச் (Alex Rich), டியூக் பல்கலைக் கழகத்தின் சங்–ஹு கிம் (*sung–Hou Kim*) ஆகியோரின் இணைப்பொறுப்பில் இயங்கியது. இது மிக முக்கிய ஆய்வு. இரு குழுக்களுக்கும் இடையே தீவிரப் போட்டியாகவே ஆய்வுகள் அமைந்துவிட்டன. படிகமாக்கலில் புகழ்பெற்ற ரோஸலிண்டு ஃபிராங்க்ளினின் (Rosalind Franklin) முதன்மை ஆலோசகர் ஆரோன். இவர் பார்ப்பதற்கு அமெரிக்கத் திரைப்பட இயக்குநர், நடிகர், நகைச்சுவை நடிகர் உடி ஆலன் போன்றிருப்பார். இவர் குரோமாட்டினின் (இவை செல் உட்கருவின் குரோமோசோமில் உள்ள உட்பொருள்; இதில் DNAயும் புரோட்டீன்களும் அமைந்துள்ளன) அமைப்பைக் கண்டுபிடித்தவர்களில் முதன்மையானவர். இவருடைய ஆய்வகத்தில் பணியாற்றினால் சிறப்பாக இருக்கும் என எண்ணினேன். எனவே மனதில் தைரியத்தை உருவாக்கிக்கொண்டு நான் ஏற்கெனவே குரோமாட்டின் சுருக்கமைவிற்குக் காரணமான இணைப்பாக்கும் ஹிஸ்டோனை படிகமாக்கியுள்ளேன் என்பதை விவரித்து LMBயில் விருப்ப ஊதிய விடுப்பில் படிகமாக்குதலைப் பற்றிப் பயில விரும்புவதாகத் தெரிவித்து எழுதினேன். இதனால் அதனுடைய அமைப்பையும் கண்டறிவேன் என்றும் குறிப்பிட்டேன். என்னைப் போன்ற சாதாரணமானவர்களின் மேல் அவர் ஆர்வம் கொள்வாரா எனும் சந்தேகம் எனக்கிருந்தது. ஆனால்,

ஒரு சில வாரங்களில் அவர் அனுப்பிய பதில் மகிழ்ச்சியும் ஊக்கமும் அளிப்பதாக இருந்தது. என்னை வரவேற்பதுடன் எனது பெயரை குகன்ஹும் (Guggenheim) ஆய்வு உதவித்தொகைக்குப் பரிந்துரைப்பதாகவும் தெரிவித்திருந்தார். இவ்வுதவித் தொகை மற்றும் புரூக்ஹேவனின் அரைச் சம்பள உதவி ஆகியவற்றால் உடனடியாக ஓராண்டிற்கு இங்கிலாந்து செல்லத் தயாரானேன். என்மேல் நம்பிக்கை கொண்ட ஆரோன் அதிருப்தி அடைந்துவிடக் கூடாது எனும் எண்ணத்துடன், ஏற்கெனவே பெற்ற ஆய்வுக்குத் தேவையான முக்கியத் தரவுகளோடு புறப்பட்டேன்.

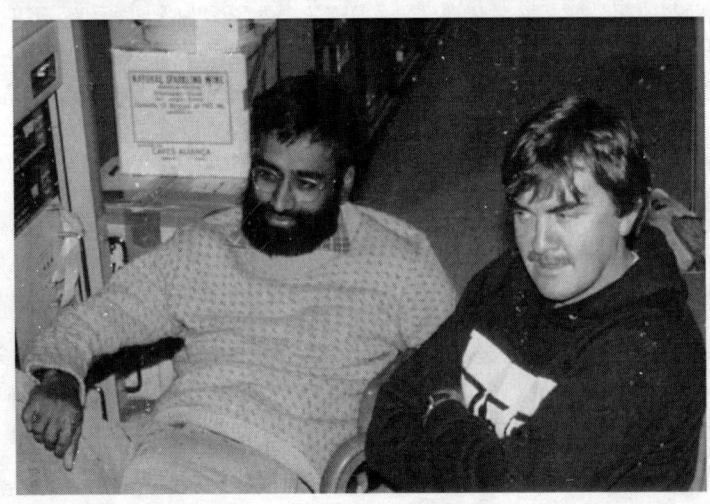

படம் 5.1 புரூக்ஹேவனில் சின்குரோட்டானிலிருந்து கிடைக்கும் தரவுகளை ஆர்வத்துடன் பார்த்துக் கொண்டிருப்பவர்கள் நூலாசிரியரும் ஸ்டீவ் ஒயிட்டும்

Cold Spring Harborஇல் விரைவுக் கற்றல் பெற்றிருந்தாலும் ஆய்வுத் தரவுகளைப் பெறுவது, ஆய்விற்குரிய நுணுக்க விவரங்களை செயலாக்கத்திற்கென முறைப்படுத்துவது போன்றவை எனக்குத் தெரியவில்லை. ஆனால் இங்கு சக பணியாளர் ஒருவர் எனக்கு உதவ முன்வந்தார். அவர் பெயர் பாப் ஸ்வீட் (Bob Sweet). அவர் இல்லினாய்ஸ் என்னும் சிறு நகரில் வளர்ந்தவர். பட்டப்படிப்பினை கால்டெக்கில் மேற்கொண்டு, விஸ்கான்சினில் பி.எச்டி ஆய்வுப் பட்டம் பெற்றிருந்தார். அதன் பின் பல அமெரிக்கர்களைப் போன்று முதுமுனைவராக LMBயில் இணைந்தார். பல ‘மேற்கு–மத்திய அமெரிக்கர்களைப் போன்று இவரும் இங்கிலாந்துப் பிரியர். கேம்பிரிட்ஜில் இருந்த காலத்தில் தொடர்ந்து அவர் ஆங்கிலேய நாட்டுக்கே உரிய உச்சரிப்பு முறை, இலக்கணம், எழுத்துக் கூட்டல் போன்றவற்றைக் கற்றுக் கொண்டார். அனைத்திலும் ஆங்கிலேயரைப் போல மாறிவிட்டார். சில ஆண்டுகளுக்கு முன் அவரும் நானும் ஒரே வாரத்தில் புரூக்ஹேவன் வந்திருந்து அருகிலிருந்த ஒரு வீட்டில் தற்காலிகமாகத் தங்கியிருந்தோம். அவரை முதன் முதலாகக் காண்கையில் அவரது *Poirot* ஆங்கிலத் தொலைக்காட்சித் தொடரின் துப்பறிவாளர் பாத்திரம் வைத்திருந்தது போன்ற பெரிய அடர்த்தியான, மிகக் கவனமாகப் பராமரிக்கப்பட்ட மீசையைப் பார்த்து அசந்துவிட்டேன்.

ஆண்டுகள் செல்லச் செல்ல அவரது தலை நன்கு வழுக்கையானதால், மீசை மட்டும் தூக்கலாகத் தெரியத் துவங்கியது. அவரது கிண்டலுடனான நக்கல் பேச்சு பதின் பருவத்தினர் பாணியில் அமைந்திருந்து ஒரு சிலரைக் கடுப்பேற்றியது. ஆனால் நான் அவரைக் கவனம், அன்பு, தாராளம் ஆகிய பண்புகளைக் கொண்டவராகவே கண்டேன். நாங்கள் சிறந்த நண்பர்களானோம்.

புரூக்ஹேவனின் X–கதிர் ஒருங்கிசைவு துகள் முடுக்கியில் பாப் படிக வரைபடக் கருவி/கதிர்வீச்சுக் கருவி ஒன்றினைப் பயன்படுத்திக் கொண்டிருந்தார். என்னை அவர் தனது தனிக்கவனத்தில் கொண்டு படிகங்களிலிருந்து தரவுகளை எவ்விதம் பெறுவது என்பது பற்றிப் பலவும் கற்றுத்தந்தார். மேலும் அவர் எனக்கு படிகவரைபடச் செயல்நுட்பத்தில் ஆர்வத்தினையும் ஏற்படுத்தினார். இதனால் எனது ரைபோசோம் ஆய்வுகள் எளிதாயின. முப்பது ஆண்டுகளுக்கு முன் மாக்ஸ் பெரூட்ஸ், ஜான் கென்டிரூ (John Kendrew) ஆகியோர் புரோட்டீன் அமைப்பை முதன் முதலாகக் கண்டறிந்தனர். அவர்கள் கடைப்பிடித்த செயல்முறைதான் இன்றுவரை நடைமுறையில் உள்ளது. இம்முறையில் முதலில் புரோட்டீன் படிவத்தினைப் பற்றிய தரவுகளைப் பெற வேண்டும். அதன் பிறகு மிகு அணு எடை கொண்ட தங்கம் அல்லது மெர்குரி கரைசலில் அப்புரோட்டீனைத் தோய்த்து, கரைசலின் மிகு அணு எடை அணுக்கள் புரோட்டீன் படிகத்தில் இடம்பெறச் செய்ய வேண்டும். மிகு எடை அணுக்கள் இல்லாத மற்றும் மிகு எடை அணுக்கள் பொருந்தியுள்ள புரோட்டீன் படிகங்களால் கிடைக்கும் வரைபடங்களிலிருந்து கிடைக்கும் தரவுகளை ஒப்பிட்டு மிகு எடை அணுக்கள் இணைந்துள்ள இடங்களையும் கணித்துப் புரோட்டீனின் அணு அமைப்பை ஊகிக்கலாம். தரவுகளைப் பெறுவதிலும் ஒப்பிடுவதிலும் X–கதிர்களின் பிரதிபலிப்புகள் உதவுகின்றன. X–கதிர் பிரதிபலிப்பின் வீச்சு அளவினைக் கொண்டு புரோட்டீனின் நுண் அணு அமைப்பை அறிந்து கொள்ளலாம். புரோட்டீன் படிகங்கள் கிடைப்பது நிச்சயமற்றது. அதிலும் மிகு எடை அணுக்கள் கொண்ட புரோட்டீன்களைப் பெறுவது மேலும் நிச்சயமற்றது. பலமுறை புரோட்டீன் படிகங்களை மிகுஎடை அணுக்கள் உள்ள கரைசலில் தோய்த்து வைத்தால் அவற்றின் இயல்பு அமைப்புகள் பாதிக்கப்பட்டுவிடும். அதனால் இந்த மிகு அணுஎடை முறையை 'தோய்த்து பிரார்த்தனை செய்' ('soak and pray') முறை என்று குறிப்பிடுவதுண்டு. 1980இல் நான் படிகவியல் சார்ந்த ஆய்வுகளில் ஈடுபடத் துவங்குகையில் வேறொரு புதிய முறையும் கண்டுபிடிக்கப்பட்டது. அதற்கு 'பன்னலைவு நீளத்தில் சீரற்ற கதிர் விலகல்' என்று பெயர். இம்முறை நம்பிக்கை தரும் பல தரவுகளைக் கொடுதத்து.

MADயின் அடிப்படைத் தத்துவத்தை 1949இல் கண்டறிந்து முதலில் பயன்படுத்தியவர் ஜோஹன்னஸ் பிஜ்வோட் (Johannes Bijvoet). இவர் டச்சு நாட்டைச் சேர்ந்தவர். சில அணுக்கள் X – கதிர் வீச்சில் எதிர்கொள்ளும் கதிர்களை உறிஞ்சி உள்வாங்கிக்கொண்டு பின் கதிர்களை மீளச் சிதறச் செய்யும் தன்மை கொண்டவை எனும் உண்மையின் அடிப்படையில் இம்முறை தோற்றுவிக்கப்பட்டது. இத்தகைய சீரற்ற கதிர் சிதறடிப்பால் வழக்கமற்ற முறையில் இணைக் கதிர்களின் விலகல் புள்ளிகள் சிறிதளவு

விசை வேறுபாட்டுடன் படிகத்தின் சமச்சீர் அமைப்பால் கிடைக்க வேண்டிய விலகல் புள்ளிகளாக அமையாமல் சற்று மாறுபடுகின்றன. சமச்சீர் அமைப்பில் சீராக ஒத்தமைவில் தோன்றும் விலகல் புள்ளிகளுக்கு ஃப்ரீடல் இணைகள் என்று பெயர். விலகல் புள்ளிகளின் சீரற்ற மாற்றத்தில் மூலக்கூறின் அணு அமைவு நிலை வேறுபாடு பற்றிய செய்தி கிடைத்துவிடுகிறது. இது முந்தைய மிகுஎடை அணுப் பயன்பாட்டு முறையால் கிடைக்கும் வித்தியாசங்களைப் போன்றது. உயிர் மூலக்கூறுகளில் உள்ள கார்பன், ஹைட்ரஜன் அல்லது ஆக்ஸிஜன் அணுக்கள் அதிக அளவில் 'முறையற்ற கதிர்ச் சிதறல்'களை நிகழ்த்துவதில்லை. இதனால் அலைவுகளின் சிறிய அளவிலான சிதறல்கள் விலகல் புள்ளிகளின் மிகச்சிறிய வேற்றுமைகளைக் காண்பித்துப் பயன்படும் அளவில் இருப்பதில்லை. 1980இல் கடற்படை ஆய்வகத்திலிருந்த வெயின் ஹென்டிரிக்சன் சிறிய புரோட்டீனின் அமைப்பை அறிவதில் ஏற்படும் இத்தகைய பிரச்சனையை ஒரு கண்டுபிடிப்பால் தீர்த்துவைத்தார். சீரற்ற கதிர்ச்சிதறல்களை சல்ஃபர் அணுக்கள் தோற்றுவிக்கின்றன என்பதைக் கண்டறிந்தார். சிஸ்டீன் (Cysteine) எனும் அமினோ அமிலம் சல்ஃபர் அணுக்களைப் பெற்றிருப்பதோடு புரோட்டீன் மூலக்கூறுகளில் பொதுவாகக் காணப்படக்கூடியது. எனவே இவற்றினால் தோன்றும் சீரற்ற கதிர் விலகல் புள்ளிகளின் மூலம் புரோட்டீனின் அணு அமைப்பினை அறியும் முறையை அறிமுகப்படுத்தினார்.

இதே வேளையில் X – கதிர் வரைபடமாக்குதலில் சின்குரோட்ரான்கள் எனும் ஒருங்கிசைவு துகள்முடுக்கிகள் பயன்பாட்டிற்கு வந்தன. இவை பெருந்துகள் வேக முடுக்கிகள் *(Large particle acclerators)*. இவை மின்னணு எலக்ட்ரான்களை ஒளியின் வேகத்திற்கு முடுக்கிவிட இயலும். எலக்ட்ரான்கள் சுற்றிச் சுழலுகையில் மிகுதீவிர X – கதிர் கற்றைகளை வெளியிடக்கூடியவை. இக்கற்றைகள் தங்களது விலகல் தன்மையால் மூலக்கூறு ஆய்வுகளில் உதவுகின்றன. சின்குரோட்ரான்கள் மிகத் துல்லியமாகத் தேவையான அளவில் X– கதிர் அலைவு நீளத்தைத் தேர்ந்தெடுக்கவியலும் என்பதை கீத் ஹாட்க்சன் (Keith Hodgson) தனது துணை ஆய்வாளர்களுடன் கண்டுபிடித்தார். அப்படியெனில் இரு மாறுபட்ட அலைவு நீளங்களில் சில சிறப்பு அணுக்களில் நிகழும் அறிதற்குரிய சிதறல்களைப் பற்றிய தரவுகளைப் பெற முடியும். பெறப்பட்ட இரண்டு மாறுபட்ட தரவுகளால் அச்சிறப்பு அணு அமைந்துள்ள இடம் தெரியவரும். பிறகு மூலக்கூறின் நிலையினை எடை மிகு அணுப் பயன்பாட்டின் வழியே கண்டறிந்தது போல இதிலும் அறியலாம். மேலும் ஓர் அலைவு நீளத்தில் எங்கு சிறப்பு அணுவின் வழக்கமற்ற சிதறல் பெரிதாக உள்ளது என்பதனையும் உணரலாம்.

ஹாட்க்சன் தோற்றுவித்த முறையிலிருந்து மாறுபட்ட விரிவான வரைமுறைகளுடன் கூடிய செய்முறை ஒன்றினை வெயின் ஹென்டிரிக்சன் உருவாக்கினார். அம்முறையில் அவர் பல மூலக்கூறுகளின் அமைப்புகளையும் கண்டறிந்தார். மற்றுமொரு புத்திசாலித்தனமான முறை ஒன்றினையும் வெயின் கண்டறிந்தார். இம்முறையில் புரோட்டீன்களின் மித்தியோனின் அமினோ அமிலங்களில் உள்ள சல்ஃபர் அணுக்களை

அகற்றிவிட்டு அவ்விடத்தில் செலினியம் அணுக்களை அமைத்தார். இதனால் இயல்பாக மித்தியோனின் அமினோ அமிலங்கள் கொண்ட புரோட்டீன்கள் அனைத்திலும் செலினோமிதியோனின் அமினோ அமிலங்கள் இருந்தன. இம்மாற்றம் பாக்டீரியங்களை உரிய வளர் ஊடகங்களில் பராமரிப்பதால் சாத்தியமாயிற்று. இவ்வகையில் தோற்றுவித்த புரோட்டீன் படிகங்களின் X – கதிரின் கதிர் விலகலும் விலகல் புள்ளிகள் தோன்றுதலும் சல்ஃபரால் தோன்றுவதைக் காட்டிலும் அதிக சீரற்ற முறையில் அமைந்திருக்கும். மேலும் சின்குரோட்ரான் கருவிகளுக்கு ஏற்ற வகையில் சிதறலின் அலைவு உச்சம் உயர்ந்திருக்கும். அதாவது 1Å உயர அளவில் இருக்கும் (=0.1 நானோ மீட்டர்). இது மிகவும் சக்திவாய்ந்த செய்முறையாக அமைந்தது. கொள்கை அடிப்படையில், தேவையான எண்ணிக்கையில் அமினோ அமிலங்களைக் கொண்ட எந்தப் புரோட்டீனின் அணு அமைப்பினையும் அறிந்துவிடலாம். இன்று புதிய புரோட்டீன்களில் அமைப்பைக் கண்டறிய இதுவே பொதுவான முறை.

இந்த முறையானது புரூக்ஹேவனின் சின்க்ரோட்ரானிலும் செயல்பட வேண்டும் என்பதில் பாப் ஆர்வம் கொண்டிருந்தார். இதற்கென விட்டோ கிரேசியானோ (Vito Graziano) செலினோமீதியோனின் அமினோ அமிலங்களைக் கொண்ட GH5 புரோட்டீன் படிகங்களை உருவாக்கினார். நாங்கள் பாப்பின் உதவியுடன் செலினியம் அணு தனது பண்பினை மாற்றிக்கொள்ளும் தருணத்திலான அலைவு நீளத்தில் கவனத்துடன் தரவுகளைப் பெற்றுக்கொண்டோம். S5 புரோட்டீன்களை வழக்கமான எடைமிகு அணு முறையில் தங்க அணுக்கள் கொண்ட கரைசலில் தோய்த்துப் பின் கதிரியக்கத்தால் கிடைக்கும் தரவுகளை ஸ்டீவும் நானும் பெற்றோம். இப்போது என்னிடம் இரு புரோட்டீன்களின் முழுமையான தரவுகள் இருந்தன. ஆனால் இவற்றை என்னசெய்வதென்று தெரியவில்லை. இங்கிலாந்திற்குச் செல்ல வேண்டிய நேரம் நெருங்கிவிட்டது.

1991ஆம் ஆண்டு ஆகஸ்டு இறுதியில் எனது குடும்பத்தினருடன் இங்கிலாந்து கிளம்பினேன். அங்கு சென்று இறங்கியவுடன் ஒரு வாகனத்தை வாடகைக்கு அமர்த்தி நாங்கள் நால்வர், எங்களது பொருட்களையும் மூன்று சைக்கிள்களையும் அடைத்துக்கொண்டு புறப்பட்டோம். இரவு முழுவதும் விமானத்தில் பயணித்த அலுப்புடன் வாகனத்தைச் சாலையின் இடதுபுறமாகக் கவனத்துடன் செலுத்த வேண்டியிருந்தது. எந்த விபத்தும் நிகழாமல் பாதுகாப்பாக கேம்பிரிட்ஜிற்கு வழி கண்டு பிடித்துச் சென்றடைந்தோம். அங்கு அடன்புரூக்ஸ் மருத்துவமனைப் பகுதியில் அங்குமிங்குமாக இருந்த ஒருவழிப் பாதைகளில் வழி தவறிவிட்டேன். வழியில் செல்லுபவர்களிடம் MRC ஆய்வகத்திற்கு வழி விசாரித்து செல்லவேண்டியதாயிற்று. உலகப் புகழ்பெற்ற MRC ஆய்வகத்தின் இருப்பிடம் நான் முதலில் விசாரித்த பலருக்கும் தெரியாமலிருந்தது எனக்கு ஆச்சரியத்தை ஏற்படுத்தியது. உடனே எனக்கு ஃபிரான்சிஸ் கிரிக்கின் சுயசரிதை நூலான *What* Mad *Pursuit* நினைவில் தோன்றியது. அந்நூலில் 100 ஆண்டுகளுக்கும் மேலாக உலக அறிவியலார் அனைவருக்கும் தெரிந்த ஓர் இடம் வாடகைக் கார் ஓட்டுநருக்குத் தெரியவில்லையே என

வியந்திருப்பார். இச்சம்பவங்களால் அறிவியலாளர்களின் புகழ் ஒரு சிறிய வட்டத்திற்குள்தான் என்பதை உணர்ந்துகொண்டேன்.

LMBயில் ஆரோன் தனது நீண்ட நாளைய சக பணியாளராகிய ஜான் ஃபிஞ்சை (John Finch) எனக்கான அதிகாரபூர்வ விருந்தோம்பியாகப் பணித்திருந்தார். ஆரோனைப் போன்றே ஜானும் ரோசலின்டு ஃபிராங்கிளின் ஆய்வகத்தில் பணியாற்றியவர். புதிய LMB கட்டிடம் திறந்தபோது ஆரோனுடன் ஜானும் கேம்பிரிட்ஜிற்கு இடம்பெயர்ந்தார். அங்கு நான் சென்றவுடன் ஜான் என்னிடம், அங்கு நான் ஆய்வுப் பணி செய்வதற்கு சரியான இடம் இப்போது இல்லை என்று கூறினார். நான் மிகவும் இயல்பாக 'எனக்கு வேண்டியதெல்லாம் ஆய்வகத்தின், ஒரு மூலையில் சிறிய மேசையும் ஆய்வகத்தில் ஒரு சிறு இடமும் தான்' என்று கூறினேன். அதற்கு ஜான் அடக்கமாகச் சிரித்துக்கொண்டார். உலகப் புகழ்பெற்ற விஞ்ஞானியான ஜானுக்கே ஒரு டெஸ்க்கும் ஆய்வக பெஞ்ச் ஒன்றில் சிறிய இடமும்தான் இருந்தன என்பதை அடுத்த நாள் தெரிந்துகொண்டேன்.

இதுதான் அன்றைய LMB யின் நிலை, அங்கு மூத்த விஞ்ஞானிகள் பலருக்கு ஆய்வகம் இல்லை. பெரும்பாலும் பிறருடன் பகிர்ந்துகொண்ட ஆய்வகம் அல்லது அலுவலகத்தில் ஒரேயொரு டெஸ்க் என்றுதான் இருந்தது. ஆய்வகத்தில் நினைக்க முடியாத அளவிற்குக் கூட்டம், நெருக்கடி. ஆய்வுக் கருவிகள் கூடங்களின் வராந்தாக்களில் இருந்தன. ஒருவேளை இவ்வளவு நெருக்கமாக இருந்ததே LMBயின் வெற்றிகளுக்குக் காரணமாய் இருந்திருக்கக் கூடும். நெருக்கத்தினால் ஒருவருக்கொருவர் பேசிக்கொள்வதும் கருத்துக்களையும் செய்முறைகளையும் பகிர்ந்துகொள்வதும் சாத்தியப் பட்டிருக்கும்.

அங்கு எனது முதல் நாளில் காலை 9 மணிக்கெல்லாம் ஆய்வகம் வந்துவிட்டேன். 1.30 மணிநேரம் சென்ற பின்தான் ஜான் வந்தார். அவர் வந்தவுடன் 'கேன்டீன் சென்று காபி அருந்தலாமா?' என்று கேட்டார். நான், ஆய்வகம் வந்து எதுவும் செய்யவில்லையே, அதற்குள்ளாகவா காபி எனக் கூறி மறுத்துவிட்டேன். மீண்டும் ஜான் என்னைப் பார்த்து அர்த்தமுள்ள சிரிப்பு ஒன்றை உதிர்த்தார். இதைப் பார்த்துக் கொண்டிருந்த மற்றொரு பணியாளர், 'நமது பழக்கங்களை இன்னும் கற்றுக்கொள்ளவில்லை' என்றார். நாட்கள் செல்லச் செல்ல, அன்றாட வேலைகளிலிருந்து அவ்வப்போது சிறிய இடைவெளி நேரங்களில் உணவு, காபி அல்லது டீயுடன் மேல்தளத்தில் உள்ள புகழ்பெற்ற கேன்டீனில் விஞ்ஞானிகள் இயல்பாகச் சந்தித்து அளவளாவுவதற்கு இது நல்ல வாய்ப்பு என்பதை நான் பிறகு உணர்ந்துகொண்டேன். இத்தகைய பழக்கம் பல ஆய்வகங்களில் உண்டு. மனிதர்கள் ஒரு நேரத்தில் மிகுந்த சிரத்தையுடன் ஒரு பணியில் கவனம் செலுத்தி 2 மணிநேரம் மட்டுமே ஈடுபட இயலும். இத்தகைய இடைவெளி அளவலாவல்கள் புத்துணர்ச்சி அளிப்பனவாகவே அமையும். விருப்ப ஊதிய விடுப்பில் வந்திருந்த எனக்குப் பல விஞ்ஞானிகளுடனும் அறிமுகம் ஏற்பட்டுச் சிலரை வாழ்நாள் நண்பர்களாகவும் பெறுவதற்கான அரிய வாய்ப்புகள் உருவாகும் இடமாக கேன்டீன் அமைந்தது.

LMBயில் இருந்த ஓராண்டுக் காலம் அதைச் சிறப்பான இடமாக உணரச் செய்தது. அறிவியல் பற்றிய எனது முழுக் கண்ணோட்டத்தையும் அது மாற்றி அமைத்தது. அறிவியல் முயற்சிகளை எவ்விதம் மேற்கொள்ள வேண்டும் என்பதற்கு உலகம் முழுவதிலும் உள்ள விஞ்ஞானிகள் இந்த இடத்தை முன்மாதிரியாகக் கருதுவதில் ஆச்சரியமேயில்லை. தங்களது ஆய்வகங்களிலும் இம்மாதிரியான சூழலை ஏற்படுத்த வேண்டும் என முயற்சி செய்யாவிட்டாலும் அறிவியலானது இங்குள்ள பாணியில் நடைமுறைப்படுத்தப்பட வேண்டும் என விஞ்ஞானிகள் கருதினர். இதில் கவனிக்கத்தக்க விதிவிலக்காக Janelia Research Campus of the Howard Hughes Medical Institute இருந்தது. இந்நிறுவனம் ஏறக்குறைய LMB, Bell Labs போன்றே இருந்தது. பெரும்பாலான விஞ்ஞானிகளைப் போன்று LMBயில் உள்ளவர்கள் வழக்கமான தலைப்புகளில் ஆய்வு செய்து ஆய்வுக் கட்டுரைகளை வெளியிடுவதில் முனைந்திருக்கவில்லை என்பதை நான் கண்டேன். அவர்கள் மிகவும் ஆர்வமூட்டும் கேள்விகளை எழுப்பி அதற்கான விடைகளை அறிவதிலேயே ஈடுபட்டிருந்தனர். தங்களுக்குள் அவர்கள் கேட்டுக்கொள்ளும் கேள்வி “ஏன் இதைச் செய்கிறாய்?” என்பது. புகழ்பெற்ற விஞ்ஞானிகளாகிய மாக்ஸ் பெரூட்ஸ் அல்லது ஆரோன் கிளக் போன்றவர்களும் கூட தங்களது விரிவுரைகளின் போது கூற வேண்டியவற்றில் ஏதேனும் ஒன்று தெரியாமலோ அல்லது மறந்தோ போயிருந்தால் சிறிதும் வெட்கப்படாமல் அமர்ந்துள்ளவர்களிடம் அதைக் கேட்டுத் தெரிந்துகொள்வதுண்டு. இதன் மூலம் எனது அறியாமையை எண்ணி வெட்கப்படக் கூடாது என்பதை அறிந்துகொண்டேன். பதில் தெரிய வேண்டுமெனில் எந்தக் கேள்வியும் முட்டாள்தனமானது இல்லை.

மூன்றாவது பாடமாக இங்கு நான் கற்றுக்கொண்டது, LMBயின் வெற்றிக்குக் காரணம், ஆய்வுக் குழுக்களில் குறைந்த எண்ணிக்கையில் ஆய்வாளர்களை அமைத்துக்கொள்வது என்பதாகும். இதனால் குழுத்தலைவர்கள் ஆர்வமூட்டும் கேள்விகளில் கவனம் செலுத்த முடிந்தது. ஆய்வுகளில் நேரடியாகப் பங்கேற்பதும் எளிதானது. இன்றைக்குப் பல புகழ்பெற்ற பேராசிரியர்கள் 20–30 ஆய்வாளர்கள் உள்ள பெரிய கூட்டத்தை ஆய்வுக் குழுவாகத் தங்களால் இயலும் என்ற வகையில் அமைத்துக்கொள்கிறார்கள். இது பேராசிரியர்களுக்குப் புகழ் சேர்க்கலாம், ஆனால் பயில்கின்றவர்களுக்கு உரிய சூழலாக அமையாது. எனவே அவர்கள் சிறிய எளிய வேலைகளோடு நிறுத்திக்கொண்டு நல்ல கற்பித்தலும் கற்றலும் இல்லாது இருந்துவிடுகிறார்கள். பல இடங்களில் இத்தகைய பெரிய குழுக்கள், ஆய்வுகளில் நல்ல முடிவுகளைப் பெறுவதில்லை. சிறு குழுக்களுடன் ஒப்பிடுகையில் செலவு ரீதியாகவும் நன்மைகள் இல்லை.

LMBயில் ஆரோனுடனான முதல் சந்திப்பில் அவர் என்னிடம் “GH5 ஆய்வு அவ்வளவு சுவாரஸ்யமானதாக இல்லை என்று நினைக்கிறேன். ஒரு DNA துணுக்குடன் அதை இணைப்பதற்குச் சோதனைகள் செய்து பார்” என்று தெரிவித்தார். நான் LMBயில் படிகவரைபடத் தயாரிப்பைக் கற்றுக்கொள்ளவே சென்றிருந்தேன். ஆனால் அவர் இப்படிக் கூறிய பின் அவரது மேன்மை கருதி எதிர்த்துப் பேசுவதற்கு இயலவில்லை. அவர்

கூறியபடி வெஸ் சன்ட்குவிஸ்ட் (Wes Sundquist) எனும் முது ஆய்வரின் பெஞ்சைப் பகிர்ந்துகொண்டு ஆய்வினைத் துவங்கினேன். ஒரு மாத வேலைக்குப் பிறகு இந்த சோதனையை எனது விடுப்புக் காலத்திற்குள் செய்து முடிக்க இயலாது என உணர்ந்தேன். மீண்டும் ஆரோனைச் சந்தித்த நான், சற்று அச்சத்துடன் அவரிடம் 'இந்த செய்முறை பயன்தரும் அணுகுமுறையாக இருக்காது' என்று கூறினேன். மேலும், நான் கொண்டுவந்துள்ள தரவுகளின் அடிப்படையில் இரு அமைப்புகளையும் கண்டறிவதில் கவனம் செலுத்தலாம் எனக் கூறினேன். அவர் நான் கூறியதை ஏற்றுக்கொண்டது எனக்கு ஆச்சரியமளித்தது. அவர் மீதான என் மரியாதையும் அதிகரித்தது. ஆரோன் முதலில் கூறியதால் நான் துவங்கி பின் தொடராமல் விட்டுவைத்த சோதனைப் பொருட்கள் காய்ந்து, நான் அங்கிருந்த நாட்கள் வரையிலும் தூசு படிந்திருந்தது. அங்கிருந்த முதுமுனைவர் வெஸ்ஸுக்கு அதைக் காண வேடிக்கையாக இருந்தது.

ஆரோன்னுக்கு நேரம் கிடைத்திருந்தாலும் ஒரு படிகத்தில் அணுக்களின் அமைப்பை எப்படி அறிவது என்பதை அவர் எனக்கு முழுமையாகக் கற்றுக்கொடுத்திருக்க முடியாது. ஏனெனில் அவருடைய காலத்திற்குப் பிறகு கணக்கிடும் கணினி மென்பொருட்கள் முற்றிலுமாக மாறிவிட்டன. நான் பார்த்த இடங்களிலேயே LMB நட்புடன் உதவும் இடமாக இருந்தது. இளம் விஞ்ஞானி பால் மெக்லாலினும் (Paul Mclaughlin) புகழ்பெற்ற படிகவரைபட விஞ்ஞானிகள் ஆன்ட்ரூ லெஸ்லி (Andrew Leslie), ஃபில் இவான்ஸ் (Phil Evans) ஆகியோரும் எனக்கு மனமுவந்து உதவினார்கள். தங்கள் செய்முறைகள் அனைத்தையும் கற்பித்தார்கள். விரைவில் S5இன் விரிவான வரைபடத்தைக் கண்ட நான் புரோட்டீனின் அணு அமைப்பு மாதிரியையும் அறிந்தேன்.

ஒரு மூலக்கூறின் அமைப்பை முதன்முறையாகக் கட்டுவித்து அறியும்போது தோன்றும் உற்சாகத்தை அளவிட முடியாது. அமைப்பை அறிவது வரையிலும் அந்த மூலக்கூறு ஒரு 'கறுப்புப்பெட்டி' போன்றது தான். மூலக்கூறுக்கு ஒரு குறிப்பிட்ட அமைப்பு உள்ளது தெரியும். அதன் செயலும் தெரியும். ஆனால் மற்ற விவரங்கள் தெரியாது. இப்போது திடீரெனத் திரை விலகி மூலக்கூறினை அதனுடைய முழு மகிமையுடன் காண்பது போன்ற உணர்வு தோன்றியது. இக்கண்டுபிடிப்பில் மூலக்கூறின் அனைத்து அணுக்களின் இருப்பிடங்களும், மூலக்கூறின் வளைவு நெளிவுகளையும் அதனுடைய மடிப்புகளையும் தனித்துவமான அமைப்புகளையும் எவ்விதம் வேலை செய்யும் என்பதையும் அறிவது சாத்தியமாகிறது. கடல் கடந்து சென்ற ஆய்வாளர்கள் புதிய நிலப்பரப்புகளைக் கண்டவுடன் இப்படித்தான் மகிழ்ந்திருப்பார்கள்.

எனது அடுத்த அமைப்பான GH5–ஐ அறிவதில் சுவையான திருப்பம் ஒன்று ஏற்பட்டது. இந்நாள் வரை மூலக்கூறுகளின் அமைப்பினை அறிவதில் MAD ஒரு குறிப்பிட்ட முறைதான் பயன்படுத்தப்பட்டிருந்தது. இம்முறையில் வெயின் ஹென்டிரிக்சன் தோற்றுவித்த விரிவான 'திட்டவட்டமான வரைமுறை' கடைப்பிடிக்கப்பட்டது. இதில் சிக்கலான கணக்கீடு முறைகள் அமைந்திருந்தன. மேலும் பல அலைவு நீளங்களில் பெறப்பட்ட

மீள்கதிர்களின் ஒத்த அளவீடுகள் தனித்தனியாகக் குறிக்கப்பட்டுப் பயன்படுத்துதலுக்குக் குழப்பமாக இருந்தன. இன்றைக்கு இருப்பதைப் போன்ற படிகவரைபடக் கணக்கீடுகளுக்கான கணினி செய்நிரலாக்கம் அன்று இல்லை. கிடைக்கும் சமிக்ஞைகள் மிகவும் குறைந்த வலுவுடையவை. எனவே இதற்கான சிறப்புச் செயல்திட்டம் தேவை என்று எண்ணினோம். வழக்கமாகப் பயன்படுத்தப்பட்ட தங்கம் அல்லது மெர்க்குரி மிகு எடை அணுவில் 80 எலக்ட்ரான்கள் உண்டு. ஆனால் செலினியம் பயன்பாட்டில் MAD சோதனையில் வேறுபாடு ஒரு சில எலக்ட்ரான்கள் அளவே. இது ஓர் அதிசய நிகழ்வு. இவ்விதம் மிகவும் குறைந்த எலக்ட்ரான் சிதறல் விசை வேறுபாடு என்பது படிகத்தில் நுண்ணிய நீர் மூலக்கூறு ஒன்று இணைந்தது போன்றதுதான். இதில் எங்கு வித்தியாசத்தைக் காண்பது?

வெயினின் விரிவான கணினி செய்நிரலாக்கத்தால் GH5இன் சுமாரான வரைபடம் தோன்றியது. அதன் உதவியுடன் அமைப்பை உருவாக்கினேன். ஃபில் இவன்ஸ் ஒரு நாள் யோர்க்கிற்குச் சென்று வந்தார். அங்கு அவர் தன்னுடைய நண்பர் எலனார் டாட்சனை (Eleanor Dodson) சந்தித்திருக்கிறார். அவர், வெயினிடம் MAD அமைப்புகளைக் கண்டறிவதற்கு மிகு எடை அணுக்களின் அமைப்பை அறியப் பயன்படுத்தும் புதிய கணினி செய்நிரலாக்கத்தையே பயன்படுத்தலாம் என்று தெரிவித்திருக்கிறார். என்னிடம் வெயின் இதைத் தெரிவித்தபோது நான் இதை உடனே ஏற்றுக்கொள்ளவில்லை. இருப்பினும், செய்து பார்க்கலாமே என முயற்சித்தேன். என்ன ஆச்சரியம்! ஒரு சில மணிநேரங்களில் சிறந்த வரைபடங்கள் தோன்றலாயின. அதைப் பயன்படுத்தி GH5இன் அமைப்பை அறிந்து அதை விவரித்து ஆய்வுக் கட்டுரை ஒன்றினை வெளியிட்டோம். எங்களது ஆய்வுக் கட்டுரைக்குப் பிறகு ஒருவர்கூட வெயினின் செய்நிரலாக்கத்தைப் பயன்படுத்தவில்லை. அதற்குப் பதிலாக MADயின் அமைப்புகளை அறியப் பயன்படுத்தும் அதே கணினி மென்பொருளை உபயோகித்து அமைப்புகளை அறிந்தனர்.

MADயின் சோதனைகளில் கிடைக்கும் சமிக்ஞைகள் சிறியது எனில் வழக்கமாகப் பயன்படுத்தும் கணினி மென்பொருள் எவ்விதம் முடிவுகளைத் தந்தது? இதைப் பற்றி நான் சிந்திக்கத் துவங்கினேன். (ஒருவேளை இது காலதாமதமான சிந்தனையாகவும் இருக்கலாம்.) MADயில் குறைவான சமிக்ஞைகளிலும் முடிவுகள் கிடைத்ததற்குக் காரணம், சோதனைகளில் தோன்றிய பிழைகள் மேலும் சிறியவை என்பதுதான். எனவே இங்கு கருத்தில் கொள்ள வேண்டியது சமிக்ஞையின் வலு அல்ல; சமிக்ஞையின் வலு/அளவானது எந்த அளவிற்குத் தரவுகளில் பிழை அல்லது 'ஒலி'யின் அளவினைக் காட்டிலும் பெரியது என்பதே. இதை விஞ்ஞானிகள் 'சமிக்ஞை – *to* – ஒலி விகிதம்' என்கின்றனர். பொதுவாகப் பயன்படுத்தப்படும் மிகு எடை – அணு முறையில் மிகு எடை – அணு அமைந்துள்ள / அமைந்திராத இரண்டு படிகங்களில் தரவுகளைச் சேகரிப்பு செய்தலில் இரண்டு படிகங்களும் அமைப்பால் சற்றே மாறுபட்டவை என்பதை அறியலாம். எனவே முறையான வித்தியாசத்தைப் பெறுவதற்கு அனைத்துக் காரணிகளும் சமன் செய்யப்பட்டு இரண்டு தொகுப்புத் தரவுகளும் ஒரே மட்டத்தில் இருக்கும்படி பார்த்துக்கொள்ள வேண்டும். இது எளிதான செயலன்று.

மற்றொரு தொல்லை என்னவென்றால் மூலக்கூறுடன் மிகு எடை அணுவைச் சேர்ப்பதால் மூலக்கூறின் பிறபகுதிகளின் எடை மாறுதல் பெறும். இதற்கு சமனற்ற ஒத்தமைவு என்று பெயர். அந்நிலையில் இரண்டு தரவுகளையும் துல்லியமாக ஒப்பீடு செய்யவே இயலாது. MADஇல் இத்தகைய தொல்லைகள் இருப்பதில்லை. அதில் இரு அலைவு நீளங்களின் தரவுகளும் ஒரே படிகத்திலிருந்து பெறப்படுகின்றன. கதிர் விலகல் புள்ளிகளின் வேறுபாடுகள் படிகத்தின் சமச்சீர் அமைப்பு வித்தியாசம் தொடர்பானவை. இத்தகைய ஒழுங்கற்ற நிலை வேறுபாடுகள் ஒரே படிகத்தில், ஒரே அலைவு நீளத்தில், குறிப்பிட்ட அதே நேரத்திலேயே கணக்கிடப்படுகின்றன. இதனால் MAD சோதனையில் 'சமிக்ஞை – to – ஒலி விகிதம் நன்கு அமைந்துள்ளது. இதனால் அணுக்களின் அடிப்படையில் மூலக்கூறின் அமைப்பினை விளக்குவதற்கு உரிய வரைபடங்கள் கிடைத்துவிடுகின்றன.

சக்திமிகுந்த, ஒழுங்கற்ற சிதறலால் கிடைக்கும் விளைவுகளும் அவற்றின் முழுமையான தன்மைகளும் அன்று என் மனதில் முறையாகப் பதியவில்லை. வரும் நாட்களில் இத்தன்மைகள் எனது ஆய்வுகளில் எவ்விதம் அமையும் என்பதைப் பற்றியும் நான் யோசிக்கவில்லை. விருப்ப ஊதிய விடுப்பில் வந்திருந்து, ஆரோன் போன்ற புகழ்பெற்ற மனிதருடன் செயல்பட்ட நான் தவறுதலாக எதையும் செய்யவில்லை எனும் மகிழ்ச்சி உணர்வில் மட்டுமே இருந்தேன். கேம்பிரிட்ஜில் ஓராண்டில் என்ன செய்ய வேண்டும் என நினைத்திருந்தேனோ அதைச் செய்துவிட்டேன். நான் கண்டறிந்த இரண்டு மூலக்கூறு அமைப்புகளும் நேச்சர் இதழில் வெளியாகின. மேலும் LMBயில் பல நண்பர்களையும் தொடர்புகளையும் பெற்றிருந்தேன். எனது விருப்ப ஊதிய விடுப்புக் காலம் அறிவியல் பற்றிய எனது பார்வையையும் ரைபோசோம் ஆய்விற்கான அணுகுமுறையினையும் மாற்றிவிட்டது என்பதை அன்று நான் சரியாக உணரவில்லை. நான் எனது ஆய்வகம் திரும்பிய பிறகு எனது ஆய்வுகள் படிப்படியான சிறிய முன்னேற்றங்களை நோக்கியதாக அல்லாமல் அத்துறையில் பெரிய கேள்விகளுக்கான பதில்களை அறிவதாகவே அமைய வேண்டும் என உணரும் நிலை எனக்குத் தோன்றியிருந்தது.

6

பழமை எனும் பனி விலகுதல்

எனது ஊதிய விடுப்புக் காலத்தில் வெளியான இரண்டு ஆய்வுக் கட்டுரைகள் ரைபோசோம் ஆய்வுகள் பற்றிய எனது எண்ணத்தை மறுபரிசீலனை செய்ய வைத்தன. அவ்வெண்ணங்களில் ஒன்று கோழி முதலில் தோன்றியதா! முட்டை முதலில் தோன்றியதா என்பது போல் ரைபோசோம்கள் எவ்விதம் தோன்றின என்பது பற்றியது. அனைத்து உயிரினங்களும் புரோட்டீன்களால் நிகழும் ஆயிரக்கணக்கான வேதிய மாற்றங்களைச் சார்ந்துள்ளன. புரோட்டீன்களை உருவாக்கும் ரைபோசோம் என்னும் இயந்திரமே பல புரோட்டீன்களால் ஆனது. அப்படியெனில் ரைபோசோம்கள் எப்படித் தோன்றியிருக்க இயலும். இதற்கான அறிதலை கிரிக் கொண்டிருந்தார். 1968இல் அவர் வெளியிட்ட புகழ்பெற்ற ஆய்வுக் கட்டுரையில் ரைபோசோமில் பல புரோட்டீன்கள் உண்டெனினும் அவை RNAவினாலேயே ஆக்கப்பட்டுள்ளன எனத் தெரிவித்திருந்தார். ரைபோசோம் – RNAயின் பயன் என்ன? இக்கேள்விக்கு கிரிக் கூறியது, 'ரைபோசோம் – RNAயும் tRNAயும் முதலில் தோன்றிய புரோட்டீன் தயாரிப்பு இயந்திரத்தின் பகுதிகள் என்பதாகும். மேலும் அவர் 'முதலில் தோன்றிய ரைபோசோம் முழுவதும் RNAவினால் ஆகியிருக்குமோ என்று கருதத் தோன்றுகிறது' என்றும் குறிப்பிட்டுள்ளார்.

கிரிக் இக்கருத்தை முன்வைக்கும் வேளையில் உள்ள பிரச்சினை என்னவென்றால், உயிர்வாழ்வதற்கென ஒவ்வொரு உடல் செல்லிலும் நிகழும் வேதிய மாற்றங்களை நடத்திவைக்கும் மூலக்கூறுகளாகிய என்சைம்கள் அனைத்தும் புரோட்டீன்களே.[1] DNA அல்லது RNA போன்ற நியூக்ளிக்

1. மொழிபெயர்ப்பாளரின் குறிப்பு: உயிரிகளின் உடற்செயல் நிகழ்ச்சிகள் அனைத்தும் வேதியவினைகளாக என்சைம்களால் நிகழ்த்துவிக்கப்படுகின்றன. என்சைம்கள் புரோட்டீன்களால் ஆனவை. புரோட்டீன்கள் தயாரிப்பும் என்சைம்களாலேயே நிகழ்கிறது. அப்படியெனில் முதலில் புரோட்டீன்கள் எப்படி உற்பத்தியாயின? இதுவே கோழி முதலிலா முட்டை முதலிலா எனும் கேள்வி போன்றது.

அமிலங்கள் வினைத்திறன் இல்லாத 'செய்தி'க் கடத்திகளாகவே பெரும்பாலும் அறியப்பட்டிருந்தன. இந்நிலையில் அன்று RNAக்கள் மரபணுக்களின் செய்திகளைப் புரோட்டீன்களாக மாற்றும் சிக்கலான பணியில் ஈடுபடுகின்றன என்பது மட்டுமல்ல அவை செல்களில் வேதிய வினைகளை நிறைவேற்றுகின்றன என்பது குறித்தும் ஒரு சிறிய ஆதாரமும் இல்லை. அதன் பிறகு DNA, RNAவுடன் தொடர்புடைய பிற என்சைம்கள் கண்டுபிடிக்கப்பட்டன. இவை செல்பிரிதலின்போது DNAயின் நகல்களைத் தோற்றுவித்தன. அல்லது சில என்சைம்கள் DNAயின் செய்தியை, செய்திக் கடத்தல் RNAவிற்கு நகலெடுக்க உதவின. இந்த என்சைம்கள் அனைத்தும் புரோட்டீன்களாலேயே ஆனவை.

எனவே அன்றிருந்த பொதுவான எண்ணம் என்னவென்றால், ரைபோசோம் RNA ஒருவகைத் தாங்கித் தூணாக அமைந்திருந்தது என்பதே. அதில் பல புரோட்டீன்கள் இணைக்கப்பட்டிருந்தன. ஒவ்வொரு புரோட்டீனும் ரைபோசோமின் பல வேலைகளில் ஒவ்வொன்றை நிறைவேற்றும். ஒரு புரோட்டீன் மரபணுக் குறிப்பை உணர்வதில் tRNAக்குத் துணை செய்யும். மற்றொன்று வளரும் புரோட்டீன் மூலக்கூறு சங்கிலியில் அமினோ அமிலங்களை அடுத்தடுத்து இணைத்துவிடும். இப்படிப் பல வேலைகள். இதனால்தான் பல ரைபோசோம் புரோட்டீன்கள் உள்ளன எனக் கருதப்பட்டது.

ரைபோசோமில் உள்ள பல புரோட்டீன்கள்தான் பல முக்கியப் பணிகளுக்கும் காரணமாகின்றன எனும் கருத்திற்கு முதன் முதலில் ஆன்டிபயாடிக்குகள் எனும் எதிர்நச்சுப் பொருட்களில் செய்த ஆய்வுகள் ஆதரவாக இருந்தன. ரைபோசோம்களின் செயல்திறனை ஆன்டிபயாட்டிக்குகள் தடை செய்கின்றன எனும் கருத்து 1950களில் நிலவிவந்தது. ஸ்டிரப்டோமைசின் (Streptomycin) எனும் ஆன்டிபயாடிக்ஸிற்கு தாங்கு திறன் கொண்ட மரபணுமாற்றம் பெற்ற பாக்டீரியங்களினுள் ரைபோசோம் புரோட்டீன்களும் மாறுதல் பெற்றுள்ளன என்பதனை நோமூரா காண்பித்தார். பிற புரோட்டீன்களின் தன்மைகளில் ஏற்பட்ட மாற்றங்களும் ரைபோசோம்கள் ஆன்டிபயாடிக்ஸை எதிர்கொள்ளும் திறனை மாற்றியமைத்தன. புரோட்டீன்களின் மாற்றங்கள் ரைபோசோமின் நடத்தையில் மாறுதல்களை நிகழ்த்துகின்றன எனில் அவை ஏதோ முக்கியப் பணி செய்கின்றன என உணரலாம்.

பல விஞ்ஞானிகள் புரோட்டீன்களின் மீது ஆர்வம் செலுத்துகையில், சிலர் ஆர்வத்துடன் ரைபோசோம் RNAயின் மீது தங்களது கவனத்தைத் திருப்பினர். அவர்களில் ஒருவர் ஹேரி நோல்லர் (Harry Noller). அவரை நான் வேடிக்கையாக 'சான்டா குருஸின் (Santa Cruz) முனிவர்' என்று குறிப்பிடுவதுண்டு. அவர் நீண்ட தலைமுடியுடன் முகத்தில் தாடி வளர்த்துக்கொண்டு, ஜீன்ஸும் டிஷர்ட்டும் அணிந்திருப்பார். அமைதியும் சாந்தமும் கொண்ட முக அமைப்புடன் போதைப் பொருள் புகைக்கும் கலிபோர்னியாவின் ஹிப்பி போன்றிருந்தார். அவருக்கு மோட்டர் சைக்கிள்களின் மீதும் ஃபெராரி கார்களின் மீதும் ஈடுபாடு அதிகம். (தன்னுடைய கணினிகளுக்கு கார்ப்பந்தய ஓட்டுநர்களின் பெயர்களைச் சூட்டியிருந்தார்.) அவரது அமைதியான கவர்ச்சித் தோற்றமும் நகைச்சுவை

ததும்பும் பேச்சும் பொதுஇடங்களில் ராக் பாடகர்களைச் சுற்றிக் கூடும் கூட்டத்தைப் போல அவரைச் சுற்றி இளம் விஞ்ஞானிகளைக் கூடச்செய்துவிடும். அவருக்குப் பெரிய சீடர்க் கூட்டம் உண்டு. பின்தொடர்பவர்கள் அவரை ரைபோசோமின் ஆன்மிகத் தலைவராகவே பார்த்தனர். உண்மையில் தீவிர எண்ணங்களுடன், உள்மனதில் பேராவல் கொண்டு லட்சிய நோக்கத்தோடு ரைபோசோம் தொடர்பான ஆய்வுகளில் அவர் ஈடுபட்டிருந்தார்.

கலிபோர்னியா பகுதியைச் சார்ந்த ஹேரி தனது பட்டப்படிப்பை பெர்க்லியில் முடித்தார். பின் தனது ஆய்வுப் பட்டத்தை ஓரிகனில் பெற்றார். அதைத் தொடர்ந்து மேலாய்விற்காக LMBயில் இணைந்தார். LMBயில் குளுக்கோஸைச் சிதைத்து மாற்றங்களை உண்டாக்கும் புரோட்டீன் பற்றிய ஆய்வுகளில் இயுவான் ஹாரிஸ்ஸின் (Ieuan Harris) கீழ் பணியாற்றினார். தனது வாழ்க்கையைப் பற்றி எழுதிய ஒரு கட்டுரையில் ஆய்வுகள் தொடர்பாகத் தான் லேசாக மிரட்டப்பட்ட சம்பவம் ஒன்றைக் குறிப்பிட்டுள்ளார். கேம்பிரிட்ஜ் கல்லூரியில் ஒரு விழா நிகழ்ச்சியில் ஹேரி கலந்துகொண்டிருந்திருக்கிறார். அந்நிகழ்ச்சிக்கு வந்திருந்த சிட்னி பிரன்னர் இவரிடம் 'இப்போது நீ என்ன செய்கிறாய்?' எனக் கேட்டிருக்கிறார். ஹேரி, 'நான் கிளிஸரால்டிஹைடு பாஸ்பேட் டிஹைடிரோஜினேஸ் என்சைமில் ஆய்வு செய்கிறேன்' எனத் தெரிவித்திருக்கிறார். அதற்கு பிரன்னர், 'அது முட்டாள்தனம், நீ புரோட்டீன் ஆய்வாளர் எனில் ரைபோசோம் போன்ற ஆர்வமுள்ள துறையில் ஏன் ஆய்வு செய்யவில்லை?' எனக் கேட்டிருக்கிறார். இவ்விதம் என்னிடம் கூறிய பிரன்னர், தானே பிற்காலத்தில் ரைபோசோம் ஆய்வுகளில் ஆர்வமிழந்து கைவிட்டுவிட்டது விநோதம்தான் என்றார்.

துவக்கத்தில் பிரன்னரின் கடுமையான விமர்சனத்தால் ஹேரி மனமுடைந்துபோனார். பிறகு ஒரு தைரியமான முடிவெடுத்தார். பிரன்னர் கூறியது சரி என எண்ணிய ஹேரி, ஆல்ஃபிரட் டிஸ்ஸியர்ஸ்ஸுடன் ஆய்வு செய்வதற்காக கேம்பிரிட்ஜை விட்டுப் புறப்பட்டு ஜெனிவா சென்றார். ஹேரி, கேம்பிரிட்ஜிலிருந்து ஜெனிவா சென்றடைந்த வேளையில் எதிர்த்திசையில் ஜெனிவா வழியாக கேம்பிரிட்ஜிற்கு பீட்டர் மூர் கிளம்பிக் கொண்டிருந்தார். எனவே இருவரும் ஜெனிவாவில் சந்திக்கும் வாய்ப்பு கிடைத்தது. ஹேரியிடம் பேசிக்கொண்டிருந்த பீட்டர் மூர், அவரிடம் 'உங்களின் புரோட்டீன் ஆய்வுத் திறமைக்காகத்தான் ஜெனிவாவில் வாய்ப்பு கொடுத்துள்ளார்கள். ஏனெனில் இங்கு ரைபோசோம் புரோட்டீன்கள் அனைத்தையும் பிரித்தெடுத்து அமைப்பை அறியும் திட்டம் உள்ளது' எனத் தெரிவித்தார்.

பின்னாளில் ஹேரி, ஜெனிவாவிலிருந்து கலிபோர்னியா திரும்பி சான்டா குரூஸில் தனது சொந்த ஆய்வகத்தைத் துவக்கினார். அங்கு அவர் மேற்கொண்ட ஒரு முக்கிய ஆய்வு அவரது வாழ்க்கைப் பாதையை மாற்றியமைத்தது. தனது மாணவர் ஜோனத்தான் சேர்ஸுடன் (Jonathan Chaires) இணைந்து மேற்கொண்ட ஆய்வில் ரைபோசோம் RNAயின் சிறிய துணையலகை கீதாக்ஸால் *(kethoxal)* எனும் வேதியப் பொருளினால் மாற்றியமைத்தார். இதனால் அந்த RNAயானது tRNAயுடன் இணையும் இயல்பினை இழந்தது. ரைபோசோம் RNAவிற்கு முக்கியப் பணி ஒன்று

உண்டு என்பதற்கு இக்கண்டுபிடிப்பு ஒரு முதல் சான்று ஆகும். இத்தகைய கண்டுபிடிப்புகளைப் பெரும்பாலான விஞ்ஞானிகள் ஆர்வத்தில் கிடைத்த விளைவு என ஒதுக்கியிருப்பார்கள். ஆனால் ஹேரி அத்தகைய ஆய்வைத் தொடர்ந்து மேற்கொண்டு வாழ்நாள் முழுவதும் RNA உயிரியலாளர் எனும் புகழ் பெற்றார்.

1980களின் துவக்கத்தில் இரண்டு விஞ்ஞானிகளால் அறிவியல் பூகம்பம் நேரிட்டது. கொலரடோவின் டாம் செக் (Tom Cech), யேல் பல்கலைக்கழகத்தின் சிட்னி ஆல்ட்மேன் (Sidney Altman) ஆகியோரே அவர்கள். ஒரு நீண்ட RNAயிலிருந்து சிறிய பகுதியைத் துண்டித்துவிடும் என்சைமை செக் தமது ஆய்வில் தேடிக்கொண்டிருந்தார். ஆனால் வேறு எந்த புரோட்டீனின் (என்சைம்) துணையும் இல்லாமல் RNA தானாகவே துண்டித்துக்கொள்ளும் என்பதைக் கண்டுபிடித்தார். மற்றொரு புறம் ஆல்ட்மேனும் சில RNA மூலக்கூறுகளைப் பகுக்கும் ஓர் என்சைமின் தன்மைகள் பற்றி ஆராய்ச்சிகள் மேற்கொண்டிருந்தார். அந்த என்சைம் ஒரு புரோட்டீனும் RNAயும் இணைந்த கூட்டமைப்பாக இருந்தது. அக்கூட்டமைப்பில் ஆச்சரியப்படும் வகையில் அந்த RNA பகுதி தனித்தே பகுக்கும் இயல்பு கொண்டது என்பதனையும் அறிந்தார். இப்படியாக இந்த இரு குழுவினரும் RNAயானது தனித்தே ஒரு வேதிய வினையை நிகழ்த்திவிட இயலும் என அறிந்தனர். இவ்வகையில் RNAயினால் ஆகிய என்சைம்களுக்கு ‘ரைபோசைம்கள்’ எனப் பெயரிடப்பட்டது. இந்த வினைநிகழ்ச்சி தனித்துவமானதாகத் தெரிந்தாலும் உயிர் தோன்றல் குறித்த விளக்கத்தில் இது பெரும்பங்காற்றுகிறது.

உயிர் எப்படித் தோன்றியது? இது உயிரியலில் என்றென்றும் கேட்கப்படும் ஒரு கேள்வி. சரியான இயற்கையின் வேதியச் சூழலில் வாழக்கூடிய அனைத்து உயிரினங்களுக்கும் ஏதேனும் ஒரு வகையில் சக்தி தேவைப்படுகிறது. சிலர் சுட்டிக்காட்டியுள்ளபடி சக்தியைப் பெறுவதற்கு உயிரிகளில் பெருமளவில் வேதிய மாற்றங்கள் நிகழ வேண்டியுள்ளது. இம்மாற்றங்கள் பெருங்கடலின் வெப்ப நீருற்றுகளின் விளிம்புகளில் நிகழும் வேதிய வினைகளுக்கு நிகரானவை. இத்தகைய ஒப்பீட்டு விளக்கங்கள் தற்செயலானவை எனப் பலர் கூறினாலும் இக்கருத்துகள் எத்தகைய சூழல் நிலைகளில் உயிர் தோன்றியிருக்கலாம் எனக் கருதுவதற்கு உதவியாகவே உள்ளன. அடிப்படையில் உயிர்த்தன்மை என்பது சில வேதிய வினை களுக்கும் மேலானது. அது மரபுப் பண்புகள் தொடர்பான செய்திகளை சேமித்துப் பின் மரபுப் பண்புகளைப் பெருகச் செய்வதாகும். இதனால் உயிரிகள் பரிணமித்துப் புதிய வகைகளாகவும் உருப்பெறலாம். வைரஸ்கள் இனப்பெருக்கம் செய்ய விருந்தோம்பி செல்களும் தேவைப்படுகின்றனவே எனச் சிலர் கேள்வியெழுப்பலாம். வைரஸ் நோயால் பாதிக்கப்பட்ட எவரும் தாங்கள் பெற்ற அனுபவத்தின் அடிப்படையில் வைரஸ்கள் உயிரிகளா எனச் சந்தேகிக்கவே மாட்டார்கள்.

பிரச்சினை என்னவென்றால், அனைத்து உயிரிகளிலும் மரபுப் பண்பிற்கான செய்திகளை DNA தூக்கிச் செல்கிறது. ஆனால் DNA தானாகச் செயல்பட இயலாமல் பல புரோட்டீன் என்சைம்களால் இயங்குகிறது. இச்செயல்பாட்டிற்கு என்சைம்களை உற்பத்தி செய்ய RNA மட்டுமன்றி

ரைபோசோம்களும் தேவைப்படுகின்றன. மேலும் DNA மூலக்கூறிலுள்ள டியாக்ஸி ரைபோஸ் சர்க்கரை, ரைபோஸ் எனும் மற்றொரு சர்க்கரை யிலிருந்து பெரிய சிக்கலான தன்மைகள் கொண்ட புரோட்டீனின் செயலினால் தோன்றியது. இந்த ஒட்டுமொத்த நிகழ்வுகளும் எப்படித் துவங்கின என்பது ஒருவருக்கும் விளங்கவில்லை. உயிர் எப்படித் தோன்றியிருக்கலாம் என்று சிந்தித்த விஞ்ஞானிகளாகிய கிரிக், லா ஜெல்லாவின் சால்க் நிறுவனத்திலுள்ள லெஸ்லி ஆர்கெல் (Leslie Orgel), இல்லினாய் பல்கலைக் கழகத்தின் கார்ல் ஊஸ் (Carl Woose) போன்றவர்கள் RNAயின் மூலமாகவே உயிர் தோன்றியிருக்கலாம் என்கின்றனர். அவர்களின் காலத்தில் RNAயினால் வேதியவினைகள் நிகழும் என்பது அறியப்படாமலிருந்தது. எனவே அன்று அவர்களின் கருத்துகள் அனைத்தும் ஊகங்களே. அவை அறிவியல் புனைகதைகளுக்கு நிகரானவை.

செக், ஆல்ட்மேன் ஆகியோரின் கண்டுபிடிப்புகள் அனைத்து எண்ணங்களையும் மாற்றியமைத்தன. இன்றைய கண்டுபிடிப்புகளின்படி RNA என்பது ஒரு வேதிய மூலக்கூறு. அம்மூலக்கூறு இரண்டு வேலைகளைச் செய்யவியலும். ஒன்று, DNAயைப் போன்று தனது உப்பு மூலங்களின் வரிசையமைப்பைக் குறியீடாகக் கொண்டு மரபுப் பண்புகளைக் கடத்தும். இரண்டாவதாக, புரோட்டீன்களைப் போன்று வேதிய வினைகளில் பங்குபெறும். RNAயினைக் கட்டமைக்கும் அலகுகளான வேதியப் பொருட்கள் புவி முழுவதிலும் பல பில்லியன் ஆண்டுகளாகப் பரவிக் கிடக்கின்றன. பரவிக் கிடக்கும் வேதியப் பொருட்கள் வேதிய வினைகளால் அங்கொன்றும் இங்கொன்றுமாக இணைப்புப் பெற்றுத் தற்செயல் நிகழ்ச்சிகளாகச் சில RNA மூலக்கூறுகள தோன்றியிருக்க வேண்டும். இவற்றில் சில தங்களின் அமைப்பு உருக்களைப் பெருக்கிக்கொள்ளும் வகையில் இனப்பெருக்கத் தன்மையும் பெற்றிருக்க வேண்டும். இத்தகைய நிகழ்ச்சிகள் நிகழ்ந்தவுடன் இயற்கைத் தேர்வு அடிப்படையில் பரிணாம மாற்றங்கள் நிகழ்ந்தன. மேலும் பல சிக்கலான அமைப்புடைய மூலக்கூறுகளும் தோன்றியிருக்கலாம். இவ்வழியிலேயே மேலும் சிக்கலான அமைப்புகளுடன் முதல் நிலை ரைபோசோம்கள் தோன்றியிருக்கும். ‘முதல் நிலை RNA உலகம்’ எனும் சொற்றொடர் வால்லி கில்பெர்ட்டால் (Wally Gilbert) உருவாக்கப்பட்டுப் பலராலும் அங்கீகரிக்கப்பட்டது.

RNA முக்கியத்துவம் பெற்றிருந்த உலகில் ரைபோசோம்கள் தோன்றி யிருக்க வேண்டும். செயல்படும் பல புரோட்டீன்களை உருவாக்கும் தகுதிகளைப் பெற்றிருந்த ரைபோசோம்கள், கிரேக்கர்கள் டிராய் நகருக்குள் அனுப்பிய வீரர்கள் ஒளிந்திருந்த ‘டிரோஜன் குதிரை’யாக அமைந்து வி ் டன. RNAக்களைக் காட்டிலும் புரோட்டீன்கள் பல வேதியவினைகளை நடத்துவிக்கும் மூலக்கூறுகள். ஏனெனில் அவற்றில் அமைந்துள்ள அமினோ அமிலங்கள் பல வகைப்பட்ட வேதிய மாற்றங்களை உண்டாக்கக்கூடியவை. இப்படியாகப் புதிய வகைப் புரோட்டீன்கள் தோன்றத் தோன்ற அவை பரிணமித்து RNAயின் பல வேலைகளைத் தாங்களே மேற்கொள்ளத் துவங்கிவிட்டன. இத்தகைய மாற்றங்களால் நாம் இன்று அறிந்துள்ள வகையில் உயிரிகளின் வாழ்வு முறை மாற்றி அமைக்கப்பட்டுவிட்டது. இத்தகைய விளக்கங்களால் ரைபோசோமில் பல RNAக்கள் இருந்தாலும்

அவை ஏன் DNAவை மறுபதிப்பு செய்வதோ அதிலுள்ள செய்திகளை RNAயில் பதிப்பிக்கச் செய்வதோ நிகழ்வதில்லை என்பதும் என்சைம்களாகச் செயல்படும் புரோட்டீன்களாலேயே அனைத்தும் நிகழ்கின்றன என்பதும் நமக்குப் புரிகின்றன. இக்காரணங்களாலேயே DNAக்களைத் தொகுத்து ஜீன்கள் எனும் மரபணுக்களாக அமைத்திடும் இயல்பு பிற்காலத்தில் தோன்றியது எனலாம். இடைப்பட்ட காலத்தில் செல்களில் புரோட்டீன்கள் தங்களை நிலைப்படுத்திக் கொண்டு பல வேலைகளையும் பராமரிக்கத் துவங்கிவிட்டன.

இத்தகைய கருத்துகள் புரோட்டீன்களை உருவாக்கும் மரபுக் குறியீடுகள் எவ்விதம் தோன்றின என்பதற்கு விளக்கம் தரவில்லை. முன்தோன்றிய ரைபோசோம்கள் தற்செயலாகத் தோன்றும் பல சிறிய பெப்டைடு தொடர்களை உருவாக்கியிருக்கலாம் என்பது ஒரு பொருத்தமான ஊகமே. இப்படித் தோன்றிய பெப்டைடுகள் சூழ இருந்த RNA என்சைம்களின் தரத்தைச் சிறப்பித்திருக்கலாம். இந்நிலையிலிருந்து மிகத் தெளிவான, குறிப்பிட்ட அடுக்கு வரிசையில் அமினோ அமிலங்களை இணைத்துப் புரோட்டீன்களை உருவாக்குவதற்கான கட்டளைச் செய்திகளைக் கொண்ட ஜீன்கள் எனும் மரபணுக்கள் தோன்றியது, உயிர் மூலக்கூறுகளின் பரிணாமத்தில் ஒரு பெரிய மாற்றம்தான். இது உயிரிகளின் வாழ்வில் இன்று வரை புரியாத மர்மமாகவே உள்ளது. இத்தகைய பெரிய மூலக்கூறு அலகுகளின் தோன்றுதலைத் தொடர்ந்து மேலும் மரபுக் குறிப்புகளைத் தூக்கிச் செல்லும் mRNA, அமினோ அமிலங்களை ரைபோசோமிற்கு இழுத்துவரும் tRNAக்கள், mRNAவும் tRNAவும் ஒருங்கிணைந்து செயல்படுவதற்கான தளம் போன்ற செயல் கூறுகளும் தோன்றிச் செயல்புரியத் துவங்கின. ஆனால் RNAயின் கிரியா ஊக்கி இயல்பினை அறிவதற்குமுன் இத்தகைய கட்டமைப்பு எவ்விதம் துவங்கியிருக்கும் எனும் எண்ணம் கொள்கைரீதியில்கூட இருந்ததில்லை.

மரபுப் பண்புகளுக்கான வேதியச் செயல்கள் அனைத்தையும் RNA ஏன் செய்ய வேண்டும்? DNA செய்தால் என்ன? DNA, RNA ஆகிய இரு மூலக்கூறுகளுக்கும் உள்ள வேறுபாடு மிகச் சிறியது. RNAயின் ரைபோஸ் சர்க்கரையில் உள்ள ஆக்ஸிஜனானது ஹைடிரஜனுடன் இணைந்து ஹைடிராக்ஸில் (OH) தொகுப்பாகியுள்ளது மட்டுமே இம்மாற்றம். இதனால் RNA மூலக்கூறின் பல OH தொகுப்புகள் தங்களுக்குள் இணைந்துகொள்ள இயலும். இவ்வியல்பினால் RNA மூலக்கூறு தன் மீதே பல மடிப்புகளை ஏற்படுத்தி ஒரு முப்பரிமாண அமைப்பினைப் பெற முடிகிறது. இந்த அமைப்பில் அது புரோட்டீன் என்சைம் போன்று தோற்றமளிக்கும். வேதிய நிகழ்ச்சிகளை நடத்துவிப்பதற்கான பைகள் போன்ற நுண்ணிய கொள்ளிடங்களைக் கொண்டிருக்கும்.

செக், ஆல்ட்மேன் ஆகியோரின் கண்டுபிடிப்புகளால் கிரிக் கூறியபடி 'முன் தோன்றி ரைபோசோம்கள்' *முழுவதும் RNAயினால் அமைந்திருந்தன* எனும் கூற்று சரியானது என அனைவரும் உணர்ந்தனர். அப்படியெனில் இன்றைய ரைபோசோம்களின் நிலை என்ன? உயிரின் முக்கிய வேலைகளைப் பிற என்சைம்களைப் போன்று புரோட்டீன்கள்

எடுத்துக்கொண்டனவா? அல்லது இப்போது முற்றிலும் இயலும் என்று விஞ்ஞானிகள் எண்ணுகின்றபடியாக முக்கியப் பணிகளை ரைபோசோம் RNAக்கள் இன்றும் நிகழ்த்துகின்றனவா?

இவ்வேளையில் ஹேரி, ரைபோசோமின் RNA ஆய்வுகளைத் தொடர்ந்துகொண்டிருக்கிறார். tRNAயின் மூலக்கூறு அமைப்பில் எந்த இடத்தில் ஏற்பட்ட வேதிய மாறுதல் அதனை ரைபோசோமுடன் இணைவதைத் தடுக்கிறது என்பது அவருக்குத் தெரிந்திருக்கவில்லை. உண்மையில் அந்த வேளையில் ரைபோசோம் RNAயின் மூலக்கூறு அமைப்பில் அதன் உப்பு மூலங்களின் தொகுப்பு வரிசையமைப்பு யாருக்கும் தெரிந்திருக்கவில்லை. LMB ஆய்வகத்தின் ஃபிரட் சாங்கர் (Fred Sanger) DNAயின் எந்த ஒரு பகுதியிலும் உப்பு மூலங்களின் தொகுப்பமைவு எவ்விதம் அமைந்துள்ளது என்பதை அறியும் தொழில்நுட்பத்தைக் கண்டுபிடித்தார். இதற்கென அவர் தனது இரண்டாவது நோபல் பரிசையும் பெற்றார். (இவ்விதம் இரண்டு நோபல் பரிசுகளைப் பெற்றவர்கள் ஒரு சிலர் மட்டுமே.) இதன் பின் ஹேரி DNAயின் தொகுப்பு வரிசையமைப்பை அறியும் முறையைக் கற்றுக்கொள்வதற்கென ஒரு குறுகிய காலத்திற்கு கேம்பிரிட்ஜ் வந்திருந்தார். RNAயின் தொகுப்பு வரிசையமைப்பை நேரடியாகக் கண்டறிவது எளிதன்று. எனவே ஹேரி, தனது ஆய்வில் சாங்கரின் முறையைக் கடைப்பிடித்து DNAயில் RNA விற்கு இணையாக அமைந்துள்ள ஜீன்களின் வரிசையமைப்பை அறிவதன் மூலம் தெரிந்துகொள்ள முயற்சி செய்தார். ரைபோசோமின் 30S மற்றும் 50S துணையலகுகளிலிருந்து தோன்றும் RNA துணையலகுகளுக்கு முறையே 16S, 23S RNA என்று பெயர்.

ரைபோசோம் RNAயின் கட்டமைப்பில் உப்பு மூலங்களின் தொகுப்பு – வரிசையமைப்பை அறிதல் முக்கியமானது. பல உயிரினங்களின் RNAக்களில் இத்தகைய அமைப்பை ஒப்பிட்டு கார்ல் வீஸ் (Carl Woese), ஹேரி ஆகியோர் அவை எவ்விதம் தொடர்புடைய உயிரிகள் என்பதை அறிந்தனர். மேலும், அந்த மூலக்கூறுகள் எவ்விதம் தங்களின் மீதே மடிப்புப் பெற்று மூலக்கூறின் உட்புறமாகத் தங்களின் இணையமைப்புகளுடன் இணைகின்றன என்பதனையும் அறிந்தனர். இத்தகைய அக இணையமைப்புகளால் ரைபோசோம் – RNAக்களின் பல பகுதிகள் இரட்டை வட சுழற்சி அமைப்புக் கொண்டவை என்பதை அறியலாம். பல உயிரிகளின் ரைபோசோம் RNAக்களை ஒப்பிடுவதன் மூலம் பாக்டீரியா, யூகேரியோட்கள் ஆகிய உட்கருசெல் உயிரிகளுடன் ஆர்க்கியா (Archaca) (ஆதி உயிரி) எனும் மூன்றாவது வகை உயிரினங்களும் இருந்தன என்று வீஸ் கண்டுபிடித்தார். உயிரிகளின் துவக்க காலத்தில் வாழ்ந்த பாக்டீரியங்கள் அக்காலத்திய ஆர்க்கியான்களுடன் இணைந்து செல்களில் உட்கரு கொண்ட முதல்நிலை யூகேரியோட்டுகள் தோன்றியிருக்க வேண்டும் என இன்று கருதப்படுகிறது. யூகேரியோட்டுகள் பின் பரிணமித்து இன்றைக்குக் காணப்படும் மனிதன் உட்படப் பலவகையான பலசெல் உயிரிகளும் தோன்றியிருக்க வேண்டும்.

ரைபோசோம் – RNAயின் தொகுப்பு – வரிசையமைப்பை அறிந்து கொண்ட பின் வேதிய வினைத்தூண்டிகள் RNAயில் எங்கு மாற்றங்களை ஏற்படுத்தின என்பதை ஹேரியின் சோதனைகளால் அறியலாம். DNAவில்

எங்கு புரோட்டீன்கள் இணைந்துள்ளன என்பதை அறியப் பிற விஞ்ஞானிகள் பயன்படுத்திய தொழில்நுட்பத்தை ஹேரி பயன்படுத்திக்கொண்டார். DNA–யை விஞ்ஞானிகள் சில வேதியப் பொருட்களுடன் கிரியைபுரியச் செய்கின்றனர். இதனால் DNA மாறுதல் பெறுகிறது. மீண்டும் DNAயானது புரோட்டீனுடன் இணைந்த பின் அதே சோதனையைச் செய்கின்றனர். DNAயுடன் இணைந்திருக்கும் பகுதிகளைப் புரோட்டீன்கள் வேறு வேதிய வினைகளிலிருந்து பாதுகாக்கின்றன. அதன் பிறகு DNAயில் ஏற்பட்ட மாறுதல்கள் புரோட்டீன்கள் இணைந்த நிலையிலும் இணையாத நிலையிலும் எப்படி ஏற்பட்டன என்பதை அறியலாம். DNA அமைப்பிலுள்ள இந்த மாறுதல்களை அறிவதால் ஓரளவிற்கு DNAயில் புரோட்டீன்கள் எங்கு அமைந்திருந்தன என்பதையும் அமர்ந்து பிரிந்ததால் ஏற்பட்ட மாறுதல்களையும் (சுவடுகள்) அறியலாம். ஹேரியும் அவரது மாணவர்களும் (முக்கியமாக டானெஷ் மோசெடு – Danesh Moazed) ரைபோசோமில் இந்த முறையைப் பயன்படுத்தினர். இம்முறைக்குச் 'சுவடு அறிதல்' முறை (Footprinting) என்று பெயர். இம்முறையின் மூலம் ரைபோசோம் – RNA யின் எந்தெந்தப் பகுதிகள் tRNA மூலக்கூறுகளுடனும் ஒவ்வொரு ரைபோசோம் புரோட்டீனுடனும் இணைந்திருந்தன என அறிந்தார்கள். ரைபோசோமின் எந்தப் பகுதியை எந்த மூலக்கூறு தொட்டுச் செல்கிறது என்பன போன்ற பல தரவுகள் 'சுவடு அறிதல்' முறையால் கிடைத்தன. உலகின் பிற அனைத்து ரைபோசோம் ஆய்வு நிலையங்களிலும் கிடைத்த ஆய்வு முடிவுகளைப் போன்று இம்முறையில் செயல்கள் எவ்விதம் நிகழ்ந்தன என்பது மட்டுமல்ல எவ்விதம் தரவுகளை ஒருங்கிணைப்பது என்பதும் தெரியவில்லை.

ஆன்டிபயாட்டிக்ஸ் எனும் எதிர்நச்சு மருந்துப் பொருட்களுடன் 'சுவடு பதித்தல்' தொடர்பாகச் செய்யப்பட்ட ஆய்வுகள் சுவாரஸ்யமானவை. பல ஆன்டிபயாட்டிக்ஸ்களை ரைபோசோமுடன் இணைக்க முடியும். ஆனால் மாறுதல் பெற்ற சில புரோட்டீன்கள், ரைபோசோம்களின் ஆன்டிபயாட்டிக் இணைப்புத்திறனை ஒழித்துவிடுகின்றன. ஆய்வுகளில் ஒருவராலும் ஆன்டிபயாடிக்ஸ்களைப் பிற தூண்டுதல்கள் இல்லாமல் ரைபோசோம்களுடன் இணையச் செய்ய இயலவில்லை. ஆன்டிபயாடிக்ஸ்கள் ரைபோசோம்– RNAயின் குறிப்பிட்ட பகுதியில் மட்டுமே இணையும் என்பதை 'சுவடு பதித்தல்' முறையில் ஹேரி கண்டறிந்தார். ஆன்டிபயாடிக் பொருட்கள் ரைபோசோம் செயல்களை நிறுத்திவிடுகின்றன எனில், நிச்சயம் ரைபோசோம் RNAக்கள் ஏதோ சில முக்கிய பணிகளைச் செய்பவையாகத்தான் இருக்க வேண்டும். 'RNA வேதியக் கிரியைகளை நடப்பிக்கும்' எனும் செக், ஆல்ட்மேனின் கண்டுபிடிப்பினையும் ஆன்டிபயாடிக்ஸ்களில் ஹாரியின் கண்டுபிடிப்புகளாலும் ஒரு முக்கிய கருத்துருவாக்கம் தோன்றத் துவங்கியது. ரைபோசோமின் செயல்களில் ரைபோசோம் RNAக்களே முக்கிய மைய இடத்தை வகிக்கின்றன என்பதே அந்தக் கருத்துருவாக்கம்.

எப்படியோ, நீண்ட காலத்திற்குப் பிறகு ரைபோசோம்கள் அறிவியல் ஆய்வுகளில் சுவாரஸ்யமானவைகளாக மாறின. 1988இல் நேச்சர் ஆய்விதழில் பீட்டர் மூர் "மீண்டும் ரைபோசோம்" ('The Ribosome

Returns') எனும் தலைப்பில் ஒரு கட்டுரை எழுதினார். அக்கட்டுரையில் "உயிர்வேதியியலில் புதிய நாகரிகங்கள் வந்து செல்லுகின்றன. சில RNAக்கள் என்சைம்களாகச் செயல்படும் எனும் கண்டுபிடிப்பு நீண்ட நாட்களாகப் புறக்கணிக்கப்பட்டிருந்த ரைபோசோம் ஆய்வுகளின் மீது மீண்டும் ஈடுபாட்டினைத் தோற்றுவித்துவிட்டது." இந்நிலை இத்தகைய வீரியத்துடன் தோன்றும் என்பதை அவரும்கூட முன்னறிப்பு செய்ததில்லை.

1992இல் எனது விருப்ப ஊதிய விடுப்புக் காலம் முடிவடையும் தருணத்தில் *சயின்ஸ்* ஆய்விதழில் ஹேரி வெளியிட்ட கட்டுரை ஒன்று பலருக்கும் மனக்கிளர்ச்சியைத் தோற்றுவித்தது. ரைபோசோமின் RNA பகுதி ஒரு முக்கியச் செயலாக அமினோ அமிலங்களில் பெப்ட்டிடைல் தொகுப்பை இடமாற்றம் செய்யுமா அல்லது இரு அமினோ அமிலங்களை இணைத்து பெப்டைடு இணைப்பைத் தோற்றுவிக்குமா என்பது ஒரு கேள்வி. இதை வேறு வகையாகக் குறிப்பிட்டால் 'ரைபோசோம் ஒரு ரைபோசைமா? (Was the ribosome a ribozyme) இக்கேள்விக்கான பதிலைத் தெரிவிக்கும் வகையில் ஹேரியின் கட்டுரை எழுதப்பட்டிருந்தது. யு.எஸ்.ஸின் எல்லோஸ்டோன் தேசியப் பூங்காவில் வெந்நீரூற்றுகள் உண்டு. அந்நீரில் வாழும் தெர்மஸ் பாக்டீரியங்களின் ஓர் இனத்தைத் தனது ஆய்விற்கு ஹேரி தேர்ந்தெடுத்துக்கொண்டார். அந்த பாக்டீரிய ரைபோசோமின் 50S துணையலகுகளைப் பிரித்தெடுத்து ஓர் செரிமான என்சைமின் செயல்பாட்டிற்கு உட்படுத்தினார். அந்த என்சைம் புரோட்டீன்களைச் செரிமானம் செய்து துண்டுகளாக உடைத்துவிடும், இந்நிகழ்ச்சியால் கிடைத்த புரோட்டீன் துண்டுகளைத் திரட்டிச் சேர்த்தார். மீதமிருந்த துணையலகுகள் மேலும் செயல்புரியக்கூடிய முழு அளவு RNAக்களாகவே இருந்தன.

ஹேரியின் கட்டுரை விஞ்ஞானிகளின் மத்தியில் ஆர்வத்தைத் தோற்றுவித்தது. பலரும் இதுகுறித்துப் பேசினர். ஆனால் ரைபோசோம் ஆய்வாளர்களிடையே இது பெரிய தாக்கத்தை ஏற்படுத்தவில்லை. அவர்கள் மத்தியில் இது நிச்சயமற்ற கருத்தாகவே விளங்கியது. ஹேரி மிகவும் சிரமப்பட்டு 50S துணையலகிலிருந்து புரோட்டீன்களைப் பிரித்திருந்தார். இருப்பினும் துணையலகில் சில புரோட்டீன்கள் அமைந்தே இருந்தன. எனவே வேதியக் கிரியைகள் அவற்றால் அல்லது பிரியாமல் இருக்கும் ஒரு துணுக்காலும்கூட நிகழ்த்தப்படலாம். மற்றொரு முறையில் ஹேரி அனைத்துப் புரோட்டீன்களையும் முழுமையாகப் பிரித்தெடுத்த வேளையில் துணையலகு செயல்படவில்லை. வேறு சிலர் E. கோலை பாக்டீரியத்தில் இதே ஆய்வினைச் செய்துபார்த்தனர். அங்கும் துணையலகு செயல்படவில்லை. எனவேதான் ஹேரி, தனது ஆய்வின் குறைபாட்டைக் கருதித் தனது கட்டுரைக்குப் 'புரோட்டீன்களைப் பிரித்தெடுக்கும் செய்முறையில் பெப்டிடைல் என்சைம் செயல்பாட் டிற்கு அசாதாரண தடை' (Unusual resistance of peptidyl transferase to protein extraction procedures) எனக் கவனமாகத் தலைப்பிட்டிருந்தார். ஒரு சில ஆண்டுகளுக்குப் பிறகு 1998இல் ஜப்பானிலிருந்து ஒரு குழுவினர், தாங்கள், செயல்புரியும் RNA துணுக்குகளைச் சுத்தமாகப் பிரித்துவிட்டதாக ஒரு கட்டுரை எழுதினர். இதை *சயின்ஸ்* இதழில் மிகுந்த ஆரவாரத்துடன் வெளியிட்டனர். ஆனால்,

பிறகு, தங்களது ஆய்வில் குறைகள் உள்ளன என உணர்ந்து கட்டுரையினை அவர்கள் திரும்பப்பெற்றனர்.

நாற்பது ஆண்டுகளாகப் பலரும் ரைபோசோமானது வேதியியல் ரீதியாக எவ்விதம் செயல்படுகிறது என அறிய முயன்ற பிறகு வேறு சில முறைகளும் தேவை என உணரப்பட்டது. ஏற்கெனவே கிரிக், முதலில் தோன்றிய ரைபோசோம் முழுவதும் RNAயினால் ஆக்கப்பட்டிருக்க வேண்டும் எனத் தெரிவித்தோடு 'இன்றைய ரைபோசோமின் அமைப்பினை இன்னும் விவரமாக அறியாமல் அதைப் பற்றிய உள்ளுணர்ந்த ஊகம் எதனையும் தெரிவித்தல் இயலாது' எனக் குறிப்பிட்டிருந்தார்.

7

வழி கிடைத்தது

சயின்ஸ் ஆய்விதழில் ஹேரி ரோலர் வெளியிட்ட ஆய்வுக் கட்டுரையைத் தொடர்ந்து எனது விடுப்புக் காலத்தில் ஆடா யோனத் 1991இல் வெளியிட்ட ஒரு சிறிய ஆய்வுக் குறிப்பினையும் கண்டேன். அவைகள் என்னைக் கவர்ந்தன. அக்குறிப்பில் ரைபோசோமின் பெரிய துணையலகின் படிகங்களில் அவர் செய்துகொண்டிருந்த ஆய்வுகளில் ஏற்பட்ட முன்னேற்றத்தைக் குறிப்பிட்டிருந்தார். நூற்றுக்கணக்கான ஆயிரங்களில் அணுக்களைக் கொண்ட ரைபோசோமில் கொள்கையளவில், ஒருதுணையலகின் அணுக்கள் அமைவினை சிறந்த படிகங்களிலிருந்து அறியலாம் எனும் நிலை தோன்றி யிருந்தது. ரைபோசோம் அமைப்பினை அறிவதில் ஒரு முக்கியக் கட்டத்தினை எட்டிவிட்டதாகவே நான் நினைத்தேன். படிகங்கள் எந்நிலையில் அமைப்பறிய உகந்தவை என்பதைத் தெரிந்துகொள்ள மேலும் சில விளக்கங்கள் தேவைப்பட்டன.

மூலக்கூறுகள் முப்பரிமாண அமைப்பில் செம்மையான ஒழுங்கமைவில் அடுக்கப்பட்டுப் படிகங்கள் உருவாகின்றன என இந்நாள்வரையும் கருதினோம். ஆனால் புரோட்டீன்கள் போன்ற பெரிய மூலக்கூறுகளில் அத்தகைய அமைப்புகள் அபூர்வமாகவே ஏற்படுகின்றன. படிகமாதலின்போது புரோட்டீன் மூலக்கூறானது வளரும் படிக ஒழுங்கமைவில் உள்நுழைந்து தனக்கான இடத்தில் அமர்கிறது. புரோட்டீன்கள் விரைப்புத்தன்மையற்ற மென்மையான மூலக்கூறுகள். எனவே அவை அருகிலுள்ள மூலக்கூறுகளின் வடிவங் களுடன் ஒத்தமைந்து அமர்வதில்லை. இவ்விதம் பல மில்லியன் மூலக்கூறுகளின் அடுக்கமைவால் தோன்றும் படிகத்திலிருந்துதான் இறுதியில் 'படிகவியல் வரைபடம்' தோன்றுகிறது. மூலக்கூறுகள் சீர்நிலையற்று அங்குமிங்குமாக அமைந்திருப்பதால் படிகங்களால் தோன்றும் வரைபடம் சற்றுத் தெளிவில்லாமல் மங்கலாகத் தோன்றும். இந்நிலையை உருவகம் செய்ய ஆடாமல், அசையாமல் நிற்கும் ஒரு பாறையின் புகைப்படத்தைச் சற்று அசைந்துகொண்டிருக்கும் ஒரு மனிதனின் புகைப்படத்துடன் மனதில் ஒப்பிட்டு எண்ணிக்கொள்ளவும்.

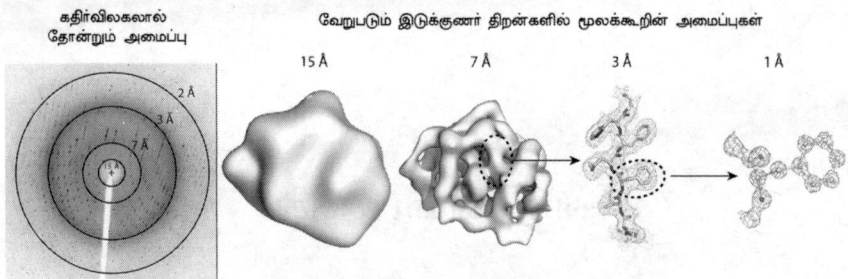

படம் 7.1 கதிர்விலகலும் வேறுபடும் இடுக்குணர் திறன்களில் மூலக்கூறின் அமைப்பும்

ஒரு படிகத்தின் நேர்த்தி அதை அழகுறக் காண்பதில் இல்லை. அப்படிகம் எந்த அளவிற்கு X – கதிர்களை 'விலகல்' செய்யும் என்பதில்தான் உள்ளது. மூன்றாவது அத்தியாயத்தில் நான் குறிப்பிட்டபடி 'இடுக்கு உணர்திறன்' என்பது இரு அமைப்புகள் எவ்வளவு நெருக்கமாகத் தோன்றுகின்றன என்பதும் அவ்வமைப்புகளை வேறுபடுத்திக் காண்பதுமேயாகும். நடைமுறையில் ஒரு படிகத்தின் 'இடுக்கு உணர்திறன்' உள் நுழையும் X – கதிர்கள் அவை தோன்றும் திசையிலிருந்து ஒரு கோணத்தில் விலகல் பெற்று '*x*' – புள்ளியாக எந்த அளவிற்குத் தள்ளித் தோன்றும் என்பதைப் பொறுத்தது.

முறையற்ற படிகங்களில் மைய X – கதிர் கற்றையைச் சுற்றிலும் ஒரு சில விலகல் புள்ளிகளே தோன்றும். இத்தகைய படிகத்தால் மூலக்கூறின் அமைப்பை அறிய முடியாது. அங்கு அமைப்பு பற்றிய தகவல்கள் தெரியாமல் தெளிவற்ற 'துளி' போன்ற தோற்றத்தைத்தான் காணவியலும். இருப்பினும் அந்த இடத்தில் ஒட்டுமொத்த வடிவத்தைப் பற்றிய புரிதல் கிடைக்கும். சற்று மிதமான படிகங்களில் தரவுகள் 5–7A° (1A° = ஒரு மீட்டரில் 0.1 பில்லியன் அளவு) 'இடுக்கு உணர்திறன்' தன்மையில் இருப்பின் புரோட்டீன்கள், DNA அல்லது RNA அமைப்புகள் தெரியலாம். உதாரணமாக DNA அல்லது RNAயின் தாழ்வான பகுதிகளைக் காணவியலும். பல புரோட்டீன்கள் குறுகிய சங்கிலித் தொடரில் ஆல்ஃபா திருகுகளாக இருக்கும். அவை நுண்ணிய குழாய்களாகத் தெரியும். நன்கு 'கதிர் விலகல்' தோன்றக்கூடிய படிகங்களில் மிகப் பெரிய கோணத்தில் 'கதிர் விலகல்' ஏற்பட்டு புள்ளிகள் தெரியலாம். இது X – கதிர் அலைவு நீளத்தின் உச்ச அளவிற்கு ஏற்ப அமையலாம். (அலைவு நீளத்தின் பாதியளவிற்கு அருகில் அமையும் அமைப்புகளைக் காணவியலாது என்பதை நினைவில் கொள்ளவும்.) அந்நிலையில் அமைப்புகளைக் கணக்கிட்டு வரைபடம் தோற்றுவித்தால் தனித்த அணுக்களைத் தெளிவான உருண்டைகளாகக் காணலாம். உப்புக்கள் போன்ற எளிய மூலக்கூறுகளைப் பொதுவாக இப்படித்தான் காண்கிறோம். இத்தகைய சிறிய உப்பு மூலங்களைப் போன்று சிறிய புரோட்டீன் மூலக்கூறுகள் 1Å இடுக்குணர் திறனை எட்டிவிடுவதில்லை. மூலக்கூறுகள் பெரியனவாகவும் விரைப்புத் தன்மை குறைந்தவையாகவும் இருப்பின் அதற்கேற்பப் படிப்படியாகச் சிறந்த கதிர் விலகல் திறனுடன் படிகங்கள் கிடைப்பதும் அரிதாகிவிடும். எனவே நடைமுறையில் இத்தகைய படிகங்களில் X – கதிரின் மிகைக் கோணங்கள் தோன்றிக் கதிர் விலகல்

புள்ளிகள் படிப்படியாக வலுவிழந்து இறுதியில் மறைந்துவிடும் நிலை ஏற்படும். கதிர் விலகலைத் தெளிவாகக் காண உதவுகின்ற அந்நிலையில் கிடைக்கும் தரவுகளிலிருந்து சிறந்த 'இடுக்குணர்' திறனைப் பெறவியலும். இதனால்தான் படிகவியலாளர்கள் ஒரு படிகத்தின் 'இடுக்குணர்'திறன் அல்லது அதற்கிணையாகக் குறிப்பிட்ட 'கதிர் விலகல் புள்ளி' பற்றிக் குறிப்பிடுகின்றனர்.

'இடுக்குணர்தல்' திறன் 3.5A° அளவிற்கு அருகில் இருந்தாலும் நீங்கள் தனித்த அணுக்களைக் காணும் நிலையினை நெருங்கவேயில்லை. (அணுக்களைக் காண 1A° அளவிற்கு அருகில் வருதல் வேண்டும்.) இருப்பினும் புரோட்டீன் மூலக்கூறின் அங்கங்களாகிய அமினோ அமிலங்கள் மற்றும் உப்பு மூலங்களின் வடிவத்தை ஓரளவிற்குக் காணவியலும். இவற்றின் மூலம் அணுக்களின் அமைவினை ஊகித்துக்கொள்ளலாம். புரோட்டீன்களில் உள்ள அமினோ அமிலங்கள் பெரியது – தட்டையானது, நீண்டது – ஒல்லியானது, குட்டையானது – குண்டானது என்றெல்லாம் வடிவங்களில் மாறுபடுகின்றன. ஒரு புரோட்டீன் தொடரில் அமினோ அமிலங்களின் அமைவு வரிசையை அறிந்திருந்தால் அவற்றின் வடிவங்களைக் கொண்டு அவற்றின் இருப்பிடத்தை அறிதலில் நிலைப்படுத்தலாம். இப்பணி சிறுவர்கள் வெட்டுப் படப்புதிரில் (Jigsaw puzzle) ஒரு பெரிய படத்தின் சிறிய வெட்டுத் துண்டுகளைப் பொருத்தி முழுப் படத்தையும் உருவாக்குவது போன்றது. இதே போன்று DNA அல்லது RNAயில் உப்பு மூலக்கூறுகளில் 'T' (அல்லது 'U'), 'C' ஆகியவை சிறியவை. 'A'யும் 'G'யும் பெரியவை. இம்முறைகளால் தனித்த அணுக்களைப் பார்க்காமலேயே முப்பரிமாணத்தில் வேதிய அமைப்பினை வரைபடத்தில் தோற்றுவிக்க இயலும். புரோட்டீன் தொடரில் ஒரே வடிவத்திலுள்ள அமினோ அமிலங்கள் அருகருகே அமைந்திருப்பின் வரைபடத்தில் தவறுகள் ஏற்படலாம். நாம் கடையில் வாங்கும் இரு பரிமாண வெட்டுப்படப் புதிரில் உள்ளதைப்போன்று முப்பரிமாண வரைபடத்தில் மூலக்கூறுகள் நன்கு பொருந்தி அமைவதில்லை. தரவுகளில் கிடைக்கும் தவறுகளே இதற்குக் காரணம். விளையாட்டுக்குப் பயன்படும் வெட்டுப்படப் புதிர் இருபரிமாணம் சார்ந்தது. ஆனால் படிக வரைபடத்தில் மூலக்கூறுகள் சார்ந்த இப்பிரச்சினை முப்பரிமாணம் சார்ந்தது. எனவே ஏற்படும் தவறுகளுக்கு எங்கும் பதில் தரப்படுவதில்லை.

மூலக்கூறுகளின் அமைப்பறியக் கிடைக்கும் 'இடுக்குணர்தல்' திறனாகிய 3.5A° என்பது படிக வரைபடவியலாளர்களுக்குக் கிடைத்த மிக அவசியமாகத் தேவைப்பட்ட கிடைத்தற்கரிய ஒன்று. இதைவிடக் குறைந்த இடுக்குணர் திறனில் தரவுகள் கிடைத்தால் பிரச்சினை தீர்ந்தது எனலாம். 4Å அளவோ அல்லது அதற்கும் அதிகமாகவோ என்றானால் மூலக்கூறின் படிவத்தை ஏற்கெனவே அறிந்திருந்தாலொழியப் பிரச்சினை தீர்வது எளிதன்று.

முதலில் கிடைத்த ரைபோசோம் படிகங்கள் மிகவும் மோசமானவை. அவற்றில் கதிர் விலகல் புள்ளிகள் தோன்றவே இல்லை. இதனால் ஆடா யோனத் மனம் தளர்ந்துவிடவில்லை. சிறந்த படிகத்தைத் தோற்றுவிக்கும் முயற்சியில் தொடர்ந்து கடுமையாக உழைத்துக்கொண்டிருந்தார். இவருக்கு உதவியாக நீண்டகால உடன்பணியாளர் ஃபிரான்சுவா ஃபிரான்செஸ்கி

இருந்தார். அவர் பெர்லின் நிறுவனத்தில் இந்த ஆய்வுகள் தொடர்பான உயிர் வேதியியல் பகுதிகளை மேற்பார்வையிட்டுக் கொண்டிருந்தார். சிறந்த படிகங்களைப் பெற முறையான முயற்சிகளைச் செய்துகொண்டிருந்தார். ஆனாலும் இம்முயற்சிகளில் பலன்கள் தோன்றவில்லை. ஆடா இந்த முயற்சிகளில் சிலவற்றை இஸ்ரேலின் வீஸ்மான் ஆய்வு நிலையத்திலும் மேற்கொண்டிருந்தார். அந்த வேளையில் இஸ்ரேலின் பல விஞ்ஞானிகள் தங்களது நாட்டின் பல்லுயிர்த் தன்மையை அறிவதற்காகப் புதிய உயிரினங்களை அடையாளம் கண்டுகொண்டிருந்தனர். அவர்கள் *Haloarcula marismortuii* எனும் புதிய நுண்ணுயிரியைக் கண்டுபிடித்தனர். அவ்வுயிரி அதன் பெயராகிய *marismortuii*யைத் ('sea dead') தெரிவிக்கும்படி அதிகப்படியான உப்புத்தன்மை சாக்கடலில் (Dead Sea) வாழ்கிறது. உலகில் சில உயிரிகள் அதீத வெப்பச் சூழலில் வாழும் இயல்பு கொண்டவை. அவற்றிற்கு 'சூழல் மிகைத் தன்மை விரும்பிகள்' (extremophiles) என்று பெயர். *Holoarcula* அவற்றைப் போன்றில்லாமல் அதீத உப்புத்தன்மையில் வாழும் இயல்பு கொண்டிருந்தன. எனவே இவையும் மற்றொரு வகை 'சூழல் மிகைத் தன்மை விரும்பி'களே. முதலில் பாக்டீரியாக்கள் என்று கருதப்பட்ட *Haloarcula* பிறகு, 'ஆர்க்கியா வகை, பாக்டீரியாக்கள் போன்ற உயிரிகள் என வகைப்படுத்தப்பட்டன. இவற்றின் ரைபோசோம்கள் பாக்டீரியங்களுக்கும் உட்கரு செல் அமைப்பு (யூகேரியோட்டுகள்) உயிரினங்களுக்கும் இடைப்பட்ட அமைப்புத் தன்மை கொண்டவை. பெரும்பாலும் சிக்கலான அமைப்பைக் கொண்டவை. இந்த ரைபோசோம்களைப் படிகங்களாக்கி முயற்சி செய்தால் என்ன என்று ஆடா எண்ணினார். செய்தும் பார்த்தார். பெரிய துணையலகுகளில் நல்ல தரமான படிகங்கள் கிடைத்தன. முதலில் அப்படிகங்களின் வழியாக அணு அமைப்புகள் தெளிவாகக் கிடைக்கவில்லை. படிகமாக்குதல் முறைகளைச் சரி செய்து படிகமாக்குதலைச் சீராக நடைபெறச் செய்வதற்கு முயன்று ஆடாவும் அவரது குழுவினரும் வெற்றி பெற்றனர்.

நல்ல படிகங்களைப் பெறுவது சவாலான செயல் என்றாலும் அவற்றிலிருந்து முறையான தரவுகளைப் பெறுவது பிரச்சினையாகவே இருந்தது. பல புரோட்டீன் மூலக்கூறுகள், குறிப்பாக ரைபோசோம் போன்ற பெரிய மூலக்கூறுகள் X – கதிர்களால் பாதிப்படைந்தன. தரவுகளைப் பெறுவதற்கு முன்பாகவே இப்படிப் பாதிப்பு ஏற்படுவது பெரிய தொல்லையாகவே விளங்கியது. தரவுகள் பெறுவதற்கென ஒரு படிகம் X – கதிர் கற்றையின் நடுவில் சுழலச் செய்யப்படும். அவ்வேளையில் ஒரு X – கதிர் உணரியால் (*detector*) படங்கள் எடுக்கப்படும். இப்படி எடுக்கப்பட்ட படங்களில் X – கதிர்களின் சிதறலை அறிந்து, கணக்கீடுகள் மேற்கொள்ளப்படுகின்றன. படிகத்தில் ஒவ்வொரு நோக்கு நிலையிலும் படிகத்தின் சில பரப்புகள்[1] 'பிராகின் விதி'யின்படி (Braggs law) விலகல் பெற்றுக் குறிப்பிட்ட திசைகளில் பரவிப் புள்ளிகளைத் தோற்றுவிக்கும்.

---

1. மொழிபெயர்ப்பாளர் குறிப்பு:
பிராகின் விதி (Bragg's law): இவ்விதியின்படி ஒரு படிகத்தின் பட்டைப் பரப்பின் மீது விழும் x – கதிரின் விழுதல் கோணம் படிகத்தில் நிகழும் சிதறலால் அதே கோணத்தில் சிதறலுறும். இத்தகைய சிதறல், படிகமாகிய மூலக்கூறின் தன்மையைப் பொறுத்து விலகல் பெறும். இவ்விலகலையும் விலகல் பெற்று வெளியேறும் கதிர் தோற்றுவிக்கும் புள்ளியையும் 'பிராக் ஸ்பெக்ட்ரோமீட்டர்' வழியாகக் கண்டறிந்து கணக்கீடுகளால் மூலக்கூறின் அமைப்புத் தன்மையைத் தீர்மானிக்கலாம்.

இவ்விலகல் புள்ளிகளால் பெற்ற தரவுகளைக் கணக்கீடுகளுக்கு உட்படுத்தி மூலக்கூறின் அமைப்பை ஊகிக்கலாம்.

ரைபோசோம் படிகங்களில் ஆய்வுகள் மேற்கொள்வது எளிதன்று. படிகங்களில் வெளிப்படும் X – கதிர்களின் விலகல் புள்ளிகள் அவ்வளவு தெளிவாக அமைந்திருப்பதில்லை. மூலக்கூறுகளின் பெரிய அளவே இதற்குக் காரணம். மூலக்கூறுகளின் அளவு பெரிதாக இருப்பின் படிகத்தில் அமைந்துள்ள அவற்றின் விலகல் புள்ளிகளின் எண்ணிக்கையும் குறைவாகவே இருக்கும். படிகத்திலிருந்து வெளிப்படும் கதிர்கள் தோற்றுவிக்கும் விலகல் புள்ளிகளின் அமைப்புத் தெளிவானது, பல மூலக்கூறுகளின் கூட்டுவிலகலால் ஏற்படுவது. எனவே இதன் தன்மை மூலக்கூறுகளின் எண்ணிக்கை சார்ந்தது. மேலும் படிகத்தின் உள்ளார்ந்த அமைப்பும் முக்கியத்துவம் பெறுகிறது. இவ்விதம் ரைபோசோம் படிகத்தால் கிடைக்கும் கதிர் விலகலில் இரண்டு இன்னல்கள் உள்ளன. எனவே அவற்றின் விலகல் புள்ளி அமைப்புகள் ஒரு சாதாரண உப்புப் படிகத்தின் விலகல் புள்ளி அல்லது ஓர் எளிய புரோட்டீன் படிகத்தின் விலகல் புள்ளி ஆகியவற்றைக் காட்டிலும் தெளிவற்றவையாகவே கிடைக்கின்றன. ரைபோசோம் படிகத்திலுள்ள மூலக்கூறுகள் அனைத்தையும் காண வேண்டுமெனில் X – கதிர் கற்றைகளை மிகத் தீவிரமாக நீண்ட நேரம் செலுத்த வேண்டும். இதுவும் பிரச்சினைதான். மூலக்கூறுகள் பாதிப்படைந்து படிக அமைப்பு ஒழுங்கற்ற தன்மை கொண்டதாக மாறிவிடலாம். மூலக்கூறுகள் சிதலமடையலாம். படிக உள் கட்டமைப்பு மாறுபடலாம் அல்லது மூலக்கூறுகள் X – கதிர்களை எதிர்கொள்ளும் நோக்குநிலை முதலில் அமைந்தபடி இல்லாமல் மாறிக்கொள்ளலாம். மேலும் துவக்கத்திலேயே அணுக்களின் ‘மிகை இயங்கு அயனிகள்’ (Free radicals) தோன்றிப் படிகம் முழுவதும் பரவி பாதிப்புகள் தோன்றலாம். இத்தகைய பாதிக்கும் அயனிகள் X – கதிர் செயல்பாட்டால் தோன்றுகின்றன. பெரிய படிகங்களில் இவ்வயனிகளால் ஏற்படும் பாதிப்பு படிகத்தின் எப்பகுதியில் நேரிட்டது என கண்களால் காணவியலும். பாதிப்பு நிகழ்ந்த இடத்தில் ஒரு தெளிவான புதிய நிறத்தைக் காணலாம். சோதனை நிகழும் வேளையில் படிகத்தில் ‘இடுக்குணர் திறன்’ படிப்படியாகக் குறைந்து மறைந்துவிடும். இந்நிகழ்ச்சியை மிகைக் கோணத்தில் X – கதிரால் விலகல் புள்ளிகள் மெதுவாக மறைந்து ஒழிந்துவிடுதலில் காணலாம்.

படிகத்தின் ஒழுங்கமைவும் ‘இடுக்குணர் திறனும்’ மறைந்துவிடுவதைப் படிகவியலாளர்கள் ‘புரோட்டீன் படிகத்தின் இறப்பு’ என்கின்றனர். X – கதிர் கற்றையால் ‘படிகங்கள் இறந்துவிடலாம்’ எனப் பொதுவாகத் தெரிவிக்கின்றனர். ஒரு சிறிய புரோட்டீன் படிகத்தில் அனைத்துத் தரவுகளையும் ஒரே படிகத்தில் பெற்றுவிடலாம். கதிரியக்கத்தால் படிகம் ‘இறந்து’விட நேரிட்டால் தொடர்ந்து அடுத்தடுத்த படிகங்களைப் பயன்படுத்திக்கொள்ளலாம். ஆனால் ரைபோசோம் படிகத்தில் ‘முதல் கதிர் விலகல்’ படத்தினையே பெற இயலவில்லை. முதல் படம் எடுப்பதற்குள்ளாகவே கதிர் இயக்கத்தால் புள்ளிகள் மறைந்துவிடுகின்றன. இதனால் இப்படிகத்தில் பயனுள்ள ‘இடுக்குணர் திறன்’ உள்ளதா என்பதுகூடத் தெரியாமல் போய்விடுகிறது.

படிகத்தைக் குளிர்விப்பதன் மூலம் X– கதிர்களால் தோன்றும் ‘மிகை இயங்கு அயனிகள்’ படிகத்தினுள் பரவும் வேகம் குறையும் என்பதை ஒரு காலகட்டத்தில் விஞ்ஞானிகள் கண்டுபிடிக்கிறார்கள். மேலும் படிகம் பாதிப்படையும் வேகமும் குறையும் என்றும் தெரிந்துகொள்கிறார்கள். இதற்கான சான்றினை டேவிட் ஹாஸ் (David Haas) சோதனைகளின் மூலம் நிகழ்த்திக்காட்டினார். அன்று இவர் இஸ்ரேலின் வீஸ்மான் ஆய்வு நிறுவனத்தில் முதுநிலை ஆய்வறிஞராக இருந்தார். அதன் பின் பர்டூவில் (Purdue) மைக்கேல் ராஸ்மேனுடன் இணைந்திருந்தார். ராஸ்மேன் அவரது தலைமுறையைச் சேர்ந்த பிற விஞ்ஞானிகளைப் போன்று LMBயில் தனது ஆய்வுகளைத் துவங்கியவர். அங்கு மாக்ஸ் பெரூட்சுடன் முதன்முறையாக ஹீமோகுளோபின் அமைப்பினை விவரிக்கும் ஆய்வுகளில் ஈடுபட்டிருந்தவர். பின் அங்கிருந்து பர்டூ சென்று தனது வாழ்நாள் முழுவதும் பல ஆய்வுகளை மேற்கொண்டு இன்று உலக அளவில் புகழ்பெற்ற விஞ்ஞானியாகியுள்ளார். இப்பொழுது வயது எண்பதுக்கு மேல். ஆச்சரியப்படும் வகையில் சுறுசுறுப்பாக இயங்கும் ஓர் அணியுடன் செயல்படுகிறார். இன்றும் அவர் மாணவர்கள், ஆய்வாளர்களுடன் போட்டியிட்டுக்கொண்டு மலையேறும் திறன் உடையவர். ஹாசும் ராஸ்மானும் இணைந்து ஓர் என்சைமை –75°Cக்குக் குளிர்வித்து அதில் X– கதிர் செலுத்திப் பார்க்கலாம் என எண்ணி ஆய்வு செய்தனர். அந்த ஆய்வில் புரோட்டீன் படிகங்களிலிருந்து விலகல் பெறும் X– கதிர் புள்ளிகள் மிக மிக மெதுவாகவே கதிரியக்கக் காரணத்தால் மறைவதைக் கண்டனர்.

பல படிகங்களில் குளிர்விப்பதால் மட்டுமே முறையான விளைவுகள் கிடைத்துவிடுவதில்லை. படிகங்களில் பாதியளவிற்கு நீர் மூலக்கூறுகள் அமைந்துள்ளன. அவை முறையான அமைப்பில் தெளிவான பட்டைகளுடன் தெரிந்தாலும் ஜெல்லி போன்று மென்மையும் ஈரத்தன்மையும் உடையனவாகவே உள்ளன. ஊசியால் குத்தினால் பாலாடைக் கட்டியைப் போன்று நொறுங்கிவிடும் இயல்பு உடையவை. ஏற்கெனவே நான் கூறியபடி புரோட்டீன்கள் ஒழுங்கற்ற மூலக்கூறுகள். அவற்றை ஒன்றன் மீது ஒன்றாக அடுக்கி அமைத்தால் ஒன்றுக்கொன்று ஒருசில இடங்களில் மட்டுமே தொட்டுக்கொண்டிருக்கும். இதனால் அவற்றிற்கிடையே இடைவெளிகள் அமைந்திருக்கும். அங்கு நீர் நிரம்பலாம். இப்படிகத்தை மிகக் குறைந்த நிலைக்குக் குளிர்வித்தால் இடைவெளிகளில் உள்ள நீர் உறைந்துவிடும். மேலும், நீர்ப்பாதைகள் விரிவடைந்து படிகங்கள் பாதிப்படையும். இந்தப் பிரச்சினையை நீக்குவதற்கு அன்று MITயிலிருந்த கிரக் பெட்ஸ்கோ (Greg Petsko) ஒரு வழியைக் கண்டுபிடித்தார். படிகத்தின் இடைவெளிகளாக அமைந்துள்ள நீர்ப்பாதைகளில் நீர்மக் கரைப்பான்களுக்குப் பதிலாக நீர் உறைத் தன்மையை நீக்கும் பொருளால் நிரப்பும் முறையைக் கண்டுபிடித்தார். இம்முறையால் சில படிகங்களின் அமைப்பைக் காத்திட முடியும். இம்முறையில் மிகக் குறைந்த வெப்பக் குளிர்நிலையில் X– கதிர் பயன்படுத்தி தேவையான தரவுகளைப் பெற முடிந்தது. ரோஸ்மான் அறை வெப்பநிலையில் சந்தித்த மிகக் குறைந்த கதிரியக்கத்திலேயே படிகம் உடையும் பிரச்சினை இப்போது இல்லை.

இதன் பின் நீண்ட நாட்களாகப் பலராலும் இம்முறை பயன்படுத்தப்படவில்லை. காரணமும் தெரியவில்லை. ஒன்று, தங்களுக்கு அவசியம் தேவை என்றில்லையெனில் அதைப் புறக்கணிப்பது மக்கள் இயல்புதானே! பின் இதேபோன்ற பிரச்சனையை மின்னணு நுண்ணோக்கியாளர்களும் சந்தித்தனர். அவர்கள் நுண்பொருட்களைப் பெரிதாக்கிக் காண்பதற்கு எலக்ட்ரான்கள் எனும் மின்னணுக்களைப் பயன்படுத்துகின்றனர். காண வேண்டிய பொருட்கள் மின்னணுக் கதிர்வீச்சால் பாதிப்படைந்தன. இவர்களும் பொருட்களைக் குளிர்விக்கும் முறையைக் கையாண்டனர். ஹீடல்பெர்கின்[2], EMBL ஆய்வு நிலையத்திலிருந்த ஜாக்வஸ் டுபோசே (Jacques Dubochet) ஒரு முறையைக் கண்டுபிடித்தார். ஆய்விற்குரிய மாதிரிப் பொருளை திரவ ஈத்தேனில் அதிவேகத்தில் மூழ்கச் செய்து வெளியில் எடுத்தால் நீர் உறையத் தேவையான நேரம் அதற்குக் கிடைக்காது என்று அறிந்தார். மேலும் பொருளில் உள்ள நீர் பனிக்கட்டியாகாமல் கண்ணாடி போன்ற தன்மையையும் ஒளி நன்கு ஊடுருவும் இயல்பையும் பெறும் என்றறிந்தார். இம்முறையில் உயிரிகளின் மூலக்கூறுகள் தங்களது இயல்பு நிலையிலேயே இருக்கக்கூடிய பாதுகாப்பைப் பெறும்.

படம் 7.2 துவக்க காலத்தில் வீஸ்மான் நிறுவனத்தில் படிகங்களைக் குளிர்வித்துக் கொண்டிருப்பவர்கள் ஜோயல் சுஸ்மான், ஃபீலிக்ஸ் ஃபுரோலோ மற்றும் ஹேக்கன் ஹோப்

இதே வேளையில் டேவிஸில் உள்ள கலிஃபோர்னியா பல்கலைக் கழகத்தில் நார்வே நாட்டுக்காரர் ஹேக்கன் ஹோப் (Hakon Hope) பல சிறிய அங்கக மூலக்கூறுகளில் அவற்றின் அமைப்பு பற்றிய தரவுகளை சேகரித்துக்கொண்டிருந்தார். இம்மூலக்கூறுகள் அறை வெப்பத்தில் எளிதில் ஆக்ஸிகரணம் அடையக்கூடியவை. இதே போன்ற ஆய்வுகளில்

---

2. EMBL, Hiedelberg – European Molecular Biology Laboratory at Hiedelberg in Germany.

ஈடுபட்டிருந்த டுபோசே போன்ற பலரின் ஆய்வுகளை முன்மாதிரியாகக் கொண்டு செயல்பட்டார். தனது மூலக்கூறு படிகங்களின் மீது எண்ணெய்ப் பொருளைத் தடவி அதன்பின் திரவ புரோப்பேனில் தோய்த்து எடுக்கலாம் எனும் எண்ணம் அவருக்குத் தோன்றியது. அதைச் செயல்படுத்தினார். படிகங்கள் அவர் எதிர்பார்த்தபடி சீராகவே இருந்தன. இம்முறையை வழக்கத்தில் 'உறைதல் முறை' என்றும் படிகங்களை 'உறைந்த படிகங்கள்' என்றெல்லாம் குறிப்பிட்டாலும் இம்முறையால் படிகத்திலுள்ள நீர் உறைதல் நிலையைப் பெறாமல் vitrified எனும் பளபளப்பான கண்ணாடித் தன்மையைப் பெற்றுவிடுகிறது என்பதை முக்கியமாக நினைவில் கொள்ள வேண்டும்.

இஸ்ரேலின் வீஸ்மான் ஆய்வு நிறுவனத்திற்குச் சென்ற ஹேக்கன் அங்கு ஜோயல் சுஸ்மானைச் (Joel Sussmann) சந்தித்தார். சுஸ்மான், ஹேக்கனிடம் அவரது செய்முறையினைத் தங்களது மூலக்கூறுகளில் பயன்படுத்த இயலுமா என வினவினார். அங்கிருந்து திரும்பிய ஹேக்கன் தனது ஆய்வகத்தில் இரண்டு சிறிய உயிர் மூலக்கூறுகளில் அம்முறையைப் பயன்படுத்திப் பார்த்தார். வீஸ்மான் ஆய்வு நிறுவனத்திற்கு மீண்டும் திரும்பிய ஹேக்கன் அங்கு ஜோயல், சக ஆய்வாளர் ஃபிலிக்ஸ் ஃபிரோலோவுடன் (Felix Frolow) தனது முறையை நிரூபித்துக் காண்பித்து அம்முறையை அனைவரும் ஏற்றுக்கொள்ளச் செய்தார். அவர்கள் முதல் முறையாக முயன்று பார்த்தது ஜோயலின் மாணவராகிய லீமோர் ஜோஷ்வா – டோர் (Leemor Joshua Tor) ஆய்வு செய்துகொண்டிருந்த DNA படிகமாகும். அம்முயற்சியின் வெற்றியைத் தொடர்ந்து அவர்கள் வேறு பல ஆய்வுகளிலும் அதைப் பயன்படுத்தினர்.

ஆடா, ஏற்கெனவே ஜெர்மனியில் ஒரு பெரிய ஆய்வுத் திட்டத்தில் ஈடுபட்டிருந்தாலும் வீஸ்மான் ஆய்வகத்தில் ஒரு சோதனைச் சாலையை நடத்திக்கொண்டிருந்தார். ஒரு கட்டத்தில் ஜோயலின் ஆய்வகத்திலிருந்த ஹேக்கனும் பிறரும் தங்களது செய்முறையால் படிகங்களைக் குளிரச்செய்து ரைபோசோம் படிகத்தில் தரவுகளைப் பெற்றுப் பார்க்குமாறு அடாவைச் கேட்டுக்கொண்டனர். துவக்கத்தில் ஆடா சற்றுத் தயக்கம் காட்டினார். பிறகு, முயன்று பார்க்கலாம் என எண்ணிச் செய்து பார்த்தார். ஆனால் ரைபோசோம் படிகங்களில் இம்முறையை நேரடியாகக் கடைப்பிடிக்க இயலவில்லை. ஏனெனில் X – கதிர் கற்றைகளைத் தீவிர அளவுடன் படிகத்தின் மேல் விழச்செய்ய வேண்டியிருந்தது. அவர்களிடமிருந்த 'சின்க்ரோட்ரான்' எனும் 'ஒருங்கிசைவு துகள் முடுக்கி'யில் X – கதிர் பாய்ந்து செல்லும் மின்னணுப் பாதையைக் குளிர்விக்கும் கருவி அமைந்திருக்கவில்லை. எனவே ஆடாவும் ஹேக்கனும் டேவிசில் ஹேக்கனின் ஆய்வகத்திலிருந்து இரண்டு மணிநேர தூரத்தில் உள்ள *Stanford Synchrotron Radiation Light Source* எனும் கதிரியக்க ஆய்வு நிலையம் சென்று தரவுகள் சேகரித்தனர். இதற்கென ஹேக்கன் தனது ஆய்வகத்திலிருந்த குளிரூட்டும் கருவியைக் காரில் எடுத்துச்சென்று ஸ்டான்ஃபோர்டில் அதை அமைத்துக்கொண்டார். ஹேக்கன் கூறியபடி முதல் உறைதல் சோதனை நன்கு நடந்தது. பல புள்ளிகளுடன் கதிர்களின் விலகல் அமைப்பு களைக் காண முடிந்தது. அதற்குப் பிறகு ஏறக்குறைய 12 முயற்சிகள்

தோல்வியடைந்தன. ஆனால் முதலில் கிடைத்த வெற்றி அவர்களுக்கு நம்பிக்கையூட்டியது. எனவே தொடர்ந்து சோதனைகளை மேற்கொண்டனர். ஒரு கட்டத்தில் தொழில்நுட்பம் முறையாகச் செயல்படத் துவங்கியது. ரைபோசோம் படிகங்களில் அம்முறை செயல்பட்டவுடன் ஆடா, குளிர்விப்பு தொழில்நுட்பத்தின் தேவதூதர் ஆகிவிட்டார். இம்முறையே 'குளிர்விப்புப் படிகவியல்' என்றானது.

இவர்களின் முயற்சி பலன் தந்திருந்தாலும் இம்முறையைப் பரவலாகப் பலரும் பயன்படுத்துவதற்குச் சில காலம் ஆயிற்று. ஏனெனில் இம்முறை மிகவும் நுணுக்கமான செயல்பாடு கொண்டது. ஒரு மில்லிமீட்டரில் பத்தில் ஒரு பங்கு நீளமேயுள்ள படிகத்தை ஓர் ஊசி முனையில் பொருத்தப்பட்டிருந்த இரண்டு நுண்ணிய குவார்ட்ஸ் (quartz) துணுக்குகளுக்கு இடையில் பொருத்த வேண்டும். ஒரு சில ஆண்டுகளுக்குப் பிறகு 1990இல் கார்னல் பல்கலைக்கழகத்திலிருந்த ஸு–யி–டெங் (Tsu-Yi Teng) இதற்கான எளிய முறை ஒன்றினைக் கண்டுபிடித்தார். இம்முறையில் படிகத்தை ஊசியின் முனையில் உள்ள மிக நுண்ணிய நெகிழ்வுத் தன்மைகொண்ட வளையத்தின் வழியாக எடுத்துக் கையாள வேண்டும். படிகமானது அந்த வளையத்தில் மேற்பரப்பு இழுவிசையால் ஒட்டியிருக்கும்.

பழைய முறையில் படிகமானது குறுகிய தந்துகி குழாயில் பொருத்தப்பட்டுப் பயன்படுத்தப்பட்டது. ஆனால் ஸு–யி–டிங்கின் புதிய முறை செய்முறையை எளிதாக்கியது. இந்த எளிய முறை குளிர்விப்பு, படிகவியலைப் பலரும் பயன்படுத்த உதவியது. இப்படியாக அறிவியலில் ஒரு செய்முறை மற்றொன்றைக் காட்டிலும் சிறந்ததாக அமைந்தால் மட்டும் போதாது. அம்முறை எளிதானதாகவும் அமைய வேண்டும்.

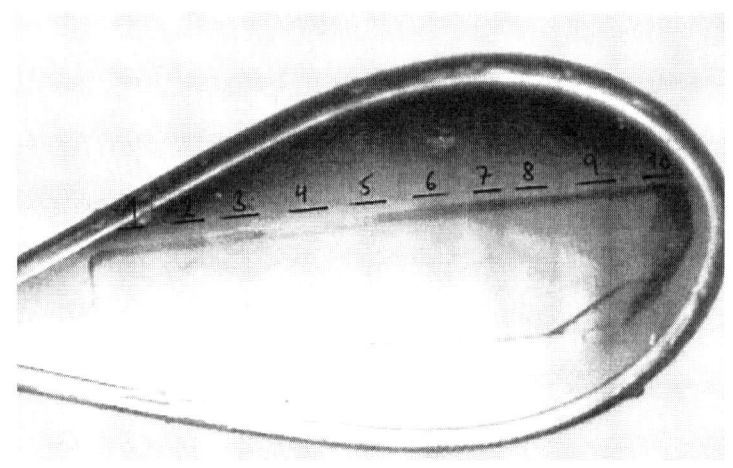

படம் 7.3 ஓர் நீள் வளையத்தினுள் குளிர்விக்கப்பட்ட 30S ரைபோசோம் துணையலகின் படிகம். வரிக்கோடுகள் X கதிர்கள் விழுந்த இடங்களைக் காண்பிக்கின்றன. படிகம் ஏறக்குறைய 0.3 மி.மீ நீளமும் 0.1 மி.மீ–க்குக் குறைவான அகலமும் உடையது.

பிற உயிரிகளின் ரைபோசோம்களைக் காட்டிலும் முதலில் கிடைத்த *H. marismortuii* உயிரியின் 50S ரைபோசோம் துணையலகு இம்முறைக்குச்

சிறந்ததாக அமைந்தது. தொடர்ந்து முறையாகச் செய்முறையில் சிறு சிறு மாற்றங்களைச் செய்ததால் படிகத்தின் தன்மைகளிலும் அவற்றைக் குளிர்விப்பதிலும் முன்னேற்றங்கள் ஏற்பட்டன. ஆடாவும் அவரது துணை ஆய்வாளர்களும் 3Å அளவீட்டிலேயே கதிர் விலகல் புள்ளிகளைக் கண்டனர். இது ஒரு மூலக்கூறின் அணுக்களின் அமைவினைக் காண்பதற்குத் தேவையான அளவைக் காட்டிலும் சிறந்ததாக அமைந்தது. இந்த ஆய்வுகளின் முடிவுகள் *Journal of Molecular Biology* ஆய்விதழில் வெளிவரும் சமயத்தில் நான் எனது விடுப்பினைத் துவக்கியிருந்தேன். அவ்வேளையில் இக்கட்டுரையைக் கண்டேன். இம்முடிவுகள் படிக ஆய்வில் முக்கிய நிலைகள் என மனதில் உணர்ந்துகொண்டேன். ரைபோசோமின் பெரிய துணையலகின் அணுக்களின் அமைவினை அறிய இயலும் எனும் எண்ணம் ஆர்வத்தைத் தூண்டும் செய்தியாக அமைந்தது.

1991களிலேயே ரைபோசோம்களின் துணையலகுகள் படிகங்களாக்கப்பட்டுள்ளன. சொல்லப்போனால் முழு ரைபோசோமே படிகமாக்கப்பட்டுவிட்டது. ஆனால் பல ஆண்டுகளாக ஆய்வுகளில் உள்ள இப்படிகங்கள் தேவையான அளவிற்கு ஒளி விலகல் புரிந்தும் இடுக்கு உணரும் திறன் கொண்டு விளங்கவில்லை. இருப்பினும் இவற்றால் பெறப்பட்ட வரைபடங்கள் சிறிதளவாவது தனித்த புரோட்டீன்களையும் RNAக்களையும் காண்பிப்பவையாக இருந்திருக்க வேண்டும். ஆனால் அத்தகைய வரைபடங்கள் அப்போது கிடைக்கவில்லை. ஒருவேளை படிகவியல் ஆய்வுகளுக்கு ரைபோசோம் மிகப்பெரிய மூலக்கூறாக இருந்திருக்கலாம். இருப்பினும் 1991இல் வெளியான ஆடாவின் ஆய்வுக் கட்டுரை இந்த விடுமுறைக் காலத்தில் என்னைச் சிந்திக்கத் தூண்டியது. சரி, இப்போது கதிர் விலகும் படிகங்கள் நன்கு கிடைக்கின்றனவே, இவற்றைப் பயன்படுத்தி ஆடா என்ன செய்வார் என எண்ணத் துவங்கினேன்.

இப்போது இத்தகைய ஆய்வுகள் எந்த நிலையில் உள்ளன என்பது பற்றி எனது சிந்தனைகள் ஓடத் துவங்கின. சில ஆண்டுகள் இடைவெளி களில் ரைபோசோம்–ஆய்வு விஞ்ஞானிகள் உலகின் ஏதேனும் ஓரிடத்தில் சந்திப்பதுண்டு. அவ்வேளைகளில் இதுவரை நிகழ்ந்தவற்றைத் தங்களுக்குள் பகிர்ந்துகொள்வார்கள். எனது விடுப்பு முடிந்தவுடன் அடுத்த கூட்டம் ஒன்று பெர்லினில் நடைபெறுவதாக இருந்தது. ஆனால் ரைபோசோம்– ஆய்வுகளில் பெர்லினை முக்கிய இடமாக நிலை நிறுத்திய விட்மான் முந்தைய ஆண்டு திடீரென இறந்துவிட்டார். இது அனைவரையும் சோகத்தில் ஆழ்த்தியிருந்தது. அவரது சக ஆய்வாளர் நட் நீர்ஹாஸுடன் (Knud Nierhaus) கருத்தரங்கப் பணிகளை மேற்கொண்டிருந்தார்.

விடுப்புக் காலத்தில் நான் ஆய்வுகள் செய்து அமைப்பைக் கண்டு பிடித்திருந்த புரோட்டீன் S5 என்பது ரைபோசோமின் மிகச் சிறிய பகுதியே. எனினும் ரைபோசோமில் ஒரு பகுதியின் அணுக்கள் அமைவு பல ஆண்டு களுக்குப் பிறகு முதன்முறையாகக் கண்டுபிடிக்கப்பட்டது என்னும் வகையில் எனது ஆய்வு சிறப்பு பெற்றிருந்தது. இத்தகைய கருத்தரங்கங்களுக்கு நான் புதியவன். இருப்பினும் ஸ்டீவ் ஒயிட் பெருந்தன்மையுடன் என்னை அங்கு பேச அனுமதியளித்திருந்தார். அந்தக் கருத்தரங்கம் பற்றி எனக்குக் குறிப்பாக எதுவும் நினைவில் இல்லை. ஆனால் ரைபோசோமின் முழுமையான

அமைப்பைக் கண்டுபிடிப்பதில் நான் ஏற்கெனவே வாசித்திருந்ததற்கு மேல் எதுவும் நிகழ்ந்ததாகத் தெரியவில்லை.

விடுப்பு முடிந்து புரூக்ஹேவன் திரும்பியிருந்த நான் இங்கு அவ்வளவாகத் திருப்தியில்லாமல்தான் இருந்தேன். LMBயிலிருந்து திரும்பியிருந்த எனக்கு அங்கும் இங்கும் உள்ள வேறுபாடுகள் தெளிவாகத் தெரிந்தன. இருப்பினும் சிலவற்றில் புரூக்ஹேவன் LMBயைப் போன்றிருந்ததை உணர்ந்தேன். விஞ்ஞானிகள் சிறு குழுக்களாக ஆய்வுகள் மேற்கொண்டிருந்தனர். ஒவ்வொருவரும் தனித்தனியே செயல்பட்டுக்கொண்டிருந்தனர். ஒருவர் மற்றொருவரைக் கட்டுப்படுத்திக் கொண்டிருக்கவில்லை. எரிசக்தித் துறையிலிருந்து அவர்களுக்குத் தொடர்ந்து நிதியுதவி கிடைத்துக்கொண்டிருந்தது. ஆனால் DOEஇன் அதிகாரிகள் சிறிய ஆய்வுகளுக்கு அதிகம் கவனம் செலுத்தவில்லை. உயிரியல் பிரிவில் சிறிய ஆய்வுகள்தான் சிறந்த கண்டுபிடிப்புகளை நிகழ்த்தியிருந்தன. விஞ்ஞானிகள் என்று கருதப்படுபவர்கள் பெரும்பாலும் இயற்பியல் பின்னணி கொண்டவர்களாகவே இருந்தனர். இவர்கள் தேசிய ஆய்வகங்களைப் ‘பெருந்துகள் முடுக்கிகள்’ அல்லது அணு உலைகள் போன்ற பெரிய வசதிகள் கொண்ட இடங்களாகக் கருதினர். இதனால் உயர்ரக அறிவியலை உருவாக்கிய உயிரியல் துறைகள் மெதுவாக நிதி நெருக்கடியில் சிக்கிக்கொண்டன. மேலும் இந்நிலையால் புதிய இளம் விஞ்ஞானிகளை இவ்வாய்வகங்களால் பணியமர்த்த இயலவில்லை. இத்தகைய போக்கு ஆய்வகங்களின் நலனைப் பாதித்தது.

எனது விடுப்புக் காலம் முடிந்து திரும்பிய ஒரு சில மாதங்களுக்குப் பிறகு LMBயின் ‘மூலக்கூறு அமைப்பியல்’ பிரிவின் தலைவராகவிருந்த ரிச்சர்ட் ஹேன்டர்சன் அவர்களுக்கு கடிதம் எழுதினேன். அக்கடிதத்தில் அவர்களது ஆய்வகத்தில் எனது விடுப்புக் காலம் பயனுள்ளதாக அமைந்திருந்தது என்பதைக் கூறி, ‘என்னைப் போன்றவர்களுக்கு அங்கு பணிபுரிய நிலையான வேலைவாய்ப்பு கிடைக்குமா?’ என வினவியிருந்தேன். அதற்குப் பதிலாக அவர், நான் அவர்களுடன் இருந்தது மகிழ்ச்சியாக இருந்தது என்று கூறி,‘எங்களுடன் பணியில் இணைந்தால் நன்றாகத்தான் இருக்கும்’ என்றும் கூறி, ‘தற்போது நிலைத்த வேலைக்கான வாய்ப்பு இல்லை’ என்று எழுதியிருந்தார். மேலும், ‘தொடர்ந்து தொடர்பில் இருங்கள்’ எனவும் தெரிவித்தார். இப்பதிலை நாகரிகமான மறுப்பாகவே நான் கருதிக்கொண்டேன்.

இதேவேளையில் சால்ட் லேக் சிட்டியின் யூட்டா பல்கலைக் கழகத்திலிருந்து வெஸ் சான்ட்குவிஸ்ட் என்னைத் தமது ஆய்வகத்தைப் பார்வையிட வருமாறு அழைத்திருந்தார். அண்மையில்தான் அவர் அங்கு ஆசிரியராகப் பணியில் இணைந்திருந்தார். எனது சபாட்டிகல் விடுப்புக் காலத்தில் கேம்பிரிட்ஜ் ஆய்வகத்தில் அவரும் நானும் ஒன்றாக ஆய்வுப் பணியில் இருந்திருக்கிறோம். அங்கு நாங்கள் ஒரே மேஜையில் ஆய்வுப் பணி செய்தவர்கள். அவரது அழைப்பை ஏற்று நான் சால்ட்லேக் சென்றிருந்தேன். அங்கு ஆர்வமுள்ள பல இளம் ஆசிரியர்களும் புகழ்பெற்ற மூத்த ஆசிரியர்களும் பணிபுரிந்துகொண்டிருந்தனர். அவர்கள் பணியாற்றிய அந்த இடமானது மலைகள் சூழ்ந்த ரம்மியமான இடம். நான் அங்கிருந்து திரும்பிய

பிறகு என்னிடம் ‘அங்கு பணிபுரிய விருப்பமா?’ என வினவியிருந்தனர். அத்தகைய வாய்ப்பை நினைத்து மகிழ்ச்சியடைந்தேன்.

திடீரென மேலும் இரண்டு வாய்ப்புகள் கிடைத்தன. ஆனால் யூட்டா பல்கலைக்கழகமே எனக்குச் சிறந்த இடமாகத் தோன்றியது. புரூக்ஹேவனில் நான் பெற்றுக்கொண்டிருந்த ஊதியத்தைக் காட்டிலும் 50 சதவிகிதம் அதிகம் தருவதாகத் தெரிவித்திருந்தனர். இவ்வளவு ஊதியத்தொகைக்கு நான் உகந்தவனா என எனக்கு மனதில் சற்று நெருடல் தோன்றிற்று. சில நாட்களில் சம்மதம் தெரிவித்துவிட்டேன். இதே வேளையில் எனது ஆய்விற்கான நிதி பற்றிய கவலை என்னைத் தொற்றிக்கொண்டது. ஏனெனில் புரூக்ஹேவனில் வெளியிலிருந்து நிதியுதவி கிடைக்கா விட்டாலும் எனது ஊதியத்தை முறையாகக் கொடுத்துக்கொண்டிருந்தனர். ஆய்வுகளுக்கும் ஓரளவு பணவுதவி அளித்தனர். எனக்குத் துணையாக ஒன்றிரண்டு தொழில்நுட்ப உதவியாளர்களும் இருந்தனர். ஆனால் ஒரு பல்கலைக்கழகத்தில் அரசின் நிதியுதவியைச் சார்ந்து இருக்க வேண்டும். நிதியுதவி திடீரென நின்றுவிடலாம் என்ற பயம் தோன்றியது. இக்கட்டான சூழலில் எனது ஆய்வுப் பணி நின்றுவிடுமோ எனும் அச்சவுணர்வு மனதில் ஏற்பட்டது. எனவே யூட்டாவின் தலைமைப் பொறுப்பிலிருந்த, மிகுந்த நட்புணர்வு கொண்ட டானா கேரல் அவர்களைத் தொடர்புகொண்டு ‘மன்னித்துக்கொள்ளவும் நான் அங்கு வருவதற்கு இயலவில்லை’ எனத் தெரிவித்துவிட்டேன். அவரும் அதற்கு வருந்தினார்.

இதன் பிறகு புரூக்ஹேவன் பற்றிய வெளிப்படையான சில தன்மைகளும் மனதில் பதியத் துவங்கின. *DOE*யால் ஏற்படும் பிரச்சனைகள் எங்களது துறையை நெருக்கிக்கொண்டிருந்த அதே வேளையில் லாங் ஐலேண்டில் வசிப்பதை வீராவும் நானும் விரும்பவில்லை. வெப்பம் மிகுந்த காலத்திலும் ஈரமான குளிர் நேரங்களிலும் எங்கு செல்ல வேண்டும் என்றாலும் கார் ஓட்டிக்கொண்டு செல்ல வேண்டியிருந்தது. மேலும் இங்கு எனக்கு ஆஸ்துமா தொல்லையும் அதிகரித்தது. இத்தகைய சூழ்நிலையில் யூட்டாவில் கிடைத்த வாய்ப்பைப் பயன்படுத்தினால் என்ன என நினைத்தேன். அங்குள்ள டானாவை மீண்டும் அழைத்து மன்னிப்புக் கேட்கும் குரலில், “நான் எனது மனதை மாற்றிக்கொள்ளவியலுமா?” என வினவினேன். பெரிய மனதுடன் அவரும் எனது கோரிக்கையை ஏற்றுக்கொண்டு “இம்முறை இதற்காக நான் குதித்துக் கொண்டாடப் போவதில்லை” எனத் தெரிவித்தார்.

நான் துவக்கத்தில் யூட்டா செல்லத் தயங்கியதன் காரணம், அப்போது எனது மனதில் தோன்றிக்கொண்டிருந்த ஓர் எண்ணமே. அது சிறிது ஆபத்தான விஷயமாகவும் தெரிந்தது. அதனால் அதை முறைப்படி சந்திக்கும் வகையில் எனது தனிப்பட்ட வாழ்வினையும் சீராக அமைத்துக்கொள்ள வேண்டியிருந்தது. எனது சபாட்டிகல் விடுப்புக் காலத்தில் சிறிய GH5 புரோட்டீன்களின் அமைப்பை அறிய MADஇன் முறையைப் பயன்படுத்தியிருந்தேன். அப்போது செலினியம் அணுவிலிருந்து கிடைக்கும் சிறிய சமிக்ஞை எவ்விதம் முறையில்லாக் கதிர்ச் சிதறலைத் தோற்றுவித்து அழகிய வரைபடத்தை உண்டாக்கும் என ஆச்சரியப்படுவதுண்டு. MAD முறையைப் பயன்படுத்தி ரைபோசோம் போன்ற மிகப் பெரிய அமைப்பிலும்

வரைபடம் தோற்றுவிக்க இயலுமா என நினைத்ததுண்டு. ரைபோசோமில் அதிக அளவில் மீத்தியோனின் எச்சங்கள் இல்லை. எனவே அதிலிருந்து கிடைக்கும் சமிக்ஞை மிகவும் குறைந்த அளவினதாகவே இருக்கும்.

ஆனால் செலினோமீத்தியோனினை முதன் முதலில் பயன்படுத்திய வெயின் ஹேன்டிரிக்சன் (Wayne Handrickson) குறிப்பிட்ட ஒரு மூலக்கூறின் அமைப்பை அறிவதில் வேறு ஒரு அணுவைத்தான் பயன்படுத்தியிருந்தார். ஒரு புரோட்டீனின் அமைப்பைத் தீர்மானிப்பதற்கு ஹோல்மியம் (Holmium) அணுவைப் பயன்படுத்தியிருந்தார். இதில் வரைபடங்கள் மிகமிகச் சிறப்பாக அமைந்திருந்தன. ஹோல்மியம் மற்றும் பிற லாந்தனைடு தனிமங்கள் (Lanthanindes) மிகப் பெரிய ஒழுங்கற்ற கதிர்ச் சிதறலை குறிப்பிட்ட அலைவு நீளத்தில் தோற்றுவித்தலே இதற்குக் காரணம். ரைபோசோம் நுண் அமைப்பினையும் இவ்வகையில் லாந்தனைடுகளைப் பயன்படுத்தி அறிய இயலுமா? இதுபற்றிய கணக்கீடு ஒன்றினை மேற்கொண்டேன். அதன்படி MADயின் செய்முறையில் புரோட்டீனின் அறிதலில் பயன்படும் சமிக்ஞைக்குத் தேவையான அளவு போன்று ரைபோசோம் துணையலகின் அமைப்பை அறிந்துகொள்ள 1 டஜன் லாந்தனைடு அணுக்கள் மட்டுமே தேவைப்படும். அண்மையில் வாசித்த ஆய்வுக் கட்டுரை ஒன்றின் மூலம் லாந்தனைடு அணுக்கள் ரைபோசோமின் 1 டஜன் இடங்களில் இணைவது பற்றி ஏற்கெனவே அறிந்திருந்தேன்.

இதை உணர்ந்து உணர்ச்சிவசப்படத் துவங்கினேன். என்னை நானே கட்டுப்படுத்திக்கொள்ள வேண்டியதாயிற்று. இம்முறையானது அரிய ‘மந்திரத் தோட்டா’ என்றே நினைத்தேன். இம்முறையின் வழியே ரைபோசோம் துணையலகு அல்லது முழு ரைபோசோமின் அமைப்பினையும்கூட அறிந்துவிடலாம் என எண்ணலானேன். இப்படியெல்லாம் சிந்தித்து என்னை நானே ஏமாற்றிக்கொள்ளக் கூடாது என மீண்டும் பலமுறை அந்தக் கணக்கீடுகளைச் செய்துபார்த்துத் திருப்தியானேன். என் கையில் முறையான படிகம் கிடைத்தால் பனிரெண்டு லாந்தனைடு உலோக அணுக்களை ரைபோசோம் துணையலகுடன் பொருத்தி மூலக்கூறின் அணு அமைப்பை அறிந்துவிடலாம்.

இப்படியெல்லாம் சிந்தித்துக்கொண்டிருந்தவேளையில் ஆடாவின் துணை ஆய்வாளர் ஃபிரான்கோ ஃபிரான்செஸ்கியை முதன்முறையாக பெர்லினில் ஒரு கருத்தரங்கில் சந்தித்தேன். இவர் வெனிசுலா நாட்டின் கார்சிகா பகுதிக்காரர். மிகுந்த நட்புணர்வுடன் பழகிய அவர் ஸ்டீவ் ஒயிட்டையும் என்னையும் அவரது ஆய்வகத்தைக் காண அழைத்துச் சென்றார். அது மாக்ஸ் பிளான்க் (Max Planck Institute) ஆய்வு நிறுவனத்தில் விட்மானின் பழைய துறையில் இருந்தது. மேற்கு பெர்லினின் டாலெம் (Dahlem) எனும் பணம் கொழுத்த இடம் அது. போர்க்காலத்திற்கு முன்பிருந்தே பல புகழ்பெற்ற அறிவியல் நிறுவனங்கள் இங்கு அமைந்திருந்தன. இதே நிறுவனத்தில்தான் புரூக்ஹேவனுக்கு வருவதற்குமுன் ஸ்டீவ் பணியாற்றியிருந்தார். நாங்கள் உரையாடுகையில் ஃபிரான்கோ எங்களிடம், தங்களது ஆய்வுகளை மேற்பார்வையிட அதிகாரப்பூர்வக் குழு ஒன்று சில ஆண்டுகளுக்கு ஒருமுறை வருவதுண்டு எனத் தெரிவித்தார். அக்குழுவினர் கடைசி முறையாக வந்திருந்தபோது தங்களது ஆய்வுகளில் ஆழம் இல்லை

என்று கூறி '50S துணையலகில் நல்ல படிகங்கள் கிடைப்பதால் அதில் அதிக கவனம் செலுத்த வேண்டும் என அறிவுறுத்தியதாகவும் கூறினார்.

இந்த உரையாடலை நினைக்கும் வேளையில், யாரொருவரும் சிறிய துணையலகிலோ அல்லது முழுமையான ரைபோசோமிலோ கவனம் செலுத்தவில்லை என்பதையும் ரைபோசோம்கள் உருப்படியான படிகங்களை இதுவரை தரவில்லை என்பதையும் உணர்ந்தேன். முழு ரைபோசோம் அறிதல் இன்றைக்குத் துவக்கநிலை ஆய்வுதான் எனினும் சிறிய 30S துணையலகுகள் (இவை RNAயுடன் இணைந்து மரபுக் குறிப்பினை உணர உதவுகின்றன) 50S துணையலகுகளில் பாதியளவே இருப்பினும் அவை ஆய்வுகளுக்கு மிகவும் உகந்தவை. திடீரென, பெரிய ஆய்விற்குள்ளாக நுழைய நல்ல வாய்ப்பு கிடைத்ததாக உணர்ந்தேன். ஆனால் புரூக்ஹேவனில் 12 ஆண்டுகள் பணியாற்றிவிட்டு குடும்பத்துடன் யூட்டாவிற்குச் செல்லும் சூழ்நிலையில் இருந்ததால் மேற்குறிப்பிட ஆய்வுகளைச் சில நாட்கள் கழித்துப் பொறுமையாக மேற்கொள்ள வேண்டும் எனக் கருதினேன். இதே வேளையில் மற்றுமொரு ரைபோசோம் கருத்தரங்கிலும் கலந்துகொள்ளும் வாய்ப்பு கிடைத்தது.

8

துவங்கும் போட்டிகள்

1995ஆம் ஆண்டு ரைபோசோமிற்கும் எனக்கும் ஒரு திருப்புமுனைக் கட்டம். அவ்வாண்டின் இலையுதிர்காலப் பருவத்தில் யூட்டா சென்றுவிடுவதற்குத் திட்டமிட்டுக் கொண்டிருந்தேன். அடுத்த ரைபோசோம் கருத்தரங்கம் பிரிட்டிஷ் கொலம்பியாவின் தலைநகராகிய விக்டோரியாவில் நடைபெற இருந்தது. எனவே யூட்டா செல்லும் வழியில் விக்டோரியா செல்லலாம் எனவும் அதற்கென சால்ட் லேக் சிட்டியில் தங்கிக் கொள்ளலாம் எனவும் முடிவு செய்திருந்தேன்.

வேராவும் நானும் சால்ட் லேக் சிட்டியில் தங்கி அங்குள்ள வீடுகளைச் சுற்றிப் பார்த்தோம். கடைசியில் மலையடிவாரத்தில் மனதிற்குப் பிடித்த ரம்மியமான பள்ளத்தாக்குக் காட்சியுடன் ஒரு வீடு அமைந்தது. பின் அங்கிருந்து இருவரும் முதுகில் பைகளைச் சுமந்துகொண்டு ஹோ மழைக் காடுகளில் ஒரு சில நாட்கள் சுற்றிவரக் கிளம்பினோம். இக்காடுகள் ஒலிம்பிக் தீபகற்பத்தில் உள்ளன. பின் அங்கிருந்து வான்கூவர் தீவின் தென்முனையில் உள்ள விக்டோரியாவிற்குப் போக்குவரத்துப் படகு வழியாக இடையிலிருந்த ஜலசந்தி நீரிணையைக் கடந்து சென்றோம். விக்டோரியா, தனது காலனிய காலத்தின் ஆங்கிலேயக் கட்டிடக் கலையில் கட்டப்பட்ட அழகிய கட்டிடங்களைக் கொண்ட கண்கவர் நகரம். அங்கு எங்களது கருத்தரங்கம் நடைபெறும் வேளையில் விக்டோரியா மகாராணியின் பிறந்த நாளைக் கொண்டாடுவதற்கெனப் பெரிய அணிவகுப்பு சென்றுகொண்டிருந்தது.

அக்கருத்தரங்கில் உற்சாகம் தரும் முன்னேற்றத்தையும் எதிர்பாராத ஏமாற்றத்தையும் அறிய நேர்ந்தது. மின்னணு உருப்பெருக்கியின் மூலம் தோற்றுவிக்கப்பட்ட ரைபோசோமின் படத்தைக் காணும் வாய்ப்பு கிடைத்தது. அது உற்சாகமான நிகழ்ச்சி. இந்த முறையில் ரைபோசோமின்

உருவத்தைக் காண்பதும் அதன் வடிவத்தை உருவகிப்பதும் நீண்ட நாட்களாகவே நிகழ்ந்திருக்கின்றன. ஆனால் அண்மையில் ஆய்வாளர்கள் முறையற்ற வடிவமுடைய ரைபோசோம் போன்றவற்றைக் காண்பதற்கு 'தனித் துகள் மீள் கட்டமைப்பு' (Single Particle Reconstruction) எனும் முறையைப் பயன்படுத்துகிறார்கள். இதற்கு முன்னால் இம்முறை, முறையான வடிவமுடைய வைரஸ் போன்றவற்றைக் காண்பதற்கு மட்டுமே பயன் பட்டிருக்கிறது. உயிரின மூலக்கூறுகளில் 'வண்ண அடர்வு வேறுபாடுகள்' மிகவும் குறைவு. நீர் சூழ் சூழலில் உள்ள அம்மூலக்கூறுகளுக்கு நீரைப் போன்றே X – கதிர் அல்லது மின்னணுச் சிதறல் திறன் அமைந்துள்ளது. எனவே முன்பெல்லாம் மின்னணு உருப்பெருக்கியினைப் பயன்படுத்துவோர் காண வேண்டிய துகள்களின் மீது யுரேனியம் போன்ற மிகு எடை அணுக்களை மேல்புறம் தடவி உலர்ந்த தன்மையில் அவற்றைக் காண்பதற்கு முற்பட்டனர். இம்முறையில் துகளின் மேற்பரப்பின் வடிவத்தை மட்டுமே காணவியலும். அதுவும், உயர்நிலையால் சுருக்கமடைந்து, சிதைந்து தோற்றமளிக்கும். காணும் துகளின் அமைப்பு விவரங்கள் குறைவாகவே கிடைக்கும். மிகக் குறைவான 'வண்ண அடர்வு வேறுபாடுகள்' உள்ள வண்ணச்சாயம் சேர்க்காத துகள்களில் தேவையான அளவு சமிக்ஞைகளைப் பெற இயலுமெனில், மூலக்கூறின் உள் அமைப்பினை அனேகமாக நீங்கள் மின்னணு உருப்பெருக்கியில் காணலாம். இம்முறையினை ரிச்சர்டு ஹென்டர்சன், நைஜெல் அன்வின் ஆகியோர் இரு பரிமாணப் படிகங்களில் பயன்படுத்தியுள்ளனர். ஒரு முறையான அமைப்பில்லாத துகளில் தேவையான அளவிற்கு சமிக்ஞைகள் கிடைக்குமா என்பது தெரியவில்லை. ஆனால் ஜாக்வஸ் டுபோசேயின் ஆய்வு முடிவின்படி உயிரி மூலக்கூறுகளை திரவ ஈத்தேனில் விரைவில் அமிழ்த்தி எடுத்துக் குறைவான வெப்பநிலையில் அமைப்பினை அறிய இயலும். குறைவான வெப்பத் தன்மையில் X – கதிர் பயன்பாட்டில் நிகழ்வது போன்று மின்னணு உருப்பெருக்கி பயன்பாட்டிலும் குறைந்த வெப்பத்தில் மூலக்கூறு பாதிப்பு மெதுவாகக் குறைந்துவிடுகிறது. மூலக்கூறு மாதிரிகளை அதிக அளவு மின்னணு இயக்கத்தில் ஈடுபடுத்தித் தனிப்பட்ட உயிர் மூலக்கூறுகளை நிறச்சாயம் ஏற்றாமல் காணலாம்.

இவ்வகை ஆய்வுகளில் முன்னோடியான ஒருவர் ஜெர்மானிய விஞ்ஞானி ஜோச்சிம் ஃபிராங்க். பிறருடன் அதிகம் தொடர்பில்லாமல் அல்பனியில் உள்ள வாட்ஸ்வொர்த் மையத்தில் (Wadsworth Centre) பல ஆண்டுகள் ஆய்வு செய்துகொண்டிருந்தவர். இங்கு அவரது ஆய்வகம் ஒரு பெரிய அரசினர் கட்டிடத்தின் அடித்தளத்தில் அமைந்திருந்தது. உயரமான மனிதர். பண்பான குணமுடைய இவர் பிறருடன் பேசுவதில் தயக்கம் காட்டுபவர். (கதைகள், கவிதைகள் எழுதுவதில் விருப்பம் உள்ளவர்.) கலை, இலக்கியத்தில் ஆர்வமுடையவர். என்னைப் போன்றே பாதுகாப்பு உணர்வு குறைவாக உள்ளவர். தனது ஆய்வுக் காலத்தின் பெரும் பகுதியைப் பரபரப்பான பெரிய முக்கிய அறிவியல் ஆய்வு நிலையங்களில் செலவிட்டவர். இவர் உயிர் மூலக்கூறுகளிலிருந்து உருப்படியான வலிமை மிக்க சமிக்ஞைகளையும் அவற்றால் உருவாகும் படங்களையும் பெறுவதற்கான முறைகளைக் கண்டுபிடித்துக்கொண்டிருந்தார்.

1980இல் ஒரு சந்தர்ப்பத்தில் டச்சு நாட்டுக்காரராகிய மரின் வான் ஹீல் (Marin Van Heel) ஜோச்சிம்முடன் இணைகிறார். இவர் நுண்ணோக்கி பயன்பாட்டு வல்லுநர். ஜோச்சிம்முக்கு நேரெதிராக இவர் அனைவருடனும் அரட்டையடித்துப் பழகக்கூடியவர். ஜோச்சிம்முடன் பழகிய மாரின், நீண்ட நாட்கள் அங்கு நிலைத்திருக்கவில்லை. அவர்களின் மாறுபட்ட பண்புகள் நட்பு ரீதியில் ஆய்வுகளில் ஒத்துழைக்க உகந்ததாக இல்லை. விரைவில் மாரின், பெர்லினின் விட்மான் நிறுவனத்தில் பணியமர்த்தப்பட்டார். ஆனால் அல்பணியில் இருந்த குறைந்த காலத்தில் ஜோச்சிம்மும் இவரும் இணைந்து ஓர் ஆய்வுக் கட்டுரையினை வெளியிட்டிருந்தார்கள். அக்கட்டுரை துகள்களின் பல பரிமாணங்களையும் கண்டு அவற்றின் மூலம் வகைப்படுத்தலுக்கேற்ற இருபரிமாண நுண்ணோக்கி உருவப் படங்களைச் சிறப்பாக உண்டாக்குவது பற்றியது. இத்திருப்புமுனையான கண்டுபிடிப்பினைத் தொடர்ந்து பிரிந்துவிட்ட இவ்விருவரும் தனித்தனியே மூலக்கூறுகளின் முப்பரிமாண அமைப்புகளை அறிவதில் ஈடுபடத் துவங்கினர்.

அன்றைய கருத்தரங்கில் ஜோச்சிம் காண்பித்த ரைபோசோமின் உருவப்படங்கள் நாங்கள் இதுவரை கண்டிராத தெளிவான தன்மைகளு டையவை. முதன்முறையாக tRNA இரண்டு துணையலகுகளுக்கு இடையில் நெருங்கி அமைந்திருந்ததையும் mRNA பாம்புபோல் வளைந்து சிறிய அலகின் பிளவுப் பகுதியைச் சுற்றிலும் படர்ந்திருந்ததையும் நேரடியாகக் கண்டோம். இருப்பினும், அவை மூலக்கூறுகளின் அணு அமைப்புகள் அல்லது பல புரோட்டீன்கள், ரைபோசோமின் RNA பகுதிகள் ஆகியவற்றை உணர்த்துகின்ற வகையில் அமைந்திருக்கவில்லை. தெளிவற்ற, இடுக்குணர்திறன் குறைவாகவுள்ள தன்மைகளுடனே இருந்தன. அவை காண்பதற்குத் திரவத் துளிகளின் தொகுப்பு போன்ற அமைப்பு கொண்டிருந்தன. இத்தன்மையால் நம்மிடையே உள்ள பெருமைமிகு படிக வரைபட விற்பன்னர்களாக அணுக்களின் அமைப்புகள்வரையிலும் காண்பிக்கக்கூடியவர்கள் ஜோச்சிம்மின் முறையைத் தாக்கும் வகையில் அதை 'பிளாபாலஜி' (Blobology) என விமர்சிக்கலாம்.

இதற்கு நேர்மாறாகப் படிகவரைபடத் துறையில் வளர்ச்சியென்பது ஏமாற்றம் தருவதாகவே இருந்தது. ஐந்து ஆண்டுகளுக்கு முன்பாகப் பெரிய துணையலகின் சிறந்த படிகங்களை உருவாக்கிய ஆடாவின் ஆய்வுகள் குறித்து எம்மில் பலரும் ஆச்சரியப்பட்டோம். அவர் மிகு எடை அணுக்களின் துணையோடு தனது படிகங்களின் பல நிலைகளை உருவாக்கி வரைபடங்களை 7°Å இடுக்குணர் திறனில் வெளிப்படுத்தியதாகத் தெரிவித்தார். அவர் குறிப்பிட்ட இடுக்குணர் திறன் அளவீட்டில் RNAயின் இரட்டை வடத் திருகலுக்கான பள்ளங்கள் தெரிந்திருக்க வேண்டும். மேலும், புரோட்டீன்களும் அதிலும் குறிப்பாக நாம் ஏற்கெனவே தனிப்பட கண்டறிந்த தனித்த மூலக்கூறுகளின் அமைப்புகளும் திருகு அமைப்புகளும் தெரிந்திருக்கலாம். ஆனால் ஆடாவின் முப்பரிமாண வரைபடத்தில் இத்தன்மைகள் தெரியவில்லை.

கருத்தரங்கில் அமர்ந்திருந்த பார்வையாளர்கள் பெரும்பாலும் ரைபோசோம் உயிர்வேதியத் துறையும் மரபியல் துறையும் சார்ந்தவர்கள்.

ஆடாவின் ஆய்வு விளக்கத்தைப் பற்றி என்ன விவாதிப்பது எனத் தோன்றாமல் விழித்தனர். பொதுவாக இத்தகைய சிறப்புக் கூட்டங்களில் பங்குபெறுவோர் அண்மைக் காலத்தின் முக்கியக் கண்டுபிடிப்புகளை அறிந்துகொள்வது மட்டுமில்லாமல் பிற விஞ்ஞானிகளின் ஆய்வுகள் பற்றி விவாதிக்கவும் அக்கறை கொள்ளவும் இதுபோன்ற கருத்தரங்குகளை வாய்ப்பாக பயன்படுத்திக்கொள்வார்கள். ஒருவருக்கொருவர் செய்திகளைப் பரிமாறிக் கொள்வதோடு சில வேளைகளில் சண்டையிடும் அளவிற்குக் காரசாரமான விவாதங்களும் நேரிடுவதுண்டு. இப்படித்தான் விவாதங்களின் துணை கொண்டு அறிவியல் முன்னேறிச் செல்கிறது. கேள்வி நேரத்தில் கையை உயர்த்திக் கேள்வி கேட்க விரும்புவதாகத் தெரிவித்தேன். 'நாம் 7Å இடுக்கறிதலில் இரண்டு முக்கிய மூலக்கூறுகளின் அமைப்புகளைப் பற்றி அறிவோம். முதலாவதாக பாக்டீரியோரோடாப்சின். அதில் புரோட்டீன்களின் திருகு அமைப்புகள் குழல் போன்று தோற்றமளிக்கும். இரண்டாவது நியூக்ளியோசோம். அதில் DNA இரட்டைத் திருகலின் பள்ளங்களைக் காணலாம். ரைபோசோமிலும் இவ்விரண்டு அமைப்புகளும் உண்டு என நாம் அறிவோம். அப்படியெனில் தங்களது வரைபடத்தில் ஏன் அவற்றைக் காணவியலவில்லை?' என்று கேட்டேன். அதற்கு பதில் கூறிய ஆடா, 'ரைபோசோம்கள், அமைப்பில் பாக்டீரியோரோடாப்சின் அளவிற்கு எளிமையானவை எனில் அதன் அமைப்பை ஆய்வுசெய்து கண்டறியும் பிரச்சினை என்றோ தீர்ந்திருக்குமே! மேலும் நியூக்ளியோசோமின் வரைபடம் முதலில் எவ்விதம் அமைந்திருந்தது என உங்களுக்குத் தெரியுமா?' என்றார்.

ஒரு குறிப்பிட்ட இடுக்கறிதல் திறனில் நாம் காணும் அமைப்பு அம்மூலக்கூறின் அமைப்பு அல்லது அதன் சிக்கல் தன்மை ஆகியவற்றை சார்ந்திருக்கக் கூடாது. இருப்பினும், கேள்வி எழுப்பி எனது எண்ணத்தை வெளிப்படுத்திவிட்டேன். அதற்கு மேல் விவாதத்தைத் தொடர நான் விரும்பவில்லை. கருத்தரங்கின் அந்த அமர்விற்குப் பிறகு பீட்டர் மூர், ஹேரி நோல்லர் மற்றும் சிலருடன் வெளியில் நின்றுகொண்டிருந்தேன். ஆழ்ந்த சிந்தனையிலிருந்த ஹேரி, பிரச்சினை என்னவென்று எண்ணிப் பார்த்தீர்களா என்றார். எங்கோ முக்கிய தவறு இருப்பது போன்று உள்ளது என அனைவரும் ஒத்துக்கொண்டோம்.

கருத்தரங்கின் நடைமுறைகள் அனைத்தும் ஒரு புத்தகமாக பதிப்பிக்கப்பட்டிருக்கும். அதில் ஆடாவின் அத்தியாயத்தில் 'ரைபோசோம் படிக வரைபடவியலில் ஒரு மைல்கல்' எனப் பகட்டான தலைப்பு இடப்பட்டிருந்தது. அது 'மைல்கல்' அல்ல, 'மைல்கல்லுக்குச் சற்று அருகில்' என நான் எண்ணிக்கொண்டேன். ஆடாவின் கட்டுரையின் ஒரு பகுதியில் தவறு தென்பட்டது. ஒரு மூலக்கூறின் பல கட்ட அமைப்பைக் கணக்கீடுகளால் அறிவதற்கு அம்மூலக்கூறின் படிகச் சட்ட குறுக்கமைவுகள் (Crystal Lattice) பற்றி முதலிலேயே தெரிந்திருக்க வேண்டும். அதைக் கருத்தரங்கில் உணரவில்லை. ஆனால் பின்னுணர்வில் விக்டோரியாவில் ஆடா காண்பித்த வரைபடத்தில் இக்குறைபாட்டால்தான் ரைபோசோம் அமைப்பு பற்றிய முழுமையான செய்தி கிடைக்கவில்லை என்பதை உணர முடிந்தது.

இக்கருத்தரங்கத்தினைத் தொடர்ந்து எனது மனதில் தோன்றிய சிந்தனையில், ரைபோசோம் ஆய்விற்குப் பங்களிப்பு செய்வது என்பதைவிட, ஆய்வின் அடுத்த கட்டக் கண்டுபிடிப்பினையே நிகழ்த்திவிட வாய்ப்பாக இருக்குமோ எனும் எண்ணம் தோன்றலாயிற்று. இது பற்றி முழுவதுமாக நான் உணராமல் உள்ள நிலையிலேயே பீட்டரும் ஹேரியும் இதே போன்ற முடிவிற்கு வந்திருந்தனர். கருத்தரங்கக் கூட்டத்தில் எதனையும் வெளிப்படுத்தாத நாங்கள் எங்களது ஆய்வகங்களுக்குத் திரும்பியவுடன் ரைபோசோம் படிக வரைபடம் தொடர்பான பல அம்சங்கள் பற்றிய எங்களது ஆய்வுப் பணிகளில் ஈடுபடத் துவங்கினோம். எங்களது செயல்கள் *It's a MAD, MAD, MAD, MAD World* திரைப்படத்தின் துவக்கக் காட்சியைப் போன்று அமைந்தது. அக்காட்சியில் கார் விபத்தில் சிக்கியவுடன் வயதான ஒருவர் கூடியிருந்தவர்களிடம் தான் ஒரு திருட்டுக் கொள்ளையடிப்பில் கிடைத்த கொள்ளைப் பணத்தை ஒரு பூங்காவனத்தில் ஒளித்து வைத்திருப்பதாகத் தெரிவிப்பார். கேட்டுக்கொண்டிருந்தவர்கள் அனைவரும் அந்நேரம் அவர் கூறுவதை நம்பாத மாதிரியாக நடித்துவிட்டு, உடனடியாக அவ்விடத்திலிருந்து அந்தக் கொள்ளைப் பணத்தைக் கைப்பற்றுவதற்காக போட்டியிட்டுக்கொண்டு ஓடத் துவங்கிவிடுவார்கள்.

அடுத்த ஓராண்டிற்குப் பிறகு சியாட்டிலில் பன்னாட்டுப் படிகவரைவியல் சங்கத்தின் (International Union of Crystallography) கருத்தரங்கிற்கு ஏற்பாடாகியிருந்தது. அக்கருத்தரங்கில் பிரச்சினைகளைக் குறித்துத் திறந்த மனதுடன் பேசுவது பற்றிய தயக்கம் நீங்கியது. பொதுவாக ரைபோசோம் கருத்தரங்கங்களில் ரைபோசோம் ஆய்வில் வேறுபட்ட தொழில்நுட்பங்களைப் பயன்படுத்துபவர்கள் கலந்துகொள்வார்கள். ஆனால் இங்கு எதனைப் பற்றி ஆய்வு செய்கிறார்கள் என்றில்லாமல் பொதுவாக மூலக்கூறுகளின் படிகவியலில் ஆய்வு செய்பவர்கள் அனைவருமே அழைக்கப்பட்டிருந்தனர். MAD முறையில் மூலக்கூறு படிகத்தின் பல நிலைகளை நான் ஆய்வு செய்திருந்ததால் இக்கருத்தரங்கில் என்னைப் பேசுவதற்கு அழைத்திருந்தனர். பன்னாட்டுக் கருத்தரங்கில், அதுவும் குறிப்பாக மூலக்கூறு படிகவியல் பற்றிப் பேச எனக்கு வாய்ப்புக் கிடைத்தது இதுவே முதல் முறை. நான் மிகுந்த மகிழ்ச்சியடைந்தேன். அழைப்பை ஏற்றுக்கொண்டேன். நான் அங்கு செல்ல விரும்பியதன் முக்கியக் காரணம், ஆடாவும் கலந்துகொள்வார் என்பதுதான். 2Å இடுக்குணர் திறனில் முழு ரைபோசோம் படிகங்களை ஆடா உருவாக்கியுள்ளார் என்று பரவலாக செய்திகள் இருந்தன. அப்படியெனில் அது ஆச்சரியமான செயல்தான். அச்செய்தி உண்மையெனில் நாங்கள் அவருடன் போட்டியிட முடியாத அளவிற்கு அவரது படிகங்கள் சிறந்தவையாக அமையும்.

'உண்மையான' படிகவரைபட வல்லுநர்களின் மத்தியில் உரை நிகழ்த்துவது பற்றி எனக்குச் சற்று அச்ச உணர்வு தோன்றியது. இவர்கள்தான் படிகமாக்கல் முறையைத் தோற்றுவித்தவர்கள். நான் அம்முறையைப் பயன்படுத்திக்கொண்டவன். அதிர்ஷ்டவசமாக என் பேச்சு ஓரளவு நன்றாகவே அமைந்திருந்தது. திங்கட்கிழமை காலை அமர்வு 'பெரும்

மூலக்கூறு தொகுப்புகள்' (Macromolecular Assemblies) எனும் தலைப்பில் ஏற்பாடாகியிருந்தது. அதில் ஆடா பேசுவதாகக் குறிப்பிடப்பட்டிருந்தது. ஆய்வுகளுக்குச் சவாலான மூலக்கூறுகளின் அமைப்புகளைப் பற்றி பலரும் பேசவிருந்தனர். அக்கூட்டத்தின் தலைவராக விம் ஹோல் (Wim Hol) அறிவிக்கப்பட்டிருந்தார். இவர் டச்சு நாட்டின் புகழ்பெற்ற விஞ்ஞானி. அண்மைக்காலமாக சியாட்டிலில் உள்ளார். அந்த அமர்வில் பேசுபவர்கள் ஒவ்வொருவருக்கும் 20–25 நிமிடங்கள் ஒதுக்கப்பட்டிருந்தன. கேள்வி நேரம் 5 நிமிடங்கள். ஒவ்வொரு பேச்சாளரும் ஒதுக்கப்பட்ட நேரத்திற்குள் தங்களது உரையை முடித்துவிடுகிறார்களா என கவனித்துக்கொள்வது கூட்டத் தலைவரின் முக்கியப் பொறுப்பு. மேலும் கேள்வி நேரத்தை ஓரிருவர் மட்டும் முழுமையாகப் பயன்படுத்தாமல் கவனித்துக்கொள்ள வேண்டும்.

தனது ஆய்வுகள் பற்றிய சிறிய வரலாற்றுச் செய்திகளுடன் ஆடா தனது உரையைத் துவங்கினார். முழு ரைபோசோமிற்கான தனது படிகங்களைப் பற்றிக் கூறினார். அவற்றைத் தான் எவ்விதம் அமைப்புருவாக்கம் செய்தேன் என்பதைப் பற்றி மிகவும் விரிவாகக் கூறினார். அவை ரைபோசோமின் படிவங்கள்தான் என்பதை உறுதி செய்த விதம் பற்றியும் கூறினார். அப்படிகங்கள் கதிர் விலகல் புரிந்து 2Å அளவில் இடுக்குணர் திறன் பெற்றதையும் குறிப்பிட்டார். அவர் காண்பித்த கதிர் விலகல் அமைப்புகள் திரையில் பிரமாதமாகத் தோன்றின. அப்படத்தில் பல புள்ளிகள் படத்தின் விளிம்புவரை பரவித் தென்பட்டன. அவைப் பற்றி அவர் என்ன சொல்லப் போகிறார் என்று கேட்பதற்கு நாங்களெல்லாம் ஆர்வத்தில் நாற்காலிகளின் நுனிப்பகுதிக்கே வந்துவிட்டோம்.

தனது உரையின் பெரும்பாலான பகுதியில் ஆடா, படிகத்தை மேலும் எவ்விதம் அமைப்பாக்கம் செய்தேன் என்பதை விலாவாரியாகக் கூறினார். கடைசியில் அனைவருக்கும் அதிர்ச்சிதரும் வகையில் தான் இவ்வளவு நேரம் காண்பித்தது ரைபோசோமின் படிகங்களே அல்ல என்றும் அது ஈனோலேஸ் எனும் புரோட்டீன் மாசுபொருளின் படிக அமைப்பு என்றும் தெரிவித்தார். இறுதியில் இப்படிச் சொன்னது அதுவரையில் கிளர்ந்திருந்த ஆவலை மொத்தமாகத் தணியச் செய்து பெரும் ஏமாற்றத்தை அளித்தது. அவ்வளவு நேரம் விளக்கிக் கூறியதில் தனக்கு ஒதுக்கப்பட்ட உரை நிகழ்த்துதலுக்கான கால அவகாசத்தைத் தாண்டிவிட்டார். அமர்வின் தலைவராக இருந்த விம் ஹோலால் அவரைக் கட்டுப்படுத்த இயலவில்லை. மேலும் அவர் தனது உண்மையான ரைபோசோம் படிகங்களில் நிகழ்த்திய ஆய்வுகளின் முன்னேற்ற நிலைகளை விவரிக்கத் துவங்கினார். எங்களைப் பொறுத்தவரையிலும், விக்டோரியா கருத்தரங்கில் தெரிவித்ததற்கு மேல் அவரின் ஆய்வுகள் எந்த வித முன்னேற்றமும் பெற்றிடவில்லை என்றே தோன்றியது.

அரங்கத்திலிருந்த பலருக்கும் இவர் ஏன் தேவையற்ற ஒரு மாசுப்பொருளைப் பற்றி இவ்வளவு நேரம் பேசினார் என்றே தோன்றியது. அவர் தனது உரையை முடிக்கும் வேளையில் அந்த அமர்வில் அரை மணிநேரம் கழிந்திருந்தது. அடுத்து அதே அமர்வில் யேல் பல்கலைக்

கழகத்தின் பால் சிக்ளரின் (Paul Sigler) உரை. இதுதான் கடைசி உரையும்கூட. பால், தனது உடல் அமைப்பாலும் ஆய்வு விஞ்ஞானியாகவும் ராட்சதத் தன்மையுடைய மனிதர். இவரும் LMBயில் தனது ஆய்வுப் பணியைத் துவங்கியவர். பல முக்கிய மூலக்கூறு அமைப்புகளைக் கண்டறிந்தவர். 'அமைப்புசார் உயிரியல் துறையில் (Structural Biology) தன் தலைமுறையில் பிரபலமானவர். தன்முனைப்பு, தன்னம்பிக்கை கொண்ட ஒளிவு மறைவற்ற பண்பாளர். கூற வேண்டியதை நேரிடையாகக் கூறும் இயல்புடன் கோப உணர்வும் கொண்டவர். ஒருமுறை மிகுந்த கோபத்தில் நகலெடுக்கும் கருவியின் மேல்புறக் கண்ணாடித் தகட்டினைக் கை முஷ்டியால் ஓங்கிக் குத்தி உடைத்திருக்கிறார். மற்றொரு முறை தனது இழுப்பறையை ஓங்கி அடித்துச் சிதைவடையச் செய்திருக்கிறார். இத்தகைய கோபம் இருந்தாலும் இவர் பலராலும் மதிக்கப்பட்டுப் பாராட்டப்பட்டவர்.

அன்றைய அமர்வின் முத்தாய்ப்பு நிகழ்வாகப் பாலின் உரை அமைய வேண்டும் என்பதற்காகவே அவரைக் கடைசியில் பேசும்படி நிகழ்ச்சி நிரலை அமைத்திருந்தனர். ஏனெனில் அண்மையில்தான் அவரது ஆய்வகம் GroEL எனும் ஓர் பெரிய புரோட்டீன் தொகுப்பின் அமைப்பைக் கண்டறிந்தது. இத்தொகுப்பு ரைபோசோமிலிருந்து புதிதாகத் தோன்றி வெளியேறும் புரோட்டீன்கள் முறையாக மடங்குதல் பெற்று தங்களுக்கான வடிவத்தைப் பெறுவதற்கு உதவுகிறது. அரங்கின் மேடையில் ஏறி அவர் பேசத் துவங்கும் நிலையில் திடீரென்று அமைப்பாளர்கள் அவரிடம் 'சார், நீங்கள் பேசுவதை நிறுத்திவிட்டு கீழே இறங்கிவிடுங்கள். ஒரு சில நிமிடங்களில் நோபல் அறிஞர் ஒருவர் இங்கு பேசவிருக்கிறார்' என்று கூறினார்கள். பாலுக்குச் சரியான கோபம். அன்றைய கருத்தரங்கின் உணவு வேளையில் உரை நிகழ்த்த நோபல் விஞ்ஞானி ஹேன்ஸ் டீஸன்ஹோஃபரை விழாக்குழுவினர் ஏற்பாடு செய்திருந்தனர். ஒருசில ஆண்டுகளுக்கு முன் கோல்டு ஸ்பிரிங் ஹார்பரில் நான் பயிற்சியாளராகக் கலந்துகொண்ட பயிலரங்கம் ஒன்றில் அவரது விரிவுரையைக் கேட்டிருக்கிறேன். அவ்வுரை அவர் நோபல் பரிசு பெறுவதற்கு இரண்டு நாட்களுக்கு முன்புதான் நிகழ்த்தப்பட்டது. அங்கிருந்த அனைவரும் அவரது உரையினை ரசித்தோம். விரும்பினோம். ஆனால் இன்றைய அரங்கில், உரை நிகழ்த்துவதில் அவர் பாலுக்கு நிகரானவராக இருக்க வாய்ப்பில்லை என அனைவருமே கருதினோம்.

அரங்கக் கூட்டத்தில் கிடைத்த மனவெழுச்சி தந்த செய்தி டாம் ஸ்டீயிட்ஸ் பற்றியதுதான். இவர் அனைவரும் அறிந்த மூலக்கூறுகளின் படிக வரைபட வல்லுனர். யேல் பல்கலைக்கழகத்தில் பீட்டர் மூரின் சக ஆய்வாளர். அங்கு இவர் பீட்டருடன் இணைந்து ரைபோசோம் அமைப்பை அறிவதில் ஆர்வம் கொண்டிருந்தார். டாம், தனது Ph.D ஆய்விற்கு முன்பாகச் சொந்த மாநிலமான விஸ்கான்ஸினின் லாரன்ஸ் பல்கலைக் கழகம் சென்றிருந்தார். அதன் பிறகு ஹார்வர்டு பல்கலைக் கழகத்தில் பில் லிப்ஸ்கோம் (Bill Lipscomb) எனும் புகழ்பெற்ற வேதியியல் பேராசிரியரிடம் Ph.D ஆய்வுகள் மேற்கொண்டார். பில், அமெரிக்காவின் ஆரம்பகால புரோட்டீன் படிகவியலாளர்களில் ஒருவர். ஹார்வர்டில் டாம் தனது

மனைவி ஜோனைச் (Joan) சந்தித்தார். ஜோன்,ஜிம் வாட்சனின் ஆய்வகத்தில் ரைபோசோம்களில் தனது ஆய்வுப் பணியை மேற்கொண்டிருந்தார்.

இன்றைக்கு ஜோன் உலகின் முன்னணி மூலக்கூறு உயிரியலாளர்களில் ஒருவர். ஹார்வர்ட் பல்கலைக்கழகத்தின் அனைவரும் அறிந்த செல்லியல் பேராசிரியர் ஒருவரிடம் Ph.D பட்ட ஆய்வு மேற்கொள்ள அணுகினார். ஆனால் அவர் ஜோனுக்கு வாய்ப்புத்தர மறுத்ததோடல்லாமல், 'நீ ஒரு பெண், திருமணத்திற்குப் பிறகு குழந்தைகளுடன் என்ன செய்யப்போகிறாய்?' என்று கேட்டுவிட்டார். ஜோனால் இந்தப் பதிலைத் தாங்கிக்கொள்ளவே இயலவில்லை. பேராசிரியரின் அலுவலகத்திலிருந்து வெளியில் வந்தவுடன் உணர்ச்சிகளை அடக்க இயலாமல் அழுதுவிட்டார். நல்லவேளையாக வாட்சன் எந்தவிதத் தயக்கமும் இன்றித் தனது ஆய்வகத்தில் ஜோனுக்கு வாய்ப்பளித்தார். ரைபோசோம் ஆய்வுகளின் ஆரம்ப நாட்கள் அவை. மிகுந்த உற்சாகமான காலகட்டமாக அங்கு அவருக்குப் பணி அமைந்தது.

டாம், ஜோன் இருவரும் தங்களது முது ஆய்வுப் பணிக்கு LMB சென்றனர். ஆய்வுகளுக்காக LMB செல்வது இந்த நூலில் குறிப்பிடப்பட்டுள்ள பலரின் பொதுப் பண்பாக உள்ளது. LMBயில் டாம் அன்றைய முன்னணி படிக வரைபடவியலாளர் டேவிட் புளோவிடம் ஆய்வுப் பணியில் இணைந்தார். LMBயில் ஜோனின் நுழைவு சற்றுத் தாறுமாறாகத்தான் இருந்தது. ஜோனுக்கு உகந்த இடத்தை LMBயில் அளிக்கும்படி வாட்சன் பரிந்துரை செய்து கிரிக்கிற்கு எழுதியிருந்தார். ஆனால் அங்கு சென்று கிரிக்கைச் சந்திக்கையில் அவர் 'LMBயில் இப்போது இடமில்லை' என்று கூறி நூலகத்தில் அமர்ந்து 'புத்தகங்களில் ஆய்வுகளை' மேற்கொள்ளும்படி கூறிவிட்டார். அதிர்ஷ்டவசமாக மார்க் பிரெட்ஷே (Mark Bretscher) தனது இடத்தை ஜோனுக்குப் பங்கிட்டுக் கொடுத்தார். பிறகு அங்கு பணியாற்றிய ஜோன், ரைபோசோம் பற்றிய மிக முக்கியமான கண்டுபிடிப்பு ஒன்றினை நிகழ்த்திக் காட்டினார். ரைபோசோம்கள் mRNA மூலக்கூறின் எந்தச் சரியான இடத்திலிருந்து எவ்விதம் தங்களது செயல்களைத் துவங்குகின்றன என்பதே அவரது கண்டுபிடிப்பு.

பல கல்லூரிகளில் கல்வியாளர்களுக்கிடையே சகஜமாகப் பழகிக் கொள்ளும் சமூக அங்கீகரிப்புகள், விருந்து நேரங்களில் ஏற்படும். குறிப்பாக 'High Table' எனும் முக்கிய விருந்தினர்களின் மேடை இருக்கைகளில் அமர்வோரிடம் நிகழும். அறிவார்ந்த உறுப்பினர்களுக்கும் அவர்தம் சிறப்பு விருந்தினர்களுக்கு மட்டுமே சற்று உயர்ந்த இடத்தில் அமைந்த, நீண்ட விருந்து மேசையில் இடமிருக்கும். எனவேதான் இம்மேசைகளுக்கு 'High Table' (சிறப்பு விருந்து மேசை) என்று பெயர். இவ்வகைப் பண்பாடு பல கல்லூரிகளிலும் உண்டு. இத்தகைய நிகழ்வுகளில் பெண்களையும் சிறப்பு விருந்து மேசையில் பங்கேற்கச் செய்வது அவசியம் என மார்க் கருதினார். அன்றைய நிலையில் கேம்பிரிட்ஜ் கல்லூரிகள் பலவற்றில் பெண்களை அவ்விதம் ஏற்றுக்கொள்வதில்லை. (இதற்கு கிரிட்டன் அல்லது நியூன்ஹேம் போன்ற பெண்கள் கல்லூரிகள் விதிவிலக்கானவை.) இந்நிலையை மாற்றுவதற்கென மார்க், 'ஃபெல்லோ' (fellow) எனும் அறிவார்ந்த உறுப்பினராக கான்வில் (Gonville), கேயஸ் (Caius) கல்லூரிகளின் 'விருந்தினர் அறை உறுப்பினர்'

எனும் நிலைக்கு ஜோனின் பெயரை பரிந்துரை செய்தார். ஒரு பெண், ஒருவருடைய விருந்தினர் எனும் நிலையில் இல்லாமல் முதன் முறையாக 'விருந்தினர் நிலை'யில் பங்குபெறும் தகுதி ஜோனுக்குக் கிடைத்தது.

முதுநிலை ஆய்வாளராகச் செயல்படும் காலம் முடிவடையும் தருணத்தில் டாம், பெர்க்லியில் வேலை வாய்ப்பைப் பெற்றார். டாம், ஜோன் ஆகிய இருவரும் பெர்க்லி செல்லும் வழியில் பிரின்ஸ்டன், யேல் பல்கலைக் கழகங்களில் வேலைக்கான நேர்காணல்களில் பங்குபெறும் வாய்ப்புகள் கிடைத்தன. இரு பல்கலைக்கழகங்களிலுமே அவர்களுக்கு வேலை வாய்ப்புகள் அளித்தனர். இதற்குமேல் ஏற்பட்ட அனுபவம் பற்றி டாம் இப்படிக் கூறுகிறார்: "இவ்வாய்ப்பளிப்பிற்கான நான்கு கடிதங்களையும் பெர்க்லியின் பயோகெமிஸ்ட்ரி பேராசிரியரின் மேசையில் அவர் முன் வைத்து அங்கு ஜோனுக்குப் பணிபுரிய வாய்ப்பு கிடைக்குமா எனக் கேட்டேன். கடிதங்களைப் பார்த்த அவர் என்னிடம் 'ஜோன் ஒரு பெண். பொதுவாகப் பெண்கள் முழுபொறுப்புடன் தங்களுக்கான ஆய்வகத்தை நடத்திக் கொள்ளும் வழக்கம் இங்கு இல்லை. அவர்கள் தங்களது கணவரின் ஆய்வகத்தில் வேண்டுமானால் வேலை செய்யலாம்' என்றார். நாங்கள் அங்கிருந்து யேல் பல்கலைக்கழகமே சென்றோம்."

இவர்கள் இருவரும் நட்சத்திர மதிப்புபெற்ற இணையர். தத்தமது துறைகளில் போட்டி போட்டுக்கொண்டு முன்னேறிக்கொண்டிருந்தவர்கள். ஜோன், மூலக்கூறு உயிரியலின் பல துறைகளில் முன்னோடி ஆய்வாளராக விளங்கினார். ஸ்ப்ளைசியோசோம்கள் (Spliceosomes) எனும் மூலக்கூறுகளைக் கண்டுபிடித்தார். இவை உயர் மட்ட உயிரிகளில் ரைபோசோமானது RNAக்களின் செய்திகளைப் பெறுவதற்கு முன் RNAக்களைத் தேவையான தன்மையில் வெட்டி, ஒட்டும் தன்மையுடையவை. ஜோன், டாமை முந்திக்கொண்டு புகழும் அங்கீகாரமும் பெற்றுவிடும் இயல்பு கொண்டவர். உதாரணமாக அவர் 'தேசிய அறிவியல் அகாடமிக்கு'த் தேர்ந்தெடுக்கப்பட்டதைக் கூறலாம். அவர் இன்றுவரை நோபல் பரிசு பெறாமலிருப்பது ஆச்சரியமே. டாம் பெறுவதற்க்கு முன் இவர் நோபல் பெற்றுவிடுவார் என நாங்கள் நெடுநாட்களாக எண்ணிக்கொண்டிருந்தோம்.

இவர்கள் இருவருடனும் எனக்கு முதன்முதலாகத் தொடர்பு ஏற்படும் வேளையில் டாம், தனது தலைமுறையின் முன்னோடி படிக வரைபட விஞ்ஞானியாக விளங்கினார். அவர் சற்று பருத்த உடல்வாகு கொண்டவர். தனது நண்பர் டான் எங்கிள்மேனுடன் சென்று முறையாக உடற்பயிற்சி செய்பவர். அவர்கள் இருவரும் நாடியில் பட்டை போன்ற தாடி வைத்திருந்தனர். டாம் பார்ப்பதற்கு ஸ்விஸ்–ஜெர்மானிய வம்சாவளியின் பழமைக் கிறித்தவர்களாகிய 'ஆமிஸ்'களைப் (Amish) போன்று தோற்றமளிப்பார். அவரை நான் முதலில் பார்த்தபோது சற்றே திமிரான, ஆடம்பர ஆசாமி என எண்ணினேன். இவ்வெண்ணம் எனது ஆழ்மனதின் ஒருவகையான பாதுகாப்பற்ற எண்ணத்தின் வெளிப்பாடு என்று பிறகு உணர்ந்துகொண்டேன். இவர் மிட் வெஸ்டர்னர்ஸ் (Mid westeners) எனும் வட அமெரிக்க மாநிலத்தவர். எனவே எதனையும் அன்புடன் நேரடியாகத் தெரிவித்துவிடும் இயல்பு கொண்டவர். இப்பகுதியின்

மக்களைப் பற்றி எனக்கு நன்கு தெரியும். அவர்களுடன் நான் நெருங்கிப் பழகியவன். அவர்களில் ஒருவரைத்தானே நான் திருமணம் புரிந்து பல ஆண்டுகளாக வாழ்க்கை நடத்திவருகிறேன். அறிமுகமான ஒருசில ஆண்டுகளில் டாம்மும் நானும் நல்ல நண்பர்களானோம். ஆய்வுகளில் நாங்கள் போட்டியாளர்கள்தான். இருப்பினும் டாம் எனக்கு எப்போதும் உதவிகளும் ஆதரவும் தருபவர். வெள்ளந்தியான உள்ளத்துடன் அவர் வெளியிட்ட அடுத்தடுத்த பல புரோட்டீன் அமைப்பு கண்டுபிடிப்புகள் சிலருடன் அவருக்கு அன்பான நட்பினைத் தரவில்லை. எங்களில் பலருக்கு அவரது மிகச் சிறந்த ஆய்வுத் தீர்மானங்களும் தொடர்ந்த வெற்றிப் பதிவுகளும் பிரமிப்பைத் தந்தன. ஒரு சிலர் என் காதுபடவே ஏளனமான பாணியில் “ஆமாமா பெரிய மூலக்கூறு விஞ்ஞானியைக் கட்டிக்கொண்டால் பெரிய ஆய்வுத் தீர்மானங்கள் செய்பவராகத்தானே இருக்க முடியும்” என்று கேலியாகக் கூறுவதுண்டு. ஒருவேளை ஜோனை மணமுடித்ததால் ஆராய்ச்சிகளில் அவருக்கு ஜோனிடமிருந்து உதவிகள் கிடைத்திருக்கலாம். ஆனால் டாம் தன்னளவில் தெளிவான சிந்தனையுடன் பிரச்சினைகளின் ஆழமான தன்மையையும் செயல்பாடுகளையும் நன்கு அறிந்துகொள்ளும் இயல்புடையவர். DNA எவ்விதம் பிளவுபட்டு RNAக்கு செய்திகளைக் கடத்தி புரோட்டீன் தயாரிப்பில் உதவுகிறது என்பது போன்ற அடிப்படை மையக் கருத்தை அறிந்து தெளிவான பார்வையுடன் செயல்படக்கூடியவர். அவர் தனது ஆய்வுத் திட்டங்களுக்குப் பல ஆண்டுகளைச் செலவிட்டாலும் விடாப்பிடியான செயல்பாட்டால் திட்டத்தின் ஒவ்வொரு பிரச்சினையையும் சரிசெய்து முடிக்கும் இயல்பு கொண்டவர். எனவே இப்பண்புகளுடன் ரைபோசோம் தொடர்பான ஆய்வுகளையும் அவர் நன்கு செய்து முடிப்பார் என்பது நிச்சயம்.

படம் 8.1 1978இல் டாம் – ஜோன் ஸ்டீயிட்ஸ்

டாம், பீட்டர் ஆகிய இருவரும் இணைந்து ரைபோசோம்கள் பற்றிய ஆராய்ச்சியில் ஈடுபட இருக்கிறார்கள் எனக் கேள்விப்பட்டவுடன் நான் சற்று மனக் கலக்கமடைந்தேன். அவர்கள் இருவரது கூட்டு முயற்சியும் திறமைகளும் எனக்கு அறைகூவலான போட்டியாக இருக்கும் எனக் கருதினேன். பின் அவர்கள் ரைபோசோம்கள் 50S துணையலகுகளில் மட்டுமே கவனம் செலுத்தவிருக்கிறார்கள் என்று கேள்விப்பட்டவுடன் மன நிம்மதியடைந்தேன். அவர்கள் H.marismortuiஇல் பெற்ற மேம்படுத்தப்பட்ட படிகங்களிலிருந்து தங்களது ஆய்வுகளைத் துவங்குகிறார்கள் என்றும் கேள்விப்பட்டேன். சியாட்டிலில் நடைபெற்ற ஒரு கருத்தரங்கக் கூட்டத்திற்கு டாம் வந்திருந்தார். நானும் சென்றிருந்தேன். அவரைச் சந்தித்தேன். அப்போது "ஆடாவுடன் நீங்கள் போட்டியிடப்போகிறீர்களா" என்று கேட்டேன். அதற்கு அவர் சிரித்துக்கொண்டே, "சிலவற்றில் அவரிலிருந்து வேறுபட்டும் செய்யலாம் என்றிருக்கிறோம்" என்றார்.

ஆடாவின் 50S படிகங்களைப் பயன்படுத்தி எனது படிகநிலைகளை அறியும் முறைகளைச் சீர் செய்துபார்க்கலாம் என எண்ணியதுண்டு. ஆனால் ஆடாவுடன் போட்டிக்குச் செல்ல நான் விரும்பவில்லை. நான் அவ்விதம் அவரது ஆய்வுத் தேடுதலுக்குள் நுழைவதை ஒருவரும் ஏற்றுக்கொள்ள மாட்டார்கள் என நினைத்தேன். அறிவியல் ஆய்வில் எந்த ஒரு 'தேடுதல் காரணமும்' ஒருவருக்கே சொந்தமானதாக இருக்க முடியாது. ஓர் ஆய்வின் முடிவு பொதுத் தளத்தில் வெளியிடப்பட்ட பிறகு யார் வேண்டுமானாலும் அம்முடிவு கிடைதத்தற்கான செய்முறைகளைத் தாங்களும் செய்து பார்க்கலாம். முதலில் கண்டுபிடித்தவருடன் போட்டியும் இடலாம். பயனுள்ளவற்றில் யார் அது தொடர்பாக முதல் ஆய்வு செய்திருந்தாலும் பிறரும் தொடர்ந்து அதைச் செய்துபார்க்கலாம். இத்தகைய முயற்சிகளால்தான் அறிவியல் வளர்ச்சியடைகிறது. புரோட்டீன்–படிகவியலின் துவக்கத்தில் X– கதிர் கருவிகளும் கணினிகளும் இன்றைய அளவிற்கு முன்னேறியனவாக இல்லை. அவை மிகவும் எளிய தன்மைகளுடையவை. அவற்றைப் பயன்படுத்திப் படிகங்களிலிருந்து தேவையான தரவுகளைப் பெறுவதற்கு சிரமப்பட்டனர். நீண்ட காலமும் தேவைப்பட்டது. அன்று ஒரு நெறிமுறை இருந்தது. அதாவது, ஒரு குறிப்பிட்ட மூலக்கூறின் படிகத்தை சிரமப்பட்டு உருவாக்கியவருக்கே அதிலிருந்து தரவுகளைப் பெறும் உரிமையும் உரித்தானது. வேறு ஒருவரும் அக்குறிப்பிட்ட மூலக்கூறு ஆய்வில் ஈடுபடுவதில்லை. ஏகப்பட்ட மூலக்கூறுகள் உள்ளனவே. அவற்றில் எந்த ஒன்றில் வேண்டுமானாலும் ஆய்வுகளில் ஈடுபடலாம். இது ஒரு நடைமுறை ஆய்வுச் செயல்பாட்டு வழக்கம். ஆனால் ரைபோசோம்களைப் பொறுத்தமட்டில் பிரச்சினையே வேறு மாதிரியானது. இவை மிக முக்கிய அமைப்புகள். இவற்றைப் படிகங்களாக உருவாக்கிப் பல ஆண்டுகள் ஓடிவிட்டன. இருப்பினும் இவற்றின் அமைப்பை அறிந்துகொள்வதில் எந்த ஒரு முன்னேற்றமும் ஏற்படவில்லை.

ஆடா மேற்கொண்டிருந்த ஆய்வுகளுக்கு ஹெயின்ஸ்–குன்ட்டர் விட்மான், ஜான் கென்டிரூ போன்ற பலரும் ஊக்கமளித்தனர். முதன் முதலாகப் படிகவியல் மூலம் அணுக்களின் அமைப்பினை புரோட்டீன் மூலக்கூறில் கண்டுபிடித்த ஜான் கென்டிரூ தனது ஆய்விற்கும் ஆடாவின்

ரைபோசோமின் அமைப்பறிதலுக்கும் ஒற்றுமைகள் இருப்பதாகக் கருதினார். ஆடா, காரணத்தோடுதான் 'சின்க்ரோட்ரான்' எனும் 'ஒருங்கிசைவு துகள்முடுக்கி' வசதி அமைந்துள்ள இடத்திற்கு அருகில் தனது ஆய்வகத்தை அமைத்திருந்தார். மாக்ஸ்-பிளாங்க் சொஸைட்டி அவருக்குப் பெரிய அளவில் உதவியது. பெர்லினில் ரைபோசோம் பற்றிய ஆய்வுகளில் செயல்பட்டுப் படிகங்களை உருவாக்குவதில் நன்கு அவருக்கு உதவினர். வீஸ்மான் நிறுவனம் ஜெர்மனியில் ஆய்வுகள் மேற்கொள்ள நீண்டகால அனுமதியை விதிவிலக்காக அளித்திருந்தது. மேலும் ஜெர்மனியில் குறிப்பிட்ட காலம் பணியில் இருக்கும்போதே இஸ்ரேலிலும் ஓர் ஆய்வகத்தை நடத்திக்கொள்வதற்கு அனுமதியளிக்கப்பட்டிருந்தது. பொதுவாகவே அவரது ஆரம்பகால ஆய்வு முயற்சிக் காலத்திலிருந்து பலரும் அவரைப் பாராட்டி ஊக்குவித்துள்ளனர். பன்னாட்டுக் கருத்தரங்கங்கள் பலவற்றிலும் பேசுவதற்கான வாய்ப்புகளை அளித்துள்ளனர்.

இவ்வளவும் இருந்தாலும் அவரோ அல்லது அவரது ஆய்வகத்தி லுள்ளவர்களோ இதுவரை பெரிய கடினமான மூலக்கூறு அமைப்பினைக் கண்டறிந்ததில்லை. படிக வரைபடத் துறையில் வல்லுநர்களான எவருடனும் அவர் இணைந்து செயல்பட்டதும் இல்லை. இவரது முயற்சிகள் எப்படியெனில், இதுவரை ஏதேனும் ஒரு மலைச்சிகரத்தையும் ஏற முயற்சிக்காத ஒருவர் நேரடியாக, வழிநடத்துதலுக்கு அனுபவமுள்ள ஷெர்ப்பாவைக்கூட அமர்த்திக்கொள்ளாமல், முதல் பயணத்திலேயே எவரெஸ்ட் சிகரத்திற்குச் செல்ல முயற்சிப்பது போலிருந்தது. ஆடா, விட்மானின் ஆய்வுத் துறையில் செய்ய இயலாது என்ற ஆய்வினை, தைரியமாகத் தனது விடாப்பிடித்தனத்தால் மேற்கொண்டிருந்தார். அம்முயற்சியின் பலனாக முடிவில் அவர் பெற்ற சிறந்த 50S துணையலகுகளே அவரை அடுத்த ஆய்வுநிலைக்குக் கொண்டு செல்வதற்கும் தடையாக அமைந்துவிட்டன. 15 ஆண்டுகளுக்கு முன் அவர் உருவாக்கிக் காண்பித்த முதல் படிகங்களைத் தொடர்ந்து ஆய்வுகளில் எந்த ஒரு முன்னேற்றமும் ஏற்படவில்லை. இதனால் இதுவரை பாராட்டியவர்கள் பொறுமையிழந்து சலிப்படையும் நிலை தோன்றியதில் ஆச்சரியம் எதுவும் இல்லை என்றே கூறலாம்.

டாம், பீட்டர் ஆகிய இருவரும் 50S துணையலகில் ஆடாவைத் தொடர்ந்து ஆய்வுகள் மேற்கொண்டு தங்களின் புதிய முடிவுகளை வெளியிடுகையில் அவற்றைப் பிற விஞ்ஞானிகள் எவ்விதம் எடுத்துக் கொள்வார்கள் என நான் வியப்படைவதுண்டு. விருந்துக் கூட்டமொன்றில் புகழ்பெற்ற பிரித்தானியப் படிகவியலாளராகிய கை டாட்சனைச் (Guy Dodson) சந்திக்க நேர்ந்தது. அவரிடம் ஆடா முதலில் கண்டுபிடித்த படிகங்களில் போட்டியாக, டாம் ஆய்வுகள் மேற்கொள்ளுவது பற்றி என்ன நினைக்கிறார் என்று வினவினேன். அதற்கு அவர் மற்றவர்களும் அப்படிகங்களில் ஆய்வுகள் செய்யும் காலம் நெருங்கிவிட்டது என்று எந்தவிதத் தயக்கமும் இல்லாமல் கூறிவிட்டார்.

சிறிய ஆய்வுக் குழுவினையும் குறைந்த உதவித்தொகையையும் பெற்றுள்ள எனக்கும் இத்தகைய ஆராய்ச்சிக்கான பந்தயத்தில் பங்குபெற

வாய்ப்பு கிடைத்துவிட்டதாகவே எண்ணிக் கொண்டேன். இதில் மனநிம்மதி யாதெனின் குறைந்தபட்சமாக நான் யாருடனும் நேரடியாகப் போட்டியிடத் தேவையில்லை. அதிலும் குறிப்பாக எனது வழிகாட்டிகளான பீட்டர், டாமுடன் நிச்சயம் போட்டியில்லை என நினைத்துக்கொண்டேன். 30S துணையலகில் அமைதியாக ஆய்வுகளை மேற்கொள்வதன் மூலம் ஆய்வுலகில் எனக்கான இடத்தைத் தோற்றுவித்துக்கொள்ளலாம் என உணர்ந்தேன். புதுப்பித்துக்கொண்ட மனவுறுதியுடன் ஆய்வுகளுக்காக யூட்டாவிற்குத் திரும்பினேன்.

9

யூட்டாவில் தொடங்குகிறது

மீண்டும் யூட்டாவில் அனைத்தையும் புதிதாகத் துவங்குவது முதலில் மனச்சோர்வு தருவதாகவே இருந்தது. புரூக்ஹேவனிலிருந்த நன்கு பராமரிக்கப்பட்ட ஆய்வகத்தை விட்டுவிட்டு நான் இங்கு வந்திருக்கிறேன். அது மட்டுமல்ல சிறந்த உடன் ஆய்வாளர்களும் பல பணியாளர்களும் அங்கிருக்கிறார்கள். அவர்கள் அனைவரும் எனது ஆய்வின் நோக்கத்தை உணர்ந்து செயல்பட்டவர்கள். அங்குள்ள பல பணியாளர்கள் என்னை அறிந்துகொண்டு விரும்பியவர்கள். நான் தனித்த ஆளுமையுள்ள விஞ்ஞானியாக வளர உதவியவர்கள். எனக்குப் படிகவரைபடவியலையும் மூலக்கூறு உயிரியலுக்கான தொழில்நுட்பங்களையும் கற்பித்தவர்கள். இங்கு நான் ஆய்வகத்தில் தனியனாக உணர்ந்தேன். பல மாதங்கள் நானாகத்தான் தனிப்பட வேலை செய்துகொண்டிருந்தேன். எனது ஆய்வகத்தைக் கடந்து செல்லும் மாணவர்களும் முதுநிலை ஆய்வாளர்களும் பேராசிரியர் ஒருவர் தனியே பெட்டிகளைப் பிரித்து ஆய்வுக்கான கருவிகளை எடுத்துவைத்து வேலைகளைத் துவங்குவதை ஆர்வ மிகுதியுடன் கவனித்துச் சென்றுகொண்டிருந்தார்கள்.

எனினும், யூட்டாவில் உள்ளவர்கள் என்னை வரவேற்கும் தன்மையும் ஆதரவளிக்கும் எண்ணமும் கொண்டவர்களாகவே இருந்தார்கள். இங்கு வந்த ஓராண்டிற்குள் ரைபோசோமில் ஆய்வு செய்யும் ஒரு சிறு குழுவினரை ஒருங்கிணைத்துவிட்டேன். அதில் இரண்டு பட்டதாரி மாணவர்கள், ஒரு முதுநிலை ஆய்வாளர், ஒரு தொழில்நுட்ப உதவியாளர் ஆகியோர் அடங்கியிருந்தார்கள். இவர்களுடன் குரோமாட்டினில் ஆராய்ச்சி செய்பவர்கள் அங்கிருந்தார்கள். குறிப்பாக பாப் டட்நல் (Bob Dutnall) அங்கிருந்தார். பல திறமைகள் உள்ளவர்களின் ஒருங்கிணைவாக அவ்விடம் அமைந்தது எங்களுக்குத் தேவையான அடிப்படை நிதி ஆதாரமாக, அமைந்திருந்தது நான் மேற்கொண்ட பணிகளுக்காகத் தேசிய உடல்நல நிறுவனம் (National Institute of Health (NIH)) அளித்துவந்த

மானியம் மட்டுமே. இப்பணியில் ரைபோசோமில் உள்ள தனிப்பட்ட புரோட்டீன்களின் அமைப்புகளைக் கண்டறிவதற்குத் துணையாக ஸ்டீவ் ஒயிட் இருந்தார். ஆய்வுகள் மேற்கொள்ள வேண்டிய புரோட்டீன்கள் எண்ணிக்கையில் அதிகம் இருந்தன. இதனால் எங்களது வேலை பல நாட்கள் நீடிப்பதற்கு வாய்ப்புகள் இருந்தன. ஆனால் தொடர்ந்து ஒரே மாதிரியான பணியை மேற்கொண்டிருக்கும்போது பல நாட்களாகத் தபால் தலைகளை சேகரித்தலில் ஈடுபட்டுக்கொண்டிருப்பதைப் போன்ற உணர்வு தோன்றியது. எனது வேலை, புதியவர்கள் பலருக்குப் படிக வரைபடவியலைக் கற்றுத்தரும் நல்வாய்ப்பாக விளங்கியது. அவர்கள் தங்களின் திட்டப்பணிகளை அதிக சிரமமின்றி மேற்கொள்ள அப்பயிற்சி உதவியது.

யூட்டாவில் என்னுடன் முதலில் இணைந்தவர் பில் கிளமன்ஸ் *(Bil Clemons)*. இவர் உயர்ந்த, பருமனான உடலமைப்புக் கொண்ட ஆப்பிரிக்க – அமெரிக்கன் இளைஞர். குட்டையான தலைமுடியும் பெரிய கண்ணாடியும் இவரது அடையாளங்கள். தன்னைத் தனது தந்தையிடமிருந்து வேறுபடுத்திக் கொள்வதற்காக *'Bill'* எனும் தனது தந்தையின் பெயரில் ஓர் *'l'* ஐ நீக்கித் தனது பெயரை *'Bil'* என அமைத்துக்கொண்டவர். இவரது தந்தை அமெரிக்கக் கப்பற்படையில் கேப்டனாக இருந்தவர். அவர் கப்பற்படைப் பிரிவின் இசைக் குழு ஒன்றின் நடத்துநர். பில்லின் தந்தையின் சகோதரர் கிளாரன்ஸ் சாக்ஸ்ஸபோன் இசைக் கலைஞர். இவர் புரூஸ் ஸ்பிரிங்ஸ்டீனின் ஈ ஸ்டீரிட் பேண்டில் சாக்ஸ்ஸபோன் இசைத்துக்கொண்டிருந்தார். அவர் மறைவிற்குப் பிறகு அவரது இடத்தை பில்லின் சகோதரர் ஜேக் (Jake) பெற்றார். எனது ஆய்வகத்தில் சேரும்போது பில் அனுபவமற்ற, ஆர்வமுள்ள இளைஞராக இருந்தார். இங்கு பணிபுரியத் துவங்கிய பின் முடிவெட்டிக்கொள்வதைத் தவிர்த்துவிட்டு நீண்ட முடியுடன் பின்னலிட்டு பல ஜடைகளை அமைத்துக்கொண்டார். ராஸ்டஃபேரியன் (Rastafarian – ஜமாய்க்கா நாட்டின் மத இயக்கத்தினர்) போன்று இருந்தார். அனைவருடனும் நன்கு பழகக்கூடியவர். அன்று இவரது ஆர்வம் பார்பிகியூ, பீர், ஹிப்–ஹாப் இசை ஆகியவையாக இருந்தன. நானோ இறைச்சி, மது ஆகியவற்றை ஒதுக்கித் தள்ளியவன். பாரம்பரிய இசையில் நாட்டமுடையவன். பண்பாடு ரீதியாக எனக்கும் அவருக்கும் இடையில் மிகப்பெரிய இடைவெளி. ஆனால் எப்படியோ இருவரும் ஒருங்கிணைந்து பணியாற்றினோம்.

பட்டப் படிப்பு மாணவர்களுக்கான முதல் சுற்று ஆய்வுத் திட்டத்தினை எனது ஆய்வகத்தில் பில் மேற்கொண்டார். ஆய்வகத்தில் பணியாற்றத் துவங்கிய சிறிது காலத்திலேயே சிறிய ரைபோசோம் புரோட்டீன்களாகிய S15–களைப் படிகங்களாக்கிக் காண்பித்தார். இங்கு அவரது முதல் ஆண்டுப் பணிக்காலம் முடிவடையும் தருணத்தில் அடுத்த ஒருசில ஆண்டுகளுக்கு தனது Ph.D ஆய்வினை எங்கு மேற்கொள்வது என அவர் முடிவு செய்ய வேண்டியிருந்தது. எனது ஆய்வக அறையின் அருகிலிருந்த வெஸ் சன்ட்குவிஸ்ட் மற்றும் கிறிஸ் ஹில் ஆகியோரின் பரபரப்பான ஆய்வக அறைகளுடன் ஒப்பிடுகையில் எனது ஆய்வக அறை பரபரப்பின்றிக் காலியானதாகவே இருந்தது. ஏற்கெனவே தான் மேற்கொண்ட திட்டப் பணியில் S15 படிகங்களை உருவாக்கிய பில், செயல்திறன் கொண்ட ஆய்வாளராகவே விளங்கினார்.

இருவரும் அமர்ந்து பேசினோம். S15 புரோட்டீன்களிலேயே அவர் தனது ஆய்வுகளைத் துவங்கலாம் என்றேன். ஆனால் எனது தொலைநோக்கு எண்ணத்தில் 30S துணையலகு இருந்துகொண்டிருந்தது. அதை பில்லிடம் வெளிப்படையாகத் தெரிவிக்கவில்லை. ஜெர்மனியில் சிறந்த நிதியுதவியுடனும் வசதிகளுடனும் செயல்படும் ஆடாவினாலேயே இத்தனை ஆண்டுகளில் 30S துணையலகு ஆய்வுகளை செய்து முடிக்க இயல வில்லையே என அறிந்து பில், சந்தேகப்பட்டு பயந்துவிடுவார் என்று எண்ணினேன். S15 படிகங்களில் Ph.D ஆய்வு துவங்கலாம் என்று தெரிவித்தவுடன் பில்லின் கண்கள் ஒளிரத் துவங்கிவிட்டன. அவர் துவக்கத்தில் சிறிய புரோட்டீன்களில் ஆய்வுகள் செய்வது நல்லது என்றே நான் நினைத்தேன். மூலக்கூறுகளின் அமைப்பை அறியும் தொழில்நுட்பத்தை நன்கு கற்றுக்கொண்டு அதன்பின் அவர் 30S துணையலகில் வேலை செய்யலாம் எனக் கருதினேன். பில்லின் ஆற்றல், நம்பிக்கை, புதிய அணுகுமுறைகளைக் கடைப்பிடிக்கும் திறமை போன்றவை அடுத்துவரும் ஆண்டுகளில் மதிப்புடையவைகளாகவே அமைந்தன.

படம் 9.1 யூட்டாவில் உள்ள நூலாசிரியரின் ஆய்வகத்தில்:
நூலாசிரியருடன் - ஜோன்ன மே, பாப் டட்னெல், பிரையன் விம்பர்லி,
ஜான் மெக்ட்சியோன், பில் கிளமன்ஸ்

அடுத்து எங்களது குழுவில் இணைந்தவர் பிரையன் விம்பர்லி (Brian Wimberly). இவர் ஏற்கெனவே நான் புரூக்ஹேவனில் இருந்தபோது அங்கு எனது ஆய்வகத்தில் பணியாற்ற ஆர்வம் காட்டியவர். நான் யூட்டாவிற்குச் செல்லவிருப்பதை அவரிடம் கூறியிருந்தேன். ஒரு வருடம் காத்திருந்து பின் யூட்டாவில் என்னைத் தொடர்புகொண்டார். இவர் பெர்க்ளியின் கலிஃபோர்னியா பல்கலைக் கழகத்தில் Ph.D பட்டம் பெற்றிருந்தார். அங்கு இக்னாஷியோ 'நாச்சோ' டினோகோவிடம் (Ignacio 'Nacho' Tinoco) பயின்றவர்.

அந்த ஆய்வகத்தில் NMR (Nuclear Magnetic Resonance) எனும் வேறு ஒரு முறையைப் பயன்படுத்தி ஆய்வுகள் செய்தவர். அதன் மூலம் ரைபோசோமில் ஒரு RNA துணுக்கு வித்தியாசமான அமைப்பைக் கொண்டுள்ளது எனக் கண்டறிந்தவர். முதுநிலை ஆய்வாளராக லா ஜோல்லாவின் (la Jolla) ஸ்கிரிப்ஸ் ஆய்வு நிறுவனத்தில் பணியாற்றியுள்ளார். அங்கு கால்ஷியத்துடன் இணையும் புரோட்டீன்களைப் பற்றி ஆய்வு செய்திருக்கிறார். RNAயில் பல ஆய்வுகள் செய்திருந்தாலும் RNA மூலக்கூறுகளின் மீது அவருக்கிருந்த ஈடுபாடு குறையவே இல்லை. தனது முதுநிலை ஆய்வுக் காலம் முடிவடையும் தருணத்தில் இக்கட்டான சூழ்நிலையில் இருந்தார். அடுத்து கிடைக்கவிருந்த ஜியார்ஜியாவில் உள்ள ஜியார்ஜியா தொழில்நுட்ப நிறுவனத்தின் ஆசிரியர் பணியை நிராகரிப்பதா ஏற்றுக்கொள்வதா, மீண்டும் முதுநிலை ஆய்வுப் பணியா இதில் எதனை முடிவு செய்வது, எனும் இதுவா, அதுவா நிலையில் இருந்தார். என்னுடன் இரண்டாவது முதுநிலை ஆய்வுப் பணியில் சேர்ந்து படிக வரைபடவியலைக் கற்றுக்கொள்வதில் ஆர்வம் கொண்டிருந்தார். அவரை ஆய்விற்கு எடுத்துக்கொள்ள நானும் ஆர்வமாகவே இருந்தேன். RNA மூலக்கூறு பற்றிய சிறந்த அறிவும் திறனும் அவரிடம் இருந்தன. ரைபோசோமின் அமைப்பில் மூன்றில் இரண்டு பங்கு பகுதியில் RNA மூலக்கூறுகள் அமைந்துள்ளன. இருப்பினும் எனக்கு RNA பற்றிய முழுமையான புரிதல் இல்லை.

தனது குழப்பத்திற்கு விடை காண பிரையன் எனது வீட்டில் என்னைச் சந்தித்தார். நான் நேரடியாக அவரிடம் எனது எண்ணத்தைத் தெரிவித்தேன். மேலும் சால்ட் லேக் சிட்டி எந்த அளவிற்கு சிறந்த, பாதுகாப்பான இடம் என்பதை வலியுறுத்திக் கூறினேன். அடுத்த நாள் காலையில் வீட்டை விட்டு வெளியில் வருகையில் யாரோ அங்கிருந்த கார்களின் கண்ணாடிகளை உடைத்திருந்தார்கள். நான் அவரிடம் முந்தைய நாள் சொன்னதற்கு முரண்பட்ட நிகழ்வு. அவரிடம் பேசி அவரை இங்கு தக்கவைக்க எடுத்த முயற்சிகள் வீணாகிவிடுமோ என அஞ்சினேன். ஆனால் அதிர்ஷ்டவசமாக எனது மனைவி வேரா அவரை Salt Lake Cityயின் மலைப்பகுதிகளைக் காண்பதற்கென நடைப்பயணத்திற்கு அழைத்துச் சென்றுவிட்டார். அந்த வசந்த காலத்தில் அவ்விடத்தின் அழகால் கவரப்பட்ட பிரையன், இங்கேயே இருந்துவிடலாம் எனும் முடிவிற்கு வந்துவிட்டார். இப்படித்தான் அவரை நான் எனது ஆய்வகத்தில் சேர்த்துக்கொண்டேன்.

இதற்கு அடுத்த ஆண்டு விஸ்கான்ஸினில் பயின்ற மாணவர் ஜான் மெக்கட்சியோன் (John Mecutcheon) எனது ஆய்வகத்தில் சேர விரும்புவதாகக் கூறி வந்திருந்தார். அவர் திறமைசாலியாகவும் ஆர்வமுள்ளவராகவும் தோற்றமளித்தார். அவர் பிரையனுடன் இணைந்து RNAயின் குறிப்பிட்ட பகுதிகளில் பொருந்தும் ரைபோசோம் புரோட்டீன்களைப் படிகங்களாக உருவாக்கி ஆய்வுகள் மேற்கொள்ளலாம் என எண்ணினேன். ஆனால் ஜான் அந்த ஆய்வு மிகவும் எளிதான ஒன்று எனக் கூறி அதை மறுத்துவிட்டுச் சற்றுச் சிக்கலான 30S துணையலகுகளின் அமைப்பில் ஆய்வுகள் செய்வதற்கு விருப்பம் தெரிவித்தார். இதனால் இப்போது 30S அமைப்பில் ஆராய்ச்சி செய்வதற்கு இரண்டு மாணவர்கள் கிடைத்துவிட்டனர். பில், ஜான் ஆகிய இருவருக்கும் படிகவியல் பற்றியோ, ரைபோசோம் பற்றியோ முழுமையாகத்

தெரியாது. இருப்பினும் எனது ஆய்வுத் திட்டத்தின் வழியே ஆய்வுக் கட்டுரைகள் வெளியிடுவதற்கு நல்ல வாய்ப்பாக அமையும் என்று கூறி அவர்கள் அதை எளிதில் ஏற்றுக்கொள்ளச் செய்துவிட்டேன்.

எங்களது ஆய்வுகளை எப்படித் துவங்குவது என்பதுதான் அடுத்த பிரச்சினை. ரஷ்யாவில் கார்பெர் குழுவினர் முதன் முதலாக வெளியிட்ட 30S துணையலகு பற்றிய அறிக்கை *Thermus thermophilus* எனும் பாக்டீரியங்களிலிருந்து பெறப்பட்டது. அப்படிகங்களை உருவாக்கியதாக அவர்கள் அறிக்கை வெளியிட்டுப் பத்து ஆண்டுகளாகிவிட்டன. ஆனால் அவர்கள் இதுவரை அப்படிகங்களை ஒளிவிலகல் பெறச் செய்து மூலக்கூறின் அணு அமைப்பினை அறியவில்லை.

அப்படிகங்களில் மேலும் என்ன செய்யலாம் என சிந்தனை செய்கையில், விக்டோரியா கருத்தரங்கில் ஜோச்சின் ஃபிராங்க் பேசியது நினைவில் தோன்றியது. அன்று அவர் tRNAவுடன் பொருந்திய ரைபோசோமின் அமைப்புப் படங்களைக் காண்பிக்கையில் 30S துணை யலகுகளின் படங்களையும் காண்பித்திருந்தார். அவை சற்று வித்தியாசமான வடிவத்தில் இருந்தன. அந்த வடிவங்கள் இயல்பானவைகளாகவோ அல்லது முழு ரைபோசோமின் ஒரு பகுதியாகவோ இருந்திருக்கலாம். எனினும் அப்படங்கள் 30S துணையலகிற்கு நிலையான அமைப்புத்தன்மை இல்லை என்பதைத் தெரிவித்தன. மனிதனின் உடல் அமைப்புடன் ஒப்பிட்டு விவரித்தால், அந்தத் துணையலகிற்கு உடலுடன் இணைந்த தலை ஒன்று இருந்தது எனலாம். அம்மூலக்கூறில் தலைப் பகுதியானது உடற்பகுதியுடன் கழுத்தின் துணையால் பொருந்தியிருந்தது. தலை அமைப்பு ஒவ்வொரு படத்திலும் சற்று வித்தியாசமாகச் சாய்ந்திருந்தது. ரைபோசோம் வழியே tRNA கடந்து செல்வதற்கு இத்தகைய கழுத்தமைப்பும் அசைவுகளும்தான் காரணமாக இருந்தன. ஆனால் அமைப்பினைத் துல்லியமாக அறியும் வகையில் மூலக்கூறினைச் சிறந்த படிகமாக ஆக்குவதற்கு இத்தகைய நெகிழ்வுத் தன்மை துணை செய்யாது. படிகமாக்கலில் அனைத்து மூலக்கூறுகளும் ஒரே மாதிரியான அமைப்பில் சீரான அடுக்கு முறையினை மூலக்கூறுகளின் பின்னல் அமைப்பில் கொண்டிருக்க வேண்டும். இத்தகைய நெகிழ்ச்சியான இயல்புகள் 30S துணையலகின் படிகங்களைச் சீராகப் பெறுவதில் இடையூறாக இருந்திருக்குமோ என நான் எண்ணினேன். அப்படியெனில் ஏதாவது ஒரு முறையில் துணையலகின் தலைப்பகுதி அசையாதவாறு பொருத்த வேண்டும் எனக் கருதினேன்.

புரோட்டீன்கள் தயாரிப்பில் ரைபோசோம்கள் செயல்படுவதற்கு அவை mRNA மூலக்கூறின் சரியான இடத்தில் பொருந்திச் செயல்பட வேண்டும். இவ்விதம் இணைத்து செயல்படுத்துவதற்கென ஒரு புரோட்டீன் உள்ளது. அதற்குத் துவக்கக் காரணி 3 (Initiation factor 3) அல்லது IF3 என்று பெயர். இக்காரணி ஏற்கெனவே கூறிய ரைபோசோமின் 30S துணையலகு மூலக்கூறின் கழுத்துப் பகுதிக்கும் உடல்பகுதிக்கும் இடையில் இணைகிறது. இந்த IF3 புரோட்டீனின் அமைப்பைச் சென்ற ஆண்டு புரூக்ஹேவனில் நாங்கள் கண்டுபிடித்திருந்தோம். இம்மூலக்கூறு என் மனதில் இருந்துகொண்டே இருந்தது. எனவே ஜானிடம் இதுபற்றிக் கூறி

30S துணையலகுடன் இந்த IF3யை இணைத்து 30S தலையசையாமல் இருக்கச்செய்து படிகமாக்கும்படி கூறினேன்.

பாப்டட்னெலின் உதவியுடன் வண்ணப்படிவப் பிரிகை (Chromatographic Column) தொழில்நுட்பத்தால் மாசுப்பொருட்களை ஒதுக்கிவிட்டு 30S துணையலகு மூலக்கூறுகளைத் தனியாகப் பிரித்தெடுத்தோம். குறிப்பாக ரைபோநியூக்ளியேஸ் அல்லது புரோட்டியேஸ் போன்ற என்சைம்கள் இல்லாது பார்த்துக்கொண்டோம். அவை ரைபோசோமின் RNA அல்லது புரோட்டீனைத் தரமிழக்கச் செய்துவிடும். இச்செயல் இரண்டு காரணங்களால் முக்கியத்துவம் பெறுகிறது. ஒன்று, 30S துணையலகு களைப் பல வாரங்கள் வரையிலும்கூடப் படிகமாக்குதலுக்குக் காத்திருக்கச் செய்ய முடியும். அதன் அமைப்பும் மாற்றம் பெறாது. இரண்டாவதாக நெகிழ்வுடன் இணைந்துள்ள S1 எனும் ரைபோசோம் புரோட்டீனை நீக்கிவிட இயலும். இச்செயல்பாட்டால் 30S துணையலகின் தூய்மையான அசல் சாம்பிள் எங்களுக்குக் கிடைத்தது.

IF3யை 30S துணையலகுகளுடன் இணையச் செய்வதற்குமுன் 30S துணையலகுகள் படிகமாக்குதலுக்கு உகந்தவையா எனச் சோதித்துப் பார்க்க விரும்பினோம். ஏற்கெனவே நிகழ்த்தப்பட்ட படிக ஆய்வுகளில் சிறந்த படிகம் எனத் தெரிவிக்கப்பட்டவற்றில் இதுவரை அணு அமைப்புகள் கண்டுபிடிக்கப்படவில்லை. ஆனால் குறைந்த இடுக்குணர்திறன் கொண்ட படிகங்களில்கூட RNA மடிப்புகள் அமைந்துள்ள விதத்தை அறிய முடிந்திருக்கிறது. ஏற்கெனவே அமைப்பை அறிந்த புரோட்டீன்களைத் தனிமைப்படுத்திப் பின் அவ்வமைப்புகளுடன் சிறிது சிறிதாகத் துணையலகின் பிற பகுதிகளை இணைத்துத் துணையலகின் அமைப்புத் தன்மையை உணர முடிந்தது. சிறந்த முழுமையான படிகங்களைப் பெறும்வரையிலும் இத்தகைய ஆய்வுகளில் நாங்கள் சுறுசுறுப்பாக இயங்கிக் கொண்டிருந்தோம். இரண்டு மாதங்களில் ரஷ்ய விஞ்ஞானிகள் உருவாக்கியதைப் போன்று நாங்களும் படிகங்களை உருவாக்கிவிட்டோம். அவை மிகச் சிறிய படிகங்கள். ஆரம்ப சோதனையில் அவை மிகக் குறைந்த இடுக்குணர் திறனுக்கான கதிர் விலகலையே பெற்றிருந்தன. இதுவரை அறிவிக்கப்பட்ட கண்டுபிடிப்புகளைக் காட்டிலும் மோசமானவையாகவே இருந்தன. இருப்பினும் அப்படிகங்களும் காலப்போக்கில் பெரியனவாகக் கிடைக்கத் துவங்கின.

இப்படி 30S திட்டப் பணியில் நாங்கள் செயல்பட்டுக் கொண்டிருக்கும் வேளையில் ஸ்டீவ் ஒயிட்டும் நானும் ஸ்வீடனில் நடைபெறவிருந்த கருத்தரங்கிற்கு அழைக்கப்பட்டோம். அக்கருத்தரங்கம் புரோட்டீன் உற்பத்தியில் மூலக்கூறு அமைப்புகள் தொடர்பானது. அதாவது, ரைபோசோமுடன் தொடர்புடைய அனைத்து மூலக்கூறுகள் தொடர்பான கருத்தரங்கம். இதன் ஏற்பாட்டாளர் ஆன்டர்ஸ் லில்ஜாஸ் (Anders Liljas). இவர் மரியா கார்பருடன் இணைந்து ரைபோசோமுடன் தொடர்புடைய தனிப்பட்ட புரோட்டீன்களின் அமைப்பில் ஆய்வுகள் செய்துகொண்டிருந்தார். நாங்களும் ஸ்டீவுடன் இணைந்து அதே துறையில் ஆய்வுகள் செய்துகொண்டிருந்தோம். நட்பு ரீதியிலான போட்டியாளர்கள்.

தொடர்ந்து இத்துறையில் ஆய்வுகள் செய்துகொண்டிருக்கிறோம். இதில் எனக்கு சற்று சலிப்பு ஏற்பட்டுவிட்டது. எனவே இக்கருத்தரங்கம், இத்துறையில் பிற இடங்களில் என்ன நடைபெறுகிறது, என்பதை அறிய வாய்ப்பாக அமைந்தது. ஆடா அங்கு நிச்சயம் வருவார். பீட்டரும் வருவதற்கு வாய்ப்புண்டு. நான் அங்கு செல்ல விரும்பியதன் மற்றொரு காரணம், ஸ்வீடன் செல்லும் வழியில் இங்கிலாந்திலுள்ள LMBயை மீண்டும் காணலாம் என்று எண்ணினேன். இந்த எண்ணம் பழைய நண்பர்களைச் சந்திக்கலாம் என்பது மட்டுமல்ல, 30S மூலக்கூறு போன்ற பிரச்சினையான ஆய்வினைத் தொடர்வதற்கு LMB நல்ல இடம் என்பதும்தான். அங்கு சென்று வேலை செய்தால் என்ன? எனும் எண்ணமும் எனக்கிருந்தது.

யூட்டாவில் 30S ஆய்வுத் திட்டத்தைத் துவங்குகையில் உற்சாகமும் அதனுடன் கலந்த ஒருவகை அச்சவுணர்வும் இருந்தன. நல்ல படிகங்களைப் பெறப் பல ஆண்டுகள் தேவைப்படுமோ! எனும் அச்சம் தோன்றிக் கொண்டேயிருந்தது. படிகத்தைத் தோற்றுவித்தாலும் நான் எண்ணியுள்ள முறையில் அதன் அணு அமைப்பினை அறியவியலாமல் ஆகிவிட்டால் என்ன செய்வது எனும் அச்சமும் உடனிருந்தது. யூட்டா போன்ற பல்கலைக்கழகச் சூழலில் ஆய்வுகள் மேற்கொள்வதில் சிக்கல் உண்டு. இங்கு எனது ஆய்வுகள், கிடைக்கும் நிதியுதவியைச் சார்ந்தவை. இவ்வுதவியும் ஒருசில ஆண்டுகள் மட்டுமே கிடைக்கும். மீண்டும் நிதியுதவிக்கான நல்கையைப் புதுப்பிக்க வேண்டும்.

இத்தகைய ஆய்வு உதவிகள் வழக்கமாக தேசிய உடல்நலத் துறைகளால் ஆய்வு நிதியாக அளிக்கப்படுகின்றன. அவ்விதம் வழங்குவதற்கு முன் நமது ஆய்வுத் திட்ட முன்வரைவினை 12க்கும் மேற்பட்ட அதே ஆய்வுத் துறை சார்ந்த நிபுணர்கள் குழு பரிசீலிக்க வேண்டும். கொள்கை ரீதியாக அறிவியல் ஆய்வுகளுக்கு இவ்விதம் நிதி வழங்குதல் சரியானதுதான். இம்முறையானது சிறப்பாகவும் செயல்பட்டுள்ளது. ஆனால் இதனை விமர்சிக்கையில் ஒரு விஞ்ஞானி ‘இது நமக்கு உகந்த உணவகத்தைத் தேர்ந்தெடுப்பது போன்றது, அங்கு உணவு எப்படித் தயாரிக்கிறார்கள் என்பதைக் காண சமையலறைக்குச் செல்ல விரும்புவதில்லை’ என்றார். இத்தகைய நிபுணர் குழுக்கள் தொடர்பாக இரண்டு பிரச்சினைகள் உண்டு. இக்குழுவினரிடையே ஒரே மாதிரியான பழமைவாதத் தன்மை அமைந்திருக்கும். மேலும் நிதியுதவி பெற ஆய்வுத் திட்டம் சமர்ப்பித்த ஆய்வாளரின் தைரியம், திட்டமிடலில் உள்ள அசல் தன்மை ஆகியவற்றை உணர்ந்து தங்களது நியாயம் வழங்கும் திறனில் நம்பிக்கையுடன் அத்திட்டத்தினை அங்கீகரிக்கும் நவீனப் பார்வையும் இன்றி நிபுணர் குழுவினர் இருப்பதுண்டு. அவர்களால் வழக்கமான முறையில் படிப்படியாக மேற்கொள்ளப்படும் ஆய்வுத் திட்டங்களில் மட்டுமே முடிவுகள் நிச்சயம் எனும் நம்பிக்கை கொண்டு, அதற்கு ஆதரவளிக்க முனைவதுண்டு. துணிகரமாகப் புதிய ஆய்வுத் திட்டங்களையும் அச்சமின்றி ஏற்றுக்கொண்டு அங்கீகரிக்கும் நிபுணர் குழுவானது சிறந்த முதல்தர விஞ்ஞானிகளால் அமைந்திருப்பது அவசியம். அதற்கு அக்குழுவினர் நடுவர் அமைப்பு போன்று செயல்படுபவர்களால் அமைக்கப்பட வேண்டும். அவர்கள் சேவை மனப்பான்மையுடன் அழைப்பை ஏற்றுக்கொள்பவராக இருத்தல் வேண்டும்.

பெறப்படுகின்ற நிதியுதவி விண்ணப்பங்களின் எண்ணிக்கை தேர்வுக் குழுவினருக்குப் பிரச்சினையாக அமைவதுண்டு. ஒவ்வொரு குழுவிற்கும் நூற்றுக்கணக்கான ஆய்வு முன்வரைவுத் திட்டங்கள் வந்து சேருகின்றன. அவை ஒவ்வொன்றிலும் 50க்கும் மேற்பட்ட பக்கங்களில் செறிவாக ஆய்வுத்திட்டம் பற்றிய விளக்கச் செய்திகள் அமைந்திருக்கும். நடைமுறையில் விரிவான விளக்கத்துடன் உள்ள இந்த விண்ணப்பங்களைத் தேர்வுக் குழுவில் முழுமையாக வாசிப்பவர்கள் இருவர் மட்டுமே (இவர்கள் முதல் நிலை, இரண்டாம் நிலை விமர்சகர்கள் எனப்படுவார்கள்). நடைமுறையில் ஒரு சிலருக்கு மட்டுமே நிதியுதவி கிடைக்கும். இந்நிலையில் தேர்வுக் குழு விமர்சகர்களில் ஒருவர் ஆய்வுத் திட்ட விண்ணப்பம் ஒன்றினில் ஆர்வம் காட்டவில்லையெனினும் அத்திட்டம் உதவியைப் பெறாது.

இம்முறையில் விமர்சகர்கள் மூலம் தேர்ந்தெடுக்கப்படுவதைப் பற்றி விவாதிக்கும் வாய்ப்பினை ஒருமுறை நான் பெற்றேன். அவ்விவாதத்தின் மூலம் ஓர் ஆய்வுத் திட்டத்தைக் காப்பாற்ற முனைந்தேன். ஆனால் அங்கு நடப்பது என்னவெனில், விமர்சகர்களின் கருத்தையொட்டி மற்றவர்கள் சராசரியான மதிப்பெண்ணைத் தந்துவிடுகிறார்கள். இதனால் அத்திட்டம் பாழாகிப் போகிறது. எனவே நிபுணர் குழுவினரின் அங்கீகரிப்பு முறைகள் கொள்கை அடிப்படையில் சரியாக உள்ளது எனக் கருதினாலும் அவர்களின் தேர்ந்தெடுப்பு முறைகள் மேலெழுந்தவாரியான செயல்பாடாகவே அமைந்துள்ளன. குறிப்பாகத் துணிச்சலான, முற்றிலும் புதிய புதுமையான ஆய்வுத் திட்டங்கள் அத்தகைய முடிவுகளைத்தான் சந்திக்க நேரிடுகிறது.

நானும் அத்தகைய தேர்வுகளுக்கான நிபுணர் குழுக்களில் இருந்திருக்கிறேன். ரைபோசோம் பற்றிய எனது ஆய்வுத் திட்ட விண்ணப்பத்திற்கு அக்குழுவில் எவ்விதம் முடிவெடுப்பார்கள் என்பதை என்னால் ஊகிக்க முடிகிறது. நான் இதுவரை ரைபோசோமின் சிறந்த படிகங்களைப் பெறவில்லை. ஆனால் அவற்றை எவ்விதம் தோற்றுவிப்பது என்று எனக்குத் தெரியும். ஜெர்மனியில் நன்கு நிதி ஆதாரம் பெற்ற ஓர் ஆய்வுக் குழு பல ஆண்டுகளாகியும் இதுவரை சிறந்த படிகங்களை உருவாக்கி அதன் மூலம் மூலக்கூறின் அணு அமைப்பினை அறிய இயலவில்லை, ஆனால் இந்த ஆய்வினை எவ்விதம் சிறப்பாக மேற்கொள்வது என்பது பற்றி நான் அறிவேன். எனது இந்த நம்பிக்கையை எனது விண்ணப்பம் வழியே அறிந்தவுடன் நிபுணர் குழுவினரின் அறையில் அனைவரும் உரக்க சிரிப்பார்கள் என்றும் எனது விண்ணப்பம் குப்பைத் தொட்டியைச் சென்றடையும் என்றும் எனக்குத் தெரியும்.

மற்றொரு வாய்ப்பாக, நான் ஏற்கெனவே பெற்று பயன்படுத்திக்கொண்டிருக்கும் நிதி உதவியின் ஒரு பகுதியை இப்புதிய திட்டத்திற்கும் பயன்படுத்தலாம். இம்முறையினைப் பல விஞ்ஞானிகள் தங்களது ஆய்வுகளுக்குப் பயன்படுத்தியுள்ளனர். ஆனால் இப்போதிருக்கின்ற போட்டிச் சூழ்நிலையில் ரைபோசோம் ஆய்வுகளில் முழுமனதுடன் ஈடுபட வேண்டிய கட்டாயத்தில், அது சரியான முறையாக எனக்குத் தோன்றவில்லை. இத்திட்டம் ஒருவேளை சரிவரச் செயல்படாவிட்டால் நிதி உதவி நின்றுவிடும். அவ்விதம் நிகழ்ந்தால் மீண்டும் ஆரம்ப நிலையிலிருந்து அனைத்தையும் துவங்க வேண்டியிருக்கும். இழப்பிலிருந்து மீண்டு வருவது சிரமமானது.

ஒவ்வொரு ஆய்வுப் பல்கலைக் கழகத்திலும் சிலர் தங்களது ஆய்வுக்கான நிதி ஆதாரத்தை இழந்து இரண்டாந்தரக் குடிமக்களாக்கப்பட்டுள்ளனர். இவர்கள் தங்களது துறைகளிலிருந்து வெளியேற்றப்படலாம் அல்லது துறை நடவடிக்கைகளில் ஓரங்கட்டப்படலாம்.

LMB இவைகளிலிருந்து மாறுபட்டது. சில ஆய்வுத் திட்டங்களை நிறைவேற்ற நீண்ட காலமாகும் என்பதை அவர்கள் சரியாகப் புரிந்திருந்தார்கள். அங்குள்ள பலரும் ஓர் ஆய்வுத் திட்டம் சிறப்பானதாக அமைவது எவ்வளவு சிரமம் என்பதையும் அறிந்திருந்தனர். எனவேதான் ஏற்கெனவே எனது விடுப்பின் முடிவில் இங்கு வேலைக்கென விண்ணப்பித்திருந்த நான் இப்போது மீண்டும் LMBயின் ரிச்சர்ட் ஹென்டர்சனுக்கு விண்ணப்பித்து எழுதியிருந்தேன். இப்போது அவர் LMBயின் இயக்குநராக உயர்ந்திருந்தார். இம்முறை திட்டவட்டமான ஆய்வுத் திட்டத்தை அவருக்குச் சமர்ப்பித்திருந்தேன். 30S துணையலகுகளைப் படிகங்களாக்கி மூலக்கூறுகளின் அமைப்பினைக் கண்டுபிடிப்பது பற்றி என்னிடம் தெளிவான செயல்திட்டங்கள் இருந்தன. இத்தகைய முடிவுகளுடன் LMBயில் சேர்ந்து பணி மேற்கொள்ள விரும்பினேன். ஸ்வீடன் செல்லும் வழியில் கேம்பிரிட்ஜில் சந்தித்துப் பேசுவதற்கு ரிச்சர்டிடம் அனுமதி கேட்டிருந்தேன். அவரும் என்னைக் காண்பது மகிழ்ச்சியளிக்கும் எனத் தெரிவித்தார்.

கேம்பிரிட்ஜ் சென்று அங்குள்ளவர்களைச் சந்திப்பது, நான் பலமுறை சென்றுவந்துள்ள வேலைக்கான நேர்காணல்களைப் போன்றதன்று. இச்சந்திப்பு, வேலை பெற வேண்டும் என்பதற்கானது இல்லை. மேலும் வழக்கமாக விவாதிக்கும் விஷயங்களாகிய இடவசதி, ஆய்வுக் கருவிகள், ஊதியம் போன்ற பேச்சுக்கள் இருக்கப் போவதில்லை. அங்கு சென்ற நான், இதுவரை நாங்கள் மேற்கொண்ட ஆய்வுகளில் கண்டுபிடித்த ரைபோசோம் புரோட்டீன்களைப் பற்றி விரிவுரை ஒன்றினை நிகழ்த்தினேன். பின், அன்று மதியம் முழுவதும் ரிச்சர்ட் மற்றும் டோனி கிரௌத்தருடன் ரைபோசோம் ஆய்வுகள் குறித்துக் கலந்துரையாடினேன். டோனி கிரௌத்தர் புகழ்பெற்ற மின்னணு நுண்ணோக்கியாளர்; இப்போது, 'மூலக்கூறுகள் அமைப்பு' பிரிவின் துணைத்தலைவர். நான் அவரைச் சந்தித்தேன். இதுவரை யார், எங்கு, என்ன ஆய்வு செய்துகொண்டிருக்கிறார்கள், அவர்களின் ஆய்வுகளில் என்ன பிரச்சினைகள், நான் எவ்விதம் இவற்றைத் தீர்த்துவைக்க இயலும், எனது ஆய்வுகளில் என்ன வகையான பிரச்சனைகள் தோன்ற வாய்ப்புகள் உண்டு, 30S துணையலகுகளின் அமைப்புகளைக் காண எவ்வளவு காலம் தேவைப்படும் என்றெல்லாம் விரிவாகப் பேசினோம். இத்தகைய அறிவார்ந்த ரீதியிலான அனுபவப் பரிமாற்றத்துடன் நிகழும் உரையாடல் வேலை வாய்ப்பிற்கான நேர்காணலில் நிகழாது. கடைசியாக, 'நாம் தொடர்பில் இருப்போம்' என்று கூறி எங்களது உரையாடல் முடிவுற்றது. இப்பேச்சுவார்த்தையில் எந்தவித உறுதியளிப்பும் இல்லை. அவர்களுடன் உரையாடியதில் நான் எனது ஆய்வுத் திட்டங்கள் பற்றி நிதானமாகத்தான் முடிவுகள் எடுத்திருக்கிறேன் எனும் உணர்வு தோன்றியது. இவ்வுணர்வுடனும் மிகுந்த ஆர்வத்துடனும் ஸ்வீடனுக்குப் புறப்பட்டேன்.

பல கருத்தரங்கக் கூட்டங்கள் நகர்ப்புறங்களிலிருந்து தொலைவில் உள்ள ஓய்வு விடுதிகளில் ஏற்பாடு செய்யப்படுவதுண்டு. இதனால் கருத்தரங்கில் கலந்துகொள்ள வருகை புரிந்தவர்கள் கடைத்தெருக்களுக்கும் ஊர் சுற்றிப் பார்க்கவும் கிளம்பாமல் முறையாக அறிவியல் விவாதங்களில் பங்குபெறுவது உறுதி செய்யப்படும். ஸ்வீடனின் டாலர்னா எனும் பகுதி ஸ்டாக்ஹோமிலிருந்து வலதுபுறமாக பல மணிநேரப் பயண தூரத்தில் (345 கி.மீ.) அமைந்துள்ள இடம். அங்குள்ள சில்ஜன் எனும் ஏரியின் கரையில் அமைந்துள்ளது டால்பெர்க் எனும் பழமையான, அழகிய கிராமம். இக்கருத்தரங்கின் ஏற்பாட்டாளர் ஆன்டர்ஸ் லில்ஜாஸ் பிறந்து வளர்ந்த கிராமம் டால்பெர்க். அங்கு அழகிய ஓய்வு விடுதியொன்றை அவர் நன்கு அறிந்திருந்தார். அது 100 விருந்தினர்களைத் தங்கவைத்து கருத்தரங்கம் நடத்துவதற்கு ஏற்ற இடமாக இருந்தது. ஆன்டர்ஸ் நன்கு பருத்த உடல்கொண்ட ஜாலியான மனிதர். இவர் பன்னாட்டுப் பண்பாட்டுத் தாக்கம் கொண்டவர். பல்வேறு மக்களின் பண்பாடுகளை, வாழ்க்கை முறைகளை அறிந்திருந்தவர் சிறந்த எண்ணங்கள் உடைய மனிதர். ஆனால் இவர் தான் வளர்ந்த கிராமப்புற வாழ்க்கையுடன் ஒன்றிய பழக்கவழக்கங்கள் கொண்டவர். (பணி ஓய்விற்குப்பின் தனது கிராமத்திலிருந்த பாரம்பரிய இல்லத்தில் வாழச் சென்றுவிட்டார்.) ரைபோசோம் தொடர்பான ஆராய்ச்சிகளில் இருந்தவர்கள் அனைவரும் அவரை நன்கு அறிவார்கள். அனைவரின் நல்ல பண்புகளையும் நினைவுகூர்ந்து அவர்களின் ஆய்வுகள் வெற்றிபெற வாழ்த்தும் இயல்பு அவருக்கு வலு சேர்ப்பதாக இருந்தது. இப்பண்புகளால் இவர் பலரிடையே நன்கு தெரிந்த நம்பிக்கைக்குரிய நபராக விளங்கினார். இவரது சாதுரியமான செயல்திறன்கள் அடுத்த பத்து ஆண்டுகளில் கடுமையான சோதனைக்கு உள்ளாகின.

யேல் குழுவினர் தங்களது படிகங்களில் என்னென்ன ஆய்வுகள் மேற்கொண்டிருக்கிறார்கள் என்பதைக் கருத்தரங்கில் பீட்டரின் உரையாற்றலின் வழியே முதன்முறையாகக் கேட்கவிருந்தேன். 'எத்தகைய தரவுகளைப் பெற்றிருக்கிறார்கள், அணுக்களின் அமைப்பை அறிய எந்த நிலையில் படிக அமைப்பைப் பெற்றுள்ளார்கள், என்றெல்லாம் அறிய விரும்பினேன். தேவையான தரவுகளை இயல்பான புரோட்டீன்களில் மிகு அணு எடை கொண்ட மெர்க்குரி அல்லது தங்க அணுக்களை இணைப்பதன் மூலம் உரிய சமிக்ஞைகளால் நாம் ஏற்கெனவே விவரித்த பேட்டர்சன் வரைபட உதவியுடன் பெற்றிருக்க முடியும். இதனால் அமையும் வரைபட உச்ச நிலைகளை அறிந்து மிகு எடை அணுக்களின் இடைவெளி தூரத்தை அறியலாம். ஆனால் அமைப்பினை அறிய வேண்டிய மூலக்கூறின் அளவு பெரிதாக இருப்பின் மிகு எடை அணுக்களிலிருந்து பெறும் சமிக்ஞைகள் எஞ்சிய புரோட்டீன் அமைப்புடன் ஒப்பிடுகையில் சிறியதாகவே அமையும். அந்த சமிக்ஞைகள் உணர முடியாதவைகளாக மாறுதல் பெற்று மறைந்தும்விடலாம். எனவேதான் பெரிய மூலக்கூறு களுக்கு விஞ்ஞானிகள் துவக்கத்தில் 'மிகு எடை அணுத்தொகுப்புகளை'ப் பயன்படுத்த முயன்றிருக்கின்றனர். இந்த 'மிகுஎடை அணுத் தொகுப்பு' பல சிறிய கனிம வேதிய மூலக்கூறுகளை நெருக்கமாகக் கொண்டிருந்தது. பொதுவாக இவை டன்டாலம் அல்லது டங்ஸ்டன் அணுக்களால் அமைந்திருந்தன. குறைந்த இடுக்குணர்திறனுடன் தொகுப்பில் உள்ள

பல அணுக்கள் ஒருங்கிணைந்து அதீத மிகு எடை அணுவாக விளங்கும். இதனால் இங்கு பெறப்படும் சமிக்ஞை பெரிதாக அமைந்திருக்கும். இத்தகைய அமைப்புகள்தான் இதற்கு முன்னால் நியூக்ளியோசோம்களின் உள் மையப் பொருட்கள் அல்லது தாவரங்களில் கார்பனை நிலைப்படுத்த உதவும் பெரிய என்சைமாகிய ருபிஸ்கோ போன்ற மூலக்கூறுகளின் அணு அமைப்புகள் போன்றவற்றை அறியப் பயன்படுத்தப்பட்டுள்ளன. ஆனால் இவை அனைத்தையும்விட 50S மூலக்கூறு பெரியது. இந்தப் பிரச்சினையை உணர்ந்திருந்ததாலேயே ஆடா, பெரிய டங்ஸ்டன் தொகுப்புகளைப் பயன்படுத்த எண்ணியிருந்தார். 30 அணுக்கள்வரை கொண்ட இத்துணுக்குகள் ஒருவேளை உதவியிருக்கலாம்.

இப்பெரிய தொகுப்புகள் ரைபோசோமுடன் பொருந்துமா என்பது இன்னும் தெரியவில்லை. அப்படியே பொருந்தினாலும் அவை ஆய்வில் உரிய சமிக்ஞைகளை அளிக்குமா என்பதும் தெரியாது. ஆடா, ஏற்கெனவே கடந்த இரண்டு ஆண்டுகளில் விக்டோரியாவிலும் சியாட்டிலிலும் நிகழ்த்திய உரைகளில் மிகுஎடைத் தொகுப்புகள் அவரது ரைபோசோம் படிகங்களில் பொருந்தியிருந்ததற்கான சான்றுகளைத் தரவில்லை. ஆனால் டால்பெர்கில் பீட்டரின் உரையில் அவர்களது பேட்டர்சன் வரைபடத்தில் பெரிய உருண்டையான குமிழி (Blob) அமைப்பு ஒன்று தென்பட்டது. இது ரைபோசோமுடன் ஒரு மிகுஎடை அணு பொருந்திவிட்டது என்பதற்கு முதல் நேரடிச் சான்றாகும்.

ஆடா குழுவினர் தங்களது ஆய்வு முடிவினை உறுதிப்படுத்த தனிப்பட்ட ஓர் உத்தியைக் கையாள முயன்றனர். ஏற்கெனவே விக்டோரியா கருத்தரங்கில் ஜோச்சிம் ஃபிராங்க் காண்பித்த மின்னணு நுண்ணோக்கி வரைபடங்களால் ஆடா குழுவின் பீட்டர் ஈர்க்கப்பட்டிருந்தார். அவர்களின் 50S படிகங்களில் தரவுகளைப் பெற்று அவற்றை ஆய்வு செய்வதற்கு ஜோச்சிம்மின் முறை பயன்தரும் என அவர் எண்ணியிருந்தார். இம்முறைக்கு 'மூலக்கூறு இடமாற்று முறை' என்று பெயர். இம்முறையில் X– கதிர்களால் பெறும் தரவுகளில் புள்ளிகளின் அளவினைக் கணக்கிடலாம். ஆனால் மூலக்கூறின் 'நிலை இயல்பு' தெரியாது. நிலை இயல்பும் புள்ளிகளின் அடர்வும் ஒருங்கே தெரிந்திருந்தால் மட்டுமே மூலக்கூறின் முப்பரிமாணப் படத்தினைக் கட்டுவிக்க முடியும். நிலை இயல்பைக் கண்டறிய மாக்ஸ் பெரூட்சின் மிகு எடை அணு முறையைப் பயன்படுத்துவதுண்டு. ஆனால் அமைப்பினை ஏற்கெனவே அறிந்துள்ள, ஆய்வு மூலக்கூறு போன்ற தன்மைகளுடைய வேறொரு 'சோதனை மூலக்கூறு கிடைத்தால் அம்மூலக்கூறு படிகத்தினுள் எவ்விதம் அமைந்திருக்கும் என்பதை ஊகித்து அதன் கதிர் விலகல் அமைப்பு முறையைக் கணக்கிடலாம். இவ்விதம் அறிந்த சோதனை மூலக்கூறின் 'நிலை இயல்பை' ஆய்வு மூலக்கூறில் ஏற்கெனவே கணக்கிட்ட புள்ளிகளின் அடர்வு அளவீட்டுடன் தொடர்புபடுத்தி ஓரளவு ஆய்வு மூலக்கூறின் அமைப்புத் தன்மையை துவக்ககட்ட அமைப்பாக உணரலாம். இம்முறையை அடுத்தடுத்துத் தொடர்வதன் மூலம் சிறந்த நிலை இயல்பையும் ஆய்வு மூலக்கூறின் சரியான அணு அமைப்பினையும் பெற்றிட இயலும். ஸ்டீவ் ஹாரிசன் போன்றவர்கள் ஏற்கெனவே மின்னணு உருப்பெருக்கியில் பெற்ற

முப்பரிமாண அமைப்புப் படங்களிலிருந்து சில வைரஸ்களின் அமைப்பைக் கண்டறிந்துள்ளனர். இவ்வனைத்தையும் அறிந்துள்ள பீட்டர், இப்போது ஜோச்சிம்மின் ரைபோசோம் வரைபட உதவியுடன் ஆய்வுகளைத் தொடரலாம் என எண்ணியிருப்பார்.

அன்றைய டால்பெர்க் கூட்டத்தில் ஜோச்சிம்மின் வரைபடங்களில் ஒன்றினைப் பயன்படுத்திய பீட்டர் 50S துணையலகுகள் படிகத்தில் எவ்விதம் அமர்ந்திருக்கும் என அறிந்ததாகக் காண்பித்தார். இந்த ஆய்வுகளில் அவர்கள் உத்தேசமாக அறிந்த 'நிலை இயல்புகள்' தாங்கள் ஏற்கெனவே பார்த்திருந்த பேட்டர்சன் வரைபடத்தைப் போன்று உச்சநிலைத் தன்மைகளாக அமைய வாய்ப்புள்ளன என கணித்துக்கொண்டனர். இவ்விதம் X – கதிர் தரவுகளால் பெறப்பட்ட வரைபடம் மிகக் குறைந்த இடுக்குணர் திறன் கொண்டதாக இருக்கும் எனத் தெரிந்தாலும் ஓர் அளவிற்கு நம்பகத்தன்மை உடையதாகவும் அடையாளம் காணக்கூடியதாகவும் இருந்தது. தாங்கள் வகுத்துக்கொண்ட செயல்திட்டம் பற்றிய சந்தேகங்கள் அவர்களுக்கு இல்லை.

படம் 9.2 டால்பெர்க் கருத்தரங்க வேளையில்: ஆடா யோனத், ஸ்டீவ் ஓயிட், ஃபிரான்சிஸ் ஃபிரான்செஸ்கியுடன் நூலாசிரியர்

கருத்தரங்கில் அடுத்ததாக ஆடா பேசினார். அவர் தனது 50S துணையலகில் பெறப்பட்ட தரவுகளைக் காண்பித்து உரையைத்துவங்கினார். அத்தரவுகளில் 'செல் பரிமாணங்கள்' எனப்படும் படிகத்திலுள்ள அடுத்தடுத்த மூலக்கூறுகளின் இடைவெளித் தூரங்கள் தரவுகளைத் தொடர்ந்து பெறுகையில் மாறிக்கொண்டேயிருந்தன. இம்மாற்றங்களால் தரவுகளைப் பெறுகையில் கதிர் இயக்கத்தால் படிகங்களில் பாதிப்புகள் ஏற்பட்டிருக்கும். அத்தகைய தரவுகள் பயன்பாட்டுக்கு உகுந்தவை அல்ல என்றார் ஆடா. அதாவது யேல் பல்கலைக் குழுவினர் தங்களது நேரத்தை

வீணடித்துக்கொண்டிருக்கிறார்கள் என அவர் சொல்ல முயன்றார். தங்களது குழுவினர் முன்பு தோற்றுவித்து இன்று யேல் குழுவினர் பயன்படுத்தும் படிகத்தை முரண்பாடான வகையில் ஆடா நிராகரித்துவிட்டார். இத்தகைய முரண்பாடான படிகத்தில் யேல் குழுவினர் மகிழ்ச்சியுடன் ஆய்வுகள் மேற்கொண்டிருந்தனர். இதை நான் நன்கு உணர்ந்துகொண்டேன்.

இவ்விதம் 50S துணையலகுகள் தொடர்பாக நிகழ்ந்த சர்ச்சையில் நான் ஓரமாக நின்று கவனித்துக்கொண்டிருந்தேன். எனக்கு எந்தவித நெருக்கடியும் இல்லை. அடுத்து, மிகு எடைத் அணுத் தொகுப்புடன் இணைந்து 30S துணையலகுகளில் கதிர் விலகல்கள் சிறப்பாக அமைந்திருந்தன என ஆடா கூறியவுடன் நான் விழித்துக்கொண்டேன். 30S துணையலகுடன் நிலைப்படும் மிகுஎடை அணுவை ஆடா கண்டுபிடித்திருக்கிறார். எனவேதான் படிகத்தில் 30S துணையலகுகள் உரிய அடுக்கு வரிசையில் உள்ளன. இதன் மூலம் ஏற்பட்ட கதிர் விலகல் சீர்முறை பல கதிர் குவிப்புப் புள்ளிகளையும் தோற்றுவித்திருந்தது. காண்பதையும் கேட்பதையும் என்னால் நம்பமுடியவில்லை. ரைபோசோம் ஆய்வுகளில் எனது பாதுகாப்பான இடம் என எண்ணிக்கொண்டிருந்தது இப்போது ஆடாவுடன் நேரடியான போட்டிக்கு உரியதாக அமைந்துவிட்டது என எண்ணினேன். நாங்கள் எங்களது ஆய்வகத்தில் நல்ல படிகங்களைப் பெறுவதையே இன்னும் உறுதி செய்துகொள்ளவில்லை. இந்நிலையில் இதைக் கேள்விப்பட்டவுடன் நான் குழப்பமடைந்தேன். எஞ்சிய கருத்தரங்க நாட்களில் சற்றுக் கொந்தளிப்பான நிலையிலிருந்தேன். கருத்தரங்க இடைவேளை நேரத்தில் அங்கிருந்த ஏரியைச் சுற்றியுள்ள காடுகளில் உலவச் சென்றேன். என்னுடன் ஆடா, ஃபிராங்கோ, ஃபிரான்செஸ்கி, இசோ டனக்கா (Isao Tanaka) போன்றோரும் வந்திருந்தனர். இவர்களில் இசோ டனக்கா ஜப்பானிலிருந்து வந்திருந்த படிகவியலாளர். இவர்களுடன் உலவி வருகையில் நான் திருப்தியாக இருப்பவனைப் போன்று எனது முகபாவனையை வைத்துக்கொண்டேன்.

கருத்தரங்கம் முடிந்தது. யூட்டாவை நோக்கி விமானப் பயணம். பயணம் முழுவதும் ஆய்வின் நிலை பற்றிச் சிந்தித்துக்கொண்டே வந்தேன். ஒரு கட்டத்தில் இந்த ஆய்வுத் திட்டத்தை நிறுத்திவிடலாமா என்றுகூட யோசித்தேன். ஆனால், திடீரென்று ஓர் எண்ணம் உதித்தது. ஆடா தனது ஆய்வகத்தில் பல ஆண்டுகளுக்கு முன்பே பல 50S துணையலகுகளின் நல்ல படிகங்களை உண்டாக்கியிருக்கிறார். இருப்பினும் இவ்வளவு நாட்களில் அவற்றின் அமைப்பை அறியவில்லை. இப்போது 30S துணையலகுகளுக்கு நல்ல படிகங்களைப் பெற்றுவிட்டார் என்பதற்காக உடனே அவற்றின் அமைப்பை அறிந்துவிடுவார் என்பது என்ன நிச்சயம் என்றெல்லாம் மனதில் எண்ணங்கள் ஓடின. மிகு எடைத் தொகுப்புகள், குறைந்த இடுக்குணர் திறனில் வரைபடங்களைத் தோற்றுவிக்க உதவும் என்பதை யேல் குழுவினர் காண்பித்துள்ளார்கள். ஆனால் மிகுந்த இடுக்குணர் திறன் பெறுகையில், தொகுப்பிலுள்ள மிகு எடை அணுக்கள் ஒருங்கிணைந்து, 'அதி மிகு எடை அணுவாக' (Single superheavy atom) செயல்படுவதில்லை. துல்லியமான விவரங்களை அறிதலில் அவை பல தனித்த அணுக்களாகத் தென்பட்டு சமிக்ஞைகளும் குறைந்துவிடுகின்றன.

எனவே சிறப்பு அணுக்களைக் கொண்ட மூலக்கூறு படிகங்களை ஒருங்கிசைவுத் துகள் முடுக்கி (சின்குரோட்டிரான்) உதவியுடன் ஒழுங்கற்ற கதிர் சிதறலைத் தோற்றுவித்து மூலக்கூறு அமைப்பை அறியும் எனது எண்ணமே சரியானது என முடிவு செய்தேன். இம்முறையின் மூலம் மிகுந்த இடுக்குணர் திறனில் மூலக்கூறின் அமைப்பினையும் அதில் அமைந்திருக்கும் ரைபோசோம்களின் அணுக்கள் அமைப்பையும் காணவியலும்.

எப்படியேனும் முடிவில் ரைபோசோமின் அமைப்பை அறிவதுதான் எனது குறிக்கோள் எனும் சிந்தனை மேலோங்கியது. இப்பிரச்சினையைத் தீர்ப்பதற்கென எண்ணக் கதவு திறந்துவிட்டதாகவே உணர்ந்தேன். ஏனெனில் இந்தப் பிரச்சினையை எவ்விதம் தீர்ப்பது என்பது குறித்து என்னிடம் தெளிவான வழிமுறைகள் இருந்தன. பிறர் கூறும் புதிய வழிமுறைகளால் நான் திசைமாறிச் சென்றுவிடக் கூடாது என்பதையும் உணர்ந்தேன். மிகவும் சிக்கலான தன்மைகளைக் கொண்ட ரைபோசோம் இயந்திரத்தின் அமைப்புகளை முதலில் கண்டுபிடித்தவர்கள் நாங்கள் என்பதைக் காட்டிலும் அதன் அமைப்புகளையும் செயல்திறனின் பல படிநிலைகளையும் கண்டுபிடித்தல் அவசியமானதாக இருந்தது. வரும் ஆண்டுகளில் பல ஆய்வுகள் சுவாரசியமானவையாக அமைவது நிச்சயம். அதற்கான எனது பணிகளைத் தாமதிக்காமல் உடனடியாகத் துவங்கிவிட வேண்டும் என எண்ணினேன். காலத்தை வீணடிக்காமல் செயல்பட வேண்டும். மிகுந்த நிதி ஆதாரமும் வசதிகளும் கொண்ட ஆடா குழுவினருக்குப் போட்டியாளர்களாக விளங்குவது யேல் குழுவினர் அல்ல; நானும் எங்களது குழுவும்தான் ஆடாவிற்கு நேரடிப் போட்டியாளர்கள் எனக் கருதினேன்.

இந்தப் புதிய நிலைமையை LMBயின் ரிச்சர்டிடம் தெரிவிக்க விரும்பினேன். அதிர்ஷ்டவசமாக ரிச்சர்ட் இதை ஒரு பொருட்டாகவே எடுத்துக் கொள்ளவில்லை. நானும் பிற குழுக்களைப் போல சரியாகத்தான் செய்துள்ளேன் என்றார். நான் இதுவரை பல வகையான மூலக்கூறுகளின் அமைப்புகளைக் கண்டுபிடித்தது சிறந்த அனுபவம் என்று கூறி, வருங்காலத்தின் பிரச்சினைகளைச் சந்திக்க இவை துணைசெய்யும் என்றும் கூறி என்னை ஊக்கப்படுத்தினார். நான் LMBயில் இணைவதற்கு ஆவலோடு காத்திருக்கிறோம் என்றார். தற்போது அங்கு இடப்பிரச்சினை உள்ளதையும் கூறினார். ஆனால், விரைவில் புதிய இடம் கிடைப்பதற்கு வாய்ப்புள்ளது எனத் தெரிவிதத்தோடு, இடம் தயாரானதும் தொடர்பு கொள்வதாகவும் கூறினார்.

டால்பெர்கில் ஆடாவினுடைய மேம்படுத்தப்பட்ட படிகங்களைப் பார்த்துள்ள நிலையில் இனி புதிய ஆய்வுகளுக்காக LMB செல்லும் வரையிலும்கூடக் காத்திருக்கக்கூடாது என நினைத்தேன். டால்பெர்க் கருத்தரங்க நிகழ்வுகளை எனது ஆய்வகத்தில் அனைவரிடமும் கூறினேன். வருங்காலத்தில் விடாமுயற்சியுடன் பணிகள் தொடர வேண்டும் எனத் தெரிவித்தேன். அடுத்து இருமுனைத் திட்டம் ஒன்றினைக் கடைப்பிடிக்க எண்ணினேன். முதலில் 30S படிகங்களில் நாங்கள் மேற்கொள்ளும் ஆய்வுகள் எங்களை எதுவரை எடுத்துச் செல்லும் என்பதைக் காண வேண்டும். ஆடா செய்திருப்பதைப் போன்று நாங்களும் ஒருவேளை எங்களது படிகங்களின்

அமைப்பியல்பை ஒரு கட்டத்தில் நிலைப்படுத்தலாம். இரண்டாவதாக 30S மூலக்கூறுகளில் IF3யை உள்ளடக்கிப் படிகங்களைப் பெற்றுவிடலாம். இதனால் 30S ஒரு புரோட்டீனுடன் இணைந்து மரபுப் பண்புக் குறியீட்டை அதற்குக் கடத்துவது பற்றி தெரியவரலாம். அதிர்ஷ்டவசமான இந்த நிகழ்வு ஏற்படாவிட்டாலும் அதற்காக நான் காத்திருப்பேன்.

எங்களிடம் ஏற்கெனவே உள்ள படிகங்கள் எந்த அளவிற்குச் சிறந்தவை என்பதை அறிந்துகொள்வது உடனடிப் பிரச்சினை. மற்றொரு ஆய்வுத் திட்டத்தில் பாப் ஸ்வீட்டின் மின்னணுக் கதிர் பீய்ச்சியில் தரவுகளைப் பெறுவதற்காக புரூக்ஹேவன் சென்றிருந்த வேளையில் பல 30S துணையலகுகளின் உறைந்த படிகங்களையும் அங்கு அருகிலிருந்த மற்றொரு மின்னணுக் கதிர் பீய்ச்சியில் ஆய்வு செய்வதற்காக எடுத்துச் சென்றிருந்தேன். அக்கதிர்பீய்ச்சி மிகவும் தீவிரமாகச் செயல்படக்கூடியது. அதைப் பயன்படுத்துவதால் படிகங்களின் தரம் தெரியவரலாம் எனக் கருதியிருந்தேன். அக்கருவியை எனது முன்னாள் தோழரும் நண்பருமான மால்கம் கேபல் (Malcolm Capel) இயக்கிக்கொண்டிருந்தார். பெரிய தாடி வைத்திருந்த பருமனான மனிதர் அவர். நீண்ட தலைமுடியைப் பின்புறம் குதிரை வால் போன்று கட்டிவைத்திருப்பார். யூட்டாவில் புகழ்பெற்ற மார்மான் கிறித்தவக் குடும்பத்தைச் சேர்ந்தவர். அங்கு அடக்கமான ஓர் கட்டுபெட்டித் தனத்துடன் வளர்க்கப்பட்டிருந்தாலும் இவர் வித்தியாசமான பழக்கங்கள் கொண்டவர். நண்பர்களுடன் இணைந்து கும்மாளம் போடுவதில் மிகுந்த ஆர்வம் உள்ளவர். அவ்வேளைகளில் அவர் பேசும் வார்த்தைகள் அட்டகாசமானவையாகவும் பிறரைப் பாதிக்கும் வகையிலும் இருப்பதுண்டு. புதுமையாகப் பேசும் திறன் கொண்டவர். மாலை நேரங்களில் பீர், கூத்து கும்மாளம்தான். பிறரை நையாண்டியும் கேலியும் செய்து பேசுவதில் திறமைசாலி. நாங்கள் இருவரும் யேல் பல்கலைக் கழகத்தில் ஒரு பொதுவான நியூட்ரான் ஆய்வுத் திட்டத்தில் பணியாற்றியிருக்கிறோம். அவரது மனைவி எல்லன் கெர்ச்மான் புரூக்ஹேவனில் எனது தொழில்நுட்ப உதவியாளராகப் பணியாற்றியிருக்கிறார். நாங்கள் நல்ல நண்பர்கள்.

படம் 9.3 மால்கம் கேபலும் பாப் ஸ்வீட்டும்

ரைபோசோம் ஆய்வுகளில் மால்கம் ஆர்வம் கொண்டிருந்தார். இதற்கு அவரது முன்னனுபவமும் நட்பும் தோழமையும்தான் காரணங்கள். இவர் எனது மிகுந்த நம்பிக்கைக்குரியவர். எனவே அவரிடம் எனது ஆய்வுத்திட்டம் பற்றிக் கூறினேன். அவர் தனது கதிர்ப்பீய்ச்சியைப் பயன்படுத்தி உதவுவதாக தெரிவித்தார். அவர் உதவியுடன் எனது படிகங்களில் பரீட்சார்த்த சோதனைகள் செய்தோம். துவக்கத்தில் அச்சோதனைகள் நம்பிக்கையளிப்பதாக இருப்பினும் படிகங்கள் சிறந்த இடுக்குணரும் திறனுடன் அமையவில்லை.

இச்சோதனை முடிவுகள் மனதில் சற்றுக் கலக்கத்தைத் தோற்றுவித்தன. ஏனெனில் அண்மையில்தான் பாப் ஸ்வீட்டின் 'கதிர்பீய்ச்சி'யைப் பயன்படுத்தி முன்பாகத் தரவுகளைச் சேகரித்திருந்த நினாட் பேன்னைச் (Nenad Ban) சந்தித்திருந்தேன். நினாட் புத்திசாலித்தனமும் அழகும் கொண்ட குரோஷியா நாட்டுக்காரர். இவர் எப்போதும் சிரித்த முகத்துடன் சிறு பையனைப் போன்ற தோற்றத்தில் இருப்பார். கலிபோர்னியாவில் அலெக்ஸ் மெக்ஃபெர்சனிடம் (Alex Mcpherson) பி.எச்.டி ஆய்வு செய்தவர். டாம் ஸ்டீயிட்சுடன் முதுமுனைவராக இணைந்திருந்தார். நேர்காணலில் ரைபோசோம் ஆய்வுகள் பற்றி அவரிடம் தெரிவித்தவுடன் அதில் தனக்குள்ள ஆர்வத்தையும் வெளியிட்டார். முதுமுனைவராக ரைபோசோமில் ஆயவுகள் செய்யலாம் என அறிந்தவுடன் நினாட் மிகுந்த உற்சாகம் அடைந்தார். ரினாட், பள்ளி மாணவராக இருந்த வேளையில் தான் வரைந்திருந்த ரைபோசோம் படங்களை என்னிடம் காண்பித்தார். ஒருசில மாதங்களுக்குப் பிறகு இந்த ஆய்வுத் திட்டத்தில் இணைய விரும்பிய நிலையில், அன்று, நினாட்டின் ஒரே ஆதங்கம் தான் வருவதற்கு முன் இத்திட்டப் பணியை வேறு யாருக்கும் கொடுத்துவிடக் கூடாது என்பதுதான்.

படம் 9.4 50S துணையலகில் ஆய்வு மேற்கொண்டிருந்த யேல் குழுவினர்: நெனாட் பேன், டாம் ஸ்டீயிட்ஸ், பீட்டர் மூர், பால் நிஸ்ஸென்

நான் பாப்பினுடைய கதிர் பீய்ச்சுக்கருவியைப் பயன்படுத்தச் சென்றிருந்த வேளையில் அதற்கு முன் அதைப் பயன்படுத்திய நினாடின் 50S படிகங்களின் கதிர் விலகல் படம், கருவியின் திரையில் நின்று கொண்டிருந்தது. அதைக் கண்டவுடன் எனது இதயம் நின்றுவிடும்போல் ஆனது. எங்களது 30S படிகங்களைக் காட்டிலும் மிகக் குறைந்த கதிர் பீய்ச்சு அளவிலேயே சிறந்த புள்ளிகளை அப்படம் காண்பித்தது. திரையில் படத்தை நீக்காமல் அவர் சென்றுவிட்ட நிலையில் அவரின் தன்னம்பிக்கை என்னை அச்சுறுத்தியது. அவர் நியூஹேவனுக்கு அவசரமாகத் திரும்ப வேண்டியிருந்தது. அவ்வேளையில் என்னிடம் கருவியில் பதிவாகிக் கொண்டிருக்கும் தரவுகளின் பதிவு நாடாவை பதிவாக்கம் முடிந்தவுடன் எடுத்து வைத்துவிட இயலுமா என வேண்டிக்கொண்டார். நான் அவரது தரவுகளைப் பார்த்துவிடுவேன் எனும் அச்சம் அவருக்குச் சிறிதளவும் இல்லை.

சிறிது நாட்களுக்குப் பிறகு மற்றொரு செய்தி கிடைத்தது. அது யேல் குழுவினர் 10Å 'இடுக்கறிதலின்' உச்சத்தைத் தாண்டிவிட்டார்கள் என்பதாகும். அவர்கள் தங்களது கண்டுபிடிப்பினை *Cell* இதழில் வரைபடங்களுடன் வெளியிட்டனர். அப்படங்களில் வலப்புறமாகத் திருகிய RNA மூலக்கூறின் பகுதிகள் காண்பிக்கப்பட்டிருந்தன. மேலும் அக்கட்டுரையில், குறிப்பாக, 'பிற மூலக்கூறு அமைப்பு ஆய்வுகளில் எதிர்பார்க்கும் அடர்வுத் தன்மைகள்' இவ்வரைபடங்களில் தென்படுகின்றன எனத் தெரிவித்திருந்தனர். அவர்களது ஆய்வு முடிவுகள் ரைபோசோம்களில் அதிகப்படியான இடுக்குணர் திறன்களை அறிவதற்கு முன்னோடிச் செய்திகளாக அமையும் என்றும் தெரிவித்துவிட்டனர்.

நான் பீட்டர், டாம் ஆகிய இருவர் மட்டுமே எனது வலிமையான போட்டியாளர்கள் எனக் கவலைப்பட்டுக்கொண்டிருந்தேன். இப்போது நான் கடைசியாகச் சந்தித்த நெனாட், அனைவரிலும் எனது முதல்நிலை போட்டியாளராகவுள்ளார். யேல் குழுவினர் *Cell* இதழில் வெளியிட்ட ஆய்வுக் கட்டுரையின் ஆசிரியர்கள் பட்டியலில் பால் நிஸ்ஸென் (Paul Nissen) எனும் பெயர் இருந்தது. இவர் டென்மார்க்கின் ஆரஸ் பல்கலைக் கழகத்தில் பயின்றவர். மிகச் சிறந்த இளம் படிகவியலாளர். ஆரஸ்சில் இவரது ஆய்வுக் கண்டுபிடிப்பு சிக்கலான ரைபோசோம் tRNA–அமினோ அமிலம் தொடர்பானது. ரைபோசோமிற்கு அமினோ அமிலங்களைக் கொணர்ந்து தரும் tRNA–வானது EF–Tu எனும் புரோட்டீன் காரணியுடன் இணைந்த தொகுப்பாக விளங்கும் எனும் தன்மையைக் கண்டுபிடித்தவர். இவ்வகையில் யேல் ஆய்வகத்தில் சிறந்த சாதனையாளர்களின் குழு அமைந்திருந்தது. எங்களிடமோ நல்ல படிகங்கள்கூட இதுவரையிலும் இல்லை. ஆனால் என்னிடம் ஒரு மூலக்கூறின் சிறந்த 'இடுக்குணர்' திறனைப் பெறுவதற்கான செய்முறைத் தொழில்நுட்பம் இருந்தது. அதை அவர்கள் அறிந்திருக்க வாய்ப்பில்லை. ஆம், எங்களது ரைபோசோம் பற்றிய ஆய்வு வேகம் குறைவுதான். முடிவுகளை எட்டுவதற்குத் தொடர்ந்து முயல வேண்டியதுதான்.

30S துணையலகினை IF3யுடன் இணைத்து மின்னணு உருப்பெருக்கியின் உதவியுடன் மூலக்கூறு அமைப்பை அறியும் முயற்சியை மேற்கொள்ளலாம்

என ஜோச்சிம் ஃபிராங்கைத் தொடர்புகொண்டேன். இச்செயல் முறையில் கிடைக்கும் மூலக்கூறு தன் அமைப்பில் குறைந்த 'இடுக்குணர்' திறனில்தான் இருக்கும். இருப்பினும் IF3யுடன் அதன் இணைப்பு எவ்விதம் அமையும் என்பது தெரியவரும். மேலும் ஏற்கெனவே குறிப்பிட்ட மூலக்கூறின் தலையசைவு இல்லாத தன்மையில் S30யை நிலைநிறுத்த இயலுமா என்பதையும் அறியலாம். இத்தருணத்தில் எங்களது ஆய்வுகள் 30S துணையலகுடன் IF3யை இணைப்பதற்கான முயற்சி என்பது மட்டுமே என்று ஜோச்சிம் அறிந்திருந்தார். IF3யுடன் இணைந்த 30S துணையலகு தொகுப்பினை அதன்பின் படிகமாக்குவதற்கு இது முன்னோடி சோதனை என்பது அவருக்குத் தெரியாது. இந்த ஆய்விற்கு சம்மதம் தெரிவித்த ஜோச்சிம் தனது ஆய்வகத்தின் முதுமுனைவர் ராஜ் அகர்வாலையும் ஜான் மெக்கட்சனையும் (John Mccutcheon) எங்களுக்கு உதவுமாறு பணித்தார். ஜான் இதற்கான மூலக்கூறு தொகுப்பை IF3யுடன் உருவாக்கி மின்னணு நுண்பெருக்கியில் மூலக்கூறு அமைப்பினைப் பெறுவதற்குக் கிளம்பிவிட்டார்.

அதே வேளையில் இங்கு எங்கள் படிகங்கள் பெரிதாக வளர்ந்திருந்தன. அடுத்தமுறை புரூக்ஹேவன் செல்லுகையில் மால்கம் கதிர்பீய்ச்சியில் சிறந்த தரவுகள் கிடைக்கலாம். மிகச்சிறந்த படிகங்கள் 5Å இடுக்குணர் திறன் அல்லது அதற்கு அருகில் அமையலாம். பாப் ஸ்வீட் எங்களது ஆய்வகத்திற்கு வந்திருந்தார். அவர்களிடம் இப்போது புதிய அதிதீவிர கதிர்பீய்ச்சிக் கருவி வந்திருப்பதாகவும் எனது படிகங்களை அதில் பயன்படுத்திப் பார்க்கலாமே என்றும் தெரிவித்தார். இதில் எனக்கு எவ்வகை இழப்பும் இல்லையே என்று எண்ணி ஒப்புக்கொண்டேன். முதலில் ஒரு படிகத்தை அதில் பொருத்தி ஆய்வு செய்தோம். அதன் முடிவைப் பார்த்தவுடன் இதயம் வெடித்துவிடும் போல் ஆனது. அந்தப் படிகம் 4Å இடுக்குணர் திறன் தருகின்ற அளவிற்குக் கதிர் விலகல் கொண்டிருந்தது. விலகல் புள்ளிகள் உணரிகளின் விளிம்புகள்வரை பரவியிருந்தன. உயர் கோணத்தில் அமைந்த புள்ளிகள் சற்றுத் தெளிவாக இல்லை. அதனால்தான் மிகை வீரியக் கதிர்பீய்ச்சு தேவைப்பட்டது. இம்முடிவுகள் IF3யுடன் இணையாமலேயே படிகங்களின் நலனை உறுதிப்படுத்தின. ஆடா செய்து காட்டியதுபோல மிகு எடைத் தொகுப்புகளோடு இணைக்கத் தேவையில்லை. தேவையானது S1 புரோட்டீன் நீக்கப்பட்ட சீர்மையும் தூய்மையுமான படிகங்களே. மேலும் அவசரப்படாமல் படிகங்களைப் பல வாரங்களுக்கு 4°C வெப்பநிலையில் வைத்திருத்தல் மட்டுமே தேவைப்பட்டது. எப்படியோ, ஏதோ ஒரு காரணத்தால் பிற போட்டியாளர்களுக்கு இணையாகச் சிறந்த கதிர் விலகல் பண்புள்ள படிகங்கள் தோன்றிவிட்டன. அடுத்து இவற்றைக் கொண்டு என்ன செய்வது எனத் திட்டமிட வேண்டும்.

10

மீண்டும் புனிதத் தலத்திற்கு...

ஸ்வீடனிலிருந்து திரும்பிய சிறிது நாட்களுக்குப் பிறகு சற்றும் எதிர்பாராத வகையில் ஆடாவிடமிருந்து தொலைபேசி அழைப்பு வந்தது. ஸ்வீடனின் டால்பெர்கில் நாங்கள் ஆய்வுகளால் கண்டுபிடித்த S15 துணையலகின் அமைப்பினை ஏற்கெனவே விவரித்திருந்தேன். ஆடா, என்னிடம், தான் எழுதிக்கொண்டிருக்கின்ற மீள்பார்வைக் கட்டுரையில் அதைக் குறிப்பிடலாமா? என வினவினார். இதைக் கேட்பதற்கு அவர் தொலைபேசியில் அழைத்திருக்க வேண்டியதில்லை. மின்னஞ்சல் மூலமாகவே தெரிவித்திருக்கலாம். S15 அமைப்பு பற்றி நாங்கள் ஆய்விதழில் விரைவில் வெளியிட இருந்தோம். அதனால் எங்களது ஆய்வு முடிவைப் பற்றி அவரது கட்டுரையில் தெரிவிக்கலாம் என அனுமதியளித்துவிட்டு, சிறிய குறும்புத்தனத்துடன் "நன்றி ஆடா, உங்களுடன் பேசியதில் மகிழ்ச்சி" என்று கூறிப் பேச்சை முடித்துக்கொள்ள முயன்றேன்.

அதற்குள் அவர் விடாப்பிடியாகப் பேச்சைத் தொடர்ந்து, தான் அழைத்தற்கான உண்மைக் காரணத்திற்கு வந்தார். தொலைபேசியில் தொடர்ந்த அவர் "நீங்கள் 30S துணையலகில் ஆய்வுசெய்ததாகக் கேள்விப்பட்டேன்" எனத் துவங்கினார். அதைப் பற்றியும் அதில் என்ன செய்கிறோம், எந்த நிலையில் உள்ளோம் என்பது பற்றியெல்லாம் கூற நான் விரும்பவில்லை. அதே வேளையில் ஒரேயடியாகப் பொய் சொல்லவும் முயற்சிக்கவில்லை. "அதைப்பற்றி சிந்தித்துக் கொண்டிருக்கிறோம்" என பில் கிளிண்டன் பாணியில் பதிலளித்தேன். ஆம் உண்மை அதுதானே. இரவு–பகலாக ஆய்வுகளைப் பற்றிச் சிந்தித்துக்கொண்டுதானே இருக்கிறோம். எனது பதிலைத் தொடர்ந்து ஆடா பேசத் துவங்கினார். தாங்கள் 30S படிக ஆய்வில் முன்னேறியுள்ளதாகவும் நாங்கள் ஏற்கெனவே தனிமைப்படுத்திப் பிரித்தெடுத்த புரோட்டீன்களின் அமைப்பை அறிந்தது மட்டுமல்லாமல் தங்களது படிக வரைபடங்களில் அவை அமைந்துள்ளதை அடையாளம் கண்டுவிட்டதாகவும் தெரிவித்தார். எங்களிடம்

ஏதேனும் புதிய எண்ணங்கள் இருந்தால் தெரிவிக்கும்படியும் அதையும் தாங்கள் கருத்தில் கொள்ள விரும்புவதாகவும் கூறினார். எங்களது எண்ணங்களை நாங்களே செயல்படுத்திக் காண விரும்புவதாகப் பணிவுடன் தெரிவித்துவிட்டேன். ஆடா அண்மையில் யேல் ஆய்வகத்திற்கு திடீரெனச் சென்று அங்குள்ளவர்களுடன் இணைந்து ஆய்வுகள் மேற்கொள்ள விரும்புவதாகவும் தெரிவித்திருக்கிறார். இதை பீட்டர் மூர் என்னிடம் தெரிவித்தார். இந்த நிகழ்வு ஆடா தொலைபேசியில் என்னைத் தொடர்புகொண்ட வேளையில் எனக்குத் தெரியாது.

நல்ல நண்பர்களாகவும் இணைந்து பணியாற்றுவதை விரும்புகிறவர்களாகவும் ஒருவர் மேல் ஒருவர் முழுமையான நம்பிக்கை கொண்டவர்களாகவும் இருந்தால் மட்டுமே இணைந்து செய்யும் ஆய்வுகள் சிறப்பானவைகளாக அமையும். மேலும் அடுத்தவருக்கு ஆய்வில் பிரச்சினைகள் ஏற்படும்போது தங்களின் திறமைகளால் உதவுபவர்களாகவும் அமைய வேண்டும். தங்களது ஆய்வுத் திட்டத்தில் அடுத்தவருக்கு முழு அதிகாரம் தரவேண்டும். புகழ் கிடைத்தால் பகிர்ந்து கொள்ளக்கூடியவர்களாகவும் இருத்தல் வேண்டும். நானும் யேல் விஞ்ஞானிகளும் பிறருடன் இணைந்து செயலாற்றுவதற்கு விரும்பவில்லை.

ஆடாவின் தொலைபேசி அழைப்பு எனக்கு அச்ச உணர்வை ஏற்படுத்தியது. நான் எண்ணியிருந்ததுபோல் அவ்வளவு கவனமாகச் செயல்பட்டிருக்கவில்லை. எங்களது புரோட்டீன் அமைப்புகளை அவரது வரைபடங்களில் அடையாளம் கண்டதாகக் கூறினாரே, அது எப்படி? அவர் கூறிய அனைத்தும் உண்மையெனில், ஆடா நிச்சயம் ஆய்வில் எங்களைவிட முன்னேறியுள்ளார். நாம் இனிமேல் என்ன செய்வது என்றெல்லாம் நினைத்தேன். மிகுந்த வருத்தத்துடன் சென்று எனது ஆய்வகத்திற்கு அருகிலிருந்த கிரிஸ் ஹில்லைச் சந்தித்துத் தெரிவித்தேன். அவர் நான் கூறுவதைக் கேட்டுவிட்டு சிரித்தார். தனது ஆய்வுகளின் வழியே மிகச் சிறந்த வரைபடத்தைத் தோற்றுவித்த ஒருவர் உடனடியாகத் தனது போட்டியாளரை அழைத்து அவரிடமே இப்படியெல்லாம் தெரிவிப்பது எங்கும் நடந்ததில்லை என கிரிஸ் தெரிவித்தார். ஓரளவு அமைதி பெற்றேன். போட்டியின் உண்மைத் தன்மை புரியத் துவங்கியது. இந்நிலை ஏற்படாமல் காத்துக்கொள்ள நான் ஏற்கெனவே எண்ணியிருந்ததை மீண்டும் உறுதி செய்து கொண்டேன்.

பிறகு ரிச்சர்ட் ஹென்டெர்சனிடமிருந்து ஒரு கடிதம் வந்தது. அதில், அவர்களது ஆய்வகத்தில் தற்போது இடம் உள்ளதாகவும் என்னை அங்கு பணியில் ஏற்றுக்கொள்ள விரும்புவதாகவும் தெரிவித்திருந்தார். திடீரென எனது வாழ்வில் ஒரு முக்கிய முடிவினை மேற்கொள்ளும் நிலை ஏற்பட்டிருந்தது. மனத்தளவில் மிகவும் சிரமமான ஓர் முடிவைத் தீர்மானிக்க LMB செல்வதென்றால் இங்குள்ள அனைத்தையும் அப்படியே போட்டது போட்டபடி விட்டுவிட்டு, அந்த ஒரு திட்டத்தில் மட்டுமே ஆய்வு செய்யும் நிலை ஏற்படும். யூட்டாவில் இருந்துவிட்டால் பிற பாதுகாப்பான திட்டங்களிலும் கவனம் செலுத்த வேண்டும். ஆனால் இங்குள்ள ஆய்வுத் திட்டங்களால் எனது முக்கிய ஆய்வாகிய 30S துணையலகுத் திட்டத்தை துரிதப்படுத்துவதில் இன்னல் ஏற்படும். இப்போது ரைபோசோம் ஆய்வுகள்

பலரிடையே வேகமான போட்டியாக அமைந்துவிட்டன. இதில் நான் மேலும் அக்கறை செலுத்த வேண்டும் என எண்ணினேன். LMB நல்ல வாய்ப்பு. நழுவ விட்டுவிட்டால் பின் வருந்த நேரிடும்.

வேராவும் நானும் யூட்டாவில் வாழ்வதை மிகவும் அனுபவித்தோம். இங்கு என்னுடன் பணியாற்றுபவர்கள் அனைவரும் சிறந்த நண்பர்களாகிவிட்டார்கள். என்ன செய்வதென்று தெரியவில்லை. எனது மரியாதைக்குரிய இருவரிடம் இது தொடர்பாக ஆலோசனை பெறலாம் என எண்ணினேன். அவர்கள் இருவரும் இத்தகைய பிரச்சினைகளுக்கு ஏற்கெனவே தீர்வுகள் கண்டவர்கள். முதலில் பீட்டர் மூர். அவரிடம் 30S ஆய்வுத் திட்டத்தைப் பற்றித் தெரிவிக்காமல், LMB செல்வது பற்றி மட்டுமே ஆலோசனை கேட்டேன். அவர், யூட்டாவே நல்ல இடம்தான், ஆனால் LMB தனித்துவமானது. அங்கு வாய்ப்பு கிடைத்தால் அதைப் பயன்படுத்துவது பற்றி நிச்சயம் யோசிக்க வேண்டும் என்றார்.

அடுத்து ஹார்வர்டிலிருந்த ஸ்டீவ் ஹாரிசனிடம் ஆலோசனை கேட்டேன். ஸ்டீவ் அவரது தலைமுறையின் முன்னணி மூலக்கூறு அமைப்புசார் உயிரியலாளர். சிறு வயதிலேயே இத்துறைக்குள் நுழைந்து புகழ்பெற்றவர். அக்காலத்தில் கண்டுபிடிக்க இயலாது எனக் கருதப்பட்ட முழு வைரசின் அமைப்பைக் கண்டறிந்தவர். அவரது காலத்தில் கணினிகளும் இல்லை. சின்குரோட்டிரான்களும் இல்லை. தனி மனித வாழ்விலும் தைரியமானவர். சிறிதும் கூச்சம் இல்லாமல் ஓர் ஓரினச் சேர்க்கையாளராக வாழ்ந்தவர். ஒருநாள் சட்டப்பூர்வமாக தனது நீண்ட நாளைய நண்பராகிய டாம்மி கிர்க்ஹாசனை மணமுடித்துக் கொள்ளப் போகிறார் என்பதை அவரே எண்ணிப்பார்த்திருக்க மாட்டார். டாம்மி, ஹார்வர்ட் பல்கலைக்கழகத்தில் புகழ்பெற்ற செல்லியலாளர் (Cell Biologist).

ஸ்டீவ் எதனையும் வெளிப்படையாகத் தெரிவித்துவிடக்கூடியவர். அனைவரும் அறியும் வகையில் இவர் புரோட்டீன்களை விண்வெளிக்கு அனுப்பிப் படிகங்களாக்க முயன்றார். இதனால் புவி விசை இல்லாத சூழலில் சிறந்த படிகங்கள் தோன்றும் எனக் கருதினார். இந்த ஆய்வு அதிக பணச்செலவு வைக்கக்கூடியது. நேரமும் பணமும்தான் விரயமாயின. ஒருமுறை, புரூக்ஹேவனில் ஒரு கூட்டத்தை ஏற்பாடு செய்த, சின்குரோட்ரானின் இயக்குநர் 'தனக்கு எதுவும் தெரியாமலேயே உயிரியல் விஞ்ஞானிகள் எவ்விதம் சோதனைகள் செய்ய வேண்டும்' என்று கூறியதாகத் தெரிவித்தார். இப்படி எதனையும் வெளிப்படையாகக் கூறிவிடக்கூடியவர். எனவே LMBக்குச் செல்வதைப் பற்றி இவரிடம் தெரிவித்தால், 'வேண்டாம்' என பட்டெனக் கூறி அங்கு செல்வதால் பலனில்லை என்று கூறிவிடுவார் என எதிர்பார்த்தேன். ஆனால் அவர் அப்படிக் கூறவில்லை. அதற்குப் பதிலாக, 'நல்லது! போட்டியிருந்தால்தான் அந்தத்துறை முன்னேறும். டாம், பீட்டர் போன்றவர்கள் இந்தப் போட்டியில் இறங்கியுள்ளபோது நீங்களும் இறங்கலாமே' என்றார். யூட்டாவில் பெற இயலாத எதனை LMB தரும் என நான் அடுத்து ஆராய வேண்டும்.

ஸ்டீவ், ஆடாவின் நல்ல நண்பர். இது எனக்கு அப்போது தெரியாது. அவர் சீரிய நோக்கங்கள் கொண்ட நேர்மையாளர். பிறரை

நன்கு ஊக்குவிக்கக்கூடியவர். காலப்போக்கில் அவர் எனக்கும் நல்ல நண்பரானார். அரங்கிசையில் ஆர்வம் கொண்டவர். இன்று செலோ வாத்தியக் கலைஞனாக உள்ள எனது மகன் ராமனை அவர் இசையில் ஊக்கமளித்திருக்கிறார்.

வேராவுடன் நீண்ட நடைப் பயிற்சிக்குச் சென்று இதைப்பற்றி விவாதித்து ஒரு முடிவு செய்தோம். எங்களது வளர்ந்த குழந்தைகளையும் குடும்பத்தையும் அமெரிக்காவில் விட்டுவிட்டு நாங்கள் இருவரும் இங்கிலாந்து செல்லலாம் எனத் தீர்மானித்தோம். LMBயில் ரைபோசோம் ஆய்விற்காகச் செல்லுகையில் எனது ஊதியம் குறையும். பரவாயில்லை. என் மனைவி வேரா எங்களது அமெரிக்க வாழ்வில் எந்தவித முணுமுணுப்பும் இல்லாமல் என்னுடன் நான் செல்லும் இடங்களுக்கெல்லாம் வந்திருக்கிறார். ராமன் பிறந்த பிறகு நான் பட்டப்படிப்பிற்குச் சென்ற வேளையிலும்கூட வேரா எதுவும் கூறியதில்லை. அவர் எழுத்தாளர், வரைபடக் கலைஞர், சுயமாக சம்பாதிப்பவர். இந்த வகையில் நான் அதிர்ஷ்டக்காரனே. என்னோடு பயணிக்கின்ற ஒவ்வொருமுறையும் என் மனைவி, தனது வீட்டுடனும் நண்பர்களுடனும் இயைந்திருந்த தனது வாழ்வை வேரோடு பிடுங்கிக் கொண்டுதான் வர வேண்டியிருந்தது. அதையே இம்முறையும் மீண்டும் செய்வதற்கு ஒப்புக்கொண்டார். ஆனால் ஒவ்வொருமுறையும் ஒரு கட்டளை இடுவார். இதுதான் கடைசி முறையாக இருக்கவேண்டும் என்பார். இதுவரை ஒவ்வொரு இடப்பெயர்வின் போதும் இதையே சொல்லிக்கொண்டிருக்கிறார்.

என்னை ஒரு சில ஆண்டுகளுக்குமுன் யூட்டாவில் பணியமர்த்திக் கொண்ட டானா காரலுக்கு நான் விடைபெற இருப்பது பெரிய அதிர்ச்சியே. எனது ஊதியத்தைக் குறைத்தது, கூட்டியது எல்லாம் இன்று ஒரு பொருட்டல்ல. நான் இங்கிருந்து கிளம்புகிறேன் எனக் கூறிய பிறகும் கூட டானா காரல், வெஸ், கிரிஸ் ஆகியோர் ஆச்சரியப்படும் வகையில் எனக்கு ஆதரவாகவே விளங்கினர். என் மீது கோபப்படாமல் நான் வெற்றி பெற வேண்டும் என்றே எண்ணினர்.

நான் கேம்பிரிட்ஜ் சென்று ரைபோசோமில் ஆய்வுகளைத் தொடர்வது என்று முடிவாகிவிட்ட நிலையில் இங்கு மேற்கொள்ள வேண்டிய ஆய்வுகளை விரைவுபடுத்தி இழந்த காலத்தை ஈடுசெய்ய வேண்டியிருந்தது. இரண்டாவது முதுமுனைவர் ஆய்விற்காக கவனத்துடன் வேலை செய்து கொண்டிருந்த பிரையன் வெம்பர்லி, இரண்டு மூலக்கூறு அமைப்புகளைக் கண்டறிந்துவிட்டார். அவற்றில் ஒன்று மிக முக்கியமானது. அது ஒரு RNA துணுக்குடன் இணைந்திருந்த ரைபோசோம் புரோட்டீன். இவ்வகையில் அவரது முதுமுனைவர் ஆய்வு வெற்றிகரமானதாக அமைந்தது. அவரும் முழு மனதுடன் 30S ஆய்வுத் திட்டத்தில் தன்னை ஈடுபடுத்திக்கொண்டார்.

படிகங்களின் அடிப்படை அமைப்பைத் தயாரிப்பதற்கு என்னென்ன வேதியப் பொருட்கள் தேவைப்படும் என்பதைத் தீர்மானிக்க வேண்டும். தனிம அட்டவணையில் (Periodic Table) உள்ள அனைத்து உலோகங்களின் உப்புக்களையும் கண்டறிந்து அவற்றில் சின்குரோட்ரான் மூலமாக ஒழுங்கற்ற X–கதிர் விலகல் சமிக்ஞைகளைத் தரக்கூடியவற்றைப் பெற்றுக்

கொண்டேன். இவ்வுப்புக்கள் பெரும்பாலும் தனிம அட்டவணையின் லாந்தனைடுகளாகிய அரிதான உலோகத் தனிமங்களின் அணுக்கள் கொண்டவை. அவ்வணுக்கள் ஹோல்மியம், இட்டர்பியம், யூரோப்பியம் போன்றவை. இவற்றைப் பயன்படுத்தி 'நிலைகளையும்' பின் அவற்றால் வரைபடத்தையும் பெற வேண்டுமெனில் அவை படிகத்தில் எங்கு இணைந்துள்ளன என்பதனை முதலில் அறிதல் வேண்டும். இதற்கெனச் சில கணினி வழி கணக்கீடு முறைகள் உள்ளன. ஆனால் அதை இதுவரை முயற்சி செய்ததில்லை. இவை ஒவ்வொன்றிலும் கிடைக்கும் சமிக்ஞை வலுவற்றதாக இருந்துவிட்டால் என்ன செய்வது என்னும் எண்ணமே அதற்குக் காரணம்.

ஆனால் யேல் குழுவினர் பேட்டர்சன் வரைபடத்தில் ஏதோ ஒரு மிகு எடை அணுத்தொகுப்பை நேரடியாகக் கண்டுவிட்டனர். குறைந்த இடுக்குணர் திறன் நிலைகளில் கிடைத்தாலும் அந்நிலைத் தன்மைகளைப் பயன்படுத்திப் பிற லாந்தனைடுகள் போன்றவற்றின் அணுக்களின் இடம் அறிந்துவிடலாம். நாங்கள் இப்போது ஓட்டப் பந்தயத்தில் இருக்கிறோம். ஒவ்வொன்றாக முயற்சி செய்து பார்ப்பது இப்போது இயலாது. லாந்தனைடு அணுக்களைக் காணமுயற்சிப்பது வெற்றியடையுமா என அறிவதற்கு முன்பு, நான் எனது அடிப்படை நிலைகளைச் சரிசெய்துகொள்ள வேண்டும் என எண்ணினேன். எனவே ஆடா அதன் பிறகு டாம், பீட்டர் ஆகியோர் செய்ததைப் போன்று நானும் மைக்கேல் போப்புக்கு கடிதம் எழுதினேன். மைக்கேல் போப், ஜார்ஜ்டவுன் பல்கலைக் கழகத்தில் கனிம வேதியியலாளர் (Inorganic). அவரிடம் நான் 'சிறிது டங்ஸ்டன் தொகுப்பு கூட்டுப் பொருட்களைத் (Tungsten Cluster Compounds) தரவியலுமா?' என வினவினேன். அவர் மிகுந்த நட்புணர்வுடன் தனது முழுத்தொடர் கூட்டுப்பொருட்களையும் எனக்களித்தார். அவை 11 முதல் 30 டங்ஸ்டன் அணுக்களைக் கொண்ட மூலக்கூறுகள். திடீரெனப் பல படிகவியலாளர்கள் அவரது டங்ஸ்டன் பொருட்களின் மீது ஆர்வம் செலுத்தி அவரிடம் தொடர்புகொள்வது அவருக்கு ஆச்சரியத்தை ஏற்படுத்தியிருக்கும். ஸ்டாக்ஹோமிலிருந்த குந்தர் ஷ்னீடரிடமிருந்து (Gunther Schneider) டான்டலியம் புரோமைடைப் பெற முடிந்தது. அவர் புரோட்டீன் தொகுப்பு களைக் கண்டறிவதற்கு அதைப் பயன்படுத்தியிருந்தார். 'அறிவியல்' இவ்விதம் முன்பின் தெரிந்திராதவர்களின் உதவியைச் சார்ந்துதான் இயங்குகிறது.

அணுகுமுறைத் திட்டம் தெளிவாகிவிட்டது. யேல் குழுவினர் செய்திருப்பதைப் போன்று என்னிடம் உள்ள ஒரு தொகுப்பிலிருந்தோ அல்லது மின்னணு உருப்பெருக்கியின் வரைபடத்திலிருந்தோ குறைந்த இடுக்குணர் திறனில் உள்ள 'நிலை'யைப் பெற்றுவிட இயலும். இதைப் பயன்படுத்தி வலுவான ஒழுங்கற்ற சமிக்ஞைகள் கொண்ட அணுக்கள் படிகத்தில் எங்கு அமைந்துள்ளன என்பதை நான் கண்டுபிடித்துவிட்டால் மிகை இடுக்குணர் திறன் நிலைகளையும் அறிவதற்கு நான் தயாராகி விட்டேன் என்றாகிவிடும். நானும் பந்தயத்திற்குத் தயாராகிவிடுவேன். கிடைக்கும் சமிக்ஞைகள் வலுவுள்ளவைகளாக அமையும் என எனது கணக்கீடுகள் ஏற்கெனவே காண்பித்துவிட்டன. ஆனால் இந்தக் கணக்கீடுகள் ஓர் எளிய புரோட்டீனிலிருந்து கிடைக்கும் கதிர் விலகல் தன்மையின்

அடிப்படையிலானவை. 30Sஇல் கிடைக்கும் கதிர் விலகல் மிகவும் வலுவற்றது. எனவே எனது முயற்சி வெற்றி பெறுவது நிச்சயமற்றதுதான். இச்சோதனையை மேற்கொண்டுவிட்டு நல்ல தரவுகள் கிடைக்கும் என நம்பிக்கை கொள்ள வேண்டியதுதான்.

இதுவரை ஆய்வு செய்யப்பட்ட RNA அமைப்புகளிலேயே மிகப் பெரிய அமைப்பு பற்றிய ஆய்வு தொடர்பாக ஒரு கட்டுரை சமீபத்தில் வெளியாகியிருந்தது. அதில் குறிப்பிட்டிருந்த முறை ஒரு சிறந்த மாற்று முறையாக எனக்குப் பட்டது. அந்த RNA ஏற்கெனவே டாம் செக் காண்பித்த RNA மூலக்கூறின் ஒரு பகுதிதான். அம்மூலக்கூறு, புரோட்டீன் என்சைம் உதவி இல்லாமல் தானாகவே பிரிதல் அடையக்கூடியது. இந்தக் கண்டுபிடிப்பிற்கென செக் நோபல் பரிசைப் பகிர்ந்து பெற்றுள்ளார். முதுஆய்வு மாணவி ஜென்னிஃபர் டவுட்னா இந்த மூலக்கூறு அமைப்பு பற்றிய ஆய்வுத் திட்டத்தை போல்டரில் (University of Colorado Boulder) டாம் செக்கின் ஆய்வகத்தில் துவங்கினார். அதை அவர் யேல் பல்கலைக் கழகத்தில் ஆசிரியர் பணியில் அமர்ந்தபோது தொடர்ந்து ஆய்வு செய்து நிறைவேற்றினார்.

ஜெனிஃபர் மிகச் சிறந்த விஞ்ஞானி. இவர் தனது பி.எச்டி ஆய்வுப் பட்டப் படிப்பினை ஹார்வர்டு பல்கலைக் கழகத்தின் ஜேக் சோஸ்டக்கிடம் மேற்கொண்டவர். அங்கு அவர் RNA கிரியா ஊக்கித் தன்மையில் ஆய்வு செய்துகொண்டிருந்தார். டாம் செக்கிடம் முது ஆய்வு நிலையை முடித்துக் கொண்டு யேல் பல்கலைக்கழகத்தில் பணியமர்ந்தார். யேல் பல்கலைக்கழகத்தின் பெர்க்லி (Berkley) கல்லூரியில் தொடர்ந்து பல வெற்றிகளைப் பெற்றுப் புகழ்பெற்றவராக விளங்கினார். கடந்த சில ஆண்டுகளாக ஜீன்களை மாறுதல் செய்யும் CRISPR–Cas[1] முறையின் மூலமாக உலக விஞ்ஞானிகளைக் கவர்ந்துள்ளார். பல விருதுகளைப் பெற்ற இவர், நிச்சயம் நோபல் பரிசையும் பெறுவார். புகழ்பெற்ற பெண் விஞ்ஞானியாகிய இவரைப் பற்றி அசாதாரணமான வகையில் வாக் (*Vogue*) இதழில் ஒரு கட்டுரையும் படமும் வெளியிடப்பட்டன. பட்டதாரி மாணவராக இவருடைய ஆய்வுத் திட்டத்தில் கொலராடோவில் பணியாற்றிய ஜேமி இவரைத் தொடர்ந்து யேலிலும் பணியாற்றினார். ஜெனிஃபரைத் தொடர்ந்து சென்ற ஜேமி கேட் அவரைத் திருமணம் புரிந்து கொண்டார். இன்று அவர்கள் டாம்–ஜோன் போன்ற நட்சத்திர இணையர்கள்.

---

1. மொழிபெயர்ப்பாளரின் குறிப்பு: CRISPR என்பது ஜீனோம்கள் எனும் மரபணுத் தொகுப்புகளை எடிட்டிங் செய்வதற்கு உதவும் ஒரு செய்முறை. இதன் மூலம் DNA மூலக்கூறில் உள்ள ஜீன்கள் இடம் மாறுதல் பெறவும் அவற்றின் செயல்களை மாற்றியமைக்கவும் செய்யவியலும். மரபணுக் குறைபாடுகளைச் சரிசெய்தல், சிலவகை நோய்கள் பரவாமல் தடுத்தல், தாவரங்களின் வளர்ச்சியைத் தூண்டிவிடுதல் ஆகியவற்றை நிறைவேற்ற முடியும். CRISPR என்பது Clustered Regularly Interspaced Short Palindromic Repeats என்பதன் சுருக்கம். இதனை 'கிரிஸ்பர்' என்றும் கூறுவதுண்டு. Cas 9 என்பது ஓர் என்சைம்.

இந்த உயிரி தொழில்நுட்பம் பாக்டீரியங்கள் போன்ற நுண்ணுயிரிகளின் இயல்பான பாதிப்பு–தடுப்பு முறைகளிலிருந்து கண்டறியப்பட்டது. இம்முறையில் நோயிழைக்கும் வைரசின் DNA பகுதிகளை வெட்டி எடுத்து சிறுசிறு DNA பகுதிகளைப் பாதுகாப்பதற்கென, நுண்ணுயிரிகள் தங்களது ஜீனோமில் இணைத்துக்கொள்ளுகின்றன. இத்தன்மை ஒரு பாதுகாப்புக் கேடயமாக விளங்கும். Emmanelle Charpentier, Jennifer Duodna ஆகியோருக்கு CRISPR Cas 9 Genome Editing தொழில்நுட்பத்திற்கான நோபல் பரிசு 2020இல் வழங்கப்பட்டது.

படம் 10.1 ஜெனிஃபர் டௌட்னா மற்றும் ஜேமி கேட்

30S துணையலகுகளுக்கென நான் எண்ணிக்கொண்டிருந்த அதே MAD முறையைத்தான் ஜேமியும் ஜெனிஃபரும் வெளியிட்டிருந்த ஆய்வுக் கட்டுரையின்படி பயன் படுத்தியிருந்தனர். எனது ஆய்வில் லாந்தனைடு உலோகங்களைப் பயன்படுத்த நினைத்திருந்தேன். ஆனால் அவர்கள் அதைவிட ஆகச்சிறந்த ஒன்றைப் பயன்படுத்தியிருந்தனர். அது ஆஸ்மியம் ஹெக்ஸாமைன் எனும் வேதியப் பொருள். பெரிய மூலக்கூறு களின் படிகங்களின் நிலையறிதலுக்கு இதுவரை இப்பொருளை ஒருவரும் பயன்படுத்தியதில்லை. அப்பொருள் அவர்களின் கட்டுரைப்படி RNAயுடன் இணைந்திருந்த விதத்தினைக் கண்ட நான் இப்பொருள் ரைபோசோமுடன் பல டஜன் இடங்களில் இணைப்புறும் என உணர்ந்தேன். லாந்தனைடுகள் பத்திலிருந்து இருபது இடங்களில் தான் இணையவியலும். எனவே இப்புதிய பொருளில் நல்ல சமிக்ஞைகள் கிடைக்க வாய்ப்புள்ளது எனக் கருதினேன்.

ஆனால் அதிர்ச்சியூட்டும் வகையில் அப்பொருள் வெளிச்சந்தையில் கிடைக்கவில்லை. ஜெனிஃபர் தனது ஆய்வுக் கட்டுரையில் அப்பொருளை ஸ்டான்ஃபோர்டில் பலரும் அறிந்த கனிம வேதியலாளர், ஹென்றி டாபிடம் *(Henry Taube)* பெற்றதாகத் தெரிவித்திருந்தார். நான் அவருக்கு அப்பொருளை வேண்டி கடிதம் எழுதினேன். அவர் சற்று எரிச்சலுற்ற தொனியில் தன்னிடம் அப்பொருள் இல்லை என்றும் ஆய்வு உதவி நிதி காலியாகிவிட்டதால் மேலும் அதைத் தயாரிக்க முடியாது என்றும் சுருக்கமாகத் தெரிவித்துவிட்டார். நானோ 'கோட்பாட்டு இயற்பியலாளராக' இருந்து 'உயிரியலாளர்' ஆனவன். நிச்சயம் அப்பொருளை என்னால் தயாரிக்கவியலாது. நல்லவேளையாக அறிவியல் ஆய்வுகள் நம்மைத் தெரியாதவர்கள் மட்டுமல்ல நண்பர்களின் அன்பையும் சார்ந்துதான் நிகழ்கிறது.

அன்று அப்படி அமைந்த நண்பர் புரூஸ் பிரன்ஸ்விக். புரூக்ஹேவனில் இருந்த பல ஆண்டுகளாக அவரையும் அவரது மனைவி கெரெனையும் (Karen) எனக்கும் எனது மனைவி வேராவிற்கும் தெரியும். நான் புரூக்ஹேவன் வந்த புதிதில் அவர்களைச் சந்தித்திருக்கிறேன். இவர்களைப் பற்றி நட்புடன் தெரிந்துகொள்ள வேண்டும் என எண்ணியதுண்டு. புரூஸ் ஃபிலாடெல்ஃபியாவில் வளர்ந்தவர். இவரிடம் மதிப்புணர்வில்லாத, பிறரை அவமதிப்பு செய்கின்ற வகையிலான யூத நாட்டின் கிழக்குக் கடற்கரைப்

பகுதியினரின் நகையுணர்வு உண்டு. அவரின் அத்தகைய நகைச்சுவைப் பேச்சை நான் ரசிப்பதுண்டு. நாங்கள் ஒருவரையொருவர் விரும்பியதாலும் எங்கள் இருவரின் குழந்தைகளும் ஒரே பள்ளியில் படித்ததாலும் நல்ல நண்பர்களானோம். எங்களது வீட்டிலிருந்து இரண்டு கட்டிடம் தள்ளிதான் அவர்களின் இல்லம். வார இறுதி நாட்களில் அவருடன் எங்காவது செல்வதுண்டு. அங்கு சென்று நல்ல மதிய உணவிற்குப்பின் நாங்கள் நீண்ட நேரம் உறங்குவோம்.

புரூஸ் பயிற்சிபெற்ற கனிம வேதியலாளர். எனவே வேறு வழியில்லாமல் அவரிடம் 'ஆஸ்மியம் ஹெக்ஸாம்மைன் தயாரித்துத் தர முடியுமா?' என வினவினேன். அப்பொருளின் தயாரிப்பு முறையைப் படித்துப் பார்த்த அவர், இரண்டு வாரத்திற்குள் தனது தொழில் நுட்ப உதவியாளரின் உதவியுடன் செய்துதரவியலும் எனக் கூறினார். இப்பொருளைப் பயன்படுத்தி ஆய்வுகள் செய்து நல்ல புகழ்பெறும் ஆய்வுக் கட்டுரையை வெளியிட முடியும் எனக் கருதிய நான், புரூஸிடம் உங்களது பெயரையும் கட்டுரையின் துணைக் கட்டுரையாளராக இணைத்துக் கொள்கிறேன் எனத்தெரிவித்ததற்கு அவர் வேண்டாம், தேவையில்லை என மறுப்புத் தெரிவித்துவிட்டார். அதுதான் புரூஸ். பலர் இதைவிட மிகக் குறைந்த பங்களிப்பிற்கே தங்களது பெயரை இணைக்க வேண்டுவதுண்டு. உண்மையில் புரூஸின் உதவியானது வெற்றிக்கும் தோல்விக்குமான வேறுபாடாகவே அமைந்திருந்தது.

ஒருவழியாக எங்களது படிகங்களில் பயன்படுத்தி அமைப்புகளைக் கண்டறிவதற்குத் தேவையான பொருட்கள் அனைத்தையும் திரட்டிச் சேர்த்துவிட்டேன். ஜோச்சிம், ராஜ் ஆகியோருடன் எங்களது IF3 கூட்டு ஆய்வுத் திட்டமும் நன்றாகவே நடைபெற்றுக் கொண்டிருந்தது. விரைவில் மின்னணு உருப்பெருக்கியின் மூலம் 30S துணையலகின் வரைபடங்களைப் பெற்று ஆரம்ப நிலை அமைப்புகளைப் பெற்றுவிடுவோம். குளிர்ப்பதன அறையிலிருந்து தொடர்ச்சியாகப் படிகங்கள் மெதுவாக வருவதற்குத் துவங்கிவிட்டன. அவ்வளவுதான், விரைவில், ஆய்வில் 'தூள் கிளப்ப'த் தயாராகிவிட்டோம்.

இந்நிலையில் மற்றொரு அதிர்ச்சி. பிரண்டா பாஸ், யூட்டாவில் என்னுடன் பணியாற்றிய பெண் விஞ்ஞானி–இவர் mRNA எவ்விதம் எடிட்டிங் முறையில் மாறுதல் பெறும் என்பது பற்றி முக்கியக் கண்டுபிடிப்புகள் செய்தவர்; அவர் ஹேரி நோல்லருடன் நட்பில் இருப்பது நான் யூட்டா வந்தவுடன் எனக்குத் தெரியவந்தது. ஹேரி ஓர் உயிரி–வேதியலாளர். ரைபோசோம் RNAவில் ஆய்வுகள் செய்து புகழ்பெற்றவர். சான்டா குரூஸ் ஒன்றும் அடுத்தவீடு கிடையாது. எங்கோ தூரத்தில் இருந்துகொண்டு பிரண்டாவுடன் நட்புத் தொடர்பில் இருந்தது எனக்கு ஆச்சரியமளித்தது. ஒருமுறை பிரண்டாவின் இடத்தில் நடைபெற்ற பிக்னிக் கூடுதலில் சான்டா குரூஸிலிருந்து வந்திருந்த ஹேரியைச் சந்திக்க நேர்ந்தது. நாங்கள் இருவரும் பேசிக்கொண்டிருக்கையில் அவர்கள் ரைபோசோம் படிகங்களில் ஆய்வு செய்கிறார்கள் என்பது எனக்குத் தெரியவந்தது. 'படிகங்கள்!!' கேட்டதும் எனக்கு அதிர்ச்சி. ஹேரி ஓர் உயிரி–வேதியலாளர். இவர் ரைபோசோமில் எவ்விதம் ஆராய்ச்சி செய்கிறார். இந்த ஆய்விற்கென அவர் மாரட்

யூசுபோவையும் அவரது மனைவி குல்நராவையும் பணியமர்த்தியிருக்கிறார். மாரட், தெர்மஸ் பாக்டீரியங்களின் முழு ரைபோசோம் படிகங்களை முதன் முதலாக உருவாக்கிய ரஷ்யக் குழுவினரில் ஒருவர். ஸ்டிராஸ்பர்கில் அவர்களது கூட்டு ஆய்வுகள் நின்ற பிறகு வெறுப்படைந்து ரைபோசோம் படிகவியலிலிருந்து விலகியிருந்தவர்கள் அவர்கள்.

ஒரு தனித்த புரோட்டீன் மற்றும் RNA பகுதியிலிருந்து பிரித்தெடுத்த 30S துணையலகின் தலைப் பகுதியை மீண்டும் இணைப்பு செய்தது தொடர்பாக ஹேரி ஓர் ஆய்வுக் கட்டுரை வெளியிட்டிருந்தார். இதைக் கண்ட மாரட் தானும் 30S துணையலகின் அமைப்புகளில் ஆய்வுகள் செய்ய வரலாமா என ஹேரிக்கு எழுதியிருந்தார். ஹேரி எதனையும் அரைகுறையாகச் செய்பவர் அல்லர். ரைபோசோமின் தலைப் பகுதியில் ஆய்வு செய்வதால் எதுவும் பெரிதாக நிகழப்போவதில்லை. எனவே முழு ரைபோசோம் பற்றியும் ஆய்வு செய்தால் என்ன என்று கூறி மாரட்டை அழைத்தார்.

மாரட், குல்நாரா இருவரும் இவ்வழைப்பைக் கண்டு மிகுந்த உற்சாகம் கொண்டனர். இருவரும் முழுமையான ரைபோசோமில் ஆய்வுகள் மேற்கொள்ள சான்டா குரூஸ் புறப்பட்டனர். சிக்கலான மூலக்கூறு அமைப்புகளைக் கண்டறிவதில் அனுபவம் உள்ள மற்றொருவரையும் ஆய்வுக் குழுவில் இணைத்துக்கொள்ளலாம் என ஹேரியிடம் கூறியதாக மாரட் என்னிடம் தெரிவித்தார். இதைக் கேட்ட ஹேரி ஆய்வின் அப்பகுதியைத் தாங்களே வைத்துக்கொள்ளாமல் மாரட் கூறியபடி ஆர்வமுள்ள இளைஞராகிய ஜேமி கேட்டை முதுமுனைவராக இணைத்துக் கொண்டார். ஏன் இந்த செயல் என்று நான் முதலில் நினைத்ததுண்டு. ஆனால் ஜேமி எதுவும் தெரியாதவரல்ல. ரைபோசோம்களி லிருந்து படிக நிலையறிதலுக்கான மிகச் சரியான தரவுகளைக் காணக்கூடியவர்களில் ஜேமியும் ஒருவர். இத்தகைய செய்முறைதான் எனது ரகசிய எண்ணமாகவும் இருந்தது.

ரஷ்யாவில் படிகங்கள் தயாரிப்பில் பல ஆண்டுகள் அனுபவம் உள்ள யூசுப்பாவ், அவரது மனைவி, ரைபோசோம் ஆய்வுகளுக்குரிய முறைகளைப் பெரிய RNA மூலக்கூறுகளின் அமைப்பினை அறியும் அனுபவங்களைப் பெற்றிருந்த ஜேமி ஆகியோரை இணைத்துக்கொண்ட வகையில் ஹேரி, மிகச் சரியான ஆய்வுக் குழுவினை ஏற்படுத்திக் கொண்டுவிட்டார். கடந்த ஓராண்டு காலத்தில் ரைபோசோம் ஆய்வுகளுக்கு எனக்கான தனியிடத்தைப் பெற்றுவிட்டதாக எண்ணியிருந்த நான், ஹேரியின் ஏற்பாடுகளால் எனது மகிழ்ச்சியை இழந்தேன். யூட்டாவில் இவற்றைக் கேள்விப்பட்ட பிறகு அங்கு தங்கியிருந்த காலத்தில் ரைபோசோம் திட்டத்தை பிரன்டாவுடன் சரியாக விவாதிக்க இயலாமல் ஒரு மாதிரியாக சித்தபிரமை பிடித்த நிலையில் இருந்தேன். பிரன்டா பாஸ் சிறந்த விஞ்ஞானி. அவரது திறமைகளைக் கண்டு நான் வியப்பதுண்டு. பலமுறை அறிவியல் தொடர்பானவற்றை அவரிடம் பகிர்ந்துகொண்டிருக்கிறேன். அவரிடம் ஆய்வுத் திட்டத்தைப் பற்றி விவாதிக்க இயலாத மனநிலை ஏற்பட்டது மிகவும் வருத்தத்திற்குரியது.

கேம்பிரிட்ஜ் செல்லலாம் என முடிவெடுத்திருந்த நிலையில் ஜான் மெக்கட்சியோன் சங்கடமான மனத்துடனும் அதற்குரிய தோற்றத்துடனும் என்னைக் காண வந்திருந்தார். துவக்க கட்டத்தில் ஆய்வில் மிகுந்த ஆர்வம் காட்டியவர், இப்போது ஆய்வுத் திட்டத்தில் என்னுடன் வர இயலாது எனத் தெரிவித்தார். அவர் பட்டப் படிப்பு மாணவி ஒருவருடன் தற்போது நட்பில் இருப்பதாகவும் இப்போது கிளம்பினால் வாழ்வு சிக்கலாகிவிடும் என்றும் கருதினார். தொழில்நுட்ப உதவியாளர் ஜோன்னா மே–க்கு அவர் கவனிக்க வேண்டிய குடும்பம் உண்டு. எனவே அவரும் உடன் வருவதற்கு இயலவில்லை. ஏற்கெனவே என்னுடனிருந்த சிறிய குழு மேலும் பாதியாகக் குறைந்துவிடும் நிலை ஏற்பட்டது.

LMBயில் நடைபெறும் ‘மாணவர் தினம்’ நிகழ்ச்சிக்குச் சென்றிருந்தேன். அங்கு ஒன்றிரண்டு பட்டதாரி மாணவர்களை என்னுடன் கலந்துகொள்ள ஊக்கப்படுத்தலாமா என முயற்சித்தேன். ஒருவர் ஜெர்மானியர். நல்ல தகுதிகள் உடையவர். நான் கூறியவற்றைப் பொறுமையாகக் கேட்ட பிறகு “ஜெர்மனியில் ஒரு பெரிய கூட்டமே இந்த ஆராய்ச்சியில் 20 ஆண்டுகளாக ஈடுபட்டுள்ளது. நீங்கள் இதில் எப்படி வெற்றிபெற இயலும்?” என வினவினார். அதற்கு நான், “நாம் உடனடியாக முதல் முயற்சியிலேயே வெற்றிபெறாவிட்டாலும் நாம் தோற்றுவிக்கும் முதல் அமைப்பு தவறானது என்று ஆனாலும் ரைபோசோம்களைப் பற்றி அறிவதற்குப் பலவும் உள்ளன” என்று கூறினேன். எங்களது நேர்காணலின் பிறகு அவர் கியோஷி நாகாயுடன் ஆய்வுப் பணி மேற்கொள்ள ஒப்புதல் தந்துவிட்டார். கியோஷி வருகின்ற காலத்தில் எனது அருகில் இணையவிருக்கும் சோதனைச்சாலையின் விஞ்ஞானி. அதன்பின் ஒரு கேம்பிரிட்ஜ் மாணவர் உட்பட இருவருடன் பேசினேன். அவர்களுக்கு இத்தகைய ஆய்வுகள் குறித்து எதுவும் தெரிந்திருக்கவில்லை. அவர்களைச் சேர்த்துக்கொண்டால் ஆய்வு வேலை சுணங்கிவிடும்.

திரும்பிச் செல்லுகையில் விமானத்தில் பயணித்த நான் விரக்தி நிலையில் இருந்தேன். மீண்டும் மீண்டும் தொல்லைகளில் மாட்டிக் கொள்கிறேனோ எனும் உணர்வு தோன்றலாயிற்று. திரும்பிய ஒரு சில நாட்களில் LMBயிலிருந்த டோனி கிரவுத்தருக்கு கடிதம் எழுதினேன். அக்கடிதத்தில் எனது கேம்பிரிட்ஜ் பணி குறித்து மீண்டும் யோசிக்க வேண்டும் எனக் குறிப்பிட்டேன். நல்லவேளையாக அடுத்த சில வாரங்களில் இருவர் என்னுடன் LMB ஆய்வில் இணைவதாகத் தைரியத்துடன் முன்வந்தனர். அவர்களை நான் இதற்குமுன் சந்தித்ததில்லை. அவர்களில் ஒருவர் ஆன்டிரூ கார்ட்டர். இவர் ஆக்ஸ்ஃபோர்டில் பயின்றவர். எனது பி.எச்டி ஆய்வு மாணவராக இணைந்தார். டென்மார்க்கின் ஆரெஸ் பல்கலைக் கழகத்திலிருந்து இவரை சிறப்பாகப் பரிந்துரை செய்திருந்தனர். அங்கு இவரது பி.எச்டி ஆய்வுப் படிப்பிற்கான மேற்பார்வை ஆசிரியர் மார்ட்டன் ஜெல்ட்கார்டு. மார்ட்டனை நான் ஏற்கெனவே அறிவேன். புதிதாக இணைந்த ஆன்டிரூ, டிட்லே ஆகிய இருவரும் என்னுடனிருந்த பில், பிரையனுடன் மிகச் சரியாகப் பொருந்துபவர்களாக விளங்கினர். இது எனது அதிர்ஷ்டமே. இப்போது என்னிடம் LMBக்கான துடிப்புமிக்க ஆய்வுக் குழு அமைந்துவிட்டது.

ஓர் ஆய்வகத்திலிருந்து மற்றொரு ஆய்வகத்திற்கு இடம்பெயர கால அவகாசம் தேவை. அதிலும் ஓர் ஆய்வு தொடர்பான பந்தய ஓட்டத்தின் இடையே கண்டம் விட்டு கண்டம் இடம் பெயர்வது எனக்கே பைத்தியக்காரத்தனமாகத் தோன்றியது. இருப்பினும் இம்மாறுதலால் ஆய்வில் ஓர் சிறந்த துவக்கத்தை நிகழ்த்த விரும்பினேன். எங்களது IF3 ஆய்வுத் திட்டத்தில் ஜோச்சிம் தயாரித்த 30S படிகங்களின் மின்னணு உருப்பெருக்கியின் வரைபடங்கள் இருந்தன. X–கதிரியக்கத் தரவுகளுடன் வரைபடங்களைப் பயன்படுத்தி என்னால் 30S துணையலகுகள் படிகங்களில் எங்குள்ளன எனக் கண்டறிய இயலவில்லை. ஒருவேளை அந்த வரைபடங்கள் மிகக் குறைந்த இடுக்குணர் திறனில் தயாரிக்கப்பட்டிருக்க வேண்டும். அல்லது 30S மிக மெல்லிய, தட்டைப் பொருளாக இருக்க வேண்டும். ஏற்கெனவே யேல் குழுவினர் பேட்டர்சன் வரைபடத்தில் மிகு எடை அணுக்கள் தொகுப்புகளை நேரடியாகக் காணவியலும் எனத் தெரிவித்துள்ளனர். இப்போது துவக்க நிலையில் மின்னணு உருப்பெருக்கியைப் பயன்படுத்தி மிகக் குறைந்த இடுக்குணர் திறனிலும் காண முயற்சிப்பது தேவையற்றது.

எனவே எங்களின் படிகங்களை டஜன் கணக்கில் நான் கொணர்ந்திருந்த வேதியப் பொருட்களில் அமிழ்த்தி ஆய்வுகளுக்குட்படுத்த பில் முயற்சிக்கத் துவங்கினார். மார்ச், 1999இல் நானும் பிரையனும் சின்குரோட்ரான் எனும் ஒருங்கிசைவு வினைமுடிக்கியைப் பயன்படுத்தி ஆய்வுகள் செய்ய புரூக்ஹேவனுக்குப் புறப்பட்டோம். ஆடா, செய்ததாகக் காண்பித்த அசாதாரணமான வரைபடத்தில் மிகு எடை அணுக்களின் தொகுப்புகள் கதிர் விலகலைச் சிறப்படையச் செய்திருந்தன. ஆனால் எங்களது, வரைபடத்தில் எவற்றையும் இணைக்காமல் பெற்ற படிகங்களிலேயே கதிர் விலகல் சிறப்பாக அமைந்திருந்தது. பல வேதியப் பொருட்களில் அமிழ்த்தி எடுக்கப்பட்ட படிகங்களில் கதிர் விலகல் பல வகைகளில் மோசமானதாக அமைந்திருந்தது.

மிகு எடை அணுக்களால் ஒழுங்கற்ற கதிர்ச்சிதறல் அதிகம் இருக்கும்படியாக X–கதிர்களின் அலைவு நீளத்தைத் தேர்ந்தெடுத்துக் கொண்டோம். இதனால் சமச்சீர் அமைப்பு தொடர்பான புள்ளிகளின் சிறிய வேறுபாடுகளின் தீவிரங்கள் அதிகரித்தன. அந்த வேறுபாடுகளில் தான் மிகு எடை அணுக்களின் சமிக்ஞைகள் உள்ளன. வித்தியாசங்களைப் பயன்படுத்தித் தோற்றுவிக்கும் பாட்டர்சன் வரைபடங்களில் (Patterson maps) மிகு எடை அணுக்கள் அமைந்துள்ள இடங்களைக் காண்பிக்கும் அலைவின் வரைபட உச்சங்கள் தோன்றும். தரவுகள் கிடைக்கக் கிடைக்க அவற்றை உடனடியாகச் செயலாக்கம் செய்து பாட்டர்சன் வரைபடங்களை அடுத்தடுத்து உருவாக்கினோம்.

எதுவும் சரிவரச் செயல்படவில்லை. நான் உடல் சோர்வும் மனச்சோர்வும் பெற்றேன். ஒருநாள் நடு இரவிற்குமேல் பதினேழு அணுக்கள் கொண்ட டங்ஸ்டன் தொகுப்பில் தோய்த்து எடுத்திருந்த படிகத்தின் தரவுகளால் பெற்ற பேட்டர்சன் வரைபடத்தில் இரண்டு பெரிய, தெளிவான உச்ச நிலை அலைவுகளைக் கொண்ட அமைப்பு கிடைத்தது. பிரையன் என்னைப் பார்க்கிறார். நான் அவரை உற்று நோக்குகிறேன். பின் இருவரும்

ஒரே நேரத்தில் இருக்கைகளிலிருந்து உரத்த குரலொலியுடன் துள்ளிக் குதித்து எழுந்து நின்றோம். இருவரும் கைத்தட்டிக்கொண்டோம். அருகே தனித்து வேலை செய்துகொண்டிருந்த பக்கத்து அறை இயற்பியலாளர் எங்கள் திடீர் ஆரவாரிப்பில் அரண்டுபோயிருப்பார். உடனே அதே படிகத்தில் வேறு சில சோதனைகளையும் செய்து, கிடைத்திருந்த உச்ச நிலை அலைவு சரிதானா, என நிச்சயம் செய்துகொண்டோம். மீண்டும் அலைவுகளைப் பார்த்தோம். சந்தேகமேயில்லை. எல்லாம் சரிதான்.

மிகுந்த உள்ளப் பூரிப்புடன் யூட்டா திரும்பினோம். பிறகு கிடைத்த குறைந்த இடுக்குணர்வு திறனால் கணிக்கப்பட்ட வரைபடம் பதினேழு அணுக்களின் தொகுப்பால் பெறப்பட்டு தெளிவான 30S துணையலகின் வடிவத்தைக் காண்பித்தது. படிகத்தில் அது எவ்விதம் அமைக்கப்பட்டுள்ளது என்பதும் தெரிந்தது. எங்களது ஆய்வுத் திட்டத்தின் துவக்க வெற்றியைப் பெற்றுவிட்டோம்.

மிக்க மகிழ்வான ஆரம்ப வெற்றி கிடைத்த ஒரு மாதத்தில் ஆய்வு வெறியுணர்வுடன் யூட்டாவிலிருந்து கிளம்ப வேண்டியிருந்தது. பில் மற்றும் பிரையன் இன்னும் ஒரு சில மாதங்கள் ஜோவன்னாவுடன் இணைந்து ஆய்வுகள் மேற்கொள்ள வேண்டும். பின் ஆய்வகத்தைப் பத்திரமாகப் பூட்டிவிட்டு என்னைத் தொடர்ந்து இங்கிலாந்திற்குப் புறப்பட வேண்டும். அங்கிருந்த எங்களது வீட்டை விற்றுவிட்டு ஏப்ரல் 15, 1999 அன்று நானும் வேராவும் இங்கிலாந்திற்கு விமானத்தில் கிளம்பினோம்.

11

கூண்டிலிருந்து வெளியேறல்

வெளிநாட்டில் ஓராண்டு காலம் பணிபுரியச் செல்வது என்பது ஒரு மாற்றம். ஆனால் இருந்த அனைத்தையும் விட்டுவிட்டு, செல்லும் இடத்தின் பணியை மட்டுமே நம்பிச் செல்வது என்பது வேறுவகையானது. உலகின் ஒவ்வொரு நாடும் வினோதமானதுதான். நாம் வாழ்ந்த நாட்டிற்கு ஏற்பப் பழகிக்கொண்டுவிடுகிறோம். அதனால் புதிதாகச் செல்லும் நாடும் அங்குள்ளவையும் வித்தியாசமானவையாகத் தோன்றுகின்றன. அமெரிக்காவின், பல இயல்புகளுக்கு நான் பழக்கப்பட்டுவிட்டேன். இங்கு நியாயமான உணர்வுகள் உள்ள பலரும்கூடச் சரியான காரணம் இல்லாமல் துப்பாக்கி வைத்திருப்பார்கள். பல இடங்களில் பொதுப் போக்குவரத்து வசதிகள் இருப்பதில்லை. பெரும்பாலோர் புறநகர்ப்பகுதிகளில் வாழ்வதும், எல்லா இடங்களுக்கும் தத்தமது கார்களிலேயே செல்வதும் இங்கு பழக்கமானது. எனது விடுப்புக் காலத்தில் இங்கிலாந்திற்கு வந்திருந்த போது இங்கும் பலவற்றையும் கவனித்தோம். உதாரணமாக நிர்வாக அமைப்புகளால் கடைப்பிடிக்கப்படும் கெடுபிடிகளையும் அதுபற்றிய பெருமைகளையும் குறிப்பிடலாம். எங்கு சென்றாலும் வரிசைகளில் காத்திருத்தல், வரிசைகளில் இதுவரை நின்றிராத வெளிநாட்டினரும் மனதளவில் வரிசைகளை ஏற்றுக்கொள்ளாமல் வரிசைகளில் நின்றிருத்தல், 'நுகர்வோர் சேவை' எனும் முரணான சொற்றொடரைப் பயன்படுத்துதல் ஆகியவை புதிதாக இருந்தன. இங்கு வாழ்வோரின் சில பழக்கங்களைப் பற்றி விசாரித்ததில் 'இங்கு நாங்கள் எப்போதும் இப்படித்தான்' என்றும் பதில் கிடைத்தது. விடுப்பு வேளையில் குறுகிய காலப் பயணத்தில் கண்டவுடன் மனம் கவர்ந்த பழமைகள், நிலையாக இங்கு வாழ முயலுகையில் சற்று எரிச்சலூட்டுபவைகளாகவே உள்ளன.

அமெரிக்காவில் சால்ட் லேக் பள்ளத்தாக்கையும் வாசாட்ச் மலைத்தொடரையும் கண்டு மகிழும் வகையிலிருந்த எங்களது ஐந்து படுக்கையறைகள் கொண்ட வீட்டை

விற்றுவிட்டோம். இப்போது இங்கிலாந்தில் MRCயின் தங்குமிடத்தில் வாடகைக்குத் தங்கியுள்ளோம். இங்கு வந்த முதல் வாரத்திலிருந்தே வீடு ஒன்றை வாங்குவதற்குத் தேடிக்கொண்டிருக்கிறோம். இந்தப் பணியை ஏற்றுக்கொள்வதற்கு முன்பாகவே நடுத்தரமான மேல் தளம் கொண்ட வீடு ஒன்று கேம்பிரிட் ஜில் என்ன விலையில் இருக்கும் என விசாரித்திருந்தேன். இங்கு வரலாம் என முடிவு செய்து புறப்பட்டு வருவதற்குள் 50 சதவிகிதம் விலை அதிகரிப்பு ஏற்பட்டுவிட்டது. வாராந்தர அடிப்படையில் இங்கு விலையேற்றம் இருந்துகொண்டிருந்தது. ஒரு கட்டத்தில் எந்த வீட்டையுமே வாங்க இயலாது போலத் தோன்றியது. யூட்டாவில் நல்ல வீட்டையும் நண்பர்களையும் விட்டுவிட்டு இங்கு வந்ததுபற்றி வேரா வருத்தமடைந்தாள். இவ்வளவு இன்னல்களிலும் என் மனது விடாப்பிடியாக ஆய்வின் 30S துணையலகிலேயே இருந்தது. எனது இந்த மன நிலையால் எந்தப் பயனும் விளையவில்லை.

பொதுவாக, இடமாறுதல் பெறுவது வேலைகளைச் சுணங்கச் செய்துவிடும். ஆனால் இரண்டு காரணங்களால் எங்களது ஆய்வுகள் வேகமாகவே நடந்தன. ஆய்வின் இப்போதைய பகுதிக்குத் தேவையான தரவுகளை ஏற்கெனவே திரட்டியிருந்தேன். LMBயில் அருமையான கணினி வசதிகள் இருந்தன. எனவே நாங்கள் இங்கு சரியான நேரத்தில்தான் வருகை புரிந்துள்ளோம். இவ்வசதிகளால் ஆய்வுச் சோதனைகளையும் கணினிவழிக் கணக்கீடுகளையும் ஒருங்கே மேற்கொள்ளலாம். எங்களது வேலைகளும் விரைவுபடும். ஆய்வுகளுடன் கணக்கீடுகளையும் ஒப்பீடு செய்கையில் அதனால் பெற்ற முடிவுகளைக் கொண்டு அடுத்தடுத்த ஆய்வுகளையும் கணக்கீடுகளையும் மேம்படுத்தலாம்.

பில், 30S படிகங்களைத் தோய்த்து எடுப்பதற்குப் பயன்படுத்திய ஒவ்வொரு வேதியக் கூட்டுப் பொருளும் பயனுடையதாகவே இருந்தது. பதினேழு அணுக்கள் கொண்ட டங்ஸ்டன் தொகுப்பு மட்டுமே மிகப் பெரிய சமிக்ஞைகளைக் கொண்டிருந்தது. இதனால் பேட்டர்சன் வரைபடத்தின் பகுதிகளில் அலைவுகளின் உச்சங்களை நேரடியாக எளிதில் காண முடிந்தது. 30S துணையலகுடன் இணைந்த பிற வேதியப் பொருட்கள் பேட்டர்சன் வரைபடத்தில் நேரடியாகத் தென்படாவிட்டாலும் அவை இணைந்திருந்தன என்பதை அறிய முடிந்தது.

சமிக்ஞைகள் பலவீனமாகத் தோற்றுவிக்கப்படுகையில் அதற்கான கணினி நிரல்களின் மூலம் மிகு எடை அணுக்களைத் தானியங்கு முறையில் கண்டறிய இயலும். அத்தகைய நிரல்களில் ஒன்று SOLVE. இதை எழுதியவர் லாஸ் அலமோஸைச் சேர்ந்த டாம் டெர்வில்லிஜெர். புத்திசாலித்தனமான கணினிவழி படிகவியலாளர்களைக் கொண்ட சிறிய குழுவொன்று இங்கு உண்டு. அவர்களில் ஒருவர் டாம். என்றும் முக மகிழ்ச்சியுடன் காணப்படும் இவர் சிறந்த நகைச்சுவை உணர்வுகொண்டவர். இவர் லாஸ் அலமோஸில் தேசிய ஆய்வகத்தில் பணியாற்றுகிறார். இவரின் மனைவி அங்கு அருகிலுள்ள Santa Fe National Forest வனப்பகுதியின் வனக் காப்பாளராக உள்ளார். MADயில் கிடைத்த மூலக்கூறுகளின் அமைப்புகளைப் பல வகைகளில் ஒப்பிட்டுப் பார்ப்பதற்கு இவரின் மென்பொருள் நிரல்களைப் போன்று இவருடைய மென்பொருளும்

சிறந்தது என்பது மட்டுமல்ல எளிதானதும் ஆகும். அவர் எழுதியுள்ள *SOLVE* கணினி நிரல்களால் தானியங்கிச் செயல்பாடாக மிகு எடை அணுக்களைக் கண்டறிவது என்பது மட்டுமல்ல படிகத்தில் மூலக்கூறின் நிலைத் தன்மை மற்றும் மின்னணு அடர்வு வரைபடங்களை முப்பரிமாணப் படங்களாகத் தோற்றுவித்தல் ஆகியவற்றையும் நிறைவேற்றுதல் எளிதானது.

எங்களது *30s* தரவுகளை ஆய்வு செய்வதற்கு, பிரையன், *SOLVE*ஐப் பயன்படுத்தத் துவங்கினார். கேம்பிரிட்ஜின் சோதனைச் சாலையில் நான் பணிகளைத் துவங்கும் வேளையில் *SOLVE*இன் உதவியுடன் மிகு எடை அணுக்களின் இருப்பிடத்தைக் காண்பிக்கும் வரைபட அலைவு உச்சங்களை, பில், வேதியப் பொருட்களில் தோய்த்தெடுத்திருந்த *30S* படிகங்களில் கண்டுபிடித்துவிட்டார். படிகங்களில் அனைத்துத் தொகுப்புகளும் பல லாந்தனைடுகள், ஆஸ்மியம் ஹெக்ஸாமின் போன்றவையும் அமைந்திருந்தன.

துவக்கத்தில் இந்நிரல் அடர்த்தியான உச்சங்களை மாத்திரமே அடையாளம் கண்டது. பின் பல தரவுகளையும் இணைத்து வலுவற்ற அலைவுகளையும் அடையாளம் காண உதவியது. தரவுகளை இணைத்துக் காண்பது நேரடியான செயலன்று. மிகு எடை அணுக்களால் படிகங்கள் மாறுபட்டுவிடுவதுண்டு. படிகங்கள் தொடர்ந்து ஒத்தமைவுடன் இருந்துவிடுவதும் இல்லை. அதாவது தோய்த்தெடுத்தலில் பயன்படுத்திய வேதியப் பொருட்களால் படிகங்களினுள் உள்ள *30s* துணையலகுகளே சற்று மாறுதல் பெற்றுவிடுகின்றன. எனவே பல படிகங்களிலிருந்து பெறப்படும் தரவுகளை அவ்வளவு எளிதில் இணைத்துவிட முடியாது. எங்களிடம் *15* அல்லது *20* தரவுத் தொகுப்புகள் இருந்தன. எந்தத் தொகுப்பு சிறந்த வரைபடத்தைத் தோற்றுவிக்கும் என்பதை நாங்கள் கண்டறிய வேண்டும். நாங்கள் இப்போது LMBயில் உள்ளதால் இங்குள்ள கணினி முனையங்களால் பல மாறுபட்ட சேர்க்கைகளை இணையாக முயற்சி செய்து பல வரைபடங்களைப் பெறலாம்.

இங்கு வருகைபுரிந்ததில் மற்றொரு பயன் கேம்பிரிட்ஜிக்கும் யூட்டாவிற்கும் உள்ள கால அளவு வேறுபாடு. இங்கு பல கணினிக் கணக்கீடுகளை மேற்கொள்ளும் நான் அத்தரவுகளை 'அன்றைய மாலையில்' இங்கிலாந்தின் கேம்பிரிட்ஜிலிருந்து ஏழு மணிநேர அளவு பின்னாகத் தொலைவில் உள்ள யூட்டாவிற்கு ஈ–மெயிலில் அனுப்பிவைக்கலாம். அமெரிக்காவின் யூட்டாவில் உள்ள பிரையனும் பில்லும் 'அவர்களின் காலையில்' வரைபடங்களைப் பார்வையிட்டு எவையெல்லாம் சரியாக உள்ளன, எவற்றில் குறைகள் உள்ளன என 'மாலையில்' எனக்குத் தெரிவிக்கலாம். 'இங்கு காலையில்' பணிக்குத் திரும்பும் நான் உடனடியாக அவற்றைப் பார்வையிட்டு எனது கருத்துக்களை அவர்களுக்கு அனுப்பலாம். இத்தகைய செயல்பாட்டால் எங்களுக்கு ஒரே நாளில் ஏழு மணி நேரம் அதிகப்படியாகக் கிடைத்தது. அதாவது, எங்கள் குழு *24* மணிநேரமும் ஆய்வுகளில் ஈடுபட்டிருந்தது.

சிறிது சிறிதாக மூலக்கூறானது எங்களது கண்களின் முன் தோன்றத் துவங்கியது. துவக்கத்தில் அதன் மேம்போக்கான சுற்றமைப்பு தோன்றியது. அதில் படிகத்தினுள் மூலக்கூறு எங்குள்ளது என்பதனையும் படிக

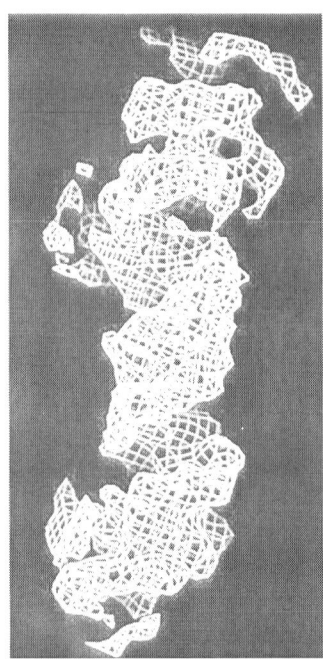

படம் 11.1 இங்கு காண்பது தெளிவான ஓர் RNA இரட்டை திருகுவடத்தின் அமைப்பு. இதில் பாஸ்பேட் தொகுப்புகள் உள்ள இடங்கள் சிறு மேடுகளாக உள்ளன. இவ்வமைப்பை நாங்கள் கண்டது எங்களை மிகவும் மகிழ்வித்த தருணம்.

வலையமைப்பில் (Crystal Lattice) மூலக்கூறு எங்கெல்லாம் அருகமைந்த மூலக்கூறினைத் தொட்டுக்கொண்டுள்ளது என்பதனையும் அறிய முடிந்தது. பிறகு படிப்படியாகத் தெளிவான வடிவமைப்பு தோன்றலாயிற்று. வரைபடம் தெளிவாகத் தோன்றுகையில் வலுவற்ற சமிக்ஞை தோன்றிய இடங்களும் தெரியத் துவங்கின. இவ்விடங்களை *SOLVE* தானாகத் தோற்றுவிக்கவில்லை. மீண்டும் மீண்டும் தரவுகளைப் பதிவிட்டுக் கணக்கீடு களை மேற்கொள்வதால் வரைபடங்கள் சிறப்படைவது சாத்தியமாயிற்று.

கேம்பிரிட்ஜிக்கு நான் வருகை புரிந்து ஒரு மாதத்திற்குப் பின் திடீரென்று முழு மூலக்கூறும் தோன்றலாயிற்று. நீண்ட இரட்டை வட RNA *30S* துணையலகில் அமைந்திருந்தது. வழக்கத்திற்கு மாறாக இரவில் நீண்ட நேரம் ஆய்வகத்திலிருந்த நான் LMBயின் வரைபட அறையிலிருந்து வேகமாகச் சென்று ரிச்சர்ட் ஹென்டர்சனைச் சந்தித்தேன். ரிச்சர்ட் இரவில் நீண்ட நேரம் ஆய்வுகளில் ஈடுபடுவதுண்டு. ரிச்சர்ட் எனது வரைபடத்தைப் பார்த்துவிட்டு ‘ஆம்! இரட்டை வடமாகத்தான் தெரிகிறது’ என்று கூறினார். உற்சாகத்துடன் வரைபடங்களை யூட்டாவிற்கு அனுப்பி வைத்தேன். அங்கு பிரையன், பில் இவற்றைக் காணும் வேளையில் நானும் அவர்களுடன் இருந்திருக்க வேண்டும் என எண்ணிக்கொண்டேன்.

வரைபடத்தில் குறிப்பிட்ட வடிவத்தை மூலக்கூறின் சுற்றமைப்பில் பார்த்தவுடன் அது *30S* துணையலகுதான் என பிரையன் கண்டுபிடித்து விட்டார். அதைத் தொடர்ந்து வேறு பல RNA இரட்டை வடங்கங்களையும் கண்டறிந்தார். *30S*இல் உள்ள RNA ஏறக்குறைய நாற்பது இரட்டை வடங்களைக் கொண்டிருக்கும் என்பதை அறிந்துகொண்டோம். அவற்றில் சில மிகவும் குட்டையானவை. நாங்கள் முதலில் பார்த்த சுழல் வடிவ வடங்கள் (எண் *44* அல்லது *h44*) பெரியவை. RNA சுழல் வடங்கள் ‘வடிவம் A’ வகையின. ரோஸலிண்ட் ஃபிராங்லின், அவர் முதலாவதாகப் பார்த்த நீரிழப்பு பெற்ற DNA வடிவங்களை வடிவம் *A* என்றுதான் குறிப்பிட்டிருந்தார். இயல்பான நீரேற்றம் பெற்ற DNAக்களை ‘வடிவம் *B*’ என்றார். ‘வடிவம் A’ சுழல் வடிவ வடங்களின் அமைப்புப் பண்புகளாகிய குறுகலான முக்கிய ஆழ்ந்த நீள் பள்ளங்களையும் அகன்ற ஆழமற்ற சிறிய நீள் பள்ளங்களையும் எளிதில் காண முடிந்தது. இவை ‘வடிவம் *A*’யின் அமைப்புப் பண்புகள். எங்களது சிறந்த வரைபடங்கள் *5.5* A° இடுக்குணர் திறனில் கிடைத்தன. இதனால் பாஸ்பேட் தொகுப்புகளையும் வரிசையில் உள்ள சிறிய மேடுகளாக

மூலக்கூறின் விளிம்புகளில் RNA திருகல்களின் வளைவுப் பகுதிகளில் கண்டோம். நாங்கள் எதிர்பார்த்ததற்கும் மேலாக எங்களது செய்முறை பலனளித்துக்கொண்டிருந்தது.

இக்கட்டத்தில் எனது உடன் ஆய்வாளர், டானியலா ரோட்ஸ் 'நமது கண்டுபிடிப்பை நேச்சர் இதழுக்கு அனுப்பவேண்டும்' என ஆலோசனை கூறினார். டானியலா, குரோமாட்டினில் (குரோமோசோம்களை ஆக்குவிக்கும் பொருள்) செய்த ஆய்வுகளால் பலரும் அறிந்தவர். இவர்தான் 20 ஆண்டுகளுக்கு முன் ஆரோன் கிளக், பிரையன் கிளார்க் ஆகியோருடன் tRNAயில் முக்கிய ஆய்வுகள் செய்தவர். எனது விடுப்புக் காலத்திலேயே நாங்கள் நல்ல நண்பர்கள். நான் கேம்பிரிட்ஜ் வருவதற்கு மிகவும் ஆதரவாக இருந்தவர். எங்களது ஆய்வுக் கண்டுபிடிப்பைப் பற்றி இவர் நேச்சர் இதழின் ஆசிரியர் ஒருவருக்கு தெரிவித்துவிட்டார். அந்த ஆசிரியர் என்னைத் தொடர்புகொண்டு எங்களது ஆய்வுகளின் முடிவுகளை தங்களது இதழில் வெளியிடுவதற்கு அனுப்புமாறு வேண்டினார். எங்களது ஆய்வுகளின் முன்னேற்றம் பற்றி சிறிய அறிக்கையை வெளியிட்டால் ஆய்வு முடிவுகளுக்கான முன்னுரிமையை உறுதிப்படுத்துவதோடு எங்களது ஆய்வுத் தளம்/துறையையும் பாதுகாப்பு செய்துகொள்ளலாம் எனக் கருதினோம். நேச்சர் இதழில் இத்தகைய சிறிய அறிக்கைகளுக்கு 'கடிதங்கள்' என்று பெயர். இக்கடிதங்கள் நீண்ட கட்டுரைகளுக்குப் பதிலாகக் கண்டுபிடிப்பின் உரிமையை நிலைநாட்டும் வரலாற்றுக் குறிப்புகளாக அமையும். ஆய்வுக் கண்டுபிடிப்புகள் நீண்ட கட்டுரைகளாகத்தான் அமைந்திருக்க வேண்டும் என்பதில்லை. DNAயின் இரட்டைவட அமைப்பினைக் கண்டுபிடித்து வாட்ஸனும் கிரிக்கும் உலகிற்கு வெளியிட்டது நீண்ட கட்டுரையால் அல்ல. அவர்கள் புகழ் பெற்றது 800 வார்த்தைகளில் எழுதிய வியப்பூட்டிய சிறிய 'letter'இனால்தான்.

எங்களது வரைபடத்தில் ஏதோ தவறு இருப்பதுபோலத் தோன்றியது. பல RNA மூலக்கூறுகளைக் காண முடிந்தது. ஆனால் புரோட்டீன்கள் தென்படவேயில்லை. அவையும் வரைபடத்தில் தெரிந்திருக்க வேண்டும். ஏனெனில் 30S துணையலகில் ஏறக்குறைய 20 புரதங்கள் உண்டு. ஒருவேளை அவை RNA அளவிற்கு அடர்வு இல்லாததால் காண முடியாமல் இருக்கலாம். ஒரே குழப்பமாயிருந்தது. நுணுக்கமாகப் பார்த்தபோது RNA இரட்டை வடங்களைக் காட்டிலும் மெல்லிய, குழாய் போன்ற அமைப்புகள் தென்படலாயின. சற்றுக் குழம்பிவிட்டேன். அவை புரோட்டீன்களுக்கான சரியான அளவில் புரோட்டீன்களின் முதல்நிலை ஆல்ஃபா திருகல்களாகத் தென்பட்டன. புரோட்டீன்களில் திருகல்கள் நெருங்கி ஒன்றுடனொன்று உரசிக்கொண்டிருப்பதுபோல் அக்குழல்களும் நெருக்கமாக ஆங்காங்கு தொட்டுக்கொண்டு அமைந்திருந்தன. நான் கண்ணுற்றதை விவரித்து பிரையனுக்கு ஒரு கடிதம் எழுதிவிட்டு உறங்கச் சென்றுவிட்டேன்.

அடுத்த நாள் காலையில் வேலைக்குச் சென்ற வேளையில் அங்கு எதிர்பாராத செய்தி ஒன்று காத்திருந்தது. வழக்கமாக நான் இங்கு உறங்கிக் கொண்டிருக்கும் வேளையில் அமெரிக்காவில் உள்ள எனது ஆய்வகத்தில் என்ன நிகழ்ந்தது என்பது பற்றி பிரையனிடமிருந்து வழக்கமான ஈமெயில் வந்திருக்கும். ஆனால் இன்று காலையில் பல ஈமெயில் கடிதங்கள்

வந்திருந்தன. முதல் கடிதத்தில் நாங்கள் இங்கு சரியாகக் கவனியாமல் இருந்ததை பிரையன் சுட்டிக்காட்டியிருந்தார். புரோட்டீனுக்கான அடர்வு குறைவாக இருந்ததை விவரித்து அவற்றில் ஒன்று S6 துணையலகு எனக் கண்டுபிடித்திருந்தார்.

எங்களுக்குக் கிடைத்த இடுக்குணர் திறனில் ஆரம்ப நிலையிலிருந்து ஒரு புரோட்டீனை வரைபடத்தில் தோற்றுவிக்க முடியாது. ஆனால் அமைப்பு ஏற்கெனவே தெரியுமெனில் வரைபடத்தில் எங்குள்ளது என அறிந்து அதைச் சரியான அடர்வு நிலையில் நிலை நிறுத்தலாம். ஆன்டர்ஸ் லில்ஜாஸ் மரியா கார்பருடன் இணைந்து ஏற்கெனவே S6 துணையலகின் அமைப்பினைக் கண்டறிய முயன்றுள்ளார். புரோட்டீன்கள் பொதுவாக சுழல் அமைப்புகளை ஆல்ஃபா நிலையில் கொண்டிருக்கும். அவை இந்த இடுக்குணர் திறனில் காண்பதற்கு குழல்கள் போன்று தென்பட வேண்டும். மேலும் அவற்றில் நீட்சிகளாக பீட்டா இழைகள் முன்னும் பின்னுமாக தட்டை வடிவத் தாள்களாகத் தோன்றும். பிரையன் S6 அணு அமைப்பை எடுத்துக் கொண்டு பின் அதை 30S துணையலகின் அடர்வில் குழல் வடிவ சுழல் அமைப்புகளுடன் தட்டையான பீட்டா தாள் செல்லும் பகுதியில் சீரமைக்கலாம். 30S துணையலகில் எங்கு புரோட்டீன் அமைந்திருந்து RNAயுடன் இயங்கியது என்பதை முதன் முறையாகக் காணலாம். இது, காரின் திசை திருப்புதலுக்கு உதவும் 'ஸ்டீயரிங் வீல்'லைக் கழட்டி வைத்து அது எப்படி உள்ளது எனப் பார்வையிட்டு பின் மனதில் உருவகித்துக் கொண்ட தெளிவற்ற காரின் அமைப்பில் எங்கு அது பொருந்தியிருக்கும் என உணர்வதைப் போன்றது.

அது மட்டுமல்ல ஒரே இரவில் அடுத்தடுத்து புரோட்டீன்களை பிரையன் எமது வரைபடத்தில் கண்டுவிட்டார். இப்படி 30S துணையலகு வரைபடத்தில் ஏற்கெனவே அறிந்திருந்த ஏழு புரோட்டீன்களும் தென்பட்டன. S5 எங்கிருக்கும் என்பது பிரையனுக்கு முன்பே தெரியும். நான் ஆய்வுகளில் கண்டுபிடித்த முதல் புரோட்டீன் அமைப்பு அதுதான். அதை பிரையன் அறிவார். S5இன் மீது எனக்குப் பிரியம் உண்டு என்பதையும் அறிவார். எனவே அதை வரைபடத்தில் உரிய இடத்தில் பொருத்தும் செயல் எனக்கு பெருமை சேர்க்கும் என விட்டுவைத்திருந்தார். 30S துணையலகில் ஒரு புரோட்டீனை இடமறிந்து பொறுத்துவது அவ்வளவு மகிழ்ச்சியாக இருந்தது. இதைக் குறிப்பிடும்போது பிரையன் மொறுமொறுவென்று ஆசையாய் 'கிரிஸ்ப்ஸ்' எனும் வறுவல்களைச் சாப்பிடுவது போல் இருக்கிறது எனக் கூறினார். ஆமாம். முதல் ஒன்றைத் துவங்கிவிட்டால் கடைசிவரை நிறுத்தவே முடியாது.

தெளிவற்ற படமாக இருந்த ஓர் இயந்திரத்தில் அதன் பகுதிகளை ஒவ்வொன்றாக இணைத்துப் பொருத்தியது போன்று மூலக்கூறுகள் வரைபடத்தில் பொருத்தப்பட்டன. துவக்கத்தில் ஓர் RNA சுருளைப் பார்த்தபோது அது ரைபோசோம் RNAயின் எந்தப் பகுதி என்று தெரியாமல் விழித்தோம். இப்போது பல புரோட்டீன்களைப் பொருத்திய பிறகு RNAயின் துணுக்குகளை அடையாளம் கண்டு, இடமறிந்து அமைப்பது எளிதானது. மேலும் ஹேரி மற்றும் ரிச்சர்ட் பிரைமாகோம்ப் போன்றவர்களின் பல முந்தைய உயிரி–வேதியியல் தரவுகளால் எந்தப் புரோட்டீன் RNAயின்

எந்தத் துணுக்குப் பகுதியின் அருகில் அமைந்திருக்கும் என்பதை ஊகிக்க முடிந்தது. நல்ல வேளையாக பிரையனின் மூளையில் பல தரவுகள் இருந்தன. அத்தரவுகள் எங்கிருந்து கிடைத்தன என்பதும் அவருக்கு நினைவில் இருந்தது. எனவே விரைவில் அவர் S6 அருகில் அமையும் RNA துணுக்கினை அடையாளம் காண முடிந்தது. அவ்விடத்திலிருந்து துவங்கிய RNAயின் முழுமைப் பகுதி மையத் தளமாக அமைந்து மடிப்புகளாக எவ்விதம் இருந்தது என்பதையும் அறிந்தோம். ஆய்வின் இந்தக் கட்டத்தில் இக்கண்டுபிடிப்பு ஒரு சாதனையே. புரோட்டீன்கள் RNAக்களுடன் இணைந்த ஒரு சிக்கலான அமைப்புடன் 30S துணையலகின் மூலக்கூறு கட்டமைப்பினைக் கண்டோம். 30S துணையலகின் மூன்றில் ஒரு பகுதியின் அமைப்பைக் கண்டுபிடித்து விட்டோம். எங்களிடம் உள்ள விவரங்கள் ஒரு கடிதம் அளவிற்கானவையல்ல; அவை ஆய்வுக் கட்டுரைக்கானவை எனப் பிரையன் கூறினார். உடனடியாக எங்களது கண்டுபிடிப்புகளைப் பற்றி எழுத வேண்டும்.

மிகச் சரியான நேரத்தில் ஒரு திருப்புமுனை ஏற்பட்டது. வரும் ஜூன் மாதம் கோப்பன்ஹேகனில் அடுத்த ரைபோசோம் கருத்தரங்கம் நடைபெற இருந்தது. இன்னும் ஒரு மாதமே உள்ளது. நான் யூட்டாவில் இருக்கும்போது விண்ணப்பிக்கக் கடைசி நாளுக்கு முன்பாகவே அமைப்பாளர்களுடன் தொடர்புகொண்டிருந்தேன். அவ்வேளையில் எங்களிடம் கருத்தரங்கில் பகிர்ந்துகொள்ளுகின்ற அளவிற்கு செய்திகள் இல்லை. ஆனால் எங்களிடம் சிறந்த ரைபோசோம் படிகங்கள் இருந்தன. அவற்றின் வழியே தரவுகளைத் திரட்டிவிடலாம் எனும் எண்ணம் இருந்தது. அப்படியும் ஒன்றும் இயலாவிட்டாலும் நாங்களும் ரைபோசோம் ஆய்வுகளில் பிறரைப் போன்று தீவிரமாக உள்ளோம் என்பதைக் காட்டிவிடலாம் என்று எண்ணினேன். அமைப்பாளர்களில் ஒருவராகிய ரோஜர் காரெட்டிடம் கருத்தரங்கில் ஓர் சிறிய உரை நிகழ்த்த வாய்ப்பு கிடைக்குமா என வினவினேன். நான் அவர்களுக்கு அனுப்பிய சுருக்கமான ஆய்வு அறிக்கை தெளிவற்ற ஓர் இரத்தினச் சுருக்க வரியாக அமைந்தது. அதில் ‘30S துணையலகின் அமைப்பை அறிவதில் முன்னேறிவருகிறோம். அறிக்கை அளிப்போம்.’ என்று மட்டுமே இருந்தது. தலைப்பைத் தவிர எனது அறிக்கையில் எந்தத் தெளிவும் கிடையாது. இருந்தும் காரெட் பெருந்தன்மையுடன் முதல் நாள் இரவு அமர்வில் எனது உரைக்கான நேரத்தைக் குறித்துக் கொண்டார். கருத்தரங்க அமைப்புக் குழு ஏற்கெனவே கூடியபோது பீட்டர் மூர் ‘இவர்களிடம் தேவையான விஷயங்கள் இருக்காது’ என தெரிவித்ததாகப் பின் ஒருமுறை என்னிடம் காரெட் தெரிவித்தார். பீட்டர் மூர் இப்படிக் கூறியதன் காரணம் யாதெனின், ஒரு சில மாதங்களுக்கு முன்புதான் அவர் என்னை புரூக்ஹேவனில் சந்தித்திருந்தார். அப்போது நாங்கள் முக்கியத் தரவுகளைச் சேகரிக்கவில்லை. அக்கூட்டத்தில் காரெட் எனக்கு ஆதரவாக, ‘அவருக்கும் ஒரு சந்தர்ப்பம் கொடுத்துப் பார்க்கலாம்’ எனத் தெரிவித்துவிட்டார். காரெட்டிற்கு அப்போதே ஓர் உள்ளுணர்வு, நாங்கள் ஏதோ முக்கியமான செய்தியைத் தெரிவிப்போம் என்று. எங்களது ஆய்வுகள் இவ்வளவு வேகமாக முன்னேறும் எனக் கனவிலும் எண்ணியதில்லை.

எங்களது ஆய்வு முடிவுகளுக்கு உருப்படியான காரணங்களை உணர்வது, உணர்ந்தவற்றைத் தெளிவாக ஒத்திசைவான கட்டுரையாக நேச்சர்

ஆய்விதழுக்கு எழுதுவது என்று அடுத்த ஒரு சில வாரங்கள் பரபரப்புடன் இயங்கினோம். நான் கருத்தரங்கில் எனது கண்டுபிடிப்புகளைக் தெரிவித்து விளம்பரப்படுத்துவதற்கு முன் ஆய்வுக் கட்டுரையாக ஆய்விதழுக்கு அனுப்பிவிட வேண்டுமென்று கருதினேன். ஏனெனில் கருத்தரங்கத்தில் வெளிப்படையாகத் தெரிவித்துவிட்டால் விஞ்ஞானிகளிடையே பரபரப்பு ஏற்பட்டுவிடும். அனைவரும் தங்களது ஆய்வுக் கட்டுரைகளை உடனே வெளியிடத் துடிப்பார்கள். இந்த இக்கட்டான அவசரச் சூழலில் நான் எனது ஆய்வகத்தை விட்டு இங்கிலாந்தில் இருப்பது தொல்லையாக இருந்தது. இத்தகைய பணிவேளையில் எனது குழுவினர் படங்களைத் தயாரிப்பது, கட்டுரையின் பல பகுதிகளை எழுதுவது என்று ஒவ்வொருவரும் ஏதாவது முக்கிய வேலையில் தீவிரமாக ஈடுபட்டிருந்திருப்பார்கள். பிறரின் வேலைகளைக் கவனியாமல், தங்களுக்கு ஒதுக்கப்பட்ட வேலையில் தீவிர கவனத்துடன் பணியாற்றுவதுண்டு. கால அவகாசத்தை மனதில் கொண்டு தயாரிப்பில் ஈடுபடும்போது ஒருவகை மன அழுத்தம் ஏற்படுவது இயல்பு. அடுத்தவர்கள் நம் அளவிற்குச் செயல்படவில்லையே எனும் ஆதங்கமும் கோபமும் ஏற்படும். இந்நிலையில் அவர்களின் மன அழுத்தத்தை ஆரம்ப நிலையிலேயே நான் நீக்கிவிட முயலுவேன். ஆனால் நான் அங்கு இல்லை. ஒவ்வொருவருடனும் தொலைபேசித் தொடர்பால் அமைதியாகப் பேசி சாந்தப்படுத்த வேண்டியிருந்தது. எப்படியோ, கட்டுரை தயாராகிவிட்டது. டென்மார்க் கிளம்புவதற்கு முன்னால் காகிதத்தில் அச்சிட்ட மூன்று கட்டுரை பிரதிகளை நேச்சர் இதழுக்கு அனுப்பிவைத்துவிட்டேன்.

கோப்பன்ஹேகன் விமானநிலையத்திலிருந்து பழமை அழகுடன் மிளிரும் ஹெல்சிங்கர் நகருக்கு இரயிலில் செல்ல 1 மணிநேரம் ஆயிற்று. இந்நகர் ஸ்டிரெய்ட் எனப்படும் கடல் இடுக்குப் பகுதியின் மேற்குப் பகுதியில் உள்ளது (கிழக்குப் பகுதியில் சுவீடன்). இதன் ஆங்கிலப் பெயர் எல்சினோர். இது ஷேக்ஸ்பியரின் ‘ஹேம்லெட்’ நாடகத்தின் நிகழிடம். எல்சினோர் நகரில் ஷேக்ஸ்பியரின் ‘ஹேம்லெட்’ நாடகம் ஒவ்வோர் ஆண்டும் நடைபெறுவது வழக்கம். நானும் ஸ்டீவ் ஓயிட்டும் ஓர் அறையில் தங்கியிருந்தோம். 30S துணையலகில் ஆய்வு மேற்கொள்ள இருப்பதைப் பற்றி நான் பல நாட்களுக்கு முன்பாகவே ஸ்டீவிடம் கூறியிருக்கிறேன். பலரையும் போன்று அவர் அதை அவ்வளவு ஆர்வத்துடன் கேட்டுக்கொள்ளவில்லை. நாங்கள் அந்த 7 புரோட்டீன்களையும் 30S வரைபடத்தில் பொருத்தியபோதே அவரிடம் இதைப் பற்றி கூறிவிட வேண்டும் என்று எண்ணியிருந்தேன். அவர் ஒருவேளை அவற்றின் அமைப்புகள் பற்றி மட்டும் கருத்தரங்கில் தெரிவிக்கலாம் என்று கருதினேன். தனித்த புரோட்டீன்களைப் பற்றிய அவரது கருத்தரங்க உரை எனது கண்டுபிடிப்புகளுக்கு உணர்வு ரீதியில் பாதிப்பை ஏற்படுத்தக்கூடும் எனவும் நினைத்தேன். எனவே அவரை அழைத்து அவருக்கு இதைத் தெரிவித்துவிட்டேன். இது நிகழ்ந்தது 30S துணையலகின் முழுமையானக் கட்டுமானம், அதில் RNA மூலக்கூறுகள் மடிந்திருப்பது, எவ்விதம் புரோட்டீன்கள் அதனுடன் இணைந்துள்ளன போன்றவற்றை நாங்கள் கண்டுபிடிப்பதற்கு முன்பாகவே டென்மார்க்கில் அவரைச் சந்தித்தபோது எங்களது ஆய்வுகள் பற்றிய முழு விவரத்தையும் அவரிடம்

கூறிவிட்டேன். எங்களது கண்டுபிடிப்புகள் அவரை ஆச்சரியப்படுத்தின. ஒரு நற்பண்பாளராக அனைத்து செய்திகளையும் கருணை உணர்வோடு ஏற்றுக்கொண்டார். பலரும் இவ்விதம் இதை எடுத்துக்கொண்டிருக்க மாட்டார்கள்.

மதிய வேளையில் அரங்கத்தினுள் ஒவ்வொருவராக நுழைந்து, பலரும் வந்து கூடிவிட்டார்கள். இரவு விருத்திற்கு முன்னால் ஓர் அமர்விற்கு ஏற்பாடு செய்திருந்தனர். அந்த அமர்வில் உரை நிகழ்த்தவிருந்தவர்கள் டாம், ஆடா, ஜேமி, கடைசியில் நான். இதுதான் உரைநிகழ்த்துபவர்களின் வரிசை. ஒன்றிரண்டு பேரைத் தவிர மற்றவர்கள் முதன்முறையாக என்னைக் கண்டவர்கள் 30S துணையலகுகளில் இவரும் ஆய்வுகள் செய்கிறவர் என உணர்ந்திருப்பதற்கு வாய்ப்புண்டு. பல ஆண்டுகளில், இன்று திடீரென சற்று பதற்றமாக உணர்ந்தேன்.

மாலை அமர்வு துவங்கியது. முதலில் டாம் பேசினார். அவர் தனது உரையில் 50S துணையலகில் தான் மேற்கொண்ட ஆய்வுகள் பற்றிக் கூறினார். நாங்கள் கண்டிருந்த அதே இடுக்குணர் திறனில்தான் அவர்களும் துணையலகின் அமைப்பைக் கண்டிருந்தனர். நாங்கள் பார்த்தது போலவே RNA, புரோட்டீன்கள் மூலக்கூறு அமைப்புகளை அவர்களும் பார்த்திருந்தனர். நாங்கள் செய்ததுபோலவே சில புரோட்டீன்கள், RNAயின் சிறிய பகுதிகள் போன்றவற்றை அடையாளம் கண்டிருந்தனர். டாம் தமது உரையை நிறைவு செய்தார். உடனே ஆடா எழுந்து நின்று 'டாம், அவர்களது ஆய்வில் புரோட்டீன்களைப் பார்த்திருக்க வாய்ப்பில்லை. ஏனெனில் அந்த 50S துணையலகு படிகங்கள் அடர் உப்புக் கரைசலில் வளர்க்கப்பட்டவை' என்றார். 'அடர் உப்புக் கரைசலில் மின்னணு அடர்வு மிக அதிகம். எனவே புரோட்டீன் மூலக்கூறின் மாறுபாடுகள் குறைவாகவே இருக்கும். காண்பதற்கு வாய்ப்பில்லை' என்றும் கூறினார். டாம் இதற்கு மறுப்பு தெரிவித்தார். ஆடா மேலும் வலியுறுத்தினார். கடைசியில் பொறுமையிழந்த டாம் தனது கைகளை குவித்துக்கொண்டு 'நான் பல அமைப்புகளை 3 மோலார்[1] அம்மோனியம் சல்பேட் கரைசலில் அறிந்திருக்கிறேன். நீங்கள் எத்தனை அமைப்புகளைக் கண்டறிந்திருக்கிறீர்கள்?' என வினவினார். ஓர் விகாரமான அமைதி அரங்கில் நிலவியது. விவாதமும் முடிவுற்றது.

ஆடா, பிறகு தனது உரையைத் தொடர்ந்தார். 30S துணையலகு ஆய்வுகளில் தனது முன்னேற்றத்தைக் கூறினார். வரைபடங்களைக் காண்பித்தார். அதில் இரண்டு புரோட்டீன்களும் இருந்தன. புதிதாகக் கண்டுபிடித்தது போன்று எதுவும் தெரியவில்லை. டாமின் வரைபடங்களைப் போன்று தெளிவாக இல்லாமல், மூலக்கூறு தன்மைகளும் மொத்த வடிவமும் நன்கு தெரியவில்லை.

அடுத்து ஜேமி கேட் எழுந்து முழு ரைபோசோம் அமைப்பில் தங்களது ஆய்வுகளைக் கூறினார். அவரது ஆய்வு வரலாற்றைக் கேட்ட

1. மொழிபெயர்ப்பாளரின் குறிப்பு: மோலார் – திரவத்தில் கரைந்துள்ள இரசாயனப் பொருளின் அடர்வினைக் குறிப்பிடும் ஓர் அலகு.

நான் MAD[2]யைப் பயன்படுத்தி தரவுகளை நிலைப்படுத்துவதற்கு அவர் ஆஸ்மியம் ஹெக்ஸாமின் பயன்படுத்துவார் என்று எதிர்பார்த்தேன். ஆனால் அதைப் போன்ற இரிடியம் ஹெக்ஸாமைன் பயன்படுத்தியிருந்தார். தயாரிப்பில் அது எளியது என்று என்னிடம் கூறினார். வரைபடங்கள் 7.8 A° இடுக்குணர் திறனில் அமைந்திருந்தன. அப்படியெனில், யேல் குழுவினரோ அல்லது எங்கள் குழுவோ கண்டிருந்த புரோட்டீன் கட்டுமானத்தை அவர் காண முடிந்திருக்காது. ஆனால் அவர் RNA சுழல் திருகு வடத்தில் நீள் பள்ளங்களையும் 30S துணையலகின் முன்பகுதியில் பரவியிருந்த நீண்ட திருகு வடத்தையும் காண்பித்திருந்தார். அவரது உரையின் சுவையான பகுதி, இரு துணையலகுகளுக்கும் இடையில் அமைந்திருந்த tRNAக்களின் வடிவங்களைக் கண்டதாகும். இதை நாங்கள் ஏற்கெனவே கண்டறிந்துள்ளோம். முழு ரைபோசோமும் இதற்கு முன் காணாத அளவிற்கு முழுமையாகத் தெரிந்தது.

அடுத்தது எனது உரை. 30S துணையலகுகளை எவ்விதம் படிகங்களாக்கினோம் என்று கூறி எனது உரையைத் துவங்கினேன். எங்களது படிகங்கள் வேறு வேதியப் பொருட்களால் நிலைநிறுத்தப்படாமலேயே X – கதிர்களை நன்கு கதிர் விலகச் செய்ததைக் கூறினேன். 30S அலகுகளைத் தூய்மைப்படுத்தி புரோட்டீன் பகுதிகளைப் பிரித்தெடுத்ததையும் அனைத்து துணையலகுகளும் ஒன்றுபோல் இருந்ததையும் விவரித்தேன். விவரங்களை அறிந்துகொள்ளக்கூடிய வகையில் வரைபடங்கள் தோன்றியதைத் தெளிவாக்கினேன். வரைபடங்கள் பற்றிய ஆய்வுப் பொறுப்பை பிரையனிடம் ஒப்படைத்தது 'ஒரு இளைஞரிடம் ஃபெராரி காரின் சாவியைக் கொடுத்ததுபோல் அமைந்தது' என்றும் கூறினேன். நான் இவ்விதம் கூறியதை *சயின்ஸ்* இதழ் மேற்கோள்காட்டி எழுதியிருந்தது. இதனால் பிரையனின் அம்மா அவரை 'ஃபெராரி *boy*' என்றே அழைக்கத் துவங்கிவிட்டார். நான் இவ்விதம் பேசுகையில் ஹேரி முன்வரிசையில் அமர்ந்திருந்தார். ஃபெராரியின் மீது அவருக்குள்ள காதலையும் சுட்டுவதாகவே இது அமைந்தது. கடைசியாக 30S துணையலகு, RNAக்கள், புரோட்டீன்கள் ஆகிய அனைத்தின் ஒருங்கிணைந்த கட்டமைப்புத் தளம் எவ்விதம் பிரையனால் தெளிவாக்கப்பட்டது என விளக்கினேன்.

எனது உரை முடிந்தவுடன் அரங்கில் அமைதி, நிசப்தம். அன்றைய அமர்வினைத் தலைமையேற்று நடத்திய ஆன்டர்ஸ் லில்ஜாஸ் எங்களது முன்னெடுப்பு நடவடிக்கைகளை அறிந்தவுடன் பிரமித்துப்போயிருந்தார். அவர் என்னிடம் 'எவ்வளவு நாட்களாக இக்கண்டுபிடிப்பில் ஈடுபட்டிருந்தீர்கள்?' எனக் கேட்டார். 'எவ்விதம் அமைப்புகளை நிலைப்படுத்தினோம்?' என ஆடா வினவினார். அக்கேள்விக்கு நான் அனைத்தையும் கூறிவிடவில்லை. ஏனெனில் அமைப்பை அறிவதில் இன்னும் வேலைகள் எஞ்சியிருந்தன. பொதுவாக நாங்கள் பயன்படுத்திய மிகு எடை அணுக்களின் தொகுப்புகள் மற்றும் பிற வேதியப் பொருட்களை மட்டும் கூறினேன். எனது தயக்கம் முட்டாள்தனமான பயம்தான். ஏனெனில் ஜேமி ஏற்கெனவே எங்களது முறைகளைப் போன்ற அவர்களது

2. MAD – Multiwavelength anomalous diffraction

செய்முறைகளை அனைவரும் அறியத் தெரிவித்துவிட்டார். எனது மனநிலையை மாற்றிக்கொள்வது சற்று சிரமம்தான். ஏனெனில் எனக்குப் பின்னாலிருந்து என்னை முந்திச்செல்ல முயன்றுகொண்டிருக்கிறார்கள் எனும் மனநிலை இருந்துகொண்டேயிருந்தது. இன்னும் ஒரு சில கேள்விகளுக்குப் பிறகு எனது உரை முடிந்தது. நாங்கள் ஆய்வுகளில் பிறரை எட்டிவிட்டோம் என்பதோடு இப்போதைக்குப் பிறரைவிட அதிகமாக ரைபோசோம் அமைப்பை உணர்ந்துவிட்டோம்.

அரங்கில் பெரிய சலசலப்பு. இரவு விருந்து மண்டபம் செல்லும் வழியில் கலகலப்பாக இரைச்சலுடன் பேசிக்கொண்டே சென்றனர். ரைபோசோம் ஆய்வுகள் கடந்த நாற்பது வருடங்களுக்குப் பிறகு வியத்தகு முறையில் மாற்றம் அடைகிறது என அனைவரும் பேசிக்கொள்வதை உடனடியாக உணர முடிந்தது. எங்களது ஆய்வுப் பணிகளைப் பலரும் பாராட்டினர். டாம் எங்களைப் பாராட்டியதோடு சற்றுக் கடுகடுப்பாகவும் இருந்தார். நான் முதலிலேயே, குறைந்தபட்சம் எனது உரைக்கு முன்பாகவாவது அவரிடம் இதைப் பற்றிக் கூறவில்லை என்று வருத்தம். எனக்கு வழிகாட்டிய பீட்டர் சற்றுப் பெருமையுடன் தென்பட்டார். ஹேரி, ஏதோ சிந்தனையுடன் எப்படி திடீரென்று செய்தோம் எனும் உணர்வுடன் இருந்தார்.

அனைவரும் மகிழ்ந்திருந்தார்கள் என்று கூற முடியாது. பல உயிர்–வேதியலாளர்கள் தங்களது வேதியல் முறைகளால் அமைப்பைக் கண்டறிந்துவிடலாம் என எண்ணியிருந்த நிலையில் இன்றுடன் தங்களது இத்துறை ஆய்வு முடிவடைந்தது எனும் மனநிலையில் தென்பட்டனர். அவர்களில் முக்கியமானவர் ரிச்சர்ட் பிரைமாகோம்ப். அவரும் ஹேரியைப்போன்று தனது வாழ்நாளின் பெரும்பகுதியை ரைபோசோமின் RNA பகுதியின் ஆய்வுகளில் செலவிட்டவர். இவர் ஆங்கிலேயர். தனது ஆய்வுக் காலத்தில் பெரும்பகுதி பெர்லினில் உள்ள விட்மான் நிறுவனத்தில் பணியாற்றியவர். 1960களில் மார்ஷல் நைரென்பெர்குடன் மரபுக் குறியீடுகள் பற்றிய ஆய்வுகளில் ஜீன்களின் மரபுக் குறியீடுகள், செய்திகள் மற்றும் செயல்களாக மொழிபெயர்ப்பு பெறுவதில் ஆர்வம் கொண்டிருந்தார். இவர் ஹேரி மற்றும் சிலருடன் இணைந்து மிகுந்த சிரமப்பட்டு உத்தேசமாக எந்தப் புரோட்டீனானது ரைபோசோம் RNAயின் எந்தப் பகுதியின் அருகில் உள்ளது என்பது பற்றி உயிர்–வேதிய ஆய்வுத் தரவுகளைத் திரட்டியிருந்தார். அத்தரவுகளை மின்னணு உருப்பெருக்கியின் உதவியுடன் உருவாக்கியுள்ள படங்களில் குறைந்த இடுக்குணர்திறனில் உள்ள திரவத்துளி அமைப்புடன் தொடர்புபடுத்திக் காண வேண்டும் என எண்ணியிருந்தார். அவர் ஆய்வுகளுக்குப் பயன்படுத்திய மின்னணு உருப்பெருக்கி வரைபடங்களை ஜோச்சிம் ஃபிராங்கின் போட்டியாளராகிய மாரின் வான் ஹீல் தயாரித்திருந்தார்.

இதில் பிரச்சினை என்னவென்றால் தரவுகள் துல்லியமாக இல்லை. படங்களும் சந்தேகங்கள் இல்லாமல் அமைப்புகளைக் காணும் வகையில் அமைந்திருக்கவில்லை. இன்னும் சிறிது காலத்திற்கு ரைபோசோமின் தோராயமான மூலக்கூறு அமைப்பைப் பெறுவதற்கு இம்முறையைத் தவிர வேறு வழியில்லை என்பதுபோல இருந்தது.

எப்படியோ, 30S துணையலகைக் காட்டிலும் பெரியதும் சிக்கலான தன்மைகளையுடையதுமான 50S துணையலகுகளின் அமைப்பை அறிவதில் அவர்கள் முன்னேற்றம் பெற்றிருந்தனர். இன்றைய இரவுக் கூட்டத்திற்குப் பிறகு ரைபோசோம் அமைப்பை அதிக இடுக்குணர் திறனில் காண்பதற்கு அவர் மேம்பட்ட செய்முறைகளைக் கடைப்பிடிக்க வேண்டிய நிர்ப்பந்தம் ஏற்பட்டுள்ளது எனலாம். இக்கருத்தரங்கில் இதற்கு மேல் அவர் உரைநிகழ்த்துவது சற்று சிரமமானதுதான்.

கருத்தரங்கின் அந்த அமர்வில் பங்கு பெற்றவர்கள் பலரின் முகத்தில் ஒரு வகை அச்ச உணர்வை பீட்டர் மூரால் காண முடிந்தது. எனவே அவர் தனது முடிவுரையில் சர்ச்சிலின் வார்த்தைகளை மேற்கோள் காண்பித்து, 'இது முடிவல்ல. இது முடிவு தோன்றுவதன் துவக்கமும் அல்ல. ஆனால் இது ஒருவேளை துவக்கத்தின் முடிவாக இருக்கலாம்' என்றார். நிச்சயமாக, ரைபோசோமின் அமைப்பைக் காட்டிலும் அதன் செயல்திறனில் கவனம் செலுத்தும் உயிர்–வேதியலாளர்களுக்கு இது பொருந்தும்.

ஆடா, படிகவியல் ஆய்வுகளை இருபது ஆண்டுகளுக்கு முன்பு துவக்கியவர். மற்றவர்கள் இத்துறையில் முன்னேற்றம் பெற்று அவரை முந்திச் செல்வதைக் காண்பது அவருக்கு எளிதானதொன்றாக இருக்க இயலாது. அவர் என்னிடமும் டாமுடனும் அன்பும் நல்லெண்ணமும் கொண்டிருக்கவில்லை எனப் பலர் எனக்குத் தெரிவித்துள்ளனர். அவர் தனதாக உணர்ந்திருந்த தளம் திடீரென்று பலராலும் ஆக்கிரமிக்கப்படுவது குறித்த அவரின் உணர்ச்சிகளை என்னால் புரிந்துகொள்ள முடிகிறது. எனவே இக்கருத்தரங்கம் பற்றி எழுதப்பட்ட நூலில் ஒரு அத்தியாயத்தை நான் எழுத வேண்டியிருந்தது. அதில் எவ்விதம் 50S துணையலகுகளில் அவரின் ஆய்வுகள், ரைபோசோம் ஆய்வுகளின் திருப்புமுனையாக விளங்கின என்பது பற்றி விரிவாக எழுதினேன். மேலும் அவரது ஆய்வுகளால் பலரும் அந்தப் பாதையில் பயணிப்பதும் எளிதானது என்றும் குறிப்பிட்டிருந்தேன். இப்படித்தான் அப்புத்தகத்தின் துவக்க அத்தியாயத்தின் முதல் பத்தி அமைந்திருந்தது. நான் இப்படி புகழ்ந்தும் சாந்தப்படுத்தும் வகையிலும் எழுதியிருப்பது ஆடாவை அமைதியாகவும் நட்புணர்வு கொண்டவராகவும் மாற்றிவிடும் என்று அப்பாவித்தனமாக எண்ணிவிட்டேன். ஆனால் விரைவில் நான் ஏமாந்துபோனேன். அடுத்த இரண்டு ஆண்டுகளுக்கு ஆக்ரோஷத்துடன் மிகவும் முனைப்பான போட்டியாகவே எங்களது பணிகள் அமைந்துவிட்டன.

எவ்வளவுதான் எங்களது ஆய்வு முடிவுகளும் யேல் குழுவினரின் முடிவுகளும் ஆச்சரியப்படுத்தினாலும் இவைகளெல்லாம் எங்களது ஆய்வுகளின் வளர்ச்சியைக் காண்பிக்கும் அறிக்கைகளே. இந்த வரைபடங்களைக் கொண்டு பிரமாதமாக எதையும் செய்யவியலாது. தனிமைப்படுத்தப்பட்ட ஒரு புரோட்டீனின் அமைப்பு தெரியுமெனின் அதை வரைபடத்தில் உரிய இடத்தில் பொருத்திக் காணலாம். இடுக்குணர் திறன் சரியாக இல்லாத நிலையில் அவ்விடத்தைப் பற்றிய முன்விபரம் இல்லையெனில் அந்த ரைபோசோமின் பகுதியைக் கட்டமைத்துக் காணவியலாது. எனவே இதுவரை தெரிந்திராத ஒரு பொருளின் அமைப்பை ஊகித்திட இயலாது. மேலும் ரைபோசோம் பகுதிகளின்

மாதிரிகளைக் கட்டமைத்துப் பார்ப்பதும் ஓரளவு தோராயமான செயல்பாடுதான். ஓரிடத்தின் வேதிய செயல்திறனை அறிவதற்கான அணுக்களின் கட்டமைப்பை உத்தேசக் கட்டமைப்பாக மட்டுமே கூற முடியும். துல்லியமாகக் கூறிவிட முடியாது. இப்போது நாங்கள் படிகவியல் வழியே அமைப்பை அறிவது சாத்தியம் என்று காட்டிவிட்டோம். இனிமேல் தரவுகளை *3.5*A°யை விட சிறந்த இடுக்குணர் திறனில் பெற்று ஒரு துணையலகின் முழுமையான கட்டமைப்பைத் தோற்றுவித்தல் ஆய்வாளர்களிடையே பந்தய ஓட்டம் போன்றதுதான்.

பீட்டருக்கு இது தவிர்க்க முடியாதாகிவிட்டது. கருத்தரங்கில் டிட்லெவ் பிராடர்சென்னைச் சந்தித்தேன். அவர் எங்களது ஆய்வகத்தில் முதுமுனைவராகச் சேருவதற்குச் சம்மதம் தெரிவித்தார். அவரை பீட்டரிடம் எனது ஆய்வகத்தில் முதுமுனைவராகப் பணிபுரியவிருப்பவர் என்று அறிமுகம் செய்தேன். பீட்டர் சற்றுக் கேலியான குரலில் *RIBBONS* தெரியுமா என அவரிடம் கேட்டார். அந்தக் காலகட்டத்தில் *RIBBON* பலராலும் பயன்படுத்தப்பட்ட கணினி நிரல். இதன் உதவியால் புரோட்டீன், RNA போன்றவற்றின் அமைப்பைக் காட்சிப்படுத்த இயலும். பீட்டர் மேலும் வேடிக்கையாக மூலக்கூறு அமைப்புகள் விரைவில் தோன்றிவிடும். டிட்லெவ் செய்ய வேண்டியதெல்லாம் ஆய்வுக் கட்டுரைக்குப் படங்களைத் தயாரிப்பது மட்டும்தான் என்றார். துரதிர்ஷ்டவசமாக அப்படியெல்லாம் மூலக்கூறு அமைப்புகள் உடனடியாகத் தோன்றிவிடவில்லை. ஆனால் டிட்லெவ் *RIBBON* உட்பட பலவற்றிலும் திறமைசாலியாகவே விளங்கினார்.

12

கிட்டத்தட்ட கைநழுவிய வாய்ப்பு

பிரையனும் நானும் பரவச நிலையில் டென்மார்க்கிலிருந்து புறப்பட்டோம். இதையடுத்து விரைவிலேயே அமெரிக்காவில் நியூக்ளிக் அமிலங்களுக்கான கருத்தரங்கம் நடைபெற்றது. யேல் குழுவிலிருந்து ஒருவரும் அங்கு செல்லவில்லை. நானும் செல்லவில்லை. ஆனால் ஹேரி சென்றிருந்தார். எங்களது ஆய்வுகளைப்பற்றி உரையாற்றுவதற்கு பிரையன் அக்கருத்தரங்கில் கலந்துகொண்டார். அங்கு நடைபெற்றவற்றைப் பற்றி சுவைபடக் கூறினார்.

ஹேரிக்கு ஒரே பாராட்டு மழை. அடுத்ததாக ரைபோசோம் ஆய்வுகளுக்கு நோபல் பரிசு நிச்சயம் எனும் வகையில் அங்கு ஊகங்கள் இருந்தன. அக்கூட்டத்தில் ஓர் இளம் பெண் ஹேரியிடம் தன்னையும் ஸ்டாக்ஹோமிற்குக் கூட்டிச் சென்று தனது பேட்ஜில் கையெழுத்தை ஆட்டோகிராஃபாக இட்டுத் தருவீர்களா எனக் கேட்கத் துவங்கிவிட்டார். உணவு வேளையில் ஹேரியிடம் பிரையன் 'வெங்கியிடம் பிரச்சினை என்னவென்றால், இதை அவர் வெகு காலத்துக்கு முன்பே ஆரம்பித்திருக்கவில்லை" என்று கூறியிருக்கிறார். வெகு காலத்துக்கு முன்பே என்றால்? இத்துறையில் நான் முன்னோடி என்று கூறிக்கொள்வதற்கா? இது ஒரு வித்தியாசமான கருத்து. நானோ, முதுமுனைவர் ஆனதிலிருந்து ரைபோசோமில்தான் ஆய்வுகள் மேற்கொண்டிருக்கிறேன். இன்றைய நிலையில், 20 ஆண்டுகளுக்கு மேல். ஒன்று நிச்சயமாகத் தெரிகிறது. ரைபோசோமின் அமைப்பை முழுவதுமாகக் கண்டுபிடிப்பதற்கு முன்பே போட்டியில் அரசியல் நுழைந்துவிட்டது.

நாங்கள் நேச்சர் இதழுக்கு அனுப்பிய கட்டுரை வழக்கம் போல யாரெனத் தெரியாத மூன்று விமர்சகர்களுக்கு அனுப்பப்பட்டுவிட்டது. அந்த மூவரில் ஒருவர் ஸ்டீவ் ஹேரிசன். கட்டுரையைக் கண்ட அவர் மிகுந்த உற்சாகமடைந்து கட்டுரையை இன்னும் எப்படிச் சிறப்பாக்கலாம் எனும்

பரிந்துரைகளையும் கூறத் துவங்கிவிட்டார். தான் அக்கட்டுரைக்கு ஒரு விமர்சகர் என்பதையும் தெரிவித்துவிட்டார். அவரது விமர்சனங்கள் வழக்கமாகக் கூறப்படுபவைதான். 'புதிதாகச் சொல்லும்போது பத்தி பிரிக்க வேண்டும், அதிகம் பெருமைப்பட எழுதாதே' என்ற வகையிலானவை. ஒருவேளை, எங்களது வெற்றியில் நாங்கள் தேவைக்கு அதிகமாக மகிழ்ந்துவிட்டோமோ!

நாங்கள் எங்களது ஆய்வுக் கட்டுரையை *நேச்சர்* இதழுக்கு அனுப்பிவிட்டோம் எனும் செய்தி டென்மார்க் கூட்ட வளாகத்திலேயே, பரவிவிட்டது. நான் எதிர்பார்த்தபடியே ஒருவகை பரபரப்பு அனைவரிடமும் தொற்றிக் கொண்டது. இதே வேளையில் தங்களது ஆய்வகக் கண்டுபிடிப்புகளையும் வெளியிட்டுவிட வேண்டும் எனப் பலரும் துடிக்கத் துவங்கிவிட்டனர். ஒரு சில நாட்களில் யேல் குழுவினர் தங்களது 50S துணையலகில் ஆய்வுகள் பற்றிய செய்தியை ஆய்வுக் கட்டுரையாக *நேச்சர்* இதழுக்கு அனுப்பிவிட்டனர். அந்த இதழாளர்கள் எங்களது கட்டுரையைச் சற்று நிறுத்திவைத்து யேல் கட்டுரையுடன் எங்களது கட்டுரையும் வெளியீடு செய்ய முனைந்துவிட்டனர். எங்களது கட்டுரை முன்னுரிமை பெற்று வெளிவரலாமே என்று எண்ணிய நான், முதலில் சற்று எரிச்சலடைந்தேன். பிறகு யோசித்துப் பார்த்ததில், இரண்டு கட்டுரைகளும் நல்ல இணைகளாக விளங்கும் என எண்ணினேன். ஒன்று 30S துணையலகில், மற்றொன்று 50S துணையலகில். இக்கட்டுரைகள் ஆய்வுலகில் பெரும் செய்தியாயின. பல இதழ்களில் கட்டுரைகளைப் பற்றிய செய்திகள் தரப்பட்டன.

ஹேரியும் பரபரப்படைந்துவிட்டார். விரைவில் ரைபோசோமின் முழு 70S துணையலகு பற்றிய கண்டுபிடிப்புகளை *சயின்ஸ்* ஆய்விதழுக்கு அனுப்பிவைத்தார். அந்த இதழ் அவரது கட்டுரையை விரைவில் வெளியிட்டது. கட்டுரையும் மிகுந்த வரவேற்பைப் பெற்றது. அதே இதழில் ரைபோசோம் ஆய்வுகளில் நடைபெறும் போட்டிகளைப் பற்றி பத்திரிக்கையாளர் எலிஸபெத் பென்னிசி எழுதியிருந்தார். அதே பத்திரிக்கையாளர் எங்களது *நேச்சர்* கட்டுரைகளைப் பற்றியும் ஒரு சிறிய குறிப்பினை முந்திய மாதம் எழுதியிருந்தார். அதில் ஆடா, ஹேரி பற்றிய செய்திகள் அதிகமில்லை. இம்முறை மீண்டும் அவர் ரைபோசோம் ஆய்வுகள் பற்றிப் பெரிய அளவில் எழுத முடிவு செய்து பலரையும் சந்தித்துச் செய்திகள் திரட்டத் துவங்கினார். அவரிடம் நான் இந்த ரைபோசோம் போட்டிகளுக்கு வெளியே மரியாதைக்குரிய ஒருவரிடம் பேச வேண்டுமென்றால் ஸ்டீவ் ஹேரிசனைத் தொடர்புகொள்ளுங்கள் எனக்கூறிவிட்டேன்.

பென்னிசி தனது முந்தைய விமர்சனத்தில் ஆடாவைப் பற்றி சரியாக எழுதாதற்குக் கண்டனம் தெரிவித்த ஸ்டீவ், அதைத் தான் ஏற்றுக்கொள்ள முடியாது என்று கூறி நேர்காணலுக்கு மறுப்பு தெரிவித்துவிட்டார். பென்னிசியிடம் அவர் 'நீங்கள் ஹீடல்பெர்கின் மாக்ஸ் பிளான்க் நிறுவனத்தின் புகழ்பெற்ற உயிரி–இயற்பியல் அறிஞரான கென் ஹோம்ஸைச் சந்தித்துப் பேசுங்கள்' என்று கூறி அனுப்பினார். கென், உயிரிகள் உடலமைப்பு சார்ந்த அறிவியல் உலகினை நிலையாக மாற்றியமைத்தவர். இதுவரை X–கதிர் பீய்ச்சிகளாகிய ஒருங்கிசைவுத் துகள் முடுக்கிகளான

சின்குரோட்டரான்கள், மிகு விசைத்துகள் இயற்பியல் ஆய்வுகளுக்கு மட்டுமே பயன்பட்டு வந்தன. கென், அக்கருவியை தனது திறமையால் உயிர் மூலக்கூறின் அமைப்பை அறிய உதவும் கதிர் விலகல் சோதனைகளுக்கு ஏற்றபடி மாற்றி அமைத்தார். இதைத் தொடர்ந்து ஜெர்டு ரோசன்பாம், முதல் X–கதிர் விலகலின் கதிர்க்கற்றை போக்கிகளை ஹாம்பெர்கில் உள்ள *DESY*[1] சின்குரோட்ரான் ஆய்வகத்தில் அமைத்தார். (ஜெர்ட் ரோசன்பாம்மை நான் சந்தித்திருக்கிறேன். அச்சந்திப்பில் இவரது புத்திசாலித்தனத்தை அறிந்துகொண்டேன். தனக்கான உறுதிமிகுந்த கருத்துக்களைக் கொண்ட வித்தியாசமான மனிதர். X–கதிர் ஒளியியலிலும் கருவியாக்கங்களிலும் நிபுணர்). *DESY* ஆய்வகத்தின் வெளிப்புறத்தில்தான் மாக்ஸ் பிளான்ங்க் சொஸைட்டி ஆடாவிற்கு வசதியாக ஓர் ஆய்வகத்தை அமைத்துத் தந்துள்ளது. அங்கிருந்துதான் ஆடா தனது முந்தைய தரவுகளைத் திரட்டியுள்ளார். இத்தகைய தரவுகள் சேமிப்பில் நீண்ட நாட்களாக ஈடுபட்டிருந்த ஆடாவிற்கு கென் உதவியிருக்கிறார். ஆனால் எங்களுடன் அவர் துளியளவும் ஈடுபாடு கொண்டதில்லை. எனவேதான் அவர், ஆடாவைப் பற்றிக் கூறும்போது 'அவர் பல வேலைகளையும் முதுகு உடையும் அளவிற்கு செய்திருக்கிறார்' என்று குறிப்பிட்டுள்ளார். மேலும் அவர் 'மற்றவர்கள் ஆய்வுகளை அவசரகதியில் செய்துள்ளனர். ஆடாவை அவர்கள் நிம்மதியாக இருக்கவிடவில்லை' என்றும் தெரிவித்துள்ளார். இதைக் கேள்விப்பட்டவுடன் நான் அதிர்ச்சியும் திகைப்பும் அடைந்தேன். எங்களது முயற்சிகளை ஒரு சிலர் எவ்வகையில் மோசமானதாகவும் உணர்வார்கள் என நான் ஊகித்தது சரியாயிற்று. நல்ல வேளையாக பலர் இது புதிய கண்டுபிடிப்பு என மகிழ்ந்ததுடன் ஆதரவாகவும் இருந்தனர். இரண்டாண்டுகளுக்குப் பிறகு கென்னைச் சந்திக்கும் வாய்ப்பு கிடைத்தது. அப்போது அவர் மிகுந்த நட்புடன் எனது ஆய்வுகளைப் பாராட்டினார். அதற்குப் பிறகு நாங்கள் நட்புடனேயே இருக்கிறோம்.

பென்னிசி தனது செய்திக் குறிப்பில், ஜோச்சிம் ஃபிராங்க், என்னை 'டென்மார்க் கருத்தரங்கின் dark horse[2]' என விவரித்ததைக் குறிப்பிட்டிருந்தார். அதாவது நான் திடீரெனத் தோன்றி அனைவரையும் ஆச்சரியப்படுத்தியதாக இதற்குப் பொருள். என்னைப் பற்றிய ஹேரியின் விமர்சனத்தை நான் கேள்விப்பட்ட பிறகு கென் கூறியதும் பென்னிசியின் அறிக்கையிலேயே வந்திருந்தது. அதைக் கண்டவுடன் ஒரு மாதிரியான எரிச்சல் தோன்றியது. என்னைச் சிறுமைப்படுத்தி 'அவனும் கடைசியில் வந்தான்' என்று பொருள்படும் வகையில் Johnny–come–lately எனும் ஆங்கிலச் சொலவடையில் கிண்டலாகக் குறிப்பிட்டது போன்றிருந்தது. நாங்கள் மெதுவாக ஆரம்பித்து, ஆடம்பரமில்லாமல் அமைதியாக ஆய்வுகள் மேற்கொண்டிருந்தவர்கள். இதனால் 'dark horse' என விவரித்ததைப் பெரிதுபடுத்திக்கொள்ளவில்லை. ஆனால் எனது உடன் பணிபுரியும் தோழர்கள் சிரிப்பதற்கும் இந்த உவமானம் எனது கறுப்புத்தோலுக்கானது என வேடிக்கையாகப் பேசிக்கொள்ளவும் உதவியது. எனது நண்பர் ஒருவர் ஒரு கறுப்புக் குதிரையின் படத்தின்மேல் அதன் தலைக்குப் பதிலாக எனது

1. DESY – Deutsches Elektronen - Synchrotron
2. Dark horse - பலரும் அறிந்திராத, யாரும் எதிர்பாராத வகையில் வெற்றி பெறும் குதிரை.

முகத்தைப் பதிவிட்டுக் காண்பித்திருந்தார். மேலும் இப்படத்தினை நான் கண்டுபிடிப்புகள் பற்றி உரை நிகழ்த்துகையில் திரையிடும் படங்களின் ஓரத்தில் ஒரு சின்னமாக அமைத்துக்கொள்ளலாம் என்றார். மற்றொருவர் நான் திரையிடும் படங்களில் எனது முகத்துடன் உள்ள குதிரையை முதலில் மிகச் சிறியதாகக் காண்பித்து பின் எனது கண்டுபிடிப்புகளை விவரிக்கையில் சிறிது சிறிதாகப் பெரிதாக்கிக் கடைசியில் எனது உரை முடிவடையும் வேளையில் முழுக் குதிரையையும் காண்பித்துவிடலாம் என்றார். இப்படிச் செய்வது டேவிட் லீனின் தயாரிப்பான *Lawrence of Arabia* திரைப்படத்தில் ஓமர் ஷெரீஃப் திரையில் தோன்றும் வேளையில் வருகின்ற புகழ்பெற்ற காட்சிபோல் பெருமையாக அமைந்துவிடும் என்றெல்லாம் வேடிக்கையாகக் கூறி மகிழ்ந்தனர்.

திடீரென அறிவியலின் விளக்கொளியில் தள்ளிவிடப்பட்டிருப்பது போன்ற நிலை. இந்நிலை எனக்குச் சங்கடமன உணர்வைத் தந்தது. இவை எனது ஆய்வுப் பணியில் கவனச் சிதறலை ஏற்படுத்துவதாகவும் கருதினேன். எங்களுக்கு முன்பாக முழுமையான அணு அமைப்புத் தன்மைகளைக் கண்டறியும் சவால்கள் நின்றுகொண்டிருப்பதுதான் யதார்த்தம். ஒரு ரைபோசோம் துணையலகின் அணுக்களின் அமைப்பைக் கண்டுபிடித்தல் எங்களுக்கும் யேல் குழுவினருக்கும் முதல் போட்டி என்று எண்ணினேன். அணு அமைப்புகளைக் கண்டறியப் பயன்படுத்தும் அளவிற்கு 70S படிகங்கள் தரமானவைகளாக இல்லை. ஆடா ஆய்வில் பின்தங்கியுள்ளார். இதுதான் உண்மையான நிலை.

ஆக, இனி வேலையில் இறங்க வேண்டும். எங்களுக்குப் புதிய படிகங்களும் சிறந்த இடுக்குணர் தரவுகளும் தேவை. ஆய்வகத்தில் உள்ள பிறர், யூட்டாவிலிருந்து புரூக்ஹேவனுக்கு மேலும் சில படிகங்களுடன் விமானத்தில் சென்றனர். நான் இங்கிலாந்திலிருந்து புறப்பட்டுச் சென்று அங்கு அவர்களுடன் சேர்ந்துகொண்டேன். இப்போது எங்களுக்கு எந்த வேதியப் பொருட்கள் பயனுள்ளவை என்று தெரியும். அவற்றை மட்டும் பயன்படுத்திச் சிறந்த இடுக்குணர்திறனில் தரவுகளைப் பெறுவதில் கவனம் செலுத்த முடிவு செய்தோம். இவ்வளவு முனைப்புடன் நாங்கள் செயல்பட்டாலும், ஏற்கெனவே கிடைத்திருந்த வரைபடங்களைக் காட்டிலும் சிறந்தவை கிடைக்கவில்லை. நான் புரூக்ஹேவன் சென்றதில் நினைவில் கொள்ளும்படி நிகழ்ந்தது, ஷெர்லியில் உள்ள ஷாப்பிங் மாலில் நாங்கள் வாடகைக்கு எடுத்திருந்த கார் சாவிகளைத் தொலைத்துவிட்டு வெளியில் நின்றிருந்ததும், வாடகைக் கார் கம்பெனியின் ஆட்கள் வந்து உதவுவதற்காக 2 மணிநேரம் காத்திருக்க நேர்ந்ததும்தான். இங்கிலாந்து சென்று எங்கள் பணிகளை மீண்டும் துவக்க வேண்டும்.

நான் புரூக்ஹேவனில் இருந்த வேளையில் வேரா, கிரான்ட்செஸ்டரில் ஒரு வீட்டைக் கண்டுபிடித்து வாங்கிவிட்டார். கிரான்ட்செஸ்டர் ஓர் அழகிய, வரலாற்று சிறப்பு மிக்க கிராமம். எங்களது ஆய்வகத்திலிருந்து மேற்கே மூன்று மைல்கள் தொலைவில் உள்ளது. இனிமேல் நான் வீட்டைப் பற்றிக் கவலைப்படாமல் வேலையில் கவனம் செலுத்தலாம். LMBயில் ஆரோன் கிளக்கின் பழைய ஆய்வகத்தின் ஓர் அறையில் நான்கு மேசைகள்

தரப்பட்டன. இதே அறையில்தான் நான் முன்பு விடுப்பில் வந்திருந்து வெஸ் சான்ட்குவிஸ்டுடன் ஆய்வுகள் மேற்கொண்டிருந்தேன். இதற்கு முன் அங்கு ஆய்வு செய்தவர்கள் பலர் புகழும் பெருமைகளும் பெற்றுச் சென்றுவிட்டனர். அந்த இடத்தின் பெருமைமிகு வரலாறு இப்போது எனது தோள்களில் அமர்ந்துகொண்டது. நான் இப்போது இந்த எனது ஆய்வகத்தை இலையுதிர் காலத்திற்குள் தயார்படுத்த வேண்டியிருந்தது. மற்றவர்கள் விரைவில் என்னுடன் வந்து சேர்ந்துகொள்வார்கள்.

ஆய்வகத்திற்கு ஒரு தொழில்நுட்ப உதவியாளர் தேவை என விளம்பரம் செய்திருந்தேன். அந்த வேலை ராப் மோர்கன் வாரனுக்குக் கிடைத்தது. அவர் நன்கு உண்மையாக உழைக்கக்கூடியவர். கட்டுமஸ்தான உடலமைப்பு கொண்ட இளைஞர். தற்காப்புக் கலைகளில் கறுப்பு பெல்ட் வாங்கியவர். பர்மிங்காம் பல்கலைக்கழகத்தில் பட்டம் பெற்றவர். அவரும் ஆன்டிரூ கார்ட்டரும்தான் முதலில் இங்கு பணியில் சேர்ந்தவர்கள். ரைபோசோம் ஆய்வுப் பணியில் உதவுதல் எனும் அடிப்படையில் இவர்களைத் தேர்வு செய்திருந்தேன். ஒரு புதிய வண்ணப்பிரிகை வரைபடத் தொழில்நுட்பத்தில் நானும் ஆன்டிரூவும் செயல்பட வேண்டும். அதற்கான புதிய கருவிகளைப் பயன்படுத்த கற்றுக்கொள்ளும் அவசியம் இருந்தது. விரைவில் கற்றுக்கொண்ட ஆன்டிரூ அந்தப் பொறுப்பை ஏற்றுக்கொண்டார். இதே வேளையில் யூட்டாவிலிருந்து பில் வருகை புரிந்து ஆன்டிரூ, ராப் ஆகியோரைச் சந்தித்தார்.

பில், ஆன்டிரூ ஆகியோருக்கு இடையே அதிக வேறுபாடுகள் இல்லை. ஆன்டிரூ படித்தவர்கள் உள்ள குடும்பத்தில் வளர்ந்தவர். வின்செஸ்டரில் நாட்டிலேயே பழமையான பப்ளிக் பள்ளியில் பயின்றவர். அப்பள்ளி பேருக்குத்தான் 'பப்ளிக்'. மற்றபடி அது தனியார் பள்ளிதான். அங்கிருந்து உயிர்–வேதியியல் பயில ஆக்ஸ்ஃபோர்டு சென்றார். பின் LMBயில் பிஎச்.டி ஆய்வுப் படிப்பிற்காக வந்து சேர்ந்தார். அவர் தனது உயர்மட்டக் கல்வி, ஈடுபாடுகள், ஆளுமைத்திறன் போன்றவற்றில் பில்லிடமிருந்து வேறுபட்டவர். பில் சிறந்த அனுபவங்கள் கொண்ட முதுநிலைப் பட்டதாரி மாணவர். அவர் தொடர்ந்து நன்கு பயின்றவர். ஆன்டிரூ அறிவார்ந்த ரீதியில் மிகுந்த தன்னம்பிக்கை கொண்டவர். பிறருக்குப் பணிந்து செல்லக்கூடியவர் அல்லர். இருவரும் மிகுந்த புத்திசாலிகள். சிறந்த ஆளுமைத்திறன் உடையவர்கள். எனது குழுவில் உள்ள இவர்கள் அனைவரையும் ஒருங்கிணைத்துப் பணியாற்றுவதென்பது 30S துணையலகின் அமைப்பைக் கண்டுபிடிப்பதைக் காட்டிலும் சிரமமானதே.

பிரையனின் கோடைகால வாழ்க்கை, அறிவியல் ரீதியில் உற்சாகமானதாக இருப்பினும் தனிப்பட்ட வகையில் குழப்பமானதாக அமைந்திருந்தது. அவருக்கு விவாகரத்துப் பிரச்சினை ஏற்பட்டிருந்தது. என்னுடன் கேம்பிரிட்ஜில் இணைய வேண்டுமா என்று யோசிக்கும் நிலையும் தோன்றியிருந்தது. பில், பிரையன் இருவரும் யூட்டாவில் நன்கு பணியாற்றித் தங்களது வாழ்க்கையின் அடுத்த கட்டத்திற்கு நகர்ந்து கொண்டிருந்தனர். இந்நிலையில் அவர்கள், கேம்பிரிட்ஜிற்கு என்னுடன் வந்திருந்து 30S துணையலகு ஆய்வுகளை நிறைவு செய்ய உதவுவதற்கு முன்வந்தது நல்ல முடிவு. பிரையன் என்னிடம் வந்து சேர்ந்தது எனக்கு

மிகுந்த திருப்திகரமாக இருந்தது. கோடைகாலச் சம்பவங்களால் அவர் சற்றுச் சோர்வாகவும் களைப்படைந்தவராகவும் தென்பட்டார். ஆனால் வாழ்வின் அடுத்த கட்டத்திற்குத் தயாராகியிருந்தார்.

டிட்லெங் பிராடர்சென் கடைசியாக வந்தார். இவரை டென்மார்க்கில் சிறிது நேரம் சந்தித்துப் பேசியிருக்கிறேன். அங்கு கருத்தரங்க நிகழ்வுகள் பரபரப்பாக இருந்த சூழலில் இவருடன் நான் நீண்டநேரம் பேச இயலவில்லை. அவர் புத்திசாலி மட்டுமல்ல பலவற்றையும் அறிந்தவர். கணினி பயன்பாடுகள் முதல் ஆய்வகப் பணிகள் வரை சகலகலா வல்லவனாக விளங்கினார். இனிமையாக, நட்புடன் பழகக் கூடியவர். நகைச்சுவை உணர்வு மிகுந்தவர். இவரது திறன்களை வருகின்ற ஆண்டில் சோதனை செய்துபார்க்க வேண்டும்.

இப்படியாக திரட்டிச் சேர்த்த குழுவினருடன் கேம்பிரிட்ஜில் எங்களது தீவிர பணிகளைத் துவங்க வேண்டும். மேலும் புதிய படிகங்களை உற்பத்தி செய்ய வேண்டும். மற்றொரு புதிய ஆய்வகத்திற்கு இடம் மாற்றுவது, மாறுபட்ட இடங்களில் பெறப்பட்ட வேதியப் பொருட்களைப் பயன்படுத்துவது, குளிர் அறையின் வெப்பம் சற்றே மாறுபடுவது போன்ற அனைத்தையும் குறித்துப் படிகவியலாளர்கள் அனைவரும் மிகவும் அஞ்சுவார்கள். அனைத்திலும் மிகக் கவனமாக இருக்க எண்ணுவார்கள். மாற்றங்கள் ஏற்பட்டால் எதுவும் சரியாக நடைபெறாது என்றே எண்ணுவார்கள். ஆனால் நல்லவேளையாக நாங்கள் தரமான படிகங்களைத் தோற்றுவிக்க முடிந்தது. அவற்றை எடுத்துக்கொண்டு நானும் பில்லும் புரூக்ஹேவன் சென்றோம். எங்களது செயல்பாட்டில் மீண்டும் அதிக அளவில் முன்னேற்றமில்லை.

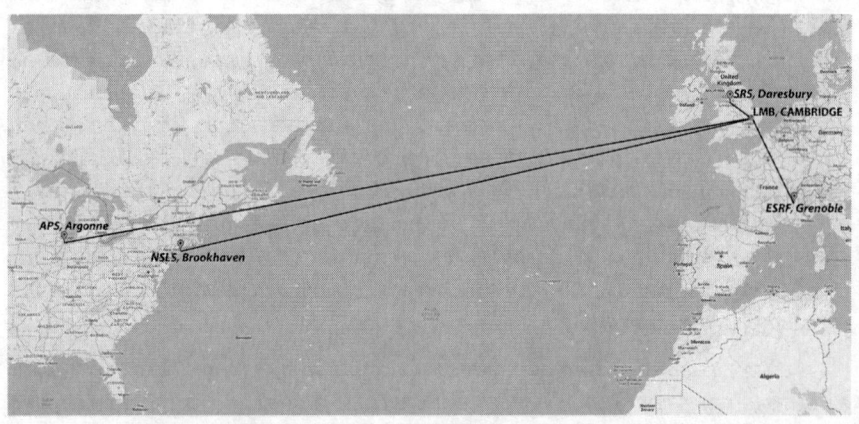

படம் 12.1 ரைபோசோம் ஆய்வுகளில் நூலாசிரியரின் குழுவினர் உலகின் பல பகுதிகளில் பயன்படுத்திக்கொண்ட சின்குரோட்ரான் மையங்கள்

சிறந்த இடுக்குணர் திறனை எட்டுவதற்காக மிகைக் கோணத்தில் எங்களது 30S படிகங்களில் கிடைத்த விலகல் புள்ளிகள் 50S படிகங்களைக் காட்டிலும் தெளிவற்றவையாக இருந்தன. இது பெரிய இன்னலாக இருந்தது. மேலும் பிரச்சினைகளை அதிகப்படுத்தும் வகையில் புரூக்ஹேவனின்

X–கதிர்க் கற்றை போக்கியானது மிகைக் கோணத்தில் கிடைத்த புள்ளிகளை அகன்ற பரப்பில் சிதறச் செய்துவிட்டது. இதனால் அளவீடுகளைப் பெறுவது சிக்கலாகியது. வலுவற்ற தரவுகளைத் துல்லியமாக அளவீடு செய்வதற்குப் படிகங்களின் மீது X–கதிர் வீச்சினை நீண்ட நேரம் செலுத்த வேண்டியிருந்தது. இதனால் மிகக் குறைந்த வெப்பநிலையிலும் படிகங்கள் பாதிப்படைந்தன. கிடைத்த தரவுகளில் இடுக்குணர் திறனை மேம்படுத்த இயலவில்லை. புரூக்ஹேவனில் இதற்கு மேல் எதுவும் செய்யவியலாது எனும் நிலை தோன்றியது.

எங்களது இடமான LMBயிலிருந்து வழக்கமாக இரண்டு சின்குரோட்ரான்களைப் பயன்படுத்திக்கொள்வதுண்டு. இங்கிலாந்தின் வட பகுதியில் டேர்ஸ்பரியில் ஒன்று இருந்தது. அது பழையது. புதியதும் தீவிரமாகச் செயல்படக்கூடியதுமான சின்குரோட்ரான் கருவி ஃபிரான்ஸ் நாட்டின் கிரினோபினில் இருந்தது. அங்கு ESRF எனப்படும் European Synchrotron Radiation Facility எனும் ஆய்வகத்தில் இயங்கிக்கொண்டிருந்தது. டேர்ஸ்பரியில் உள்ள கருவியில் சிறந்த தரவுகள் கிடைக்க வாய்ப்பில்லை என்று கருதினோம். ஆனால் அக்கருவி எங்களது படிகங்களின் தரத்தைச் சோதிக்கப் பயன்படும்படியாக இருந்தது. ESRFஇல் இருந்த கருவி மிகச் சிறந்தது. அதிலிருந்த X–கதிர்க் கற்றை போக்கி புதியது. எனவே அது துவக்க கட்டத்திலான சிறிய பிரச்சினைகளைக் கொண்டிருந்தது. அது ஒன்றும் பெரிய இன்னல் இல்லைதான். X–கதிர்க் கற்றை போக்கியின் தீவிரத் தன்மை செயல்பாட்டால் படிகங்கள் பாதிப்படையும் நிலை இருந்தது. அதனால் ஒரு முழுத் தொகுப்பாகத் தரவுகளை, மிகு எடை அணுக்களைக் கொண்ட படிகங்களிலிருந்து பெற வேண்டுமெனில் படிகங்கள் அதிகம் தேவைப்பட்டன. மேலும் நாங்கள் MAD சோதனை மேற்கொள்ள வேண்டுமெனில் வேதியப் பொருட்களில் தோய்த்தெடுத்த படிகத்திலிருந்தும் மூன்று முழுத் தொகுப்புகளாகத் தரவுகளைப் பெற வேண்டும். படிகங்கள் அனைத்தும் ஒன்றுபோல் அமைந்திராது. அவை மாறுபடும். சிறந்த இடுக்குணர்தலுக்கான தரவுகளைப் பெறும் வகையில் அனைத்துப் படிகங்களும் X–கதிர்களை நன்கு விலகல் பெறச் செய்ய வில்லை. ஏன் இவ்விதம் குறைபாடு ஏற்படுகிறது என்பதும் விளங்கவில்லை. ஓரளவு நன்கு கதிர் விலகல் பெற்ற படிகங்களிலும் 'யூனிட் செல்' எனப்படும் மீள்தூரம் படிகத்திற்குப் படிகம் மாறுபட்டிருந்தது.

ஆய்வுகள் தடைபட்டதுபோல ஆகிவிட்டது. முழு அளவிலான தரவுத் தொகுப்புகளைப் பெறுவதற்கு முன்பாகவே படிகங்கள் பாதிப்படைந்துகொண்டிருந்தன. இதனால் உயர் இடுக்குணர் திறனில் தரவுகளைப் பெற இயலவில்லை. படிகங்கள் மாறுபட்டவையாக இருந்ததால் முழு உயர் இடுக்குணர் தரவுத் தொகுப்புகளைப் பெறும் வகையில் கிடைத்த பகுதி பகுதியான தரவுகளையும் ஒட்டி இணைப்பது சாத்தியமற்றதாக அமைந்திருந்தது. ஏற்கெனவே எங்களுக்குக் கிடைத்திருந்தது இடுக்குணர் திறனை மேம்படுத்த வாய்ப்பில்லாத நிலையில் இருந்தது. டென்மார்க்கிலிருந்து திரும்புகையில் கொண்டிருந்த பரவச உணர்வு நிலை மறைந்துவிட்டது. இந்த இக்கட்டான நிலையிலிருந்து எவ்வாறேனும் தப்பித்துவிட வேண்டும் எனும் தீவிரத்தன்மை மனதில் தோன்றியிருந்தது.

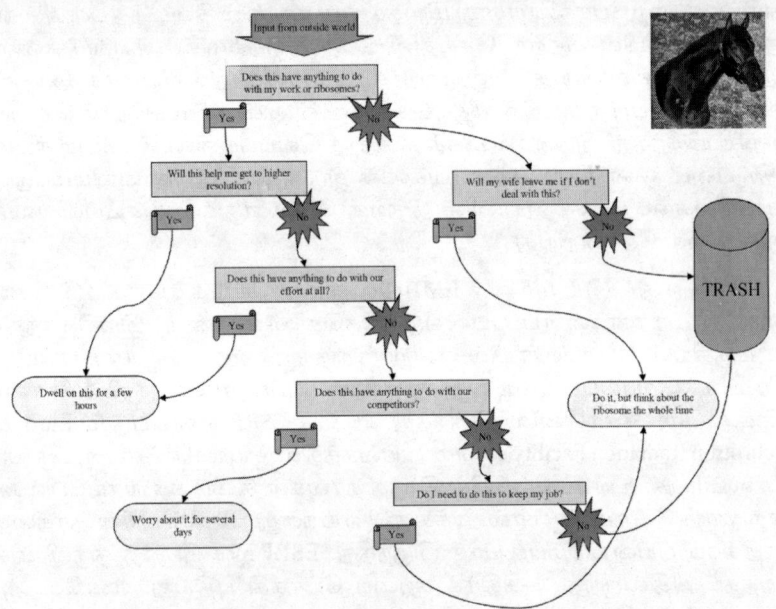

படம் 12.2 1999-2000 ஆண்டுகளில் ரைபோசோம் ஆய்வுகள் தொடர்பாக நூலாசிரியரின் எண்ண ஓட்டங்களும் செயல்பாடுகளும். இதனைத் தயாரித்தவர் பில் கிளமன்ஸ்

இந்நிலையைக் காண்பிக்கும் வகையில் எனது ஒருநாள், செயலோட்ட விளக்கப்படம் ஒன்றினைத் தயாரித்து ஆய்வகக் கதவில் பில் ஒட்டியிருந்தார். அதற்கு 'வெங்கியின் எண்ண ஓட்டம் 2000' என்று தலைப்பிடப்பட்டிருந்தது. அப்படத்தின் மேல் மூலையில் கறுப்புக் குதிரையின் படம் அமைந்திருந்தது.

எப்படியாவது ஆய்வுத் தடைகளை நீக்கிட வேண்டும் எனும் வகையில் தங்களது பங்களிப்பாக பில்லும் டிட்லேவும் பல முயற்சிகளையும் மேற்கொண்டிருந்தனர். கதிரியக்கத்தால் படிகத்தில் ஏற்படும் பாதிப்பை முழுவதுமாக புரிந்துகொள்ள இயலவில்லை. இரண்டு வகையான பாதிப்புகள் ஏற்பட்டுக்கொண்டிருந்தன. அவற்றை முதல் நிலை, இரண்டாம் நிலை பாதிப்புகள் என வகைப்படுத்தலாம். முதல் நிலை பாதிப்பில் வேதியப் பிணைப்பில் எலக்ட்ரான் எனும் மின்னணு அதன் அணுச் சுழற்சியிலிருந்து நீக்கப்பட்டுவிடுகிறது. இப்பாதிப்பைச் சரிசெய்ய வழியில்லை. இரண்டாம் நிலை பாதிப்பில் மூலக்கூறுகளில் ஏற்படும் பாதிப்புகள் அதி தீவிர இயங்கு அயனி[3]களைத் தோற்றுவித்துவிடுகின்றன. அவை அங்கு பரவுதல் பெற்று மேலும் பாதிப்புகள் நேரிட்டுவிடுகின்றன. இத்தகைய பாதிப்புகளை நாம் குறைத்துவிடலாம் என்று கருதினேன். அடிப்படை வேதியியல் அறிவு எனக்குக் குறைவு. இயங்கு அயனிகளைத் தனதாக்கிக்கொண்டு ரைபோசோம் பாதிப்பை மட்டுப்படுத்தும் வேதியப் பொருளைத் தீவிரமாகத் தேடினேன். அஸ்கார்பிக் அமிலம் (வைட்டமின் C) போன்றவற்றை டிட்லெப் பயன்படுத்திப் பார்த்தார். பலனில்லை.

---

3. அதி தீவிர இயங்கு அயனிகள் - highly reactive free radicals.

a. டிட்லெவ் பிராடர்சென் மற்றும் ஆன்ட்ரூ கார்ட்டர்

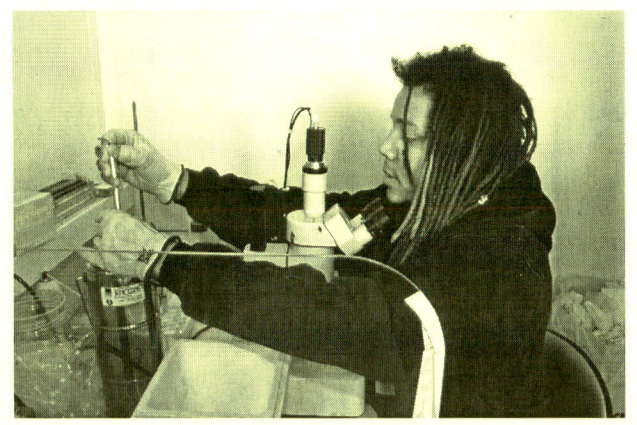

b. குளிர் பதன அறையில் பில் கிளமன்ஸ் படிகங்களை உறையச் செய்தபோது

c. சோதனைகளின் இறுதியில் காலியான குப்பிகளையும் கேன்களையும் எடுத்துச் செல்லும் பில் கிளமன்ஸ் மற்றும் ராப் மோர்கன் - வாரன்.

படம் 12.3

கதிரியக்கத்தால் ஏற்படும் பாதிப்பைத் தடுக்க இயலவில்லை. எனவே ‘பாதிப்பு தடுக்கும்’ முயற்சிக்குப் பதிலாக ஒரே மாதிரியான பல படிகங்களை உருவாக்கி ஒவ்வொரு படிகத்திலிருந்தும் பாதிப்பு நேரிடுவதற்கு முன்பு கிடைக்கும் சிறிதளவு தரவுகளை ஒருங்கிணைத்துக்கொள்ளலாம் எனக் கருதினோம். இதற்கெனப் பின்வரும் விந்தையான செய்முறையைக் கடைப்பிடிக்கத் திட்டமிட்டோம். தனித்தனியே படிகங்களாகக் குறைந்த வெப்பத்தில் உறையச்செய்வதால்தானே படிகங்கள் வெவ்வேறான வேகத்தில் அல்லது நேரத்தில் உறைதலில் விரிவடைதலோ அல்லது சுருங்குதலோ பெறுகின்றன! அனைத்தையும் துல்லியமாக ஒரே நேரத்தில் உறையச் செய்தால் ஒரே மாதிரியான படிகங்கள் கிடைக்க வாய்ப்புண்டு எனக் கருதினோம்.

தொடர்ந்து படிகங்களை உறையச்செய்து பழகிய பில், குளிர் அறையில் நீண்ட நேரம் அமர்ந்திருந்து எண்ணற்ற படிகங்களை உறையச் செய்யும் அந்தப் பணிக்குத் தன்னைப் பழக்கப்படுத்திக்கொண்டுவிட்டார். குளிர்தாங்கும் வகையில் அதற்குரிய ஜாக்கெட் அணிந்துகொண்டு, தனக்குத் தேவையான அனைத்துக் கருவிகளையும் அறையில் அமைத்துக்கொண்டு, அடுத்த பல மணி நேரங்கள் இடைவெளியில்லாமல் குளிர் அறையில் அமர்ந்து பணிபுரிவார். அவ்வேளையில் அலுப்பு ஏற்படாமல் இருப்பதற்குத் தனக்கு விருப்பமான ஜானி கேஷ் சி.டி.களுடன் மினி ஸ்டீரியோ சிஸ்டத்தையும் உள்ளே வைத்திருக்கிறார். செய்முறையின்போது காந்த விசை உள்ள உலோகப் பரப்பில் பொருத்தப்பட்ட ஊசியின் முனையில் அமைந்துள்ள வளைய அமைப்பில் படிகங்களை ஒட்டச்செய்து ஒவ்வொன்றாக திரவ நைட்ரஜனில் தன்கைப்பட அமிழ்த்தி எடுக்கிறார். பின் அவற்றைத் தனித்தனியே வையல் எனப்படும் சிறிய குப்பிகளில் பாதுகாப்பு செய்வார். இப்பணி முழுவதிலும் ராப் இவருக்குத் துணையாக இருப்பார். இப்பணியின் முடிவில் இவர்களிடம் பாதுகாப்பு செய்யப்பட்ட குப்பிகள் டஜன்கள் கணக்கில் இருக்கும். ஒவ்வொரு குப்பியிலும் திரவ நைட்ரஜனில் வளையத்தில் பொருத்திய படிகம் அமைந்திருக்கும். பின் துளை அமைப்புகள் கொண்ட உலோகக் குச்சிகளில் குப்பிகள் சீராகப் பொருத்தப்படும். ஒவ்வொரு குச்சியிலும் 4 அல்லது 5 குப்பிகளைப் பொருத்தலாம். இவைகள் அனைத்தும் பின்னர் தேவார் (dewar) எனப்படும் வெற்றிடக் குடுவையில் பாதுகாப்பாக வைத்து மூடப்படும். இப்போது படிகங்கள் சின்குரோட்ரானுக்கு எடுத்துச் செல்லத் தயாராகிவிட்டன. இவை அனைத்தையும் பில் ஒருவரே தன் கைப்படச் செய்துமுடிக்கிறார். இதில் படிக மாறுபாடுகள் ஏற்பட வாய்ப்புகளுண்டு.

எனது பிரச்சினைகளைப் பற்றிக் கேள்விப்பட்ட சக பணியாளர் பில் ஈவன்ஸ் ஒரு சாதனத்தை என்னிடம் காண்பித்தார். அது கில்லட்டின்[4] போன்று செயல்படுவதாக இருந்தது. நீர்மத் துளியிலிருந்து எடுக்கப்பட்ட படிகங்கள், லூப் எனும் வளையங்களில் இணைக்கப்படும். அவை,

4. மொழிபெயர்ப்பாளரின் குறிப்பு: கில்லட்டின் (Guillotine): பிரான்ஸ் நாட்டில் தண்டனைக் கருவியாகப் பயன்பட்டது. 1792இல் அறிமுகமானது. இரண்டு வலுவான தூண்களும் மேற்புற நடுவில் குறுக்குக் கட்டையில் இணைந்த சாய்வு அமைப்புடைய கனத்த, கூர்மையான வெட்டுக் கருவியும் உண்டு. தண்டனைக்கு உட்பட்டவர் தனது கழுத்தைத் தூண்களுக்கு நடுவில் கீழே வைக்க கனத்த வெட்டுக் கருவி வேகத்துடன் இறங்கி அவரது கழுத்தில் விழுந்து தலையைத் துண்டித்துவிடும்.

பின் கீழ்நோக்கித் தொங்கும்படி கில்லட்டின் அமைப்பில் மேலிருந்து பொருத்தப்படுகின்றன. கில்லட்டின் கருவியின் கீழாகத் திரவ நைட்டிரஜன் உண்டு. பெடல் எனும் அமுக்கு நீட்சியை அழுத்தியவுடன் கில்லட்டின் வேகமாகக் கீழிறங்கிப் படிகங்களின் இணைப்பைத் துண்டிக்கும். படிகங்கள் அனைத்தும் ஒருங்கே திரவ நைட்டிரஜனில் ஒரே நேரத்தில் ஒரே வேகத்தில் செங்குத்தாக இறங்கிவிடும்.

இவ்வமைப்பு இப்போதைய பிரச்சினைக்குத் தீர்வாக இருக்கும் என்று கூறிச் சம்மதித்தார். இம்முறை செயல்பட்டால் ஒரு தடையைத் தாண்டிவிடுவோம். புதிதாக எதனையும் பயன்படுத்திப் பார்ப்பதில் ஆர்வமுள்ள பில் ஆர்வத்துடன் இருநூறு சிறந்த படிகங்களை எடுத்துக்கொண்டார். இப்படிகங்களை மிகு எடை அணுக்கள் கொண்ட கரைசலில் தோய்த்தெடுத்து கில்லட்டின் அமைப்பின் மூலம் திரவ நைட்டிரஜனில் விழச் செய்து முறையான படிகங்களாக உருப்பெறச் செய்வதற்கு ஏறக்குறைய எட்டு வாரங்களாகியிருந்தன.

வார இறுதியில் பில்லும் அவரது குழுவினரும் படிகங்களை டேர்ஸ்பரி சின்குரோட்ரானுக்கு எடுத்துச் சென்றனர். அந்த ஞாயிற்றுக்கிழமை காலையில் பில் தொலைபேசியில் தொடர்புகொண்டார். ‘பாஸ், உங்களுக்குத் தெரியுமா’ எனத் துவங்கினார் (அவர் என்னை வேண்டுமென்றே ‘பாஸ்’ என்று அழைப்பது வழக்கம்). தொடர்ந்து பேசிய பில், ‘பிரஞ்சுப் புரட்சி நல்ல விஷயமே இல்லை’ என்று கூறினார். அவர் என்ன சொல்ல முயல்கிறார் என்று எனக்குப் புரியவில்லை. அந்த கில்லட்டின் அமைப்பு படிகங்களை உறையச் செய்வதற்கானதில்லை. அக்கருவி மின்னணு உருப்பெருக்கியில் கிரிட் எனும் உலோகக் குச்சிகளை உட்செலுத்துவதற்கானது. ஆகவே இவர்களின் பயன்பாட்டில் படிகங்களை உறைதலுக்காக ஒருமித்து திரவ நைட்டிரஜனில் அமிழ்த்துகையில் குச்சிகளின் குழிகளில் வளையங்களினுள் பொறுத்தப்பட்டிருந்த படிகங்கள், தடாலென இறங்கித் தரைப் பகுதியில் சென்று இடித்து, வளையத்திலிருந்து விலகிச் சிதறி விழுந்துவிட்டன. திரவ நைட்டிரஜனுள் விழுந்த அந்த நுண் படிகங்களை எடுக்க இயலவில்லை. ஒவ்வொரு லூப் வளையமும் காலியாகவே இருந்தது.

200 சிறந்த படிகங்களை இழந்துவிட்டோம். படிகங்களை உருவாக்க இரண்டு மாத காலம் ஆன நிலையில் இப்போது ஆய்வுப் போட்டியில் இரண்டு மாதங்கள் பின்தங்கிவிட்டோம். முதலிலேயே நானும் பில்லும் இரண்டு படிகங்களை மட்டும் பொருத்திச் சோதித்துப்பார்த்திருக்க வேண்டும். அந்த வார இறுதியில் அதிர்ச்சியிலேயே இருந்தேன். மீண்டும் துவங்க வேண்டும். வேறு வழியில்லை. கடின உழைப்பால் 30S துணையலகுகளைப் பிரித்தெடுத்துப் படிகங்களாக்க வேண்டும்.

மேலும் புதிய படிகங்கள் தோன்றுவதற்குக் காத்திருந்தோம். அவ்வேளையில் ஓர் எண்ணம் தோன்றியது. ஒரே மாதிரியான படிகங்கள் கிடைத்தாலும் மேலும் பிரச்சினைகள் இருக்கும் என யோசித்தேன். முறையற்ற X–கதிர் சிதறலால்தான் மூலக்கூறுகளின் மாறுபட்ட அமைப்பு நிலைகள் கிடைக்கின்றன. இத்தகைய சிதறல் ஆஸ்மியம் போன்ற சிறப்பு அணுக்களால் தோன்றுகிறது. இவ்வணுக்கள் சீர்மை அமைப்புடைய

விலகல் புள்ளிகளிடையே சிறிய மாற்றங்களை உண்டாக்குகின்றன. இப்புள்ளிகளுக்கு பிரீடல் இணைகள் (Friedel pairs) என்று பெயர். மூலக்கூறு அமைப்பைக் கணக்கிடுவதற்கு அச்சிறிய வித்தியாசங்களைத் துல்லியமாக அளவிட வேண்டும். மிகச் சரியாகச் சீர்மையுடன் கதிர்க் கற்றை சார்ந்து அமைக்கப்படாத படிகங்களிலிருந்து தரவுகளைப் பெற்றால் இணையமைப்பின் இரு புள்ளிகளிலிருந்தும் மாறுபட்ட நேரங்களில் தரவுகள் கிடைக்கும். ஒரு புள்ளி அதிகமாகவோ குறைவாகவோ கதிரியக்க பாதிப்பைப் பெற்றிருக்கும். இதற்கு ஒத்திசைவு செய்யப்பட வேண்டும். அல்லது படிகங்கள் மிகக் குறைந்த நேரமே கதிர்க் கற்றையில் தாக்குப் பிடிப்பதால் அந்த இரு புள்ளிகளையும் வெவ்வேறு படிகங்களிலிருந்து கணக்கிடலாம். ஒவ்வொன்றிலிருந்தும் கிடைத்த தரவுகளைச் சரிசெய்து பொதுவான அளவீட்டிற்குக் கொணர்தல் வேண்டும். எப்படி என்றாலும், ஒத்திசைவில் உள்ள பிழைகள் நாம் அளவிடவுள்ள சிறிய வித்தியாசங்களைக் காட்டிலும் பெரியனவாகவே அமையும்.

இப்பிரச்சினையைச் சமாளிக்க ஒரு வழியுண்டு. படிகங்களை அவற்றின் ஒரு சமச்சீர் கோணமானது துல்லியமாக ஒழுங்கு வரிசையில் அமையும்படி அடுக்குதல் வேண்டும். இதனால் கதிர் விலகல் அமைப்பு சமச்சீராகத் தோன்ற வாய்ப்புள்ளது. இடதுபுறம் உள்ள அமைப்பு ஓர் ஆடியின் பிரதிபலிப்பைப் போல வலதுபுறம் தோன்றலாம். இவ்வமைப்பில் படிகத் தொகுப்பினைச் சுழற்றினால் இருபுறமும் சமச்சீர் தொடர்பான புள்ளிகள் ஒரே நேரத்தில் தோன்ற வாய்ப்புண்டு. ஒரு படிகத்தின் ஒவ்வொரு இணைப் புள்ளிகளையும் ஒரே வேளையில் அளவிடலாம். மாறுபட்ட அளவுகள் கொண்ட படிகங்களில் தோன்றும் பிழைகளையும் கதிரியக்கப் பாதிப்பால் ஏற்படும் பிழைகளையும் தவிர்த்துவிடலாம்.

திரவ நைட்ரஜனிலிருந்து படிகத்தைத் துழாவி எடுக்கையில் அது வளையத்தில் பொருந்தியே கிடைப்பது அபூர்வம்தான். லூப் எனும் வளையத்தில் படிகத்தின் அமைப்பு நிலையை மாற்றியமைக்கவும் இயலாது. X–கதிர் பயன்பாட்டுக் கருவிகளில் கதிர்க் கற்றையின் நடுவில் படிகத்தை அமைக்கவியலும். ஆனால் விலகல் புள்ளிகள் சமச்சீராகக் கிடைக்கும் விதத்தில் படிகத்தை நிறுத்த முடியாது. லூப் என்னும் வளையத்தில் பொருந்தியுள்ள படிகம், உலோகத் தளம் ஆகிய அனைத்தையும் பல அச்சு நிலைகளில் சுழலச் செய்யும் வசதி X–கதிர் கருவியில் இருக்குமெனில் முதலில் சில சோதனைக் கதிர் வீச்சுகளைச் செய்துபார்க்கலாம். அதனால் துல்லியமாகப் படிகத்தின் நோக்கு நிலையைக் கருவியுடன் ஒப்பிட்டுக் கணக்கிடலாம். பிறகு மோட்டாரைப் பயன்படுத்திக் கருவியின் படிகம் அமைந்துள்ள தளத்தின் அச்சு நிலையை மாற்றி அமைத்துப் படிகத்தைக் கதிர்க் கற்றையின் நேர்கோட்டு அமைப்பில் கொண்டுவரலாம். இதில் படிகம் வளையத்தில் முதலில் எப்படி அமர்ந்திருந்தது என்பது பொருட்டல்ல. இதைச் செய்வதற்கு புரூக்ஹேவனில் கப்பா கோனியோமீட்டர் எனும் படிகக் கோணம் அளப்பானைப் பயன்படுத்தினோம். இப்போது பிரச்சினை என்னவென்றால் பிரான்சின் கிரிநோபிளில் ESRF கதிர்ப் போக்கி நன்கு செயல்படத் துவங்கிவிட்டது. ஆனால் அங்கு கோனியோமீட்டர் கருவி இல்லை.

எங்களது பிரச்சினைக்கு ஒரே வழி அமெரிக்காவின் சிகாகோ செல்வதுதான். அங்கு சிகாகோவின் புறநகர் பகுதியிலுள்ள ஆர்கான் தேசிய ஆய்வகத்தில் APS எனப்படும் Advanced Photon Source எனும் மையம் உள்ளது. அங்கு கிரிநோபிளில் உள்ளது போன்ற X–கதிர்ப் போக்கியும் அதனுடனான கப்பா கோனியோமீட்டரும் அமைக்கப்பட்டுள்ளன. இதை மிகவும் கவனமாகத் தயாரித்து அமைத்தவர் நாம் ஏற்கெனவே குறிப்பிட்ட ஜெர்டு ரோஸன்பாம். இவர்தான் கென் ஹோம்ஸ்ஸுடன் பணியாற்றி ஹாம்பெர்கில் DESY சின்குரோட்ரானில் முதலாவது X–கதிர் விலகல் போக்கியை அமைத்தவர். சிகாகோவில் உள்ள அக்கருவியைப் பயன்படுத்த வேண்டும் என்று 1999, அக்டோபர் நடுவில் கருதினேன். உடனடியாக அதைப் பயன்படுத்த இயலுமா? என்று அதைப் பராமரித்துக்கொண்டிருந்த அன்டிரே ஜோச்சிமாக்கிற்கு அனுமதி கேட்டுக் கடிதம் எழுதினேன். அதைப் பிற ஆய்வக விஞ்ஞானிகளும் பயன்படுத்தலாம் என அண்மையில் அறிவிப்பு செய்யப்பட்டிருந்தது. அக்கருவியின் சோதனை ஓட்டக் காலத்திலேயே ஆடா அதைப் பயன்படுத்தித் தரவுகள் பெற்றிருக்கிறார். எனது கடிதத்திற்குப் பதில் கிடைக்கவில்லை. மீண்டும் நவம்பர் மாதத் துவக்கத்தில் எழுதினேன். அவர் சுருக்கமான பதிலில் அடுத்த புத்தாண்டு துவக்கத்தில் பயன்படுத்தலாம் என்று தெரிவித்திருந்தார். மீண்டும் அவரிடமிருந்து கடிதம் வரவில்லை.

நவம்பர், டிசம்பர் ஆகிவிட்டது. யேல் குழுவினர் மெதுவாக முன்னேறிக் கொண்டிருந்தனர். கடைசியாக டிசம்பர் நடுவில் அவர்கள் 3.1A° இடுக்குணர் திறனைப் பெற்று அதற்கு விழாவே நடத்திவிட்டார்கள் எனத் தெரியவந்தது. அவர்கள் தங்களது பிரச்சினைக்குத் தீர்வு கண்டுவிட்டார்கள். APSஇல் அவர்களுக்கு சிறந்த தரவுகள் கிடைத்துள்ளதாகக் கேள்விப்பட்டேன்.

2000த்தின் புத்தாண்டு தினம் உலகம் முழுவதும் புதிய புத்தாயிரத்தின் துவக்கம் எனப் பெரும் விழாவாகக் கொண்டாடப்பட்டது. நானோ எங்களது ஆய்வுகளில் நம்பிக்கையற்றவனாக மனத்தளர்ச்சியுடனிருந்தேன். ஓட்டப் பந்தயத்தின் துவக்கத்தில் ஒரு சில சுற்றுகள் சிறப்பாக ஓடி அதன்பின் மிகவும் பின்தங்கிவிட்டவனுடைய மனநிலையில் இருந்தேன். ஜனவரி 3ஆம் தேதியன்று மான்செஸ்டரில் ஒரு கருத்தரங்கில் பேசவிருப்பதாகத் தெரிவித்த பீட்டர், கேம்பிரிட்ஜில் என்னைச் சந்தித்து அவர்களது மூலக்கூறு அமைப்பு பற்றிப் பேசலாமா எனக் கேட்டிருந்தார். இதுவும் என்னைப் பாதித்தது. அவரிடம் வர வேண்டாம் என்று சொல்ல இயலவில்லை. இத்தகைய உரையாடலை நல்ல வாய்ப்பு என்று பலரும் விரும்புவார்கள். எங்களது குழு அந்நிலையில் இல்லை. அவர் வந்தபோது அந்த வாய்ப்பைப் பயன்படுத்திக்கொண்டு APS பற்றி விசாரித்தேன். அதற்கு அங்கு பெற்ற தரவுகள் பிற இடத்தில் பெற்றதைவிடச் சிறப்பாக இருந்தன என்று தெரிவித்தார். அங்கு எனக்கும் நேரம் கிடைக்குமா என அந்த வாய்ப்பைப் பயன்படுத்தி அவரிடம் கேட்டேன். எங்களது ஆய்வுகள் தடைப்பட்டு நிற்பதை பீட்டரிடம் கூறி, சென்ற அக்டோபர் நடுவில் நாங்கள் அங்கு அனுமதி கேட்டும் இதுவரை கிடைக்கவில்லை என்றேன். பால் சிக்ளர் (இவர் யேலில் பீட்டரின் உடன்பணியாளர். இவர்தான் நான்காண்டுகளுக்கு முன்பு சியாட்டிலில் நடைபெற்ற படிகவியல் கருத்தரங்கில் மேடையிலிருந்து திடீரென இறக்கிவிடப்பட்டவர்) APS X–கதிர்ப் போக்கியைப் பராமரிக்கும்

குழுவில் உறுப்பினர். அன்டிரே ஒருகாலத்தில் பீட்டரிடம் முதுமுனைவராக இருந்தவர். எனவே பாலிடம் பரிந்துரை செய்யுமாறு பீட்டரிடம் கேட்டுக்கொண்டேன். நானும் அன்டிரேவிற்குக் கடிதம் எழுதினேன். தொலைபேசியிலும் பதிவிட்டிருந்தேன்.

அடுத்த நாள், அதாவது ஜனவரி *5* அன்று பீட்டரிடமிருந்து, அவர் பாலிடம் பேசுவதாகத் தகவல் கிடைத்தது. அச்செய்தி எனக்கு தேவவாக்காக அமைந்திருந்தது. அதற்கு அடுத்த நாள், ஜனவரி *6* அன்று பீட்டர் எனக்கு எழுதியிருந்தார். அதில் தான் பாலைத் தொடர்புகொண்டதாகவும் அவரும் APSஇல் தெரிவித்துவிட்டார் எனவும் என்னை விரைவில் தொடர்பு கொள்வார்கள் என்றும் கூறியிருந்தார். அதற்கு அடுத்த நாளே அன்டிரே என்னை ஈ–மெயிலில் தொடர்புகொண்டார். காலதாமதத்திற்கு மன்னிப்புக் கேட்டுக்கொண்ட அவர் மார்ச் கடைசியில் எனக்கு நேரம் ஒதுக்குவதாகத் தெரிவித்தார். இன்னும் மூன்று மாதங்கள். அதாவது அவரை முதலாவதாகத் தொடர்புகொண்டதிலிருந்து ஆறு மாதங்கள். எங்களது முக்கியப் போட்டியாளர்கள் எங்களை முந்திக்கொண்டிருக்கும்போது நாங்கள் ஆறு மாதங்கள் பின்தங்குகிறோம் என்று பொருள். இருப்பினும் இந்த வாய்ப்பை நான் நழுவவிட விரும்பவில்லை. ஏற்றுக்கொண்டேன்.

நான்கு நாட்களுக்குப் பிறகு ஜனவரி *11* அன்று ஓர் அதிர்ச்சித் தகவல். பால், வேலைக்குச் செல்லும் வழியில் மாரடைப்பால் இறந்துவிட்டார். பாலின் இறப்பு மிகவும் துக்ககரமானது. 'அமைப்பு உயிரியலில்' அவர் புகழ்பெற்றவர். அவருக்கு வயது *65*தான். அறிவியலில் இன்னும் பலவற்றை அவர் சாதிக்க இயலும். தொடர்ந்து நடந்த நிகழ்ச்சிகள் என்னை மிகவும் துக்கப்படுத்திவிட்டன. அதேவேளையில் அறிவியல் பல வினோதமான சிறப்புத் திறன்களைச் சார்ந்துதான் உள்ளது என்பதையும் உணர்ந்துகொண்டேன். முந்திய வாரம்தான் நான் பீட்டருக்கு எழுதியிருந்தேன். அதை நான் எழுதாமலிருந்திருந்தாலோ, அல்லது பால் உடனடியாக எனக்காக இதில் தலையிடாமல் இருந்திருந்தாலோ, அன்டிரே சரியான சமயத்தில் என்னைத் தொடர்புகொண்டிருந்திருக்க மாட்டார். நாங்களும் ரைபோசோம் அணுக்களின் அமைப்பை அறிவதற்கான போட்டியிலிருந்து தொலைவில் சென்றிருப்போம்.

இரண்டு வாரங்களுக்குப் பிறகு அனைத்தைப் பற்றியும் மேலும் நன்கு உணர்ந்தேன். அப்போது என்னை கிரிநோபிளில் உள்ள ESRF சின்குரோட்ரானிலில் அவர்களின் பயன்பாட்டாளர்களுக்கு உரை நிகழ்த்துவதற்கு அழைத்திருந்தனர். ஆடாவும் அழைக்கப்பட்டிருந்தார். நான் எங்களது சமீபத்திய ஆய்வு செயல்பாடுகள் பற்றி எதுவும் தெரிவிக்கும் எண்ணத்தில் இல்லை. தெரிவிக்கவும் ஒன்றுமில்லை. ஒரு சில மாதங்களுக்கு முன் நாங்கள் வெளியிட்டிருந்த ஆய்வுக் கட்டுரையின் அடிப்படையில் உரை நிகழ்த்தினேன். நான் திரையில் எனது முதல் படத்தைக் காண்பித்தவுடன் 'கிளிக்' சத்தம் கேட்டது. கூட்டத்திலிருந்து ஒருவர் படம் எடுத்துக் கொண்டிருந்தார். அவர் ஒருவேளை *சின்குரோட்ரான் நியூஸ்லெட்டர்* இதழின் செய்தியாளராக இருப்பார் என எண்ணிக்கொண்டேன். அடுத்த படத்தைத் திரையிடுகையில் மீண்டும் 'கிளிக்'. அதற்குப் பிறகு ஒவ்வொரு

படத்திற்கும் ‘கிளிக்’ செய்துகொண்டிருந்தார். அவ்விதம் படம் பிடித்தவர் ஆடாவின் குழுவினரோடு ஏற்கெனவே ஹேம்பெர்கில் பணியாற்றியவர். எனது உரையின் நகல் ஒன்றை அவருக்கு மகிழ்வுடன் அனுப்பிவைக்கத் தயார் என்று தெரிவித்தேன். அதற்கு அவர் ‘எனது பழைய நண்பர்கள் உங்களது உரையைப் பற்றிச் சிறிய அறிக்கையைத் தயாரித்துத் தருமாறு கேட்டிருந்தனர்’ என்று கூறினார். உரை நிகழ்த்துபவரின் அனுமதியின்றி அவரது உரை குறித்த செய்திகளைப் படம் பிடிப்பது தவறான செயல். ஆனால் இங்கு நான் எதையும் புதிதாகத் தெரிவிக்கவில்லை. அனைத்தும் ஏற்கெனவே வெளியிடப்பட்டவைதாம்.

இந்நிகழ்ச்சியின் முடிவாக மற்றொரு சம்பவத்தையும் கூறுகிறேன். ஓராண்டிற்குப் பிறகு மூலக்கூறு அமைப்புகளை அறிந்து அதைக் கட்டுரையாகவும் வெளியிட்டாயிற்று. இதே அரங்கில் மற்றொரு உரைநிகழ்த்தும் வாய்ப்பு கிடைத்தது. நான் மேடையில் பேச துவங்கியவுடன் ஓர் இளம்பெண் அதைப் படம் பிடிக்க முனைந்தார். நான் உடனே எரிச்சலடைந்தேன். எனது உரையை நிறுத்திவிட்டு அந்தப் பெண்ணிடம் படம் எடுக்க வேண்டிய அவசியமில்லை என்று கூறி உங்களுக்குத் தேவையானால் எனது உரை பற்றிய சி.டி. தருகிறேன் என்றேன். உடனே பின்னாக அமர்ந்திருந்த ESRFஇன் இயக்குநர் ஓடி வந்து ‘மன்னித்துக் கொள்ளுங்கள், அவர் எங்களது செய்தி இதழின் புகைப்படக் கலைஞர்’ என்றார்.

அக்கூட்டத்தில் நான் பேசி முடிந்தபின் ஆடா பேசினார். ஆய்வுகளில் அவரது விடாப்பிடித்தன்மையைக் குறைத்து மதிப்பிட்டுவிட்டேன் என அவரது பேச்சில் உணர்ந்தேன். அவர் போட்டியில் இல்லை என்ற அளவிற்குத் தவறுதலாக எண்ணிவிட்டேன். டென்மார்க்கின் கோடைகாலக் கருத்தரங்கில் அவர் காண்பித்த வரைபடங்களைக் காட்டிலும் இப்போதைய படங்கள் மிகவும் சிறப்படைந்திருந்தன. எங்களுடைய வரைபடங்களைவிட நன்றாக இருந்தன. முன்பிருந்த பிரச்சினைகள் இப்போது இல்லாமல் ஆய்வுகளில் முன்னேறிக்கொண்டிருந்தார். அணு அமைப்புகளைத் தெளிவாகக் காண்பிக்கும் வகையில் அவரது படங்கள் இல்லை. ஆனாலும் சிறந்த நிலையை விரைவில் எட்டிவிடும் தன்மையில் இருந்தன. தனது புதிய தரவுகளை APSஇல் பெற்றிருந்தார். அங்கு, அதே கருவியில்தான் நாங்களும் செய்யவிருக்கிறோம்.

அங்கிருந்து கிளம்புகையில் அடுத்து APSஇல் நாங்கள் செலவிட இருக்கும் இரண்டு நாட்களும் மிக முக்கியமான நாட்கள் என எண்ணிக்கொண்டேன். அம்முயற்சியில் நாங்கள் தோல்வியடையக் கூடாது. எதனையும் சந்தர்ப்பவசம் என எண்ணிவிடவும் கூடாது. இந்த வாய்ப்பை நழுவவிட்டால் பின் வேகமாகச் செயல்பட இயலாது. மிகுந்த மனஉறுதியோடு ராப், ஜானி கேஷ் ஆகியோரின் உதவியுடன் பில் நூற்றுக் கணக்கான படிகங்களை உறையச் செய்து பாதுகாப்பாக டேவர்களில் அடைத்து வைத்துக்கொண்டார். நாங்கள் விவரத்தாள் ஒன்றினைத் தயாரித்து அதில் ஒவ்வொரு படிகமும் டேவர்களில் எங்குள்ளது என்பதைக் குறித்து வைத்துக்கொண்டோம். ஒவ்வொன்றையும்

டேரெஸ்பரி சின்குரோட்ரானில் தரப் பரிசோதனையும் செல் அளவுகளும் செய்திருந்தோம். ஒரே மாதிரியான செல் அளவீடுகளுடன் நன்கு கதிர் விலகல் தன்மை கொண்டவைகளைக் கீப்பர்களாக வைத்துக்கொண்டோம். அவை மிகு எடை அணுத்திரவத்தில் தோய்த்தெடுத்த படிகங்கள் எத்தனை உள்ளன என அறிவதற்கு பயனுடையவைகளாக இருந்தன. நான் பில்லைக் கட்டாயப்படுத்தி புரூக்ஹேவன்வரை சென்று அங்குள்ள சின்குரோட்ரானில் ஒவ்வொரு கரைசலுக்குமான மாதிரியாக ஒரு படிகத்தில் தரவுகளைப் பெற்றுவருமாறு அனுப்பினேன். 48 மணிநேரம் உறக்கமில்லாமல் அமர்ந்து அப்பணிகளை முடித்துவிட்டுக் கிளம்பினார் பில். எங்களிடம் பயணத்திற்கென மூன்று டேவர்களில் முழுவதுமாகச் சிறந்த படிகங்கள் இருந்தன.

13

இறுதி முயற்சி

2000ஆவது ஆண்டின் மார்ச் மாதத்தின் இறுதி நாட்கள் நெருங்கிவிட்டன. லண்டன் நகரின் ஹீத்ரூ விமான நிலையத்திற்கு பில், டிட்லெவ், ராப் மற்றும் நான் ஆகிய நால்வரும் படிகங்கள் நிரம்பியுள்ள மூன்று டேவர்களுடன் வந்து சேர்ந்துவிட்டோம். டேவர்களில் ஒன்று செவ்வக வடிவப் பெட்டியினுள் இருந்தது. மற்ற இரண்டும் உருளைவடிவப் பெட்டிகளில் குவிந்த வடிவமுடைய மூடிகளுடன் இருந்தன. அந்த இரண்டு பெட்டிகளும் தெர்மோ–அணுக்கருவிகள் போன்றுள்ளன என்று பிரையன் கூறினார். நாங்கள் அவற்றை ஒரு சூட்கேசும் இரண்டு அணுகுண்டுகளும் என வேடிக்கையாகக் குறிப்பிட்டுக்கொண்டோம். விமான நிலையத்தில் பொருட்களைத் தனியே 'செக்–இன்' செய்யும்போது மறந்தும்கூட இப்படியெல்லாம் பேசிவிடக் கூடாது என உறுதி எடுத்துக்கொண்டோம். (இன்றைக்கு எந்த விமான நிறுவனமும் இத்தகைய பெட்டிகளை பேக்கேஜுகளாக விமானத்தில் ஏற்றாது. தனியே FedEx கூரியரில்தான் அனுப்ப வேண்டும்.) யாராவது ஒரு கண்டிப்பான விமான அதிகாரியோ அல்லது பாதுகாப்பு அதிகாரியோ டேவர்களைத் திறந்து காட்டச் சொன்னால் அவ்வளவுதான்! வெளி வெப்பத்தில் எங்களது படிகங்கள் பாதிக்கப்பட்டுவிடும்.

சிகாகோவில் நாங்கள் இறங்கும் போது நல்ல குளிர். ஓஹாரா பன்னாட்டு விமான நிலையத்தில் வாடகைக் காரை அமர்த்திக்கொண்டு அர்கானிலிருந்த APSக்குக் கிளம்பினோம். அன்று இரவு நன்கு உறங்கிவிட்டு காலையில் Structural biology Centre (SBC)இல் X–கதிர்ப் போக்கி ஆய்வகத்திற்குச் சென்றோம். அங்கு அன்டிரேயும் அவரது உடன் பணியாளர் ஸ்டீவ் ஜினெலும் எங்களை சந்தித்தனர். X–கதிர்ப் போக்கிகள் மிகவும் சிக்கலான அமைப்புகளுடையவை. ஒன்று மற்றொன்றிலிருந்து மாறுபட்டது. எனவே வெளியிலிருந்து அதைப் பயன்படுத்த வருபவர்களுக்கு அங்குள்ளவர்கள் உதவ வேண்டும். எங்களது வேலை நேரம், அக்கருவியின் செயல்முறை, பல பாதுகாப்புக் குறிப்புகள் போன்றவற்றைத் தெரிவிக்கும் அறிமுக வகுப்புடன் துவங்கியது.

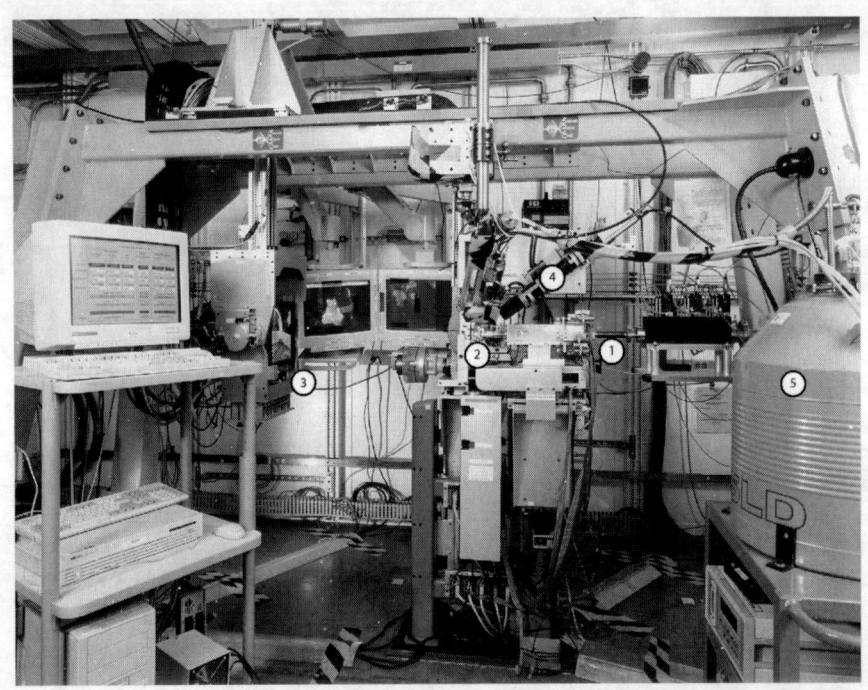

படம் 13.1 ஆர்கானில் உள்ள APS சின்குரோட்ரானின் SBC படிகவரைபடவியல் X-கதிர் பீச்சி. 1. வலதுபுறம் உள்ள குழாயின் வழியாக X-கதிர் கற்றை நுழைகிறது. நுழைந்து படிகத்தின் மீது விழுகிறது 2. படிகத்திலிருந்து சிதறலுறும் X கதிர்கள் CCD உணரிகளால் கணக்கிடப்படுகிறது. 3. N_2 வாயுவால் படிகம் குளிர்விப்பு பெறுகிறது. 4. நைட்டிரஜன் அருகிலுள்ள பெரிய டேவர் 5. சேமிப்பு கலசத்திலிருந்து பெறப்படுகிறது.

எங்களுக்கான வரவேற்பு எவ்விதம் இருக்குமோ எனும் சந்தேகத்துடனே இங்கு வந்திருந்தேன். ஒருவேளை இங்கு தரவுகள் சேகரிக்க வந்திருந்த ஆடாவின் மீது கொண்டிருந்த பற்றுதலின் காரணமாக அவரது போட்டியாளருக்கு உதவி செய்ய அன்டிரே தயங்கியிருக்கலாம். அதனால்தான் அனுமதி தருவதற்குப் பல மாதங்களைக் கடத்தினார் என்றெல்லாம் எண்ணிக்கொண்டேன். எனக்கு அனுமதியளிக்க பால் இவரை நிர்ப்பந்தம் செய்துவிட்டாரோ என்றும் நினைத்தேன்.

எனது சந்தேகங்கள், அச்சங்கள் அனைத்தும் ஆதாரமற்றவை என்பதை விரைவில் புரிந்துகொண்டேன். வழக்கமான நீண்ட, முடிவற்ற, ஆரம்பகட்ட அறிமுகம், பயிற்சி நிகழ்ச்சிகள் (இதில் ஏற்கெனவே செலவிட்ட 45 மணி நேரமும் அடங்கும்) அனைத்தும் முடிவடைந்த பிறகு தரவுகளைப் பெறத் துவங்கினோம். முதலாவதாகப் பெற்ற கதிர் விலகல் வரைபடம் எங்களது படிகங்களில் இதுவரை பெற்ற படங்களைக் காட்டிலும் நன்றாகவே அமைந்திருந்தது. எங்களது செயல்திட்டம் முறையாக நடைபெறுகிறதா என்பதைக் கவனித்துக்கொள்ளும் வகையில் அன்டிரே அருகிலேயே இருந்தார். X-கதிர்ப் போக்கியின் திறனைப் பயன்படுத்தி இதுவரை ஒருவரும் துல்லியமான முறைசாராத் தரவுகளை நன்கமைந்த படிகங்களிலிருந்து பெறவில்லை. இதற்கெனத் தனியே கணினி நிரல்

பயன்பாடு தேவைப்பட்டது. முதல் படிகம் அமைக்கப்பட்டு X–கதிர் பீய்ச்சு செலுத்தப்பட்டது. கணினி நிரலைப் பயன்படுத்தி படிகத்தை சரியாக நிலைப்படுத்தி அமைத்திட கணினியில் தகவல் உள்ளீடு செய்தோம். பின் மற்றொரு கதிர் பீய்ச்சு செலுத்தப்பட்டுச் சரியாக இயங்குகிறதா என்று பார்வையிட்டோம். மிகத் துல்லியமாகப் படிகநிலை சீரமைக்கப்பட்டிருந்தது. சீரான இடுக்குணர் திறன் கிடைக்கும் என்றும் நம்பிக்கை தோன்றியது. ஆம், கண்டுபிடிப்புகளைத் துவங்கிவிட்டோம்.

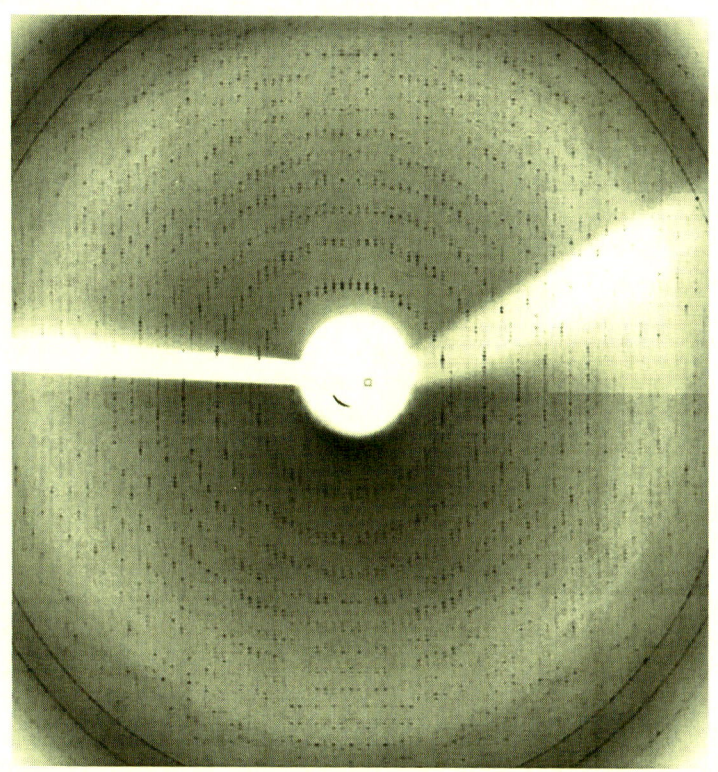

படம் 13.2 அர்கானின் APS ஆய்வகத்தில் நேர்த்தியாகத் தோன்றிய 30S படிகத்தின் கதிர்விலகல்

எனது முன் அனுபவக்குறைபாடு காரணமாக படிக வரைபடவியல் தொடர்பான பிழை ஒன்று நேரிட்டுவிட்டது. தரவுகளைக் கணக்கீடு செய்யப் படிகத்தை *0.0* முதல் *0.1* டிகிரிவரை மிகச் சிறிய அளவில் சுழலச் செய்யவேண்டும். இதனால் பிராகின் விதிப்படி அந்த டிகிரி அளவில் உள்ள புள்ளிகளைக் கணக்கிடலாம். பிறகு *0.1* டிகிரியிலிருந்து *0.2* டிகிரிக்குச் சுழற்றலாம். சுழற்றுதல் அப்படியே தொடரும். நான் *0.1* டிகிரியில் கிடைக்கும் புள்ளியே போதும் என்றும் இதனால் ஒரே படத்தில் இரண்டு புள்ளிகள் ஒன்றின் மீது ஒன்று விழுவது தவிர்க்கப்படும் என்றும் கருதினேன். ஆனால் சிறந்த படிகங்கள் நுண்ணிய மொசைக் அமைப்பில் தொகுதிகளைக் கொண்டு ஒன்று மற்றொன்றுடன் மாறுபட்ட நோக்குநிலையைக் (Orientation)

கொண்டிருக்கும் என்பதை நான் கருத்தில் கொள்ளவில்லை. ஒவ்வொரு தொகுப்பும் பிராகின் விதிக்கு உட்பட்டு அமைந்திருக்கும். இந்த அமைப்பு மிகவும் குறைந்த சுழற்சி அமைப்பு நிலையைச் சார்ந்ததாகவே விளங்கும். அப்படியெனில் நாம் படிகத்தைச் சற்றுச் சுழற்றி நோக்கு நிலையை மாற்றி அமைக்கையில் சீரான அமைப்புடைய படிகத்தின் புள்ளியைக் காட்டிலும் மிகைக் கோணத்தில் ஒவ்வொரு புள்ளியும் அமையும். இதனால் சுழற்றி மாற்றி அமைத்தலின் முந்தைய புள்ளி மறைந்த பிறகு கிடைக்க வேண்டிய புள்ளியானது மறையாமல் முதல் புள்ளியின்மீது, ஒன்றுடன் ஒன்று இணைந்த நிலையிலேயே தோன்றும். இப்படி ஒன்றின் மேல் ஒன்றாக இணைந்த புள்ளிகள் (Overlapping Spots) தோன்றிடின் அவற்றைப் பிரித்துப் பார்த்து தனிப்பட்ட புள்ளியின் தீவிரத்தைக் கணக்கீடு செய்ய வாய்ப்பு இல்லை.

நல்லவேளையாக அன்டிரே அந்தப் பிரச்சினையை உடனடியாகக் கண்டுவிட்டார். படிகச் சுழற்சியை மிகவும் மெதுவாக ஒவ்வொரு புள்ளிக் கட்டமைப்பும் தனித்தனியே கிடைக்கும்படி நோக்குநிலையை அமைத்துக்கொள்ளுங்கள் என்று ஆலோசனை வழங்கினார். என்னதான் எங்களது படிகம் சிறப்பாக X–கதிர் விலகல் செய்திருந்தாலும், அன்டிரேயின் ஆலோசனைக் கிடைத்திராவிட்டால், உயர்ந்த இடுக்குணர் திறனில் நாங்கள் முழுமையாகத் தரவுகளைப் பெற்றிருக்க முடியாது, எங்களது வரைபடமும் சரியாக அமைந்திருக்காது. எங்களது ஆய்வு முடிவுகளும் மூலக்கூறு அமைப்புகளை அறிந்தோமா அறியவில்லையா எனும் நிலையில் ஊசலாடிக்கொண்டிருந்திருக்கும்.

இப்படிப்பட்ட சிறந்த, உதவும் குணமுள்ள மனிதரை சந்தேகப் பட்டோமே என சங்கடப்பட்டேன். அனேகமாக X–கதிர்ப் போக்கி அனைவரின் பயன்பாட்டுக்கும் உரியதாக்கும் வகையில் தயாரிப்பு நிலையில் இருந்திருக்க வேண்டும். அந்த வேலை நேரத்தில் அவர் எனது வேண்டுகோளை மறந்திருக்கலாம். பின் பால் சிக்லர் நினைவுறுத்தியதால் என்னைத் தொடர்பு கொண்டிருக்க வேண்டும். சரி, அது போகட்டும். அன்டிரேவும் அவருடன் வந்திருந்த ஸ்டீவ் ஜிநெல்லும் எங்களது தரவுகளைப் பார்த்து உற்சாகம் கொண்டனர். உதவியாகவும் இருந்தனர். ஒருமுறை, இரவில் X–கதிர்ப் போக்கி நின்றுவிட்டது. நடு இரவில் ஸ்டீவை அழைக்க வேண்டியிருந்தது. எங்களால் அதன் இயக்கத்தைத் துவக்க முடியவில்லை. அன்டிரே தனது நண்பர் விலாடெக் மைனரை அழைத்தார். அவர் 'போலந்தின் படிகவியல் மாஃபியா' என நண்பர்களால் வேடிக்கையாக அழைக்கப்படும் குழுவில் ஒருவர். அவர் கணினி நிரலியை மாற்றியமைத்து HKL *2000* எனும் நிரலியைக் கணினியில் உள்ளீடு செய்து கொடுத்தார். இதைத் தயாரித்தவர்கள் ஸ்பைஸெக் ஓட்வினோவ்ஸ்கி, விலாடெக் ஆகியோர். இதன் மூலம் மேலும் பல தரவுகளைப் பெறுவது சாத்தியமாயிற்று.

கணினி செயல்பாட்டின் சில முக்கிய மென்பொருள் பகுதிகளின் அல்காரிதம் வரைவினை உருவாக்கிய ஸ்பைஸெக் ஒரு கணினி மேதை. இவர் போலந்து நாட்டில் இயற்பியல் பயின்றவர். அங்கிருந்து அமெரிக்கா சென்று பால் சிக்லரின் ஆய்வகத்தில் பணியாற்றினார். அந்த ஆய்வகம் சிகாகோவில் இருந்தது. அவர் அங்கு நுழைந்த வேளையில் ஆய்வகத்தில்

சிலர் பேட்டர்ஸன் வரைபடத்தைக் கணக்கீடு செய்துகொண்டிருந்தனர். அதைப் பார்த்த விநாடியே ஸ்பைஸெக், ‘இது தன்னியக்க செயல்பாடு போன்றுள்ளதே!’ எனச் சட்டெனக் கூறிவிட்டார். கணக்கீட்டில் ஈடுபட்டவர்கள் ஓர் ஆய்வக உதவியாளர் இப்படிச் சரியாகக் கூறிவிட்டாரே! என மிகுந்த ஆச்சரியமடைந்தனர். ஸ்பைஸெக்கின் திறன்களால் ஈர்க்கப்பட்ட பால் அவரைப் பட்டப்படிப்புக் கல்லூரியில் (Grad School) சேர விண்ணப்பித்து பி.எச்டி. பட்டம் பெறத் தூண்டினார். அத்தகைய படிப்பில் சேருவதற்கு தேசிய அளவிலான GRE எனும் தேர்வினை எழுத வேண்டும். அத்தேர்வினை ஒரு நிறுவனம் அங்கு நடத்தித் தந்துகொண்டிருந்தது. அந்த நிறுவனத்திலிருந்து பாலுக்கு ஒரு தொலைபேசி அழைப்பு திடீரென வந்தது. அழைத்தவர் பாலிடம் ‘GRE தேர்வில் மாணவர் ஒருவர் ஏமாற்றுவது போலத்தெரிகிறது. அவர் நம்பமுடியாத அளவிற்கு முழுமையாக மதிப்பெண்களைப் பெற்றிருக்கிறார். அவரைக் கண்டுபிடித்து விசாரித்ததில் உங்களைத்தான் தெரிந்தவராகக் குறிப்பிடுகிறார்’ என்றனர். அவர்கள் குறிப்பிடும் மாணவர் ஸ்பைஸெக் என்று தெரிந்தவுடன் பால் சிரித்துக்கொண்டே, அவர்களிடம் ‘கவலைப்படாதீர்கள். அவர் எனக்குத் தெரிந்தவர்தான். அவர் அத்தகைய திறமை உள்ளவர்தான்’ எனக் கூறிவிட்டார். இவ்வளவு திறமைசாலியான ஸ்பைஸெக் எனது முதல் MAD அமைப்பை அறிவதற்கான மென்பொருளை அமைத்துத்தந்து என்னை ரைபோசோம் முழு அமைப்பைப் பெறுவதற்கு மேலும் ஊக்குவித்துவிட்டார்.

நாங்கள் தரவுகளைப் பெறுகையில் பெற்ற பல சிறப்பான உதவிகளைக் காண்கையில் அறிவியல் உலகம் ஒருவருக்கொருவர் உறவு மனப்பான்மையுடன் உதவிக்கொள்ளும் அற்புத உலகம் என்பதனை உணர்ந்தேன். பலரையும் போன்று, பால், LMBயில் பணிபுரிந்தவர். அவரை எனக்குப் பல ஆண்டுகளாகத் தெரியும். இருப்பினும் எனக்கு ஆலோசனைகள் வழங்கும் பீட்டரிடம் கூறி அன்டிரேவிடம் எனக்காக அனுமதி பெற்றுத்தர வேண்டினேன். அன்டிரே தனது துறையில் பீட்டரின் கவனிப்பில் முன்னேறியவர். அன்டிரேவும் ஸ்பைஸெக்கும் போலந்து தொடர்பு மட்டுமல்ல ஏற்கெனவே நன்கு அறிமுகம் உள்ளவர்கள். அவர்கள் இருவருமே பாலின் கவனிப்பு பெற்றவர்கள். உள் வட்டச் செயல்பாடுகளில் வெளிவட்டத்திலுள்ளவர்கள் தொடர்புகொள்வது சிரமமானது என்பதை அறிந்தேன்.

ஒருவழியாக நாங்கள் எங்கள் வேலையை அங்கு முடித்து விட்டோம். கடந்த 48 மணிநேரத்தை முழுமையாகப் பயன்படுத்திக் கொள்ளும் வகையில் எங்களது ஏற்பாடுகள் அமைந்திருந்தன. நாங்கள் ஒவ்வொருவரும் 12 மணிநேர ஷிப்டு வேலையில் பணியாற்றினோம். அதை 6 மணிநேரங்களாக அமைத்துக்கொண்டு எந்த ஒரு வேளையிலும் படிகவியலில் அனுபவமுள்ள ஒருவரும் களைப்படையாது விழித்திருக்கும்படி பார்த்துக்கொண்டோம். பிரிட்டானியக் கால அளவில் செயல்படும் வகையில் நான் அதிகாலை மூன்று முதல் பிற்பகல் மூன்று வரையிலான நேரத்தை எனக்குத் தேர்ந்தெடுத்திருந்தேன்.

நாங்கள் தடுமாறுகின்ற அளவிற்கு தரவுகள் தொடர்ந்து வேகமாகப் பதிவாகிக்கொண்டே இருந்தன. அடுத்து எந்தப் படிகத்தைக் கருவியில்

பொருத்துவது, இன்னும் எந்தத் தரவுகளைப் பெற வேண்டும், தரவுகளை விரைந்து கையாள்வது என்றெல்லாம் அடுத்தடுத்த தொடர்பணிகள். ஒரே ஓட்டம்தான். இவ்வேளையில் டிட்லெவ் கணினியில் செயல்பட்ட திறமையை நான் பாராட்டியே ஆக வேண்டும். மிகச் சிறப்பாகச் செயல்பட்டார். அவர் சிக்கலான கணினிக் கட்டளைகளைக் கொடுத்துக்கொண்டிருப்பார். தரவுகள் கணினியிலிருந்து அடுத்தடுத்து வெளிப்பட்டுக்கொண்டேயிருக்கும்.

மிகுந்த சோர்வை உண்டாக்கிய அந்த 48 மணி நேரத்தின் இறுதியில் எங்களது அமர்வு முடிந்தது. கடைசியில் மிகு எடை அணுக்களின் உச்ச அலைவுகள் பதிவாயினவா எனப் பார்க்க வேண்டும் அவை பதிவாயிருந்தால்தான் சோதனைகள் முடிந்தன எனக் கொள்ளலாம். அவற்றைக் காணவில்லை. இதயம் நின்றுவிடும்போல் ஆயிற்று. சோதனையில் எங்கோ தவறு நிகழ்ந்துவிட்டது; எங்களது பயணம் வீணானது எனக் கருதினோம். அறையில் ஒரே அமைதி. என்ன செய்வதென்றே தெரியாத நிலையில் தற்செயலாக ‘code’ எனும் கணினிக் குறிப்புகளைக் கவனித்தேன். மீண்டும் குறிப்புகளைத் துழாவிப் பார்த்தேன். புரிந்துவிட்டது. நாங்கள் கட்டளைகளை உட்செலுத்துவதில் தவறிழைத்திருந்தோம். மீண்டும் உட்செலுத்தி கணக்கிட்டோம். மிக உயரமான அலைவுகள் தோன்றின. அவை பழைய தரவுகளைக் காட்டிலும் 25 மடங்கு பெரிதாக அமைந்திருந்தன. தொடர்ந்து பல அலைவுகள் தோன்றிக்கொண்டேயிருந்தன. இதற்கு முன் இப்படி நாங்கள் இதுவரையிலும் கண்டதேயில்லை. திடீரென்று ஒரேயடியாக எங்களின் ஓராண்டுக் கால அலுப்பு மறைந்தே போயிற்று. இருக்கையிலிருந்து எழுந்த நான் ‘நாம் புகழ் பெறப்போகிறோம்!’ என்று கூவிக்கொண்டே அறையைச் சுற்றிலும் நடனமாடத் துவங்கிவிட்டேன்.

கேம்பிரிட்ஜ் திரும்பிய பிறகு ஒரு சில நாட்களில் 30S துணையலகிற்கான விரிவான தகவல்களைத் தரக்கூடிய வரைபடங்கள் கணினியின் திரையில் தோன்றின. அவ்வரைபடங்களில் RNA மூலக்கூறின் உப்பு மூலங்கள் தெளிவாகத் தெரிந்தன. புரோட்டீன்களில் அமினோ அமிலங்களின் சங்கிலித் தொடர்களையும், மூலக்கூறு அமைப்புகளையும் தெளிவாகக் காணமுடிந்தது. துவக்கத்திலிருந்து அனைத்தையும் ஆராய்ந்து காண வேண்டிய அவசியம் இல்லை. நல்ல வேளையாக நாங்கள் ஏற்கெனவே குறைந்த இடுக்குணர் திறனில் வரைபடங்கள் தோற்றுவித்திருக்கிறோம். பிரையன் ஏற்கெனவே பல துணையலகுகளில் RNA எவ்விதம் மடங்கியுள்ளது என்பதை வரைபடங்களில் அறிந்துவைத்திருக்கிறார். உயிர்–வேதியத் தரவுகளைப் பயன்படுத்திப் புரோட்டீன்கள் அனைத்தும் எங்கெங்கு உள்ளன என்பதையும் அறிந்திருந்தோம். இப்போது நேரடியாகத் துணையலகில் RNA மூலக்கூறின் நியூக்ளியோ–டைடு அமைப்பையும் ஒவ்வொரு அமினோ அமிலத்தின் அணுக்களின் அமைப்பு நிலைகளையும் கண்டறிய உள்ளோம்.

தேவையான அடர்வில் வேதிய மூலக்கூறுகளைக் கட்டமைத்துக் காண்பதற்கு அனைத்துப் பரிமாணங்களிலும் காணக்கூடிய சிறப்பு ஸ்டீரியோ கண்ணாடியை அணிந்துகொண்டு நாள்தோறும் இருட்டு அறையில் சிறப்பு வரைபட (கிராஃபிக்ஸ்) கணினித் திரையின் முன் அமர்ந்து பணிசெய்ய வேண்டும்.

விலை குறைந்த கிராஃபிக்ஸ் வீடியோ விளையாட்டிற்கான வன்பொருட்களைப் பெறுவதற்கும் முந்திய காலம் அது. இன்று அக்கருவிகளை வீட்டில் பயன்படுத்துவதற்கே வாங்கிவிடலாம். அன்று சிறந்த அறிவியல் சாதனங்களைக் கொண்டிருந்த LMBயிலேயே நான்கு கணினித் திரை முனையங்கள்தான் இருந்தன. ஆனால் அவை 30S துணையலகு போன்ற பெரிய மூலக்கூறுகளை வேகமாக நகர்த்தியும் அங்கும் இங்கும் சுழற்றியும் படம் அதிர்வுறாமலும் காணும் வகையிலேயே இருந்தன. LMBயில் இருந்த நான்கு கணினித் திரை முனையங்களும் தொடர்ந்து பல நாட்களுக்கும் எங்களது பயன்பாட்டிற்குத் தேவை என முன்பதிவு செய்துகொண்டோம். பிற குழுக்களின் விஞ்ஞானிகள் முணுமுணுத்தனர். அவர்களிடம் எங்களது தேவையின் அவசரத்தை விளக்கிக் கூறினேன். பெருந்தன்மையுடன் ஒப்புக்கொண்டனர். கடைசியில் ஒரு முனையத்தை மற்றவர்களுக்கு விட்டுவிட்டு மூன்றினை எங்களது பயன்பாட்டில் வைத்துக்கொண்டோம். பல வாரங்களுக்கு அவற்றை நாங்களே பயன்படுத்தினோம். 30S துணையலகின் பல பகுதிகளை எங்களுக்குள் பிரித்துக்கொண்டோம். அவரவர் பகுதிகளில் மூலக்கூறு, அணு அமைப்புக் கட்டுமானங்களை நிறைவுசெய்ய வேண்டும்.

ரைபோசோமின் மூலக்கூறு அமைப்பு மெதுவாகத் தோன்றிக் கொண்டிருந்தது. அதே வேளையில் மேலும் சில சிறந்த தரவுத் தொகுப்புகளையும் பெற்றுக்கொண்டிருந்தோம். அவை ரைபோசோம்கள் எவ்விதம் செயல்படுகின்றன என்பதையும் ஆன்டிபயாடிக்ஸ் எனும் நோய் நச்சுகளின் எதிர்ப்புப் பொருட்கள் எவ்விதம் தடுப்பு செய்கின்றன என்பதையும் மூலக்கூறு அடிப்படையில் காண்பிக்க உதவின. இந்த ஆய்வுத் திட்டத்தைப் பல தொல்லைகளுக்கிடையே துவங்கினோம். எங்களிடம் கிடைத்த மாறுபாடுகள் கொண்ட படிகங்களில் ஆன்டிபயாடிக்குகளைச் செலுத்தி அவை படிகங்களின் வேதிய அமைப்புகளை மாறுதல் செய்து, அவற்றை ஒன்றுபோல் அமைத்து நிலைப்பாடுறச் செய்யலாம் என முயன்றோம். ஆன்டிரூ இதற்கென ரைபோசோமுடன் இணையக்கூடிய ஆன்டிபயாடிக்ஸ் பற்றி ஒரு கணக்கீடு செய்தார். மேலும் ஹேரியின் ஆய்வுக் கட்டுரைகள் அனைத்தையும் வாசித்து RNAயின் எந்தெந்தப் பகுதிகள் வேதியியல் அடிப்படையில் ஒவ்வொரு ஆன்டிபயாட்டிக் பொருளிலிருந்தும் பாதுகாப்புப் பெறுகின்றன என்பதைத் தேடிப் பார்த்தார். மூன்று ஆன்டிபயாட்டிக்குகள் ரைபோசோமின் வெவ்வேறு பகுதிகளுடன் இணைவதையும் அவைகள் X–கதிர்கள் நன்கு விலகுதல் பெறவும் சிறந்த படிகங்களைத் தோற்றுவித்தலுக்கும் காரணமாய் உள்ளன என்பதைக் கண்டுபிடித்தார்.

ஆன்டிரேவும் அவரது குழுவினரும் அப்படிகங்களை கிரெனோபிலில் உள்ள ESRF சின்குரோட்ரானுக்கு எடுத்துச் சென்றனர். அங்கு இதற்கு முன் பிரச்சினைகள் கொடுத்துக்கொண்டிருந்த கருவிகள் சீர் செய்யப்பட்டுச் செம்மையாக வேலை செய்தன. சிறந்த தரவுகளும் கிடைத்தன. திடீரென ஸ்பெக்டினோமைசின், ஸ்டிரெப்டோமைசின், பாரோமோமைசின் ஆகிய மூன்று ஆன்டிபயாடிக்குகளுடனும் இணைந்திருந்த 30S துணையலகுகளிலிருந்து தரவுகள் கிடைக்கத் துவங்கின.

இந்த ஆன்டிபயாடிக்குகள் 50 ஆண்டுகளாக நமக்குத் தெரிந்தவை. இருப்பினும் இதுவரை அவை எவ்விதம் ரைபோசோமுடன் இணைந்து செயல்பாடுகளைத் தடுக்கின்றன என்பதைப் பற்றி ஒருவரும் அறிந்ததில்லை.

கதிர் விலகலின் அலைவுகளில், 'நிலை அறிதல்' பிரச்சனையால் சிக்கலான தன்மைகள் கொண்ட ஒரு பெரிய மூலக்கூறின் முதல் அமைப்பைத் தீர்மானித்தல் சற்றுக் கடினமானது. ஆனால் துவக்க அமைப்பைத் தீர்மானித்துவிட்டால் சிறிய ஆன்டிபயாட்டிக் மூலக்கூறை அதில் காண்பது எளிதாகிவிடும். அம்முறையில் ஆன்டிபயாடிக் இணைந்த மூலக்கூறுகளின் தரவுகளைப் பெற்று அவை இணையாத மூலக்கூறுகளிலிருந்து எவ்விதம் மாறுபடும் என்பதைக் கணக்கிடலாம். இதனால் கிடைக்கும் 'மாறுபாட்டு ஃபோரியர்' (difference Fourier) வரைபடங்கள் ஆன்டிபயாட்டிக் பொருள் எங்கு இணைந்திருந்தன என்பதைக் காண்பிக்கும். எங்களது ஆய்வில் மூன்று ஆன்டிபயாட்டிக்குகளும் ஒரே நேரத்தில் 30S துணையலகின் வெவ்வேறு பகுதிகளில் அமைந்திருந்ததை ஒரு தனித்த தரவுத் தொகுப்பால் காண முடிந்தது.

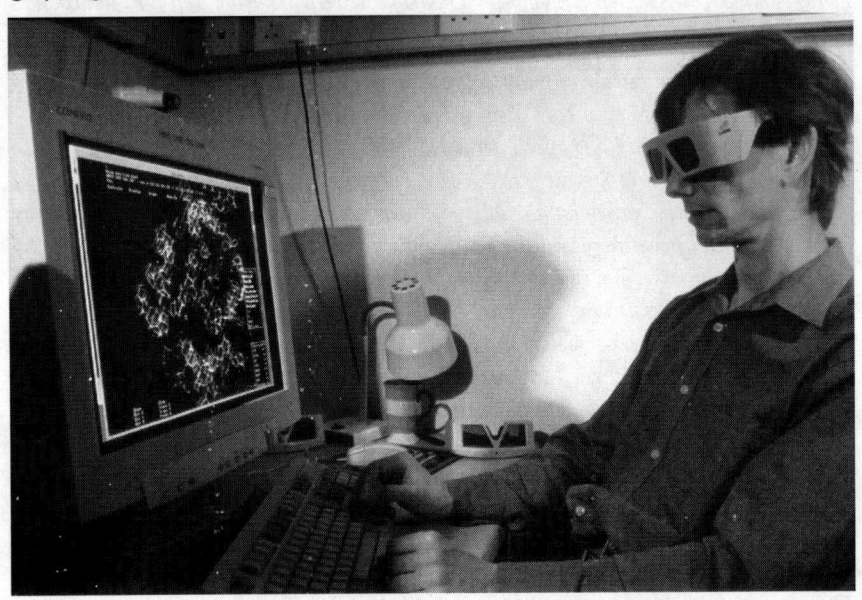

படம் 13.3 வரைபடக் கணினியில் பிரையன் விம்பர்லி. ஓர் ஆண்டுகாலம் பல மணிகள் நேரத்தை இருண்ட கணினி வரைபட அறையில் செலவிட்டுள்ளார்.

இன்றைய நிலையை என் மனதில் நான் ஏற்கெனவே உருவகித்துக் கனவுலகில் சஞ்சரித்திருக்கிறேன். எனது கனவில் கண்டுபிடித்துள்ள அமைப்புகளை மாதக் கணக்கில் எண்ணி மகிழ்ந்து அதை முழுமையாக அனைத்துப் பரிமாணங்களுடனும் உணர முயன்றிருக்கிறேன். ஆனால் இன்றைய இயல்பு நிலையில் அத்தகைய கனவு காண்பதற்கெல்லாம் நேரமில்லை. பிற குழுக்களுடன் போட்டி வலுத்துவிட்டது.

டாமும் பீட்டரும் ஏற்கெனவே தங்களது கண்டுபிடிப்புகளைப் பொதுவெளியில் வெளியிட்டுவிட்டார்கள். ஆனால் தங்களது பதிவுகளில்

அவர்கள் முழு விவரங்களைத் தெரிவிக்கவில்லை. நான் கிரிநேபிளில் கண்டபடி ஆடாவும் தனது ஆய்வுகளில் முன்னேறிவிட்டார். இரண்டு மாதங்களுக்கு முன் ஹீடல்பெர்க்கில் நடைபெற்ற பன்னாட்டுக் கருத்தரங்கில் நான் பேசுவதாக இருந்தது. அதற்கு டாமும் அழைக்கப்பட்டிருந்தார். நாங்கள் புதிய கண்டுபிடிப்புகள் எதனையும் அவ்வேளையில் நிகழ்த்தியிராததால் நான் அங்கு செல்வதைத் தவிர்த்துவிட்டேன். tRNA கருத்தரங்களிலும் நான் கலந்துகொள்ளவில்லை. டாம், தான் கண்டுபிடித்த அமைப்பு பற்றி அங்கு பேசியிருந்தார். அக்கருத்தரங்கம் கேம்பிரிட்ஜில்தான் நடைபெற்றது. இங்கிருந்துகொண்டே அதில் கலந்துகொள்ளாதது சற்று மனவருத்தத்தை ஏற்படுத்தவே செய்தது. எங்களது முடிவுகள் அவ்வேளையில் சிறப்பாக அமைந்திருக்கவில்லை.

ஆனால் இன்று நிலைமை மாறிவிட்டது. இரண்டு முக்கியக் கருத்தரங்கங்கள் ஜூலை மாதத்தில் வரவிருந்தன. அவற்றில் ஒன்று International Congress of Biochemistry. இது மூன்று ஆண்டுகளுக்கு ஒருமுறை நடைபெறும் பன்னாட்டுக் கருத்தரங்கம். இந்நிகழ்ச்சி கேம்பிரிட்ஜ் அருகிலுள்ள பர்மிங்ஹாமில் நடைபெறவிருந்தது. அடுத்த கூட்டத்தினை ஹேரியும் அவரது நண்பர்களும் சான்டா குரூஸில் ஏற்பாடு செய்திருந்தனர். இவை இரண்டும் அடுத்தடுத்து நெருங்கிய தேதிகளில் நடைபெறவிருந்தன. இவற்றில் அனைத்து ஆய்வுக் குழுவினரும் கலந்துகொள்வார்கள். இவற்றில் கலந்துகொள்ளவில்லை எனில் எங்கள் குழுவிற்கு அங்கீகாரம் கிடைக்காத நிலை ஏற்படும். ஆனால் எனது கண்டுபிடிப்புகளை ஆய்வுக் கட்டுரைகளாக வெளியிடுவதற்கு முன்பு கருத்தரங்கங்களில் தெரிவிக்க நான் விரும்பவில்லை. நேச்சர் இதழின் ஆசிரியரைத் தொலைபேசியில் தொடர்புகொண்டேன். அவரிடம் எங்களது ஆய்வுகள் வெற்றிபெற்றுள்ளன என்பதைக் கூறி விரைவில் கட்டுரை அனுப்புவதாகத் தெரிவித்தேன்.

இவ்விதம் ஆர்வத்துடன் இயங்கிக்கொண்டிருந்த வேளையில் கிரிநோபிளிலிருந்து வித்தியாசமான கடிதம் ஒன்று வந்தது. அதை ராபர்ட் என்பவர் கையொப்பமிட்டு அனுப்பியிருந்தார். அக்கடிதத்தில் அவர் எனக்கு எச்சரிக்கை செய்திருந்தார். ‘இந்த ஆண்டு கிரிநோபிளின் நீங்களும் ஆடாவும் பேசியதைக் கேட்டேன். நீங்கள் இம்முறை பர்மிங்ஹாமில் பேசக்கூடாது. பேசினால் ஆடாவின் உரையுடன் ஒப்பிடுகையில் உங்களது உரையானது மோசமானதாக இருக்கும். நீங்கள் ரைபோசோமின் முழு அமைப்பும் கிடைத்த பிறகுதான் பேச வேண்டும்.’ இப்படியாக ராபர்ட்டின் கடிதம் நீளமாக எழுதப்பட்டிருந்தது. கிரிநோபிளில் எனக்கு ராபர்ட் என்று ஒருவரையும் தெரியாது. இக்கடிதத்தை யார் அனுப்பியிருப்பார் என ஊகிக்க இயலவில்லை. இக்கடிதத்தை எனது ஆய்வகத்தில் அனைவரிடமும் காண்பித்தேன். இது எங்கள் அனைவருக்கும் மிகவும் வித்தியாசமான செய்கையாகத் தெரிந்தது. நாங்கள் அறிந்தமட்டில் இத்தகைய கடிதம் எவருக்கும் வந்ததில்லை. இக்கடிதம் எங்களை மிரட்டுவதற்காக எழுதப்பட்டிருப்பின் இதன் விளைவு நேரெதிரானதாகவே அமைந்திருக்கும்.

ஆய்வுக் கட்டுரை தயாராகிக்கொண்டிருக்கும் வேளையில் நான் எரிசேவில் நடைபெற்ற ஒரு கூட்டத்திற்குச் சென்றிருந்தேன். எரிசே, சிசிலியில் உள்ள ஓர் அழகிய இடைப்பட்ட வரலாற்றுக் காலத்தைச் சார்ந்த

மலைப்பகுதி நகரம். இங்கு அவ்வப்போது படிகவியல் பற்றிய கருத்தரங்கங்கள் நடைபெறுவதுண்டு. நான் முன்பொரு முறை இங்கு வந்திருக்கிறேன். எனக்கு மிகவும் பிடித்த நகரம். இங்கு டாம் வருவதாக இருந்தது. நாங்கள் இப்போது ரைபோசோம் அமைப்பைக் கண்டுபிடித்துவிட்டோம். ஆனால் இது தொடர்பான கட்டுரையை எழுதி முடிக்கவில்லை. எனவே தேவைக்கு அதிகமாக எதனையும் பிறருக்குத் தெரிவிக்க நான் விரும்பவில்லை. டாம் அண்மையில் கண்ணில் அறுவைச் சிகிச்சை செய்துகொண்டதால் மருத்துவரின் ஆலோசனைப்படி இங்கு பயணம் மேற்கொள்ளவில்லை. நான் எனது உரையில் பொதுவாக ரைபோசோமில் உள்ள ஆராய்ச்சிகள், பிரச்சினைகள், ஆய்வுகளில் ஏற்பட்டுள்ள முன்னேற்றங்கள் எனப் பொதுப்படையாகப் பேசி முடித்துக் கொண்டேன். எனக்குக் கட்டுரை எழுதும் பணி இருந்ததால் அங்கிருந்து விரைவில் கிளம்பிவிட்டேன். இதனால் ஸ்டீவ் ஹேரிசனைச் சந்திக்க இயலவில்லை. அன்றைய கூட்டத்திற்கு ஸ்டீவ் காலதாமதமாக வந்திருக்கிறார். வந்தவுடன் ரிச்சர்ட் ஹென்டெர்சனைச் சந்தித்திருக்கிறார். ரிச்சர்ட் அவரிடம் நாங்கள் ரைபோசோம் அமைப்பைக் கண்டறிந்துவிட்டோம் எனத் தெரிவித்திருக்கிறார். இதை நான் வெளிப்படையாக அவருக்குக் கூறியிருக்க வில்லை.

ரைபோசோம் போட்டியைப் பற்றி எரிச்சலடைந்த ஸ்டீவ் தனது உணர்வுகளை விவரித்து எனக்கு ஒரு கடிதம் எழுதியிருந்தார். நேச்சர் ஆய்வு இதழ் ஆடாவின் ஆய்வுக் கட்டுரையை ஏற்றுக் கொள்ளாததைக் கூறி மிகவும் கோபப்பட்டார். அந்த இதழில் கட்டுரைகளை அங்கீகரிக்கும் மீள்பார்வைக் குழுவினர், அக்கட்டுரை சென்ற ஆண்டு கட்டுரைச் செய்திகளுக்கு மேல் புதிதாக எதனையும் தெரிவிக்கவில்லை என்று கூறிவிட்டதாகத் தெரிவித்தார். ஆடாவின் கட்டுரையை ஏற்கெனவே வாசித்துள்ள ஸ்டீவ் ஆய்வு இதழின் கருத்தை எதிர்த்தார். எங்களது கண்டுபிடிப்பு பற்றி ரிச்சர்ட் கூறியதாகத் தெரிவித்த ஸ்டீவ், எங்களது கட்டுரையை விட ஆடாவின் கட்டுரை சிறப்பாக அமையுமெனின் அடுத்து எங்களது கட்டுரையும் மீண்டும் ஆடாவின் கட்டுரையைவிடச் சிறப்பாக அமையலாம். இப்படி இருவரும் ஒருவருக்கொருவர் போட்டியிட்டுக் கொண்டே சென்றால் நிச்சயம் இருவரும் புகழ்பெறுவீர்கள் என்றார். ஸ்டீவின் கருத்துக்களை நான் ஏற்பதாக இல்லை. யேல் குழுவினரோ அல்லது எங்கள் குழுவோ வெளியீடுகளில் முந்திக்கொள்வோம் என எண்ணி ஆடா தனது கட்டுரைகளால் முன்னுரிமை பெற முயல்கிறார். எனவே முழுமை பெறாத அமைப்புகளையும் முந்திக்கொண்டு வெளியீடு செய்து தங்களது குழுவின் முதன்மை நிலையைக் காண்பிக்க எண்ணுகிறார். நேச்சர் ஆய்விதழ் அவரது கட்டுரையை ஏற்றுக்கொள்ளாததில் ஆச்சரியமே இல்லை. முடிவில் ஸ்டீவ் கூறுவதும் ஒருவகையில் சரிதான்.

அர்கானிலிருந்து சிறந்த வரைபடங்களுடன் திரும்பியதிலிருந்து நாங்கள் மிகுந்த வேகத்துடன் இயங்கிக்கொண்டேயிருந்தோம். மூலக்கூறு அமைப்பானது இயன்ற அளவு முழுமை பெற்றதாகவும் துல்லியமான அமைப்புத்தன்மை கொண்டதாகவும் விளங்க வேண்டும் என முயன்றுகொண்டிருந்தோம். அதே வேளையில் எங்களது ஆய்வு

முடிவுகள் பற்றிய கட்டுரை எழுதும் பணியும் தொடர்ந்தது. வேகமாக முடிக்க வேண்டும் எனும் நிர்ப்பந்தத்தினால் அல்ல, எவ்வித நிர்ப்பந்தமும் இல்லாமலேயே கட்டுரை எழுதுதல் மிகச் சிரமமான பணியாகவே இருந்தது. இதற்கு முன்பு நாங்கள் கண்டறிந்த மூலக்கூறு அமைப்புகளைக் காட்டிலும் இப்போதைய மூலக்கூறுகள் மிகவும் சிக்கலான அமைப்புடன் விளங்கின. எனவே அமைப்பை விவரித்து, அதில் முக்கிய அம்சங்களைக் கூறி, எளிதில் புரியும்படி எழுதுதல் என்பது சவாலான ஒன்றாக இருந்தது. அவ்வப்போது சில முழுப் பகுதிகளை நீக்கம் செய்தும் மாற்றி எழுதியும் அமைத்திருக்கிறோம். எழுத்துப் பகுதியைக் காட்டிலும் விவரிப்பு தொடர்பான படங்களை வரைந்து உரிய இடத்தில் அமைப்பு செய்தல் மேலும் சிரமமானதாக இருந்தது. இவ்வரிய பணியை டிட்லெவ்வும் பில்லும் நிறைவேற்றினர். ஒரு மரம் அல்லது புதர்செடியின் கிளைகளை நீக்கிச் சீர்செய்வதுபோன்ற பணி இது. சிக்கலான அமைப்பில் மூலக்கூறுகள், நாடாக்களைப் போன்ற நீண்ட சங்கிலித் தொடர் அமைப்பில் பின்னிப் பிணைந்து ஒரு கோப்பையில் தென்படும் பல வண்ணங்கள் கொண்ட பாஸ்தாவைப் போலிருக்கும். இதைத் தெளிவுறக் காண்பிக்க வேண்டும். மென்மையான வண்ணங்களை விரும்பும் டிட்லெவ், அடர் வண்ணங்களை விரும்பும் பில்லுடன் பலமுறை வண்ணப் படங்களைத் தோற்றுவித்தலில் விவாதம் செய்ய வேண்டியிருந்தது. டிட்லெவின் கணினிப் பயன்பாட்டுத் திறன் மிகவும் பயனுடையதாக இருந்தது. நான் தொடர்ந்து பலவற்றையும் மாறுதல் செய்யச் சொல்வேன் என்பதை அறிந்திருந்த டிட்லெவ் அனைத்துப் படங்களுக்கும் விளக்கக் குறிப்புகளை முன்பே தயாரித்து வைத்துக்கொண்டு எனது தேவைகளுக்கு ஏற்ப மாறுதல் செய்துவிடுவார்.

இத்தனைப் பணிகளும் ஒரு கட்டாயத்தின் பேரில் உடலின் அட்ரினலின் ஹார்மோன் தூண்டுதலில் பரபரப்புடன் செய்யப்பட்டவை. நேர்த்தியாக அமைந்துவிட்டன. படபடப்பின்றி நிதானமான வேலையாகச் செய்திருந்தால்கூட நிச்சயம் இவ்வளவு சரியானதாகச் செய்திருக்க இயலாது. ஆய்வுக் கட்டுரைகள் பிரையன் சான்டா குரூஸ் கிளம்புவதற்கு ஒரு நாள் முன்பாகத் தயாராயின. பர்மிங்ஹாம் கூட்டத்திற்கு ஒரு சில நாட்களே எஞ்சியிருந்தன. கட்டுரைத் தாள்களின் பாதுகாப்புப் பற்றி நான் மிகவும் கவனமாக இருந்தேன். நான்கு நகல்களை எடுத்துக் கொண்டு லண்டனிலிருந்து இரயில் மார்க்கமாகச் சென்று நேச்சர் இதழின் அலுவலகத்தில் நேரடியாகக் கொடுத்துவிடுமாறு பில்லை அனுப்பி வைத்தேன்.

எங்கள் குழுவினர் அனைவரும் சோர்வடைந்துவிட்டோம். கண்டுபிடிப்புகள் பற்றிய செய்திகளைப் பொதுத் தளத்தில் வெளியிட வேண்டிய வேளை வந்துவிட்டது. பிரையன் ஒரு வெள்ளிக்கிழமையன்று சான்டா குரூஸில் எங்களது ஆய்வுகள் பற்றி ஓர் உரை நிகழ்த்தினார். அதே உரையினை நான் தொடர்ந்து வந்த திங்கட்கிழமையன்று பர்மிங்ஹாமில் நிகழ்த்தினேன். பிரையன் மிகுந்த சோர்வடைந்துவிட்டார். கடந்த ஒரு சில மாதங்களாக அவருக்கு கடுமையான வேலை. அதற்கும் மேல் பயணங்கள். 'ஜெட் லாக்' எனும் விண்பயணக் களைப்பு. இப்படித் தொடர்ந்த அலுப்பூட்டும் செயல்கள். இந்நிலையில் உரை நிகழ்த்திய பிரையனைக்

கண்ட அவரது பிஎச்டி ஆய்வு ஆலோசகர் நாச்சோ டினோகோ அவரது யதார்த்த நிலையை அறியாமல் 'பிரையன் இந்த ஆய்வுகளில் ஆர்வம் இல்லாதவராகத் தென்பட்டார்' என விமர்சனம் செய்தார். இதைக் கேள்விப்பட்ட நான் வருத்தமுற்றேன். எங்களது ஆய்வுக் கட்டுரை வெளியானவுடன் பிரையனைப் பற்றி அவர் தெரிந்துகொள்வார் என எண்ணிக்கொண்டேன். ஆடாவின் வரைபடங்கள் எங்களது படங்களைப் போன்று நன்கு அமையவில்லை என பிரையன் எனக்கு எழுதியிருந்தார். ஆடா தயாரித்த ரைபோசோம் 'மாதிரி' அமைப்பில் 20 அமினோ அமிலங்களில் 15 அமினோ அமிலங்கள் அமைக்கப்பட்டிருந்தன என்றும் அதில் RNAவும் அமைந்திருந்தன என்றும் தெரிவித்தார்.

பர்மிங்ஹாமில் விரிவுரை அரங்கம். கருத்தரங்க மையத்தின் நிலவறையில் இருந்தது. அது நீண்ட அறை. அங்குள்ள திரைப்பட வில்லையின் ஒளிவீச்சுக் கருவிக்கான வெண்திரையானது தபால் வில்லை அளவில் சிறிதாக இருந்தது. நாங்கள் அதைப் பற்றிக் கவலைப்படவில்லை. ஆடாவும் அவரது மின்னணு உருப்பெருக்கியாளர் மரின் வான் ஹீலும் வந்திருந்தனர். அவர்களிடம் இருந்தவை நவீன காலத்தியக் கருவிகள். மிகப்பெரிய வெண்மை ஒளித்திரை, கணினியுடன் இணைந்து செயல்படும் ஒளிவீச்சி போன்றவற்றையெல்லாம் கொணர்ந்திருந்தார்கள். வேறு ஒருவரிடமும் அவை இல்லை. நாங்கள் இன்றும் பழமையான 'பட வில்லை' களையும் அவற்றை வரிசைப்படி அடுக்கி ஒளிவீச்சியினுள் செலுத்தும் கரோசெல் எனும் படவில்லை அடுக்கமைவுக் கொள்கலன்களையும் வைத்திருந்தோம். ஒரு சில நாட்களுக்கு முன்புதான் ஆடாவின் சக ஆய்வாளர் ஃபிரான்காய்ஸ் ஃபிரான்செஸ்கி சான்டா குரூஸில் பேசியிருந்தார். இன்று பர்மிங்ஹாமில் ஆடா பேசவிருக்கிறார். தனது உரையில் அவர் தன்னிடம் இப்போது சிறந்த வரைபடங்கள் உள்ளன எனவும் தன்னிடம் உள்ள புரோட்டீன்களில் ஒன்றை மட்டும் காண்பிப்பதாகவும் தெரிவித்தார். தனது இப்போதைய புதிய படங்களைக் கணினியில் ஏற்பட்டுள்ள குறைகளால் காண்பிக்க இயலவில்லை எனவும் தெரிவித்தார். அவர் காண்பித்த புரோட்டீன்கள் முழுமையற்றவையாக இருந்தன. புரோட்டீனில் தென்படும் நீண்ட பாம்பு போன்ற நீட்சியைப் பற்றி எவ்விதக் குறிப்பும் இல்லை. அவ்வமைப்பை யேல் குழுவினரும் நாங்களும் கண்டிருக்கிறோம். இந்த நீட்சிகள் ஒவ்வொரு துணையலகின் அடிப்படை அமைப்பினுள்ளும் நுழைந்திருந்தன. பில்லுக்குச் சரியான கோபம் வந்துவிட்டது. எழுந்து அதைப்பற்றி குறிப்பிட முனைந்தார். நான் அவரை அமரச் செய்துவிட்டேன். இவர்களிடம் சினந்து கொள்வதில் அர்த்தமில்லை. சண்டையிட்டால் அது பண்பற்ற, அற்பமான உரையாடலாக அமைந்துவிடும்.

கோடைகாலத்தில் பல ஆய்வாளர்களின் ஆய்வுக் கட்டுரைகள் வெளிவரத் துவங்கியவுடன் எங்களது களிப்புணர்வு குன்றத் துவங்கியது. முதலில் யேல் குழுவினரின் நீண்ட இரு ஆய்வுக் கட்டுரைகள் *சயின்ஸ்* இதழில் வெளியாயின. அவர்கள் ஜேமி கேட் பயன்படுத்திய அதே ஹெக்ஸாமைன் கூட்டுப்பொருளைப் பயன்படுத்தியிருந்தனர். அது ஆச்சரியப்படுத்தும் ஒன்றல்ல என்று கருதினேன். ஜேமி கேட், ஜெனிஃபர் டவுட்னாவின் மாணவராக யேலில் ஆய்வு செய்கையில்

அதை முதன் முதலில் பயன்படுத்தியிருந்தார். அந்த வாய்ப்பு பற்றி அவர்களுக்கு அன்றே தெரியும். அவர்கள் அந்த வேதியப் பொருளை ஜேமியிடமிருந்துதான் நேரடியாகப் பெற்றிருந்தனர். இவர்களது தொழில்நுட்பச் செயல்பாட்டில் ஆர்வமூட்டும் ஒரு விஷயம் என்னவென்றால் அவர்களுக்கு இப்போது படிகவியல் வரைபட ஆய்வுகளில் 'ஒன்றிணைந்த இரு பிம்பம்' (Twinning) தோன்றும் தொல்லை நேரிடவில்லை. டென்மார்க் கூட்டத்திற்குப் பிறகு எங்களது கட்டுரையோடு அவர்களும் வெளியிட்டிருந்த கட்டுரையில் படிகங்களில் ஒன்றிணைந்த இரு பிம்பங்கள் தோன்றியதாகக் கூறியிருந்தனர். இந்நிலை படிகவரைபடவியலாளர்களுக்குப் பெரும் தொல்லையாகவே விளங்கியது. நிலைமை என்னவென்றால் சில படிகங்கள் இரு பின்னற் சட்டங்களின் இணைப்பால் தோன்றியிருக்கலாம். இதனால் படிகவியல் ஆய்வில் படிகத்தில் X–கதிரைச் செலுத்தினால் ஒரே இடத்திலமைந்த இரு தொகுப்புகளின் விலகல் புள்ளிகள் தோன்றிவிடும். இந்நிலையில் தரவுகளால் கிடைக்கும் முடிவுகள் பொருளற்றவையாக அமைந்துவிடும். அங்கு ஒன்றிணைந்த இரு பிம்பங்கள் தோன்றியுள்ளன என நீங்கள் அறிந்திருந்தாலும் எந்த அளவிற்கு அவை விலகல் புள்ளிகளைத் தோற்றுவித்தன என அறிய முயலுகையில் மேலும் தவறுகள் ஏற்படும். டென்மார்க் கூட்டத்திற்குப் பிறகு யேல் குழுவில் எதிர்பாராத பயனுள்ள சம்பவம் ஒன்று நிகழ்ந்தது. அக்குழுவின் உறுப்பினர் ஒருவர் 50S துணையலகுகளைப் படிகமாக்கலில் பயன்படுத்தும் அளவிற்கு உப்பின் அடர்த்தியைத் தவறுதலாக உயர்த்திவிட்டார். இச்செயலால் நன்மையே ஏற்பட்டது. அதாவது இருபிம்பங்கள் ஒன்றிணைந்து தோன்றும் டிவின்னிங் நிலை ஏற்படுவது கதிர் விலகலில் தவிர்க்கப்பட்டிருந்தது. ஆடாவின் வரைபடத் தோன்றுதலிலேயே இரு பிம்பத் தன்மை ஏற்பட்டிருந்ததா, அல்லது உப்பின் அடர்வானது கரைசலில் குறைந்திருந்ததால் இந்நிலை தோன்றியதா என்று தெரியவில்லை. யேல் குழுவினர் தங்களது படிகங்களை உறையச்செய்வதும் உண்டு.

செய்முறைகள் எவ்விதம் இருப்பினும் யேல் குழுவினர் காண்பித்த அமைப்புகள் சிறப்பாக இருந்தன. காணும் அனைவரும் உற்சாகமடைந்தனர். RNAயானது ஓர் என்சைம் போன்று செயல்புரிந்து வேதிய மாற்றங்களை நிகழ்த்துவிக்கும் என முதன்முதலாகக் கண்டுபிடித்த டாம் செக் இவர்களின் ஆய்வுக் கட்டுரையை அறிமுகம் செய்து ஒரு சிறிய கட்டுரை எழுதியிருந்தார். அவர் தனது கட்டுரையின் இறுதியில், காண்பிக்கப்பட்ட படம் 'திரைப்படத்தின்' ஒரு ஃபிரேம் மாத்திரமே, ரைபோசோமின் செயல்திறனை அறிவதற்கு முழுத் திரைப்படமும் தேவை என்று குறிப்பிட்டிருந்தார். அந்த விமர்சனம் கண்டுபிடிப்பை ஏற்றுக்கொள்ளாத மனநிலையில் அவர் எழுதியதாகவே தோன்றியது.

இதையடுத்து ஆடாவின் ஆய்வுக் கட்டுரை *Cell* ஆய்விதழில் வெளியானது. நாங்கள் முந்தைய ஆண்டு வெளியிட்ட கட்டுரையின் தகவல்களைக் காட்டிலும் சற்று முன்னேற்றம் பெற்றதாகவே தோன்றியது. இருப்பினும் எங்களது கட்டுரையின் முழுமையையோ அல்லது துல்லியமான செய்திகளையோ கொண்டிருக்கவில்லை. நன்றி பாராட்டி வெளியிட்டிருக்க வேண்டிய எங்களுடைய ஆய்வுக் கட்டுரையை நேச்சர்

இதழ் இன்னும் வெளியிடாதிருந்தது எனக்குக் கோபத்தை ஏற்படுத்தியது. அடுத்த 3 வாரங்களும் முடிவடையாத நீண்ட காலமாகத் தோன்றின. நாளுக்கு நாள் எனது மன அழுத்தம் அதிகரித்தது. எங்களது கட்டுரையை ஆடாவின் கட்டுரையுடன் சம நிலையில் அனைவரும் கருதிவிடுவார்களே என வருந்தினேன். இத்தனைக்கும் எங்களது வெளியீடு அவர்களது கட்டுரையைக் காட்டிலும் சற்று காலதாமதப்பட்டது. அவ்வளவுதான்.

நான் இவ்வளவு வருந்தியிருக்கத் தேவையில்லை. எங்களது கட்டுரை வெளியானபோது அதன் 30S துணையலகு பற்றிய முழுமைத் தகவல்களையும் ஒரு நிச்சயக் கண்டுபிடிப்பினையும் அனைவரும் உணர்ந்துகொண்டனர். ஸ்டீவ் ஹாரிசன் ஏற்கெனவே கூறியபடி நானும் ஆடாவும் ஒருவருக்கொருவர் ஆய்வுப் போட்டியில் அடுத்தடுத்து முந்திக்கொண்டேயிருந்தோம். முடிவில் அவர் கூறியபடி நாங்கள் இருவரும் ஒன்றாகப் புகழ் பெறுகிறோம். இந்நிலையையடைய நீண்ட தொலைவு பயணித்துள்ளோம்.

14

ஆய்வுகளில் புதிய கண்டுபிடிப்புகள்

துணையலகுகளில் அணுக்களின் அமைப்பைக் காண்பது ஆச்சரியப்படுத்தியது. மாறுபட்ட, புதிய தரைப் பகுதியைக் கொண்ட நிலப்பரப்பில் இறங்கியிருப்பது போன்ற உணர்வு தோன்றியது. கண்டவுடன் சில முக்கியத் தன்மைகள் தெரியத் துவங்கின. ரைபோசோமின் பழமையான, அடிப்படை, ஆதாரப் பகுதி முற்றிலும் RNAவினால் ஆனது என்பது புரிந்தது. இரண்டு துணையலகுகளாகிய 30S, 50S போன்றவற்றின் அமைப்புகளைக் காண்கையில் ரைபோசோமானது RNA உலகிலிருந்துதான் தோன்றியிருக்க வேண்டும் எனத் தெரிந்தது. இதைத்தான் 30 ஆண்டுகளுக்கு முன் கிரிக்கும் மற்றவர்களும் தெரிவித்துள்ளனர்.

புறப்பகுதி முழுவதிலும் புரோட்டீன்கள் இருந்தன. துணையலகுகளின் பின்புறத்திலும் புரோட்டீன்கள் அமைந்திருந்தன. இரு துணையலகுகளின் இடைப்பகுதி tRNAவுடன் தொடர்புகொண்டிருப்பதுடன் அப்பகுதி முழுவதும் RNAவினால் அமைக்கப்பட்டிருந்தது. புரோட்டீன்களில் நீண்ட பாம்பு போன்ற நீட்சிகள் உள்ளன. அந்நீட்சிகள் ரைபோசோமின் மையப்பகுதியினுள் நுழைந்திருந்தன. நீட்சிகளில் நேர்மின் இயல்பு கொண்ட அமினோ அமிலங்கள் பல உள்ளன. அவை RNAவில் உள்ள நீக்குத் தன்மை கொண்ட எதிர் மின் இயல்பை நடுநிலைப்படுத்துகின்றன. இதனால் RNA மடிப்பு அமைப்புப் பெறுகிறது. 30S துணையலகுகளைக் காட்டிலும் 50S துணையலகுகள் இரு மடங்கு அளவில் பெரியன. அதில் RNA நன்கு மடிப்பு அமைப்பு பெற்று சிக்கலான அமைப்புத் தன்மை கொண்டிருந்தது.

புரோட்டீன்களைத் தோற்றுவிக்க அமினோ அமிலங்களை இணைக்கும் பெப்டைடு இணைப்புகள் எங்கு தோற்றுவிக்கப் படும் என அறிய யேல் குழுவினர் முயன்றுள்ளனர். அவர்கள் புரோட்டீன் தோற்றுவித்தலில் tRNAவுடன் இணையும்

இரண்டு அமினோ அமிலங்களின் அமைப்பினையொத்த (mimic) வேதியப் பொருட்களைப் படிகத்தினுள் செலுத்தியுள்ளனர். அவ்வேதியப் பொருள் அமைந்திருந்த இடம் படிகத்தினுள் ரைபோசோமின் புரோட்டீன் தோற்றுவிப்பு கிரியா ஊக்கி மையமாகக் கண்டறியப்பட்டது. அப்பகுதியைச் சுற்றிலும் RNA மூலக்கூறுகளே அமைந்திருந்தன. இதன் மூலம் நீண்ட நாட்களாகக் கருதப்பட்ட 'ரைபோசோம் என்பது ரைபோசைம் எனும் என்சைமே' எனும் கருத்து உறுதியானது.

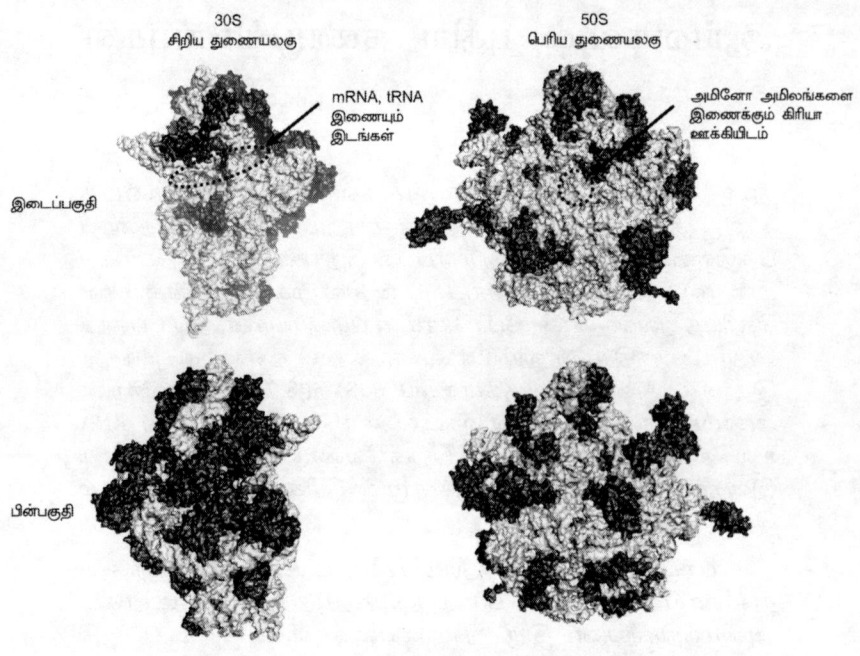

படம் 14.1 இரு துணையலகுகளின் முன், பின் பக்கங்கள்.
அவற்றில் அடர்வு குறைந்த RNAக்களின் மீதுள்ள அடர்த்தியான புரோட்டீன்கள்.

யேல் குழுவினர் தங்களது சமகால ஆய்வாளர் ஸ்காட் ஸ்ட்ரோபெல் பெற்ற உயிர்–வேதியத் தரவுகளைப் பயன்படுத்தி இரண்டு அமினோ அமிலங்களை இணைக்கும் வேதிய வினை நிகழ்ச்சி எவ்விதம் நிகழும் என்பதை விரிவாக அறிய முயன்றுள்ளனர். ஆனால் இவ்வாய்வில் கிடைத்த மித மிஞ்சிய தரவுகளால் அவர்கள் வெற்றி பெறவில்லை. உயிர்–வேதியத் தரவுகள் செல்களில் நடைபெறும் நிகழ்வுகளின் சரியான பிரதிபலிப்பாக அமைந்திருக்கவில்லை. அவர்கள் தெரிவித்த இயங்கு முறையைப் பல வேதியியலார் மறுத்துள்ளனர். எவ்வளவுதான் ஒரு கண்டுபிடிப்பு முக்கியமானதாகக் கருதப்பட்டாலும் அதை ஏற்றுக்கொள்ள மறுத்துச் சவால்விடுவது அறிவியலில் இயல்பானதுதான். ஆய்வுகளின் எப்பகுதி சரியில்லையோ அப்பகுதியினை எதிர்த்து மறுப்புச் சொல்வதற்கு விஞ்ஞானிகள் தயங்குவதில்லை. முடிவில் டாமினுடைய திறமையான மாணவர் மார்ட்டின் ஸ்க்மீயிங் பெரிய துணையலகுடன் இணையும் பல

tRNAக்களையும் பெரிய துணையலகுடன் இணைந்த அமினோ அமில 'மிமிக்' எனும் அமைப்புகளாக உருவாக்கினார். இவ்வமைப்புகளை முன்மாதிரியாகக் கொண்டு வேதிய வினையில் ஒரு புரோட்டான் ஒரு தொகுப்பிலிருந்து மற்றொன்றுக்கு எவ்விதம் இடம் பெயர்கிறது என்பன போன்ற ஆய்வுகளால் பல நுணுக்கமான நிகழ்வுகளைக் கண்டறிந்தனர். இத்தகைய சோதனைகள் மிகவும் மேம்பட்ட நவீன வேதிய முறைகள். இவற்றை என்னால் முழுமையாகப் புரிந்துகொள்ள இயலவில்லை. ஆனால் இத்தகைய ஆய்வுகளின் மூலம் 'புரோட்டீன் சங்கிலித் தொடரை உருவாக்குதல்' எனும் அவசியமான நிகழ்வினை இயற்கை எவ்விதம் நடைபெறச் செய்கிறது என்பதை உணர முடிந்தது.

50S துணையலகுகளின் முக்கியப் பணி உரிய அமினோ அமிலங்களை இணைத்து புரோட்டீன் சங்கிலித் தொடர்களை உருவாக்குதலாகும். அதே வேளையில் mRNAயால் எடுத்துவரப்பட்ட மரபுக் குறியீடுகள் மிகச் சரியாகப் புரிந்து கொள்ளப்பட்டு மொழிபெயர்க்கப்பட்டனவா என்பதை 30S துணையலகுகள் உறுதி செய்யும். mRNAயில் உள்ள ஒவ்வொரு மரபுக் குறிப்புத் துணுக்கும் புதிய அமினோ அமிலத்தை ரைபோசோமிற்குக் கொண்டுவரும் tRNAவினால் 'வாசிக்கப்படுகிறது'. இவ்விதம் mRNAயின் குறிப்புத் துணுக்கும் அதற்குரிய tRNAயினால் உணரப்படுதலே 'குறிப்புணர்தல்' எனப்படுகிறது. அதைச் சுற்றியுள்ள பகுதி 'குறிப்புணர்தல் மையம்' எனப்படுகிறது. இப்போது எங்களுக்கு 30S துணையலகின் அமைப்பு கிடைத்துவிட்டது. இதன் மூலம் நீண்ட நாட்களாகத் தீர்க்கப்படாதிருக்கும் புதிராகிய 'எவ்விதம் mRNA, tRNAக்கள் ரைபோசோமில் இணைந்து செயல்படுகின்றன' என்பதனை அறிய முயலலாம் என்று கருதினோம். இச்செயல்பாடு புதிராகத் தோன்றியதற்குப் பல காரணங்கள் உண்டு. அவை வருமாறு:

- மொத்தத்தில் 64 கோடான்கள்' எனும் மரபுக் குறிப்புத் துணுக்குகள் தோன்றவியலும்.
- அவற்றில் மூன்று 'ஸ்டாப் கோடான்' எனும் நிறுத்தக் குறியீடுகள்.
- 20 அமினோ அமிலங்கள்தான் உள்ளன.
- அப்படியெனில் ஒரே அமினோ அமிலத்திற்குப் பல கோடான் குறிப்புத் துணுக்குகள் அமையலாம்.
- ஏனெனில் கோடான்களைக் காட்டிலும் குறைந்த எண்ணிக்கையில் tRNAக்கள் உள்ளன.
- இவற்றில் பலவும் ஒன்றுக்கு மேற்பட்ட கோடான்களை வாசிப்பு செய்ய வேண்டும்.

பலமுறை (எப்போதும் அல்ல) ஒரு குறிப்பிட்ட அமினோ அமிலத்துடன் குறிப்பமைக்கத் தோன்றும் பல்கூட்டுக் கோடான்கள் மூன்றாவது உப்பு மூல நிலையில் மாத்திரம் வேறுபட்டுள்ளன. மரபுப் பண்புக் குறியீடுகளைக் கண்டறிகையில் கிரிக் இதைக் கவனித்துள்ளார். இதன் விளைவாக tRNA

இணைப்பு வேளையில் சற்றுத் தள்ளாட்டம் கொள்ளலாம் என்றும் மூன்றாவது நிலையில் அதற்கான தாங்குதிறன் உள்ளது என்றும் தெரிவித்தார்.

வேறு விதமாகக் கூறினால் tRNAயும் (நேரெதிர் கோடான்/குறிப்புத் துணுக்கு)கோடானும் (mRNA) இணைய முதல் இரண்டு நிலைகளிலும் மிகச் சரியான இணைகளாக (எ.டு. A–U, G–C) அமைதல் வேண்டும். மூன்றாவது நிலையில் அவ்விதம் அமைதல் தேவையில்லை (G–C க்குப் பதிலாக G–U என்றிருக்கலாம்). ஏன் இப்படி முதல் இரண்டு நிலை இணைவுகள் முறைப்படியும் மூன்றாவது இணைவு முறையற்று இருப்பினும் பொறுத்துக்கொள்ளும் வகையிலும் ரைபோசோம் தன்மை பெற்றுள்ளது?

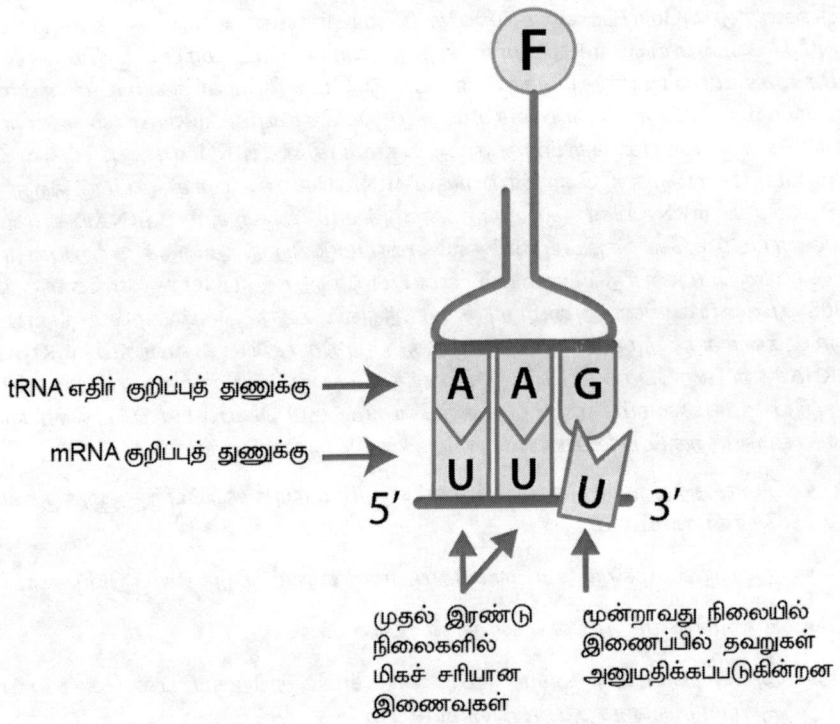

படம் 14.2 tRNA முதல் இரண்டு உப்புமூல நிலைகளில் மிகத் துல்லியமாக குறிப்புத் துணுக்குடன் இணைதல் வேண்டும். மூன்றாவது இடத்தில் அவ்விதம் இணைதல் கட்டாயமில்லை. அவ்விடம் 'தள்ளாடும் இடம்' எனப்படும்.

சரியான உப்புமூல இணைவுகள் (உ–ம் A–U or C–G) முறையற்ற U–G அல்லது A–C போன்ற இணைவுகளைக் காட்டிலும் வலுவானவை. தவறான இணைவு அப்படியொன்றும் பிரம்மாண்டமானதல்ல. இணைவு சக்தியின் அளவானது கோடானுடன் சரியான tRNAதான் இணைய வேண்டும் எனப் பெரிதுபடுத்திக்கொள்ளும் அளவிற்கான தவறு கிடையாது. ரைபோசோம் எப்பொழுதும் தவறு விகிதமாக ஆயிரத்திற்கு ஒன்று என்பதைக்

வெங்கி ராமகிருஷ்ணன்

கொண்டே உள்ளது. இது சோதனைச் சாலையில் பெப்டைடு தயாரிப்பில் (synthesizer) தோன்றும் தவறு விகிதத்தைக் காட்டிலும் பெரிதானதல்ல. இயற்கையில் மரபுப் பண்புக் கடத்தலால் நிகழும் புரோட்டீனாக்கம் ஆச்சரியப்படும் விதத்தில் மிக வேகமாக நடைபெறும் நிகழ்வாகும். ஒரு வினாடிக் கால அளவில் ஒரு பாக்டீரிய செல்லில் 20 அமினோ அமிலங்கள் இணைக்கப்படுகின்றன. இது ஒரு துரித நிகழ்ச்சி. ரைபோசோம் எவ்விதம் இப்படித் துல்லியமாகச் செயல்புரிகிறது? சிறிய தவறுடைய tRNAக்களை எவ்விதம் நிராகரிக்கிறது?

பாரமோமைசின் எனும் எதிர் நச்சுப் பொருளால் என்ன நிகழும் என்பது பற்றிய குறிப்புச் செய்தியை ஏற்கெனவே கண்டிருக்கிறோம். இந்த ஆன்டிபயாட்டிக்கானது கோடான் எனும் மரபுக் குறிப்பினைத் தவறுதலாக 'வாசித்து' ரைபோசோமின் தவறிழைக்கும் விகிதத்தை அதிகரிக்கச் செய்துவிடுகிறது. எங்களது 30S அமைப்பு பாரமோமைசின் இணைப்பால் இரண்டு உப்பு மூலங்களை நீண்ட திருகு அமைப்பிலிருந்து புரட்டிப் போட்டுவிடுகிறது. இவ்விடம் mRNA கோடானும் tRNA எதிர் கோடானும் சந்திக்கின்ற இடமாக இருக்கும். இதன் மூலம் இந்த உப்பு மூலங்கள் mRNA, tRNA மூலங்களின் இடையில் உள்ள நீள் பள்ளத்தை உணர முடிகிறது என்பது தெளிவாகிறது. இதனால் தவறான tRNAயும்கூட ஏற்றுக்கொள்ளப்படும். ஆனால் இது எவ்விதம் நிகழும் எனும் விவரங்கள் எங்களின் படிகத்தில் mRNA, tRNA இல்லாததால் தெளிவாகவில்லை.

குறிப்புணர்தல் எவ்விதம் நிகழும் என்பதை அறிந்துகொள்வதற்கு 30Sதுணையலகுடன் mRNA, tRNA ஆகியவற்றை ஒருங்கிணைத்து ஆய்வு செய்தல் வேண்டும். இதில் முழு ரைபோசோமையுமே எடுத்துக்கொள்வது நல்லது. (பிற்காலத்தில் நாங்கள் அவ்வாறே செய்தோம்). இந்தக் குறிப்பிட்ட படிகத்தில் இவ்விதம் ஆய்வு செய்வது ஒரு விசித்திரமான காரணத்தினால் இயலவில்லை. tRNAயில் வளரும் புரோட்டீன் சங்கிலித் தொடர் அமைந்துள்ள இடமானது 'P தளம்' எனப்படும். புதிய அமினோ அமிலத்தைக் கொணரும் tRNA இணையும் குறிப்புணர்தல் மையம் 'A தளம்' என்றும் கூறப்படும். 30S துணையலகுகளின் இப்படிகங்களில் 30S துணையலகின் RNAவிலிருந்து ஒரு தூண்டுகோல் நீட்சி அருகிலுள்ள மூலக்கூறின் P தளத்தினுள் நுழைந்துள்ளது. 30S துணையலகு படிக நிலையை அடைவதற்கு முன் mRNA, tRNAக்களை அதனுடன் சேர்த்துவிட்டால் அக்கூட்டமைப்புத் தூண்டுகோல் நீட்சியானது அருகிலுள்ள மூலக்கூறிலிருந்து பெறக்கூடிய தொடர்பைத் தடுத்துவிடும். இதனால் படிகம் தோன்றவியலாது. இப்பிரச்சினையைத் தீர்க்க வேறு ஒரு வழியும் உண்டு.

புரோட்டீன் படிகங்களைப் போன்று ரைபோசோம் துணையலகுகளின் படிகங்களிலும் நீர் ஊடுருவும் பாதைகள் உண்டு. இவற்றின் வழியாகத்தான் ஆன்டிபயாடிக்குகள் போன்ற சிறிய கூட்டுப் பொருட்களை உட்செலுத்துகிறோம். அப்பொருட்கள் உள்ளாகப் பரவி 30S துணையலகில் தங்களது தளத்தினை அடைகின்றன. நீண்ட நாட்களாகவே என்சைம்களின் செயல்பாட்டினை அறிய அவற்றின் படிகங்களினுள் மருந்துப் பொருட்கள்,

இயக்கத் தடைப்பொருட்கள் போன்றவற்றைச் செலுத்தி ஆய்வுகள் மேற்கொண்டுள்ளனர்.

இருப்பினும், நாங்கள் அறிந்துள்ளபடி 30S துணையலகுகள் பெரியவை, படிகங்கள் 70 சதவிகிதம் கரைபொருளால் ஆனவை. படிகங்களில் அருகருகே உள்ள 30S மூலக்கூறுகளின் நீர்வழிப் பாதைகள் பெரியவை. அப்பாதைகள் சிறிய புரோட்டீன்கள் அல்லது ஆயிரத்திற்கும் மேற்பட்ட அணுக்களைக் கொண்ட RNA மூலக்கூறுகளை (இவை ஆன்டிபயாட்டிக்ஸ் மூலக்கூறு களைக் காட்டிலும் பெரியவை) அனுமதிக்க இயலும். அப்படியெனில் ஒரு முழு புரோட்டீன் அல்லது RNA மூலக்கூறினைப் படிகத்தினுள் செலுத்திவிட இயலுமோ?

இவ்விதம் ஒருவரும் இதுவரை செய்துபார்த்தது இல்லை. இந்த எண்ணத்தை ஒருமுறை ஆன்டிரூ கார்ட்டர் IF1 (Initiation Factor 1) எனும் புரோட்டீன் காரணியில் செய்துபார்த்தார். IF1 என்பது ரைபோசோம் மரபுக் குறியீட்டினை உணரத் துவங்குதலைத் தூண்டிவிடும் காரணி. இது A தளத்தில் இணையக்கூடியது. அவர் 30S படிகங்களை IF1இல் தோய்த்துப் பின் அவற்றை கிரெனோபிலுக்கு எடுத்துச் சென்றார். அங்கு மூலக்கூறுக்கான வரைபடத்தைப் படிகவியல் வரைபடமுறையில் தோற்றுவித்து மிகுந்த மகிழ்ச்சியுடன் திரும்பிவந்தார். 30S அமைப்பினை நாங்கள் கண்டறிந்த பிறகு இப்போது எங்களிடம் ரைபோசோமை செயல்படத் துவக்கும் புரோட்டீனுடன் உள்ள படமும் கிடைத்துவிட்டது.

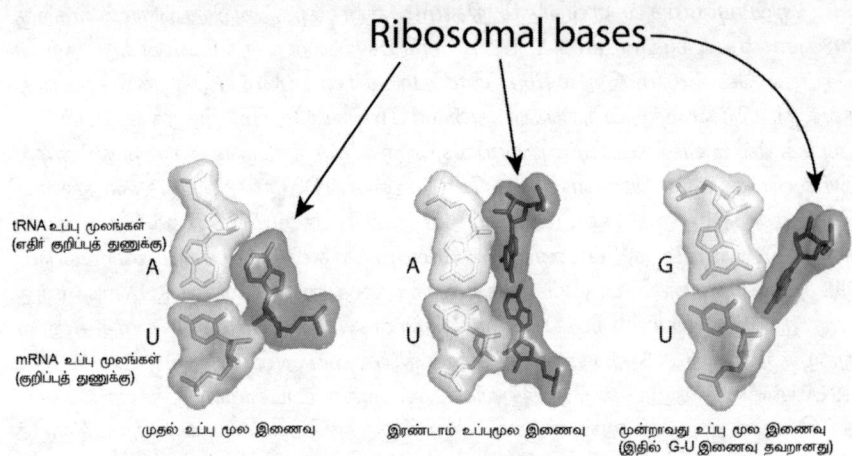

படம் 14.3 குறிப்புத் துணுக்கு, எதிர் குறிப்புத் துணுக்குகளின் முதல் இரண்டு இணைவுகளை ரைபோசோம் அடையாளம் காணும். மூன்றாவது இணைவை உணர்தல் இயலாது.

இதைக் கண்டவுடன் இதே போன்ற சோதனையை மாறுபட்ட RNAக்களில் செய்தாலென்ன எனும் எண்ணம் தோன்றியது. உதாரணமாக நுண்குறிப்புத் துணுக்கை (கோடான்) ஒத்திருக்கும் mRNAயுடன் இணையும் RNA துண்டுகளையும் tRNAயின் எதிர் நுண்குறிப்புத் துணுக்கு

(ஆன்டிகோடான்) பகுதியைக் கொண்ட பகுதியை ஒத்திருக்கும்[1] 'கொண்டை ஊசி ஸ்டெம் லூப்' பகுதியையும் கொண்டு சோதனை செய்ய முனைந்தோம். இந்த ஆய்வில், mRNA இயல்பாக இணையும் ஒரு RNA துண்டு அதற்கான வரிப்புழையினுள் நுழைந்து அமைந்துவிடும் என்றும் மற்றொன்று எதிர் குறிப்புத் துணுக்கு tRNAயின் நீட்சியாகச் செயல்படும் எனவும் நம்பினோம். எங்களது எண்ணம் சிறுபிள்ளைத்தனமானது போன்று தென்படலாம். ஆனால் அதுவும் சாத்தியமே.

இந்த ஆய்வினை மேற்கொள்ளும் பணியினை ஜேம்ஸ் ஓகிளிடம் கொடுத்திருந்தோம். அவர் புதிய பட்டதாரி மாணவர். ஜெர்மன் நாட்டினர். பெற்றோர் ஆங்கிலேயர்கள். ஜேம்ஸ் ஒரு நவீன ஐரோப்பியர். பல மொழிகள் அறிந்தவர். பல நாடுகளில் வாழ்ந்த அனுபவம் கொண்டவர். சிறந்த புத்திசாலி. தன்னம்பிக்கை மிக்கவர். பலவற்றிலும் ஆர்வம் உடையவர். நன்கு வயலின் வாசிப்பார். அவருக்கு ஒதுக்கப்பட்ட ஆய்வினை முடித்துவிட்டு டிட்லெவ்வுடன் ஆர்கான் புறப்பட்டார்.

கணினி வலைதளத்தின் வழியே ஜேம்ஸ் அனுப்பிய தரவுகளைப் பெற்றவுடன் வரைபடங்களைப் பார்வையிட்டேன். மூலக்கூறுகளில் என்ன நடைபெறுகிறது என்பதை உணர முடிந்தது. இரண்டு உப்பு மூலங்கள் பாரமோமைசின் ஆன்டிபயாடிக்குகளால் புரட்டிப் போடப்பட்ட பின் மூன்றாவது உப்பு மூலமும் மாற்றப்பட்டிருந்தது. இந்த மூன்று உப்பு மூலங்களும் குறிப்புணர் திறனின் துவக்க அமைப்புகள். நாம் ஏற்கெனவே கூறியபடி அவை முதல் இரண்டு இணை உப்பு மூலங்களுக்கு இடையே நீள்வரிப் பள்ளத்தில் தங்களை நுழைத்துக்கொள்ளுகின்றன. அவ்விதம் நுழைகையில் tRNA, mRNAக்களின் முதல் இரண்டு இடங்களின் (மூன்றாவது அல்ல) உப்பு மூல இணைகளின் வடிவங்களை அடையாளம் கண்டுகொள்கின்றன. இதன் தொடர்நிகழ்வாக முழுத் துணையலகும் கோடான் (குறிப்புணர் பகுதி) எதிர்கோடான் (குறிப்புணர் எதிர்பகுதி) ஆகியவற்றின் அருகில் சுற்றி அமைகின்றது. முதல் இரண்டு நிலைகளில் தவறான வடிவம் இருந்திருந்தால் இது நிகழ்ந்திராது.

வாட்ஸனும் கிரிக்கும் DNA அமைப்பைஆய்வு செய்கையில் வாட்ஸன் முதலில் இந்நிலையைக் கண்டார். அவர்கள் DNAயின் இரட்டை வட சுழற்சியமைப்பைக் கண்டுபிடிக்கும் வேளையில் உப்பு மூல இணைவுகள் AT, GC (அதேபோன்று மாற்று நிலையில் TA மற்றும் CG) ஆகியவை ஒரே வடிவத்தில் உள்ளதைக் கண்டனர். இதனால் DNA சுழற்சி எந்த உப்பு மூல இணைவைப் பெற்றிருந்தாலும் தனது ஒட்டுமொத்த வடிவத்தில் மாறாதிருந்தது. இதே நிலைதான் RNAவிலும். RNAயில் 'U'விற்குப் பதிலாக 'T'. இங்கு முறையாக உப்பு மூல இணைவுகள் குறிப்பிட்ட வடிவத்திலேயே இருந்தன. தவறான இணைவு இருப்பின் அதன் வடிவத்திலிருந்து

1. மொழிபெயர்ப்பாளரின் குறிப்பு : hairpin 'stem loop' ஒரு தனித்த இழையாக உள்ள RNA தொடர், உள்ளாக வளைக்கப்பட்டு ஏற்பட்டுக்கொள்ளும் மூலங்கள் இணைகளால் தோன்றும் வடிவம். இதற்குக் 'கொண்டை ஊசி' அல்லது 'கொண்டை ஊசி வளைவு' என்று பெயர்கள் உண்டு. ஒரு தொடர் வளைவுற்று அத்தொடருக்குள்ளாகவே இருபகுதிகள் உப்பு மூல இணைப்புகளைப் பெறுவதால் இது ஏற்படுகிறது (இது, நீண்ட மெல்லிய கம்பியை வளைத்து, கம்பியின் இரு கரங்களுக்கும் தொடர்புகள் ஏற்படுத்துவது போன்றது.)

அவ்விணைவை வேறுபடுத்திக் காணவியலும். இப்படித்தான் ரைபோசோம் மாறுபாடுகளை அறிந்துகொள்கிறது.

துல்லியம் என்பது உயிரியலில் முக்கியமான கருத்துரு. ஒரு செல் சரியான இடத்தில் உரிய பணிக்குத் தேவையான அளவிலேயே பரிணமித்துத் தோன்றியுள்ளது. இவ்வியல்பு தட்டச்சு செய்கையில் வேகத்திற்கும் துல்லியச் செயல்பாட்டிற்கும் உள்ள தொடர்பு போன்றது. மிதமிஞ்சிய துல்லியத்தால் உயிர் வாழ்தலுக்கான செயல்பாடுகளின் வேகம் குறையலாம். மிகக் குறைந்த அல்லது மிக அதிகமான அளவில் தேவைப் பொருட்கள் தோன்றுதலால் தீய விளைவுகளை ஒரு செல் சந்திக்கலாம். பாரோமைசின் போன்ற ஆன்டிபயாட்டிக் பொருட்கள் ரைபோசோமின் துல்லியமான செயல் தன்மையைக் குறைத்துவிடுகின்றன. ரைபோசோம் ஏன் இவ்வளவு துல்லியத்தன்மை கொண்டிருக்கிறது என்பதனையும் ஏன் மரபுப் பண்புக் குறியீடு வித்தியாசமான மூன்றெழுத்துக் குறியீடு கொண்டிருந்து பொதுவாக முதல் இரண்டு இணைவுகள் ஒத்திருந்தாலே போதும் என்னும் தன்மைகள் கொண்டுள்ளது என்பன பற்றியும் அமைப்பு ரீதியிலான காரணத்தை அறிய முயன்றோம். பெப்டைடு இணைப்புகளைத் தோற்றுவிப்பது போன்று அனைத்தையும் RNAக்களே நிறைவேற்றுகின்றன. இத்தகைய செயல்பாடுகள் ரைபோசோம்கள் முந்தைய RNA உலகத்திலிருந்து தோன்றின என்னும் கருத்திற்கு வலு சேர்க்கின்றன.

இக்கண்டுபிடிப்புகள் அனைத்தும் உற்சாகம் தருபவையாக இருந்தன. 30S அமைப்புடன் பரோமோமைசினால் என்ன நிகழும் என்பதை எங்களது முந்தைய ஆய்வுக் கட்டுரைகளில் ஏற்கெனவே குறிப்பிட்டுள்ளோம். இதே வேளையில் ஹேரியும் அவரது குழுவினரும் 70S அமைப்பைக் காணும் இடுக்குணர் திறன் சென்ற ஆண்டு 8A° என்றிருந்த நிலையிலிருந்து 5.5A° இடுக்குணர் திறனுக்கு முன்னேற்றியுள்ளனர். இது எனக்குக் கவலை அளிப்பதாக இருந்தது. இதே 5.5A° திறனைத்தான் 1999இல் 30S படிகத்திற்கு நாங்கள் பெற்றிருந்தோம். இத்திறன் ஏற்கெனவே தெரிந்துள்ள மூலக்கூறின் மாதிரியைத் தோற்றுவிக்கப் போதுமானது. ஆனால் ஒரு புதிய மூலக்கூறு அமைப்பைத் தோற்றுவித்துக் காட்டுவதற்கு இது போதாது. ஆனால் அந்தக் கவலையும் அவர்களுக்கு இல்லை. இரண்டு துணையலகுகளின் அணு அமைப்புகளும் அவர்களிடம் இருந்தன. அவற்றை வழிகாட்டியாகக் கொண்டு அமைப்பைக் கட்டுவிக்கலாம். 30S துணையலகைப் பொறுத்தமட்டில் இரண்டும் ஒரே இனம் சார்ந்தவைதான். எனவே எங்களது 30S துணையலகு அமைப்பை அவர்களது வரைபடத்தில் பொருத்திக்கொள்ளலாம். இவ்விதம் 30S பகுதியின் இறுதி அமைப்பு நாங்கள் ஏற்கெனவே வெளியிட்ட அமைப்பு போன்றதுதான்.

அவர்கள் அமைப்பின் விவரங்களை நேரடியாகக் காணாவிட்டாலும் என்ன நடைபெறுகிறது என்பதை உணர்ந்துகொள்ளவியலும். இதைப் பற்றியெல்லாம் நான் கவலைப்பட்டேன். அவர்களிடம் tRNAக்களும் mRNAயும் அமையுமிடம் உள்ளது. நாங்கள் பாரோமோமைசின் என்ன செய்யும் என்பதை ஓராண்டிற்கு முன்பே விவரித்திருக்கிறோம். எனவே முடிவுகளைக் கண்டவுடன் ஜேம்ஸும் மற்றவர்களும் சிகாகோவிலிருந்து வருவதற்கு முன் ஆய்வுக் கட்டுரையின் முதல் நகலை எழுதிவிட்டேன்.

ஹேரியின் ஆய்வுக் கட்டுரை விரைவில் *சயின்ஸ்* இதழில் வெளியாக உள்ளது என்பதை அறிந்துள்ளேன். எனவே அவ்விதழின் ஆசிரியரைத் தொடர்பு கொண்டு எங்களது கட்டுரை அவர்களது கட்டுரைக்குச் சிறந்த துணைக் கட்டுரையாக அமைந்திருக்கும் என தெரிவித்துவிட்டேன். மரபுக் குறியீடு எவ்விதம் துல்லியமாக அறியப்படுகிறது என்னும் விடுகதைக்கு முக்கிய பதிலாக எங்களது கட்டுரை இருக்கும் என்று கூறினேன். நல்லவேளையாக அவர்கள் அதை ஏற்றுக்கொண்டார்கள். ஹேரியின் 70S அமைப்பு பற்றிய கட்டுரையின் தொடர்ச்சியாக எங்களின் கட்டுரையும் வெளியானது. அக்கட்டுரையில் மாரட்டின் பெயர் முதல் ஆசிரியராகப் பதிவாகியிருந்தது.

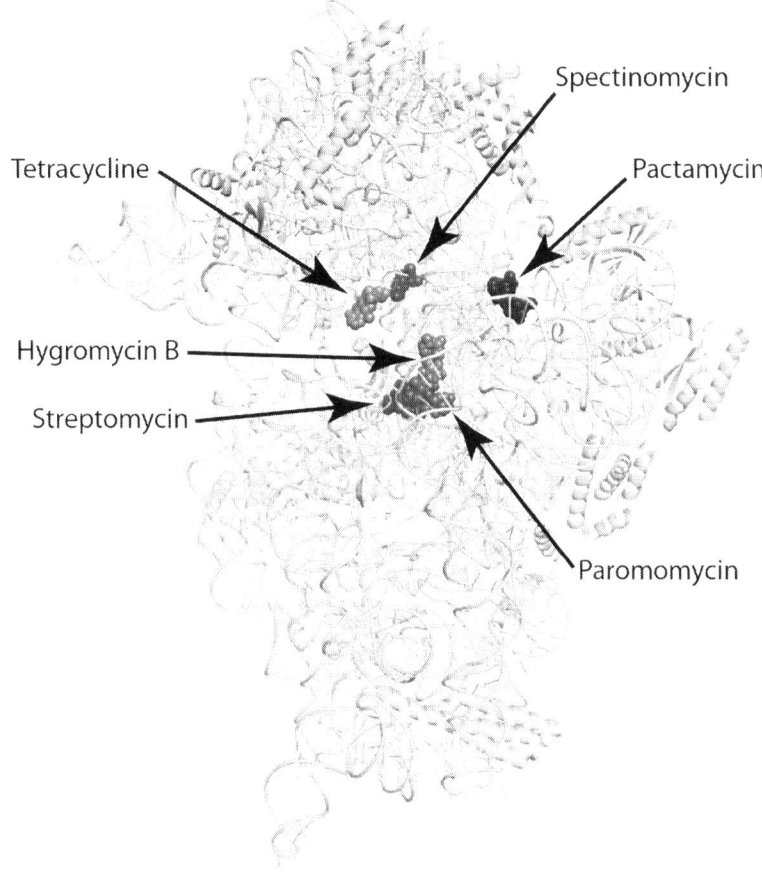

படம் 14.4 30S துணையலகில் எதிர் நச்சுப் பொருட்கள் (ஆன்டிபயாடிக்ஸ்)

ரைபோசோம் துணையலகுகளின் அமைப்புகளைக் கண்டுபிடித்தலில் எங்களுக்குக் கிடைத்த 'போனஸ்', அவை ஆன்டிபயாடிக்ஸ் பொருட்களுடன் இணையும் தன்மைகளாகும். நாங்கள் ஏற்கெனவே மூன்று ஆன்டிபயாடிக்குகளை 30S துணையலகில் அமைவிடங்களுடன் கண்டறிந்துவிட்டோம். இதற்கும் மேல் டிட்லெவ் மருத்துவத்தில் முக்கியமான

ஜீன் மெஷின் ※ 209 ※

டெட்ராசைக்ளினுடன் மற்றொரு மூன்று ஆன்டிபயாடிக்ஸ் அமைப்புகளைக் கண்டறிய முயற்சி மேற்கொண்டார்.

ஹேரியின் கண்டுபிடிப்பு தெரிவித்தபடி அவை அனைத்தும் RNAயுடன் மட்டுமே இணைந்தன. ரைபோசோமுடன் ஆன்டிபயாட்டிக்குகள் பொருந்துவது பற்றி முதன் முதலாக வெளியிடப்பட்ட ஆய்வறிக்கைகள் இவை. இவை ரைபோசோமின் செயலை எவ்விதம் தடை செய்யும் என்பதை அறிய உதவின. அவற்றில் ஒன்றாகிய ஸ்பெக்டினோமைசின் ஒரு துணையலகின் தலை, கழுத்துப் பகுதிகளுக்கு இடையில் உள்ள கீல் பகுதியுடன் பொருந்தியிருந்தது. ரைபோசோமின் அசைவுகளில் தலைப்பகுதி தள்ளாட்டம் கொள்ளும். ஒருவேளை அத்தள்ளாட்டத்தைத் தடுப்பதால் அந்த ஆன்டிபயாட்டிக் ரைபோசோம் mRNAயுடன் நகர்வதைத் தடுக்கலாம். மற்றொன்றாகிய டெட்ராசைக்ளின் புதிய tRNA பிறவற்றுடன் இணைவதைத் தடுத்துவிடுகிறது. இதனால் வளரும் புரோட்டீன் சங்கிலியுடன் புதிய அமினோ அமிலங்களை இணைக்கவியலாது. ரைபோசோம் தனது செயலை இழந்துவிடுகிறது.

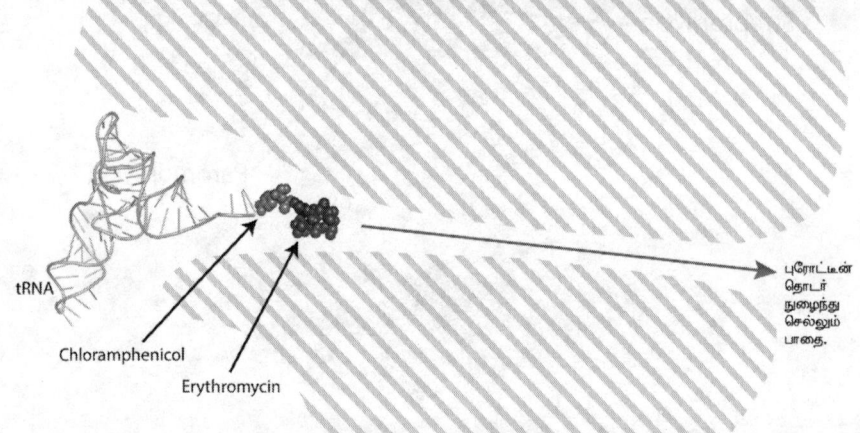

படம் 14.5 50s துணையலகில் இரண்டு எதிர் நச்சுகள் (ஆன்டிபயாடிக்ஸ்) புரோட்டீன் தொடர் நுழைந்து செல்லும் பாதை.

அடுத்துவந்த மாதங்களிலும் ஆண்டுகளிலும் ஆடாவும் டாமும் 50S துணையலகுடன் இணையும் பல ஆன்டிபயாடிக்ஸ் அமைப்புகளைப் பற்றிய ஆய்வுக் கட்டுரைகளை வெளியிட்டனர். குளோரம்பெனிக்கால் போன்றவை புதிய அமினோ அமிலங்கள் 50S துணையலகுகளுடன் இணைவதைத் தடை செய்தன. இதனால் புரோட்டீன் சங்கிலித் தொடர் வளர இயலவில்லை. இன்றைக்கு பல மருந்துப் பொருள் தயாரிப்பு நிறுவனங்கள் மூலக்கூறு அமைப்புகளில் ஆர்வம் செலுத்துகின்றன. அவை தாங்குதிறன் கொண்ட பாக்டீரியங்களை எதிர்த்துச் செயல்படும் புதிய மருந்துகளை, அமைப்புகளை அறிந்து தயாரிப்பதில் முனைந்துள்ளன.

முதன் முதலாக 30S அமைப்பை அறிந்திலிருந்து நிகழ்ந்த கண்டுபிடிப்புகள் உற்சாகமும் திருப்தியும் தருவனவாக விளங்கின. நாங்கள் சோதனைகளில் தீவிரமாக ஈடுபட்டிருந்த வேளையில் ரைபோசோம் ஒரு நீண்ட அரசியல் போராட்டத்தினுள் நுழையத் துவங்கியது.

15

ரைபோசோம் அரசியலில் சிக்கிக்கொண்டேன்

'ரைபோசோம் தொடர்பான ஆய்வுகள் பழமையானவை. அவை இன்றைய காலத்திற்கான ஆய்வுகள் இல்லை' என்றெல்லாம் கருதிய நீண்ட காலத்திற்குப் பிறகு இன்று ஆய்வு உலகில் ரைபோசோம் பெரும் சலசலப்பை ஏற்படுத்தி விட்டது. ரைபோசோம் பற்றிய கண்டுபிடிப்புகளுக்குப் பெரிய பரிசுகள் கிடைக்கவிருக்கின்றன. ஒருவேளை அது நோபல் பரிசாகவும் இருக்கலாம் என்றெல்லாம் பலரும் பேசத் துவங்கிவிட்டனர். அடுத்த 10 ஆண்டுகளுக்கு நான் எங்கு சென்றாலும் மக்கள் அதைப்பற்றி விசாரிக்கும் நிலை தோன்றிவிட்டது. டென்மார்க்கில் நடைபெற்ற கருத்தரங்கில் ரைபோசோம் அமைப்பு பற்றி நாங்கள் வெளியிட்ட கண்டுபிடிப்பு செய்திகளைத் தொடர்ந்து ரைபோசோம் ஆய்வாளர்கள் பல இடங்களிலிருந்து உரை நிகழ்த்துவதற்கு அழைப்புகளைப் பெற்றுள்ளனர். ஆனால் நான் அந்த ஆண்டு இறுதிக்குள் ரைபோசோம் அமைப்பு பற்றிய ஆய்வுகளைப் பூர்த்தி செய்துவிட வேண்டும் என்னும் கவலையிலேயே இருந்தேன். அதன் பிறகு பேசுவதற்கு நிறைய நேரம் உள்ளது எனவும் கருதினேன். இருப்பினும் முக்கிய விருதுகள் கிடைக்க வாய்ப்புள்ளது எனும் செய்திகள் என்னைப் பாதிக்கவில்லை என்று கூறிக்கொண்டு நடிக்கவும் இல்லை.

அறிவியல் துறையில் பயிலும் ஒவ்வொரு இளைஞருக்கும் தான் நோபல் பரிசு பெற வேண்டும் எனும் கற்பனைக் கனவு இருக்கும். ஏதாவது செய்து புகழ் பெற்றுவிடவேண்டும் என்பது மாத்திரமல்ல, தான் என்றுமே புகழுக்கு உரியவர்தான் எனும் எண்ணம் அறிவியலாளர்கள் மனதில் ஆழப்பதிந்த ஒன்று. காலப்போக்கில் மனம் முதிர்ச்சியடைகையில் இத்தகைய கனவுகளை வாழ்வின் யதார்த்த நிலைகள் பின்தள்ளிவிடுகின்றன. ஒருசில விஞ்ஞானிகள் மட்டுமே நோபல் அறிஞர்களுடன்

தொடர்பில் உள்ளனர். மற்றவர்கள் நோபல் விஞ்ஞானிகளை ஏதோ புராண காலத்துப் பண்புகளைக் கொண்ட வேற்று மாந்தர்கள் எனவும் தங்களது வாழ்க்கைக்குத் தொடர்பில்லாதவர்கள் போன்றும் கருதிவிடுகிறார்கள். ஆய்வுப் பணியில் இறங்குகிறவர்கள் எவரும் முடிவில் ஒரு மகத்தான பரிசு காத்திருக்கிறது என்று எண்ணித் துவங்குவதில்லை. ஒரு குறிப்பிட்ட துறையில் ஆய்வுகளைத் துவங்குகிறோம் எனில் அது பற்றிய ஆர்வமும் அதைக் கண்டறிவதற்கான உள்மன உந்துதல்களும் மட்டுமே அதற்கான காரணங்கள். ஆய்வுகளால் உலகத்திற்கு ஏதேனும் பயன் கிடைக்கலாம். யதார்த்தமாகக் கூறினால் மேலும் நல்ல வேலை கிடைக்கலாம்.

விஞ்ஞானிகளும் மனிதர்கள் தானே! அனைவரையும் போன்று எங்களுக்கும் லட்சியங்கள் உண்டு. ஆய்வுப் போட்டிகளில் எங்களுக்கான அங்கீகாரத்தைப் பெற முயல்வோம், 'வேலை செய்வதில் பலன் என்பது அவ்வேலையைச் செம்மையாகச் செய்து முடிப்பதே' என்பது போன்ற கருத்துக்களை அறிவியல் நிறுவனங்கள் எங்களின் மனதிற்குள் புகுத்துவதில்லை. அதற்குப் பதிலாக அவை, நாங்கள் தனித்துவமானவர்கள், சிறப்புத் தன்மைகளைக் கொண்டவர்கள், போட்டியாகச் செயல்படுபவர்களைக் காட்டிலும் மேம்பட்டவர்கள் எனும் எண்ணங்களை உருவாக்கி ஒவ்வொரு கட்டத்திலும் எங்களை ஊக்குவிக்கின்றன. நமது கல்வி முறையில் சிறிய பரிசுகளைத் தருவதன் மூலம் ஆரம்ப நிலைகளிலேயே ஒருவகையான ஊழல் மனப்பாங்கு தோன்றச் செய்கிறோம். அதைத் தொடர்ந்து பெருமைக்குரிய கல்வி உதவி நிதி. பின் 40 வயதிற்குள் பதவிகள். அடுத்து நாட்டின் உயர் மன்றங்களில் மதிப்புமிகு பொறுப்புகளுக்குத் தேர்ந்தெடுக்கப்படுதல். மேலும் புகழ்பெற்ற பரிசுகளைப் பெறுதல் என வளர்த்துக்கொண்டே போகலாம். உடன் பணியாற்றும் தோழர்களாலும் மதிக்கப்பட வேண்டும் என ஓர் ஆய்வாளர் எண்ணுவது வெறுக்கத்தக்கது. வெவ்வேறு பணிக்காலங்களில் கிடைக்கும் பரிசுகள், அங்கீகாரங்கள் போன்றவை ஒரு சிறிய விழுக்காடு விஞ்ஞானிகளை மட்டுமே பாதிப்படையச் செய்கின்றன. பல அங்கீகாரங்கள், மிகச் சிறந்த நிறுவனங்களில் சக்தி வாய்ந்த ஆலோசகர்களையும் தொடர்பு வட்டத்தையும் கொண்டவர்களுக்கே செல்கின்றன. அவர்கள் புகழைப் பெற வேகப் பாதையில் ஓடிக்கொண்டிருப்பவர்கள்.

ஆய்வு உலகின் அங்கீகரிப்பு, புகழ்ச்சியின் உச்சம் என்பது ஓர் ஆய்வாளர் பெறும் நோபல் பரிசு எனலாம். திடீரென்று நோபல் பரிசு ஒருவருக்கு கிடைப்பது அரிதான நிகழ்ச்சி. இன்னாருக்குக் கிடைக்கலாம் எனும் குறிப்பு பரவலாகத் தெரிவிக்கப்படாமல் ஒருவரும் பரிசைப் பெற்றுவிடுவதில்லை. தனிச்சிறப்பான ஒன்றினைக் கண்டுபிடித்து விட்டார்/செய்துவிட்டார் எனின் அவர் போட்டிகளுக்கிடையே பல பரிசுகளுக்குத் தகுதியானவர் ஆகிறார். பெரும்பாலும் இப்பரிசுகள் பற்றிப் பொது மக்களுக்குத் தெரிவதில்லை. இப்பரிசுகள் அனைத்தும் தனிப்பட்ட முறையிலானவை என்று ஒருவர் எண்ணக்கூடும். ஆனால் அறிவியலில் ஏற்பட்டுள்ள மிகுதிப்பாட்டில் பல வகையான விஞ்ஞானிகளை அடையாளம் காணவும் அவர்தம் கண்டுபிடிப்புகளை அறிந்துகொள்ளவும் இத்தகைய பரிசளிப்புகள் உதவுகின்றன.

இவ்வகை அமைப்பில் தங்களுக்கு வேண்டியவர்களைச் சிறப்பாகக் கவனித்துக்கொள்ளும் போக்கும் நிலவிவருகிறது. பலரும் அறிந்த செல்வாக்குமிக்க விஞ்ஞானிகள் சிலருக்குப் பலவகைப் பரிசுகள் அடுத்தடுத்து வழங்கப்படுகின்றன. ஏதேனும் சில தேர்வுக் குழுக்கள் துணிச்சலாக ஒரு புதிய துறையில் முதல் விருதினை ஒருவருக்கு வழங்கிவிடுகின்றன. அதைத் தொடர்ந்து பல தேர்வுக் குழுக்களும் புதிய ஒருவரைத் தேர்ந்தெடுக்கத் தயங்கி, ஏற்கெனவே அறியப்பட்டவருக்குப் பரிசளித்தால் பிரச்சினை இல்லை என்று கருதி அவரையே தெரிவு செய்துவிடுகின்றன. இவ்வகை செயல்பாடு தொடர்கிறது. அந்த விஞ்ஞானியும் தன் மீது ஒளி பாய்ச்சப்பட்டவராகப் பல பரிசுகளைத் தொடர்ந்து பெற்றுக்கொள்கிறார். மேலும், பல இடங்களில் இத்தகைய விருதுகளின் நோக்கம் அந்த விருதையும் விருதுக்கானவர்களை முன்மொழியும் நிறுவனத்தையும் குழுக்களையும் மகிமைப்படுத்துவதாக அமைகின்றன. அவை பெரும்பாலும் விருது பெறுபவரையோ அல்லது அர்ப்பணிப்புடன் பணியாற்றுதலுக்கு ஒரு முன் மாதிரியானவரை உலகிற்குக் காட்டுவதாகவோ அல்லது இதுவரை ஒருவரும் கண்டுகொள்ளாதிருந்த துறையை அடையாளம் கண்டு, அறிமுகப்படுத்தி அதை உயர்த்திப் பிடிப்பதாகவோ விளங்குவதில்லை. தாங்கள் வழங்கும் பரிசுகளை நோபல் பரிசிலிருந்து வேறுபடுத்திக்கொண்டு அவர்களின் பரிசு நோபல் பரிசிற்கு இணையானது எனப் புகழ்ந்து பாராட்டுவதாக அவர்களின் செயல்கள் அமைவதில்லை. அக்குழுவினர் “தங்களிடம் பரிசு பெற்றவர்களில் எத்தனை பேர் நோபல் பரிசு பெற்றுள்ளார்கள், பாரீர்!!” என்ற வகையில் நோபல் பரிசையும் தங்களது வெற்றியாகக் கொண்டு விளம்பரம் செய்பவர்களாக உள்ளனர். இத்தகைய விருதுகளை வழங்குபவர்களை ‘ஊகிப்பாளர்கள்’ எனலாம். இவர்கள் திரைத் துறையின் ‘BAFTA[1]’ அல்லது ‘*Golden Globe*[2]’ நிறுவனங்களைப் போன்றவர்கள். இந்நிறுவனங்கள் ஆஸ்கார் பரிசுக்கான ஊகிப்பாளர்களாகவே செயல்படுகின்றன. பரிசுகளை வழங்கும் பல அறிவியல் நிறுவனங்கள் இத்தன்மைகளிலிருந்து வேறுபட்டவை. இவற்றின் தேர்வுக் குழுவினர், நிறுவனப் பொறுப்பாளர்களின் கீழ் அடிமை மனநிலையுடன் ஏற்கெனவே நோபல் பரிசு வழங்கப்பட்டிருக்கின்ற துறை என்பது மட்டுமல்ல நோபல் பரிசு பெற்ற ஒரு சிறந்த நபரையும்கூடத் தங்களின் விருதிற்குத் தகுதியானவராக மீண்டும் முன்மொழிவதில்லை.

நோபல் பரிசு எவ்விதம் இந்த உன்னத நிலையை அடைந்தது? ஸ்வீடன் நாட்டின் வேதியலாளர் ஆல்ஃபிரெட் நோபல் தற்செயலாக நோபல் விருதினை நிறுவினார். டைனமைட்டைக் கண்டுபிடித்து அதன் மூலம் ஒரு பெரிய தொழிலை வளர்த்தெடுத்தார். தான் கண்டுபிடித்த பொருளின் மரபுரிமையால் பெற்ற செல்வத்தை என்ன செய்வது என எண்ணிய நோபல், தான் ஈட்டிய செல்வத்தின் பெரும்பகுதி கண்டுபிடிப்புகளுக்கான

---

1. மொழிபெயர்ப்பாளரின் குறிப்பு:

   BAFTA – British Academy of Film, Television and Art. - ஓர் இங்கிலாந்து நிறுவனம். சினிமா, தொலைக்காட்சி, வீடியோ - விளையாட்டுகள் துறைகளில் சிறப்பாகச் செயல்படுபவர்களுக்கு உதவி செய்தும் பாராட்டியும் பரிசளித்தும் வருகிறது.

2. Golden Globe – அமெரிக்காவின் Hollywood Foreign Press Association எனும்அமைப்பு. சினிமா, தொலைக்காட்சி தயாரிப்புகளில் சிறப்பானவற்றை அடையாளம் கண்டு விருதுகள் வழங்குகிறது.

பரிசுகளுக்குச் செல்லட்டும் என்று இந்த விருதுகளைத் தோற்றுவித்தார். இயற்பியல், வேதியியல், உடற்செயலியல் அல்லது மருத்துவம் ஆகிய மூன்று துறைகளுக்கான விருதுகள் ஸ்வீடனில் நிறுவப்பட்டன. அங்கேயே இலக்கியத்திற்கான விருதும் அமைந்தது. தனியாக, அமைதிக்கான பரிசு நார்வேயில் நிறுவப்பட்டது. விசித்திரமாகக் கணிதத் துறைக்கு விருதிற்கான நிதி ஆதாரம் நிறுவப்படவில்லை.

முதல் நோபல் பரிசு, 1901ஆம் ஆண்டு எனும் தீர்மானம் நன்னிமித்தமானதாக அமைந்தது. இவ்விருதுகளை நிறுவுதல் அறிவியலில் புரட்சி தோன்றும் காலமாகவும் அமைந்துவிட்டது. இத்தகைய அரிய நிகழ்ச்சிகள் சீராக ஒருங்கமைவு பெறுவது ஒரு சில நூற்றாண்டுகளுக்கு ஒரு முறைதான் நிகழும். இயற்பியல் கண்டுபிடிப்புகளாக 'மின்காந்தச் சிற்றளவு ஆற்றலின் இயக்கவியல்', 'அணுத்துகள் பொருளியல்', 'சார்புக் கோட்பாட்டியல்' போன்றவை பொருண்மை காண் எண்ணக் கட்டமைப்பை மாற்றி அமைத்துவிட்டன. இத்தகைய கண்டுபிடிப்புகள் தொடர்ச்சியாக மூலக்கூறுகளின் கூட்டமைவு–ஆற்றல் காரணிகள், வேதிய மாற்ற நிகழ்வுகளின் இயக்கத் தன்மைகள் போன்றவற்றையும் அறியச் செய்து வேதியியலை நவீனத் துறையாக மாற்றிவிட்டன. ஜீன்கள் எனும் மரபணுக் கண்டுபிடிப்புகளும் செல்கள் உள் நுண்ணமைப்பு அறிதல்களும் உயிரியலைப் புரட்சிகரமாகச் சிறப்படையச் செய்துவிட்டன. நோபல் பரிசை அன்றே பெற்ற பிளான்க், ஐன்ஸ்டீன், கியூரி, டிராக், ரூதர்ஃபோர்டு, மோர்கன் போன்றவர்கள் அறிவியலின் ஜாம்பவான்கள். இவர்கள் என்றென்றும் நினைவில் உள்ளவர்கள். இப்பரிசாகக் கிடைக்கும் திகைப்பூட்டுகின்ற அளவிலான பணம், கிடைத்தவருக்கு வாழ்நாள் பாதுகாப்பிற்கு உத்திரவாதம் தரும். நோபல் என்பது மகத்துவம் என்றாகி விட்டது. அதற்காக நோபலில் தவறுகள் நேர்ந்ததில்லை என்பதல்ல. பரிசளித்திருக்க வேண்டிய சிலரை கவனியாது செயல்பட்டிருக்கிறது. இன்றைய வேதியியலின் அடிப்படையான 'Periodic Table' எனும் தனிமங்க களின் அட்டவணையை உருவாக்கிய மெண்டலீஃப் பரிசளித்தலில் விடுபட்டிருக்கிறார். 'அணு பிளத்த'லுக்கான விளக்கத்தையளித்த லைமீட்னர் அல்லது DNA ஒரு 'மரபுப் பண்புக் கடத்தி' என்பதை முதலில் கண்டுபிடித்த ஆஸ்வால்டு ஏவரி போன்றவர்களுக்கும் இப்பரிசு கிடைக்கவில்லை. சில வேளைகளில் பரிசளித்தலில் கண்மூடித்தனமான தவறுகளும் நேர்ந்திருக்கின்றன. உதாரணமாக '*lobotomy*[3]' எனும் 'உடல் உறுப்பு கதுப்புப் பகுதி நீக்கம்' அறுவைச் சிகிச்சைக்குக் கிடைத்த பரிசைக் குறிப்பிடலாம்.

---

3. மொழிபெயர்ப்பாளரின் குறிப்பு:

'Lobotomy' என்பது உடல் பகுதியில் உருண்டை அல்லது பருத்த நீட்சியான கதுப்புப் பகுதியை நீக்குவது. இவ்வகை அறுவைச் சிகிச்சையை Schizophrenia எனும் மனச்சிதைவு நோயைக் குணப்படுத்துவதற்காக முதலில் செய்தவர் Antonio Caetaua de Abrev Friere Egao Moniz (சுருக்கமாக ஈகாஸ் மோனிஸ்). போர்த்துக்கீசியரான இவர் 1949ஆம் ஆண்டிற்கான மருத்துவத் துறையின் நோபல் பரிசினைப் பெற்றார். மனச்சிதைவு நோயைக் குணப்படுத்த மூளையில் 'Prefrontal' எனும் முன் மூளையின் முன் மூனைப் பகுதியைப் பிற மூளைப் பகுதிகளிலிருந்து துண்டித்தால் இந்நோய் குணமாகும் என்றார். பிற்காலத்தில் மருத்துவ உலகில் அவரது கண்டுபிடிப்பு தவறானது என உணர்ந்தனர். இவர் நோய் பற்றிய சரியான புரிதல் இல்லாமலும், முறையான பதிவேடுகள் இன்றியும் பாதிக்கப்பட்டவரைத் தொடர்ந்து கண்காணிப்பு செய்யாமலும் அறிக்கையளித்துவிட்டார் எனக் குறை கூறினர்.

உருளைப் புழுக்களால் புற்றுநோய் தோன்றுகிறது எனக் கூறிய ஜோஹன்னஸ் ஃபிபிஜர்க்கு[4] பரிசு கிடைத்ததையும் கூறலாம். அதே வேளையில் 'Coal Tar' எனும் 'நிலக்கரி கீல்' பொருளில் உள்ள வேதியப் பொருட்கள் புற்றுநோய்க்குக் காரணமானவை என்று மிகச் சரியாகக் கூறிய யோமாகிவா கட்சுசுபுரோவின் பெயர் நோபல் பரிசுக்குப் பரிந்துரை செய்யப்பட்டும் பரிசளிக்கப்பட வில்லை. இவரின் கண்டுபிடிப்பால் பிற்காலத்தில் கார்சினோஜன் எனும் புற்றுநோய் தூண்டிகள் பல அடையாளம் காணப்பட்டுப் பல ஆய்வுகளும் பாதுகாப்புக் கடைப்பிடிப்புகளும் மேற்கொள்ளப்பட்டுள்ளன.

அறிவியல் துறை பரிசுகள் குறையற்றனவாக இல்லாததைப் போலவே பிற துறைகளுக்கான பரிசுகளும் வாதத்திற்கு உரியனவாகவே உள்ளன எனலாம். இலக்கியத் துறையில் பல வேளைகளில் இலக்கியக் கல்வித் துறையின் தேவைகளுக்கேற்ற, பலரும் அறிந்திராத, வாசிப்பில் சுகமில்லாத அல்லது மோசமான அல்லது மிகச் சாதாரணமான எழுத்திற்குப் பரிசு கிடைத்துவிடுகிறது. பலரும் மறந்துவிட்ட எழுத்தாளர்களுக்குக் கிடைத்த இப்பரிசு ட்வையின், டால்ஸ்டாய், ஜாய்ஸ், பிரவுஸ்ட், நோபக்கோவ், போர்ஜஸ் அல்லது கிரஹாம் கிரீன் போன்றவர்களுக்குக் கிடைக்கவில்லை. இதை நான் எழுதிக்கொண்டிருக்கும் வேளையில், 2018இல் இலக்கியத்திற்கான நோபல் பரிசை வழங்கும் ஸ்வீடனின் நிறுவனம் ஒரு சர்ச்சையில் சிக்கிக் கொண்டிருக்கிறது. அதன் முதல் பெண் நிரந்தரச் செயலாளர் உட்பட பல உறுப்பினர்கள், பல குழுவினருக்கிடையே ஏற்பட்ட கருத்து மோதல்களால் பதவி விலகிவிட்டனர். இதனால் இந்த ஆண்டிற்கான இலக்கியப் பரிசு அறிவிக்கப்படவில்லை.

சமாதானத்திற்கான நோபல் பரிசைப் பற்றி என்ன சொல்வது. அராஃபட்டிற்கும் கிசிங்கருக்கும் பரிசு. ஆனால் காந்திக்கு இல்லை. மிகவும் பிற்காலத்தில் 1969இல் ஆல்ஃபிரட் நோபல் அவர்களின் நினைவாக பொருளாதாரத்திற்கென ஒரு பரிசை ஸ்வீடன் வங்கி நிறுவியது. நோபலின் பெயருடன் வங்கியும் இணைந்துகொள்வதற்கான ஒரு முயற்சி. இப்பரிசு பொருளாதாரம் குறித்த மாறுபட்ட எண்ணங்கள் கொண்ட துறைசாராத மாற்றுக் கருத்துடையவர்களுக்கும் தரப்பட்டது. ஒரு வேடிக்கையான சம்பவம் 2013இல் நிகழ்ந்தது. யூஜின் ஃபாமா[5]வும் ராபர்ட் ஷில்லரும் 2013ஆம்

---

4. ஜோஹன்னஸ் ஃபைபிஜர் (Johannes Andreas Grib Fibiger). இவர் டென்மார்க் நாட்டினர். 1927இல் மருத்துவத் துறைக்கான நோபல் பரிசை வென்றார். உருளைப் புழுக்களான 'Spiroptera carcinoma' எலிகளில் இரைப்பைப் புற்றுநோயை ஏற்படுத்துகின்றன என்று கூறினார். இது தவறு என பிற்காலத்தில் கூறப்பட்டது. இவரது காலத்திலேயே 'யோமாகிவர்–வால் carcinogen எனும் சில வேதியப் பொருட்களால் புற்றுநோய் ஏற்படுகிறது என கண்டுபிடிக்கப்பட்டது.

5. Eugene Fama (யூஜின் ஃபாமா) – இவர் அமெரிக்க நாட்டின் பொருளாதார அறிஞர். இவர் சோதனைகளின் மூலம் 'சொத்து மதிப்பீடு' 'திறமையான பங்குச்சந்தைக் கோட்பாடுகள்' போன்றவற்றில் வல்லுனர். சிக்காகோ பல்கலைக்கழக மாணவர்.

   • Rober Shiller (ராபர்ட் ஷில்லர்) இவரும் அமெரிக்க நாட்டின் பொருளாதார அறிஞர். நடத்தை சார் பொருளாதாரத் துறையில் சிறப்பு பெற்றவர்.

   இவர்கள் பரிசு பெற்றது "Empirical Analysis of Asset Prices" எனும் தலைப்பில். ஆனால் இருவரும் பங்குச் சந்தை சார்பாக ஒரு நிறுவனத்தின் சொத்து மதிப்பீடு, பங்குகளின் விலை மாறுதல் அறிவது ஆகியவை பற்றி முற்றிலும் முரண்பாடான கருத்துகள் உடையவர்கள். ஆக இரு மாற்றுக் கருத்து கொண்டவர்களுக்கு ஒரே நேரத்தில் நோபல் பரிசு கிடைத்தது.

ஆண்டிற்கான பொருளாதார நோபல் பரிசை இணைந்து பெற்றனர். இவர்கள் இருவரும் ஒன்றாகப் பரிசு பெற்றது டார்வினும்[6] லாமார்க்கும்[7] பரிணாமத் துறைக்கான பரிசை இணைந்து பெறுவது போன்றது.

பரிசு வழங்குதலுக்கான விதிகள் சர்ச்சைக்குரியனவாகவும் அமைந்துவிடுகின்றன. அவை நிலையானவையாக அமைந்திருக்கவில்லை. முந்தைய ஆண்டின் கண்டுபிடிப்பிற்குப் பரிசு வழங்குதல் என நோபல் இவ்விருதுகளை நிறுவுகையில் குறிப்பிட்டிருக்கிறார். ஆனால் ஒரு கண்டுபிடிப்பு முக்கியத்துவம் வாய்ந்ததா, என அறிவதற்கு நீண்ட நாட்கள் தேவைப்படுகின்றன. சில கண்டுபிடிப்புகள் 10 ஆண்டுகளுக்குப் பிறகே அங்கீகரிக்கப்படுகின்றன. எனவே இச்சட்டம் நிராகரிக்கப்பட்டுவிட்டது. மற்றொரு சர்ச்சைக்குரிய விதி ஒரு துறைக்கான பரிசை அதிகபட்சம் மூன்று பேருக்கு மட்டுமே வழங்க வேண்டும் என்பது. இவ்விதியானது 1968ஆம் ஆண்டு வடிவமைப்பு பெற்றது. ஒரு வகை அடிமை மனப்பான்மையுடன் நோபல் பரிசை மாதிரியாகக் கொண்டு லஸ்கர் அறக்கட்டளை அதே விதியை 1997இல் தனது பரிசுகளுக்கும் கடைப்பிடித்தது. இந்த அறக்கட்டளை அமெரிக்காவின் நோபல் எனப்படும். இவ்விருதிற்கான தேர்வுக் குழுவினர் ‘லஸ்கர் ஜுரி’ எனப்படுவர். இக்குழுவிற்கு ஜோசப் கோல்ட்ஸ்டீன் பல ஆண்டுகள் தலைமைப் பொறுப்பில் இருந்தார். இவர் ஸ்டாடின்கள் எனப்படும் மருந்துப் பொருட்களின் உயிரியல் முக்கியத்துவம் பற்றி ஆய்வுகள் மேற்கொண்டு நோபல் பரிசு பெற்றவர். இக்கண்டுபிடிப்பால் மில்லியன் கணக்கான மக்கள் மாரடைப்பு, பக்கவாதம் போன்ற இன்னல்களைத் தடுத்திருக்கின்றனர். இவரது ஆய்வுகள் எனக்கும் பலனளித்துள்ளன. நானும் ஸ்டாடின் மருந்துகள் பயன்படுத்துபவன்தான். அண்மையில் *cell* ஆய்விதழில் அவர் ‘மூன்று’ எனும் எண்ணின் முக்கியத்துவத்தைக் கூறி புலன் உணர்வுகளுக்கு அப்பாற்பட்ட மறைபொருள் தன்மையைக் கூறுகின்ற வகையில் திருக்கோயில்களில் அமைக்கப்பட்ட மூன்று நெடிதுயர்ந்த வண்ணவரைபட பலகைகள் அமைப்பின் முக்கியத்துவத்துடன் இணைத்துத் தெரிவித்திருந்தார். இது பல ஆண்டுகள் தேர்வுக் குழுவில் அமர்ந்திருந்ததனால் ஏற்பட்ட இயல்புப் பண்புத் தோற்றம். இவ்வியல்பு கோல்ட்ஸ்டீன் போன்ற அறிவார்ந்தவர்களையும் பயன்பாட்டாளராக அமைத்துவிட்டது.

இன்று மூன்று பேருக்குப் பரிசு என்பது பொருத்தமற்றது. நோபல் விருதுகள் 1901இல் துவங்கப்பட்டபோது எங்கெங்கோ தனித்தனியாக ஆய்வுகள் மேற்கொண்டிருந்தனர். ஒரு சில ஆண்டுகளுக்கு ஒருமுறை அவர்கள் சந்திக்கும் வாய்ப்புகள் கிடைத்திருக்கலாம். அவர்களது கண்டுபிடிப்புகள் அறிவிக்கப்பட்ட வேளைகளில் இத்தகைய ஆய்வினை யார் செய்திருப்பார் எனும் சந்தேகம் இருந்ததில்லை. ஒரு கண்டுபிடிப்பிற்கு மூன்று பேர் பங்களிப்பு செய்திருந்தனர் என்பதற்கெல்லாம் வாய்ப்பே இல்லை. இன்றைய உலகில் ஒரு குறிப்பிட்ட ஆய்வின் துவக்க எண்ணம்

---

6. டார்வின் தனது பரிணாமக் கருத்தை 1859இல் வெளியிட்டார். பரிணாமத்தை உறுதிப்படுத்திய டார்வினும் லாமார்க்கும் பரிணாமம் நிகழ்வது தொடர்பாக வெவ்வேறு கருத்துகள் கொண்டவர்கள்.

7. லாமார்க் தனது பரிணாமக் கருத்தை 1809இல் வெளியிட்டார்.

எங்கேனும் ஒரு கூட்டத்தில் தெரிவிக்கப்பட்டால் அச்செய்தி உலகம் முழுவதும் பரவிவிடுகிறது. பலரும் அதற்கான கண்டுபிடிப்பில் ஆர்வம் செலுத்திப் பங்களிக்கின்றனர். சரியான அறிதலுக்கு வித்திட்டவர் முதன் முதலாக இவ்வகை ஆய்வினைத் துவங்கியவரா அல்லது பிற்காலத்திய ஆய்வுகளில் ஒன்றா, என்பது தெரிவதில்லை. விளையாட்டுப் போட்டிகளில் பங்கேற்பவர்களின் செயலைக் கணக்கிட முறைகள் உண்டு. அதிக மதிப்பெண், மிகுந்த வேகத்திற்கான நேரம், குதித்தலின் நீளம், தாண்டுதலின் உயரம் என்றெல்லாம் கணக்கிடலாம். ஆனால் அறிவியலில் ஓர் குறிப்பிட்ட துறையின் ஆய்வில் மிகச் சிறந்த கண்டுபிடிப்பைச் செய்தவர்கள் என்று மூன்று பேரை மட்டுமே சுட்டுவது எளிதன்று. தெரிவு செய்தல் மதிப்பிடுவோரின் எண்ணம் சார்ந்தது. கடந்த 50 ஆண்டுகளில் பெருமளவில் ஏற்பட்ட அறிவியல் கண்டுபிடிப்புகளில் பல முக்கியமான கண்டுபிடிப்புகள் உள்ளன. அவை அனைத்திற்கும் பரிசு கிடைக்கவில்லை. பரிசளிப்பிற்குத் தெரிவு செய்வது ஒருவகையில் லாட்டரி அல்லது குலுக்கல் முறை போன்றதாகவே விளங்குகிறது.

'மூவர் விதி'யால் ஆண்டுக்கு ஆண்டு புகார்கள் அதிகரித்துக் கொண்டிருக்கின்றன. பலர் புறக்கணிக்கப்படுவதாகக் குறைபாடுகள் தெரிவிக்கப்படுகின்றன. ஹிக்ஸ் போசோன் எனும் அடிப்படை நுண்துகள் கண்டுபிடிப்பு, மரபணுத் தொகுப்பு அமைவுமுறை அறிதல் போன்ற பெரிய பெரிய கண்டுபிடிப்புகளும் முன்னேற்றங்களும் பலர் பங்கேற்கும் பெரிய கண்டுபிடிப்புகளாக நிகழ்ந்துள்ளன. 'அமைதிப் பரிசு' வழங்குவது போன்று அறிவியலில் நிறுவனங்களுக்குப் பரிசுகள் வழங்கப்படுவதில்லை. நோபல் பரிசாக வழங்கப்படுவது பெரிய தொகைதான். இருப்பினும் இன்றைய புதிய பரிசுகள் அதைச் சிறிதாக்கிவிட்டன. இதன் பொருட்டும் வேறு சில காரணங்களாலும் நோபல் பரிசு தனது தனித்துவமான தன்மையையும் உன்னத நிலையையும் இழக்கும் தருணம் தோன்றிவிட்டது.

அண்மைக் காலத்தில் நோபல் பரிசிற்குப் போட்டியாகத் தோன்றியிருப்பது, 'திருப்புமுனை விருது' (Breakthrough Prize). இப்பரிசுத் திட்டத்தை முதலில் தோற்றுவித்தவர் யூரி மில்நர். இவர் ஓர் இயற்பியலாளர். தொழிலதிபர். துணிகர முதலீட்டாளர், பில்லியனர். இவர் இயற்பியலில் 'தொடர் அமைப்புக் கோட்பாடு' எனும் புதிய கண்டுபிடிப்பில் ஈடுபட்டவர்களுக்கு பரிசளிக்க விரும்பினார். இக்கோட்பாட்டை ஏற்றுக்கொள்ளும் வகையிலான சோதனைகள், தரவுகள் சேகரிப்பு போன்றவை கிடையாது. இதற்கு நோபல் பரிசு கிடைப்பதற்கு வாய்ப்பில்லை. இக்கோட்பாடு அறிவியல் என்பதைக் காட்டிலும் 'இயற்கைத் தத்துவம்' என்றே கருதப்படும். எனவே யூரி மில்நர் இத்துறையில் ஈடுபட்டவர்களுக்குத் தானே முன்வந்து ஒருவருக்கு 3 மில்லியன் அமெரிக்க டாலர்கள் என ஒன்பது பேருக்கு வழங்கினார். தொடர்ந்து பிற பில்லியனர்களாகிய செர்ஜி பிரின், மார்க் ஸுக்கர்பெர்க் ஆகியோரையும் இணைத்துக்கொண்டார். இவ்வகையில் இன்று இப்பரிசுகள் உயிரியல், கணிதத் துறைகளிலும் வழங்கப்படுகின்றன.

முதன் முதலில் பரிசு பெறுபவர்களைத் தன்னிச்சையான முறையில் மில்னரும் அவரது கூட்டாளிகளும் தேர்ந்தெடுத்திருந்தனர். ஒருவேளை

அவர்கள், புகழ்பெற்ற விஞ்ஞானிகளைக் கலந்தாலோசித்திருக்கலாம். எனவே தேர்ந்தெடுக்கப்பட்டவர்கள் பலரும் அறிந்தவர்களாகவும் நல்ல தொடர்புகள் உடையவர்களாகவும் இருந்ததில் ஆச்சரியமில்லை. இனி வருங்காலத்தில் ஏற்கெனவே பரிசு பெற்றவர்களின் வாக்களிப்பால் தேர்வு நிகழும் என்பது பலருடன் தொடர்புகள் உடையவர்களுக்குச் சாதகமாக அமையும். இம்முறை பரிசளிப்பதற்கான சிறந்த முறை அல்ல என்று நான் மில்னரிடம் தெரிவித்தேன். இதை அவர்களுடைய பாணியில் கூறினால் முகநூலில் அதிக அளவில் 'லைக்ஸ்' பெறுபவருக்குப் பரிசளிப்பது போன்றது. 'தேர்வுக் குழுவில் உள்ளவர்கள் ஏற்கெனவே பரிசு பெற்றவர்கள். எனவே தங்களின் பரிசின் முக்கியத்துவத்தை அறிவார்கள். அந்தப் பரிசின் புகழ் குறைந்துவிடா வண்ணம் சரியானவர்களுக்குத்தான் வாக்களித்துத் தேர்ந்தெடுப்பார்கள்' என்றார் மில்னர். இப்படியாக, இந்தப் பரிசு மற்றொரு உயரடுக்கு மக்களுக்கான குழுவின் செயல்பாடு போல அமையும் ஆபத்தில் உள்ளது. வாக்குப் பெற்று வெற்றிபெறுபவர்கள் அறிவியல் குறித்துத் தங்களது சொந்தக் கருத்தமைவு உள்ளவர்களாகவே இருப்பார்கள்.

'திருப்புமுனை விருது', பகிர்ந்துகொள்ளும் நோபல் பரிசைக் காட்டிலும் எட்டு முதல் பத்து மடங்கு அதிகப் பணமதிப்பு உள்ளது. இப்பரிசளிப்பு விழா கலிஃபோர்னியாவில் ஹாலிவுட்டின் புகழ்பெற்றவர்களின் முன்னிலையில் நடைபெறும். பிற பரிசுகளைக் காட்டிலும் பாராட்டப்படக்கூடிய அம்சங்கள் பலவும் இதில் உள்ளன. இப்பரிசுகளை நிறுவனங்களும் இன்றைய அறிவியலில் நிறுவன அமைப்புத் தன்மையைப் பிரதிபலிக்கும் ஆய்வுக் குழுக்களும் பெறவிருக்கின்றன. நோபல் பரிசளிப்பில் உள்ளதுபோன்று காரண காரியமற்ற வகையில் மூன்று பேருக்கு மேல் பரிசு இல்லை என்றெல்லாம் இல்லாமல், அத்தகைய நோபல் விதியால் பரிசை இழந்தவர்கள் உட்படப் பலருக்கும் பரிசு கிடைக்க வாய்ப்புண்டு. மேலும், இப்புதிய பரிசில் நோபல் பரிசின் விதிமுறை போன்று கோட்பாடுகள், சோதனைகளால் நிரூபணமாயிருக்க வேண்டும் எனும் கட்டுப்பாடுகள் இல்லை. அதனால் விதிகளின்படி நோபல் பரிசுக்குத் தகுதி பெறவியலாத மதிநுட்பம் வாய்ந்த ஸ்டீபன் ஹாக்கிங் போன்றவர்களுக்கு இப்பரிசு கிடைத்துள்ளது. (இப்புத்தகத்தை நான் எழுதும் வேளையில் அவர் இறந்துவிட்டார்.) பிற பரிசுகளைப் போன்று இப்பரிசும் ஏறக்குறைய நோபல் பரிசை ஏற்கெனவே பெற்றவர்களுக்கு அளிக்கப்படவில்லை. (ஒன்றிரண்டு நல்வாய்ப்பு பெற்றவர்கள் ஜாக்பாட் அடித்தவர்களாக ஒரே ஆண்டில் இரண்டு பரிசுகளையும் பெற்றுள்ளனர்.)

இரண்டு விருதுகளுக்கும் பரிசுத் தொகை பெரிய அளவில் வேறுபட்டாலும் பலர் நோபல் பரிசை விட்டுக்கொடுக்க மாட்டார்கள். நோபல் பரிசில் பிரச்சினைகள் இருந்தாலும், பல போட்டிப் பரிசுகள் தோன்றியிருப்பினும் நோபலுக்கென்று ஒரு வரலாறும் தனித்தன்மையும் மக்களின் உணர்வுகளும் உண்டு. இன்றும் அப்பரிசு மதிப்பில் உச்சத்தில்தான் உள்ளது. இப்பரிசுக்கான மரியாதைக்கு வேறு சில காரணங்களும் உண்டு. நோபல் பரிசு தேர்வுக் குழுக்கள் அவசரமாக முடிவெடுக்காமல் நிதானமாகச் சிந்தித்து அத்துறையின் வல்லுனர்களுடனும் கலந்தாலோசிக்கின்றனர்.

தேவை ஏற்படின் பரிசு பெற வாய்ப்புள்ளவர்களை ஸ்வீடனுக்கு வரவழைத்து அவர்களுடன் நேர்காணல் செய்து முடிவெடுக்கின்றனர். அக்குழுவின் முடிவுகள்பற்றி ஒரு சில குறைபாடுகள் கூறப்பட்டிருந்தாலும் இதுவரை குழுவினரின் நேர்மையையும் ஒழுங்கையும் பற்றி எவரும் குறை சொல்லிக் கேள்விப்பட்டதில்லை. மேலும் நோபல் குழு, அரசியல் தன்மைகளாலோ அல்லது பரிசுக்குரியவர்கள் பிரபலங்கள் என்பதாலோ தங்களது முடிவுகளை மாற்றியமைத்துக்கொள்வதில்லை. தங்களது நாட்டினருக்கே அதிகம் தெரியாத விஞ்ஞானிகளும்கூடப் பரிசு பெற்றிருக்கின்றனர். சில வேளைகளில் நோபல் பரிசு அங்கீகாரம் கிடைத்த பிறகு அவர் சார்ந்த நாட்டின் தேசிய நிறுவனங்கள் அவசர அவசரமாக அவரை அடுத்த ஆண்டின் உறுப்பினராக தேர்ந்தெடுத்துக்கொள்வதுண்டு. இதற்கு மிகச் சரியான உதாரணமாக மேரி கியூரி இயற்பியல் பரிசு பெற்றதைக் குறிப்பிடலாம். அறிவியல் ஆய்வுகளில் பெண்கள் அதிகம் ஈடுபடாத காலத்தில் எவ்வித அங்கீகாரமும் இல்லாமல் அறிவியல் ஆய்வுகளில் ஈடுபட்டவர் மேரி கியூரி. ஆண், பெண் விஞ்ஞானிகளில் முதன் முறையாக இரண்டு நோபல் பரிசுகளைப் பெற்றவர் அவர்.

ஆரம்ப காலங்களில் நோபல் பரிசு பெற்றவர்கள் தத்தமது துறைகளில் 'giants' என்று கூறத்தக்க வகையில் மாபெரும் சாதனையாளர்கள். எனவே பலரும் – குறிப்பாக அறிவியல் சாராதவர்கள் – அவர்களை நோபல் மேதைகள் / பேரறிவாளர்கள் என்று கருதினர். உண்மையில் நோபல் பரிசுகள், அவர்கள் மேதைகள் என்பதற்காக அளிக்கப்படவில்லை. அவர்களின் கண்டுபிடிப்பு அறிவியல் உலகை திசைதிருப்பும் அல்லது மக்களைப் புதிய பாதையில் எடுத்துச் செல்லும் என்ற வகையிலேயே அவர்கள் அங்கீகாரம் பெற்றனர். மற்றவர்கள் சிறந்த விஞ்ஞானிகள்; தொடர்ந்து ஆய்வுப் பணியிலிருந்தவர்கள். திடீரெனத் தற்செயலாக முக்கியக் கண்டுபிடிப்பை நிகழ்த்தியவர்கள். சரியான இடத்தில் சரியான வேளையில் இருப்பதென்பது சிலருக்கு பரிசு பெறத் துணை செய்திருக்கிறது. ஷேக்ஸ்பியரின் 'Twelfth Night' நாடகத்தில் மல்வோலியோ கூறுவதையும் இங்கு குறிப்பிடலாம்: 'சிலர் புகழுடன் பிறக்கிறார்கள், ஒரு சிலர் புகழ் பெறுகிறார்கள் ஒரு சிலரின் மீது புகழ் திணிக்கப்படுகிறது.'

நோபல் பரிசு என்பது 'இவர் ஒரு மேதை' என அதைப் பெற்றவரின் மீது குத்தப்படும் முத்திரை. அம்முத்திரையைப் பெறச் சிறிய வாய்ப்பு உண்டு எனும் நிலையை ஒருவர் எட்டிவிட்டால் அவர் விடாப்பிடியாக அதைப் பெற ஏக்கம் கொள்ளலாம். அப்பரிசைப் பெறுவது என்பது – பொது மக்களின் பார்வையில் – பாராட்டத் தக்கவர்களின் குழுவில் இணைதல் போன்றது. ஒரு சில விஞ்ஞானிகள் இத்தகைய ஏக்கத்தினை அதிக அளவில் கொண்டவர்களாக தங்களது நடத்தை முறைகளையே மாற்றிக் கொள்ளுகின்றனர். அவர்களின் எழுத்துக்களும் பொது வெளிகளில் அவர்களது வெளித்தோற்றமும் அரசியல் குறிக்கோள் கொண்டவரின் பாவனையில் அமைந்திருக்கும். ஒவ்வொரு ஆண்டும் அங்கீகரிப்பை எதிர்பார்த்திருந்து கிடைக்கவில்லையெனில் அவர்கள் மிகுந்த வருத்தமும் வெறுப்பும் கொள்ள வாய்ப்புண்டு. இது ஒரு வகையான நோபலுக்கு முன் தோன்றும் நோய் (pre Nobelitis).

நோபல் பரிசு கிடைத்தவுடன் 'நோபலின் பின் நிலை' *post Nobelitis* ஏற்பட்டுவிடும். திடீரென விஞ்ஞானிகள் பெரும் புகழ் வெளிச்சத்தில் ஜொலிக்கத் தொடங்கிவிடுவார்கள். மக்களின் பாராட்டு எனும் சூரிய ஒளியில் குளிர்காயத் துவங்கிவிடுவார்கள். வானத்திற்குக் கீழுள்ள அனைத்தைப் பற்றியும் மக்கள் அவர்களிடம் கருத்துக் கேட்பார்கள். இக்கேள்விகள் அவர்களது அறிவுக்கும் திறனுக்கும் அப்பாற்பட்டவை யாகவும் இருக்கும். அவர்கள் காற்றில் மிதக்கத் தொடங்கிவிடுவார்கள். பெரும்பாலான இவ்விஞ்ஞானிகள் தங்களது வாலிப காலத்தைக் கடந்தவர்கள். பல ஆண்டுகளுக்கு முன்பாகவே இத்தகைய கண்டுபிடிப்பு களை நிகழ்த்தி மக்களிடம் கவனிப்புப் பெற்றிருந்தால் உலகம் முழுவதும் சுற்றிப் பலவற்றையும் கண்டு விவரித்து, அவையனைத்தையும் புனிதப்படுத்தியிருப்பார்கள். அவர்கள் தொழில் ரீதியிலான நோபல் அறிஞர்களாயிருப்பார்கள்.

சில நோபல் அறிஞர்கள் இத்தகைய நோய்களிலிருந்து தப்பி விடுகிறார்கள். இவர்களின் தப்பித்தல் இரண்டு காரணங்களால் ஏற்படுகிறது. ஒன்று அவர்கள் மிகத் தீவிர விஞ்ஞானிகள். இவர்கள் பரிசு, பாராட்டு, புகழ் போன்றவற்றிற்கு முக்கியத்துவம் தருவதில்லை. அத்தகைய திசை திருப்புதல்களைத் தவிர்த்து மேலும் அறிவியல் ஆய்வுகளில் தொடர்கின்றனர். தங்களுக்குப் பரிசு பெற்றுத் தந்த அறிவியலுக்கு மேலும் பங்களிப்புகள் செய்ய முனைகின்றனர். இரண்டாவது வகையினர் தாங்கள் பெற்ற புகழைப் பயன்படுத்திச் சில தலைமைப் பொறுப்புகளை ஏற்று அறிவியல் உலகிற்கு தொண்டு செய்ய முயற்சிக்கின்றனர். இதற்கு உதாரணமாக ஹெரல்டு வார்மஸைக் கூறலாம். இவர் தனது ஆய்வுகளால் ஜீன்கள் சில சூழல்தன்மைக் காரணங்களால் இயல்பான செல்களைப் புற்றுநோய் செல்களாக மாற்றிவிடுகின்றன என்று கண்டுபிடித்தார். இதற்கான நோபல் பரிசையும் பெற்றார். அதன் பின் அமெரிக்காவின் தேசிய சுகாதார நிறுவனத்தில் இயக்குநராகப் பணிபுரிந்தார். உயிர்–மருத்துவ ஆராய்ச்சி களை ஊக்குவித்தார்.

அறிவியல் பற்றியும் அறிவியல் ஆய்வுகள் பற்றியும் மக்களிடையே எடுத்துச் செல்வதற்கும் அறிவியலை பிரபலப்படுத்த இத்தகைய பரிசுகள் உதவுகின்றன. குறிப்பாக இளம் மாணவர்களுக்கு அறிவியல் அறிஞர்கள் எடுத்துக்காட்டானவர்களாக விளங்குகிறார்கள். பிரையன் வெம்பர்லியின் ஆலோசகர் நாச்சோ டினோகோ. இவர் புகழ் பெற்ற இயற்பிய – வேதியலாளர். அவர் ஒருமுறை என்னிடம், 'சிறந்த விஞ்ஞானிகளிடையே ஆராய்ச்சிகளில் போட்டிகளைத் தோற்றுவிப்பதற்கு நோபல் பரிசுகள் தேவை. இவ்விருதுகள் அவர்கள் மிகச் சிறந்த ஆய்வுகளை மேற்கொள்ளத் தூண்டுதலாக விளங்குகின்றன' என்றும் 'பரிசுகள் அறிவியலுக்கு நல்லது, அறிவியல் விஞ்ஞானிகளுக்கு நல்லதல்ல' என்றும் கூறினார். பரிசுகள் ஒரு சிலரின் நடத்தை முறைகளைக் கெடுத்துவிடுகின்றன, மேலும் போட்டி மனப்பான்மையை மோசமான பண்பாக மாற்றி மகிழ்ச்சியற்ற சூழல் தோன்றிவிடுகிறது.

உலகின் அனைத்துக் கலாச்சாரங்களுக்கும் அவர்களுக்கான ஹீரோக்களும் முன் மாதிரிகளும் தேவைப்படுகிறார்கள். எனவே பரிசு

பெறுவது அத்தகைய எண்ணங்களின் வெளிப்பாடாக இருக்கலாம். சமுதாயத்தில் இவ்வியல்பு நிலையானதுதான். வாழ்வின் சில குறைகளில் ஒன்றான இத்தகைய இயல்புகள் மனித இனத்தின் கலாச்சார வாழ்விலும் இயற்பண்பாகப் பிரதிபலிக்கிறது என உணரலாம். இதுவரை எந்தவொரு விஞ்ஞானியும் நோபல் பரிசை மறுத்ததில்லை. (ஜெர்மனியின் நாசி அரசு ஜெராட் டோமேக்கை பரிசு பெற அனுமதிக்கவில்லை.) ஒரு விஞ்ஞானி தனது திறமைக்கான அங்கீகரிப்பையும் பொருளாதார – மேம்பாட்டிற்குத் துணை செய்யும் பரிசளிப்பையும் மறுப்பது என்பது இயலாத ஒன்றுதான்.

நான் 30S துணையலகில் ஆய்வுகள் மேற்கொண்ட போது எனது முனைப்பு அதை எவ்விதம் முடித்து, போட்டியில் முந்தியிருப்பது என்பதாகவே இருந்தது. ஒரு கட்டம் வரையில் நான் பரிசைப் பற்றிச் சிந்திக்கவில்லை. ஆனால் இப்போது ரைபோசோம் ஆய்வுகள் பெரிய பரிசுக்கு உரியவை என்று பலரும் கூறுகையில் நானும் இதனால் பாதிப்படைகிறேன். பிறருடன் ஒப்பிடுகையில் எனது ஆய்வுப் பங்களிப்பை எண்ணிக் கவலைப்படுகிறேன். இந்த ஆய்வில் முன்னோடியாக மதிக்கப்படுவேனா அல்லது 'இவரும் போட்டியில் இருந்தார்' எனும் அளவில் கருதப்படுவேனா என எண்ணிக்கொள்கிறேன். நான் எத்தகைய எண்ணங்களை அன்று கொண்டிருந்தேனோ அது கடந்துபோனது, இப்போது கடந்த சில ஆண்டுகளாக இந்த ரைபோசோம் அரசியலில் சிக்கிக்கொண்டிருக்கிறேன்.

16

ரைபோசோம்:
சுற்றுப் பயணங்களும் பரப்புரைகளும்

2000ஆவது ஆண்டின் கோடைக்காலத்தில் ரைபோசோமின் மூலக்கூறு அணு அமைப்பின் கண்டு பிடிப்புகள் வெளியாயின. நான் தொடர்ந்து இவை தொடர்பான அரசியலைத் தவிர்த்துவந்தேன். எனது கவனம் முக்கியப் பிரச்சினையாகிய மரபுக் குறியீடுகளை 30S துணையலகு அவ்வளவு துல்லியமாக எவ்விதம் கண்டறிகிறது என்பதை அறிந்துகொள்வதிலேயே இருந்தது. அன்றைய இலையுதிர் காலத்தில் நான் ஏற்றுக்கொண்ட அழைப்புகளில் ஒன்று NIHஇன் ஸ்டெட்டன் விரிவுரை. என்னுடன் பீட்டர் மற்றும் ஆடாவும் உரை நிகழ்த்தவிருந்தனர். அங்கு நான் எதிர்பார்த்த படியே ஆடா நீண்ட நேரம் பேசினார். அன்று பேச வேண்டிய மூன்று நபர்களில் நானே கடைசி. நான் உரைநிகழ்த்த மேடை ஏறுகையில் கருத்தரங்கத்தின் நேரத்தில் பெரும்பகுதி செலவாகியிருந்தது. நல்லவேளையாக நிகழ்ச்சியை ஏற்பாடு செய்தவர் அன்பானவர். எனது உரையை முழுவதுமாக நிகழ்த்த அனுமதியளித்தார். பல ஆண்டுகளுக்கு முன் சியாட்டிலில் பால் சிக்ளருக்கு நேர்ந்தது எனக்கு ஏற்படவில்லை.

    NIHஇல் உரை நிகழ்த்திய பிறகு நான் கோல்டு ஸ்பிரிங் ஹார்பருக்குச் சென்றேன். ஒரு காலத்தில் நான் மாணவனாகப் பயின்ற படிக வரைபடவியல் துறையிலேயே உரைநிகழ்த்த அழைக்கப்பட்டிருந்தேன். விமான நிலையத்தில் உள்ளே செல்வதற்காக வரிசையில் நின்றிருந்தேன். அங்கு எனக்கு முன்பாக ஜிம் வாட்சன் நின்றிருப்பதைக் கண்டேன். அவரிடம் என்னை அறிமுகம் செய்துகொண்டபின் இருவரும் நியூயார்க் செல்லும் விமானத்தில் ஏறினோம். இருவருக்கும் அடுத்தடுத்த இருக்கைகள். செல்லும் வழியில் ரைபோசோம் ஆய்வுகளில் ஏற்படும் முன்னேற்றம் பற்றியும் ஏன் கண்டு பிடிப்புகளுக்குக் காலதாமதம் ஏற்படுகிறது, என்பது குறித்தும் பேசினோம். திடீரென அவர், எவ்விதத் தொடர்பும் இல்லாமல் 'அந்தப் பரிசை மறந்துவிடுங்கள்' என்றார். மேலும் அவர், 'யேலில் உள்ளவர்கள், அந்த கலிஃபோர்னியாக்காரர், அடுத்து அந்த

இஸ்ரேலின் பெண்மணி (அவர் ஹேரியையும் ஆடாவையும் குறிப்பிடுகிறார்) ஆகியவர்களை மீறி வேறு ஒருவருக்கும் கிடைக்காது' என்றார். அடுத்த நாள் கருத்தரங்கில் உரை நிகழ்த்துகையில் பார்வையாளர்களில் வாட்சனும் அமர்ந்திருக்கிறார். இது ஓர் அபூர்வமான காட்சி, அமைப்பாளர்களே எதிர்பார்த்திருக்க மாட்டார்கள். ஒருவேளை அவர் என்னைப்பற்றி அறிந்துகொள்ள வந்திருக்கலாம்.

ரைபோசோம் மூலக்கூறின் அமைப்பு வெளியான சில நாட்களில் வாட்சன் இக்கருத்தை விமானப் பயணத்தில் தெரிவித்தது விசித்திரமானது. ரைபோசோம் எவ்விதம் இயங்கும் என்பதைக் கண்டறிய இன்னும் பல ஆய்வுகள் செய்ய வேண்டியுள்ளது. அந்த முக்கியக் கண்டுபிடிப்பை யார் வெளியிடுவார் என்பதைக் காலம்தான் சொல்லவியலும். அவருடைய கருத்துகள் என்னைச் சற்றுப் பாதிக்கவே செய்தன. ரைபோசோமில் ஆய்வுகள் செய்து விருதுகள் பெறுவதற்கு இன்னும் நீண்ட காலம் உள்ளது என எண்ணி அவரின் கருத்துகளைச் சற்று ஒதுக்கிவைத்தேன்.

எனது எண்ணங்கள் சற்றுத் தவறானவையாயின. 2000ஆம் ஆண்டு இறுதியில் அதாவது ரைபோசோமின் இரண்டு துணையலகுகளின் மூலக்கூறு அணு அமைப்பு வெளியாகிச் சில மாதங்களுக்குப் பிறகு பிரான்டீஸ் பல்கலைக்கழகம் வழங்கும் ரோசன்டீல் விருது ரைபோசோமில் பெப்டைடு இணைப்பு எவ்விதம் தோன்றுகிறது, அதை RNA எவ்விதம் ஊக்குவிக்கிறது என்பதைக் கண்டறிந்ததற்காக ஹாரி, பீட்டர், டாம் ஆகியோருக்கு வழங்கப்பட்டது. இது ஒரு முக்கியக் கண்டுபிடிப்புதான். ஆனால் ரைபோசைமாக (என்சைமாக) செயல்படுவதைக் காட்டிலும் வேறு முக்கியப் பணிகள் ரைபோசோமிற்கு உண்டு. இவர்கள் கூறிய ஒன்றுதான் செயல் உதாரணம் என்பதல்ல. இதைக் காட்டிலும் DNAயை மீட்டுருவாக்கம் செய்தல் அல்லது நேர்படி எடுத்தல் முறையால் தோற்றுவித்தல் அல்லது மரபுச் செய்தியை DNA விலிருந்து mRNAவிற்கு அச்சுப் பிசகாமல் மாற்று நகல் உண்டாக்குதல் போன்ற பணிகளில் ஈடுபடும் பாலிமெரேசுகள்[1] மிகவும் முக்கியமானவை. இவை பிற என்சைம்களைப் போன்று புரோட்டீன்களால் ஆனவை. தேர்வுக் குழு, அந்த மூன்று பேருக்கு மரியாதை செய்ய வேண்டும் எனும் எண்ணத்தில் அதற்குரிய மேற்கோளையும் எழுதிப் பிற விஞ்ஞானிகளைப் புறந்தள்ளிக் குறிப்பிட்ட நபர்களுக்கு மட்டும் பரிசை முடிவு செய்ததோ எனும் எண்ணம் எனக்குத் தோன்றியது.

இதை நான் ரிச்சர்ட் ஹென்டர்சனிடம் (இவர் ஏற்கெனவே ரோசன்ஸ்டீல் பரிசு பெற்றவர்) கூறினேன். அதற்கு அவர் 'பரிசு எப்படிக் கொடுத்தார்களோ என்றெல்லாம் சிந்திப்பதை விடுத்து, உங்களை எங்கெல்லாம் உரை நிகழ்த்த அழைக்கிறார்களோ அங்கெல்லாம் சென்று உங்களது ஆய்வுகள் பற்றிக் கூறுங்கள். அதன் மூலம்தான் உங்களது வேலைக்கான அங்கீகாரம் கிடைக்கும்' என அறிவுறுத்தினார். பழைய காலத்தின் கதை சொல்லும் திறன்தான் அறிவியலைப் பரப்புவதிலும்

1. மொழிபெயர்ப்பாளர் குறிப்பு: பாலிமெரேசுகள் (Polymerases): செயலால் என்சைம்கள். அமைப்பால் புரோட்டீன்கள். இவை DNA அல்லது RNA பாலிமெர் (கூட்டு மூலக்கூறு) தோன்றுதலுக்குக் காரணமான கிரியா ஊக்கிகள். இவை DNA அல்லது mRNAயின் உப்பு மூலங்களின் அமைவானது மூலமுதலான டெம்பிளேட் (template) எனும் மரபுக் குறிப்புப் பதிப்பில் உள்ளது போன்றே அமைவதற்கு என்சைம்களாகச் செயல்படுகின்றன.

துணை செய்கிறது. பிற செய்திகளைப் பற்றி வாசிக்க இயலாத அளவிற்கு விஞ்ஞானிகள் தங்களது ஆய்வு வேலைகளில் மும்முரமாக இருப்பவர்கள். (ஒரு சிலர் தங்களது ஆய்வுத் துறை சார்ந்த செய்திகளையும் கூட வாசிக்க நேரமில்லாதவர்கள்.) எனவே அவர்கள் அச்செய்தி தொடர்பானவர்கள் நேரடியாகத் தங்கள் முன் நின்று கூறினால் மட்டுமே அந்த ஆய்வு பற்றியும் யார் என்ன செய்கிறார்கள் என்பது பற்றியும் அறிந்துகொள்கிறார்கள்.

ஒரு சில மாதங்களுக்குப் பிறகு கோல்ட் ஸ்பிரிங் ஹார்பர் ஆய்வகத்தில் உரைநிகழ்த்துவதற்கு மீண்டும் அழைப்பு வந்தது. ஒவ்வொரு ஆண்டும் இந்த ஆய்வகம் ஒரு முக்கியத் தலைப்பில் உரையரங்கம் ஏற்பாடு செய்கிறது. அதற்கென அந்தக் காலகட்டத்தில் ஒரு முக்கியமான மாற்றத்தைத் திருப்புமுனையாகக் கொண்டிருக்கும் தலைப்பு தேர்ந்தெடுக்கப்படுகிறது. இக்கருத்தரங்கின் இறுதியில் வெளியிடப்படும் புத்தகங்களில் உயிரியலில் இதுவரை நிகழ்ந்த முக்கிய கண்டுபிடிப்புகளை காலவரிசைப் பட்டியலாகத் தந்துவிடுகிறார்கள். 2001ஆம் ஆண்டிற்கான முக்கியப் பதிவு ரைபோசோம்கள் பற்றியது. அவர்களின் அழைப்பினை மகிழ்ச்சியுடன் ஏற்றுக்கொண்டேன். இதைத் தொடர்ந்து நான் எதிர்பாராத மற்றொரு அழைப்பும் கிடைத்தது.

ஒவ்வொரு கருத்தரங்கிலும் இரண்டு சிறப்புரைகள் இருக்கும். சிறப்புரை என்பது பொதுவான 15 அல்லது 20 நிமிட சிறிய உரையாக இல்லாமல் ஒரு தலைப்பில் 1 மணிநேரம் பேசுவது என்று அமைக்கப்பட்டிருக்கும். இரண்டு சிறப்புரைகளில் ஒன்று கருத்தரங்கப் பங்கேற்பாளர்களுக்கும் மற்றொன்று விஞ்ஞானிகளும் அவ்விடத்தின் சுற்று வட்டாரப் பகுதி மக்களும் கலந்துகொள்ளும் வகையிலும் இருக்கும். ஆச்சரியப்படும் வகையில் என்னை இரண்டிலும் உரை நிகழ்த்த வேண்டினார்கள். இரண்டாவது உரைக்கும் என்னை அழைத்ததன் காரணம், அன்றைய காலகட்டத்தில் ரைபோசோம்களுடன் இணையும் ஆன்டிபயாட்டிக்குகள் பற்றி ஆய்வுக் கட்டுரை வெளியிட்டது எங்கள் குழு ஒன்றுதான். இச்செய்தி பொதுமக்களுக்கு ஆர்வமூட்டுவதாக அமையும் என்பதால் இரண்டாவது உரையையும் அளிக்க என்னை அழைத்தனர்.

கருத்தரங்கில் கலந்துகொள்வதற்காகப் புறப்பட்ட நான், டிட்லெவ், ஜேம்ஸ், ஆன்ட்ரூ ஆகிய நால்வரும் நியூயார்க்கின் JFK விமான நிலையத்தையடைந்தோம். எங்களை வரவேற்று அழைத்துச் செல்வதற்காக கோல்ட் ஸ்பிரிங் ஹார்பரிலிருந்து நீண்ட லீமோசீன் வாகனம் அனுப்பியிருந்தனர். எங்களுக்குச் சிறப்பாக வரவேற்க அனுப்பப்பட்டிருந்த வாகனத்தைக் கண்டவுடன் வியப்பும் களிப்புமாக இருந்தது. துவக்க நாள் இரவில் நானும் டாமும் எங்களது மூலக்கூறுகளின் அமைப்புகளைப் பற்றிப் பேசினோம். ஆடா அடுத்த நாள் பேசினார். அவரது அமர்வில் தலைமைப் பொறுப்பில் டான் காஸ்பர் இருந்தார். பார்வையாளர்களுக்கு ஆடாவின் பங்களிப்புகளை நினைவூட்டுகின்ற வகையில் படிகமாக்குதல் முயற்சிகளில் அவர் எவ்விதம் முன்னோடியாக இருந்தார் என்றும் பிறகு பல கண்டுபிடிப்புகளுக்குத் துவக்க வழிகாட்டியாக விளங்கினார் என்றும் தெரிவித்தார். ஆடா தனது உரையில் தான் புதிய 50S துணையலகுகளின் படிகங்களை E.Coliக்கு ஈடான பாக்டீரியத்திலிருந்து பெற்றதாகக்

கூறினார். ஹோலோர்குலா மாரிஸ்மோர்டுயை உயிரிகள் ஆதி உயிரிகள் என்றும் அவைகளிலிருந்து ஒரு தொகுப்பாக பாக்டீரியங்கள் முற்காலத்திலேயே தோன்றின எனவும் வாதிட்டார். அவை உயர்மட்ட உயிரிகளுக்கும்– யூகேரியோட்டுகள் (உட்கரு கொண்டவை) – பாக்டீரியங்களுக்கும் இடைப்பட்ட பண்புகள் கொண்டவை என்றார். மேலும் இவை மிகுந்த உப்புக் கரைசலில் வளரக்கூடியவை. அவருடைய கருத்துப்படி ஆன்டிபயாடிக்குகளின் எதிர்மறையான செயல்பாட்டை இந்த பாக்டீரியங்களில் ஆய்வு செய்வது முறையற்றது. யேல் பல்கலைக் கழகக் குழுவினர் செய்தது போன்று ஹோலோர்குலாவின் 50S துணையலகின் படிகங்களைப் பயன்படுத்துவது தவறு என்ற அவரது வாதம் விசித்திரமாக அமைந்திருந்தது. அந்த பாக்டீரியங்களை அடையாளம் கண்டு முதலில் ஆய்வு செய்ததே அவர்தான். எப்படியிருப்பினும் அடுத்த பல ஆண்டுகளுக்கு அவர் 50S படிகங்களில்தான் கவனம் செலுத்துவார். இதனால் 30S துணையலகு களின் படிகங்கள் குறித்து அவருடன் போட்டியும் விவாதங்களும் தேவையில்லை என்பது பெரிய விடுதலை உணர்வைத் தந்தது. இது பற்றி டாமிடம் நான் வேடிக்கையாக, 'இனி நீங்களும் ஆடாவும் தான்' என்று கூறி – கிப்ளிங் பெயர்த்துரைத்த – 'இனிமேல் இது brown man's burden இல்லை' என்று கூறினேன். நான் கூறியது சரியானதாக அமைந்துவிட்டது. அடுத்த பத்து வருடங்களுக்கு ஆடாவும் டாமும் 50S துணையலகு பற்றி விவாதித்துக்கொண்டேயிருந்தனர். குறிப்பாக அதனுடன் பொருந்தும் ஆன்டிபயாடிக்ஸ் பற்றி உரையாடினர்.

படம் 16.1 2002இல் கோல்டு ஸ்பிரிங் ஹார்பரில் ஹேரி நோல்லரும் அலெக்ஸ் ஸ்பைரினும்.

இரண்டு நாட்களுக்குப் பிறகு தனது இரண்டு சிறப்பு விரிவுரைகளில் ஒன்றை ஹேரி நிகழ்த்தினார். அந்த விரிவுரை, கருத்தரங்கில் பங்கேற்கும் விஞ்ஞானிகளுக்கானது. ஹேரியை அவரது முன்னாள் பட்டப்படிப்பு மாணவர் வின்ஷிப் ஹெர் அறிமுகப்படுத்தினார். அவர் இப்போது கோல்டு ஸ்பிரிங் ஹார்பர் ஆய்வகத்தில் மூத்த விஞ்ஞானி. அவர் ஹேரியை அட்டகாசமான முறையில் அறிமுகப்படுத்தினார். நான் இத்தகைய அறிமுகத்தை இதற்குமுன் கேட்டதில்லை. அறிமுக உரையின் இறுதியில் 'நானறிய, ஹேரி, நடைபயணக் காலணிகள் தவிர வேறு காலணிகள் அணிந்து பார்த்ததில்லை. ஸ்வீடனின் மன்னரைச் சந்திக்கும் வேளையிலும் அதே காலணிகள்தான் அணிந்திருப்பார்' என்றார். அரங்கில் ஒரு மாதிரியான அமைதி நிலவியது. அடுத்து முழு ரைபோசோம் பற்றிப் பேசுவதற்கு ஹேரி எழுந்தார். ரைபோசோம் அமைப்பை மூலக்கூறுகளின் அடிப்படையில் விவரித்தார்.

அவருடைய பேச்சு ரைபோசோம் பற்றிய ஆய்வு வரலாற்றில் சுற்றுலா சென்று வந்தது போல் இருந்தது. பல பத்தாண்டுகளாக உயிர்–வேதியியல், மரபியல் போன்ற துறைகளின் ஆராய்ச்சிகள் வழியாக ரைபோசோமின் அமைப்பை ஊகித்தது, ரைபோசோம்கள் mRNA மற்றும் tRNAயுடன் இணைந்து செயல்பட்டது என்று அனைத்தையும் விவரித்தார். ஹேரிக்கு ரைபோசோமுடன் இருந்த நெருங்கிய பரிச்சயம், ஆழ்ந்த புரிதல் போன்றவை அவர் காண்பித்த ஒவ்வொரு ஒளிப்படத்திலும் தெளிவாகத் தெரிந்தன. ஆனால் ஹேரியின் ஆய்வகம் மூலம் கண்டுபிடித்த வரைபடம் மிகக் குறைவான இடுக்குணர் திறனே கொண்டிருந்தது. அவ்வொளிப் படத்தினை அமைப்பறியாத துவக்க நிலையிலிருந்து அவர் தோற்றுவிக்க வில்லை. எங்களது ஆய்வகமும் யேல் பல்கலைக் கழகத்தின் ஆய்வகமும் கண்டுபிடித்த இரண்டு துணையலகுகளின் அணுக்கள் அமைப்பின் அடிப்படையிலேயே அவர் அப்படங்களைத் தோற்றுவித்திருந்தார். இவ்வுண்மைகளை வெளியிலிருந்து அரங்குக்கு வந்திருக்கும் பார்வையாளர்களும் ரைபோசோம் அமைப்பியலுடன் தொடர்பில்லாத விஞ்ஞானிகளும் உணர்ந்திருக்க மாட்டார்கள்.

ஹேரி ஒளிப்படத்தில் காண்பித்த அமைப்பானது ரஷ்யாவிலிருந்து மாரட், குல்நரா ஆகியோர் கொண்டுவந்த படிகமாக்கல் திறன்களால் பல ஆண்டுகள் ஆய்வு செய்து தோற்றுவித்ததன் அடிப்படையிலானது. படிகவரைபடத் திறனும் நிலைப்படுத்துதல் நுட்பத்திறனும் எங்களது ஆய்வகத்திற்கு ஜேமி கேட்டால் கொண்டுவரப்பட்டது. பொதுவாக மற்றவர்கள் தயாரித்த படங்களைக் காண்பித்து விளக்குகையில் நன்றி தெரிவிப்பதானது கண்டுபிடித்த ஆய்வகங்களின் வழியாக ஆய்வகத் தலைவரைச் சென்றடையும் வகையில் அமைய வேண்டும். சான்டா குரூஸ் ஆய்வகத்தின் ரைபோசோம் மூலக்கூறு அமைப்புக் கண்டுபிடிப்பு வெளியானவுடன் பல ரைபோசோம், RNA உயிரியலாளர்கள், அமைப்பறிதலில் உதவிய பலரையும் நினைவில் கொள்ளாமல முழுமையாக ஹேரிக்குப் பாராட்டுகளைத் தெரிவித்துவிட்டார்கள். அவ்வமைப்பும் அவரின் பெயரால் “நோல்லரின் 70S அமைப்பு” என்றாகிவிட்டது. மேலும் mRNA, tRNAவுடன் இணைந்த முழு ரைபோசோமின் அமைப்பையும் கண்டறிந்தார் எனும் வகையில் ஹேரியைப் புகழ ஆரம்பித்துவிட்டார்கள்.

அதற்குப் பிறகு கோடை காலத்தில் நான் ஸ்ட்ராஸ்பெர்க் சென்று மாரட்டை சந்தித்தேன். அங்கு அவர் தனக்கான ஓர் ஆய்வகத்தைத் துவங்கியிருந்தார். அவர் என்னிடம் தனது ஆற்றாமையை வெளிப்படுத்தினார். 'நான் ஒரு ஒட்டகம் அல்ல என்பதை நிரூபிப்பேன்' என்று கூறினார். 'நான் எல்லோருக்கும் சமமானவன். மற்றவர்களை அவர்கள் பேரும் புகழும் பெறுவதற்காகத் தூக்கிச் செல்லும் வாகனம் இல்லை' என்பதே அவர் சொன்னதன் பொருள். ஒரு சில ஆண்டுகளுக்குப் பிறகு அவர் தான் ஒட்டகம் இல்லை என்பதை நிரூபிக்கவும் செய்தார்.

ஹேரியின் உரை வெள்ளிக்கிழமை நிகழ்ந்தது. நான் ஞாயிற்றுக் கிழமை மாலை 5 மணிவரை படபடப்புடன் எனது உரைக்காகக் காத்திருக்க வேண்டும். அறிவியல் கருத்தரங்கில் அறிவியல் உரை நிகழ்த்துவதும் பொதுக் கூட்டத்தில் உரை நிகழ்த்துவதும் இரண்டுமே கடினமானவைதாம். ஆனால் பொதுமக்களுக்கான அறிவியல் உரையை உடன் ஆராய்ச்சி செய்யும் அனைத்து ரைபோசோம் விஞ்ஞானிகளின் முன்பாகவும் நிகழ்த்தவிருப்பது அச்சத்தை உருவாக்குவதாகவே இருந்தது. மிகவும் எளிமையாகப் பேசினால் சக ஆய்வாளர்கள் குற்றம் கண்டு விமர்சனம் செய்வார்கள். கவனமாக அனைத்தையும் விவரித்துப் பேசினால் பொதுமக்கள் ரசிக்க மாட்டார்கள். இந்த உரைக்கு எனது தயாரிப்பிற்கான நேரம் ஓர் அறிவியல் கருத்தரங்க உரைத் தயாரிப்புக்கான கால அளவைக் காட்டிலும் பத்து மடங்கு அதிகமாகவே இருந்தது.

அது ஓர் அழகிய ஞாயிறு மாலை. நான் கிரேஸ் அரங்கின் உள்முற்றத்தின் வரவேற்புப் பகுதியில் நின்றுகொண்டு பலரிடம் கை குலுக்கிக்கொண்டும் பேசிக்கொண்டும் இருந்தேன். திடீரென எங்கிருந்தோ வந்ததுபோல் என் மகன் ராமன் அங்கு தோன்றினான். பழக்கதோஷத்தில் சிறிய ஓசை எழுப்பி, 'உன்னைக் காண்பதில் மகிழ்ச்சி' என்று கூவி வலது கரத்தைக் கைகுலுக்க நீட்டினேன். ராமன் லேசாகச் சிரித்துக்கொண்டு எனது நீட்டிய கையை விசித்திரமாகப் பார்த்தான். சுதாரித்துக்கொண்டேன். பிறகு வழக்கம்போல் அவனைக் கட்டியணைத்துக்கொண்டேன். பின் அவனுடன் எனது தங்கை லலிதாவும் வந்திருப்பதைக் கவனித்தேன். லலிதா சியாட்டிலின் வாஷிங்டன் பல்கலைக் கழகத்தில் ஒரு நுண்ணுயிரியியலாளர். தனது ஆய்வுகள் பற்றி நியூயார்க் நகரில் உரை நிகழ்த்துவதற்காக வந்திருந்தார். இங்கு ராமனுடன் இணைந்து எனது பேச்சைக் கேட்பதற்காகவும் வந்துவிட்டார். லாங் ஐலேண்டிலிருந்து நண்பர்களும் எனது பழைய வீட்டினருகில் வசித்த ஒரு சிலரும்கூட வந்திருந்தனர். இவர்களின் வருகை எனக்கு அதிகப்படியான மன அழுத்தத்தைத் தந்தது. இப்போது விஞ்ஞானிகள், பொதுமக்கள் மட்டுமல்லாமல் எனது குடும்பத்தினரும் நண்பர்களும் கூடி எனது உரையை மதிப்பிடவிருக்கின்றனர். அரங்கினுள் நுழையும் வேளையும் வந்தது.

எனது உரையை ஆய்வுமைய இயக்குநர் புரூஸ் ஸ்டில் மேன் அறிமுகப்படுத்துவதாக இருந்தது. ஆனால் அவர் கீழே விழுந்து, முதுகில் அடிபட்டுப் படுக்கையில் இருந்தார். அதனால் ஜிம் வாட்சன்[2] என்னை

---

2. மொழிபெயர்ப்பாளர் குறிப்பு: ஜிம் வாட்சன் எனும் James Watson, Francis Crickஉடன் இணைந்து DNAயின் அமைப்பினை 1953ஆம் ஆண்டு கண்டுபிடித்தார். வாட்சன் மூத்த விஞ்ஞானி. அண்மையில் இவர்தான் நூலாசிரியருடன் விமானத்தில் பயணித்தவர்.

அறிமுகப்படுத்துவதாக ஏற்பாடானது. அவரது அறிமுகம் சுற்றிவளைத்துப் பேசுவதாக அமைந்த நீண்ட உரை. தமது துவக்கால ரைபோசோம் ஆய்வுகளிலிருந்து அவர் தனது உரையினைத் துவங்கினார். அவர் ரைபோசோமை விவரித்து அதன் செயல்களையும் கூறினார். எனது உரை முழுவதையும் இவரே நிகழ்த்திவிடுவாரோ என நான் அஞ்சினேன். அறிவியல் தலைமுறைகள் 10, 15 ஆண்டுகள் இடைவெளியில் உள்ளன என்று கூறி, பீட்டர் மூர், தனது மாணவர் என்றும் நான் அவரது மாணவரின் கீழ் கற்றுக்கொண்ட முதுமுனைவர் என்றும் கூறி நான் அறிவியல் ரீதியாக அவரது பேரன் என்றார்.

அடுத்து நான் பேசுவதற்கு எழுந்தேன். "நன்றி தாத்தா" என்று கூறி எனது உரையைத் துவங்க நினைத்து, பின் என்னைக் கட்டுப்படுத்திக் கொண்டேன். முதல் நிலையிலிருந்து மரபுப்பண்புகள் மொழிபெயர்க்கப்பட்டு ரைபோசோம் வரையிலும் செய்திகளாகக் கடத்தப்பட்டு அதன்பின் ரைபோசோம்கள் எவ்விதம் செயல்படுகின்றன என்பதையும் அவற்றின் அமைப்பு எவ்விதம் இருக்கும், எதிர் நச்சுப் பொருட்கள் எவ்விதம் செயல்பாடுகளைத் தடுக்கும் என்பதையும் விவரித்தேன். நான் பேசி முடிக்கும் வேளையில் நன்றாகவே பேசிவிட்டோம் என எண்ணிக்கொண்டேன். எனது திருப்தியுணர்வு திடீரெனத் தகர்ந்தது. பார்வையாளர்களில் ஒருவர் எழுந்து ஆண்டிபயாடிக்குகள், ரைபோசோம்களைத் தூண்டிவிட்டு பாக்டீரியங்களை உட்கொண்டு கொன்றுவிடும்படி செய்தால் என்ன, என்று வினவினார். பேசும்போது குறிப்பிடப்படும் இடத்தைப் பற்றி தெளிவாகத் தெரிவிக்காமல் சிறியது, பெரியது என்றெல்லாம் கூறுவது சரியாகாது என என் உரையின் குறையை உணர்ந்துகொண்டேன். பல மூலக்கூறுகளின் தொகுப்பு என்ற அளவில் ரைபோசோம் பெரியது. ஆனால் ஆயிரக்கணக்கான ரைபோசோம்களை உள்ளடக்கியுள்ள பாக்டீரிய செல்லுடன் ஒப்பிடுகையில் ரைபோசோம் மிக நுண்ணியது என விளக்கினேன். மற்றபடி எனது உரை நன்றாகவே அமைந்தது. பலரும் பாராட்டினார்கள். பொதுமக்களிடம் பேசும்போது புதிய செய்திகளைச் சேர்த்து பேசுவது என் வழக்கம்.

அழைக்கப்பட்டிருந்த பேச்சாளர்கள் அனைவரும் இரவு விருந்தில் கலந்துகொண்டோம். விருந்து கோல்டு ஸ்பிரிங் ஹார்பர் பகுதியில் புரவலர்களாக விளங்கும் செல்வந்தர்களின் வீடுகளில் ஏற்பாடாகி யிருந்தது. இது அக்கருத்தரங்கு நிகழ்வில் ஒரு மரபாக நடைபெற்றது. இந்த விரிவுரையால் மற்றொரு நன்மையும் விளைந்தது. அதாவது, அனைத்து ரைபோசோம் விஞ்ஞானிகள் முன்னிலையிலும் 'ஒரு தேர்வு' போல நீண்ட உரை நிகழ்த்திய நான் இனிமேல் ரைபோசோம் துறையில் திடீரெனத் தோன்றியவனாக என்னை யாரும் கருத முடியாது. நானும் இத்துறையில் முக்கியமானவனே. நாங்கள் அனைவரும் மகிழ்ச்சியுடன் கேம்பிரிட்ஜ் திரும்பினோம்.

ரைபோசோம் குறித்த சுற்றுபயணங்களும் பரப்புரைகளும் தொடர்ந்தன. உலகின் பல பகுதிகளிலுமிருந்தும் கூட்டங்களுக்கு அழைக்கப்பட்டோம். கோல்டு ஸ்பிரிங் ஹார்பர் கூட்டத்தைத் தொடர்ந்து அங்கு சென்ற பலரும் ரஷ்யாவின் புஷ்ஷினோவில் சந்தித்தோம். அங்குதான் புரோட்டீன் ஆய்வு

நிறுவனத்தில் ஸ்பைரின் ஆய்வு மையம் உள்ளது. நான் இளைஞனாக இருந்தபோது ரஷ்ய மொழியை கற்றிருக்கிறேன். அன்றிலிருந்தே எனக்கு ரஷ்ய நாட்டின் மீது ஆர்வம் உண்டு. இரண்டு துவக்க உரைகளை நானும் ஹேரியும் நிகழ்த்தினோம். அங்கு மரியா கார்பர் உள்ளிட்ட சிலரை முதன் முறையாகச் சந்தித்தேன். ஸ்பைரின், மாரத்தான் போட்டியைப் போன்று மூன்று மணி நேரத்திற்கு நீண்ட உரை நிகழ்த்தினார். அவ்வுரையில் தனது வாழ்நாள் ஆய்வுப் பணிகள் அனைத்தையும் விவரித்தார். அவரது உரை நீண்டிருந்தாலும் அவரது செயலாக்க வேகத்துடனான பேச்சுமுறை எங்களை இருக்கையில் கட்டிப்போட்டது. அனுபவித்தோம். அங்கு நடைபெற்ற விருந்து நிகழ்ச்சியில் நான் ஹேரியுடன் அமர்ந்திருந்தேன். அவருடன் நான் இருந்த சிறந்த நேரம் அது. வோட்கா தாராளமாகப் பரிமாறப்பட்டது. ஹேரி சிறிது சிறிதாகத் தன்னிலை இழந்து மிகை உணர்ச்சி பெறத் துவங்கினார். பெருங்களிப்பு நிலையில் கவனமின்றி ரைபோசோமைப் பற்றியும் அதில் ஆய்வுகள் செய்தவர்களைப் பற்றியும் தனது கருத்துக்களைக் கூறத் துவங்கினார். வோட்கா அருந்தாமலேயே நான் வித்தியாசமான, போதையுணர்வைப் பெறுவதாக உணர்ந்தேன். என்னை அவர் 'குட்நைட்' என்று கூறி கட்டியணைக்க, அன்று மாலை முடிவுற்றது.

அடுத்த கருத்தரங்கம் இங்கிலாந்திற்கு அருகில் ஸ்பெயின் நாட்டின் கிரனாடாவில் இருந்தது. அன்று செப்டம்பர் 2001இல் மதிய நேரம். வேறு அலுவல்கள் இல்லை. நாங்கள் அனைவரும் அழகிய அல்ஹாம்ப்ரா அரண்மனையைச் சுற்றிப் பார்த்துக்கொண்டிருந்தோம். அந்த இடம் ஒரு காலத்தில் புகழ்பெற்ற இஸ்லாமிய அரண்மனை. இஸ்லாமியர்களுடன் யூதர்களும் கிறித்தவர்களும் இணக்கமாக வாழ்ந்துகொண்டிருந்த காலம் சார்ந்தது. நாங்கள் அங்கு பார்வையிட்டுக்கொண்டிருக்கும் வேளையில் இரண்டு விமானங்கள் உலக வர்த்தக மையத்தில் மோதிய செய்தி கிடைத்தது. நாங்கள் தங்கியிருந்த விடுதிக்குத் திரும்பும்வரை அச்செய்தியின் முக்கியத்துவத்தை உணரவில்லை. அறைக்கு வந்தபிறகுதான் அந்த அதிர்ச்சியூட்டும் நிகழ்ச்சியைத் தொலைக்காட்சியில் கண்டோம். ஒரு RNA விஞ்ஞானி என்னிடம் 'இதிலிருந்து உங்களுக்கு என்ன புரிகிறது?' என்று கேட்டார். இந்நிகழ்ச்சி மனித உரிமை மீறல், காவல் துறை கட்டுப்பாடு அதிகரிப்பு அல்லது தொடர்ந்துவரும் போர்கள் என்று ஏதாவது ஒன்றைச் சொல்வார் என்று எதிர்பார்த்தேன். ஆனால் அவர் 'நீங்கள் உங்கள் தாடியை நீக்கிவிட வேண்டியிருக்கும்' என்றார். அந்தத் தாடி நான் முதுமுனைவராக இருக்கும் வேளையில் இருபது ஆண்டுகளுக்கு முன் வளர்ந்தது. இப்போது அதற்கு மேலும் இரண்டாண்டுகள் ஆகிவிட்டன. ஆனால் விமானத்தில் பயணம் செய்கையில் பலமுறை எனது பொருட்கள் சோதனை செய்யப்படுவதாக உணர்ந்தேன். கடைசியில் தாடியை நீக்கிவிட்டேன்.

இப்போது பல RNA கூட்டங்களில் பேசுவதற்கு அழைப்பு வருகிறது. RNAக்களைப் பற்றிய புதிய தகவல்கள் கண்டுபிடிக்கப்பட்டு வெளியாகிக்கொண்டே இருக்கின்றன. இதனால் 'RNA உயிரியல்' எனும் பிரிவு சென்ற பத்தாண்டுகளில் பெரிய அளவில் வளர்ந்துகொண்டிருக்கிறது. ரைபோசோமின் செயல்பாட்டில் RNA-யானது மைய இடத்தைப்

பிடித்துக்கொண்டுவிட்டது. எனது ஆய்வுகளைப் பற்றித் தெரிந்துகொள்ள மக்கள் விரும்பினர். ஆனால் ரைபோசோம் செயல்பாடுகளில் RNAயின் பங்களிப்பை அறிவதற்கு முன்பாகவே ரைபோசோமைப் பற்றித் தெரிந்து கொள்ளத் துவங்கிவிட்டனர். இதனால் என்னைப் பற்றி வேடிக்கையாக 'நான் தற்செயல் RNA உயிரியலாளர்' என்று கூறிக்கொள்வதுண்டு. இது 'மோலியர்'[3] நாடகத்தில், ஹீரோ, 'நான் உணராமலேயே எனது வாழ்நாள் முழுவதும் உரைநடையில்தான் பேசிக்கொண்டிருந்தேனா?' என்பது போன்றது. நான் பீட்டரின் ஆய்வகத்தில் எனது ஆய்வுப் பணியை துவங்கிய விதத்தை நோக்கினால் நான் தற்செயலான RNA உயிரியலாளர் என்பது மட்டுமில்லை நான் தற்செயல் ரைபோசோம் உயிரியலாளரும் தான் என்பது தெரியவரும்.

ஹேரி, தொடர்ந்து பல ஆண்டுகளாக ரைபோசோமின் RNA பகுதியில் ஆய்வுகள் மேற்கொண்டு வருபவர். எனவே அவர் RNA சமூகத்தில் பலராலும் விரும்பப்பட்டவர். 2003ஆம் ஆண்டு 'RNA சங்கம்', அவர்களது ஆண்டு விழா நிகழ்ச்சியில் அவருக்கு 'வாழ்நாள் சாதனையாளர்' விருதினை வழங்கினர். இக்கூட்டத்தின் கருத்தரங்கில் பேசுபவர்கள் ஒவ்வொருவருக்கும் பனிரெண்டு நிமிடங்கள் ஒதுக்கப்படும். மேலும் மூன்று நிமிடங்கள் பார்வையாளர்களின் கேள்விகளுக்கு. ஹேரி அன்று சிறப்பு விருது பெற்றதால் அவருக்கு முப்பது நிமிடங்கள். இக்கருத்தரங்கில் முதுமுனைவர், பட்டதாரி மாணவர் போன்ற இளம் விஞ்ஞானிகளுக்கும் அவர்கள் தங்களது ஆய்வுகளை விளக்கிக் கூற வாய்ப்பளிக்கப்பட்டது. ஹேரி முதல் பேச்சாளர். அவர் பேசும் அமர்வில் நான் தலைமைப் பொறுப்பில் அந்த அமர்வினை நடத்துவிக்க வேண்டும். ஹேரி மிகவும் நன்றாகப் பேசினார். ஆரம்ப கால ஆய்வுகளிலேயே ரைபோசோமில் RNA ஏதோ சில புரோட்டீன்களை வரிசையாகத் தொங்கவிடுகின்ற ஆதார அமைப்பு கிடையாது, அவை ரைபோசோமில் மிக முக்கியமான பணிகளைச் செய்துகொண்டிருக்கின்றன என்பது தெரியவந்துவிட்டது. இப்போது நமக்கு அமைப்புகள் தெரியத் துவங்கிவிட்டதால் அதன் செயல்களையும் கூறலாம் என்றார். இப்படிப் பேசிய அவர் தானும் ஒரு தற்செயல் RNA விஞ்ஞானியே என்றார். மேலும் அவர் ஆய்வுகளால் நாம் பெறும் நமது தரவுகளை நம்பிக்கையுடன் தொடர்ந்து ஆய்வுகளுக்குப் பயன்படுத்துதல் முக்கியமானது என்று கூறித் தமக்கு ஒதுக்கப்பட்ட கால அவகாசத்திற்குள் மிகத் துல்லியமாகப் பேசி முடித்தார். இவரைத் தொடர்ந்து பேசுபவர்கள் இது போன்று குறித்த நேரத்தில் பேச வேண்டும் என அறிவிப்பு செய்தேன்.

அடுத்த பேச்சாளர் ஆடா. இவரும் பனிரெண்டு நிமிடங்களில் பேச வேண்டிய மூத்த விஞ்ஞானிகளில் ஒருவர். அவர் பேசத் துவங்கி பனிரெண்டு

---

3. மொழிபெயர்ப்பாளர் குறிப்பு: மோலியர் (Moliere) (1622–1673 AD): ஃபிரான்ஸ் நாட்டின் நாடக ஆசிரியர், நடிகர். இவரது இயற்பெயர் Jean Baptiste Poquelin. இவரது 'Middle class: Aristocrat எனும் நாடகத்தில் (அக்டோபர் 14, 1670இல் அரங்கேறியது), நாயகன் ஓரிடத்தில் 'நான் உணராமலேயே வாழ்நாள் முழுவதும் உரைநடையில்தான் பேசிக்கொண்டிருந்தேனா? என வியப்புடன் கூறியிருப்பார். இந்த வசனம் புகழ்பெற்றது. இதனைப் பலர் பல இடங்களில் மேற்கோளாகப் பயன்படுத்தியுள்ளனர். இங்கிலாந்தின் தத்துவ அறிஞர் Bryan Magee தனது 'Confessions of a Philosopher எனும் கட்டுரையின் ஓரிடத்தில் 'Like the Character Moliere who discovered to his astonishment that he had been speaking prose all his life" எனக் கூறியிருப்பார்.

நிமிடங்கள் ஆகிவிட்டன. அப்போதும் அவரது உரை முழுவீச்சை அடைய வில்லை. அவர் உரையை விரைவில் முடிக்க நினைவுறுத்தினேன். பதினைந்து நிமிடங்கள் ஆகிவிட்டன. உரை தொடர்கிறது. இருபது நிமிடங்கள் ஆகும்போது நான் எழுந்துவிட்டேன். அவரது உரையை முடித்துக் கொள்ளும்படி வேண்டினேன். அரங்கிலுள்ளவர்களும் கையொலி எழுப்பினர். இருபத்து ஐந்து நிமிடங்கள். ஒலி, ஒளி அமைப்பினர் ஒளிப்படக் கருவியையும் ஒலி வாங்கியையும் நிறுத்திவிட்டனர். ஆடா தனது மடிக்கணினியை முன்னால் வைத்து அதைப் பார்த்துப் பேசியதால் நிகழ்ந்தவற்றைக் கவனிக்கவில்லை. என்ன நிகழ்கிறது என்பதை உணர்ந்தவுடன் அவர் என்னை நோக்கினார். தன்னுடன் ஆய்வு செய்தவர்களுக்கு நன்றிகூறும் கடைசி ஒளிப்படத்தை மட்டுமாவது திரையிட அனுமதி கேட்டார். நான் அனுமதியளித்தேன். மற்றொரு பத்து, இருபது படங்களைக் கடந்து கடைசிப் படத்தைத் திரையிட்டார்.

இந்நிகழ்ச்சிக்குப் பிறகு நடந்த விருந்தில் ஹேரி இயல்பாக, மகிழ்வுடன் கலந்துகொண்டார். அவரிடம் நான் அடுத்த பில்லியன் ஆண்டுகளில் DNAக்களை இரட்டிப்பாக்கும் அல்லது RNAவில் குறியீடுகளை மறுபதிவு செய்யும் பாலிமரேஸ் என்சைம்களைப் போன்று ரைபோசோமும் மாறிவிடுமோ என்று கேட்டேன். இப்போதும்கூட ரைபோசோம் RNAக்களின் உட்புறம் நீண்ட வால் அமைப்பு உடைய புரோட்டீன்களைக் காண்கிறோமே என்றேன். ஒருவேளை புரோட்டீன்களின் கை ஓங்குவதை இப்போது நாம் காண்கிறோமோ என்றேன். அதற்கு அவர் சிரித்துக்கொண்டு ஒருவரின் மூளையைக் கட்டுப்படுத்தும் சைபோர்க்[4] போலவா என்றார்.

ஸ்வீடனிலிருந்து பல அழைப்புகள் வந்தன. இவற்றில் பல நிகழ்ச்சிகள் நோபல் குழுவின் வேதியியல் பிரிவால் ஆதரவு தரப்பட்டவை. ஸ்டாக்ஹோமிலுள்ள ஸ்வீடன் அறிவியல் நிறுவனத்திலிருந்து ஓர் அழைப்பு. அடுத்து 'RNA உயிரியல்' தொடர்பாக சந்தாம் தீவுக்கூட்டத்தின் தீவொன்றில் நடைபெறும் கருத்தரங்கம். இந்த இடம் ஸ்டாக்ஹோம் அருகிலேயே உள்ளது. வழக்கம் போலப் பரிசு பெறுவார்கள் என யூகிக்கப்படக்கூடிய டாம், ஆடா போன்றவர்களும் அழைக்கப்பட்டிருந்தனர். எங்கள் பேச்சுக்களின் மூலம் பரிசளிப்பிற்குத் தீர்மானம் செய்ய விருக்கிறார்கள் என்பது தெளிவானது.

இவற்றில், நான் கலந்துகொண்ட கடைசி கருத்தரங்கம் டால்பெர்க் (Tallberg)கில் நடைபெற்றது. நான் யூட்டாவில் பணிசெய்கையில் இதே இடத்தில் ஆன்டெர்ஸ் லிஜாஸ் கருத்தரங்கம் நடத்தியிருக்கிறார். இப்போது நிகழ்ந்திருக்கின்ற கண்டுபிடிப்புகளுக்கு முன் நடைபெற்ற ரைபோசோம் தொடர்பான கருத்தரங்கம் அது. இப்போது அக்டோபர் 2004இல் அனைத்திற்குமான மையக் கருத்து தொடர்பான கருத்தரங்கம். அதாவது மரபுப் பண்புகளுக்கான அமைப்புகள் பற்றியும் செய்திகள் DNAவிலிருந்து RNAக்கும் பின் புரோட்டீன் தோற்றத்திற்கும் கடத்தப்படுதல் தொடர்பானது. இக்கூட்டத்தில் செல்களின் நுண்ணமைப்பைப் படங்களால் விவரித்தவர்கள்

---

4. மொழிபெயர்ப்பாளர் குறிப்பு: சைபோர்க் (Cyborg) தனது உடற்செயல் நிகழ்ச்சிகள் அனைத்தும் இயக்கக் கருவிகள் அல்லது மின்னணுச் சாதனங்களால் இயக்கப்படும் ஒரு மனிதன். இது ஓர் கற்பனை நிலை. அறிவியல் புனைகதைகளில் தோற்றுவிக்கப்பட்டுள்ளது.

குரோமோசோம்களின் டீலோமியர் எனப்படும் நுனிப்பகுதிகளை விவரித்தவர்கள் எனப் பலரும் கலந்துகொள்ளவிருந்தனர். பல புகழ்பெற்ற விஞ்ஞானிகளின் பெயர்கள் நிகழ்ச்சி நிரலில் இருந்தன. பாப் ரோடரின் பெயர் பட்டியலில் இருந்தது இவர்தான் 3 வகையான RNAக்களை உற்பத்தி செய்ய உயர்மட்ட உயிரினங்களில் 3 வகையான RNA பாலிமரேஸ்[5] என்சைம்கள் உண்டு என்பதைக் கண்டுபிடித்தவர். ரோஜர் கார்ன்பெர்க் வரவிருக்கிறார். இவர் உயர் உயிரினங்களில் DNA மூலக்கூறுகள் செல்களில் எவ்விதம் பாதுகாப்பாக ஒரு நுண்ணிய 'பொதி' போன்று அமைக்கப் பட்டுள்ளன என அறிந்தவர் இப்பொதிகளுக்கு நியூக்ளியோசோம்கள் என்று பெயர். மேலும் இவர் RNA பாலிமரேஸின் அமைப்பையும் கண்டுபிடித்தார். நமது குரோமோசோம்களின் முனைப்பகுதிகளைப் பாதுகாக்கும் டீலோமெரேஸ் எனும் என்சைமை முதலில் விவரித்த எலிஸபெத் பிளாக்பர்ன் கலந்து கொள்வார். புரோட்டீன்களைப் பல வண்ணங்களில் ஒளிரச் செய்யவியலும் என்பதைக் கண்டுபிடித்த ரோஜர் சீனும் வருகிறார். இக்கண்டுபிடிப்பால் செல்லின் பல பகுதிகளையும் அறிவது எளிதானது. இவ்விதம் பலரும் கலந்துகொள்ளவிருக்கிறார்கள்.

நிகழ்ச்சி நிரல் கைக்குக் கிடைத்தபோது எங்களின் ரைபோசோம் அமர்வு மூன்றாவது நாளில்தான் என்பதை அறிந்துகொண்டேன். துவக்க நாளின் மாலையில் ஆரோன் கிளக் பேசவிருக்கிறார். அவருடன் அன்று ஹேரியும் பேசுகிறார். இவர்கள் இருவர்தான் அன்று பேச்சாளர்கள். இரண்டையும் இரண்டையும் சேர்த்தால் ஐந்து என்பதுபோல ஸ்வீடன் நாட்டுக்காரர்கள் ஆரோனுடன் ஹேரியையும் பேச அனுமதித்துள்ளதைக் கண்ட நான் ஹேரிக்கு நோபல் பரிசு நிச்சயம் என்று குறிப்பால் உணர்த்துகிறார்களோ என்று நினைத்துக் கொண்டேன். உண்மையில் ஹேரி அன்று மற்றொரு கல்விப் பணிக்காக விரைவில் சான்டா குரூஸ் செல்லவேண்டியிருந்தது.

ஹேரி தனது உரையில் புரோட்டீன், tRNAயுடன் பொருந்தும் இடத்தில் நீட்டிக்கொண்டிருக்கும் புரோட்டீனின் வாலைத் துண்டித்தால் ரைபோசோமின் செயல்கள் பாதிப்படையவில்லை என்றார். இதைக் கூறிய ஹேரி இச்செய்திகளை அவர் ஏற்கெனவே அறிந்ததாகத் தெரிவித்திருந்த tRNAயின் இணைப்பில் ரைபோசோம் RNAயின் பங்களிப்பை சேர்த்துக்

---

5. மொழிபெயர்ப்பாளிரின் குறிப்பு: பாலிமரேஸ் என்சைம்கள் (Polymerase enzymes) Poly – many; meros – a part or a share. பல மூலக்கூறுகளை உள்ளடக்கிய பெரிய மூலக்கூறுக்கு polymer என்று பெயர். அத்தகைய மூலக்கூறுகளை உருவாக்கும் என்சைம் – பாலிமரேஸ் எனப்படும். என்சைம் என்பது வேதிய மாற்றங்களை ஊக்குவிக்கும் கிரியாஊக்கி, நியூக்ளியோசோம் (Nucleosome): செல்களில் DNAவை ஒரு பொதியாக அமைத்து வைத்துள்ள அமைப்பிற்கு நியூக்ளியோசோம் என்று பெயர். இதில் DNAயானது எட்டு ஹிஸ்டோன் புரோட்டீன்களின் மீது நூல் கண்டில் நூல் சுற்றியது போன்றிருக்கும். இப்படித்தான் DNA உட்கருவினுள் உள்ள குரோமோசோம்களில் அமைந்துள்ளது. இவ்வமைப்பை Roger Kornberg தெளிவாக விளக்கியுள்ளார்.

டிலோமெரேஸ் (Telomerase), செல் பிரிதலில் பாதிப்படைந்த குரோமோசோம் முனைப்பகுதியைப் பாதுகாக்கிறது. இந்த என்சைம் RNAவிலுள்ள செய்திக் குறிப்பை DNAக்கு இடமாற்றம் செய்கிறது. RNAயானது குறிப்பை ஏற்கெனவே DNAயிலிருந்துதான் பெற்றிருந்தது. எனவே இங்கு பரிமாற்றம் நிகழ்ந்த விதம் DNA RNA DNA. இதில் கடைசி செயலுக்குக் காரணமான டீலோமெரேஸ், செயல் அடிப்படையில் Cellular reverse transcriptase எனப்படும்.

கொண்டார். முன்வரிசையில் அமர்ந்திருந்த நான், ஹேரியின் உரையில் காண்பிக்கப்பட்ட வால் உள்ளிட்ட பல செய்திகள் சார்ந்த ஒளிப்படங்கள் எங்களின் 30S துணையலகு அணு அமைப்புகளிலிருந்து கிடைத்தவை அல்ல என்பதை உணர்ந்துகொண்டேன். இந்த ரைபோசோம் அரசியலைக் காண்கையில் எனக்குக் கோபமே ஏற்பட்டது. பிறகு யாரோ ஒருவர் என்னிடம் 5.5A° இடுக்குணர் திறனில் இவ்வளவு விவரங்களை அவர் எவ்விதம் பார்க்க முடிந்தது என்று கேட்டார். அதற்கு நான் ‘அவர் பார்க்கவில்லை’ என்று படக்கெனக் கூறிவிட்டேன்.

நான் பின் வரிசையில் ஜான் குரியனுடன் அமர்ந்திருந்தேன். அவர் என்னைப் போன்ற இந்தோ–அமெரிக்கன். பெர்க்ளியில் பேராசிரியராக உள்ளார். மிகவும் மிடுக்கானவர். இங்கு நடைபெறுவது அழகுப் போட்டியாக எங்கள் இருவருக்கும் தெரிந்தது. எனவே ஒலிம்பிக்ஸ் போட்டியில் ஜிம்னாஸ்டிக்ஸில் மதிப்பெண் அளிக்கப்பதுபோல, மாதிரியாக ஒவ்வொருவர் பேச்சுக்கும் ‘8.0’, ‘5.0’, ஒரு சிலருக்கு ‘9.9’ என்றெல்லாம் மதிப்பெண்கள் அளித்துக்கொண்டிருந்தோம். இதில் ஆச்சரியம் என்னவென்றால் எங்கள் இருவரின் மதிப்பளிப்புகளும் ஒன்றாகவே இருந்தன.

ஜான் மிகச் சிறப்பான உரையை நிகழ்த்தினார். அவர் தனது உரையில் DNAயின் இரட்டையாதல் – பிளத்தலில் (replication) ஒரு புரோட்டீன் எவ்விதம் DNAயைச் சுற்றிக்கொள்கிறது என்பதனையும் அங்கு நடைபெறும் விரிவான மூலக்கூறுகள் செயல்பாட்டினையும் விவரித்தார். அந்த வேளையில் சுற்றிக்கொள்ளும் அந்த புரோட்டீனின் அமைப்பு மட்டுமே அவரிடம் இருந்தது. ஆனாலும் கிடைத்த அந்த புரோட்டீன் அமைப்பு எவ்விதம் DNAயைச் சுற்றிப் படர்ந்திருக்கும் என்பதை அவரால் விவரமாக விளக்க முடிந்தது. அப்புரோட்டீனின் அடுத்தடுத்த மூலக்கூறு வடிவ அமைப்புகள் DNA இரட்டை வடத்தின் நீள் பள்ளங்களில் மிகச் சரியாகப் பொருந்துவனவாக இருந்தன.

அதன்பிறகு மதிய உணவு வேளையில் நோபல் குழுவின் உறுப்பினர் ஒருவரின் எதிரில் அமர்ந்திருந்தேன். அவருக்கு இருபுறமும் இரண்டு மதிப்புமிக்க ‘நோபல் போட்டியாளர்கள்’ அமர்ந்திருந்தனர். குழுவின் உறுப்பினர், குரியனின் பேச்சு தனக்குத் திருப்தியளிப்பதாக இல்லை என்றார். அந்த ‘போட்டியாளர்கள்’ ‘ஆம்’ ‘ஆம்’ என வேகமாகத் தலையசைத்தனர். நான் குழு உறுப்பினரிடம் ‘நான் உங்களின் கருத்திலிருந்து வேறுபடுகிறேன். ஜான் இப்படித்தான் நிகழும் என்பதைத் தெளிவாகக் கூறிவிட்டார். ஒருவேளை அவரது ஆய்வகத்தில் அதற்கான ஆராய்ச்சி நிகழ்ந்துகொண்டிருக்கும்’ என்றேன். அந்தக் குழு உறுப்பினர் சிறிது நேரம் யோசித்துவிட்டு, தனது மனதை மாற்றிக்கொண்டு நான் கூறியதை ஏற்றுக்கொண்டார். அவர் அருகிலிருந்த ‘போட்டியாளர்’களும் தங்களது மனதை மாற்றிக் கொண்டு நான் கூறியதை ஏற்றுக்கொண்டனர். அறிவியல் விஞ்ஞானிகளான அவர்கள் அண்டிப்பிழைப்பவர்களாக வாழ்ந்திருப்பதைக் காணப் பரிதாபமாகவே இருந்தது. அவர்கள் இப்படி இருப்பதில் ஆச்சரியம் ஒன்றுமில்லை. இந்த கருத்தரங்கின் தன்மையைப் புரிந்துகொண்ட சிலர் பட்டதாரி மாணவர் தேர்வு அரங்கினுள் நுழையும் முன் இருக்கும் நிலையில்

நடுநடுங்கிக்கொண்டு இருந்தனர். ஒருவருக்கு மேடையில் பேசுவதற்கு முன் மூச்சு வாங்கியது.

DNAயிலிருந்து RNAக்கு மரபுச் செய்திக் குறிப்பினைக் கடத்துதல் பற்றிய 'மரபுக் குறிப்புப் பரிமாற்றம்' அமர்வு அடுத்து நடைபெறவிருந்தது. ஆரோன் கிளக் அமர்வின் தலைப்பினை அறிமுகம் செய்து உரையாற்றினார். அவ்வுரையில் சுருக்கமாக யூகேரியோட்டுகள் எனப்படும் உட்கரு செல்கள் கொண்ட உயர்மட்ட உயிரிகளில் இந்நிகழ்வு மிகவும் ஆர்வமூட்டுவது, ஏனெனில், இவ்வுயிரிகளில் நிகழ்வு மிகுந்த கட்டுப்பாடுடன் நடை பெறுகிறது, இதனால் இதை அறிவது முக்கியமானதும் சிரமமானதும் ஆகும் என்றார். இச்செயலைப் புரிந்துகொள்வதற்கு மூலக்கூறுகளின் அமைப்பு பற்றிய புரிதலும் தேவை. அவரது வார்த்தைகள் குறிப்பாக ரோஜர் கார்ன்பெர்கைக் குறிப்பிடுவது போன்று இருந்தன. கார்ன்பெர்கைப் போன்றே இப்புத்தகத்தில் குறிப்பிட்டுள்ள பலரும் LMBயில் முதுமுனைவர் களாகப் பணியாற்றியுள்ளனர். கார்ன்பெர்க் முதுமுனைவராக இங்கிருந்த வேளையில் நியூக்ளியோசோமையும் கண்டுபிடித்திருந்தார். அன்றிலிருந்தே ஆரோனுக்கு கார்ன்பெர்கின் மீது மிகுந்த மரியாதை உண்டு. அவரைத் தனது வழிகாட்டியாகவே கருதினார். ஆரோனின் புகழுரைக்கு ஏற்ப கார்ன்பெர்க் மிகச் சிறப்பாக உரையாற்றினார். பல விஞ்ஞானிகள், சிறந்த மரபியலார், உயிர்–வேதியியலார் அல்லது அமைப்புகள் சார்ந்த உயிரியலார் என ஏதேனும் ஒரு துறையில் சிறப்பு பெற்றிருப்பார்கள். ஆனால் ரோஜர் கார்ன்பெர்க் அனைத்துத் துறைகளிலும் சிறப்புப் பெற்றவர். தனது உரையில் உரிய வாக்கியங்களையும் வார்த்தைகளையும் மிகச் சிறப்பாக அமைத்திருந்தார். தெளிந்த நீரோடை போல அமைந்திருந்த அவரது பேச்சில் ஆங்காங்கு உம் . . . என்றோ உர் . . . என்றோ நிறுத்தல் ஒலிகள் இல்லை. பல பேச்சாளர்கள் இந்தச் சிறப்புத் தன்மையைப் பெற்றுள்ளனர்.

டாம், DNA, RNA பாலிமெரோஸுகளிலும் ரைபோசோம்களிலும் ஆய்வுகள் செய்வதால் அவருக்கு இரண்டு உரைகள் நிகழ்த்தும் வாய்ப்பு கிட்டியது. ரைபோசோம் அமர்வு மதிய உணவு இடைவேளைக்குப் பிறகு இருந்தது. நான் அங்கு வந்திருந்தவர்களுடன் கவலையில்லாமல் மகிழ்ச்சியோடு பேசிக்கொண்டிருந்தேன். அப்போது மக்கள் அரங்கினுள் நுழையத் துவங்கிவிட்டார்கள். நான் ஆச்சரியப்பட்டேன். நிகழ்ச்சி துவங்குவதற்கு இன்னும் நேரம் உள்ளது என எண்ணிக்கொண்டிருந்தேன். அப்போது திடீரென என் கைக்கடிகாரத்தைக் கவனித்தேன். கடிகாரம் ஓடவில்லை. நான் பதற்றமின்றி இருப்பதைப் பார்த்து டாம் ஆச்சரியப் பட்டார். அடுத்த அமர்வு நன்கு நடைபெற்றது. ஆடா முதற்கொண்டு அனைவரும் முறையாக நடந்துகொண்டனர். தங்களுக்கு ஒதுக்கப்பட்ட நேரத்தில் பேசி முடித்தனர். ஆடா, தான் கண்டுபிடித்த முக்கிய கண்டுபிடிப்பு பற்றி பேசினார். அக்கண்டுபிடிப்பு 'பெப்டைடு[6] இணைப்பு என்சைம் (Peptidyl transferase) மையத்தைச் சுற்றியுள்ள ரைபோசோம் – RNA, சமச்சீர்

6. மொழிபெயர்ப்பாளர் குறிப்பு: ஒரு புரோட்டீன் சங்கிலித் தொடர் பல அமினோ அமிலங்களின் பெப்டைடு இணைப்புகளால் ஆனது. இவ்வேதிய நிகழ்ச்சிக்குக் காரணமானவை கிரியா ஊக்கிகளான பெப்டிடைல் டிரான்ஸ்ஃபெரேஸ் எனும் என்சைம்கள். இந்நிகழ்ச்சி ரைபோசோம் – RNAயின் கட்டுப்பாட்டால் நிகழ்கிறது.

அமைப்பு கொண்டது. எனவே அந்த RNAவின் அப்பகுதியின் பாதியை 180° சுழற்றினால் அவ்விடம் அடுத்த பாதிப்பகுதியின் மீது சரியாகப் படியும்' என்பதாகும். இத்தன்மையால் ரைபோசோமின் கிரியா ஊக்கிப் பகுதி முதன் முதலில் மரபணு இரட்டிப்பாதல் நிகழ்வின்போது தோன்றி யிருக்கும் என்பது உறுதியாகிறது. இதனால் அச்சுப் பகுதியில் சீராக மடங்குதலுக்கான சமச்சீர் தோன்றியுள்ளது எனலாம்.

இக்கூட்டம் நடைபெறும் காலகட்டத்தில் நாங்கள் எங்கள் ஆய்வில் அமைப்பு ரீதியில் கண்டறிந்தவற்றை மரினா ரோட்னினாவின் அழகிய பரிசோதனைகளுடன் தொடர்புபடுத்திக் காணத் துவங்கிவிட்டோம். மரினா ரோட்னினா, காட்டிங்கனில் உள்ள மாக்ஸ் பிளாங்கின் இயக்குநர். இவர் tRNAவை ரைபோசோமிற்குள்ளாக அனுமதிப்பதில் உள்ள பல படிநிலைகளின் விகித அளவு எவ்விதம் உள்ளது என்றும் தவறான tRNAயில் அது எவ்விதம் மாறுபடும் என்றும் கண்டறிந்துள்ளார். எங்களது மூலக்கூறு அமைப்புகள் தொடர்பான தரவுகள் அவர்களின் சோதனை முடிவு களின் விவரங்களோடு சரியாக ஒத்துப்போயின. இச்செய்தியை எனது உரையில் நான் தெரிவித்தேன். அன்றைய அமர்வு முடிந்தவுடன் டாம் எனது உரைக்காக என்னைப் பாராட்டினார். அதற்கு நான் வேடிக்கையாக 'நீங்கள் ஏவிஸ்[7] என்றால் கடுமையாக முயற்சி செய்துதான் ஆகவேண்டும்' என்றேன்.

ஸ்வீடனின் உப்சலாவிலிருந்து மான்ஸ் எர்ன்பெர்க் வந்திருந்தார். அன்றைய கருத்தரங்கில் அவர் ஒருவர்தான் ஸ்வீடன் நாட்டுக்காரர். அன்புள்ளம் கொண்டவர். ஆழ்ந்து சிந்திக்கும் இயல்பினர். பொதுவாக எதனையும் ஊன்றிக் கவனிக்கும் தன்மையுடையவர். சற்று கடுகடுப்பான முகபாவம் கொண்டிருப்பார். பெர்க்மானின் திரைப்படம் ஒன்றின் பாத்திரம் போலிருப்பார். எதுவென்றாலும் அதை முழுமையாக ஆழம்வரை சென்று அறிந்துகொள்ள வேண்டும் எனும் மனநிலை கொண்டவர். அவரது ஆய்வுக் கட்டுரைகள் பல, நீண்ட கட்டுரைகள். அவை அறிவார்ந்த, நுழைய முடியாத கனத்த புத்தகங்களைப் போன்றவை. அவரது கட்டுரைகள் சில ஜென் புத்த மதத்தின் தியானம் குறித்த நூல்களை நினைவுறுத்தின. ஆம். சரியான உவமை. மான்ஸ் புத்த மதத்தில் ஆர்வம் உள்ளவர்தான். 1970களிலும் 1980களிலும் துல்லியம் அல்லது பிழையின்மை பற்றி ஆரம்ப காலத்தில் கற்றிருக்கிறார். தனது முந்தைய ஆய்வுகளைப் பற்றி நானோ அல்லது மரீனா ரோட்னினாவோ எங்களது உரையில் குறிப்பிடாதது குறித்துக் கோபப்பட்டார். அவரது உரையிலும் அது வெளிப்பட்டது. உரையின் இறுதியில் மரீனா அவரை விமர்சனம் செய்ததால் அவரது ஆத்திரம் அதிகரித்தது.

நாங்கள் இருவரும் பல ஆண்டுகளாக நண்பர்களே. ஒருமுறை உப்சலா பல்கலைக்கழகத்தின் 'லின் அறக்கட்டளைக்குச் சிறப்புரை நிகழ்த்த என்னை அழைத்திருக்கிறார். ஆனால் இன்று இங்கு இரவு விருந்தின்போது, அவருடைய கண்டுபிடிப்புகளை நான் உதாசீனப்படுத்தினேன் என்று

7. மொழிபெயர்ப்பாளரின் குறிப்பு: 'Avis' ஓர் வாடகைக் கார் நிறுவனம், அந்நிறுவன விளம்பரத்தின் புகழ்பெற்ற விளம்பர கோஷம் 'At Avis We Try Harder' என்பது, ஆங்கிலத் தொலைக்காட்சிகளின் விளம்பரங்களில் மிகப் பிரபலமான வார்த்தைகள்.

என்னைத் திட்டத் துவங்கிவிட்டார். நானும் எரிச்சலடைந்து அவருடன் விவாதிக்க வேண்டியதாயிற்று. அவரது நண்பர்கள் எங்களை சமாதானப் படுத்தினர்.

RNAவின் கிரியாஊக்கி இயல்பு குறித்து முதன்முதலில் கண்டறிந்த டாம் செக், கருத்தரங்கு முடிந்து நாங்கள் திரும்பிய பிறகு ஒரு கட்டுரை எழுதியிருந்தார். செக்கைப் பொறுத்தவரை ரைபோசோம் என்பது வெறும் ரைபோசோம் மட்டுமே. ரைபோசோமில் புதிதாகக் கண்டறியப்பட்டுவரும் விஷயங்கள் எதனையும் குறிப்பிடாமல், நாங்கள் செய்துவரும் சோதனைகளைப் போகிறபோக்கில் மேலோட்டமாகச் சொல்லிவிட்டு நகர்ந்துவிட்டிருந்தார். தனக்கு எது முக்கியம் என்று தெரிகிறதோ அல்லது தனக்கு எதில் ஆர்வம் உள்ளதோ அவற்றை மட்டும் தனது கட்டுரையில் குறிப்பிட்டிருந்தார். முத்தாய்ப்பாக மற்றொரு செய்தியும் கிடைத்தது. நோபல் பரிசுக்கான வேதியியல் துறையின் தேர்ந்தெடுப்புக் குழுவில் மான்ஸ் பொறுப்பேற்றிருந்தார்.

மான்ஸுடன் நான் ஏற்கெனவே நட்புடன் பழகியிருந்தாலும் அன்றைய இரவு விருந்தில் எங்கள் இருவருக்கும் இடையில் ஏற்பட்ட சர்ச்சையைத் தொடர்ந்து நோபல் பரிசுக்கான தேர்ந்தெடுப்பில் நான் இருக்க மாட்டேன் என எண்ணிக்கொண்டேன். இது ஏமாற்றமாக இருப்பினும் சற்று நிம்மதியாகவே இருந்தது. என் வாழ்நாளின் பெரும்பகுதியை வெறித்தனமாக அறிவியலுக்குச் செலவிட்டுவிட்டுக் கடைசி ஒருசில ஆண்டுகளின் அரசியல் என்னைச் சங்கடத்திற்கு உள்ளாக்கிவிடுவதுடன் என் ஆய்விற்கான கவனத்தையும் திசை திருப்பிவிட்டிருந்தது. அதற்குப் பிறகு கூட்டங்களுக்காக ஸ்வீடனிலிருந்து வந்த அழைப்புகளை நான் ஏற்றுக்கொள்ளவில்லை. இப்போது நான் எனது வேலையில் கவனம் செலுத்தப்போகிறேன். ரைபோசோம் திரைப்படத்தைத் தயாரிப்பதற்கு உதவ வேண்டும்.

17

திரைப்படம் தயாராகிறது

ரைபோசோம் ஆய்வுகளின் செயற்களம் பலரின் கண்டுபிடிப்புகளால் 'அறிந்து கொள்ளுதலில்' ஒரு தன்னிறைவு நிலையைப் பெறத்துவங்கிவிட்டது. இரண்டு துணையலகுகளின் அமைப்பையும் அறிந்ததன் வழியே பலவற்றையும் தெரிந்து கொள்ள முடிந்தது. பெப்டைடு இணைப்பிற்கான வினைகள் எவ்விதம் tRNA குறிப்புத் துணுக்குடன் செயல்படுகின்றன போன்றவற்றைத் தனியான துணையலகு ஆய்வுகளால் அறிந்துகொள்ளலாம். அதேபோன்றுதான் ஆன்டிபயாடிக்ஸ் இணைவுகளும். ஆனால் இப்போது நாம் ரைபோசோம் எவ்விதம் tRNAக்களைத் தெரிவு செய்கிறது, mRNAயில் நகர்ந்து புரோட்டீன் தயாரிப்பை முடிவடையச் செய்கிறது போன்றவற்றைத் தெரிந்துகொள்ள வேண்டும்.

பல வகைகளில் ரைபோசோமின் செயல்முறைகளை விளங்கிக் கொள்வது பிற இயந்திரங்களைப் புரிந்துகொள்வது போன்றதுதான். ஒரு நான்கியக்க அகதகனப் பொறியின் இயக்கத் திறனை புரிந்துகொள்ள முதலில் அப்பொறியானது எரிபொருள் – காற்று கலவையை அடுத்தடுத்த நிலைகளில் எவ்வாறு அழுத்தம் கொடுத்து பின் தீப்பொறி உண்டாக்கி எரிவாயுவின் விரிவடைதலால் பிஸ்டன் எனும் தண்டுடை உருளையை அழுத்தியும் விடுவித்தும் இயங்க வைத்து அதனால் மாற்றச்சுத் தண்டையும் செயல்படச் செய்து வண்டியின் சக்கரங்களை சுழலச் செய்கிறது என்பதை அறிய வேண்டும். மனத்திரையில் ஒரு 'திரைப்படம்' ஓட வேண்டும்.

ரைபோசோமிலும் இத்தகைய சுழற்சி இயக்கம் உண்டு. சுழற்சியின் ஒவ்வொரு நிலையையும் ஒளிப்படமாகப் பெற எண்ணினோம்.

எங்களிடம் ஏற்கெனவே மின்னணு உருப்பெருக்கியினால் பெற்ற தெளிவற்ற படங்கள் உண்டு. இப்படங்களை ஜோச்சிம் ஃபிராங்க் தனது ஆய்வகத்தில் பெற முனைந்திருந்தார். இப்படங்கள் ரைபோசோமின் செயல் நிலைகளின் முதல்

பார்வையை எங்களுக்குத் தந்திருந்தன. இப்படங்களை இன்னும் தெளிவாகக் காண்பதற்கான தொழில்நுட்பம் பல ஆண்டுகளில் மேம்பட்டிருந்தாலும் வேதிய நிகழ்வுகளை இன்னும் தெளிவாகக் காண இயலவில்லை. மூலக்கூறுகள் அளவில் இந்தப் 'பொறி இயந்திரம்' எவ்விதம் இயங்கும் என்பது மர்மமாகவே இருந்தது. அவ்வியக்கங்கள் முறையான குவிப்பில்லாத விவரக் கூறுகளை அறியவியலாத படங்கள் என உருவகித்துக்கொள்ளலாம். ரைபோசோமைப் பல நிலைகளில் இழுத்துப் பிடித்து நிறுத்தி பின் அவற்றை மிகுந்த சிரமத்துடன் படிக நிலைக்கு மாற்றி, அமைப்பை அறிய முயலுவது போன்ற கடினமான வேலைகளுக்கு மாற்று எதுவும் இல்லை. இப்பணிகளைத் தொடர்ந்து செய்தால் தெளிவான அமைப்புகளைத் தோற்றுவிப்பதற்குப் பல ஆண்டுகள் ஆகும். அப்படியெல்லாம் செய்தாலும் வெற்றி கிடைக்கும் என்பது நிச்சயமில்லை.

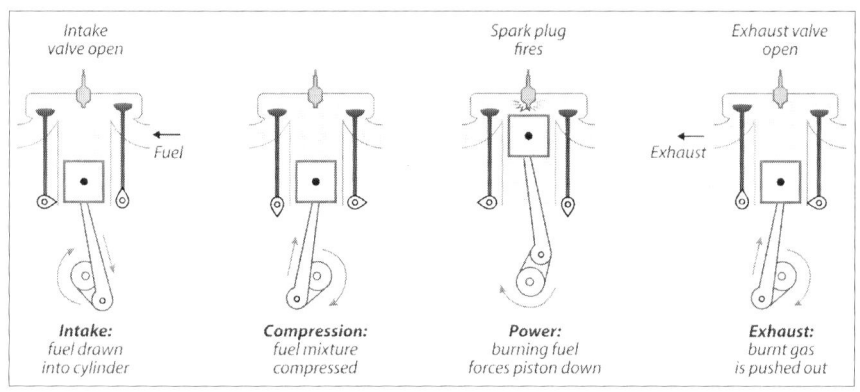

படம் 17.1 நான்கு இயக்க அக தகன இயந்திரத்தின் சுழற்சி நிலைகள்

அந்நிலையில் முழு ரைபோசோமின் அணு அமைப்புகள் விரிவாகக் கண்டறியப்படவுமில்லை. ஹேரியின் ஆய்வகத்திலிருந்து கிடைத்த மூலக்கூறு அமைப்பானது குறைவான இடுக்குணர் திறனிலேயே இருந்தது. மீண்டும் பந்தயம் துவங்கியது. இம்முறை நேரடிப் போட்டியாக இல்லாமல் ரைபோசோம் படிகவரைபடத்தில் ஈடுபடும் அனைவரும் பங்கேற்கும் போட்டியாக இருந்தது. ஏற்கெனவே போட்டியில் கலந்து கொண்டவர்கள் தவிர டாம், பீட்டர், ஹேரி, ஹேரியின் ஆய்வகத்தில் சிலர் – உதாரணமாக ஜேமி கேட், மாரட் மற்றும் குல்நாரா. (இப்போது இவர்கள் தங்களின் சொந்த ஆய்வகம் வைத்துள்ளனர்.) நாங்கள் அனைவரும் துல்லியமாகத் தெரியும் சிறந்த முழு ரைபோசோம் படத்தைத் தோற்றுவிப்பதற்கான போட்டியில் இருந்தோம். பாரீஸில் நடைபெற்ற ஒரு கூட்டத்தில் கலந்துகொண்ட ஒருவர், நானும் டாமும் பேசிக்கொண்டிருக்கையில் 'ரைபோசோம் அவ்வளவுதான். முடிந்தது' என்றார். நாங்கள் அவரது தவறான எண்ணத்தை மாற்றிக்கொள்ளும்படி கூறினோம். அதற்கு அவர் 'இன்னும் என்ன நடக்கும்' என்றார். அதற்கு டாம் 'ஒருநாள் யாரோ ஒருவர் ஏதோவொரு கூட்டத்தில் பெரிய சிரிப்புடன் தோன்றி, மற்றவர்களுக்கு ஏமாற்றம் ஏற்படும்படி எதையோ சொல்லப்போகிறார்' என்றார்.

எனது ஆய்வகத்தில் 30S துணையலகு ஆய்வுகளில் பணியாற்றியவர்கள் ஒவ்வொருவராக வேறு இடங்களுக்குச் சென்றுவிட்டனர். புதிய அணியில் முதலாவதாக வந்தவர் ஃபிராங்க் மர்ஃபி. அவர் பல பழைய 30S துணையலகு அணியினர் இங்கிருக்கும் வேளையிலேயே வந்துவிட்டார். இவர் டென்வரிலிருந்து வந்தவர். இனிய பழக்கங்கள் உடையவர். அக்குணத்தைப் பிறரைக் கிண்டல் செய்யும் நையாண்டிக் குணத்துடன் இணைத்துக்கொண்டவர். அதுவும் சிரித்துக் கொண்டே கிண்டல் செய்பவர். டிட்லெவ் பிராடெர்சென்னைப் போன்று சிறந்த கணினி பயன்பாட்டுத் திறனும் படிகவரைபடவியல் திறனும் கொண்டவர். அவரைப் போன்று மிகச் சிறந்த உயிர்–வேதியியல் திறமைகளும் உடையவர். முறையாகவும் சீர்மையுடனும் செயல்படக்கூடியவர். பலரையும் ஆய்வகத்தில் பயிற்றுவிக்கக் கூடிய சிறந்த ஆசிரியர். அவர் எங்களது சின்குரோட்ரான் பயணங்களில் பொறுப்பாளராகச் செயல்பட்டார்.

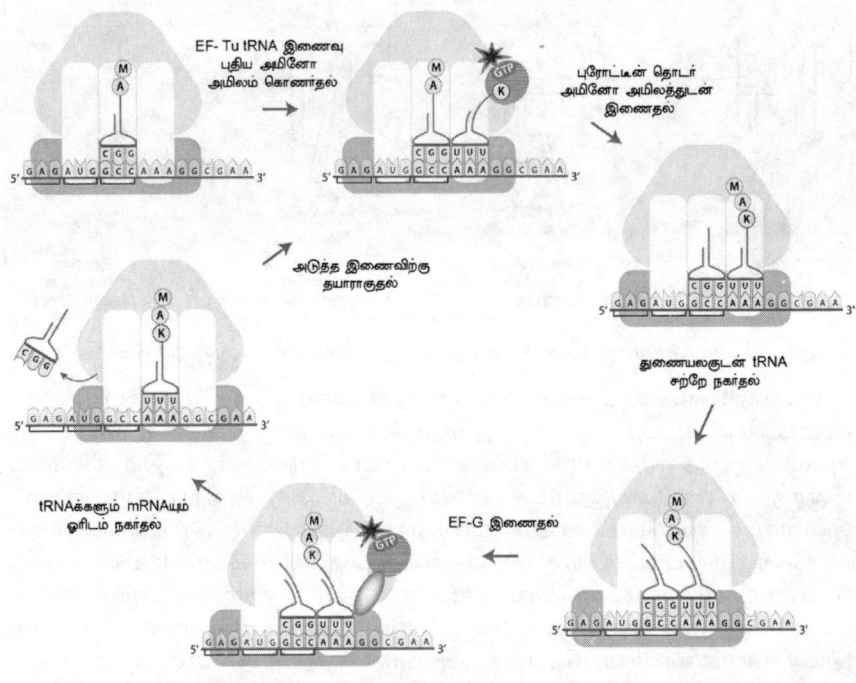

படம் 17.2 ரைபோசோம் நீட்சியுறும் சுழற்சி

ஹேரியின் ஆய்வகத்தில் யூசுப்போவ் செய்துகாட்டியதைப் போன்று நாமும் 70S துணையலகின் படிகங்களை உருவாக்கினால் என்ன என்று யோசித்தோம். 30S துணையலகின் துவக்க கால ஆய்வுகளில் பயன்படுத்திய ரஷ்யத் தன்மைகளைப் பயன்படுத்த எண்ணினோம். ரஷ்ய வகை முயற்சிக்கு ஒரு 'நிறப்பிரிகை வரைபட நெடுவரிசை'யைப் பயன்படுத்திக் கொள்ளுமாறு மரியா கார்பர் ஓர் குறிப்புக் கொடுத்திருந்தார்.

ஆனால் எங்களால் அந்தப் படிகத்தை உருவாக்க இயலவில்லை. படிகமாக்கலுக்கான அறிக்கையில் ஏதோ குறைபாடு இருந்தது. அல்லது நாங்கள் எதையோ மாற்றிச் செய்துவிட்டோம். ரஷ்யாவின் அசல் அறிக்கையிலும் கூட 30S, 70S படிகமாக்குதலுக்கான பயனுள்ள செய்தி இல்லை. இதை நானறிந்த குறைவான ரஷ்ய மொழி அறிவினால் வாசித்துத் தெரிந்துகொண்டேன்.

ரைபோசோம் கூட்டங்களில் பங்குபெறுவதற்காகப் பெரிய சுற்றுலா சென்றிருந்த வேளையில் ஒருநாள் பீட்டரும் நானும் புயனோஸ் அயிரேஸில் ஒரு மேசையைச் சுற்றி மாரட்டுடன் அமர்ந்திருந்தோம். பீட்டரும் நானும் மாரட்டிடம் 'நீங்கள் வெளியிட்டுள்ள செய்முறையைப் பயன்படுத்தி நாங்கள் படிகங்களை உருவாக்க இயலவில்லை, என்று கூறினோம். அதற்கு அவர் சில செயல் குறிப்புகளைச் சரி செய்துகொள்ள வேண்டியிருக்கும் என்றார். எந்தக் குறிப்புகளை என்று கேட்டதற்கு அவரால் சரியாகக் கூற இயலவில்லை. சில குறிப்புகள் குல்நாராவிடம் உள்ளது என்று கூறிவிட்டார். உடனே பீட்டர் பலத்த சிரிப்புடன், 'உங்கள் இருவரையும் பிடித்து எப்படிக் கேட்டாலும் இருவரும் சொல்லவே மாட்டீர்கள்தானே' என்றார். மாரட்டும் குல்நாராவும் தங்களது செய்முறைக் குறிப்புகளை ரஷ்ய மொழியில் எழுதி வைத்திருந்தார்கள் என்று பிறகு கேள்விப்பட்டோம். அவர்கள் ஹேரியின் ஆய்வகத்திலிருந்து சென்ற பின் ஹேரியாலும் படிகங்களைச் சிறிது காலம் உருவாக்க இயலவில்லை என்று கேள்விப்பட்டேன். ரஷ்யக் குழுவின் உறுப்பினராகிய செர்ஜி டிரக்கனோவைத் தனது ஆய்வகத்தில் சேர்த்துக்கொண்ட பிறகுதான் ஹேரி படிகங்களைப் பெற முடிந்தது.

ஃபிராங்க், தனது ஆய்வகத்தில் தொழில்நுட்ப உதவியாளராக இருந்த ராப்பை நீக்கிவிட்டு மைக் டேரியை உதவியாளராக அமர்த்தியதன் மூலம் ரைபோசோம் படிகமாக்கல் பிரச்சினையைத் தீர்க்க முயன்று கொண்டிருந்தார். RNAவைப் பாதிக்கும் ஒரு என்சைமிலிருந்து ரைபோசோமை சுத்திகரித்து படிகமாக்குதலை அவர்கள் கற்றுக்கொண்டனர். அப்படிகங்கள் சற்று மாறுபாடு கொண்டிருந்தன. சான்டா குரூஸில் காண்பிக்கப்பட்ட படிகங்களைப் போன்று நன்றாக இருந்தன. ஆனாலும் அவை அணு அமைப்புகளைத் தெளிவாகக் காணும் தன்மையில் இல்லை.

மிகச் சிறந்த இடுக்குணர் திறனில் ரைபோசோமின் முழு அமைப்பைப் பெறுவதற்குப் பலரும் முயன்றுகொண்டிருந்தனர். இந்நிலையில் எங்களது ஆய்வகத்தில் வேறு சில நிலைகளில் ரைபோசோம் அமைப்பை நிலை நிறுத்தி அமைப்பைத் தோற்றுவிக்கலாம் என முடிவு செய்தோம். எந்நிலையில் படிகமாதல் சிறப்பாக அமையும் என்பதை ஊகிக்க இயலவில்லை. அனைத்து நிலைகளும் ஆர்வமூட்டுபவையாக இருந்தன. இந்த வகையில் ஒரு சில படிகங்கள் சரியாகத் தோன்றாவிட்டாலும் நாங்கள் தோல்வியடையப் போவதில்லை. புதிய அமினோ அமிலத்தை tRNAயானது ரைபோசோமிற்குக் கொண்டுவந்து, அதை புரோட்டீன் காரணியாகிய EF–Tu[1] தருகின்ற

1. மொழிபெயர்ப்பாளரின் குறிப்பு: EF-Tu என்பது 'Elongation Factor Thermo Unstable என்பதாகும். இப்பொருள் அமினோ அசைல் tRNA (aatRNA) ரைபோசோமுடன் இணையக் காரணமானது. இப்பொருள் tRNAயில் உள்ள மரபுக் குறிப்பு அதற்கேற்ற புரோட்டீனை, அமினோ அமிலங்களை இணைப்பதன் மூலம் உருவாக்கக் காரணமானது.

வேளையில் ரைபோசோமை நிலைப்படுத்திவிடலாம் என்று ஃபிராங்க் முடிவு செய்திருந்தார். DNAயின் நுண்குறிப்புத் துணுக்கு, RNAயின் எதிர் நுண் குறிப்புத் துணுக்கு ஆகியவற்றை மூன்றில் இரண்டு உப்புமூல இணைவுகளில் நாங்கள் 30S துணையலகு ஆய்வுகளால் கண்டுள்ளதால் tRNA நுழையும் நிலையில் நிலைப்படுத்தலாம் என முடிவு செய்தோம்.

ரைபோசோமுடன் இணையும் பல காரணிகளைப் போன்று EF–Tu ஒரு *GTPase*[2] எனப்படும் இது GTPயின் பாஸ்பேட்டுகளைப் பிரித்து சக்தியை வெளியேற்றும். சக்தியைப் பெறுவதற்காக GTPயை உடைக்கும் நிகழ்ச்சி நீரால் பகுத்தல் முறையாகும். இது நிகழ்ந்தது நிகழ்ந்ததுதான். திருப்ப இயலாது. மேலும் இந்நிகழ்ச்சி பொறி விசை எஞ்சினில் பொறி கிடைத்தவுடன் எரிபொருள் எரிந்து எஞ்சின் ஓடுவது போன்றதுதான். EF-Tuவைப் பொறுத்தமட்டில் tRNAயும் நுண்குறிப்புத் துணுக்கும் இசைவாக அமைந்தவுடன் கிடைக்கும் காரணியால் எங்கோ இருக்கும் GTP எவ்விதம் பகுப்படைகிறது என்பது கேள்விக்குறி. இக்கேள்வி, பொறி தோன்றலுக்கான சாவித்துளையில் சாவியை நுழைத்துத் திருகியவுடன் எங்கோ இருக்கின்ற எஞ்சினில் பொறிதோன்றி, எரிபொருள் எரிந்து, பிஸ்டன் இயங்கி எஞ்சின் ஓடுவது எப்படி என்பது போன்றது. GTPயின் பகுபடல், ஒரு தூண்டுதலாகச் செயல்பட்டு EF–Tu வானது tRNAயை விடுவிக்கச் செய்கிறது. tRNAயின் இறுதிப்பகுதி ரைபோசோமின் பெரிய துணையலகின் டிரான்ஸ்ஃபெரேஸ் மையத்தினுள் நுழைகிறது. அங்கு வளரும் புரோட்டீன் சங்கிலி, ரைபோசோமின் ‘P’[3] தளத்திலுள்ள tRNAயிலிருந்து ரைபோசோமின் ‘A’[4] தளத்திலுள்ள tRNAயின் புதிய அமினோ அமிலத்திற்குக் கடத்தப்படுகிறது.

நாங்கள் தெர்மஸ் பாக்டீரியங்களுடன் ரைபோசோம் படிகமாக்குதலுக்குப் பல ஆண்டுகளாகப் போராடிக்கொண்டிருக்கும் வேளையில் ஜேம்ஸ் கேட் இ.கோலை ரைபோசோம்களைப் படிகங்களாக்கி விட்டார் என்று கேள்விப்பட்டோம். விரைவில் சிறந்த இடுக்குணர் திறன் அளவீடான அந்த மாய மந்திர 3.5Å அளவீடையும் எட்டிவிட்டார் என்றும் அறிந்தோம். இனிமேல் அவர் ரைபோசோமின் அணுக்களின் அமைப்பைத் தோற்றுவிக்கலாம். இது இரண்டு காரணங்களால் முக்கியக் கண்டுபிடிப்பு. முதலாவதாக முழு ரைபோசோமின் அமைப்பையும் மிக நுணுக்கமாக அறிந்திடவியலும். இரண்டாவதாக இக்கண்டுபிடிப்பு இ.கோலை பாக்டீரியங்களில் நிகழ்ந்திருப்பது. இதே பாக்டீரியத்தில்தான் ரைபோசோமின் உயிர்–வேதியத் தன்மைகளின் மரபியல் முக்கியத்துவம் போன்ற ஆய்வுகளும் நிகழ்த்தப்பட்டிருக்கின்றன. ஆரம்ப காலத்தில் ஆடா மிகை வெப்ப விரும்பிகளிலிருந்து ரைபோசோமின் பெரிய துணையலகு களின் படிகங்களைப் பெற்றதாலும் இ.கோலை பாக்டீரியங்கள் வழியே

---

2. GTPase: இது ஒரு என்சைம். இந்த என்சைம் செல்லினுள் உள்ள GTP (Guanine triphosphateயை (GTP)) உடைத்து கிரியை செய்யும்:

3. P தளம் என்பது ரைபோசோமில் tRNAவின் இணைவு இடம் (P – Peptidyl)

4. A – தளம் என்பது ரைபோசோமில் tRNAவின் மற்றொரு இணைவு இடம் (A = aminoacyl) இவ்விடங்கள் அமினோ அமிலங்களைச் சங்கிலியாக இணைத்து புரோட்டீனை உண்டாக்க உதவும் ரைபோசோமின் தளங்கள்.

மிகச் சிறிய படிகங்கள் மட்டுமே கிடைத்ததாலும் 'மிகை விரும்பி' பாக்டீரியங்களிலிருந்து மட்டுமே ஆய்வுக்குரிய ரைபோசோம் படிகங்கள் கிடைக்க இயலும் எனும் எண்ணம் மக்களிடையே ஏற்பட்டுவிட்டது. மிகை விரும்பிகள் என்பவை மிக அதிக வெப்பச் சூழல் அல்லது உப்புத் தன்மைகளில் நன்கு வாழ்பவை. அந்தப் பாரம்பரிய ஞானத்தைப் புறந்தள்ளியவர் ஜேமி எனும் ஆர்வமுள்ள இளைஞர்.

ஜேமி தனது ஆய்வுக் கட்டுரையை *சயின்ஸ்* இதழுக்கு அனுப்பி யிருந்தார். அக்கட்டுரையை அங்கீகரிப்பதற்கான நடுவர் குழுவில் நான் நியமிக்கப்பட்டிருந்தேன். அக்கட்டுரையைப் பார்த்தவுடன் 'ஆஹா! இந்த ஆய்வினை நமது ஆய்வகத்தில் செய்யாமல் விட்டுவிட்டோமே, எனும் ஏமாற்ற உணர்வு முதலில் தோன்றியது. ஆனால், இது ரைபோசோம் ஆய்வில் ஏற்பட்டுள்ள பெரிய முன்னேற்றம் என்றெண்ணி மகிழ்ந்துகொண்டேன். அந்த ஆய்வு இ. கோலை ரைபோசோம் தொடர்பானது என்பது மட்டுமல்ல, அதன் மூலம் முதன்முறையாக இரண்டு துணையலகுகள் எவ்விதம் ஒன்றாகத் தொற்றிக்கொண்டுள்ளன என்பதும் தெளிவாகத் தெரியவந்தது. மேலும் அதில் tRNA வின் ஊடாக நகர்ந்து செல்கையில் ரைபோசோமில் மாறுதல்கள் ஏற்படும் என்பதை அறிந்துகொள்வதற்கான குறிப்புகளும் இருந்தன. ஜேமிக்கு இதில் ஒரு பின்னடைவும் இருந்தது. அவரது படிகங்கள் அமைந்திருந்த நிலையில் ரைபோசோம்கள் mRNA, tRNAயுடன் இணையவில்லை. எனவே ரைபோசோமில் ஏற்படும் மாற்றங்களைப் படிநிலைகளாகப் படம் பிடிக்கும் வாய்ப்பு இல்லை. அப்படியெனில் எங்களது ஆய்வகத்தின் ஆய்வுத் திட்டங்கள் உயிர்ப்புடனே உள்ளன என்று கொள்ளலாம்.

ஆய்வுகளில் எங்களை முந்திவிட்டார்கள் எனும் ஏமாற்றம் மறையும் சூழல் ஏற்பட்டது. அதற்குக் காரணம் புதிதாக எங்களது ஆய்வகத்தில் இணைந்த இருவர். ஒருவர் மரியா செல்மர். இவர் ஆந்தெர்ஸ் லில்ஜாஸ் ஆய்வகத்திலிருந்து வந்திருந்தார். மரபுப் பண்பின் குறியீடு, அறிந்தேர்ப்பு பெற்று புதிய புரோட்டீன் தோன்றியவுடன் அது அமைந்திருந்த ரைபோசோமை ஒரு புரோட்டீன் பிளந்துவிடுகிறது. அந்த புரோட்டீனின் அமைப்பைக் கண்டுபிடித்தவர் இவர். இத்தகைய பிளத்தலால் ரைபோசோமானது அடுத்த புரோட்டீன் தோன்றுதலுக்குத் தயாராகிறது. எனது ஆய்வகத்தில் டிட்லெவ்வைப் போன்று இவரும் ஸ்கான்டிநேவிய விஞ்ஞானி. நல்ல புத்திசாலி. சிறந்த திட்டமிடல் உள்ள பெண்மணி. இனிமையும் உற்சாகமும் கொண்டவர். பொதுவாக அனைத்தையும் அறிந்தவர். ஸ்கான்டிநேவியாவில் குழந்தைகள் வளர்ப்பில் நல்ல கவனம் கொள்கிறார்கள் என்று நான் ஆச்சரியப்பட்டேன். இருண்ட ஸ்கான்டிநேவியாவிலிருந்து கேம்பிரிட்ஜ் வரையிலும் தெற்கே வருகையில் அவர்கள் பெர்க்மேன் போன்ற கவலைகள் படர்ந்த முகத்தை இழந்து மகிழ்ச்சியாக அமைந்துவிடுகிறார்களோ என்றுகூட நினைத்தேன். ஆய்வகத்திலிருந்த ஆண்களைக் காட்டிலும் மரியா உயரமானவர். எங்களது ஆய்வகத்தில் வருடந்தோறும் கிறிஸ்துமஸ் நிகழ்ச்சிகள் நடைபெறுவதுண்டு. அதிலுள்ள ஒரு சிறிய நடிப்பு நிகழ்ச்சியில் தங்களது சக பணியாளர்களை வேடிக்கையாகக் கேலிசெய்யும் வகையில் ஏதேனும் ஒன்று செய்வதுண்டு. இம்முறை எனது குழு ஸ்நோ ஒயிட்டும் ஏழு குள்ளர்களும் எனும் நிகழ்ச்சிக்குரிய வேடமிட்டு நடித்துக்காட்டினர்.

மரியா வந்து சேர்ந்த ஓராண்டிற்குப் பிறகு கிறிஸ்டீன் டனம் எங்களது ஆய்வுப் பணியில் பங்கேற்றார். இவரை நான் இத்தாலியின் ஏரிச்சேவில் சந்தித்தேன். அவரை முதன்முறையாகச் சந்தித்துப் பேசியபோதே அவரிடம் அறிவுக்கூர்மையையும் ஆய்விற்கான உந்துதலும் இருப்பதை அறிந்துகொண்டேன். அன்று அவர் பட்டதாரி மாணவர். சான்ட குரூஸின் பில் ஸ்காட்டிடம் பயின்றுகொண்டிருந்தார். அங்கு அவர் RNA வேதியியலில் நல்ல திறமை பெற்றிருந்தார். படிகவியல் துறையிலும் தேர்ச்சி பெற்றிருந்தார். இவர் எனது ஆய்வகத்தில் பணியாற்ற அனுமதி கேட்டவுடன் சரியென்று கூறிவிட்டேன். சான்டா குரூஸிலிருந்த காரணத்தால் இவர் ஹேரியின் குழுவினர் அனைவரையும் அறிவார். அவர் அமெரிக்கப் புற்றுநோய் கழகத்திற்குக் 'கல்வி நிதி'க்காக விண்ணப்பிக்க விரும்பினார். எனது அறிவுரையை மீறி விண்ணப்பித்தார். உதவி கிடைத்தது. அதன் மூலம் எனது ஆய்வகத்தின் நிதி ஆதாரம் பாதுகாக்கப்பட்டது. அவர் சுறுசுறுப்பும் உற்சாகமும் கொண்டவர். எனது அபத்தமான நகைச்சுவைப் பேச்சுகளையும் ரசிப்பவர். வம்பளப்பதில் ஆர்வம் உள்ளவர்.

இதே நேரத்தில் LMBயில் ஏறக்குறைய 20 ஆண்டுகள் தொழில்நுட்ப உதவியாளராக இருந்த ஆன் கெல்லி எங்களது குழுவில் சேர்ந்துகொண்டார். இவர் எங்களது ஆய்வகத்தின் முக்கிய நபராகிவிட்டார். ரைபோசோம்களைப் பிரித்தெடுத்தல், tRNA, காரணிகள் என்று விஞ்ஞானிகளுக்கு அவ்வப்போது தேவையானவற்றைப் பெற்றுக்கொள்வதற்கு அத்தியாவசியமானவர் ஆனார். அவர் சற்றுக் கண்டிப்பான தோற்றத்துடனும் சிவப்புத் தலைமுடியுடனு மான வடபகுதிக்காரர். பிற நாட்டுக்காரர்களின் மீது அவ்வப்போது வெறுப்புக் காட்டுதலும் அங்குள்ள காலநிலை மற்றும் பழக்கவழக்கங்கள் பற்றி அதிருப்தியும் கொள்ளக்கூடியவர்.

மரியாவும் கிறிஸ்டீனாவும் ஒன்றாக இணைந்து செயல்படத் துவங்கினர். அவர்கள் tRNAயும் mRNAயும் ரைபோசோமில் நகர்ந்து எவ்விதம் மரபுக் குறியீடு பரிமாறுதலில் செயல்படுகின்றன என ஆய்வு செய்ய முயன்றனர். இந்நிகழ்ச்சிக்கு 'குறியீட்டுச் செய்தி இடமாற்றம்' என்று பெயர். ஏறக்குறைய 30 ஆண்டுகளுக்கு முன்பே LMBயில் மார்க் பிரெஸ்டர் 'குறியீட்டுச் செய்தி இடமாற்றம்' இரு நிலைகளில் ஏற்படும் என ஊகித்துள்ளார். முதல் நிலையில் tRNA ஒரு துணையலகினுள் நகர்கிறது. அடுத்து இரண்டாவது துணையலகினுள் நகரும். இதற்காகத்தான் அனைத்து உயிரினங்களின் ரைபோசோம்களிலும் இரண்டு துணையலகுகள் உள்ளன. அடுத்த இருபது ஆண்டுகளுக்குப் பிறகு ஹேரியும் அவரது மாணவர் டேனிஷ் மோஸ்டுவும் மார்க் பிரெஸ்டரின் ஊகத்தை நிரூபித்தனர். ரைபோசோம் ஓர் இடைநிலையை அடைந்து tRNA பெரிய துணையலகில் நகர்வதைக் கண்டனர். இரண்டாவது நிலையில் tRNAயும் mRNAயும் சிறிய துணையலகில் நகர்ந்து 'குறியீட்டு செய்தி இடமாற்றம்' முடிவடைகிறது என்று அறிந்தனர். 2000ல் ஜோச்சிம் ஃபிராங்கும் ராஜ் அகர்வாலும் இந்நிகழ்ச்சியில் இரண்டு துணையலகுகளும் தொடர்பு கொண்டு சுழலுகின்றன எனக் காண்பித்தனர். எனவே ரைபோசோம் mRNAயில் இரண்டு பாகங்கள் கொண்ட இயந்திரமொன்று ஒரு கம்பியில் விசையுடன் விடுவிக்கப்பட்டதைப் போன்று நகர்கின்றன. இந்த இரண்டாவது நிலையை

வேகப்படுத்துவது 'நீட்சிக் காரணி G' என்பதாகும். இக்காரணி GTPயையும் நீரால் பகுத்தல் முறையில் உடைக்கிறது. இவ்வளவும் அறிந்திருப்பினும் இவை எவ்விதம் நிகழ்கின்றன? EF–G எவ்விதம் துணை செய்கிறது போன்றவை தெளிவாகவில்லை.

மரியா எனது ஆய்வகத்தில் பணியில் சேர்ந்தபோது அவருக்குத் திருமணமாகி ஒரு பெண் குழந்தையும் இருந்தது. திருமணமாகாத பிற தனி நபர்கள் அல்லது குழந்தைகள் இல்லாதவர்கள் அனைத்து நேரமும் ஆய்வகத்திலிருப்பார்கள். அவர்களைப் போன்றில்லாமல் மரியாவால் குறிப்பிட்ட நேரத்தில் மட்டுமே பணிசெய்ய இயலும். நானும் அப்படித்தான். பட்டப்படிப்பு மாணவனாக இரு குழந்தைகளுடன் இருந்த நான் குறிப்பிட்ட நேரங்களில் ஆய்வகப் பணிகளை மேற்கொண்டதால் தான் குடும்பத்தையும் வேலையையும் ஒரே நேரத்தில் சமாளிக்க முடிந்தது. இதனால் மகிழ்ச்சியான குடும்ப வாழ்வுடன் நல்ல விஞ்ஞானியாகவும் விளங்க முடிந்தது. மரியா இங்கு பணியில் சேர்ந்து ஏறக்குறைய ஓராண்டாகிவிட்டது. திடீரென அவர் எனது அலுவலகத்திற்கு வந்திருந்தார். தனக்கு இரண்டாவது குழந்தை பிறக்கவிருக்கும் செய்தியைக் கூறினார். நான் மகிழ்ச்சியுடன் அவருக்கு வாழ்த்துக் கூறினேன். ஆனால் ஆழ்மனதில் ஆய்வுகளில் கடும்போட்டி இருக்கும் சூழலில் இவரது மகப்பேறு விடுப்பு வேலையைப் பாதிக்குமே என்று எண்ணிக்கொண்டேன். நான் அப்படி நினைத்திருக்கக் கூடாது. ஏனெனில் 70S துணையலகினை நிலைநிறுத்துதல் ஆய்வில் மற்றவர்களைக் காட்டிலும் அவர் அதிக பங்களிப்பு செய்திருந்தார். இணக்கமும் ஆதரவும் உள்ள சூழலில் ஒருவர் தனது பணிகளையும் குடும்பத்தையும் வெற்றிகரமாக கவனித்துக்கொள்ள இயலும் என்பதை உணர்ந்தேன். மரியாவைப் பொறுத்தமட்டில் அவரது கணவர் மிகுந்த அன்புள்ளவர் என்பது அவருக்குத் துணை நின்றது.

மகப்பேறு விடுப்பிலிருந்து திரும்பிய பின் அவர் ஒரு புதிய தன்மையில் இதற்கு முன்பு அறிந்திராத வகையில் ஒரு படிகத்தை உருவாக்கிக் காட்டினார். EF–G காரணியைச் சேர்த்து ரைபோசோம் படிகமாக்குதலை முயன்றிருப்பினும் படிகத்தில் அப்பொருள் இல்லை. இருப்பினும் அதில் mRNA, tRNAக்கள் இருந்தன. 2001இல் ஹேரியின் ஆய்வகத்தில் கிடைத்ததைக் காட்டிலும் இப்போது கதிர் விலகல் நன்கு அமைந்திருந்தது. எந்த ஒரு சிறிய முன்னேற்றமும் சிறந்ததுதானே என எண்ணிக்கொண்டோம்.

மரியாவும் கிறிஸ்டீனும் படிகங்களின் தரத்தை உயர்த்துவதற்கு முறையாக முயற்சி செய்தனர். பின் அவர்கள் மற்றவர்களுடன் ஸுரிச்சின் அருகில் வில்லிஜென்டில் உள்ள 'ஸ்விஸ் லைட் சோர்ஸ்' சின்குரோட்ரானுக்குச் சென்றார்கள். இம்முறையும் வியப்பூட்டும் செய்தி சின்குரோட்ரானிலிருந்து கிடைத்தது. பல ஆண்டுகளுக்கு முன் கில்லட்டின் சோதனைகளால் கிடைத்ததைவிட இன்றைய செய்தி இன்ப அதிர்ச்சியாக இருந்தது. அவர்கள் தரவுகளை 2.8Å இடுக்குணர்திறனில் பெற்றிருந்தனர். அவ்வாறெனின் கிடைத்த வரைபடங்கள் எங்களது 30S துணையலகு களைக் காட்டிலும் சிறப்பானவைகளாக இருந்திருக்கும். இருப்பினும் அதில் இரண்டு தனித்தனி நகல்களாக ரைபோசோம்கள் படிகத்தில் இருந்தன.

அப்படியெனில் அமைப்பில் ஒரு மில்லியன் அணுக்களைக் காண்பிக்க வேண்டும்.

இதற்கான முயற்சி எங்களது பழைய 30S நாட்களை நினைவுறுத்தியது. ஃபிராங்க், மரியா, கிறிஸ்டீனுடன் இரண்டு பட்டப் படிப்பு மாணவர்களும் எங்களது ஆய்வகத்தில் சேர்ந்திருந்தனர். அவர்களையும் எங்களின் புதிய முயற்சியில் இணைத்துக்கொண்டோம். ஆல்பர்ட் வைக்ஸில்பாமர் தனது இளநிலைப் பட்டப்படிப்பை வியன்னாவில் பயின்றவர். அவர் எனது ஆய்வு மாணவராகப் பயிலத் தேர்ந்தெடுப்பிற்கென நேர்காணலுக்கு வந்திருந்தார். உடல் முழுவதும் பச்சை குத்திக்கொண்டு வியன்னாவின் எதிர்க் கலாச்சாரத்தின் தலைமைப் பிரதிநிதியைப் போன்று தோற்றமளித்தார். நேர்காணலில் சிறப்பாகப் பதிலளித்த காரணத்தால் அவரைத் தேர்ந்தெடுத்தேன். அவரைத் தெரிவு செய்தவுடன் அவர் உடனடியாக ஆய்வகத்தில் ஆய்வு மாணவராகச் சேர்ந்துகொள்ள வில்லை. தென் அமெரிக்கப் பகுதிகளில் பல மாதங்கள் சுற்றித் திரிந்துவர எண்ணியிருப்பதாகவும் தனது ஆய்வுப் படிப்பை அதற்கேற்றபடி தள்ளிப் போடலாமா என்றும் வினவினார். அவரைத் தேர்ந்தெடுப்பதில் பெரிய தவறு செய்துவிட்டேனோ என எண்ணினேன். ஆனால் அவர் திரும்பி வந்து ஆய்வுகளைத் தொடங்கியவுடன் அவரது ஆய்வு ஈடுபாடு பற்றிய சந்தேகம் நீங்கியது. ஆல்பெர்ட் கடின உழைப்பாளி. எனது ஆய்வகத்தின் அறிவும் ஆர்வமும் ஒருங்கிணைந்த மாணவர். DNAயின் மரபுப் பண்புக் குறியீடுகளை 'மொழிமாற்றத் தொகுப்பு'[5]களால் ஆய்வு செய்வது மிகவும் சிரமமானது. இவ்வகை ஆய்வு அவரை விரக்தியடையச் செய்தது. உண்மையில் இந்தப் பிரச்சினைக்குப் பத்து ஆண்டுகளுக்குப் பிறகு ஓர் புதிய தொழில்நுட்ப முயற்சியால் தீர்வு ஏற்பட்டது.

எங்களது அடுத்த மாணவர் சபைன் பெட்ரி. இம்மாணவரை ஹேரால்டு ஷ்வாபே பரிந்துரை செய்திருந்தார். ஷ்வாபே ஃபிரான்க்ஃபர்ட்டிலுள்ள விஞ்ஞானி. இவரின் ஆய்வுகளை நான் அறிவேன். சபைன் பெட்ரி ஆறடிக்கு மேல் உயரமான பெண்மணி. ஆய்வகத்திலுள்ள அனைவரைக் காட்டிலும் உயரமானவர். இவர் இளநிலை பட்டப்படிப்பில் மிகச் சிறப்பாகப் பயின்றதற்கான ஆதாரங்களை வைத்திருந்தார். ஜெர்மனியின் பெண்கள் கூடைப்பந்து குழுவில் விளையாடியவர். பலவிதங்களில் ஓர் ஒழுங்கமைவான ஜெர்மானியர். எங்களது ஆய்வகத்தில் முறையாக ஆய்வக உறுப்பினர் கூட்டங்கள் நடத்தப்படுவதில்லை என்று அறிந்தவுடன் சிறிது அதிர்ச்சியடைந்தார். நான் அவரிடம் 'வேண்டுமானால் நீங்கள் அத்தகைய கூட்டங்களை ஏற்பாடு செய்யுங்கள்' என்று கூறிவிட்டேன். அவர் உடனே வாரந்தரக் கூட்டங்களுக்கு ஏற்பாடு செய்ததோடு ஆய்வக உறுப்பினர்கள் யார் யார் எந்த நாட்களில் பேச வேண்டும் என்பதற்கான பட்டியலும் தயாரித்துவிட்டார். மற்றொரு நாள் நாங்கள் ஆய்வகத்தில்

5. மொழிபெயர்ப்பாளரின் குறிப்பு: மொழி மாற்றத் தொகுப்பு (Initiation Complex) - இவை மரபுக் குறியீடுகள் புரோட்டீன்களாக மாறுதல் பெறுவதற்காக இயங்கும் தொகுப்புகள். இத்தொகுப்பில் 30S ரைபோசோம் துணையலகு, mRNA, Nஃபார்மைல் மீத்தியோனின் இணைந்த tRNA, மூன்று துவக்கக் காரணிகள் ஆகியவை அடங்கும்.

நுழைந்தவுடன் கவனித்ததில் எங்களது ஜெல் பெட்டிகள்[6] அனைத்தும் நீக்கப்பட்டு புதிய பெட்டிகள் வைக்கப்பட்டிருந்தன. அப்பெட்டிகளில் அவற்றிலுள்ள பொருட்களுக்கேற்ப குறியீடு பட்டைகளும் நிறப்பட்டைகளும் ஒட்டப்பட்டிருந்தன. பெட்டிகளை மாற்றி வைத்துவிடக் கூடாது எனக் கண்டிப்பான கட்டளைகளும் அவற்றில் இருந்தன.

ரைபோசோமின் பெரிய மூலக்கூறு அமைப்பைத் தோற்றுவிப்பதற்கென ஆய்வுக் குழு உறுப்பினர்கள் அனைவரும் பல வாரங்களுக்கு வரைபட அறையில் வேலை செய்தனர். இவ்வேலையானது 30S, 50S துணையலகு களுக்குச் செய்ததுபோன்று அவ்வளவு கடினமானதாக இல்லை. ஆனாலும் வேலை இருந்தது. குறிப்பாக 50S துணையலகு மற்றவற்றிலிருந்து மாறுபட்ட தன்மைகள் கொண்டிருந்தது. அந்த வரைபடம் உருவாக்கியதும் அதில் mRNA, tRNA எவ்விதம் ரைபோசோமுடன் இயங்கின என்பதைத் துல்லிய மாகக் காண முடிந்தது. மக்னீஷியத்தின் அடர்வினைக் குறைத்தால் துணையலகுகள் பிரிந்துவிடும் என்பதும் அதிகரித்தால் அவை இணையும் என்பதும் ஐம்பது ஆண்டுகளுக்கு முன்பே அனைவரும் அறிந்ததுதான். இரு துணையலகுகளுக்கும் இடையில் பல இடங்களிலும் தோன்றும் தொடர்புகள் நேர்மின் விசை கொண்ட மக்னீஷியத்தினாலேயே நிகழ்கின்றன. மக்னீஷியம் இடையீட்டாளராக RNA பாஸ்ஃபேட்டுகளின் எதிர் மின் தன்மையுடன் தொடர்பினை ஏற்படுத்துகிறது. மற்ற இடங்களில் எதிர் மின் பாஸ்ஃபேட்டுகளைச் சமநிலைப்படுத்துவதன் மூலம் RNAவை இறுக்கமாக மடிந்துகொள்ளச் செய்கிறது. இதனால் துணையலகுகள் நெருங்கி வருகின்றன. இவை இப்போது எங்களின் கண்டுபிடிப்புகள்.

அனைத்தையும் நாங்கள் ஆய்வுக் கட்டுரையாக எழுதி விரைவில் சமர்ப்பித்தோம். அதன்பிறகு மரியா ஓர் RNA கூட்டத்திற்கென அமெரிக்கா சென்றார். நான் இத்தாலியின் ஏரிச்சியவுக்குச் சென்றிருந்தேன். அமெரிக்காவிற்குச் சென்ற மரியாவிற்கு ஹேரியும் இப்போது புதிய, சீராக்கப்பட்ட அமைப்பைத் தோற்றுவித்துள்ளார் எனும் தகவல் கிடைத்தது. கேள்விப்பட்டவுடன் அனைவரும் எரிச்சல் அடைந்தோம். ஆறு வருடங்களுக்கு முன்பு 30S துணையலகு அமைப்பிற்கு நிகழ்ந்தது போன்று இப்போதும் போட்டி. இருவரின் அமைப்புகளும் ஒரே நேரத்தில் வெளியாயின. ஹேரியின் அமைப்பு 2001இல் அவர்கள் பெற்றிருந்ததைக் காட்டிலும் சிறந்ததாக இருந்தது. முன்பு 30S அமைப்பு வெளியீட்டின் போது நிகழ்ந்தது போன்று எங்களது அமைப்பு துல்லியமாகவும் முழுமையாகவும் இருந்ததாகக் கருதப்பட்டு பலராலும் ஏற்றுக்கொள்ளப்பட்டது.

---

6. ஜெல் பெட்டிகள் (Gel box) ஆய்விற்குரிய நுணுக்கமான சிறிய கருவிகள், கருவிகளின் பாகங்கள், ஆய்விற்குள்ளாகும் மென் பொருட்கள் ஆகியவற்றைப் பாதுகாப்பாக வைத்துக்கொள்ளும் பெட்டிகள், பெட்டியிலுள்ள மென்மையும் இளகியது போன்ற தன்மையும் கொண்ட தரைப்பகுதியில் உள்ள ஜெல்லானது அதில் பதிந்தாற் போன்று வைத்துள்ள பொருட்கள் உருண்டு விடாமலும் ஒன்றுடனொன்று இடித்துக்கொள்ளாமலும் பாதுகாக்கும். ஆய்வுப் பொருளை எங்கும் எடுத்துச் செல்ல உதவும். பெட்டியிலுள்ள பொருட்களைச் சிறிய இடுக்கிக் கருவி அல்லது விரல் நுனியால் வெளியில் எடுக்கலாம். (It is useful for safekeeping semiconductor devices, sensors, micromechanical devices, optoelectronics, hard drive heads, bio – medical devices and specimen storage.)

30S துணையலகில் செய்தது போன்று இப்புதிய 70S துணையலகுப் படிகத்திலும் இயன்ற அளவு அனைத்துத் தகவல்களையும் பெற்றுவிடலாம் என முயற்சிகள் மேற்கொண்டோம். ஆனால் துவக்கத்திலேயே பிரச்சினைகள் ஏற்பட்டுவிட்டன. மிகச் சிறந்த கதிர் விலகலை அளித்த 70S படிகங்களை மீண்டும் உருவாக்க முயலுகையில் பல மாறுபட்ட இயல்புகள் கிடைத்தன. ஒரு சில படிகங்கள் கதிர் விலகல் செய்தன. ஆனால் இப்போது ஸ்விட்சர்லாந்துக்கு எடுத்துச் சென்றிருக்கும் படிகங்களைப் போன்று அவை அமையவில்லை. ஒருசில படிகங்களில் கதிர் விலகல் தோன்றவே இல்லை. பிரச்சினைகள் தீர்ந்துபோயின என எண்ணியிருந்த வேளையில் ரைபோசோமுடன் எதனையும் இணைக்க இயலவில்லை.

ஆக 30S படிகங்களைப் போன்று 70S படிகம் நல்ல ஆய்வு முடிவுகளைத் தரக்கூடிய தங்கச் சுரங்கமாக இல்லை. 70S துணையலகு பற்றிய ஆய்வுக் கட்டுரை வெளியானவுடன் பலர் ஆய்வகத்திலிருந்து நீங்கத் துவங்கி விட்டனர். ஃபிராங்க் இங்கிருந்து விலகி ஆர்கான் புறப்பட்டார். ஆர்கானில் மால்கம் கேப்பல் ஓர் மூத்த விஞ்ஞானியாக இருந்தார். மரியா, உப்சலாவில் ஆசிரியப் பணியைப் பெற்றார். கிறிஸ்டீன் எமரி பல்கலைக்கழகத்தில் பணியில் சேர்ந்தார். சாபைன் முதுநிலை ஆய்வாளராக UCSFஇல் சேர்ந்தார். அந்த 70S குழுவிலிருந்த ஆல்பெர்ட் மட்டுமே எஞ்சியிருந்தார்.

அடுத்த ரைபோசோம் கூட்டம் கேப் கேடில் ஜூன் 2007இல் நடைபெறுவதாக இருந்தது. 70S துணையலகு அமைப்பை வெளியிட்ட பிறகு இப்போதுதான் முதன் முறையாக அதுபற்றிப் பேசப் போகிறேன். இந்த வேளையில் ரைபோசோம் குறித்த அரசியல் நிகழ்வுகளால் ஒரு விதமான வெறுப்பு ஏற்பட்டுவிட்டது. எனவே அந்த உரையை எப்போதும் நான் துவங்கும் பாணியில் இல்லாமல் 70S துணையலகு அமைப்பையும் ஹேரியின் ஆய்வகம் வெளியிட்டிருந்த 70S அமைப்புடன் ஒப்பிட்டும் வித்தியாசங்களைக் கூறியும் மட்டுமே உரையாற்றினேன்.

எங்களது 30S துணையலகு அமைப்பைப் பற்றி நினைத்துப்பார்க்கையில் எந்த அளவிற்கு மக்கள் அந்த அமைப்பை உயிர்–வேதியத் தரவுகளை விவரிப்பதற்கும் மற்ற விளக்கங்களுக்கும் பயன்படுத்திகொண்டார்கள் என்பதை எண்ணினேன். அவர்கள் எங்கள் கண்டுபிடிப்பிற்காகப் பாராட்டு தெரிவிக்கவில்லை. எனது உரையின் நடுவில் திடீரென எனது கிரான்ட்செஸ்டர் கிராமத்தில் பாதுகாப்புத் துறையால் தயாரிக்கப்பட்ட வரைபடத்தை ஒளிப்படமாகக் காண்பித்தேன். பார்வையாளர்கள் தொடர்பில்லாமல் இப்படத்தைக் காண்பித்ததைக் கண்டு ஆச்சரிய மடைந்தனர். எனக்கு என்ன ஆயிற்று என வியந்தனர். அந்த வரைபடத்தில் ஆங்காங்கு சில போலியான குறியீடுகள் தெளித்ததைப் போன்று சிதறி இருந்தன. இதனால் பிற வரைபடத் தயாரிப்பாளர்கள் இந்தப் படத்தை நகலெடுக்க இயலாது. எடுத்தாலும் எங்களது படம் என்று நாங்கள் கூறிவிடலாம். ‘விஞ்ஞானிகள் என்ற வகையில் நாம் போலிக் குறியீடுகளை வரைபடங்களில் திணிக்க மாட்டோம். ஆனால் நமது வரைபடங்களில் தவறுகள் தோன்றும்’ என்றெல்லாம் கூறி சிறிது கிண்டலாக, ‘அதே தவறுகள் எப்படி மற்றவர்களின் படங்களில் வந்தன என்பது வினோதமானது’ என்றேன். மேலும் ‘எங்களது 30S துணையலகு வரைபடங்களில் தோன்றிய

தவறுகளை மிகை இடுக்குணர் திறன் கொண்ட கண்டுபிடிப்பான்களால் அறிந்து, சரி செய்துவிட்டோம்' என்றேன். அடுத்த நாள் காலையில் ஹேரி தனது 70S துணையலகு அமைப்பு சரியானதுதான் என வலியுறுத்திக் கூறினார். இதை டாம் உடனடியாக மறுத்துக் கூறினார். ஏற்கெனவே டாமின் முது ஆய்வு மாணவர் மில்ஜன் சைமோனோவிக் இப்பிரச்சினையை ஆய்வுசெய்து எங்களுக்கு ஆதரவாகக் கூறியிருந்தார்.

அதன் பிறகு என்னைச் சந்தித்த ஆன்டர்ஸ் லில்ஜாஸ் நான் நடந்து கொண்டது சரியில்லை, என்றும் சற்று வித்தியாசமாக எனது பேச்சு இருந்தது என்றும் குறிப்பிட்டார். அதற்கு நான் 'எங்களது ஆய்வு முடிவுகளைப் பயன்படுத்துபவர்கள் அதற்கான அங்கீகாரத்தை அளிக்காமல் இருப்பது அவர்களின் மேல் வெறுப்பை ஏற்படுத்துகிறது' என்றேன். அதற்கு அவர் 'நீங்கள் ஆய்வுகளில் முன்னேறிக் கொண்டிருக்கிறீர்கள். இந்த நிலையில் ஏன் பிறரைத் தாக்குகிறீர்கள்?' என ஆலோசனை வழங்கினார். அந்த நேரத்தில் ஸ்வீடன் வட்டாரத்தில் எனது ஆய்வுகள் மதிக்கப்படுகின்றன என்பதை நான் உணர்ந்திருக்கவில்லை. நான் அடுத்த நாள் மகிழ்ச்சியுடன் மாஸாச்சுசெட்ஸில் உள்ள நார்த்பரோவில் நடைபெறவிருந்த எனது மகன் ராமன்–மெலிசா திருமணத்திற்கெனப் புறப்பட்டுவிட்டேன். மெலிசாவின் தந்தையின் வீட்டில் திருமணம் ஏற்பாடாகியிருந்தது. அங்கு பழைய நண்பர்களையும் சந்தித்து இளம் தம்பதிகளின் விழாவில் கலந்துகொண்டது நன்றாக இருந்தது. இம்மகிழ்ச்சியில் அறிவியலின் அரசியலைச் சற்று மறந்திருந்தேன்.

மீண்டும் ஆய்வகத்திற்குத் திரும்பிய பின் பல மாதங்களுக்கு ஆய்வில் முன்னேற்றம் எதுவும் நிகழவில்லை. யேல் பல்கலைக் கழகத்தின் பீட்டரின் ஆய்வகத்தில் முனைவர் பட்டம் பெற்ற பெண்மணி, முதுமுனைவர் ஹாங் ஜின் என்னைக் காண வந்திருந்தார். அவர் படிகவியல் துறைக்குப் புதியவர். அவர் வந்தவுடன் படிகங்களை உறையச் செய்தவற்கு என்ன செய்முறை என்று கேட்டார். அது எளிய செய்முறை என்று கூறிய நான், முதலில் படிகங்களைக் குளிர் வெப்பப் பாதுகாப்புத் திரவத்தில் அமிழ்த்தி வைக்க வேண்டும் என்றேன். அந்தத் திரவம் படிகங்கள் வளர்ப்பதற்குப் பயன்படுத்திய திரவத்தின் கரைசல் பொருட்களையே கொண்டிருக்கும். அப்பொருட்களோடு அதிகப்படியாக திரவ உறைதல் தடுப்புப் பொருட்களாக கிளிஸரால், ஆல்கஹால், அல்லது எத்திலீன் கிளைக்கால் சேர்த்துக்கொள்ளலாம் என்றேன். அதற்கு அவர் நீங்கள் அப்படிச் செய்யவில்லையே என்றார். நாங்கள் எப்படிச் செய்கிறோம் என்பதை உணர்ந்தவுடன், இப்படியெல்லாம் செய்தும் ஏன் புதிய படிகங்கள் சரியாக இல்லை என எண்ணினேன்.

படிகங்களைக் குளிர் வெப்பப் பாதுகாப்புத் திரவத்தில் அமிழ்த்திவைக்கையில் எனது ஆய்வக உறுப்பினர்கள் வழக்கமாகச் சேர்க்கும் சில பொருட்களை அதில் சேர்க்காமல் விட்டுவிட்டார்கள் என்பது தெரியவந்தது. குறிப்பாக மக்னீஷியம் சேர்க்கப்படவில்லை. துணையலகுகளை ஒருங்கிணைத்து வைப்பதற்கும் ரைபோசோமில் உள்ள RNA சரியாக மடித்து வைக்கப்பட்டிருப்பதற்கும் மக்னீஷியம் தேவை என்பதைப் பலரும் அறிவோம். எங்களது அண்மைத் தயாரிப்பில் மக்னீஷியம்

சேர்க்கப்படவில்லை. படிகங்கள் தங்களது தரத்தில் மாறுபட்டிருந்ததில் ஆச்சரியமேயில்லை. இப்போது புரிகிறது. படிகங்கள் ஆரம்பத்தில் நன்றாகத்தான் உருவாகிக்கொண்டிருந்தன. ஆனால் நாங்கள் அவை உறைவதற்கு முன் மக்னீஷியத்தை நீங்கச்செய்ததால் படிகத்தின் நிலை இயல்பு அழிக்கப்பட்டுவிட்டது. இதனால்தான் இணைப்பு நீக்கல் காரணி இயக்கம் போன்ற எங்களது பல முயற்சிகள் செயல்படவில்லை. இத்தகைய பெரிய தவறுகள் நேர்ந்ததால்தான் ஆய்வின் இந்தக் கட்டத்தில் இரண்டு ஆண்டுகளை வீணாக்கிவிட்டோம். ஆனால் இப்போதாவது அதைத் தெரிந்துகொண்டு முன்னேற்றப் பாதையில் செல்லத் துவங்கினோம்.

இதுவரை யாரும் அறிந்திராத ஒன்றை 70S துணையலகின் மூலம் கண்டுபிடிக்க விரும்பினோம். ரைபோசோம் எவ்விதம் மரபணுத் தொடரின் இறுதியை அறிந்து தனது பணியை நிறுத்திக்கொள்கிறது என்பதே அறியாதிருந்தது. மரபுக் குறிப்புக் குறியீட்டுத் தொடரின் இறுதியில் மூன்று நிறுத்தக் குறியீடுகளில் ஒன்று – UAA, UAG அல்லது UGA அமைந்துள்ளது. இக்குறியீடு அமினோ அமிலத்திற்கான குறியீடாக இல்லாமல் இறுதி நிலை என்பதைத் தெரிவிப்பதாக இருக்கும். ஒரு நிறுத்தக் குறியீடு ரைபோசோமின் A தளத்தினுள் நுழையும். இதை சிறப்புப் புரோட்டீனாகிய விடுப்புக் காரணிகள் ரைபோசோமுடன் இணைத்துக்கொண்டு புதிதாகத் தோற்றுவிக்கப்பட்ட புரோட்டீனை tRNAவிலிருந்து பிரித்துவிடும். பாக்டீரியங்களில் இவ்வகைக் காரணிகள் இரண்டு உண்டு. அவை Rf1, RF2 எனப்படும். விடுப்புக் காரணிகள் எவ்விதம் நிறுத்தக் குறியீடுகளை அடையாளம் கண்டுகொண்டன என்பதும் அவை எவ்விதம் புரோட்டீனைக் கழட்டிவிட்டன என்பதும் அடிப்படையான கேள்விகள். இக்கேள்வி களின் பதில்களாலேயே ரைபோசோம் எவ்விதம் மரபணுவின் செய்தித் தொடரின் முடிவை அறிந்துகொண்டு புதிதாகத் தோற்றுவிக்கப்பட்ட புரோட்டீனை விடுவிக்கும் என்பதை அறியவியலும். நாங்கள் முதலில் பெற்றிருந்த இடுக்குணர் திறன் குறைவாகவிருந்த படிகங்களில், சபின் பெட்ரி, ரைபோசோம்களுடன் விடுப்புக் காரணிகளை இணைக்க முடிந்தது. இப்போது இடுக்குணர் திறன் மிகுந்த புதிய படிகங்களில் அதனை இணைக்க இயலவில்லை. ஆனால் இப்போது, அது ஏன் என்பது தெரிந்துவிட்டது.

நாங்கள் காலம் தாழ்த்திவிட்டோம். மக்னீஷியம் பிரச்சினையை நாங்கள் அறிந்த சில நாட்களில், இப்போது UCSFஇல் முதுமுனைவராகவுள்ள சபீன் ஒரு தகவல் அனுப்பியிருந்தார். அத்தகவலில் பே ஏரியாவில் நடந்த ஒரு கருத்தரங்கில் கலந்துகொண்ட ஹேரியின் ஆய்வக விஞ்ஞானிகள் ரைபோசோமுடன் இணையும் RF1இன் அமைப்பைக் கண்டுபிடித்து விட்டதாகத் தெரிவித்துள்ளார்கள் என்றிருந்தது. இதில் உச்சபச்ச முரண் யாதெனின், ஹேரியின் ஆய்வகம், தாங்கள் தயாரித்ததாக விறுவிறுப்புடன் கேப் கேடில் நிகழ்ந்த கருத்தரங்கில் தெரிவித்த படிகங்களை அதன்பின் கை கழுவிவிட்டனர். இப்போது எங்களது படிகங்களை மீள்உருவாக்கிப் பயன்படுத்தியுள்ளனர். இதில் சிறப்பு என்னவென்றால் உறைதலின்போது நாங்கள் செய்த தவறை அவர்கள் செய்யவில்லை. இதுதான் எங்களுக்குக் கிடைத்த பாராட்டு என்று நினைக்கிறேன்.

ஹேரியின் ஆய்வகத்தில் ரைபோசோம் அமைப்பை, நிறுத்தக் குறியீடுகள் UAA, UAGயை அடையாளம் காணும் RF1யைப் பயன்படுத்தி தீர்மானித்திருக்கின்றனர். இதையே நாங்கள் UAA, UAGயை அடையாளம் காணும் RF2வைக் கொண்டு கண்டுபிடிக்க அதையும் இதையுமாகத் தோண்டித்துழாவ ஆரம்பித்துவிட்டோம். இதில் நாங்கள் எண்ணியிருப்பது யாதெனின் இவ்விரண்டு காரணிகளும் tRNAயால் கண்டறியப்பட்டு அமினோ அமிலங்களுடன் இணைக்கும் மொத்தமுள்ள 60 குறிப்புத் துணுக்குகளி லிருந்து துல்லியமாக மூன்று நிறுத்தக் குறிப்புத் துணுக்குகளை எவ்விதம் வேறுபடுத்திக் காண்கின்றன என்பதை அறிவது பற்றியது.

எனது ஆய்வகத்தில் தொடர்ந்து பணியாற்றிய ஆல்பெர்ட் 70S படிகவியலில் நல்ல அனுபவம் உள்ளவர். அவர்தான் இந்த முயற்சியை மேற்கொண்டார். இந்தப் பிரச்சினையை முதலில் எனது பார்வைக்குக் கொண்டுவந்த ஹாங் அவருக்கு உதவியாகப் பணியாற்றினார். முன்பு செயல்பட்டது போன்று எனது முழு ஆய்வகமும் இதற்குத் துணை நின்றது. இந்த முறை இரண்டு பட்டப்படிப்பு மாணவர்கள் கேய் நூபர், ரெபெக்கா ஊரிஸ் ஆகியோர் உதவியாக இருந்தனர்.

முக்கியத் தொடர் செயல் ஆய்விற்குத் தொடர்பில்லாத ஒரு நிகழ்ச்சி பற்றிய ஆய்வில் கேய் ஈடுபட்டிருந்தார். சில வேளைகளில் குறைபாடுள்ள mRNAவுடன் பிழையாக இணைவு நேர்ந்து ரைபோசோம் செயலிழக்கலாம். இந்நிகழ்வில் mRNAயில் நிறுத்தக் குறியீடு இல்லாததால் ரைபோசோமிலிருந்து பிரிய இயலாமை நேரிடும். அவ்வேளையில் ரைபோசோமைக் காப்பாற்றுவது ஒரு சிறப்பு மூலக்கூறு. இது பற்றிய ஆய்வில்தான் அவர் கவனம் செலுத்தினார். கேய் மிக அமைதியானவர். ஆய்வுகளில் மிகுந்த ஈடுபாடுடைய இளைஞர். இவர் தனது இளநிலைப் பட்டப் படிப்பினை ஜெர்மனியில் மேற்கொண்டார். அனைவருடனும் பழகுவதில் சாமர்த்தியம் மிக்கவர். இவரைப் பலரும் விரும்பினர். ஆய்வகத்தில் உறுப்பினரிடையே சச்சரவு ஏற்பட்டால் அதை சமரசம் செய்வதில் திறமைசாலி.

ரெபெக்கா யேல் பல்கலைக்கழகத்திலிருந்து வந்தவர். அவரின் இளநிலைப் படிப்பில் ஆலோசகராக இருந்தவர் ஸ்காட் ஸ்ட்ரோபெல் (இவர் பெப்டைடு இணைப்பை ரைபோசோம் எவ்விதம் உண்டாக்குகிறது என்பது பற்றிப் பல ஆய்வுகள் மேற்கொண்டவர்). ரெபெக்காவைப் பரிந்துரைத்த ஸ்காட் ஸ்ட்ரோபெல், என்னிடம் தன்னுடைய ஆய்வுத்திட்ட நிதி விண்ணப்பத்தில் பிற முதுநிலை முடித்த முதுமுனைவர்களைக் காட்டிலும் சிறந்த கருத்துக்களைக் கூறியதாகத் தெரிவித்தார். வழக்கத்திற்கு மாறாக ஓராண்டு முதுநிலை பட்டப்படிப்புத் தொடர்பாக ரெபெக்கா எங்களின் ஆய்வகத்திற்கு வந்திருந்தார். இப்படிப்பைத் தொடர்ந்து அமெரிக்காவின் மருத்துவத்துறையில் பயிலவிருந்தார். மற்றொரு புதுமை யான செயல்–இவர் தன்னுடைய ஆய்வுத் திட்டத்தையும் எங்களது ஆய்வகத்திற்குக் கொண்டுவந்திருந்தார். அத்திட்டத்தில், பெப்டைடு இணைப்பைக் கொண்ட இரு அமினோ அமிலங்களையொத்த பொருளால் இரண்டு tRNAக்களை இணைக்க எண்ணியிருந்தார். இத்தகைய ஆய்வின்

வழியே ரைபோசோம் பெப்டைடு இணைவை ஏற்படுத்தும் 'அந்த நிலை'யைத் துல்லியமாகக் காண இயலும். இந்த ஆய்வுத் திட்டம் சரியாகச் செயல்படவில்லை. அதைக் கைவிட்ட ரெபெக்கா, பின் அமெரிக்கா செல்வதையும் மருத்துவத்துறையில் பயிலவிருந்ததையும் தவிர்த்து விட்டார். பின் LMBயில் பத்து ஆண்டுகள் செலவழித்துவிட்டு அதன்பிறகு அமெரிக்காவின் கால்டெக் பல்கலைக்கழகத்தில் ஆசிரியரானார்.

நாங்கள் கண்டறிந்த விடுவிப்புக் காரணி பற்றிய செய்தியை *சயின்ஸ்* ஆய்வு இதழ் ஆசிரியர்கள் தங்களது இதழில் வெளியிட ஆர்வம் காட்டினர். நாங்களும் அவசர அவசரமாக ரைபோசோமுடன் பொருந்தும் RF2 விடுப்புக் காரணி பற்றிக் கட்டுரையைத் தயாரித்து அனுப்பினோம். ஹேரியின் ஆய்வகத்திலிருந்து சென்ற அந்த ஆய்வுக் கட்டுரையும் எங்களது ஆய்வு முயற்சிகளும், ஓர் ஜீனின் நிறுத்தக் குறியீட்டில் ரைபோசோம்கள் எவ்விதம் முடிவடைகின்றன என்பதை முழுமையாக அறிவதற்கு ஆரம்ப நிலைகளாக அமைந்தன.

மரியா துவக்கத்தில் கண்டுபிடித்த படிகங்களின் அடிப்படையில் பல ஆய்வகங்கள் படிகங்களைத் தோற்றுவித்தன. ஹேரியின் ஆய்வகத்தையடுத்து மாரட்டும் புதிய படிக அமைப்பிற்கு மாறிவிட்டார். டாமின் ஆய்வகமும் படிகமாக்கல் ஆய்வில் ஈடுபட்டது. நாங்கள் ஆரம்ப காலத்தில் ஏற்பட்ட மக்னீஷியம் பிரச்சினைகளால் இந்த ஆய்வில் வகித்த முன்னிலையை இழந்துவிட்டோம். இப்படிகங்களால் பலரும் பயன்படத் துவங்கிவிட்டனர்.

tRNAக்கள் எவ்விதம் ரைபோசோம் சென்றடைகின்றன? tRNA, mRNAக்கள் எவ்விதம் ரைபோசோமினுள் நுழைகின்றன? இக்கேள்விகள் இரண்டும் இவ்வாராய்ச்சியில் எஞ்சியிருப்பவை. இக்கேள்விகளுக்குப் பதில் கண்டுபிடிக்கவில்லையெனில் இந்தப் படிகங்கள் பயனற்றவையே. ரைபோசோமில் RNAக்களின் செயல்கள் தொடர்பான படிநிலைகளுக்கு கிரியா ஊக்கியாக, GTPase காரணிகளான EF–TU, EF–G செயல்படுகின்றன. இவை GTPயை நீரால் பகுப்பதால் ரைபோசோம் இயந்திரம் செயல்படுகிறது. இப்படிகங்களிலிருந்து L9 எனும் புரோட்டீன்களின் ஒரு பகுதி வெளிப்பட்டு அருகிலுள்ள ரைபோசோம் மூலக்கூறின் படிகத்தில் இணைகிறது. இத்தகைய இணைவால் RNAயில் செயல் படிநிலைகளில் இயங்கும் EF–Tu, EF–G அல்லது வேறு *GTPase* காரணிகளும் இணைவுபடுவதிலிருந்து தடுக்கப்பட்டுவிடுகின்றன. வேறுவகைகளில் இப்படிகங்களைக் கூட்டமைவு தோற்றுவித்தல் போன்ற பிற செயல்களையும் அறிய பயன்படுத்தவியலாது. இதுபற்றிய ஆய்வுகளில் முட்டுக்கட்டை நிலை தோன்றிவிடுகிறது.

இரண்டு ஆண்டுகளுக்கு முன் முதன்முறையாக இந்தப் பிரச்சினையை அறிந்து இதற்கான தீர்வினைக் கண்டுபிடிக்கும் தேவையை உணர்ந்தபோது இதைப் பற்றியே முணுமுணுத்துக்கொண்டிருந்தேன். அவ்வேளையில் L9 புரோட்டீனுக்கான ஜீனின் ஒரு பகுதியை நீக்கிவிட்டால் நல்லதோ என்றுகூடச் சிந்தித்ததுண்டு. ரைபோசோமிலிருந்து வெளியே துருத்திக் கொண்டிருக்கும் L9 புரோட்டீன் பிற இணைப்புக் காரணிகளைத் தடுத்து விடுகிறது. இதனால் நாங்கள் ஆய்வு செய்ய விரும்பிய இணைப்புகளைப் பற்றி

அறிய வாய்ப்பில்லாமல் தடை ஏற்படுகிறது. மிகுந்த உற்சாகத்துடன் ஒருநாள் காலையில் ஆய்வகத்தினுள் நுழைந்த நான் எனது அரிய எண்ணமாகிய L9 புரோட்டீன் ஜீனை நீக்கிவிடுவது பற்றி உரக்க அறிவித்தேன். அதற்கு ஃபிராங்க் கிண்டலாக உரத்த குரலில் சிரித்துக்கொண்டே என்னிடம், ‘நீங்கள் இதில் காலம் தாழ்த்திவிட்டீர்கள்’ என்றார். இது பற்றி மரியா ஏற்கெனவே சிந்தித்திருக்கிறார். அவர் இதற்கென L9 புரோட்டீனுக்குக் காரணமான ஜீனை மரபணுப் பொறியியல் முறையில் நீக்கிவிடுவதற்குத் தேவையான DNA துண்டுகளைப் பெற முயற்சிகள் மேற்கொண்டிருந்தார். மரியாவும் ஆல்பெர்ட்டும் இணைந்து L9 புரோட்டீனுக்கான ஜீன் இல்லாத தெர்மஸ் பாக்டீரியங்களைத் தயாரித்துவிட்டனர்.

மிகச் சோகமான நிலை ஒன்று ஏற்பட்டுவிட்டது. மரியாவும் ஆல்பெர்ட்டும் அந்த மாற்றம் பெற்ற ரைபோசோமை சாதாரண ரைபோசோம்களைப் போன்று படிகமாக்க முயலுகையில் படிகங்கள் தென்படவேயில்லை. நாங்கள் இந்த L9 புரோட்டீன் தோன்றவியலாத, மாற்றம் பெற்ற ரைபோசோம்களைப் படிகமாக்க அதற்குரிய புதிய தன்மைகளையும் அதற்கான காரணிகளையும் பயன்படுத்த வேண்டும். இங்கிருந்து புறப்படுவதற்குமுன் ஃபிராங்க், ரைபோசோம் தொடர்பற்ற, மாறுதலடைந்த L9 புரோட்டீனை EF–Tu துணையுடன் படிகமாக்க முயன்றார். ஆனால் அது நிகழவில்லை. படிகம் தோன்றவில்லை.

புதிதாகச் சேர்ந்திருக்கும் யாங்குவி காவ் இம்முயற்சியில் தானும் ஈடுபட விரும்பினார். இவர் சைனாவில் பிஎச்.டி ஆய்வுப்பட்டம் பெற்றவர். அங்கு இவரது மேற்பார்வையாளர் ஐசாவ் டுனாக்கா. யாங்குலி, ஓராண்டு காலம் மாற்றம் பெற்ற ரைபோசோம்களைப் படிகமாக்குதலில் ஈடுபட்டார். இதில் தொடர்ந்து EF–G காரணியைப் பயன்படுத்தினார். புதிய சூழல் தன்மையில் அவருக்கு சில படிகங்கள் கிடைத்தன. அப்படிகங்களில் மிகக் குறைவான இடுக்குணர் திறனில் தரவுத் தொகுப்புகளைப் பெற முடிந்தது. படிகங்களில் மூலக்கூறு புதிய அமைப்பில் இருந்தது. மேலும் அவை EF–G கொண்டிருந்தன. அவ்வேளையில் ஆன் கெல்லி ஒன்றினைத் தெரிவித்தார். ஃபிராங்க் மர்ஃபி இங்கிருந்து புறப்படுவதற்கு முன் மாறுதல் பெற்ற ரைபோசோம்கள் மற்றும் EF–Tuவைப் பயன்படுத்தி படிகங்களைத் தோற்றுவிக்க மேற்கொண்ட முயற்சிகளைத் தான் நேரடியாகக் கண்டதாகவும் அப்போது கிடைத்த படிகங்கள் காவ்–விற்குக் கிடைத்த படிகங்களைப் போன்றே மிகச் சிறியனவாக அமைந்திருந்ததாகவும் தெரிவித்தார். இப்படியாக ரைபோசோமில் புரோட்டீன்கள் நீட்சியடையும் சுழற்சியில் இரண்டு முக்கிய படிநிலைகளை ஒரே ஆய்வில் காண வாய்ப்புள்ளது என்பதை உணர்ந்தோம்.

இரண்டு காரணிகளின் – செயல்பாடு பற்றி ஒருவரே ஆய்வு செய்வது எளிதானதன்று. எனவே காவ்வை EF–Gயில் மட்டுமே கவனம் செலுத்து மாறு கூறினேன். மார்ட்டின் ஸ்க்மீங்–யை ரெபெக்கா மற்றும் ஆன்னுடன் சேர்ந்து EF–Tuவில் ஆய்வு செய்ய வேண்டினேன். மார்ட்டின் அனுபவமுள்ள படிகவியலாளர். அவர் டாம் ஸ்டீயிட்சி–ன் ஆய்வகத்தில் பட்டப்படிப்பு மாணவராக மிக அழகான ஆய்வுகளை மேற்கொண்டிருக்கிறார். குறிப்பாக ரைபோசோமில் பெப்டைடு இணைப்பு எவ்விதம் தோன்றுகிறது என்பது பற்றி

அறிய முயன்றிருக்கிறார். மார்ட்டின் நல்ல உயரமும் கவர்ச்சியான தோற்றமும் உடையவர். பளிச்செனத் தெரிகின்ற ஊதா நிறக் கண்களுடையவர். விளையாட்டில் ஆர்வமுடைய இளைஞராகவும் மிக எளிதில் மனம் கோணும் இயல்பும் ஒரு மாதிரியான சிடுசிடுப்பு குணத்துடன் காதல் பார்வை ஆகிய அனைத்தும் ஒருங்கே கொண்டவராகவும் காட்சிதரக்கூடியவர். அவரை இதற்கு முன் பல கூட்டங்களில் சந்தித்திருக்கிறேன். எனது ஆய்வகத்தில் ரைபோசோமின் மின்னணு உருப்பெருக்கி வழி அமைப்பில் ஆய்வு செய்ய அழைத்தேன். இத்தகைய ஆய்வில் அவர் தனது பழைய அறிவுரையாளர் டாம் ஸ்டீயிட்ஸுடன் நேரடியாகப் போட்டியிட வாய்ப்பில்லை.

எனது ஆய்வகத்தில் மார்ட்டின், கனடா நாட்டின் பெண்மணியாகிய லோரி பாஸ்மோர்யையும் வரவழைத்து அவருடன் ஆய்வுகளைத் துவங்கினார். லோரி பாஸ்மோர் லண்டனின் டேவிட் பார்ஃபோர்டின் ஆய்வகத்தில் பணியாற்றியவர். அங்கு தனது ஆர்வத்தால் இங்கிலாந்தின் ஹீஸ்டனில் வாவ் சின்னுடன் இணைந்து மின்னணு உருப்பெருக்கிப் பயன்பாட்டைக் கற்றுக்கொண்டார். அவர் ரிச்சர்ட் ஹேன்டர்சனிடம் முதுமுனைவர் நிலைக்கு விண்ணப்பித்திருந்தார். நான் அவரது திறமையைப் பயன்படுத்திக் கொள்ளும் வகையில் எனது ஆய்வகத்திற்கு வர இயலுமா என வேண்டி வரவழைத்துக்கொண்டேன். நானும் டிட்லெவ்வும் மின்னணு உருப்பெருக்கி தொழில் நுட்பத்தில் சற்று முயற்சி செய்து பார்த்திருக்கிறோம். ஆனால் முழுநேரப் பணியில் ஈடுபடுபவர்களால் மட்டுமே அதில் உருப்படியாகச் செயல்புரிய இயலும் என்பதை அறிந்துகொண்டோம்.

யூகேரியோட்டுகள் எனும் உட்கருக்கள் கொண்ட உயிரிகளில் ரைபோசோம் மரபுக் குறியீடுகள் எவ்விதம் மொழிமாற்றம் பெறுகின்றன எனும் ஆய்வில் எங்களது ஆய்வகத்தில் இணைந்துள்ள முதுமுனைவர்களில் சிறந்த அறிவுத்திறன் உடைய இருவர், மார்ட்டினும் லோரியும் ஆவர். மார்ட்டினிடமிருந்து பிரிந்துவிட்டு LMBயில் தனக்கான ஓர் ஆய்வுக் குழுவினை அமைத்துக்கொண்டார் லோரி, மார்ட்டின் தீர்வு காண முடியாத ஓர் ஆராய்ச்சியில் தொடர்ந்தார். நான் அவரிடம் EF–Tu இணைந்த ரைபோசோம் படிக அமைப்பு ஆய்விற்கு மாறிக்கொள்ள விருப்பமா என வினவினேன். அந்த வேளையில் அவர் மின்னணு உருப்பெருக்கியில் ஆய்வுசெய்து முன்னேற்றம் ஏற்படாமல் மிகுந்த மனஉளைச்சலில் இருந்தார்.

ஒரே நாளில் தனது மனதை மாற்றிக்கொண்ட மார்ட்டின் தான் ஏற்கெனவே யேல் பல்கலைக் கழகத்தில் ஆர்வம் கொண்டிருந்த படிகவியல் துறைக்குத் திரும்பினார். மார்ட்டின், ரெபெக்கா மற்றும் ஆன் கெல்லி ஆகிய மூவரும் இணைந்து ஆய்வுகளைத் தொடர்ந்தனர். காவ் தனது EF–Gயில் தொடர்ச்சியாக வேலை செய்தார். 2009ஆம் ஆண்டு துவங்கிவிட்டது. நாங்கள் மீண்டும் எங்களது ஆய்வுப் பாதையில் தொடர்ந்தோம்.

18

அக்டோபர் மாதத்தில் வந்த தொலைபேசி அழைப்பு

2009ஆம் ஆண்டு நன்றாகவே துவங்கியது. EF–Tu, EF–G கொண்ட ரைபோசோம் படிகங்கள் முன்னேற்றம் பெற்றுவருகின்றன. இரண்டு அமைப்புகளுக்கும் வெகு விரைவில் ஆய்வுகளுக்கு உட்படுத்தக்கூடிய வரைபடங்கள் தோன்றத் துவங்கிவிட்டன. அவற்றில் ரைபோசோம் தனது செயல்திறனைக் காண்பிக்கும் இரண்டு நிலைப்படங்களும் கிடைத்தன. ஜோச்சிம் ஃபிராங்கின் ஆய்வகத்திலிருந்து ஃபிராங்க், பெர்லினில் வாழும் அவரது வழிநடத்துனராகிய கிறிஸ்டியான் ஸ்பான் ஆகியோர் மின்னணு உருப்பெருக்கியால் தோற்றுவித்த வரைபடங்கள் எங்களுக்கு வழிகாட்டி அமைப்புகளாக விளங்கின. எங்களது படங்கள் சிறந்தவை யாகத் தோன்றத் துவங்கியதும் மூலக்கூறின் அணுக்களின் அளவில் நடைபெறும் செயல்களையும் காணமுடிந்தது. ரைபோசோமும் அதனுடைய செயல்காரணிகளும் இயங்குவ தால் தோன்றும் சிறிய அசைவுகளும் தெரியத் துவங்கின. இவை ஓர் இயந்திரத்தின் செயல் சுழற்சியைக் காண்பதுபோன்று விறுவிறுப்பாக அமைந்திருந்தன.

உற்சாகமான அறிவியல் கண்டுபிடிப்புகள் நிகழும் அதே வேளையில் ரைபோசோம் அறிவியலின் மேளதாளங்களும் ஒலித்துக்கொண்டுதான் இருந்தன. தற்போது எங்களது கண்டுபிடிப்புகள் பலருக்கும் தெரியவந்ததால் பல ஆண்டு களில் இப்போதுதான் ரைபோசோம் ஆய்வில் எனக்கான அங்கீகாரம் கிடைக்கத் துவங்கியது. நான் இங்கிலாந்தின் ராயல் சொஸைட்டிக்கும் அமெரிக்காவின் தேசிய அறிவியல் நிறுவனத்திற்கும் தேர்ந்தெடுக்கப்பட்டேன். 2007ஆம் ஆண்டின் மருத்துவத்திற்கான லூயி–ஜீன்டெட்டைப் பெற்றேன். இப்பரிசு ஐரோப்பாவில் அறிவியல் ஆய்வுகள்

மேற்கொள்ளும் விஞ்ஞானிகளுக்கு மட்டுமேயான புகழ்பெற்ற பரிசு. ரைபோசோமில் சிறந்த ஆய்வுகள் செய்த பிற நாட்டு விஞ்ஞானிகள் இப்பரிசிற்கு தகுதியானவர்கள் இல்லை. பணி ஓய்வு பெறாமல் இன்றும் செயல்படும் விஞ்ஞானிகள் மட்டுமே இப்பரிசுக்குத் தகுதியானவர்கள். எனவே இப்பரிசுத் தொகை பெரும்பாலும் அவர்களின் ஆய்வுகளுக்கென்றே பொருள் கொள்ளப்படுகிறது. வயது மூப்பினால் ஆய்வுப் பணிகளிலிருந்து ஓய்வுபெற இருப்பவர்களும் இப்பரிசைப் பெற இயலாது.

ரைபோசோம் ஆய்வுகளுக்கான பன்னாட்டுப் பரிசுகள் பெரும்பாலும் நேரடியாக ரைபோசோம் சாராத பிற துறைகளின் ஆய்வாளர்களுக்கே கிடைப்பது போல அமைந்திருந்தது. ரைபோசோம் துணையலகுகளின் அமைப்பைக் கண்டுபிடித்தலும் அதைத் தொடர்ந்து அவற்றின் செயல்பாடு களை அறிதலும் இத்துறையை அறிவியலின் புதிய இடம் ஒன்றிற்கு எடுத்துச் சென்றுவிட்டன என்பது எனது ஆழ்மனது எண்ணம். அத்தகைய கண்டுபிடிப்பிற்கு நாங்கள் முக்கியப் பங்களிப்பு செய்திருக்கிறோம். ஆனால் பரிசுக்கான நபர்களைத் தேர்வு செய்யும் குழுவினர் அந்தக் கோணத்தில் இதைக் காண்பதாகத் தெரியவில்லை. பன்னாட்டு அளவிலான முக்கியப் பரிசு ஒன்றினை நான் பெறுவதற்கு அனேகமாக வாய்ப்பில்லை என எப்போதோ முடிவுக்கு வந்திருந்தேன். இருப்பினும் ஒவ்வொரு ஆண்டும் அக்டோபர் மாதத்தில் சிறிய நடுக்கத்துடனான எதிர்பார்ப்பு மனதில் தோன்றுவதுண்டு. ரைபோசோம் அல்லாது வேறு ஒரு கண்டுபிடிப்பிற்கு நோபல் பரிசு என்று கேள்விப்பட்டவுடன் மனநிம்மதி அடைவேன். பரிசு அறிவிப்பால் ஏற்படும் ஏமாற்றத்தைச் சற்றுத் தள்ளிப்போடுவதற்காகவே என் மனதில் இந்நிலை தோன்றும். பெரிய விஞ்ஞானிகளின் கூட்டமே அறிவியலுக்கு முக்கியப் பங்காற்றியிருக்கும் வேளையில் மூன்று பேரை மாத்திரம் பரிசுக்கெனத் தேர்ந்தெடுத்து மற்றவர்களை 'இவர்களும் ஓடினார்கள்' எனும் வகையில் அங்கீகாரம் அளிக்காமல் ஒதுக்கி விடுவது ஒரு வகையில் வெறுப்பூட்டும் நிகழ்வாகிவிடுகிறது. இதில் பரிசைப் பெறுவதோ அல்லது பெறாமலிருப்பதோ முக்கியமானதல்ல.

2004இல் டால்பெர்கில் நடைபெற்ற கருத்தரங்கில் கலந்துகொண்ட பல விஞ்ஞானிகள் அடுத்தடுத்த ஆண்டுகளில் நோபல் பரிசு தேர்ந்தெடுப்புக் குழுவினரால் அங்கீகரிக்கப்பட்டு விருதுகளுக்கு அறிவிக்கப்பட்டனர். முதலில் யூகேரியோட்டுகள் எனப்படும் செல்களில் உட்கரு கொண்ட (பரிணாமத்தில் சற்று மேம்பட்ட) உயிரிகளின் RNA பாலிமரேஸ் என்சைம்கள் பற்றி அறிதலுக்கான நோபல் பரிசை ரோஜர் கார்ன்பெர்க் பெற்றார். இப்பெரிய என்சைமின் உதவியால்தான் DNAயில் உள்ள மரபுச் செய்திக் குறியீடுகள் RNAவிற்குக் கடத்தப்படுகின்றன. ரோஜருக்குப் பரிசு கிடைத்ததை ஒருவரும் கேள்வி கேட்கவில்லை. அவர் அப்பரிசுக்குத் தகுதியானவரே. ஆனால் அவ்வாண்டின் பரிசை அவர் தனியொருவராகப் பெற்றிருந்தார். யூகேரியோட்டுகளின் மரபுக் குறியீடு கடத்தல் தொடர்பான ஆய்வுகள் முக்கியமானவையெனில் பாப் ரோடருக்கும் பரிசளித்திருக்கலாமே. அவர் உயர்மட்ட உயிரினங்களில் 3 வகையான பாலிமரேசுகளைக் கண்டுபிடித்திருக்கிறார். டாம் ஸ்டீயிட்சும் அப்பரிசிற்குத் தகுதியானவரே. அவர்தான் முதன் முதலாக RNA பாலிமரேஸ் அமைப்பை அறிந்தவர்

(DNA பாலிமரேஸ் கண்டுபிடிப்பிற்கு முன்பாகவே அது நிகழ்ந்துள்ளது). ரோஜரின் முன்னாள் முதுமுனைவர் சேத் டார்ஸ்ட் பாக்டீரியங்களின் RNA பாலிமரேசை அறிந்தவர். இவற்றில் உயர்மட்ட உயிரிகளில் உள்ளதைப் போன்று உட்கரு அமைப்பானது காப்புத் திறனுடன் ஒருங்கிணைவு மரபுப் பொருட்கள் கொண்டவை. சேத் டார்ஸ்டும் பரிசுக்குத் தகுதியானவர்தான். நோபல் அறிஞர் தேர்ந்தெடுப்புக் குழு மற்றவர்களை ஏற்றுக்கொள்ள இயலாமல் ரோஜரைத் தேர்வு செய்துவிட்டது என எண்ணுகிறேன். இதற்கு ஓராண்டிற்கு முன்புதான் இதே துறையில் லஸ்கர் விருது பாப் ரோடருக்குக் கொடுக்கப்பட்டது. ரோஜருக்கு அல்ல. இதிலிருந்தே இந்தப் பரிசுகள் எந்த அளவிற்கு நபர்கள் சார்ந்து வழங்கப்படுகின்றன என்பதை அறிய இயலும்.

இரண்டாண்டுகளுக்குப் பிறகு அன்று டால்பெர்கின் கருத்தரங்கில் உரை நிகழ்த்திய மற்றொரு பேச்சாளர் ரோஜர் சீன் நோபல் பரிசைப் பகிர்ந்துகொள்கிறார். இவர் ஒளிரும் புரோட்டீன்களின் மூலம் செல்களின் பகுதிகளை அடையாளமிட்டுக் காணச்செய்தவர். எத்தனை விஞ்ஞானிகள்! எவ்வளவு கண்டுபிடிப்புகள்! இந்நிலையில் ரைபோசோமிற்கு நோபல் பரிசா? அதுவும் மூன்றே மூன்று பேரை பரிசுக்குரியவர்களாகத் தேர்ந்தெடுத்து அளிப்பது என்பது இயலாத ஒன்றாகவே எனக்கும் பிற விஞ்ஞானிகளுக்கும் தோன்றியது.

நான் 2009இல் யு.எஸ் சென்றிருந்தபோது சந்தித்த லஸ்கர் பரிசின் தேர்வுக் குழு உறுப்பினரான புகழ்பெற்ற அறிவியலாளர் ஒருவர் பரிசிற்கு உரியவர்களின் இந்த தேர்ந்தெடுப்புப் பிரச்சினையை எவ்விதம் சரி செய்வது என்று ஆலோசித்துக்கொண்டிருக்கிறோம் எனத் தெரிவித்தார். ஒவ்வொரு ஆண்டும் அக்குழுவினர் ரைபோசோம் ஆய்வுகளின் நிலைபற்றி விவாதித்துக்கொண்டுதான் இருக்கிறார்கள். ஆனாலும் தேர்ந்தெடுப்பில், அவர்கள் அமைத்துக்கொண்ட விதிமுறைகளின் நடைமுறைப்படுத்தலில் ரைபோசோமிற்கான பரிசு பற்றி ஒரு முடிவினை எட்ட இயலவில்லை. இத்தேக்கநிலை நீங்குவதற்கு ரைபோசோம் ஆய்வுகளில் பலரின் பங்களிப்புகள் பற்றித் தனக்குத் தெரிவிக்குமாறு என்னை வேண்டினார். அதற்கு நான், அவ்விதம் ஆய்வுகளை வேறுபடுத்திக் காணவியலாது எனத் தெரிவித்துவிட்டேன். அவரும் அதை ஏற்றுக்கொண்டார்.

எனது ஆய்வுகளின் தரம் குறித்து நானே பேசுவது இயலாது எனத் தெரிவித்துவிட்டாலும், பிறரின் ஆய்வுகள் பற்றி பேசினேன். டாம், ஸ்டீயிட்சு, பீட்டர் மூரும் மேற்கொண்ட ஆய்வுகளின் சிறப்பு பற்றி எந்த வகையான கேள்விகளும் இல்லை எனத் தெரிவித்தேன். இருப்பினும் துவக்கத்தில் கிடைத்த ரோசன்ஸ்டீல் விருதிற்குப் பிறகு பீட்டர் வேறு எந்தப் பரிசிற்கும் கருதப்படவில்லை. இதற்கு முக்கியக் காரணம் அவர் டாமுடன் ரைபோசோம்கள் ஆய்வுகளில் ஈடுபட்டிருந்ததுதான். இவர்கள் இருவரும் இணைந்து யேல் பல்கலைக் கழகத்தில் இந்த ஆய்வுத் திட்டத்தைத் துவங்கும் வேளையில் ஆடா ஏற்கெனவே நன்கு ஒளிவிலகல் புரியும் படிகங்களைத் தோற்றுவித்துவிட்டார். ஆனால் டாம்–பீட்டர் இணை அப்போதுதான் அத்திட்டத்தைத் துவங்குகின்றனர். இது டாமின் களமாக விளங்கிய படிகவியல் வரைபடப் பிரச்சினை. இப்போதுதான் உள் நுழைந்த

பீட்டர், 'குட்டையைக் குழப்ப வேண்டாம்' எனக் கருதி நேர்த்தியாக ஒதுங்கிக் கொண்டார். இப்போது அவர், டாம் பரிசு பெற வேண்டும் எனும் நோக்கில் அவருக்கு ஆதரவு அளித்துவருகிறார்.

ரைபோசோம்கள் அடிப்படையில் RNA செயல்பாடுடைய இயந்திரங்கள் எனும் எண்ணம் அறிவியலாளரிடையே தோன்றி நிலை பெற்றதற்கு ஹேரி நோல்லரின் வாழ்நாள் உழைப்பும் அதைத் தொடர்ந்த கண்டுபிடிப்புகளுமே காரணம். அவர் ரைபோசோம் RNAக்களில் மரபுவழிச் செயல் பண்புகளுக்கான குறியீடுகளை அறிந்ததாலேயே கார்ல் வீஸ் கண்டுபிடித்த மூன்றாம் வகை உயிரினங்களாகிய ஆர்க்கியா எனும் எளிய அமைப்புடன் வாழ்ந்துகொண்டிருக்கும் ஆதி வாழ் உயிரிகள் தெரியவந்தன. ஆனால் ரைபோசோமானது உயிர்–வேதியியல் பண்பையும் செயல்பாடுகளையும் கொண்டு, எந்தத் துணையலகு மரபுக் குறிப்புகளைப் புரிந்துகொண்டது, எந்த அமைப்பு பெப்டைடு அமைப்புகளைத் தோற்றுவித்தது, tRNA இணையும் இடங்களை அறிந்தது, இயக்கக் காரணிகளின் செயல்கள் எனப் பலவும் ஹேரியின் ஆய்வுகள் துவங்குவதற்கு முன்பே அறியப்பட்டுவிட்டன. ஹேரியின் பல உயிரி–வேதிய ஆய்வுகளும் கண்டுபிடிப்புகளும் ரைபோசோமில் உள்ள பல கூட்டுப் பொருட்கள், எவை எவற்றின் அருகில் அமைந்துள்ளன எனக் கணக்கிடும் அளவிலேயே பெரும்பாலும் அமைந்திருந்தன. இத்தகைய ஆய்வுகளும் கண்டுபிடிப்புகளும் ரைபோசோம் இயல்பாக எவ்விதம் செயல்படும் என்பதை அறிந்துகொள்ள உதவுபவையாக விளங்கவில்லை. மேலும் படிகவியல் வழியே மட்டுமே அமைப்புகளை அறிய முயன்றது ஹேரியின் கண்டுபிடிப்புகளைத் தேவையற்றவைகளாக்கிவிட்டன. ரைபோசோம் செயல்பாட்டில் RNAயின் பங்களிப்பு உண்டு என்பதை முதலில் அறிவித்தவர் கிரிக். ஹேரி தனது பல சோதனைகளின் மூலம் RNAயின் முக்கியத்துவத்தைத் தெரிவித்திருப்பினும் ரைபோசோம் என்பது ரைபோசைம் எனும் என்சைம் என்று படிகவியலின் மிக நுணுக்கமான இடுக்குணர்திறன் வழியே பிறரால் நிச்சயப்படுத்தப்பட்டது. இதே நேரத்தில் RNAயின் கிரியா ஊக்கி இயல்பினை வேறு சில ஆய்வுத் திட்டங்களில் செக், ஆல்ட்மேன் ஆகியோர் ஏற்கெனவே கண்டுபிடித்துவிட்டனர். அமைப்பைப் பொறுத்தமட்டில் ஹேரியின் ஆய்வகத்தில் கிடைத்த குறைந்த இடுக்குணர் திறனில் தோற்றுவிக்கப்பட்ட வரைபடங்கள் பிற ஆய்வகங்களில் கிடைத்த இரு அலகுகளின் அணுக்கள் அமைப்பைச் சார்ந்தவைகளே.

நாங்கள் ஆடாவைப் பற்றி விவாதிக்கையில் 'ஆய்வு நிலையில் அவரது நல்ல நேரம் தோன்றி பின் காலம் கடந்தும்விட்டது' என அவர் எண்ணினார். அதற்கு நான், பரிசுகளைத் தீர்மானம் செய்கையில் யார் முதலில் துவக்ககால ஆய்வுகள் செய்து அத்துறையைத் தோற்றுவித்தார்கள் என்பதனையும் கணக்கில் கொள்ள வேண்டும் என்றேன். ஆடா, ஆய்வுகளின் ஒரு கட்டத்தில் பின்தங்கியதால் கண்டுபிடிப்பின் முன்னேற்றங்கள் அவரைத் தாண்டிக் கடந்து சென்றுவிட்டன என்ற காரணத்திற்காக அவரைத் தேர்ந்தெடுப்பதிலிருந்து ஒதுக்கிவிடக் கூடாது என்றேன். ரைபோசோம் தொடர்பான புரிதலில் பிரச்சினைகளுக்குத் தீர்வு காண எத்தகைய அணுகுமுறை தேவை எனும் தூரத்துப் பார்வை ஆடாவிடம் இருந்தது

எனக் குறிப்பிட்டேன். ஆடா, துவக்ககாலச் செயல்பாடுகளுக்கான தளத்தினைத் தோற்றுவித்தது மாத்திரமல்ல பத்து ஆண்டுகளுக்கும் மேலாக இந்த ஆய்வுத் துறையினை உயிர்ப்புடன் வைத்திருந்து மிகை இடுக்குணர் திறன் கொண்ட 50S படிகங்களையும் அவற்றின் கதிர் விலகலையும் தோற்றுவித்திருக்கிறார். இதை அவர் தொடக்க காலத்தில் விட்மானுடன் இணைந்து செயல்படுத்தினார். இப்போது விட்மானும் இறந்துவிட்டார். தற்போது ஆடா தனிப்பட்ட நபராகப் பரிசு பெறக் கூடாது. ஏனெனில் அவர் புதிய முறைகள் என்றெண்ணிப் பயன்படுத்திய முறைகள் ஏற்கெனவே பயன்பாட்டில் இருந்தன. பலர் இரண்டு துணையலகுகளிலும், ஒட்டு மொத்த ரைபோசோமிலும் செயல்பாடுகள் பற்றிய கண்டுபிடிப்புகளைச் செய்துள்ளனர்.

எங்களது உரையாடலின் இறுதியில் அவர் எனது கருத்துகளைத் தொகுத்து எழுதி அனுப்புமாறு கேட்டுக்கொண்டார். எனது பெயரின் பரிந்துரைக்கான வாய்ப்பு பற்றி நான் நம்பிக்கையில்லாதவனாகவே இருந்தேன். எதற்கும் இருக்கட்டுமே என்று எனது தகுதிகள் பற்றிய அறிக்கையினையும் அதனுடன் இணைத்தே அனுப்பினேன். அந்நேரத்தில் எனது இச்செயல்களுக்கு எதுவும் பொருள் இருப்பதாக நானும் அவரும் உணரவில்லை. என்னுடன் பேசிய அந்த அறிவியலாளர் முடிவெடுத்துச் செயல்பட நீண்ட காலம் எடுத்துக்கொண்டார்.

பரிசு பற்றியெல்லாம் எண்ணிப் படபடப்பான மனநிலை கொள்ள நேரமில்லை. ஏனெனில் நாங்கள் ஆய்வுக் கட்டுரைகளைத் தயாரிக்க வேண்டியிருந்தது. EF–Tu, EF–G பற்றிய இரு கட்டுரைகளை *சயின்ஸ்* ஆய்வு இதழுக்காகத் தயாரித்துக் கொண்டிருந்தோம். மேலும் மார்டினும் நானும் ரைபோசோம் பற்றிய ஒரு நீண்ட விமர்சனக் கட்டுரையை *நேச்சர்* ஆய்விதழுக்காகத் தயாரித்துக்கொண்டிருந்தோம். கடந்த ஓராண்டு காலமாக இப்பணியைக் காலந்தாழ்த்தியுள்ளோம். இப்போது விரைந்து அதை எழுதி முடிக்க வேண்டும்.

கட்டுரைகளை எழுதி சமர்ப்பித்தவுடன் *Cold Spring Harbour*இல் நடைபெறும் கருத்தரங்கிற்குச் செல்ல வேண்டும். அது ஒரு சிறப்புக் கருத்தரங்கு. சார்லஸ் டார்வினின் '*Origin of Species*' நூல் வெளியீட்டின் 150ஆவது ஆண்டுவிழா, டார்வினின் 200ஆவது பிறந்தநாள் விழா ஆகிய இரண்டினையும் இணைத்துக் கொண்டாட ஏற்பாடுகள் செய்திருந்தனர். இவ்விழாக்களின் முக்கிய நிகழ்வாகவே சிறப்புக் கருத்தரங்கம் நடைபெறவிருந்தது. இக்கருத்தரங்கின் தலைப்பாக 'மூலக்கூறு அளவில் நிகழும் பரிணாமம்' அமைந்திருந்தது. இக்கருத்தரங்கில் 'உயிரிகளுக்கான வேதியப் பொருட்களின் தோன்றுதலும் அவற்றின் பரிணாமமும்' எனும் அமர்வில் நான் ரைபோசோம்களின் முக்கியத்துவத்தை அடையாளம் காட்டுவதற்கான பேச்சாளர். 'RNA உலகிலிருந்து உயிர் எப்படித் தோன்றியது' என நான் பேசவிருந்தேன். இந்தத் தலைப்பில் பேசுவதற்கு என்னை எப்படித் தேர்ந்தெடுத்தார்கள்? எனக்கு ஆச்சரியமாக இருந்தது. RNA பற்றி அனைத்தும் தெரிந்து வைத்திருந்த ஹேரியைப் போன்று நான் 'RNA ஆர்வலர்' கிடையாது. ரைபோசோம்களுடன் தொடர்புடைய RNA

பற்றிய எனது அறிதல் தற்செயலானதே. RNA பற்றி நான் அறிந்திருப்பது எனது ஆய்வுப் பணி நிமித்தம் மட்டுமே. குறிப்பிட்ட அந்த அமர்வில் நான் நிகழ்த்திய உரையில் 'ரைபோசோமின் முக்கியச் செயல் இடங்கள் RNA யினால் ஆனவை' என்று விளக்கினேன், மேலும் அவ்விடங்கள் mRNAவினை அடையாளம் காணுகின்றன, அமினோ அமிலங்களுக்கு இடையிலான பெப்டைடு இணைப்புகளைத் தோற்றுவிக்கின்றன, tRNA வுடன் இணைகின்றன என்பவை பற்றியெல்லாம் பேசினேன். அந்த அமர்வின் எஞ்சிய நேரத்தில் பலராலும் அங்கீகரிக்கப்பட்ட 'RNA குருக்கள்' ஆகிய டாம் செக், ஜெர்ரி ஜாய்ஸ், ஜேக் ஸோஸ்டாக் ஆகியோர் பேசினர். இவர்கள் தங்களது உரைகளில், எவ்விதம் RNA தன்னைத் தோற்றுவித்துக் கொள்கிறது, எவ்விதம் புரோட்டீன்கள் பரிணாம மாற்றங்களில் RNAயின் இடத்தைப் பிடித்துக்கொண்டு இன்றைய என்சைம்களாக மாறுதல் பெற்றன என்றெல்லாம் பேசினார்கள். முதல் செல்கள் எப்படித் தோன்றியிருக்கலாம் என்பது பற்றியும் கூறினார்கள். எங்களது இந்த ரைபோசோம் அமர்வில் தொடர்பில்லாமல் கலந்துகொண்டவர் கிரெய்க் வென்டர். இவர் எங்களிலிருந்து மாறுபட்ட எண்ணம் கொண்ட விஞ்ஞானி. ஜீனோம் எனும் மரபணுத் தொகுப்பு பற்றிய ஆய்வில் புகழ்பெற்றவர். கூட்டத்தில் பேசுவதற்காகவே பறந்து வந்து பேசிமுடிந்ததும் உடனே சென்றுவிட்டார். அவர் தன்னளவில் தெளிவாக மற்றொரு உலகில் வாழ்ந்துகொண்டிருப்பவர்.

எனது உரையின்போது முதல் வரிசையில் ஜிம் வாட்சன் அமர்ந்திருப்பதைக் கவனித்தேன். ஜிம் வாட்சன் அன்று அங்கு வந்திருந்தது வென்டரின் உரையையும் எனது உரையையும் கேட்பதற்காகத்தான் என்று ஜெரி ஜாய்ஸ் பிறகு தெரிவித்தார். மேலும் அவர் 'நீங்கள் யாரோ ஒருவருடைய தேர்ந்தெடுப்புப் பட்டியலில் உள்ளீர்கள் என நினைக்கிறேன்' என சூசகமாகத் தெரிவித்தார். நிச்சயமாக நான் வாட்சனின் பட்டியலில் இருக்க வாய்ப்பில்லை என எண்ணிக்கொண்டேன். அந்த அமர்வு முடிவடைந்தவுடன் வெளியே காபி அருந்தும் இடத்தில் வாட்சனைச் சந்தித்தேன். அவர் என்னிடம் 'ரைபோசோமில் யார் என்ன செய்து கொண்டிருக்கிறார்கள்?' என விசாரித்துவிட்டு, குறிப்பாக ஹேரி என்ன செய்துகொண்டிருக்கிறார் என வினவினார். பிறகு என்னைக் கூர்ந்து பார்த்த வாட்சன், 'நீங்கள் அழகான ஆய்வுகள் செய்துள்ளீர்கள். ஸ்டாக்ஹோம் பற்றிக் கவலைப்படாதீர்கள் பரிசு கிடைக்காததால் அதற்காக உலகம் முடிவடைந்துவிடப் போவதில்லை' என்று கூறினார். இவையெல்லாம் தேவையற்ற வார்த்தைகள். வாட்சன் இத்தகைய அனாவசியமான தகவல்களுக்காக ஏற்கெனவே பலராலும் அறியப்பட்டவர். எனக்கு உடனடியாகக் கோபம் வரவில்லை. சிரிப்புதான் வந்தது. ஏழு ஆண்டுகளுக்குமுன் ஓர் விமானப் பயணத்திலும் இவர் என்னிடம் இப்படித்தான் பேசினார்.

இந்நிகழ்ச்சியின் பின் சில நாட்களில், ஆகஸ்டு மாதத்தில் கேம்பிரிட்ஜில் ஒரு சிறிய கூட்டம் நடைபெற்றது. அதற்கு ஆடாவும் அழைக்கப்பட்டிருந்தார். அதற்கு வரவிருந்த ஆடா தான் 'LMBயைப் பார்வையிட வரலாமா?' என என்னிடம் வினவினார். 'சரி' என்ற நான் அவர் LMBயில் ஓர் உரை நிகழ்த்த ஏற்பாடு செய்தேன். எங்கள் இருவருக்கும் இடையில் உள்ள மோதல்

எண்ணங்கள் பற்றி அறிந்திருந்த எனது ஆய்வகப் பணியாளர்களுக்கு இது வேடிக்கை நிகழ்வாக அமைந்தது. அக்கூட்டத்தில் இவரை அறிமுகம் செய்கையில் 'ரைபோசோம் ஆய்வுகளில் யார் என்ன செய்தார்கள் என விவாதங்கள் எழலாம். ஆனால் ரைபோசோமின் படிக வரைபட ஆய்வுகளை யார் துவக்கியது, என்பதில் சந்தேகமேயில்லை என்று ஆடாவை சுட்டிக்காட்டிப் பேசினேன். பல ஆண்டுகளுக்கு முன் ஆடாவை யேல் பல்கலைக்கழகத்தில் சந்தித்ததை விவரித்தேன். அந்தக் காலகட்டத்தில் ஆடா கறுப்பு நிறத்தில் ஆடை அணியத் துவங்கியிருந்தார். எனவே அவர் இங்கு வருகை புரியும் போதும் என்ன நிறத்தில் ஆடை அணிவார் என்பது பற்றி சந்தேகமில்லை. நானும் கறுப்பு நிற உடைகளை விரும்பி அணிந்து கொள்வதுண்டு. நாங்கள் இருவரும் கறுப்பு நிற உடைகள் அணிந்திருந்தது எங்களது ஆய்வகத்தில் பல படிகங்களை உறையச் செய்வதற்கு உதவிய ஜானி கேஷிற்கு மரியாதை செய்யும் விதமாக அமைந்துவிட்டது.

படம் 18.1 கறுப்பு ஆடைகளில் ஆடா யோனத்தும் நூலாசிரியரும்

கறுப்பு நிற ஆடை அணிந்திருந்த எங்கள் இருவரையும் எனது அலுவலக அறையின் வெளியே சுவரில் ஒட்டியிருந்த '*Stetten Lecture at NIH*க்கான சுவர் அறிவிப்பின் முன் நிறுத்தி மார்டின் ஸ்கீமிங்ஸ் ஓர் நிழற் படமெடுத்தார். அந்த அறிவிப்பில் தெரிவித்திருந்த கூட்டத்தில் 2000ஆவது ஆண்டில் ஆடாவும் நானும் பேசியிருக்கிறோம். அன்று மாலையில் இரவு உணவிற்கு ஆடாவை எனக்குப் பிடித்தமான கேம்பிரிட்ஜின் ஒரு தென்னிந்திய உணவகத்திற்கு அழைத்துச் சென்றேன். எங்களுக்கு இடையில் உள்ள மன அழுத்தத்தைச் சற்று ஒதுக்கிவிட்டு உரையாடிக்கொண்டிருந்தோம். அறிவியல் தொடர்பான நகைச்சுவைச் செய்திப் பரிமாற்றங்கள், அரட்டைகள் என்று அன்றைய மாலைப் பொழிது கழிந்தது.

இப்போது செப்டம்பர் மாதத்தின் இறுதியாகிவிட்டது. *சயின்ஸ்*, *நேச்சர்* இதழ்களுக்கு நாங்கள் அனுப்பிய கட்டுரைகள் பதிப்பகத்திலிருந்து எங்களது மீள் பார்வைக்கென வந்து அவற்றை நாங்கள் சீர்செய்து அனுப்பிவிட்டோம். மார்ட்டின் *சயின்ஸ்* இதழுக்கென அழகிய அட்டைப் படத்தை வடிவமைத்துக்கொண்டிருந்தார். நாங்கள் அனைவரும் அமைதியுடன், நிறைவான மனநிலையில் இருந்தோம். நான் மீண்டும் எனது வழக்கமான பணியிலிருந்து விடுபட்டு வியன்னாவிற்குச் செல்ல வேண்டியிருந்தது. வியன்னாவில் உள்ள மூலக்கூறு நோயியல் நிறுவனத்தின் ஆலோசனைக் குழுவில் கடந்த இரண்டு வருடங்களாக நான் உறுப்பினராக இருந்தேன். அக்குழுவில் அமர்ந்திருந்து விஞ்ஞானிகள் தங்களின் ஆய்வு முன்னேற்றங்களை விவரித்துக் கூறுவதைக் கேட்பது மகிழ்ச்சியளிப்ப தாக இருக்கும். எனது ஆலோசனைகளை அவர்கள் ஏற்றுக்கொள்வது என்பதைக் காட்டிலும் அங்கு உறுப்பினர்களாக உள்ள உலகின் புகழ்பெற்ற விஞ்ஞானிகளை நேரடியாக அறிந்துகொள்வதற்கு அது ஒரு நல்ல வாய்ப்பாக இருந்தது.

எரிக் கன்டல் அக்குழுவில் ஓர் உறுப்பினர். இவர் நரம்பியல் விஞ்ஞானி. கொலம்பியா பல்கலைக் கழகத்தைச் சேர்ந்த இவர் நினைவாற்றலின் அடிப்படை தொடர்பாகப் பல ஆய்வுகள் செய்துள்ளார். இத்தகைய விஞ்ஞானிகள் கூடும் இடங்களில் அண்மை ஆய்வுகளைப் பற்றி விவாதிக்கையில் 'ரைபோசோம்' பற்றிய செய்திகள் தெரிவிக்கப்பட்டு விடுகின்றன. யாரோ ஒருவர் 'ரைபோசோமிற்கான பரிசு' பற்றிக் கூறுகையில் அங்கிருந்த கென்டல், 'நோபல் பரிசிற்கான தகுதி ரைபோசோம் ஆய்வு களுக்கு நிச்சயம் உண்டு' எனக் கூறினார். தான் லஸ்கர் பரிசின் தேர்வுக் குழுவில் உள்ளதை வெளிப்படையாகத் தெரிவித்த கென்டல் அக்குழுவிலும் ரைபோசோம் ஆய்வுகளுக்கான பரிசு பற்றிய விவாதம் உண்டு என்பதைக் கூறினார். ரைபோசோமிற்கான பரிசு பெறக்கூடியவர்களில் எனது பெயரை மையமாகக் கொண்டு விவாதங்கள் நடைபெற்றன என்பதைக் கூறியவர் சட்டென நிச்சயமற்ற முடிவினைப் பற்றி நம்பிக்கைக் கொள்ளக் கூடாது என்றும் நான் அதை நம்பியிருக்க வேண்டாம் என்றும் கூறிவிட்டார். எங்கள் உரையாடலின் இக்கட்டத்தில் IMRஇன் இயக்குநரான பார்ரி டிக்ஸன் ரைபோசோமிற்கான நோபல் பரிசு பற்றி என்ன நினைக்கிறீர்கள் என்று என்னை வினவினார். அதற்கு நான் வேடிக்கையாக 'அது நான்

கவலைப்படத் தகுதியுடைய விஷயமே இல்லை' என்று கூறிவிட்டு 'நம்மில் சிலர் முதலில் இறக்கத்தானே வேண்டும்' என்றேன்.

நான் வியன்னாவிலிருந்து திரும்பிய வாரத்திற்கு அடுத்த வாரத்தில் நோபல் பரிசு அறிவிப்புகள் துவங்கிவிட்டன. அக்டோபர் மாதத்தில் பரிசுகளை அறிவிப்பு செய்வதற்குத் திட்டவட்டமான முறை வைத்துள்ளனர். திங்கட்கிழமை உடற்செயலியல்/மருத்துவத் துறைக்கான பரிசு அறிவிக்கப்பட்டது. இம்முறை, பரிசு, டீலோமெரேஸ் எனும் RNA அடிப்படையிலான என்சைமைக் கண்டுபிடித்ததற்கு வழங்கப்பட்டது. இந்த என்சைம் ஒருவரின் வாழ்நாளில், DNAயின் இருமுனைகளையும் பாதுகாத்து, அவை குட்டையாகிவிடாமல் கண்காணிக்கிறது. இதற்கான பரிசைப் பெற்றவர்கள் மூவர். அவர்களில் ஒருவர் ஜேக் சோஸ்டாக். இவருடன் ஒரு சில மாதங்களுக்கு முன்பு *Cold Spring Harbour*இல் நடைபெற்ற கருத்தரங்கின் ஓர் அமர்வில் பங்குபெற்றிருக்கிறேன். அவருக்கான பரிசு அறிவிப்பினைத் தொடர்ந்து பாராட்டுச் செய்திகள் குவிந்த வண்ணமிருக்கும். எனவே அவரது மாணவர்களாகிய ஜோன் லார்ஷ்ச், ரேச்சல் கிரீன் ஆகிய இருவருக்கும் பாராட்டுகள் தெரிவித்தேன். அவர்களுக்கும் பரிசளிப்பின் புள்ளிவிவரக் கணக்கீடுகளின் அடிப்படையில் நோபல் பரிசு கிடைக்கும் வாய்ப்புகள் அதிகரித்துவிட்டன. ஏனெனில் நோபல் பரிசு கிடைத்தவருடன் பணியாற்றியவர்களுக்குப் பரிசு கிடைக்கும் வாய்ப்புகள் சற்று அதிகம் உள்ளது. ரேச்சல், ஹேரியின் முதுமுனைவரும்கூட, எனவே அவருக்கு நோபல் பரிசு கிடைக்கும் வாய்ப்புகள் இருமடங்காக உள்ளன என்று தெரிவித்தேன்.

வேதியியலுக்கான நோபல் பரிசை புதன்கிழமை அறிவிப்பதாக இருந்தது. பொதுவாக வேதியியல் பரிசானது 'அடிப்படை வேதியியல்' துறை சார்ந்தவருக்கும் 'உயிர்–வேதியியல்' துறை சார்ந்தவருக்கும் அடுத்தடுத்த ஆண்டுகளில் கிடைக்கும் வாய்ப்புகள் உள்ளன. 'அடிப்படை வேதியியல்' துறை சார்ந்த பலருக்கு இவ்விதம் உயிர்–வேதியியலாளருக்கு வேதியியல் பரிசை வழங்குவது உறுத்தலாகவே உள்ளது. வேதியியலை முழுவதுமாக அறிந்திராதவர்களுக்கு இவ்வேதியியல் பரிசு செல்கிறது என அவர்கள் முணுமுணுப்பதுண்டு. சென்ற ஆண்டு உயிரியல் தொடர்பான வேதியியல் ஆய்விற்குப் பரிசளிக்கப்பட்டதால் இந்த ஆண்டு ரைபோசோம் ஆய்விற்கு வாய்ப்பில்லை என்று கருதினேன். எனவே எனக்கான வாய்ப்பு மேலும் ஓராண்டு ஒத்திவைக்கப்படலாம் என்றும் எண்ணினேன். அன்று புதன்கிழமை காலை, நோபல் பரிசை முற்றிலும் மறந்திருந்தேன். காலையில் ஆய்வகம் செல்லும் பாதிவழியில் எனது சைக்கிள் சக்கரத்தின் டயரில் காற்று போய்விட்டது. சைக்கிளை உருட்டிக் கொண்டு நடந்தே வேலைக்குச் சென்றேன்.

கடுகடுப்பான மனநிலையில் ஆய்வகம் வந்தடைந்தேன். உள்ளே நுழைந்தவுடன் தொலைபேசியில் மணி அடித்தது. 'நறுக்'கென்ற பாணியில் 'யார்?' என்றேன். எதிர்முனையில் ஒரு பெண்ணின் குரல் ஒலித்தது. அவர் 'இது ஸ்வீடனின் அறிவியல் நிறுவனத்திலிருந்து வரும் அழைப்பு' என்று கூறி 'சற்று நேரம் தொடர்பில் இருங்கள்' என்று தெரிவித்தார்.

நான் உட னடியாக இந்தத் தொலைபேசி அழைப்பு எனது நண்பர்களான கிரிஸ் ஹில் அல்லது ரிக் வாப் போன்றோரின் குறும்புத்தனமான செயலாகவிருக்கும் என எண்ணிக்கொண்டேன். கிறிஸ் ஒருமுறை LMBயின் வேலை வாய்ப்பிற்கான அதிகாரபூர்வ தேர்ந்தெடுப்புக் குழுவின் தலைவராகவிருந்த கை டாட்சனிற்கு விளையாட்டாக ஒரு கடிதம் எழுதி விட்டார். அக்கடிதத்தில் 'நீங்கள் வெங்கிக்கு உதவி செய்ய முன்வந்ததற்கு நன்றி. அவருக்கு யூட்டாவில் சில பிரச்சினைகள் உள்ளன. இந்நிலையில் அவர் இங்கிலாந்தில் இருந்தால் போட்டிகள் அதிகம் இல்லாத சூழல் அவருக்கு நன்மையானதாகவே இருக்கும்' என்று எழுதிவிட்டார். இதைக் கண்டவுடன் கை டாட்சன் அலறியடித்துக்கொண்டு 'என்ன ஆயிற்று?' என வினவினார்.

தொலைபேசியில் ஸ்வீடனின் விஞ்ஞானி ஒருவர் தன்னை குன்னர் ஓகுஸ்ட் என அறிமுகப்படுத்திக்கொண்டு பேசத் துவங்கினார். பேசத் துவங்கியவுடன் நேரடியாக அவர் 'நீங்கள் இந்த ஆண்டின் வேதியியலுக்கான நோபல் பரிசைப் பெறுகிறீர்கள். அப்பரிசை டாம் ஸ்டீயிட்ஸ், ஆடா யோனத் ஆகியோருடன் இணைந்து ரைபோசோமின் அமைப்பு மற்றும் செயல்களைக் கண்டுபிடித்தற்காகப் பெறுகிறீர்கள்' என்றார். அவரின் தொழில் ரீதியிலான, உணர்வில்லாத அந்த அறிவிப்பு சட்டென்று முடிவடைந்தது. சிறிய அமைதி (தொலைத்தொடர்பு தொடர்ந்தது). என் உள் மனதில் இந்த மூவர் இணைப்பில்தான் எனது பெயர் அமைய வாய்ப்போ! இவர்களின் அறிவிப்பு, இந்தத் துறையில் 'அணு அமைப்பு' கண்டுபிடித்ததால் இவர்களுக்கு முக்கியத்துவம் வாய்ந்ததாகத் தோன்றிவிட்டதோ? என்றெல்லாம் எண்ணிக்கொண்டேன். இருப்பினும் டால்பெர்கில் மான்ஸ் எஹ்ரன்பெர்குடன் ஏற்பட்ட விவாதத்திற்குப் பிறகும் அவர் நோபல் பரிசு பெறுபவர்களின் தேர்ந்தெடுப்புக் குழுவில் உள்ளபோதே எனது பெயர் அறிவிப்பா! என்னால் நம்ப முடியவில்லை. தொலைபேசியில் செய்தியைத் தெரிவித்தவர் நன்கு புரியும்படியான ஸ்வீடிஷ் மொழி உச்சரிப்புத் தொனியில் பேசியிருந்தாலும் நான் அவர் கூறியதற்கு பதில் கூறும் வகையில் 'என்னால் இதை நம்ப முடியவில்லை!' என்றேன். அவர் தனது தொலைபேசித் தொடர்பை அறையில் பிறர்க்கும் ஒலிக்கும் வகையில் செய்திருந்திருக்கிறார். எனவேதான் பின்புலத்தில் பலரின் சிரிப்பொலி கேட்டது. ஆம், அதுதான் உண்மை. அப்படியெனின் மான்ஸ் எஹ்ரென்பெர்க் அந்த அறையில் இருக்க வேண்டும். 'நான் மான்ஸ் எஹ்ரென்பெர்குடன் பேசலாமா?' என்று கேட்டேன். மேலும் சிரிப்பொலி. பிறகு மான்ஸ் என்னுடன் தொலைபேசியில் பேசினார். என்னைப் பாராட்டிய அவர், 'நீங்கள் பரிசிற்குத் தகுதியானவர்' என்றார். இதுதான் இவர் பரிசு பற்றிக் கடைசியாகக் கூறுவதாக இருக்க வேண்டும் என எண்ணினேன். எனது குரலின் சந்தேகத் தொனியை உணர்ந்து கொண்ட அவர் 'இங்கு வந்து பரிசை ஏற்றுக்கொள்வீர்கள் அல்லவா?' என்றார். நான் நடப்பதெல்லாம் உண்மைதான் என உணர்ந்தேன். இதற்குப் பிறகு பலரும் என்னிடம் 'பரிசு பற்றிய அறிவிப்பு தெரிவிக்கப்பட்டவுடன் எவ்விதம் உணர்ந்தீர்கள்' என்று கேட்பதுண்டு. பரிசு பற்றிய செய்தியைக் கேள்விப்பட்டவுடன் அதன் உண்மைத்தன்மை என் மனதுக்குள் மிக

மெதுவாகவே அமிழ்ந்து, வெகுநேரம் கழித்தே நிலைபெற்றது. புரூக்ஹேவன் சின்குரோட்ரானில் டங்ஸ்டன் தொகுப்பின் உச்ச அளவீட்டு அலைவுகளைக் கண்டவுடன் நானும் பிரையனும் உணர்ச்சிப் பெருக்கில் மடைதிறந்து மகிழ்ந்ததற்கு இணையானதாக இல்லை என்றுதான் சொல்ல வேண்டும்.

யாராவது என்னிடம் பரிசைப் பற்றிக் கேள்விகள் கேட்டால் அதற்கு நான் வேடிக்கையாக, 'இந்த குளிரில், அதுவும் இருள் மிகுந்த டிசம்பர் மாதத்தில், மோசமான வெஜிட்டேரியன் உணவு கிடைக்கும் காலத்தில் ஸ்வீடனுக்குப் போக யார் விரும்புவார்கள்' எனக் கூறுவதுண்டு. இந்தப் பரிசை ஏற்றுக்கொள்ளாமல் மறுத்துவிட்டால் எப்படியிருக்கும் என்றும் கற்பனை செய்து பார்த்தேன். ஆனால் உண்மை என்னவென்றால் இத்தகைய பரிசுகளை ஒருவர் மறுக்க இயலாது. அதுவும் நோபல் பரிசு போன்ற பெருமை மிகுந்த ஒன்றை நிச்சயம் மறுக்கவே முடியாது. பிற விஞ்ஞானிகள் நம்மைப் புகழ்வது மிகுந்த மனநிறைவு தரும் செயல். ஆய்வுத் திட்டங்களுக்காகத் தங்களது வருங்காலப் பதவி வாய்ப்புகளைப் பணயம் வைத்து உடன் உழைத்த மாணவர்கள், முதுமுனைவர்களுக்கு மிகுந்த புகழ் சேர்ப்பதாகவே இச்செய்தி அமையும். அவர்களின் பங்களிப்பு இல்லாமல் ஆய்வுத்திட்டம் நிறைவேறியிருக்க வாய்ப்பில்லை. ஆம், இப்பரிசால் கிடைக்கும் பணமும் வரவேற்புக்குரியதுதான் இது போன்ற பரிசுகளை வெறுத்த ரிச்சர்ட் ஃபெயின்மேன் போன்றவர்களும் கடைசியில் ஏற்றுக்கொள்ளவே செய்தார்கள்.

இந்த நோபல் பரிசு அறிவிப்பினைத் தொடர்ந்து மான்ஸ் நேர்மையானவர் என்பதை உணர்ந்துகொண்டேன். அவர் எனது ஆய்வின் ஒரு பகுதியை ஏற்றுக்கொள்ளவில்லை. எனினும் எனது பொதுவான ஆய்வு முயற்சியை ஏற்றுக்கொண்டேயிருக்கிறார். அந்த நோபல் குழுவினரின் பரிசு தொடர்பான விவாதத்தில் சிறிய ஆர்வமின்மையும்கூட ஒருவரின் பரிசு வாய்ப்பினைக் கெடுத்திருக்கும். அவர் என்னைப் பழிவாங்க வேண்டுமென்று சிறிதளவு எண்ணியிருந்தாலும் நான் பரிசுக்கான வாய்ப்பில் ஓரங்கட்டப்பட்டிருப்பேன். இவரை போன்றவர்களின் நேர்மையால்தான் அனைத்து மாற்றுக் கருத்துகளுக்கு இடையிலும்கூட நோபல் பரிசுகள் மிகுந்த மரியாதைக்குரியனவாக மதிக்கப்படுகின்றன.

பிறகு ஆந்தெர்ஸ் லில்ஜாஸ், குன்னர் வான் ஹெயின் போன்றவர்களும் என்னைத் தொடர்புகொண்டு வாழ்த்துத் தெரிவித்தனர். கடைசியாக, என்னிடம், 'இப்போது நீங்கள் உங்களது மனைவியிடம் இச்செய்தியைத் தெரிவிக்கலாம். அதிகாரபூர்வமான அறிவிப்பு வரும்வரையிலும் வேறு ஒருவரிடமும் தெரிவிக்காதீர்கள்' எனக் கூறினார்கள். 'இதே வேளையில், உங்களது கடைசி அமைதியான 30 நிமிடங்களை அனுபவித்துக்கொள்ளுங்கள்' என்றும் கூறினார்கள்.

மார்ட்டினும் ரெபெக்காவும் எனது அறைக்கு வெளியில்தான் வேலை செய்துகொண்டிருக்கிறார்கள். எனக்குத் தெரியாமல் நான் தொலைபேசியில் பேசியதைக் கேட்டுக்கொண்டுதான் இருந்திருக்கிறார்கள். மார்ட்டின் ஒரு வருடத்திற்கு முன்பே எனக்குப் பரிசு கிடைத்தால் விருந்து தருவதாகக் கூறியிருந்தார். நான் தொலைபேசியை வைத்தவுடன் அவர்கள் இருவரும்

மிகுந்த மகிழ்ச்சியில் மேலும் கீழுமாகக் குதிக்கத் துவங்கிவிட்டார்கள். மார்ட்டின் ஏற்கெனவே *சயின்ஸ்* கட்டுரை வெளியீட்டிற்காக வாங்கி வைத்திருந்த 'ஷாம்பெய்ன்' புட்டியின் மூடியைத் திறந்துவிட்டார்.

நான் வேராவைத் தொடர்புகொள்ள முயற்சி செய்தேன். தொடர்பு கிடைக்கவில்லை. அவர் எனது ஏற்புமகள் டான்யாவுடன் நடைப்பயிற்சிக்குச் சென்றுவிட்டார். டான்யா, எங்களைக் காண்பதற்கென ஓரிகனிலிருந்து வந்திருந்தாள். அவளும் மொபைல்போன் பயன்படுத்துவதில்லை. எனவே அவளுடனும் தொடர்புகொள்ள இயலவில்லை. வேரா வீட்டிற்குத் திரும்பியவுடன் எங்களது நண்பர் பீட்டர் ரோசன்தால் அவரைத் தொலைபேசியில் தொடர்புகொண்டார். இவர் ஹார்வர்டு மாணவர். அங்கு டான் வைலியிடம் பயின்றவர். அதன் பின் LMBயில் ரிச்சர்ட் ஹென்டர்சனிடம் முதுமுனைவராகப் பணியாற்றினார். இப்போது லண்டனில் உள்ளார். இவர் கரகரப்பான ஆழ்ந்த குரலுடன் பேராசிரியர் தோற்றமும் கொண்டு ஹார்வர்டு மனிதராகவே காணப்படுவார். என்னை 'ஆய்வகத்தில் தொடர்புகொள்ள இயலவில்லை' என்று கூறிய ரிச்சர்ட் 'எனவேதான் வீட்டு எண்ணில் அழைத்தேன்' என்றிருக்கிறார். வேராவிற்கு ஒரே குழப்பம். 'பொதுவாக என்னை ஆய்வகத்தில் தொடர்பு கொள்வதில் எந்தப் பிரச்சினையும் இருந்ததில்லை', எனக் கூறியிருக்கிறார். அதற்கு பீட்டர், சிறிது நேரம் கழித்து, 'உங்களுக்கு செய்தி தெரிந்திருக்க வாய்ப்பில்லையோ!' எனக் கேட்க, அதற்கு வேரா 'என்ன செய்தி?' என வினவியிருக்கிறார். இப்படித்தான் நான் பரிசு பெற்றது வேராவிற்கு தெரியவந்தது. வேராவும் நானும் மாலையில் சந்தித்தபோது, அவர் என்னிடம் 'நோபல் பரிசு பெறுமளவுக்கு நீங்கள் உண்மையிலேயே திறமைசாலிதானா!" என்று பாராட்டினார். இவ்வேளையில் கனடாவின் முன்னாள் பிரதமரின் மனைவி மேரியான் பியர்சன் கூறியது நினைவில் வருகிறது. 'வெற்றிபெற்ற ஒவ்வொரு மனிதனின் பின்னாலும் ஆச்சரியப்படும் ஒரு பெண் இருக்கிறார்.'

'LMB ஒரு சிறிய நிறுவனமே. இருப்பினும் பல நோபல் பரிசுகளைப் பெற்றுவிட்டது' என்ற ஒரு பத்திரிக்கையாளர் 'LMB ஒரு நோபல் தொழிற்சாலை' எனவும் குறிப்பிட்டார். LMBயின் சிறப்பு பற்றி குறிப்பிட்ட ஆரோன் கிளக் – LMB பண்ணை அல்லது தோட்டம் போன்றது எனக் கூறுவதுதான் பொருத்தமாக இருக்கும். இங்கு பலவகை விதைகள் விதைக்கப்படுகின்றன. பல மனிதர்கள் உருவாக்கப்படுகிறார்கள். நோபல் பரிசு என்பது இங்குள்ள நல்ல அறிவியலின் பக்க விளைவு என்று குறிப்பிட்டார். LMBயில் நோபல் விருதினைக் கொண்டாடும் ஒரு பாரம்பரியக் கலாச்சாரமே தோன்றிவிட்டது. இங்கு முதன் முதலாக வேலையில் சேர்ந்தவர் மைக் ஃபுல்லர். அவர் அன்று இளம் வயதினர். இங்குள்ள ஒரு விஞ்ஞானி நோபல் பரிசு பெற்றவுடன் அதைக் கொண்டாடும் வகையில் அவர் மேல்மாடியிலிருந்த காண்டீனில் ஷேம்பெயினுடன் ஒரு விழா எடுத்துவிடுவார்.

எனது பரிசு அறிவிக்கப்பட்ட அன்று புகைப்படக் குழுவினர் பலர் வந்துவிட்டனர். அன்றைக்கு நான் முகச்சவரம் செய்யாமலும் தேவையான அலங்காரங்கள் இல்லாமலும் வந்திருந்தேன். ஒரு பத்திரிக்கையாளர்

என் கையில் ஷாம்பெயின் கோப்பையைத் திணித்து எனது ஆய்வக உறுப்பினர்களுடன் படம் எடுக்க முயன்றார். இது டானீலா ரோட்ஸிற்கு ஓர் நகைச்சுவைக் காட்சியாகத் தோன்றியது. நான் மது அருந்துவதில்லை என்பது அவருக்குத் தெரியும். இத்தகைய காட்சிகளையும் நடவடிக்கைகளை யும் சகித்துக்கொண்டேன். மகிழ்ச்சியும் 'அப்பாடா! முடிந்தது' எனும் உணர்வும் கலந்து தோன்றியது. வேறு ஒரு உலகம் சென்றுவிட்ட உணர்வு. அறிவியல் கண்டுபிடிப்புகள் பல ஆண்டுகளாக நிகழ்ந்திருந்தாலும் LMBக்கு இன்று மகிழ்ச்சியான நாள். குறிப்பாக ரிச்சர்டு ஹேறன்டர்சன் எனக்கு LMBயில் வாய்ப்பு கொடுத்ததில் திருப்தி அடைந்திருக்க வேண்டும். அன்றைய விழாக்கோலம் முடிவிற்கு வந்தது. இறுதியில் வேராவும் நானும் காற்றில்லாத டயரைக் கொண்ட சைக்கிளைத் தள்ளிக்கொண்டே வீட்டிற்கு நடந்து சென்றோம்.

19

ஸ்டாக்ஹோமில் ஒரு வாரம்

சயின்ஸ் ஆய்விதழில் எங்களது இரண்டு ஆய்வுக் கட்டுரைகளும் வெளியாயின. ரைபோசோம் இரு நிலைகளிலும் உள்ளது போன்ற படம் அவ்விதழின் அட்டைப்படமாகத் தயாரானது. அதே வேளையில் *நேச்சர்* ஆய்விதழில் எங்களது மீள்பார்வைக் கட்டுரையும் வெளியிடப்பட்டது. அவ்விதழின் அட்டைப் பகுதியில் இந்த ஆண்டின் நோபல் பரிசு பெற்றது எனக் குறிப்பிடப்பட்டிருந்தது. பரிசு கிடைத்ததைக் காட்டிலும் இவை சற்று அதிகமாகத் தெரிந்தன. எனது கோப்பை நிரம்பியது மட்டுமல்ல நிரம்பி வழியவும் செய்தது. ஒரே நேரத்தில் இவ்வளவு வெற்றிகளைப் பெறுவதற்கு ஒருவருக்கு உரிமையில்லை என்று கருதினேன்.

அந்தக் கடைசி 30 நிமிடங்கள் குறித்து நோபல் அதிகாரிகள் அறிவுறுத்தியது சரியே என எண்ணினேன். தொலைபேசியின் மணி ஓசை நிற்கவேயில்லை. இரண்டு நாட்களுக்கு இந்நிலை தொடர்ந்தது. எனது தொலைபேசி அழைப்புகளை LMBயின் மையத் தொலைபேசி இணைப்பகத்திற்குத் திருப்பிவிட நேரிட்டது. *New York Times, NPR* ஆகிய இரு ஊடக செய்தியாளர் களுடன் உரையாடியது என்னைப் புளங்காகிதம் கொள்ளச் செய்தது. இவை இரண்டும் நான் மிகுந்த பயபக்தியுடன் வாசிக்கும்/கேட்கும் செய்தி ஊடகங்கள். இங்கிலாந்து வந்த பிறகும் அவற்றைத் தொடர்ந்து கவனித்துக்கொண்டுதான் இருந்தேன். கிராண்ட்செஸ்டரில் உள்ள எங்களது நண்பர்கள் பெரும் ஆவலுடன் இந்தச் செய்தியை ஃபிரஞ்ச் தொலைக்காட்சி யில் கண்டிருக்கின்றனர். பிரிட்டிஷ் டெலிவிஷனின் மாலைச் செய்தியில் இவ்வறிவிப்பு இடம்பெறவில்லை. பல மாலைச் செய்தித்தாள்களிலும் இல்லை.

இந்தியாவிலிருந்து பெரும் எண்ணிக்கையில் தொலைபேசி அழைப்புகள் வந்துகொண்டேயிருந்தன. நான் எனது 19ஆவது வயதில் இந்தியாவிலிருந்து வந்துவிட்டேன். எனது துறை சார்ந்த ஒரு சிலர் தவிர பிற அனைவரும் என்னை மறந்துவிட்டனர். இப்போது திடீரென்று நாடு முழுவதும் ஒரே

கொண்டாட்டம். வழக்கம்போலச் சில பண்டிதர்கள், இந்தியாவிலிருந்தால் இப்பரிசு கிடைத்திருக்குமா, இயற்பியலில் சி.வி. இராமனுக்குப் பிறகு ஒருவருக்கும் கிடைக்கவில்லையே என்றெல்லாம் புலம்பித் தள்ளினார்கள். அமெரிக்கக் குடியரசுத் தலைவர் ஒபாமா, இங்கிலாந்தின் பிரதமர் கார்டன் பிரவுன் போன்றவர்களிடமிருந்து பாராட்டுக் கடிதங்கள் வந்தன. எனக்கு இதில் ஆச்சரியமில்லை. மகிழ்ச்சிதான். ஏனெனில் நான் இங்கிலாந்தில் தற்போது வாழ்ந்திருக்கும் அமெரிக்கக் குடிமகன். கடந்த நாற்பது ஆண்டுகளாக நான் இந்தியாவில் வாழ்ந்திருக்கவில்லை. இந்தியாவில் இக்காலத்தில் இந்தியக் குடிமகனாகவும் இல்லை. இருப்பினும் இந்தியாவின் குடியரசுத் தலைவரிடமிருந்தும் பிரதமரிடமிருந்தும் வந்த பாராட்டுக் கடிதங்கள் நான் சிறிதும் எதிர்பாராதவை.

விஞ்ஞானிகள் பெரும்பாலும் பொதுமக்களின் கவனத்தைப் பெறுவதில்லை. ஆனால் இவ்வேளையில் பலரிடமிருந்தும் கணக்கற்ற கடிதங்கள் மின்னஞ்சல் வழியே வெள்ளமென வந்தபோது அது என்னைத் தொல்லைப்படுத்துவதாகவே உணர்ந்தேன். பத்திரிக்கையாளர் ஒருவர் என்னிடம் 'உங்களுக்கு ஓர் இந்திய நிறுவனத்தில் இயக்குநர் பதவி அளிக்க முன்வந்தார்களாமே?' என்று கேட்டார். அதற்கு நான் 'அப்படி ஒருவரும் கேட்கவில்லை. கேட்டிருந்தாலும் ஏற்பதாக இல்லை' என்றேன். இந்தியாவிலிருந்து நான் அறிந்திராதவர்களால் அனுப்பப்பட்ட கடிதங்கள் எனது 'இன்பாக்ஸை' நிரப்பியிருந்தன. இதனால் எனது வழக்கமான பணிகள் பாதிக்கப்பட்டன. இதைப் பற்றிப் புகார் அளித்தேன். இத்தகைய நடவடிக்கைகள் ஊடகத் துறையில் ஒரு பயிற்சியாகவே அமைந்தன. அடுத்த நாள் காலையில் எனது புகார் பல செய்தித்தாள்களின் முன்பக்கச் செய்தியானது. மித மிஞ்சிய புகழ்ச்சிகள் கோபம் உண்டாக்குபவையாகவும் ஆயின. இதைத் தொடர்ந்து எனக்குத் தெரியாதவர்கள் பலர் கோபத்துடன், நான் எனது வரலாற்றை மறந்துவிட்டேன் என்றும் அகந்தை கொண்டவன் என்றும் கண்டித்துக் கடிதங்கள் எழுதினர். நான் வருத்தம் தெரிவித்து எழுதியதால் ஒரு சிலருக்குக் கோபம் தணிந்தது. இருப்பினும் சிலர் 'ஒருவரின் தேசிய அடையாளம் அவரது பிறப்பின் தற்செயல் நிகழ்வு' என்று கூறியதற்குக் கோபம் கொண்டனர். 2002இல் நிகழ்ந்த குஜராத் கலவரத்திற்குப் பின் ஏழை இஸ்லாமியர் பெண்கள் 'கல்வி உதவித் தொகை' வழங்குவதற்கு உதவியிருந்தேன். இந்து குடும்பத்தில் பிறந்திருந்தும் பெண்களின் கல்வி வளர்ச்சியானது உலகெங்கிலும் சமுதாய முன்னேற்றத்தை ஏற்படுத்தும் எனும் நல்லெண்ணத்தின் அடிப்படையில் இவ்வுதவியைச் செய்தேன். இச்செயலால் என்னைச் சிலர் துரோகி எனலாம்.

நான் பல ஆண்டுகளாகத் தொடர்பில்லாமலிருந்த பல நண்பர்களும் எனது சக பணியாளர்களும் என்னைத் தொடர்பு கொண்டு பாராட்டியது இப்பரிசு அறிவிப்பால் கிடைத்த நன்மை. முதலில் எழுதியிருந்தவர் வியன்னாவின் பேரி டிக்ஸன். இவரை அண்மையில்தான் வியன்னாவில் சந்தித்துப் பேசிக்கொண்டிருந்தேன். அவர் எனக்கு எழுதிய கடிதத்தில் தான் மிகுந்த மகிழ்ச்சியடைவதாகக் கூறி 'இது நிகழ்வதற்கு ஒருவரும் இறக்க வேண்டியதில்லை' என்று குறிப்பிட்டிருந்தார். என்னைப் பாராட்டி எழுதிய பீட்டர், தான் ஒரு சில ஆண்டுகளுக்கு முன்பே வாட்சனை

சந்தித்தபோது அவரிடம் 'இந்த மூன்று பேர் தான் பரிசு பெற வேண்டும் என்று கூறியிருந்தேன்' என்றார். 'தன்னுடன் பணியாற்றிய ஒருவர் இத்தகைய நிலையை எட்டியிருப்பது மகிழ்ச்சியளிக்கிறது' எனவும் கூறினார். இவரது பாராட்டுகள் இவரின் நற்குணங்களை எனக்கு மீண்டும் நினைவூட்டின.

ஸ்டாக்ஹோம் செல்லும் வேளை நெருங்கிவிட்டது. நோபல் நிறுவனமும் ஸ்வீடனின் அறிவியல் நிறுவனமும் ஏறக்குறைய ஒரு வாரத்திற்கான விழா நிகழ்வுகளுக்கு ஏற்பாடு செய்திருக்கின்றனர். இந்த ஏற்பாடுகள் அனைத்தும் நோபல் நிறுவனத்தை மக்கள் மத்தியில் பாராட்டுகளுடன் நிலைநிறுத்திக் கொள்வதற்கான நடவடிக்கைகள். பரிசு பெறுபவர்களும் தங்களுக்கான மறக்க முடியாத சிறப்பு நிகழ்வாக அதை மனதில் கொள்ள இச்செயல்கள் உதவும். வேறு சில அமைப்புகள் பெருமளவில் பரிசுத்தொகை வழங்கும் இன்றைய சூழலில் நோபல் பரிசின் மேன்மையையும் உண்மைத் தன்மையினையும் நிலைநாட்டுவதற்கு விழா நிகழ்ச்சிகள் துணை செய்யும்.

நோபல் நிறுவனம் தனது முதல் செயல்பாடாகப் பரிசு பெறுபவருக்கு ஸ்டாக்ஹோமில் தங்கியிருக்கும் காலத்திற்கென ஒரு சிறப்பு உதவியாளரை யும் மகிழுந்து ஓட்டுனர் ஒருவரையும் ஏற்பாடு செய்துவிடுகிறது. எனது உதவியாளராக வெளியுறவுத்துறை அமைச்சகத்திலிருந்து ஓர் இளைஞர் நியமிக்கப்பட்டார். இவர் பாட்ரிக் நில்சன் எனும் ஸ்வீடிஷ் பெயருடையவர். பாட்ரிக், வேராவையும் என்னையும் விமான நிலையத்தில் சந்தித்து கிராண்ட் ஹோட்டலுக்கு அழைத்துச் செல்வதாகத் தெரிவித்திருந்தார். அவரிடம் நான், 'அர்லான்டோ விமான நிலையத்திலிருந்து மைய ஸ்டாக்ஹோமிற்குப் பல முறை ரயில் மூலமாகச் சென்றிருக்கிறேன். எனவே என்னை, அதிலும் குறிப்பாக சனிக்கிழமை மாலையில் சந்திக்க வேண்டாம்' என்று தெரிவித்தேன். அவர் மிகப் பவ்யமாக, தான் வருவதாகவே தெரிவித்தார். நான் அதை ஏற்றுக்கொள்ளவில்லை.

இத்தகைய நடையொழுங்குகள் அன்று எனக்குப் புரியவில்லை. வேராவும் நானும் ஸ்வீடனில் விமானத்திலிருந்து இறங்கும்போது விமானத்தின் வாசலிலேயே குன்னர் ஓகுவிஸ்ட் என்னை வரவேற்றார். (இவர்தான் நோபல் நிறுவனத்தின் சார்பில் அதிகாரபூர்வமாக முதன்முதலில் தொலைபேசி வழியாகப் பரிசு பற்றிய செய்தியை என்னிடம் கூறியவர்.) அவரது அருகில் ஓர் இந்திய இளைஞர் நின்றுகொண்டிருந்தார். அவர் தன்னை பாட்ரிக் நில்சன் என்று அறிமுகம் செய்துகொண்டார். இவர் குழந்தைப் பருவத்திலேயே இந்தியாவிலிருந்து தத்தெடுக்கப்பட்டவர். தோலின் நிறம் தவிர தனது அனைத்துப் பண்புகளிலும் ஸ்வீடன் நாட்டுக்காரராகவே அமைந்திருந்தார். உதவியாளராக அவரை நியமிப்பது எனக்கு மகிழ்ச்சியளிப்பதாக அமையும் என அமைப்பாளர்கள் எண்ணியிருக்க வேண்டும். மற்றொரு ஆச்சரியம் – விமானத்தை விமான நிலையக் கட்டிடத்துடன் இணைக்கும் நடைப்பாலத்தில் விமானத்திற்கு அருகிலேயே ஒரு கதவு இருந்தது. இக்கதவை இதற்கு முன்பு நான் கவனித்ததில்லை. இதன் வழியாக எங்களை விறுவிறுவெனச் சில படிக்கட்டுகளையும் கடந்து அழைத்துச் சென்றனர். பின், ஒரு வாகனத்தின் மூலம் VIPக்கள் அமரும் இடத்தையடைந்தோம். அங்கு அமர்ந்து குன்னருடன் பேசிக்கொண்டிருக்கும்

வேளையில் குடியேற்றக் கட்டுப்பாடு போன்ற சம்பிரதாயங்கள் அனைத்தும் முடிக்கப்பட்டு எங்களது பெட்டிகளும் பெறப்பட்டுவிட்டன. இத்தகைய வசதிகள், காரணங்களால்தான் விமான நிலையத்தின் குடியேற்றக் கட்டுப்பாட்டு சான்றிதழுக்கான பொதுவான வரிசைகளில் பணக்காரர்களைக் காணவியலவில்லை. பணக்காரர்களின் வாழ்வுமுறை பற்றிய 'மாதிரி' அனுபவம் கிடைத்தது. ஈ.ஸ்காட் ஃபிட்ஜெரால்டு கூறியபடி – 'அவர்கள் நம்மிலிருந்து வேறுபட்டவர்கள்'. நான் இங்கிலாந்திலிருந்து கிளம்பும் அவசரத்தில் எனது 'டை'யை (*Tie*) மறந்துவிட்டதை உணர்ந்தேன். பிறகு உதவியாளர் பாட்ரிக் தனது 'டை'கள் சிலவற்றைத் தேர்ந்தெடுத்துக் கொண்டுவந்து காட்டினார். அவற்றில் பகட்டுத்தன்மையில்லாத எளிய 'டை' ஒன்றைத் தேர்ந்தெடுத்துக் கொண்டேன். மரபுவழிப்பட்ட வண்ணக் கட்டங்களும் கோடுகளும் கொண்ட ஸ்காட்லாந்தின் டார்டன் 'டை' அது.

படம் 19.1 ஸ்டாக்ஹோமில் ஓர் உணவகத்தின் மேல் மாடியில் நிகழ்ந்த விருந்து விழாவில் நூலாசிரியரின் ஆய்வக உறுப்பினர்கள்

எனது மனைவி வேராவுடன் மேலும் 12 பேரைப் பரிசளிப்பு விழாவிற்கு விருந்தினராக அழைத்துவரலாம் என நோபல் அதிகாரிகள் தெரிவித்திருந்தனர். எங்களது குழந்தைகள் டான்யா, ராமன், எனது மருமகள் மெலிசா, எனது சகோதரி லலிதா, எனது மைத்துனர் மார்க் டிரால் ஆகியோரை அழைத்துக்கொண்டேன். எனது நல்ல நண்பர்கள் புரூஸ், கேரன் பிருன்ஷ்விக் போன்றவர்களையும் அழைத்திருந்தேன். புரூஸிடமிருந்து அன்று ஆஸ்மியம் ஹெக்ஸமின் கிடைத்திராவிட்டால் இன்று நான் ஸ்டாக்ஹோமிற்கு வந்திருக்க இயலாது. மேலும் எனது மாணவர்கள், முதுமுனைவர்கள் வந்திருந்தார்கள். இவர்கள் தங்களது வருங்காலப் பதவி வாய்ப்புகளைப் பணயம் வைத்து என்னுடன் 30S துணையலகு அமைப்பிற்கு உழைத்தவர்கள். 12ஆவது இடத்தை ரிச்சர்டு ஹென்டர்சனுக்கு ஒதுக்கியிருந்தேன். இவர்தான் எனக்கு LMBயில் ஆய்வுகள் மேற்கொள்ள வாய்ப்பளித்து ஆதரவு அளித்தவர். இவருக்கு நான் மிகவும் கடமைப்பட்டுள்ளேன். இவர்கள்தான் எனது அதிகாரபூர்வமான பார்வையாளர் குழுவினர். பில் LMBயில் சமுதாயக் கூட்டங்களின் நிலையான அமைப்பாளர். பரிசளிப்பு விழாவில் எனது சார்பில் 12 பேருக்குத்தான் அனுமதி என்ற குறைபாட்டைப் பொருட்படுத்தாமல் எனது ஆய்வகம் சார்ந்த அனைவரையும் வரவழைத்து ஸ்டாக்ஹோமிலேயே நோபல் கொண்டாட்டத்திற்கு இணையாக ஒரு விழாவிற்கு ஏற்பாடு செய்துவிட்டார். எங்கு தங்குவது, எங்கு கூடுவது போன்ற விபரங்களை

நோபல் அதிகாரிகளிடமிருந்தே பெற்றுக்கொண்டார். ஸ்டாக்ஹோமில் உள்ள சிறந்த சைவ உணவகத்தில் விருந்திற்கும் ஏற்பாடு செய்துவிட்டார். ஆன்டர்ஸ் லில்ஜாஸ் உட்பட அனைவரும் இதில் கலந்துகொள்ளவிருந்தனர். இனிமேல் நான் ஸ்வீடனில் நல்ல சைவ உணவு கிடைக்காது என்றெல்லாம் குறை கூற முடியாது.

மற்றொரு நாள் மாலையில் ஒரு கட்டிடத்தின் மேல் மாடியில் மீண்டும் ஒரு விருந்துக்காகக் கூடினோம். அம்மாடியிலிருந்து ஸ்டாக்ஹோமை சுற்றிலும் பார்க்க முடிந்தது. அந்த விருந்து நிகழ்வில் எனது ஆய்வக உறுப்பினர்கள் எங்களது ஆய்வு நேரங்களில் நிகழ்ந்த, நான் தொடர்புடைய வேடிக்கை நிகழ்வுகளை விவரித்துக் கூறி என்னை வறுத்து எடுத்துவிட்டார்கள். நான் துவக்க காலத்தில் 'கில்லட்டின்' அமைப்பு ஒன்றைப் பயன்படுத்தி 200 படிகங்களை பாழ்படுத்தியதை வேடிக்கையாகக் கூறினார்கள். ஒரு சின்குரோட்டிரான் பயணத்தில் இரண்டு கார்களில் அனைவரையும் மறதியாக உள்ளே வைத்துப் பூட்டியதை நினைவுகூர்ந்தார்கள். சின்குரோட்டிரானிலிருந்து பெற்ற தரவுகளை நான் தவறுதலாகக் கணினியில் அழித்துவிட்டது இன்று அனைவரின் கேலிக்கும் உள்ளானது. இப்படிப் பல வேடிக்கை நிகழ்ச்சிகள் அந்த விருந்தில் நினைவுகூறப்பட்டன.

படம் 19.2 நோபல் ஏற்புரை நிகழ்வில் நூலசிரியர்,
டாம் ஸ்டீயிட்ஸ், ஆடா யோனத்.
இடது புறம் உள்ளவர் நிகழ்ச்சியின் ஒருங்கிணைப்பாளர் குன்னர் வான் ஹீன்

ஸ்டாக்ஹோமில் விருந்தினராகத் தங்கியிருந்த நாட்கள் நோபல் குழுவினரின் அதிகாரபூர்வமான நிகழ்வுகளிலேயே செலவானது. தொடர்ந்து விருந்துகள், வரவேற்புகள், நேர்காணல்கள் என்று பலவும்

நடைபெற்றன. இவை அனைத்திலும் எனக்கு முக்கியமானவையாகத் தெரிந்தது நோபல் விரிவுரைகளே. விரிவுரையாற்றுதல் ஸ்டாக்ஹோம் பல்கலைக்கழகத்தின் பிரம்மாண்ட அரங்கில் நடைபெற்றது. நான் இளநிலை பட்டப்படிப்பு மாணவனாக இருந்த காலம் முதல் பல நோபல் உரைகளை வாசித்திருக்கிறேன். அவை மிக அழகிய, வரலாற்று முக்கியத்துவம் வாய்ந்த அறிவார்ந்த உரைகள். இப்போது அத்தகைய உரை ஒன்றினை நானே நிகழ்த்த வேண்டும் என்பது என்னை அச்சுறுத்துவதாக இருந்தது. இந்நிலையில் ரைபோசோம் மரபுக் குறியீடுகளை எந்த அளவிற்குத் துல்லியமாக புரிந்து கொண்டு செயல்படுகிறது என்பதை விவரிக்கும் வகையில் எனது உரையைத் தயாரித்தேன். அது நான் ஏற்கெனவே வாசித்திருந்த பழைய நோபல் உரைகள், அறிஞர்கள் நிகழ்த்திய உரைகளின் சரியான பிரதிபலிப்பாக இல்லை என்பதை நான் உணர்ந்திருக்கவில்லை. எனது உரையானது ஸ்டாக்ஹோம் பல்கலைக்கழகத்தின் பொதுவான மாணவர்கள், ஆசிரியர்கள், பார்வையாளர்கள் புரிந்துகொள்ளும்படி அமைந்திருக்க வேண்டும் என ஆன்டெர்ஸ் லில்ஜாஸ் கூறியது என்னை ஆச்சரியப்படுத்தியது. எனவே அன்றிரவு 1 மணிவரை விழித்திருந்து அனைவரும் புரிந்துகொள்ளும் வகையில் எனது உரையை மாற்றி அமைத்தேன். அடுத்த நாள் காலையில் பதற்றமும் களைப்பும் கொண்டவனாகவே இருந்தேன்.

நாங்கள் மூவரும் அடுத்தடுத்து எங்களது பெயர்களின் அகரவரிசையில் பேசுவதற்கு ஏற்பாடு செய்யப்பட்டிருந்தது. வழக்கத்திற்கு மாறாக எனது இரண்டாவது பெயர் 'R'இல் துவங்கியதால் (முதல் பெயர் 'V'இல் துவங்கும்) நான் முதலில் பேச அழைக்கப்பட்டேன். இந்த ஏற்பாடு எனக்கு மனநிறைவு அளிப்பதாகவே உணர்ந்தேன். எனது ஆய்வகத்தில் பணிபுரியும் அனைவரையும் ஒரு படத்தில் காண்பித்து எனது உரையைத் துவங்கினேன். படத்தில் உள்ளவர்கள் அனைவருமே ரைபோசோம் ஆய்வுகளில் எனக்கு உதவியவர்கள். அவர்கள் அனைவரும் அன்று பார்வையாளர்களாக அரங்கில் அமர்ந்திருந்தனர். tRNAவைக் கண்டுபிடித்த பால் சாம்நிக், மலோன் ஹோக்லாண்ட் ஆகிய இருவரும் ஒரு சில மாதங்களுக்கு முன் இறந்துபோனதை முதலில் குறிப்பிட்டேன். பின் ரைபோசோம் ஆய்வுகளின் துவக்க காலத்தில் ஜிம் வாட்சன் பேசும் ஓர் வீடியோவின் சிறிய பகுதியைக் காண்பித்தேன். அதன் பிறகு ரைபோசோமின் அமைப்பு குறித்த எங்களது ஆய்வுகள் பற்றியும் அவ்வாய்வுகளால் மரபுப் பண்பு குறியீடுகளை ரைபோசோம் உணர்தல் பற்றி நாங்கள் தெரிந்துகொண்டவை பற்றியும் விவரித்தேன். இறுதியில் மார்ட்டின், ரெபேக்கா ஆகிய இருவரும் ரைபோசோமானது மரபணுக் குறிப்புகளை, உணர்தலை விவரிக்கும் வகையில் தயாரித்திருந்த திரைப்படத்தைக் காண்பித்தேன். நாங்கள் ஆய்வுகளின் மூலம் கண்டறிந்துகொண்டிருந்த ரைபோசோமின் பல அமைப்பு நிலைகளை உருவகங்களாக மாற்றியமைத்துத் திரைப்படமாகத் தயாரித்திருந்தார்கள். இப்படத்தில் மூலக்கூறுகளின் இயக்கம், ரைபோசோம், tRNAக்களின் அசைவுகள், ரைபோசோம் அலகுகளின் இடையீட்டுப் பகுதி வழியே புரோட்டீன் மூலக்கூறு நகர்ந்து செல்லுதல் என்றெல்லாம் காண்பித்திருந்தார்கள். டாம்–க்காக மார்ட்டின் யேல் பல்கலைக்கழகத்தில் செய்தது போன்று இப்படத்திலும் இசையையும் அமைத்திருந்தனர். அந்த இசையில் 'ராக்' பாடல் வகையில், காண்பிக்கும் செயல்களுக்கு ஏற்ற வகையில்

அமைந்திருந்த பாடல்வரி இசையை இணைத்திருந்தனர். உதாரணமாக tRNAயானது கோடான் எனும் நுண் மரபுக் குறியீட்டை உணர்கையில் 'இணைந்திருக்கலாமா? பிரிந்துவிடலாமா?' எனக் கூறுகின்ற வகையில் பாடல் வரிகள் இருந்தன. இதை 'The Clash' ராக் இசைக்குழுவினரின் மைக் ஜோன்ஸ், ராக் இசை ராகத்தில் 'should I stay or should I go' எனப்பாடியிருப்பார். ரைபோசோமின் உப்புமூல மூலக்கூறுகள், tRNAயானது மரபுக் குறிப்புடன் செயல்படுகையில் அவற்றிற்கு இடையில் உள்ள நீள் வரிப் பள்ளத்தில் செல்லுகையில் 'Into the Groove' என்று மடோனாவின் குரலில் பாடல் ஒலிக்கும். இறுதியில் tRNAயானது பெப்டிடைல் டிரான்ஸ்ஃபெரேஸ் மையத்தையடைந்து அமினோ அமிலத்தை இடமாற்றம் செய்கையில் குயின் அவர்களின் குரலில் 'We are the champions of the world' எனப் பாடல் வரிகள் அமைந்திருந்தன. இப்பாடல்களை நான் இதற்கு முன் கேட்டதில்லை. இந்தப் பாடல் குழுக்களை நான் அறிந்ததும் இல்லை. ஆனால் எனது உரையின் இடையில் காண்பிக்கப்பட்ட இத்திரைப்படம் பார்வையாளர்களிடையே மிகுந்த வரவேற்பைப் பெற்றது. இந்நிகழ்ச்சி முடிந்து பல ஆண்டுகளாக நான் மேடைகளில் பேசச் செல்லும் இடங்களில் எனது பேச்சு முடிந்தவுடன் என்னைச் சந்திப்பவர்கள் எனது ஆய்வுகளைப் பற்றி விசாரிக்காமல், 'அந்தப் பாடல் இன்னும் இணையத்தில் உள்ளதா? அதை நாங்கள் பதிவிறக்கம் செய்து கொள்ளலாமா' என்று கேட்பதுண்டு.

எனது நோபல் உரை முடிந்தது. நான் இப்போது பதற்றமின்றி அமர்ந்து டாம், ஆடாவின் உரைகளைக் கேட்கலாம். பல ஆண்டுகளாக நிகழ்ந்த பல ரைபோசோம் தொடர்பான கருத்தரங்கங்கள், கூட்டங்கள் காரணமாக இவர்களது பேச்சுக்கள் மிகவும் பழக்கப்பட்டவையாகவே விளங்கின. டாமிடம் நான் வேடிக்கையாக, நமது உரைகளை, என்னுடையதை நீங்களும் உங்களுடையதை நானும் என்று மாற்றிக்கொள்ளலாமா என வேடிக்கையாகக் கேட்பதுண்டு. இருப்பினும் ஒருவரது உரையில் அவ்வப்போது எதிர்பாராத புதிய செய்திகளும் கிடைப்பதுண்டு. டாமின் பேச்சு மிகத் தெளிவான ஒன்றாக அமைந்திருந்தது. முக்கியமாக அவர் 50S துணையலகு அமைப்பினைக் கண்டுபிடித்த விதத்தினையும் பெப்டிடைல் டிரான்ஸ்ஃபெரேஸ் என்சைமின் கிரியைகளையும் 50S துணையலகுடன் இணையும் ஆன்டிபயாடிக்ஸ் எனும் நச்சுப் பொருட்களைப் பற்றியும் விவரித்துப் பேசினார். பெப்டைடு இணைப்புகள் எவ்விதம் தோன்றுகின்றன என்பது பற்றி மார்ட்டின் தயாரித்திருந்த திரைப்படத்தைக் காண்பித்தார். அதில் ஒரு குறிப்பிட்ட இடத்தில் பீட்டர், பெரிய மீன் ஒன்றைப் பிடிப்பது போன்று காண்பித்து ரைபோசோம் உண்மையிலேயே பெரிய மீன்தான் என்று கூறுவதாக இருந்தது. டாமின் விருந்தினராகவும் சக ஆய்வாளராகவும் பீட்டர் வருகை புரிந்து பார்வையாளராக அரங்கில் அமர்ந்திருந்தார். அவரைப் பார்த்தவுடன் எனக்கு வருத்தத்துடன் குற்றவுணர்வு தோன்றியது. பீட்டர்தான் முதலில் எனக்கு வழிகாட்டியாக ரைபோசோம்களுக்கு என்னை அறிமுகப்படுத்தியவர். அவர் இந்த ஆய்விற்கான புகழைப் பெறாதிருப்பது வருத்தம் அளிப்பதாகவே உள்ளது.

கடைசியாக ஆடாவின் நோபல் உரை. தனது உரைக்கு அவர் தேர்ந்தெடுத்திருந்த தலைப்பு ஆவலைத் தூண்டுவதாக அமைந்திருந்தது. தலைப்பு: 'துருவக் கரடிகள், நோய் எதிர் நச்சுக்கள் மற்றும் பரிணமிக்கும்

ரைபோசோம்’. *Polar Bears, Antibiotics and the Evolving Ribosomes* என்ற அந்தத் தலைப்பில் துருவக் கரடி ஏன் வந்தது என்பது எனக்குப் புரியவில்லை. விரைவில் தெரிந்துகொண்டேன். அவர் ஒருமுறை விபத்துக் காரணமாக மருத்துவமனையில் இருந்ததாகவும் அங்கு அவர் பார்த்த ஓர் இதழில் குளிர் உறக்கம் கொள்ளும் துருவக் கரடிகளைப் பற்றிய செய்தி இருந்ததாகவும் தெரிவித்தார். குளிர் உறக்க காலத்தில் கரடிகள் தங்களின் உடல் செல்களில் ரைபோசோம்களைப் படிகங்களாக்கி அடுக்கிவைத்துவிடுகின்றன என்று அவ்விதழில் விவரிக்கப்பட்டிருந்ததாகக் கூறினார். அச்செய்தியைக் கண்டவுடன் அவருக்கும் ரைபோசோம்களைப் படிகங்களாக்கி ஆய்வுகள் செய்ய வேண்டும் எனும் எண்ணம் தோன்றியது என்று கூறினார். துருவக் கரடிகளே இச்செயலைச் செய்யும்போது நாம் ஏன் ஆய்வகத்தில் செய்யக் கூடாது என்று நினைத்துக்கொண்டதாகக் கூறினார்.

இச்செய்தியைத் தொடர்ந்து ஆய்வுகளின் துவக்க காலத்தில் ரைபோசோம்கள் படிக வரைபடங்கள் எவ்விதம் இருந்தன என்பதைக் கூறி ஹேக்கன் ஹோப் மின்னணுக் கதிர் பாய்ச்சி இயந்திரத்தில் படிகங்களில் X–கதிர்களைப் பாய்ச்சிக்கொண்டிருக்கும் படத்தினைக் காண்பித்தார். அதைத் தொடர்ந்து தனது 30S, 50S துணையலகுகளின் அமைப்புகளையும் தனது ஆன்டிபயாடிக்ஸ் ஆய்வுகள் பற்றிய படங்களையும் காண்பித்து விவரித்தார். முதல் அமினோ அமிலத்தைப் பற்றியும் உயிரின் தோற்றம் பற்றிய அவரது ஊகங்களையும் கூறித் தனது உரையை நிறைவு செய்தார். இதைக் காண்கையில் அவர் ஏற்கெனவே தான் ஒரு நோபல் அறிஞராவதற்குரிய முன்னேற்பாட்டு நடவடிக்கைகளில் ஈடுபட்டிருந்தது போன்றிருந்தது.

அவரது உரை முடிந்தது. எனக்கு அந்த துருவக் கரடிகளைப் பற்றி ஒரே குழப்பம். இத்தனை வருடங்கள் இத்துறையில் ஈடுபட்டிருந்தும் துருவக்கரடிகளின் ரைபோசோம்கள் பற்றி நான் கேள்விப்பட்டதில்லை. நானறிய வேறு ஒருவரும் கேள்விப்பட்டதாகவும் தெரியவில்லை. 1999ஆம் ஆண்டின் *சயின்ஸ்* இதழில் ‘ரைபோசோம் போட்டி’ பற்றி எழுதியிருந்த கட்டுரையிலும்கூட அதை எழுதிய எலிஸபெத் பெண்ணிசி இதைப்பற்றியெல்லாம் ஒன்றும் குறிப்பிடவில்லை. கட்டுரையாசிரியர் ஆடாவிடம் பேசியிருக்கிறார். அவரிடம் ரைபோசோம்களைப் படிகங்களாக்கும் முயற்சிகளை பெர்லினில் எப்படித் துவங்கினீர்கள் என்றும் அவர் கேட்டிருக்கிறார். நான் 1978இல் பீட்டரின் ஆய்வகத்தில் பணியமர்ந்தேன். ஏறக்குறைய அதே வேளையில்தான் பெர்லினின் விட்மானின் ஆய்வகத்தில் ஆடா தனது ஆய்வுகளைத் துவங்கியிருக்கிறார். அவ்வேளையிலேயே ரைபோசோம்கள் செல்களில் முறையான வரிசையமைப்பில் அமைந்திருக்கும் என்பது அனைவரும் அறிந்த ஒன்று. சில பல்லிகளின் செல்களில் ரைபோசோம்களின் இரு பரிமாணப் படிக அமைப்புகள் பற்றி ஆய்வு செய்த நைஜல் அன்வின் வாஷிங்டன் DCயில் அதனைப் பற்றிய விரிவுரை நிகழ்த்தியிருக்கிறார். 1977இல் அந்த நிகழ்வின் போதுதான் நான் யேல் பல்கலைக்கழகத்தில் இருந்த பீட்டரின் ஆய்வகத்திற்கு நேர்காணலுக்குச் சென்றிருந்தேன்.

நான் ஸ்டாக்ஹோமிலிருந்து இங்கிலாந்து திரும்பிய பிறகு இவற்றைப் பற்றியெல்லாம் அதிகம் சிந்திக்கவில்லை. ஆனால் இரண்டு வாரங்கள்

கழித்து டான் எங்கல்மேனிடமிருந்து மின்னஞ்சல் வந்திருந்தது. அதில் அவர் துருவக் கரடிகள் குளிர் உறக்கம் கொள்வதில்லை என்று தெரிவித்திருந்தார். சூலுற்ற பெண் கரடிகள் குட்டிகளை ஈனுவதற்காகத் தாங்கள் வாழும் இடத்தில் பாதுகாப்பாகச் சென்று தங்கிவிடுகின்றன. அங்கு அவை குளிர் உறக்கம் கொள்வதில்லை என்றும் எழுதியிருந்தார். அடுத்த கோடை காலத்தில் இத்தாலியின் எரிச்சேவில் நடைபெற்ற கருத்தரங்கில் இந்தத் துருவக் கரடி விவாதம் தலைதூக்கியது. ஆடா துருவக் கரடிக் கதையைக் கூறியவுடன் டாம் எழுந்து 'துருவக் கரடிகள் குளிர் உறக்கம் கொள்வதில்லை' என்று வாதிட்டார். இதனால் அரங்கில் இவர்கள் இருவருக்குமிடையே வாக்குவாதம் ஏற்பட்டது. கடைசியாக ஆடா தான் குறிப்பிட்டது வேறொரு வகைக் கரடியாக இருக்கும் என்று கூறி முடித்துக்கொண்டார். அரங்கிலிருந்த சிலர் இந்தக் கரடிக் கதையை ரசித்தனர். அதனால் அவர்கள் இதுபற்றிக் கேள்வியெழுப்பியதை விரும்பவில்லை. இந்தப் பிரச்சினையில் ஆர்வம் கொண்ட நான் பிறகு 'துருவக்கரடியின் ரைபோசோம்களில் குளிர்காலத்தில் படிகமாதல் நிகழுமா?' என அறியப் பல புத்தகங்களிலும் ஆய்விதழ்களிலும் தேடிப்பார்த்தேன். ஒன்றும் கிடைக்கவில்லை. இந்நிகழ்ச்சியின் பின்னரும் ஆடா இக்கதையை விடாமல் தான் செல்லுமிடங்களில் விவரித்திருக்கிறார். மக்களும் இதை விரும்பிக் கேட்கிறார்கள். இந்தத் துருவக்கரடிக் கதை எங்கே, எப்படித் தோன்றியது என்று தெரியவேயில்லை. இது இன்றுவரை ஒரு மர்மமாகவே உள்ளது. துணிச்சல் மிக்க உயிர்–வேதியலாளர் துருவக் கரடி வாழும் இடத்திற்குள் தைரியமாக ஊர்ந்து சென்று குட்டிகளுடன் படுத்திருக்கும் கரடியின் உடலிலிருந்து 'திசு மாதிரியை' எடுத்து வருவார் என்பதை நினைத்துப்பார்க்கவே முடியவில்லை.

அந்த வாரத்தில் BBC தொலைக்காட்சியினர் 'நோபல் ஆளுமைகள்' எனும் தலைப்பில் ஒரு குழுவிவாதத்திற்கு ஏற்பாடு செய்திருந்தனர். விவாதத்தின் நெறியாளர் முதலில் எங்களது ஆய்வுகள் பற்றிச் சில கேள்விகள் கேட்டார். பின் ஒபாமாவின் சமாதானப் பரிசு, சூழ்நிலை மாற்றங்கள் என்று வேறு பலவற்றைப் பற்றியெல்லாம் எங்களது கருத்துகளைக் கேட்டார். இந்த அனுபவத்தில் எனக்கு ஒன்று தெளிவானது. இனிமேல் வருங்காலத்தில் நோபல் பரிசு பெற்ற நாங்கள் அனைத்தும் அறிந்த முனிவர்களைப் போன்று எதைக் கேட்டாலும் எமது புனிதக் கருத்துகளைத் தெரிவிப்பவர்களாக மாறிவிட வேண்டும் என்பதே அது.

பரிசளிப்பு விழா டிசம்பர் 10ஆம் நாள். அன்றைய நாள் நோபலின் நினைவு நாள். நாங்கள் அனைவரும் 'வால்' அமைப்புள்ள மேலாடை அல்லது கவுன் அணிந்திருந்தோம். ஊர்வலமாக மேடையில் ஏறிச்செல்ல வரிசையில் காத்திருந்தோம். நான் அங்கு மேடையின் பின்புறம் காத்திருக்கையில் படபடப்பிலிருந்தேன். எனது மருமகள் மெலிஸ்ஸா அமெரிக்காவிலிருந்து இன்னும் வரவில்லை. நாங்கள் வரிசையாக அழைத்துச் செல்லப்படுகையில் என் மருமகள் வந்துவிட்டதைக் கண்டு நிம்மதியடைந்தேன். அரங்கின் கதவுகள் மூடப்படும் ஒரு சில நிமிடங்களுக்கு முன் மெல்லிஸ்ஸா உள்ளே வந்துவிட்டாள். அவள் என்னை அடையாளம் கண்டு சிரித்தாள். நானும் மகிழ்ச்சியுடன் சிரித்தேன். அரச குடும்பத்தினர் விழா மேடைக்கு வந்துவிட்டார்கள். நிகழ்ச்சிகளை ஸ்வீடிஷ் மொழியில்

அறிவிப்பு செய்யத் துவங்கினார்கள். இடையிடையே ஸ்டாக்ஹோமின் பிரம்மாண்ட இசைக்குழுவினரின் இசையும் இருந்தது. நாங்கள் ஒவ்வொருவ ராக எங்களது சான்றிதழையும் பதக்கத்தையும் மன்னரிடமிருந்து பெற்றுக்கொண்டு, குனிந்து மரியாதை செலுத்தி எங்களது இடத்திற்கு திரும்பினோம். இந்தப் பரிசளிப்பு நிகழ்ச்சியில் ஒவ்வொரு ஆண்டும் விடாமல் தொடர்ந்து பரிசளிப்பு செய்யும் மன்னர் ஒருமாதிரியாகச் சலிப்படைந்த பாவனையில் தென்பட்டார்.

அன்றைய மாலையின் உச்ச நிகழ்வாக 'நோபல் சிறப்பு பெருவிருந்திற்கு' ஏற்பாடு செய்யப்பட்டிருந்தது. அவ்விருந்து வழக்கத்திற்கு மாறான முறையில் தொலைக்காட்சியாகவும் இணையவழிக் காணொலியாகவும் ஊடகங்களில் காண்பிக்கப்பட்டது. மாலை நேரம் முழுவதும் நாம் முன்பின் அறியாத புதியவர்கள் ஒருங்கே அமர்ந்து உணவு உண்பதைக் காண்பதேகூட ஒரு கேளிக்கை நிகழ்ச்சியாகும் என நான் எண்ணிப்பார்க்கவில்லை. இங்கு பலரின் மேடைப் பேச்சுக்களும் கேளிக்கை நிகழ்ச்சிகளும் நடைபெற்றன. எங்கள் ஒவ்வொருவருக்கும் அந்தப் பிரம்மாண்ட மண்டபத்தின் மையத்திலிருந்த நீள மேசையில் மதிப்பிற்குரிய இடங்கள் ஒதுக்கப் பட்டிருந்தன. பிரம்மாண்டமான மாடிப்படிக்கட்டுகள் வழியே உடன் ஒரு துணையாளுடன் இறங்கிவந்து எங்களது இடங்களில் அமர்ந்தோம். நாங்கள் இறங்கிவருவதை ஏற்கெனவே அங்கிருந்த விருந்தினர்கள் கூர்ந்து பார்த்துக்கொண்டிருந்தனர். வேரா, என்னிடமிருந்து ஒரு சில இருக்கைகள் தள்ளி அமர்த்தப்பட்டிருந்தார். அவருக்கு அருகில் ஜெர்மனியின் துணைவேந்தர் அமர்ந்திருந்தார். ஆடா ஊர்வலத்தின் ஆரம்பத்தில் மன்னருடன் நடந்து வந்தார். நான் அடுத்து. எனக்குத் துணையாக ஸ்வீடனின் மகுடம் சூடிய இளவரசி விக்டோரியா. அவர் ஊடகப் படப்பிடிப்பாளர்களின் விருப்பத்திற்குரியவர். எனவே நாங்கள் இருவரும் நுழைகையில் கேமராக்களின் 'கிளிக் கிளிக்' உடனான 'பளிச் பளிச்' எனும் விளக்குகளின் ஒளி. கண்கள் கூசும் அவ்வொளியில் என்னால் படிக்கட்டுகளைச் சரியாகக் காண இயலவில்லை. ஒரு வழியாக இருக்கைகளில் வந்தமர்ந்தோம். எனது இடதுபுறம் ஆடாவும் வலதுபுறம் இளவரசியும் அமர்ந்திருந்தனர். இளவரசிக்கு வலதுபுறம் டாம். இளவரசி யேல் பல்கலைக்கழகத்தில் சிறிது காலம் இருந்தது உரையாடல் வழியே தெரியவந்தது. டாமும் நானும் இளவரசியின் யேல் அனுபவத்தைப் பற்றி விசாரித்தோம். ஆடாவுடன் உரையாடுவது போன்று இளவரசியுடன் உரையாடுவது அவ்வளவு எளிதாக இல்லை. ஆடாவுக்கும் எனக்கும் பேசுவதற்குப் பல பொதுவான விஷயங்கள் இருந்தன. ஆடா எப்போதும் கிண்டல் கலந்த வேடிக்கைப் பேச்சும் நகைச்சுவையுணர்வும் கொண்டவர்.

பழைய பாரம்பரிய உடையும் அன்றைய மறுமலர்ச்சிக்கால இசையும் கலந்த கேளிக்கை நிகழ்ச்சி நடைபெற்றது. விருந்தின் இறுதிக் கட்டத்தில் ஒவ்வொரு துறை சார்ந்த நோபல் அறிஞர்களும் தங்களில் ஒருவரை மேடைக்கு அனுப்பி சிறிய உரை நிகழ்த்தும்படியான ஏற்பாடு இருந்தது. டாமும் நானும் ஆடா எங்களில் மூத்தவர் என்பதால் எங்கள் மூவர் சார்பில் பேசும்படி வேண்டினோம். மேடையில் அவர் ரைபோசோமுடன் தனது சவாலான ஆய்வுத் துவக்கத்தைப் பற்றி கூறுகையில் இஸ்ரேலில்

அவரது சுருள் சுருளான தலைமுடியானது தலையில் நிரம்பியிருந்த ரைபோசோம்களைக் குறிப்பதாக இருந்தது என்பதைக் கூறித் தனது ஆய்வில் தனக்கு எண்ணத் தூண்டுதல் அளித்த துருவக் கரடிகள் காலநிலை மாறுதல்களால் எவ்விதம் அச்சுறுத்தப்படுகின்றன என்பதை விவரித்தார். உரையின் இறுதியில் தாம் ஸ்டாக்ஹோமில் ஒரு வாரம் தங்கியிருந்த வேளையில் உறுதுணையாக இருந்த தனது வாகன ஓட்டியைப் பாராட்டி நன்றி தெரிவித்துக்கொண்டார். எங்கள் இருவரைப் பற்றி ஒரு வார்த்தைகூடப் பேசவில்லை.

விருந்து முடிந்தது. அனைவரும் எழுந்தோம். இளவரசியின் பெரிய ஆடையிலிருந்து நீண்டு தரையில் படர்ந்திருந்த முந்தியில் நான் தவறுதலாக மிதித்துவிட்டேன். நடக்கத் துவங்குகையில் அதை உணர்ந்து கவனித்த இளவரசி முந்தியை லாவகமாகத் தனது கைகளால் பிடித்துக் கொண்டு எனது பாதத்தில் பதிந்திருந்த சிறிய பகுதியை திறமையுடன் மென்மையாக சுண்டி இழுத்துக்கொண்டார். பிறகு நாங்கள் அரச குடும்பத்தினரிடமிருந்து விடைபெற்றுக்கொண்டோம். வெவ்வேறு துறைகளின் நோபல் அறிஞர்கள் அரச குடும்பத்தினருடன் படங்கள் பிடித்துக்கொண்டார்கள். விழா தொடர்ந்தது. நடனங்களுடன் கூட்டம் கூட்டமாக நின்று அளவளாவதுமாக நேரம் கடந்தது. பெருவிருந்தினைத் தொடர்ந்து ஸ்டாக்ஹோம் பல்கலைக்கழகத்திலும் நடு இரவு வரையிலும் நிகழ்ச்சிகள் நடைபெற்றன. அடுத்த நாள் காலையில் நானும் டாமும் இளவரசியின் இருபுறமும் அமர்ந்திருக்கும் படங்கள் செய்தித்தாள்களின் முதல் பக்கத்தில் வெளியாயின. ஊடகத்தார் ரைபோசோமின் அடிப்படை முக்கியத்துவத்தை உணர்ந்து கொண்டது திருப்தி அளிப்பதாகவே இருந்தது.

வேராவும் பிற விருந்தினர்களும் அடுத்தநாள் ஊர்களுக்குக் கிளம்பினார்கள். நான் கடைசியாக நிகழ்ந்த ஒரு பெருவிருந்தைத் தவிர்த்து விட்டேன். அவ்விருந்தைக் காட்டிலும் முக்கிய நிகழ்ச்சி ஒன்றிருந்தது. உப்சலாவில் என்னைப் பேச அழைத்திருந்தனர். அந்நிகழ்ச்சி முடிந்த பின் மான்ஸ் எக்ரன்பெர்க் தனது இல்லத்தில் பிற ரைபோசோம் ஆய்வாளர்களுடன் விருந்திற்கு அழைத்திருந்தார். ஒரு வார நிகழ்ச்சியாக இருந்த நோபல் நடவடிக்கைகள் முடிந்த பின் ஓய்வெடுக்கும் வகையில் எனது நண்பர்களான ஆன்டர்ஸ் லில்ஜாஸ், மரியா செல்மர் – (இவர் எனது முன்னாள் முதுமுனைவர். இப்போது பல்கலைக்கழக ஆசிரியராகவுள்ளார்) ஆகியோருடன் நேரம் கடத்தினேன். அதன் பின் அடுத்தநாள் தென் ஸ்வீடனில் உள்ள லுண்ட்–இல் இருந்தேன். சட்டென அனைத்து விழா நிகழ்வுகளும் முடிவுக்கு வந்துவிட்டன.

20

தொடரும் அறிவியல் ஆய்வுகள்

ஸ்டாக்ஹோமின் ஒளிவட்டத்திலிருந்து மீண்ட பின் சட்டென்று மன அழுத்தம் நீங்கிய நிலை. இருள் சூழ்ந்த கேம்பிரிட்ஜ் வாழ்க்கை தொடர்ந்தது. ஒரு முத்தாய்ப்பான சூழலிலிருந்து கிடுகிடுவெனக் கீழிறங்கிய நிலை. இந்நிலையில் பல ஆண்டுகளுக்கு முன் ஆன்டெர்ஸ் லில்ஜாஸ் கூறியது நினைவில் தோன்றியது. அன்று லில்ஜாஸ் என்னிடம், 'நோபல் பரிசு என்பது ஒருவகையில் 'மரணத்தின் முத்தம்' போன்றது. விருது பெற்ற பின் அதைத் தொடர்ந்துவரும் கவனச் சிதறல் ஒருவரின் முனைப்பைக் கொன்றுவிடும். எத்தகைய பணி களால் ஒருவர் அறியப்பட்டாரோ அப்பணிகள் ஒழிந்துவிடும்.' என்றார். ஆனால் ஸ்டாக்ஹோமில் குன்னர் வான் ஹெயின் கூறியது வேறுமாதிரியான பயனுள்ள அறிவுரை. அவர் என்னிடம், 'உங்களின் வாழ்வை அமைத்துக்கொள்வது உங்களின் கைகளில். ஆனால் நீங்கள் தொடர்ந்து அறிவியலில் செயல்படத் திட்டமிட்டாலும் அதில் நிச்சயம் ராட் மெக்கின்னானை மிஞ்சிவிட முடியாது. ராட், மிகவும் முனைப்பான விஞ்ஞானி. அவர் நோபல் விருதினால் பாதிப்படையவில்லை. தொடர்ந்து பல கண்டுபிடிப்புகளை நிகழ்த்திய வண்ணமிருந்தார். நோபலைத் தொடர்ந்து ஏற்படும் பல நிகழ்வுகளாலும் திசைமாறிவிடவில்லை' என்று கூறினார். இதைக் கேட்ட நான், ஒரு முடிவு செய்துவிட்டேன். ஆன்டெர்ஸ் கூறியதைத் தவறு என நிரூபிக்கத் தயாரானேன். இம்முயற்சியில் ராட் எனது முன்மாதிரியானார்.

ரைபோசோம் தொடர்பான கண்டுபிடிப்புகளையும் செய்திகளையும் ஒரு திரைப்படமாக உருவகித்தால், அத்திரைப்படத்தில் இன்னும் பல விட்டுப்போன பகுதிகளை நிரப்ப வேண்டும். ஆனால் செயல்பாடுகளில் அனைத்து நிலைகளும் நாம் காணும் வகையில் படிகங்களாக்கப்பட வில்லை. பல செயல் நிலைகள் விடுபட்டுள்ளன. ஏதோ அவ்வப்போது வெற்றிகரமாகச் சில நிலைகள் காணக் கிடைத்துவிடுகின்றன. இத்தகைய கண்டுபிடிப்புகளை

நிகழ்த்தத் திறமையான ஆய்வாளர்கள் தற்போது கிடைப்பதில்லை. எனவே திரைப்படத்தில் விடுபட்ட நிலைகளை நிரப்புவது எளிதாக இல்லை. இவ்வகை ஆய்வுகளில் பல ஆண்டுகள் ஈடுபட்டாலும் வெற்றி என்பது நிச்சயமில்லை.

புரோட்டீன்களின் அமைப்பை மாக்ஸ் பெரூட்ஸ், ஜான் கென்டிரூ ஆகியோர் கண்டறிந்து 50 ஆண்டுகள் ஆகிவிட்டன[1] இந்த 50 ஆண்டுக் காலத்தில் உயிர் மூலக்கூறுகளாகிய புரோட்டீன்களின் அமைப்பைப் படிகமாக்குதல் முறையில்லாமல் வேறு வழியில் அணு அமைப்புகளும் தெரியும் வகையில் காண்போம் என்று நான் எண்ணிப்பார்த்ததேயில்லை. ஆனால் அதுவும் நிகழ்ந்துவிட்டது. விக்டோரியாவில் 1995இல் நிகழ்ந்த கருத்தரங்கில் ஜோச்சிம் ஃபிராங்க் ரைபோசோம் அமைப்பை விவரிக்கும் வரைபடங்களைக் காண்பித்து, இவை மின்னணு உருப்பெருக்கியின் உதவியால் பெற்றது என்றார். அவ்வரைபடம் ரைபோசோமின் மூலக்கூறு, அணுக்கள் ஆகியவற்றின் அடிப்படையிலான அமைப்பாக விளங்கியது. கூடியவர்கள் அனைவரும் வியந்து உற்சாகம் அடைந்தோம். இவ்விதம் ரைபோசோம்களை அணுக்கள் அமைப்புடன் மின்னணு உருப்பெருக்கியால் காணவியலும் என நாங்கள் நினைத்ததேயில்லை. இருப்பினும் இது ஒரு 'திண்மத்துளியியல்'[2] முறை என்று நாங்கள் ஒதுக்கிவிட்டோம். ஒரு சில ஆண்டுகளுக்குப் பிறகு படிகவரைபடவியல் முறைகளாலேயே ரைபோசோமின் அமைப்பு தெரியவந்தது.

விக்டோரியா கருத்தரங்கம் நடைபெற்ற அதே ஆண்டில் ரிச்சர்ட் ஹென்டர்சன் (இவர்தான் எனக்கு LMBயில் வேலை கொடுத்தவர்) ஓர் ஆய்வு முடிவினை வெளியிட்டிருந்தார். மின்னணுத் துகள்கள் பொருட்களின் வழியே ஊடுருவி அணு அமைப்பினை மின்னணு உருப்பெருக்கியின் வழியே வெளிப்படுத்தும் வகையில் மிகச் சரியான அலைவு நீளத்தைக் கொண்டவை. எனவேதான் இயற்பியலாரும் உலோகவியலாளர்களும் கடினப் பொருட்களின் அமைப்பினை மின்னணு உருப்பெருக்கியால் தோற்றுவித்து விவரித்துள்ளனர். ஆனால் உயிர் மூலக்கூறுகளின் சிறந்த இடுக்குணர்திறன் கொண்ட அணு அமைப்புகளை மின்னணு உருப்பெருக்கியால் தோற்றுவிக்க இயலவில்லை. இந்நிலைக்குக் காரணம் உயிர் மூலக்கூறுகளின் அமைப்பே யாகும். உயிர் மூலக்கூறுகளில் தேவையான அளவிற்கு 'பருண்ம

1. மொழிபெயர்ப்பாளரின் குறிப்பு: Max Perutz, John Kendrew ஆகியோர் X-கதிர் படிகவியல் முறையில் அணுக்கள் அமைப்பின் அடிப்படையிலான புரோட்டீன்களின் அமைப்பை முதன் முதலில் கண்டுபிடித்து 1962ஆம் ஆண்டிற்கான நோபல் பரிசினைப் பெற்றனர்.

2. திண்மத்துளியியல் (Blobology): செல்லினுள் உள்ள உயிர்மூலக்கூறின் (biomolecule) வேதிய அமைப்பை அறிவதில் இது ஒரு முறை. இம்முறையில் அம்மூலக்கூறு செல்களிலிருந்து பிரித்தெடுக்கப்பட்டுப் பின் குளிரூட்டுதலால் பதப்படுத்தப்படுகிறது. பதப்படுத்தப்பட்ட அம்மூலக்கூறு மின்னணு உருப்பெருக்கியால் (Electron microscope) பல கோணங்களில் காணப்பட்டு, பகுதி பகுதியாக வரைபடங்கள் தோற்றுவிக்கப்படுகின்றன. பின் இப்படங்களை ஒருங்கிணைத்து ஒட்டுமொத்த அமைப்பு உருவாக்கப்படும். பின் அதனை இயல்புச் சூழலுடன் இணைத்து அதன் அமைப்பும் செயல்திறனும் அறியப்படும். இம்முறையைச் செயல்படுத்தி உயிர்வேதியியலில் மூலக்கூறுகள் அமைப்பை அறிவதில் ஒரு திருப்புமுனையை உருவாக்கியவர்களாகிய Jacques Dubachet, Joachim Frank, Richard Henderson ஆகியோர் 2017ஆம் ஆண்டில் வேதியியலுக்கான நோபல் பரிசினைப் பெற்றனர்.

வேறுபாடுகள்' இல்லை. அம்மூலக்கூறுகளின் மேல், தேவையான அளவிற்கு சமிக்ஞைகளைப் பெறும் வகையில் மின்னணுக்களைப் பாய்ச்சினால் அவை பாதிப்படைந்துவிடுகின்றன. இந்நிலையினை சீர்செய்ய ரிச்சர்ட் ஒரு கணக்கீடு செய்தார். அதன்படி உருப்பெருக்கியின் தரத்தை மேம்படுத்தி மின்னணு உணரிகளின் உணரியல்பைச் சிறப்படையச் செய்வதன் மூலம் மூலக்கூறுகளின் அணுக்கள் அமைப்பை நேரடியாகக் கண்டுவிட இயலும் எனத் தெரிவித்தார். இம்மேம்பாடு ஏற்பட்டால் மூலக்கூறுகளைப் படிகங்களாக்கிப் பின் படிகவியல் வரைபட முறைகளால் காணும் தேவை இருக்காது.

1995இலிருந்து இந்நிலையை எட்டுவதற்கு நீண்ட காலமாகிவிட்டது. இந்நிலையில் உருப்பெருக்கிகள் மாற்றியமைக்கப்பட்டன. பல ஆய்வுக் குழுவினர் புதிய மின்னணு உணரிகளை உருவாக்குவதில் முனைந்தனர். இவை வழக்கமாகப் பயன்படுத்தும் மின்னணு உணர்படல (*film*)த்திற்கு மாற்றாக புதிய நேரடி மின்னணு உணரிகளாக அமைந்திருந்தன. அவற்றில் ஒரு வகை உணரியை ரிச்சர்டும் அவரது உடன் ஆய்வாளர்களும் உருவாக்கி LMBயில் உள்ள ஒரு மின்னணு உருப்பெருக்கியில் 2011இல் நிறுவினர். எனது சக ஆய்வாளரான ஜோஸ் ஸ்கீர்ஸ் (Sjors Scheres) உட்பட பலரும் இதற்கான மென்பொருளைத் தோற்றுவித்தனர். இதனால் உணரிகளிலிருந்து தரமான தரவுகளைப் பெற முடிந்தது.

இத்தகைய மாற்றங்களின் காரணமாகப் படிக வரைபடங்களின் வழியாகப் பெற்ற வரைபடங்களுக்கு இணையான சிறந்த படங்களைப் பெறுவது சாத்தியமாயிற்று. இதனால் இதுவரை தடைப்பட்டிருந்த பல ஆய்வுத் திட்டங்களைத் தொடர முடிந்தது. படிகங்களை உருவாக்குவது தேவையில்லாமல் போனது ஆச்சரியமளிக்கிறது. படிகமாக்குதலின் நிச்சயமற்ற தன்மையால் பல ஆண்டுகளைச் செலவிட வேண்டியிருந்தது. அந்நிலை தவிர்க்கப்பட்டுவிட்டது. மேலும், புதிய முறையில் காண வேண்டிய மூலக்கூறுப் பொருட்கள் சிறிதளவு இருந்தாலே போதுமானது. அப்பொருளும் மிகவும் தூய்மையானதாக அமைந்திருக்க வேண்டிய அவசியமில்லை. தேவையான வேளைகளில் உடனே நேரடியாக ரைபோசோம் அமைப்புகளையும் பிற சிக்கலான அமைப்புகளையும் காண்பது எளிதானது. இத்துறையில் பலரும் ஈடுபடுவதும் சுலபமானது. நீண்ட நாட்களாக மைட்டோகாண்டிரிய ரைபோசோம்களின் அமைப்பைப் படிகவரைபட முறைகளால் காண இயலாமலிருந்தது. ஆனால் இன்று நெனாட் பேன் குழுவினரும் எனது குழுவினரும் தனித்தனியே இதில் ஆய்வுகள் மேற்கொண்டு எங்கள் கண்டுபிடிப்புகளை ஆய்விதழ்களில் அடுத்தடுத்த நாட்களில் வெளியிடும் நிலை ஏற்பட்டது.

ரைபோசோம் பற்றிய ஆய்வுகள் என்பது மட்டுமல்ல, பல வகைகளான உயிரி மூலக்கூறுகளையும் அமைப்பு ரீதியாக விவரித்தல் எளிதானது. சில மூலக்கூறுகள் விரைவில் சிதைந்துவிடும் தன்மையால் அவற்றின் அமைப்பைக் காணவே இயலாது என்றிருந்த நிலை மாறிவிட்டது. சில மூலக்கூறுகள் பல வகைகளிலான அமைப்புகளைக் கொண்டுள்ளன. அவற்றையும்கூட அணுக்கள் அமைப்புடன் விவரித்துள்ளனர். மேலும்

செல்களுக்கு உள்ளே அமைந்துள்ள மூலக்கூறுகளை அவை அமைந்துள்ள இடத்திலேயே மிகத்துல்லியமாகக் கண்டு விவரித்தலும் சாத்தியம் என்றானது. உயிரி மூலக்கூறுகளை உற்றுக் காண்பதில் புரட்சியே ஏற்பட்டுள்ளது எனலாம். இதில், வாராந்தர அடிப்படையில் அமைப்புகள் பற்றிய செய்திகள் வெளிவரத் துவங்கியுள்ளன.

துவக்க காலத்தில் படிகவரைபடத் துறையில் ரைபோசோம் அமைப்பைப் பெறுவதற்கு நீண்டதொரு போராட்டம் நிகழ்த்தினோம். ஆனால் இன்று விசித்திரமான முறையில் ஒரு சில வாரங்களில் இத்தகைய ஆய்வுகளைத் துவங்கி முடித்துவிடுதல் சாத்தியமாயிற்று. இப்புதிய துறையில் இன்று புதியவகை ரைபோசோம்களின் அமைப்புகளை விவரிக்கும் கட்டுரைகள் வெள்ளமென வெளிவந்துகொண்டிருக்கின்றன. ஆய்விதழ்களின் ஆசிரியர்கள் தங்களிடம் வரும் கட்டுரைகளை 'YARS' (Yet Another Ribosome Structure) என்று முணுமுணுத்தபடி பெற்றுக்கொள்ளும் நிலை தோன்றிவிட்டது.

ஆரம்ப காலத்தில் படிக வழியிலான அமைப்புகளை 1999இல் கோப்பன்ஹேகன் கருத்தரங்கில் வெளியிட்டபோது உயிர்-வேதியியல் துறையைச் சார்ந்த பலரும் தங்களது துறை ரீதியிலான கண்டுபிடிப்பு வாய்ப்புகளை இழந்துவிட்டோமே என வருத்தமுற்றனர். அவர்களின் கவலைகளை ஓரளவு பாதியளவிற்கு மட்டுமே நியாயப்படுத்தலாம். பல உயிர்-வேதியலாளர்கள் தங்களின் மிகக் கடினமான உழைப்பினால் ரைபோசோமின் எப்பகுதிகள் மற்ற எப்பகுதிகளின் அருகில் உள்ளன என அறிவதில் முனைந்திருந்தனர். இதன் மூலம் மறைமுகமாக ரைபோசோமின் முழு அமைப்பையும் கட்டுவிக்கலாம் எனக் கருதினர். இப்போதுமின்னணு உருப்பெருக்கியின் பயன்பாட்டால் அணு அமைப்புகள் வெளிவரும்போது பகுதி பகுதியாக ரைபோசோம் அமைப்பைக் கட்டமைக்க முயன்றவர்கள் இன்று அவ்வாய்வுகளைக் கைவிட்டு வேறு ஆய்வுகளுக்குச் செல்லும் நிலை தோன்றிவிட்டது.

தற்போது ரைபோசோம்கள் தங்களது அகச்செயல்பாடுகள் வெளியே தெரியாவண்ணம் மறைத்து வைத்திருக்கும் 'கறுப்புப் பெட்டிகள்' அல்ல என்றாகிவிட்டது. எனவே ரைபோசோம்கள் எவ்விதம் செயல்புரிகின்றன என அறிந்துகொள்ள முயற்சிகள் செய்த உயிர்-வேதியியலாளர்களுக்கு அணு அமைப்பிலான ரைபோசோம் அமைப்புகள் வெளிப்படையாகத் தெரியத் துவங்கியவுடன் தங்களது ஆய்வுகளை மாற்றம் செய்துகொள்ள அவசியம் நேரிட்டுவிட்டது. மரபியலாரும் உயிர்-வேதியியலாளர்களும் ரைபோசோம்களின் அமைப்பைத் தாங்கள் விரும்பும் வண்ணம் மாற்றியமைத்துக்கொண்டு செயல் மாறுதல்களைத் துல்லியமாக ஊகித்து விவரிக்க இயலும். ரைபோசோம் அமைப்பு பற்றிய தெளிவான புரிதல்களால் மாற்றங்கள் எங்கு, எப்படி நிகழும் என்பதை அவர்கள் அனுமானித்துக்கொள்ளுவது எளிதானது. ரைபோசோம் ஆய்வுகளை வேறு தளத்திற்கு எடுத்துச் செல்ல நாங்கள் காரணமாக இருந்துள்ளோம் எனும் நிலை எங்களுக்கு மன நிறைவு தருவதாக விளங்குகிறது. மேலும் இப்புதிய தளத்தில் உயர்நுட்ப ஆற்றலுடைய வினாக்களை எழுப்புதலும் சாத்தியமாகியுள்ளது.

ஒரு பெரிய மூலக்கூறின் நிலைப்பட அமைப்பு என்பது செயல்பட்டுக் கொண்டிருக்கும் மூலக்கூறின் திடீர் வேக நிறுத்தத்தின் நிலைப்பட மாகும். எனவே ரைபோசோம் செயல்பாடு பற்றிய திரைப்படத்தைத் தயாரிக்கும் நாங்கள் உண்மையில் உருவாக்கிக்கொண்டிருப்பது மூலக்கூறின் பல செயல் நிலைகளின் செயல் நிறுத்தப்படங்களின் தொகுப்பேயாகும். இத்தகைய நிலைப் படங்கள் ரைபோசோம்கள் ஒரு நிலையிலிருந்து மற்றொரு நிலைக்கு எவ்விதம் செல்கின்றன என்பதை மட்டுமே தெரிவிக்கும். இவ்வகை மாற்றங்கள் என்ன வேகத்தில் நிகழும் என்பதும் ஒரு நிலைக்கும் மற்றொரு நிலைக்கும் இடையில் நிகழ்ந்த இடைநிலை மாற்றம் பற்றியும் தெரிய வாய்ப்பில்லை.

'ஒற்றை மூலக்கூறு இயற்பியலை' ரைபோசோம் ஆய்வில் பயன்படுத்துவது செயல்நிலை மாற்றங்களை அறிதலில் உற்சாகமூட்டும் ஆய்வாகும். இதை இரண்டு முறைகளில் செய்யலாம். ஒரு முறையில், ரைபோசோமின் பல பகுதிகள் அல்லது tRNAவில், ஒளிரும் மூலக்கூறுகளை இணைத்து ஆய்வுகள் மேற்கொள்ளலாம். இணைத்ததால் கிடைக்கும் ஒளிர்தலை, 'ஒளிர்நிலை அதிர்வு சக்தி மாற்றம்' அல்லது FRET[3] தொழில்நுட்பத்தின் வழியே கணக்கிடலாம். இக்கணக்கீட்டால் ஒளிரும் மூலக்கூறின் நகர்ச்சிகளைப் பிற மூலக்கூறுகளுடன் ஒப்பீட்டு முறையில் அளவீடுகள் செய்து செயல்களை அறியலாம். ஏற்கெனவே மின்னணு உருப்பெருக்கியால் மூலக்கூறின் அமைப்பு நமக்குத் தெரிந்துள்ள காரணத்தால், ஒளிர்மூலக்கூறுகளை ரைபோசோமின் குறிப்பிட்ட இடங்களில் இணையச் செய்து, எப்பகுதி, எவ்வகையில், எத்தனை முறைகள், என்ன வேகத்தில் மாறுதல்கள் பெறுகின்றன என்பனவற்றை அறியலாம்.

ரைபோசோமின் ஒற்றை மூலக்கூறுகளில் இம்முறையைச் செயல்படுத்துதலை முதன் முதலில் ஜோடி பக்லிசி நிறைவேற்றினார். இவர் ஸ்டான்ஃபோர்டில் ஸ்டீவ் சூவுடன் ஆய்வுகளில் ஈடுபட்டிருந்தார். நான் ஏற்கெனவே ஜோடியை அறிவேன். இவர் வசீகரமான தோற்றம் கொண்டவர். இவரைப் பார்க்கும்போது 20கள் 30களின் இத்தாலிய நடிகர்கள் நினைவுக்கு வருவார்கள். இவருக்குச் சற்று வெறுப்புணர்வு கூடிய நகைச்சுவை எண்ணம் உண்டு. கருத்தரங்கங்களின் அரங்கில் கடைசி வரிசையில் அமர்ந்து விரிவுரையில் ஆர்வம் இல்லாதவர்போல் காணப்படுவார். ஆனால் கடைசியில் கேள்வி நேரத்தில் கையை உயர்த்திக் கேட்கும் ஒரு கேள்வி, விரிவுரையின் ஒரு முக்கியக் குறைபாட்டைச் சுட்டிக் காட்டுவதாக அமைந்திருக்கும். இவர் சிறிய 'ரைபோசோம் RNA' துணுக்குகளிலும் ரைபோசோமுடன் இணையும் சிறிய புரோட்டீன்களிலும் ஆய்வுகள் மேற்கொண்டிருந்தார். ரைபோசோமின் முழு அமைப்பு வெளியானவுடன் தனது ஆய்வுகளின் திசையை உடனடியாக மாற்றிக்கொண்டார்.

3. மொழிபெயர்ப்பாளரின் குறிப்பு: Forster or Fluorescence resonance energy transfer (FRET), resonance energy transfer or electronic energy transfer: இது இரண்டு ஒளிஉணர் மூலக்கூறுகளுக்கு (Chromophores) இடையே நிகழும் செயல்முறை. இதில் தூண்டுதல் பெற்று சக்தியை விடுவிக்கும் ஒரு chromophoreஇலிருந்து விடுபடும் சக்தியானது, சக்தியைப் பெறும் நிலையிலுள்ள மற்றொரு chromophoreக்குக் கடத்தப்படுகிறது. இதன் வீரியத்தைக் கணக்கிடுவதன் மூலம் இரண்டு ஒளிரும் மூலக்கூறுகளுக்கு இடையில் உள்ள தூரத்தை அறியலாம். இம்முறை இன்று உயிரி–மூலக்கூறுவியல், வேதியியல் ஆகிய துறைகளில் அருகமை மூலக்கூறுகளைப் பற்றி அறிதலில் உதவுகிறது.

இப்போது அவர் ஸ்டீவ் சூவுடன் இணைந்து ஒற்றை மூலக்கூறு இயற்பியலைப் பயன்படுத்தி ரைபோசோம்களில் ஆய்வுகள் மேற்கொள்ளத் துவங்கிவிட்டார். 2000இல் 30S அமைப்பு ஆய்வுகளை முடித்த பின் நான் ஸ்டான்ஃபோர்டில் ஒரு விரிவுரைக்காகச் சென்றிருந்தேன். அப்போது அவர்களின் ஆய்வுகள் பற்றி அறிந்து கொள்ளும் வாய்ப்பைப் பெற்றேன். ஓர் அமெரிக்கப் பல்கலைக்கழகத்திற்குச் சென்று விரிவுரை செய்வது என்பது அங்கு வேலைக்கான நேர்காணலுக்குச் செல்வது போன்றது. நாம் அங்கு போய்ச் சேர்ந்தவுடன் விரிவுரைக்கு முன்பாகப் பேராசிரியர்கள் யார் யாரையெல்லாம் சந்திக்க வேண்டும் என்று நீண்ட பட்டியலைத் தந்துவிடுவார்கள். பல துறைகளைச் சார்ந்தவர்களைச் சந்தித்து அவர்களின் ஆய்வுகளைப் பற்றிக் கேட்டறிவது ஆர்வமூட்டுவதுதான். ஆனால் நான் தொலைதூரப் பயணத்தில் வான் பயணக் களைப்புடன் இதை மேற்கொள்வது அன்றைய நாளில் கடுமையான பணியே. அன்று எனக்கு ஸ்டீவ் சூவையோ, உயிரியியலில் அவரது ஆர்வம் பற்றியோ தெரியாது. ஒரு புகழ்பெற்ற இயற்பியலாளரது பெயர் எனக்களிக்கப்பட்ட காண வேண்டியவர் பட்டியலில் இருந்தது. அது எனக்கு ஆச்சரியமளித்தது. எனவே அவரைக் காணச் சென்றேன். அங்கு அவர் RNA மூலக்கூறு 'மடிப்பு நிலை' பெறுவது பற்றி ஆய்வு செய்திருக்கிறார் என அறிந்து கொண்டேன். இன்று ஸ்காட் பிளன்சார்ட் இத்துறையில் சிறப்பு பெற்றவர்.

அன்று நான் அங்கு சென்றிருந்த வேளையில் அவர் ஜோடியின் பட்டப்படிப்பு மாணவர். அவர் என்னை ஜோடியின் அலுவலக அறைக்கு அழைத்துச் சென்றார். என்னை அன்று சந்திக்க வேண்டிய ஏற்பாட்டினை ஜோடி மறந்திருந்தார். எனவே நான் உள்ளே நுழைந்தவுடன் திகைப்படைந்தவர் பின் என்னை அமரச் சொன்னார். பிறகு என்னைப் பார்த்து 'என்னிடம் நீங்கள் என்ன பேச வேண்டும்?' என வினவினார். அவரது இக்கேள்வி எனக்கு வித்தியாசமாகவே இருந்தது. நான் அவரிடம் 'எனக்கு RNAயில் ஆர்வமுண்டு, RNAயின் 'மடிப்புநிலை'த் தோன்றலில் தங்களது ஆய்வுகள் பற்றி அறிய விரும்புகிறேன்' என்றேன். சற்று யோசித்த அவர் என்னிடம் 'நீங்கள் இங்கு டான் ஹேர்ஷலாக்கிடம் முதுமுனைவராகச் சேர்வதற்கு நேர்காணலுக்காகவா வந்திருக்கிறீர்கள். சரிதானே?' என்று கேள்வி எழுப்பினார். டான் அங்கு பணியாற்றும் இயற்பிய–வேதியியலாளர். அவரும் RNAயில் ஆய்வுகள் செய்கிறார். ஜோடியின் கேள்வி, எனக்கான புகழ்ச்சியா? அல்லது முதுமுனைவராக இணைய வாய்ப்பு கேட்கும் அளவிற்கு நான் இளைஞனாகத் தோன்றுகிறேனா? (அல்லது ஒருவேளை நான் காலம் தாழ்த்திப் பயில்பவன் என்று எண்ணினாரோ?) அல்லது என்னை அவமானப்படுத்த முயல்கிறாரா எனத் தெரியவில்லை. 30S துணையலகின் அமைப்பில் எனது ஆய்வுகள் பற்றி இவர் கேள்விப்படவில்லையா? இப்படிப் பல கேள்விகள். இத்தகைய ஒரு சில சம்பவங்களால்தான் நான் அதீதமாக மகிழ்ந்து மிதந்துகொண்டிருக்கும் தருணங்களில் சட்டெனப் பூமி மட்டத்திற்கு இறக்கிவிடப்பட்டு உரிய நிலைகொள்ளச் செய்யப்படுகிறேன்.

எது எப்படியோ! ஜோடியும் ஸ்டீவும் தங்களது மாணவர்களாகிய ஸ்கார்ட் பிளன்ச்சார்ட், (பிறகு சேர்ந்த) ரூபன் கொன்ஸலேஸ் ஆகியோருடன்

முதன் முறையாக இச்செய்முறையைப் பயன்படுத்தி ரைபோசோம் செயல்களை அறிய முனைந்தனர். இம்முறை இன்று எங்களுக்கு மிகவும் பயன்தருவதாக உள்ளது. இதன் உதவியால் ரைபோசோம் இயக்கக் காரணிகளின் வருகை–நீக்கம், ரைபோசோமின் நகர்ச்சி, படிநிலைகளின் வேகத்தின் தன்மைகள் போன்றவற்றை அறிய முடிகிறது.

இரண்டாவது இயற்பியல் செய்முறை மேலும் திகைக்கவைப்ப தாகும். ஒரு தனித்த மூலக்கூறை எவ்விதம் ஓர் செயற்களத்தில் மடக்கிப் பிடித்து நிறுத்தி அதன் மீது ஓர் ஆற்றலைச் செலுத்துவது என்பது பற்றி இயற்பியலாளர்கள் கண்டறிந்தார்கள். இதன் மூலம் mRNAயைப் பிடித்து இழுக்கலாம் அல்லது வளர்ச்சி முற்றுப் பெறாத புரோட்டீன் சங்கிலித் தொடர் ஒரு மரபுக் குறிப்புத் துணுக்கிலிருந்து அடுத்ததற்கு இடம் பெயரும்போது ரைபோசோம் தருகின்ற அழுத்தம் போன்றவற்றைக் கணக்கிடலாம். இத்துறை ஆய்வுகளில் முன்னிலை வகிப்பவர் பெர்கிலியின் கார்லஸ் பஸ்டமான்ட். இவர் மிகச்சிறந்த பயிற்சியும் திறமையும் உடைய நாச்சோ–டினோக்கோ (இவர் அண்மையில் இறந்துவிட்டார்), ஹேரி நோல்லர் ஆகிய இருவரின் துணைகொண்டு கண்டுபிடிப்புகளை நிகழ்த்தியுள்ளார்.

இவ்வகையில் ரைபோசோம் அமைப்புகளைப் பயன்படுத்திப் பழைய, புதிய முறைகளால், ஒரு 'மூலக்கூறு இயந்திர'மாக ரைபோசோம் எவ்விதம் செயல்படுகிறது என்பதை அறிந்துகொள்ளுதல் சாத்தியமாயிற்று. ஆனால், இன்னும் பல கேள்விகள் எஞ்சியுள்ளன. சில வேளைகளில் செல்களில் ஒரு குறிப்பிட்ட வகைப் புரோட்டீன்கள் அதிகம் தேவைப்படு கின்றன. மற்றொரு நேரத்தில் புரோட்டீன் தயாரிப்பை நிறுத்திவைக்க வேண்டியுள்ளது. எந்த ஒரு குறிப்பிட்ட நேரத்திலும் செல்களில் ரைபோசோம்கள் என்ன செய்துகொண்டிருக்கின்றன? செல் அதன் செயலை எவ்விதம் கட்டுப்படுத்துகிறது?

இக்கேள்விக்கான பதிலை அறிய நீண்ட நாட்களுக்கு முன்பாகவே ஒரு புதிய முறை தோன்றியிருந்தது. அம்முறையில் ஜோன் ஸ்டீயிட்ஸ் காண்பித்திருந்தபடி ரைபோநியூக்ளியேஸ் (இது RNA–யைச் சிதைக்கும் என்சைம்) பயன்படுத்தி ரைபோசோம் mRNAக்களைச் சிறிது சிறிதாகக் கறும்பிவிட்டால் கடைசியில் ரைபோசோமால் பாதுகாக்கப்பட்ட ஒரு சிறிய துணுக்கு எஞ்சியிருக்கும். இதை அந்த என்சைமால் மேலும் சிதைக்க இயலாது. இவ்விதம் பாதுகாப்பு பெற்ற அந்த mRNAயின் பகுதியின் மீதுதான் ரைபோசோம் அமர்ந்திருக்கிறது. ஜோன் இதை 1970களில் செய்துகாட்டியபோது இந்த அறிதலைப் பயன்படுத்திக்கொள்ளும் வாய்ப்புகள் அன்று இல்லை. 30 ஆண்டுகளுக்குப் பிறகு இன்று ஜோனின் முறை புரட்சிகரமாகப் பயன்பாட்டிற்கு வந்துள்ளது. இரண்டு வழிகளில் ஜோனத்தான் வீஸ்மான் இரண்டாம் தலைமுறை விஞ்ஞானி இவரது பெற்றோர் யேல் பல்கலைக்கழகத்தில் பேராசிரியர்கள். ஆனால் பிற்காலத்தில் இவரது தாயாகிய மிர்னா கொலம்பியா பல்கலைக்கழகத்தில் பேராசிரியரானார். அங்கு அவர் மரபணுக் குறிப்பு மொழியை அறிவதில் புகழ்பெற்றிருந்த மார்ஷல் நைரன்பெர்கை இரண்டாம் திருமணம் செய்துகொண்டார். ஜோனத்தான் மாணவராக விளங்குகையில் பீட்டர்

மூரின் ஆய்வகத்தில் ஓர் ஆய்வுத் திட்டத்தில் பங்கேற்றதாகக் கூறினார். இளம் வயதிலிருந்தே மூலக்கூறு உயிரியலில் ஆர்வமுடையவராகவே ஜோனத்தான் விளங்கினார்.

புதிய DNA, RNA மூலக்கூறுகளின் உப்பு மூலங்கள் அடுக்கமைவை அறிதல்–அமைத்தல் செய்முறைகளின் வழியே ஒரு செல்லைப் பிரித்து அதிலுள்ள RNAவைக் கறும்புதல் செய்து குறைத்துவிடலாம். பிறகு அதிலுள்ள ரைபோசோம்களால் பாதுகாக்கப்படும் எஞ்சிய mRNA துணுக்குகளை விரிவுபடுத்தி அவற்றின் உப்பு மூலங்களின் அடுக்கமைவை அறிந்துவிடலாம் என ஜோனத்தான் கண்டறிந்தார். இதன் மூலம் ஒவ்வொரு mRNAயின் ஒவ்வொரு பகுதியிலும் குறிப்பிட்ட நேரத்தில் ரைபோசோம் என்ன செய்துகொண்டிருக்கிறது என்பது பற்றிய விவரம் 'நொடிப்பொழுதின் ஒளிப்படமாக'க் கிடைத்துவிடுகிறது. 'ரைபோசோமின் சுருக்க விவர அறிதல்' தொழில்நுட்ப முறையால் நாம் எதிர்பாராத தகவல்களைப் பெறுதல் சாத்தியமாயிற்று. இத்தொழில்நுட்பமுறை ஆய்வுகளில், ரைபோசோமானது mRNAயின் பகுதிகளில் எங்கு மெதுவாகச் செயல்புரியும், எங்கு ரைபோசோம்கள் திரண்டு கூடியிருக்கும், எங்கு எதிர்பார்த்ததைக் காட்டிலும் குறைந்த எண்ணிக்கையில் காணப்படும் போன்றவற்றை யெல்லாம் அறிந்துகொள்ளலாம். ஒரு செல்லின் வாழ்க்கைச் சுழற்சியில் எந்த mRNAயின் மரபுக் குறிப்புகள் பலமுறை மொழிபெயர்க்கப்படுகின்றன, எவை குறைந்த அளவில் பயன்படுத்தப்பட்டுள்ளன என்பன போன்ற தகவல்களும் கிடைக்கும். ஒரு செல் தனது வாழ்க்கைச் சுழற்சியில் குறிப்பிட்ட நேரத்தில், எந்த புரோட்டீன்களை, எந்த அளவில் தயாரித்துக் கொண்டிருக்கிறது போன்ற விரிவான கேள்விகளை திடீரென எழுப்பி அதற்கான விவரங்களைக் கண்டறியலாம். மேலும் இம்முறையால் ஒரு செல்லில் ரைபோசோம் எந்த அளவிற்குப் பயன்படுகிறது என்பதையும் எங்கெல்லாம் அவை பிரச்சினைகளைச் சந்திக்கின்றன என்பதையும் அறிவதில் இம்முறை பயன்படுகிறது.

இதற்கு மேலும் கேள்விகள் உண்டு. எவ்விதம் ஒரு செல் ரைபோசோம்களைத் தனது கட்டுப்பாட்டில் வைத்திருக்கிறது? எவ்விதம் வைரஸ்கள் ஒரு செல்லிலுள்ள RNAவைத் தங்களின் ஜீன்களை மொழிபெயர்ப்பு செய்வதற்காகக் கடத்திச் சென்றுவிடுகின்றன? செல்களில் நடைபெறும் சில செயல்களில் தவறுகள் நேர்ந்துவிட்டால் அதைத் தடுத்து நிறுத்துவதற்கான உயர் நுட்ப ஆற்றல்கள் செல்களுக்கு உண்டு. செல்களில் பல தரக்கட்டுப்பாட்டுச் செயல்களும் ரைபோசோம்களைப் பயன்படுத்தி நடைபெறுகின்றன. புற்று நோய்த்தாக்கத்திலிருந்து மூளையின் நினைவாற்றல் வரையிலும் பல செயல் நிகழ்ச்சிகளிலும் மரபுப் பண்பு மொழிபெயர்ப்பு முறைகளின் செயல்பாடுகள் உண்டு. இத்தகைய நிகழ்ச்சிகளின் கட்டுப்பாட்டிற்கெனச் சிறப்பான ரைபோசோம்கள் உள்ளன என்பதற்கு அண்மையில் சான்றுகள் கிடைத்துள்ளன. இவ்விதம் பலவகை ரைபோசோம்கள் உள்ள நிலையில் அனைத்தும் ஒன்றெனக் கருதி அந்நாளில் அவற்றைப் படிகங்களாக்கி அறிய முயன்றது முரண்நகையே. கடைசியாக, செல்லினுள் ரைபோசோம் எவ்விதம் தனது பகுதிகளிலிருந்து உருவாக்கப்படுகிறது, அத்தகைய அமைப்புருவாக்கத்தை முறைப்படுத்துவது

எவ்விதம் நிகழ்கிறது என்பனவற்றை அறிய விஞ்ஞானிகள் புதிய ஆற்றல் மிகு செய்முறைகளைப் பயன்படுத்திக் கொண்டிருக்கிறார்கள்.

முன்பிருந்த RNA உலகிலிருந்து உயிரினங்கள் தற்காலத்திய புரோட்டீன்களின் கட்டுப்பாடு மிகுந்த உலகிற்கு மாறுதல் பெறுகையில் இன்று நாம் காணும் ரைபோசோம்கள் பண்டைய காலத்தில் எஞ்சிய மிச்சங்களாகவே சில காலம் கருதப்பட்டன. ஆனால் கடந்த இருபது ஆண்டுகளில் அனைவரும் ஆச்சரியப்படும் வகையில் செல்களில் எண்ணற்ற RNA மூலக்கூறுகள் கண்டறியப்பட்டுள்ளன. இத்தனை RNAக்கள் உண்டு என்பதைக்கூட ஒருவரும் அன்று எண்ணிப்பார்த்தது இல்லை. சில RNA மூலக்கூறுகள் மிகச் சிறியவை. இவற்றிற்கு நுண் RNAக்கள் என்று பெயர். இவை ஜீன்களின் செயலை நிறுத்தவும்/தொடங்கவும் காரணமாகியுள்ளன. சில வேளைகளில் அவை mRNAக்களின் மீது செயல்புரிந்து அவற்றுடன் ரைபோசோம்கள் கிரியை புரியத் துவங்குவதை நிறுத்திவிடுகின்றன. அவசியமெனில் mRNAயைச் சிதைவுறச் செய்துவிடுகின்றன. சில வேளைகளில் ஜீன்கள் தங்களது மரபுப் பண்பினை வெளிக்கொணர முயலுகையில் நேரடியாகத் தமது கட்டுப்பாட்டைச் செலுத்தி DNAயானது mRNAவை உற்பத்தி செய்வதைப் பாதிப்படையச் செய்துவிடுகிறது. சில நீண்ட RNA மூலக்கூறுகளும் செல்களில் உண்டு. இவை புரோட்டீன்கள் ஆக்கத்திற்கு முனைவதில்லை. இவற்றில் ஒருசில, ஜீன்களின் செயல்பாட்டைக் கட்டுப்படுத்துகின்றன. இப்படியாக RNA உலகம் மறையாமல் இயங்கிக் கொண்டிருக்கிறது. RNAக்கள் புரோட்டீன்களின் துணைகொண்டு ஓர் உயிரிக்குத் தேவையான செயல்களைச் செய்யும் வகையில் பரிணாம மாற்றமே பெற்றுள்ளன. இத்தகைய புதிய, முற்றிலும் எதிர்பாராத வகைகள் மற்றும் பயன்களால் 'RNA உயிரியல்' எனும் புதிய துறை வெடித்துக் கிளம்பியுள்ளது என்றே கூறலாம்.

ரைபோசோம்களின் அமைப்பினை அறிந்ததால் அறிவியல் அடுத்த நிலைக்கு நகர்ந்துவிட்டது. நமது இலக்கு நமது மனதில் தெளிவாக இருக்கும் வேளையில் நாம் போராடிச் சிகரத்தை எட்டிவிடலாம் என எண்ணுகிறோம். ஆனால் நம் எதிரில் உள்ள சிகரத்தை அடைந்துவிட்டதாக எண்ணுகையில் மலையின் அடிவாரத்தைத்தான் சென்றடைந்துள்ளோம் என்பதை உணர்கிறோம். ஏறிச் செல்வதற்குக் கணக்கற்ற மலைகள் நம் எதிரில் உள்ளன.

முடிவுரை

அறிவியலில் தொடர்ந்து செயல்பட வேண்டும் என நான் முடிவு செய்திருந்தாலும் எனது வாழ்க்கை நோபல் பரிசிற்குப் பின் மாறுதல் பெறத் துவங்கிவிட்டது. அம்மாற்றங்களைச் சிறந்தவை என்று கருதிவிட முடியாது. திடீரென நான் கண்டுபிடிக்கப்பட்டேன். வானொலி, தொலைக்காட்சி நிகழ்ச்சிகளில் எனக்கு வரவேற்புக் கிடைத்தது. அறிவியல் தொடர்பில்லாத பலவற்றைப் பற்றியும்கூட மதத் தலைவரைப் போன்று கருத்துக் கூற நிர்ப்பந்திக்கப்பட்டேன். உலகின் வருங்காலம் பற்றியெல்லாம் கருத்துக் கூற வேண்டியிருந்தது. எனது ஆய்விற்குத் தொடர்பில்லாத தலைப்புகளில் பேசும்படி அழைத்தனர். பல பல்கலைக்கழகங்கள் எனக்குக் கௌரவப் பட்டங்கள் அளிக்க முன்வந்தன. (பரோடா, யுட்டா, கேம்பிரிட்ஜ் ஆகிய பல்கலைக் கழகங்களில் நான் பயின்ற அல்லது பணி செய்த காரணத்தால் அவற்றை ஏற்றுக்கொண்டு மற்ற அழைப்புகளை நிராகரித்தேன்.) பல அறிவுசார் சொஸைட்டிகளும் நிறுவனங்களும் என்னை அவற்றின் கௌரவ உறுப்பினராக்கின.

இந்தியப் பத்திரிகையாளர் நேர்காணலில் 'ஒருவர் எந்நாட்டைச் சார்ந்தவர் என்பது பிறப்பால் ஏற்படும் தற்செயல் நிகழ்வு' என்று கூறியிருந்தேன். இருப்பினும் இந்திய அரசு எனக்கு ஓர் உயரிய விருது வழங்க முன்வந்தது. தேசியம், இனம் போன்றவற்றை நான் விரும்புவன் இல்லை. (நாணயத்தின் ஒரு பக்கம் இவையிருப்பின் மறுபக்கம் இனப் பாகுபாடு, மக்கள் வெறுப்பு போன்றவை உள்ளதாகவே நான் உணர்கிறேன்.) நான் அடையாள அரசியலை விரும்புபவனும் இல்லை. எனது இளமைக் காலத்தில் இந்தியர்களாகிய கணிதமேதை ஸ்ரீனிவாச இராமனுஜன், வானியல் அறிஞர் சுப்ரமணியன் சந்திரசேகர் போன்றவர்களை என் நாயகர்களாகக் கருதினேன். இவர்களில் பலரும் நியூயார்க்கின் குயீன்ஸ் பகுதியின் யூதச் சிறுவன் ராபர்ட்

ஃபெயின்மேன், ஃபிரான்சில் பணியாற்றிய யூதப் பெண்மணி மேரி கியூரி போன்றவர்களே. இவர்களை நான் நேரில் பார்த்ததில்லை. பார்த்திருக்க வேண்டிய அவசியமும் இல்லை. அவர்களது வாழ்க்கையையும் அறிவியல் ஆய்வுகளையும் பற்றி வாசிக்கும் வேளையில் எனக்கு ஆய்வுப் பணியை மேற்கொள்வதற்கான உந்துதல் கிடைத்தது. சுயநலவாதியாக மிகுந்த பேராசையில் அவர்களுடன் செல்ஃபி படம் எடுத்துக்கொண்டிருந்தால் இதைவிட மேலும் உந்துதல் கிடைத்திருக்குமோ என்னவோ! தெரியவில்லை. ஆனால் தெரிந்தோ தெரியாமலோ இந்திய மக்களுக்கு ஊக்கமும் மகிழ்ச்சியும் தோற்றுவிக்கும் வகையில் உள்மனத் தூண்டலுக்கு உந்துசக்தியாகிவிட்டேன் என்பது எனக்குப் புரிந்தது. இதற்கெல்லாம் காரணம் நான் இந்தியாவில் பிறந்தேன், வளர்ந்தேன், இங்குள்ள பல்கலைக் கழகத்தில் பயின்றேன், பின் வெளிநாடு சென்றேன் என்பது மட்டுமே. இத்தகைய புகழ் பெறுவதற்கு உயர் சிறப்புடைய மேலை நாட்டுக் கல்வியையோ வாழ்க்கையையோ பெற்றிருக்க வேண்டும் என்பதில்லை.

2011இன் இறுதியில் இங்கிலாந்து அரசு என்னைச் சிறப்பிக்கும் வகையில் உயரிய ‘நன்மதிப்புப் பட்டம்’ *(Knighthood)* வழங்கி கௌரவித்தது. நான் அந்த ஆண்டின் ஜனவரியில் பிரிட்டனின் குடிமகனாகியிருக்கிறேன் என அறிந்த பின் மேலும் சிறப்பும் கவர்ச்சியுமான விருதாக அதை அரசு மாறுதல் செய்துகொண்டது. LMBயில் பல சிறந்த விஞ்ஞானிகள் இத்தகைய அங்கீகரிப்புகளை ஏற்றுக்கொள்ளவில்லை. நானும் இதை ஏற்றுக்கொள்வதில் மனதளவில் தயக்கம் கொண்டிருந்தேன். அதற்கு வேரா ‘நீங்கள் இங்கிலாந்தில் பிறந்து வளர்ந்தவராக இருந்து இத்தகைய மரியாதையை ஏற்றுக்கொள்ள மறுத்தால் பரவாயில்லை. ஆனால் நீங்கள் இங்கு பிறந்தவர் இல்லை. இருப்பினும் இந்த அரசு உங்களை ஏற்றுக்கொண்டு மரியாதை செய்கிறது. அதை வேண்டாமென்று மறுப்பது பண்பு நயமற்ற செயலாகவே அமையும்’ என்று கூறிவிட்டார். 2011ஆம் ஆண்டிலேயே வந்தேறிகள் நிலைக்கு எதிராக அந்நிய நாட்டு மக்களை வெறுக்கும் கூட்டமும் இங்கு தோன்றத் துவங்கிவிட்டது. எனவே அவர்களுக்கு என்னைப்போன்று வெளிநாடுகளிலிருந்து வருகைபுரிந்து இங்கு குடியேறியவர்கள் இந்நாட்டிற்குப் புகழ் சேர்ப்பவர்களாக உள்ளனர் என்பதை உணர்த்த வேண்டும் எனக் கருதினேன். இத்தகைய எண்ணத்துடன் அரசு அளித்த மரியாதையை ஏற்றுக்கொண்டேன்.

இவை அனைத்திலும் சிறப்பாகவும் ஆச்சரியப்படுத்தும் வகையிலும் இங்கிலாந்தின் ராயல் சொஸைட்டி எனும் உலகப் புகழ்பெற்ற, பழமை யான அறிவியல் கழகத்தின் தலைவராக என்னை அமர்விக்க முயன்றனர். 2003இல் நான் இவ்வமைப்பின் உறுப்பினராக ஏற்றுக்கொள்ளப்பட்டிருந்தேன். அப்போது நான் இங்கிலாந்தின் குடிமகனாகியிருக்கவில்லை. ராயல் சொஸைட்டியில் உறுப்பினராவதே பெருமைக்குரியது. இப்போது என்னை இவ்வமைப்பின் தலைவராக்க முயல்வது வாழ்வின் அரிய நிகழ்வு. இப்பதவியின் மூலம் நான் இங்கிலாந்தின் அறிவியலில் மிக முக்கிய ஆளுமையாகிவிடுவேன். இப்பதவியை ஏற்றுக்கொள்ள விருப்பமா என்று கேட்ட வேளையில் நான் மிகுந்த ஆச்சரியமடைந்தேன்.

இந்நாட்டில் எனது வாழ்க்கை LMBயின் ஆய்வுச் சூழலில் மட்டுமே அமைந்திருந்தது. நான் பலருடனும் தொடர்புகொண்டு துறுதுறுவெனப் பொதுவெளியில் செயலாற்றியதில்லை. பெரிய, முக்கிய நிறுவனங்களின் தலைமைப் பொறுப்புகளில் இருந்ததும் இல்லை. முக்கியக் குழுக்களில் தலைமையேற்றுச் செயலாற்றிய அனுபவம் கிடையாது. ராயல் சொஸைட்டியில் உறுப்பினராகப் பெயரளவில்தான் இருந்தேன். அங்கு எனது பங்களிப்பு எதுவும் இல்லை. எனவே என்னைத் தேர்ந்தெடுப்பது விசித்திரமானதாகவே விளங்கும். என்னைவிடச் சிறந்த எனது மூத்தவர்கள் பலர் உள்ளனர். இப்படியெல்லாம் எண்ணிக்கொண்டேன்.

என்ன நினைப்பது என்றே தெரியவில்லை. நியூட்டன், ரூத்தர்ஃபோர்ட் போன்ற தலைசிறந்த விஞ்ஞானிகள் கடந்த 350 ஆண்டுகளாக வகித்த பதவி இன்று எனக்கு அளிக்கப்படுகிறது. இதைத் தவிர்க்கவும் மனதில்லை. புதிய சவாலாகவே இந்நிலை தோன்றியது. முடிவில் அவ்வமைப்பின் துணைத் தலைவர்களிடம் எனது குறைபாடுகளைக் கூறி இதற்குமேலும் நான் இப்பதவியை ஏற்றுக்கொள்ளும் நிலை ஏற்படின் என்னால் இயன்றதைச் செய்ய முயலுவேன் என்றேன். ஆட்சிக் குழுவானது எனது குறைகள் பற்றிய முறையிடலைக் கருத்தில் கொள்ளாமல் என்னைத் தேர்ந்தெடுத்தனர். இவ்விதம் நான் தெரிவு செய்யப்பட்டதை எனது நண்பர் ஒருவர் 'வாக்குச் சீட்டில் ஒரே ஒரு பெயரை மட்டுமே கொண்டு வடகொரியாவில் நடத்தப்படும் வடகொரியத் தேர்தல் முறை இது' என்று கிண்டல் செய்தார்.

நான் ரைபோசோமில் நிகழ்த்திய பல கண்டுபிடிப்புகளுக்கு இதற்கு முன் ஒருவரும் இந்த அளவிற்குச் சிறப்புச் செய்ததில்லை. நோபல் பரிசு லாட்டரி மட்டும் கிடைத்திராவிட்டால் ஒருவரும் என்னைக் கண்டுகொண்டிருக்கமாட்டார்கள் (என்னை நினைத்திருந்தாலே பெரிய விஷயம்). எனவே இத்தகைய புகழ்ச்சியான பரிசுகள் எல்லாம் விருதிற்காகக் கிடைத்தவை. இவற்றைக் கண்டவுடன் எனக்கு மத்தேயு 13:12 நினைவிற்கு வருகிறது: "உள்ளவன் எவனோ அவனுக்குக் கொடுக்கப்படும், பரிபூரணமும் அடைவான், இல்லாதவன் எவனோ அவனிடத்தில் உள்ளதும் எடுத்துக்கொள்ளப்படும்."

டாம் ஸ்டீயிட்ஸ்க்கும் இதேபோன்றுதான், பல இடங்களிலிருந்து அழைப்புகள். கவனச் சிதறல் நிகழ்வுகள். அவர் கல்வி பயின்ற விஸ்கான்ஸினில் ஒரு கட்டிடத்திற்கு அவரது பெயர் சூட்டப்பட்டது. ஓர் ஆண்டில் நான்கு முறை சைனாவிற்குச் சென்றுவந்து பயணங்களால் மிகுந்த அலுப்படைந்துவிட்டார். சில அழைப்புகளை நிராகரித்துவிடலாமே என்று நான் அவருக்கு அறிவுரை கூறினேன். அவரது ஆய்வகம் உயர் தரத்திலான ஆய்வுக் கட்டுரைகளைத் தொடர்ந்து வெளியிட்டுக்கொண்டே இருந்தது. ஆய்வுக் கட்டுரைகள் பொதுவான மையக் கருத்துக்களுடன் அதிகாரபூர்வக் கோட்பாடுகளைக் கொண்டவைகளாகப் பெரும்பாலும் அமைந்திருந்தன. பல கட்டுரைகள் ரைபோசோம் பற்றியவைகளாகவும் ஒரு சில ஆன்டிபயாட்டிக்ஸ் பற்றியவைகளாகவும் எழுதப்பட்டிருந்தன. அவற்றில் சில ஆடாவுடன் விவாதம் செய்யும் வகையில் அமைந்திருந்தன.

வேதியலில் நோபல் பரிசு பெற்ற பெண்களில் இன்று வாழ்ந்து கொண்டிருப்பவர் ஆடா மட்டுமே. இதனால் அவருக்குப் பெரும் புகழ். பலரும் அவரைச் சிறப்புரைகளாற்ற வரவேற்றுக்கொண்டிருந்தனர். அவரின் பெரும்பாலான நேரம் உலகின் பல பகுதிகளிலும் சுற்றிவருவதிலேயே செலவானது. அவருக்கு எண்ணற்ற விருதுகளும் கௌரவப் பட்டங்களும் கிடைத்துக்கொண்டிருந்தன. ஆகஸ்ஃபோர்டும் கேம்பிரிட்ஜும் அவருக்குக் கௌரவப் பட்டங்கள் வழங்கியுள்ளன. நான் ஒருமுறை அவரது வீஸ்மேன் ஆய்வு மையத்திற்குச் சென்றிருந்தேன். அங்கு அவரது அலுவலகத்தில் ஒரு சுவர் முழுவதும் கௌரவப் பட்டங்களும் பரிசுகளும் காட்சிப்படுத்தப்பட்டிருந்தன. அவர் அங்கு இருப்பதை அறிந்து நேரத்தைக் கணக்கிட்டுத்தான் அவரைக் காணச் சென்றிருந்தேன். ஆனாலும் அவரைச் சந்திக்க இயலவில்லை. அவரது அன்றாட வாழ்க்கை அந்த அளவிற்கு நெருக்கடியாகவே மாறிவிட்டது. நான் சென்றிருந்த வேளையில் அவர் வெளிநாடு செல்லத் தயாராகிக்கொண்டிருந்தார்.

நோபல் பரிசு பெற்றதற்குப் பிறகு ஆடாவின் துணிச்சலான செயலாக, 'பாலஸ்தீனிய அரசியல் கைதிகள் விடுதலை செய்யப்பட வேண்டும்' என்று கூறியதைக் குறிப்பிடலாம். அவரின் இத்தகைய அறிவிப்பால் இஸ்ரேலில் உள்ள வலதுசாரித் தேசியவாதிகளிடமிருந்து பல கண்டன விமர்சனங்கள் தோன்றின. ஆடா, மின்னஞ்சல் வழியாக அவரது நண்பராகிய யூரி அவ்னெரியிடம் அறிமுகம் செய்திருந்தார். யூரி, ஒரு சீயோனிஸ்ட், அமைதிவழியாளர். அவரிடமிருந்து எனக்கு இஸ்ரேல் அரசியல் பற்றிய புரிதலுக்கான ஆர்வமூட்டும் கட்டுரைகள் வாரந்தோறும் வரத் துவங்கின. ஆடாவின் மனநிலையைப் புரிந்துகொண்ட நான் அவரை மேற்குக்கரைப் பகுதியில் உள்ள பல்கலைக்கழகங்களிலும் கிழக்கு எருசலேமில் உள்ள அல்–குட்ஸ் *(Al–Quds)* பல்கலைக்கழகத்திலும் இருவருமாகச் சென்று விரிவுரைகள் நிகழ்த்த வருமாறு அழைத்தேன். ஆடாவிற்கு அங்குள்ள மக்களின்மீது அக்கறை இருந்தது. ஆனாலும் பாலஸ்தீனியர்கள் இதற்கு மறுப்புத் தெரிவித்துவிட்டனர். அவர்கள் அரசியல் காரணங்களால் இஸ்ரேலில் கல்வி நிறுவனங்களைப் புறக்கணிப்பதாகத் தெரிவித்துவிட்டனர். இதனால் அவரில்லாமல் நான் மட்டும் அங்கு சென்றேன். எனது இந்தப் பயண ஏற்பாடுகளை யூத விஞ்ஞானி ஜோ சாக்காய் ஏற்பாடு செய்திருந்தார். இவர் கிரெனோப்லில் *(Grenoble)* பணியாற்றுகிறார். ராமல்லாவிற்கு *(Ramallah)* அருகிலுள்ள பிர்ஸீட் பல்கலைக்கழகத்தில் *(Birzeit University)* சிறிய படிப்புப் பிரிவுகளும் நடத்திக்கொண்டிருக்கிறார். இப்படியாக, எனக்கு ஒன்று தெளிவாகப் புரிந்தது. 'பாலஸ்தீனியர்கள் யூதர்களை வெறுக்கவில்லை. அவர்கள் இஸ்ரேலியருக்குத்தான் மறுப்புக் கூறுகிறார்கள்.' அதனால்தான் ஆடாவுடன் சென்று விரிவுரைகள் நிகழ்த்த அனுமதி மறுத்தனர். இஸ்ரேலுக்கும் மேற்குக் கரைக்கும் சென்றுவந்த அனுபவத்தில் நம்பிகையற்ற மனதுடன் கூறுகிறேன், 'அங்கு இஸ்ரேல் பாலஸ்தீனியப் பிரச்சனைகளுக்குத் தீர்வு ஏற்படும் வாய்ப்பு என்றைக்கும் இல்லை.'

ரைபோசோம் ஆய்வுகளில் ஈடுபட்டு நோபல் பரிசைத் தவறவிட்டவர்களின் நிலை என்ன? எனது ஆய்வுகளின் வழிகாட்டியான பீட்டர்

மூர் பலமுறை பரிசுகளைப் பெறும் வாய்ப்புகளை இழந்திருக்கிறார். இருப்பினும் அந்த ஏமாற்றங்களை அவர் வெளியில் காட்டிக்கொள்வதில்லை. யேல் பல்கலைக் கழகத்தில் அவர் துவக்கிய ரைபோசோமின் அமைப்பு பற்றிய ஆய்வுகள் படிப்படியாக முன்னேறி வருகின்றன. இதற்குத் தன்னுடைய பங்களிப்புக் குறித்து அவர் மனநிறைவு கொண்டவராகவே இருந்தார். தனது 70ஆவது வயதில் ஆய்வக செயல்பாடுகளை நிறுத்திவிட்டார். இன்று அவர் ஒரு சிலரால் மட்டுமே அறிந்துகொள்ளக்கூடிய 'பரவிச் சிதறல்' *(Diffuse Seattering)* எனும் கதிர் பரவல் ஆய்வுகளில் ஆர்வம் காட்டிவருகிறார். இது பிராகின் படிகப் பிரதிபலிப்பில் *(Bragg Reflection)* X–கதிர்களுக்கு இடையே கிடைக்கும் ஒரு மூலக்கூறு பகுதிகளின் அமைப்புத் தொடர்பானது. இத்துறையின் ஆய்வுகளைத் திறமைமிக்க ஒரு சிலரே புரிந்துகொண்டு ஆய்வுகளில் ஈடுபட்டுள்ளனர். பீட்டர் எப்போதும் பதுங்கு குழியில் ஒளிந்துகொண்டு போரிடுபவர் அல்லர். அறிவியலில் சவாலாக அமைந்த பிரச்சனைகளைத் தனது அறிவார்ந்த திறமைகளால் நேரடியாகக் கண்டறிய முயல்பவர் அவர்.

ஆரம்ப காலத்தில் ரைபோசோமின் பல நிலை அமைப்புகளைக் காண்பதில் ஜோச்சிம் ஃபிராங்கின் ஆய்வகம் உதவியது. ஜோச்சிம்மும் பரிசு கிடைக்காததால் ஏமாற்றமடைந்தவராகவே இருப்பார். ஆனாலும் அவர் பெரிய மனதுடன் அந்த அக்டோபர் மாதத்தில் எனக்குப் பாராட்டுத் தெரிவித்தார். அவர் பரிசிற்கென இன்னும் சில ஆண்டுகள் காத்திருக்க நேர்ந்துவிட்டது. மின்னணு உருப்பெருக்கியால் சிறந்த இடுக்குணர் திறனில் அணு அமைப்புகளைக் காணவியலும் என்றானவுடன் செல்லுள் உரைதலால் மூலக்கூறு அமைப்பறியும் 'பிளாபாலஜி' எனும் 'மூலக்கூறு அமைப்பியல்' தேவையற்றதாகிவிட்டது. இதை நான் இப்போது எழுதிக்கொண்டிருக்கும் 2017இன் இலையுதிர் காலத்தில் ஜோச்சிம் ஃபிராங்க், ரிச்சர்ட் ஹென்டர்சன், ஜேக்குஸ் டுபாசே ஆகியோருக்கு நோபல் பரிசு கிடைத்துவிட்டது. ஜேக்குஸ் டுபாசே தான் திரவ ஈதேனில் உயிரிப் பொருட்களைத் தோய்த்து அவற்றைக் குளிர்நிலை வெப்பத்தில் கண்ணாடி நிலை அடையச் செய்து அமைப்பறியும் முறையை அறிமுகம் செய்தவர்.

நோபல் பரிசு பெற்றபின் ஹேரியைப் பற்றி ஒருவரும் கேள்விப்படவில்லை. அவர் பல ஆண்டுகள் தொடர்ந்து ரைபோசோம் ஆய்வுகளிலேயே செயல்பட்டுக்கொண்டிருந்தார். கார்கள், மோட்டார் சைக்கிள்களில் ஆர்வமுடையவர். அதேபோன்று ரைபோசோமையும் ஓர் இயந்திரமாகக் கருதி அதன் செயல்பாடுகளை அறிவதில் ஈடுபாடு கொண்டிருந்தார். குறிப்பாக ரைபோசோம்கள் mRNAயுடன் இணைந்து செயல்படுவதில் பல ஆய்வுகளைத் தொடர்ந்து நிகழ்த்திவருகிறார். அவரது தனிப்பட்ட வாழ்விலும் மகிழ்ச்சியான சூழல் ஏற்பட்டுள்ளது. ரைபோசோமின் அணு அமைப்புகளை உணரும் அதே வேளையில் அவர் தனது பட்டப் படிப்பு மாணவி லாரா லங்காஸ்டருடன் *(Laura Lankaster)* அன்பு உறவைத் துவங்கியுள்ளார். திருமணத்திற்குப் பின் ஒரு சில ஆண்டுகளாக அவர்கள் ஒருங்கிணைந்து ஆய்வுகளில் ஈடுபட்டுள்ளனர். ஹேரிக்குப்

பல அபிமானிகள் உண்டு. அவருக்கு நோபல் பரிசு கிடைக்காததில் அவர்களுக்கு மிகுந்த ஆதங்கம் உண்டு. எனவே இவரை எப்படியாவது பரிசு பெறச் செய்துவிட வேண்டும் என எண்ணினர். 2016இல் அவருக்கு '*Breakthrough*' பரிசு கிடைத்தது. இப்பரிசுத்தொகை ரைபோசோமிற்காக மூவர் பகிர்ந்து பெற்ற நோபல் பரிசுத் தொகையைக் காட்டிலும் எட்டு மடங்குகள் அதிகமானது. அவர் நிச்சயம் மகிழ்வுடன் தனது வங்கிக்கு 'வழிநெடுகச் சிரித்துக்கொண்டே சென்றிருப்பார்' (அல்லது ஃபெராரி கார் விற்பனையாளரைச் சந்திக்கச் சென்றிருப்பார்.)

ஸ்டராஸ்பெர்க் திரும்பிய மாரட்டும் குல்நாராவும் ரைபோசோம் துறையில் தொடர்ந்து ஆர்வம் கொண்டிருந்தனர். முதன்முறையாகச் சிறந்த இடுக்குணர் திறனில் யூகேரியோட் உயிரியின் முழு ரைபோசோம் அமைப்பை வெளியிட்டதன் மூலம், மாரட், தான் ஒரு ஒட்டகம் இல்லை என்பதை சந்தேகமில்லாமல் நிரூபித்துவிட்டார். ஒரு சில ஆண்டுகளுக்குப் பிறகு படிக வரைபடவியலுக்கான '*Gregory Aminoff*' பரிசை மாரட்டும் குல்நாராவும் இணைந்து பெற்றனர். இப்பரிசை ஸ்வீடனின் அறிவியல் நிறுவனம் வழங்கியது. ஹேரியும் இவர்களுடன் இணைந்து அப்பரிசைப் பெற்றார். ஜேமி கேட் படிக வரைபடவியல் திறமைகளை சான்டா குரூஸ் குழுவினருக்கு அறிமுகம் செய்திருக்கிறார். இவர்தான் ஆஸ்மியம் ஹெக்ஸாமைன் எனும் வேதியப் பொருளைப் பயன்படுத்தி குரூப் I இன்ட்ரான்[1] எனும் 'வெற்றிணைவு' அமைப்பைக் கண்டறிந்தவர். இதன் மூலமாகத்தான் ரைபோசோம் அமைப்பின் குறிப்பிட்ட நிலைகளை அறியமுடிந்தது. இவரின் இப்பங்களிப்பு அறிவியலுலகில் கண்டுகொள்ளப்படவில்லை.

அமெரிக்காவின் அறிவியல் தேசிய நிறுவனத்திற்கு (*US National Academy of Sciences*) அவர் தேர்ந்தெடுக்கப்படாதது அறிவியல் உலகிற்குத் தலைக்குனிவை ஏற்படுத்தியுள்ளது. அவருடைய எண்ணங்களைப் பயன்படுத்தி நாங்கள் அறிந்தேர்ப்பு பெற்றுள்ளோம்.

நினாட் பேன் இப்போது ஸூரிச்சின் ETHஇல் உள்ளார். பால் நிஸ்ஸன், ஆர்ஹஸ் திரும்பிவிட்டார். இவர்கள் இருவரும் இன்று அவர்களது, தலைமுறையின் மிகச்சிறந்த 'அமைப்புசார் உயிரியலாளர்கள்.' செல்படலங்களின் வழியே அயனிகள் எவ்விதம் செலுத்தப்படுகின்றன என்பதை அறிவதில் பால் இப்போது ஈடுபட்டுள்ளார். நினாட் தொடர்ந்து

---

1. மொழிபெயர்ப்பாளர் குறிப்பு: இன்ட்ரான்கள் (Introns) – DNA அல்லது RNA மூலக்கூறுகளின் தொடரில் உப்பு மூலங்களின் குறிப்பிட்ட அடுக்கு முறைகள் மரபுப் பண்பிற்கான குறியீடுகள் ஆகும். அதனைத்தான் நுண் குறிப்புத் துணுக்குகள் (Codon) என்கிறோம். சில இடங்களில் உள்ள அடுக்கமைவுகள் எந்தவித மரபுப் பண்பினையும் குறிப்பதில்லை. இவ்விடங்கள் இன்ட்ரான்கள் அல்லது 'வெற்றிணைவுகள்' எனப்படும். இவை முழுமையான, செயல்படும் mRNA அல்லது tRNA தோன்றுகையில் துண்டிக்கப்பட்டுவிடுகின்றன. இத்தகைய துண்டாடல் இன்ட்ரான்களாலேயே நிகழலாம். அவ்வேளையில் அவை ரைபோசைம் எனும் என்சைம்கள் எனப்படும். இந்நிகழ்வு மரபுப் பண்பிற்கான நுண் குறிப்புத் துணுக்கினை mRNA ஏற்றுக்கொள்ளுகையில் நடைபெறும். இதற்கு ஸ்பிலைசிங் அல்லது 'குறியீடேற்றம்' என்று பெயர். இக்குறியீடேற்றங்களே குறியீட்டிற்கேற்ற புரோட்டீன்களை அமினோ அமிலங்களின் இணைவுகளால் தோற்றுவிக்கின்றன.

ரைபோசோம்களில் அமைப்பு சார்ந்த ஆய்வுகளில் ஈடுபட்டுள்ளார். ஜேமியைப் போன்று இவரும் எனது ஆய்வகத்தை மிஞ்சிவிடுவாரோ எனும் அச்சம் எனக்கிருந்தது.

எனது ஆய்வகத்தின் 30S துணையலகு ஆய்வுக் குழுவிலிருந்த பில், இப்போது கால்டெக்கில் உள்ளார். டிட்லெவ், ஆர்ஹஸ் திரும்பிவிட்டார். ஆன்டிரூ, UCSFஇல் நீண்ட காலம் முதுமுனைவராக இருந்து பின் LMB திரும்பிவிட்டார். இவர்கள் அனைவரும் ஆராய்ச்சிப் பணிகளில் வெற்றிகரமாக விளங்குகின்றனர். பிஎச்.டி பட்டம் பெற்றபின் ராப் ஒரு தொழில் நிறுவனத்தில் வேலைக்குச் சேர்ந்துவிட்டார். ஜேம்ஸ் ஒக்லே ஆய்வுத் துறையிலிருந்து விலகிவிட்டார். இப்போது அவர் அறிவுசார் சொத்துக்கள் காப்புரிமைச் சட்டங்களில் கவனத்தைச் செலுத்திவருகிறார். சரியான நுண்குறிப்புத் துணுக்குகளை tRNA உணர்வதற்கு ரைபோசோம்கள் எவ்விதம் துணை செய்கின்றன என்பதுபற்றி ஆய்வுகள் மேற்கொண்டிருந்த ஜேம்ஸ், தனது ஆய்வுக் கண்டுபிடிப்புகள்தான் இத்துறையின் உச்சம் என்று கருதிவிட்டார். இதற்குமேல் கண்டுபிடிக்கப்படுபவை உச்சத்தின் வீழ்ச்சியே என முடிவு செய்துவிட்டார்.

ஜேம்ஸ் நன்கு வயலின் இசைக்கும் திறமை கொண்டவர். எனவே இசைத் துறையிலும் இன்று ஆர்வம் கொண்டிருக்கிறார். மாணவர்களுக்குக் கற்பித்தலும் மக்களைச் சமாளிப்பதும் ஆய்வுநிதி உதவிக்கான விண்ணப்பங்களைத் தயாரித்து அனுப்புவதும் பிரையனுக்கு அலுப்பூட்டுவனவாக அமைந்துவிட்டன. எனவே ஆய்வுத் துறையிலிருந்து ஒதுங்கிய பிரையன் டாமும் பீட்டரும் துவக்கிய ஆன்டிபயாட்டிக் மருந்துப்பொருள் தயாரிப்புத் தொழிற்சாலையில் நீண்டகாலம் பணியாற்றினார் (இங்கு அவர் ஃபிராங்காய் ஃப்ரான்செஸ்கியுடன் பணிசெய்து அவரின் நண்பராகவும் ஆனார். ஃபிராங்காய்ஸ் முன்னொரு நாளில் ஆடாவின் உடன் ஆய்வாளர் என்பது சுவையான நினைவு). பிரையன் தற்போது டென்வரில் உள்ள கொலராடோ பல்கலைக் கழகத்தில் விஞ்ஞானியாக உள்ளார். அண்மையில் LMBயில் உள்ள எனது ஆய்வகத்தில் ஓராண்டுக் காலத்தைச் செலவிட்டார். அவ்வேளையில் அவர் இங்கு மின்னணு உருப்பெருக்கிப் பயன்பாட்டில் பயிற்சி பெற்றார். அவர் இங்கிருந்த அந்தக் குறுகிய காலத்தில் நாங்கள் பழைய நிகழ்ச்சிகளையெல்லாம் நினைவுகூர்ந்தோம். இப்போது எங்களுக்கு வயதாகிவிட்டது என்பதையும் உணர்ந்துகொண்டோம்.

அன்று ரைபோசோம் அமைப்பை அறியும் ஆய்வுகளில் ஈடுபட்டிருந்தவர்களில் பலர் இன்று எதையும் புதிதாகக் கண்டுபிடிக்கவில்லை, எனினும் சுறுசுறுப்பாக ஏதோ செய்துகொண்டுதான் இருக்கிறோம். எங்களது அறிவியல் தொடர்பான செயல்பாடுகளின் இறுதிக் காலத்தில் உள்ள நாங்கள் சில முக்கியமானவற்றைச் செய்துகொண்டுதான் இருக்கிறோம். ஒரு சிலர் ஆர்வக்கோளாறில் நோபல் பரிசிற்குப் பிறகு தங்களுக்குப் பரிச்சயம் இல்லாத புதிய துறை ஒன்றில் ஆய்வுத் திட்டம் எதனையாவது மேற்கொண்டு, மேதாவி உணர்வுடன் உள்ளார்கள். நோபல் பரிசிற்குப் பிறகு அடிப்படை அறிவியலின் புதிய துறை ஒன்றில் முயற்சித்த ஒன்றிரெண்டு

பேர் அதற்கான இரண்டாவது பரிசையும் பெற்றிருக்கிறார்கள். அவர்கள் வயது குறைந்தவர்களாக இருப்பின் பழைய ஆய்வுகளைத் தொடர்ந்து புதிய துறையில் பணி செய்யவும் துவங்கியுள்ளனர்.

ரைபோசோம் ஆய்வுகளில் நிகழ்ந்த அந்தப் போட்டிப் பந்தய ஓட்டமானது போட்டியிட்டு ஆய்வு செய்தல் அல்லது இணக்கமாக ஒருங்கிணைந்து செயல்படுதல் தொடர்பாகப் பல கேள்விகளை எழுப்பியுள்ளது. நான் ஏற்கெனவே குறிப்பிட்டபடி ஆய்வுகளில் ஒன்றிணைந்து செயல்பட இணைந்திருப்பவர்கள் ஏற்கெனவே நன்கு அறிந்தவர்களாக இருத்தல் வேண்டும். அவர்கள் அவ்விதம் இணைந்து செயல்படுவதை விரும்புபவர்களாகவும் அமைய வேண்டும். எந்தக் குழுவும் ஒரு குறிப்பிட்ட ஆய்வுச் சோதனையைத் தனித்துச் செய்யவியலாது. பிறரின் திறன்களும் தேவை எனும் நிலை இருக்க வேண்டும். 'மானுட மரபணுத் தொகுப்பு ஆய்வுத் திட்டம், (Human Genome Project) அல்லது 'ஹிக்ஸ் போசான்' (Higgs boson) துகள்கள் போன்ற மிகப்பெரிய ஆய்வுத் திட்டங்களுக்கு நூற்றுக்கணக்கான ஆராய்ச்சியாளர்கள் தேவை. பலர் ஒருங்கிணைந்து ஓர் ஆய்வுத் திட்டத்தில் செயல்படுவதற்கு அத்திட்டத்தின் மதிப்பினையும் அதன் சித்தாந்த அடிப்படையிலான முக்கியத்துவத்தையும் புரிந்துகொண்டு உணர்வு உந்துதலுடன் செயல்படும் ஆய்வாளர்கள் தேவை. கூட்டு முயற்சிதான் சிறந்தது, போட்டிகள் எப்போதுமே தீங்கானவை என்றெல்லாம் பொதுவான விதிகள் எவையும் இல்லை. கூட்டு முயற்சிகள் முன்னேற்றமடையாமல் தேக்க நிலையடைந்து இயங்காமல் நின்றுவிடலாம். இதற்குப் பல்வேறு மக்களைச் சமாளித்தல், பல ஆய்வகங்களின் அலுவலக – அதிகார மையங்களின் ஆணவச் செயல்பாடுகள் போன்றவை காரணமாகிவிடலாம். அறிவியல் என்பது பல்வேறு எண்ண ஓட்டங்களின் சந்தைவெளி. அனைத்துத் தொழில்களையும் போன்று ஆய்வுகளில் தோன்றும் போட்டிகள் அதில் ஈடுபட்டுள்ளவர்களை நன்கு சிந்திக்கத் தூண்டி, தேவையற்ற கருத்துகளையும் யோசனைகளையும் நீக்கி, ஆய்வுப் பாதையில் அமையும் முட்டுச் சந்துகளைத் தவிர்த்து, அறிவியல் உரிய வேகத்தில் செல்லுவதை நிச்சயப்படுத்தும். முன்னேறும் ஆய்வுகளால் அறிவியலாளருக்குப் பெரிய பலன் கிடைக்கவில்லையெனினும் அறிவியல் அவற்றால் வளர்ச்சியுறும். அறிவியல் ஆய்வுகள் விளையாட்டுப் போட்டிகள் போன்றவை அல்ல, போட்டிக்கும் ஒருங்கிணைவுச் செயல்பாட்டிற்கும் இடையிலான வேறுபாடு அறிவியலில் வரையறுக்கப்படவில்லை. விஞ்ஞானிகள் மற்றவர்களின் ஆய்வுகளையும் பயன்படுத்தித்தான் முன்னேறிச் செல்கிறார்கள். எனவே தாங்கள் அறியாமலேயே பிறருடன் இணைந்தேதான் போட்டியிலிருக்கிறார்கள்.

நீண்ட போராட்டத்திற்குப் பிறகு பல குழுவினர் ஒரே நேரத்தில் ரைபோசோம் ஆய்வுகளில் முன்னேற்றமடைந்து கண்டுபிடிப்புகளை நிகழ்த்துவது ஆச்சரியமளிப்பதாக அமைந்திருக்கும். அறிவியலிலும் கணிதத்திலும் அவ்விதம்தான் நிகழ்கிறது. பல பெரிய ஆழ்ந்த அறிவுடன் நிகழ்த்தப்படும் ஆய்வுகளின் கண்டுபிடிப்புகளும் அவ்விதமே ஏற்பட்டுவிடுகின்றன. பல நூற்றாண்டுகளுக்குப் பிறகு 'கால்குலஸ்'

எனும் 'நுண்கணிதம்' ஒரே நேரத்தில் நியூட்டன், லீப்னிஸ் ஆகிய இருவரால் கண்டுபிடிக்கப்பட்டது. இதேபோன்றுதான் 'இயற்கைத் தேர்வு' எனும் கோட்பாட்டின் வழியாகப் பரிணாம வளர்ச்சியை டார்வினும் வாலஸ்ஸும் ஒருங்கே விளக்கிக் கூறினர். இவ்விதமாகத்தான் ஸ்ராடிங்கரும் ஹீசன்பெர்க்கும் இரண்டு மாறுபட்ட அமைப்பாக்கத்தில் குவாண்டம் இயங்குவியல் எனும் நுண் ஆற்றல் பருண்மைத் துகள்களின் செயல்பாட்டினை விவரித்தனர். அறிவியல் என்றும் வெற்றிடத்திலிருந்து தோன்றுவதில்லை. ஏற்கெனவே ஆங்காங்கு நிலவிவரும் சில கருத்துக்களே முன்னேற்றமடைந்து, அத்துறைக்கான புரிதல்களைப் பெற்று, வளர்ந்துவரும் தொழில்நுட்பத்தைப் பயன்படுத்தித் தொடர்ந்து செயல்படச் செய்கின்றன. ஒரு சிலர் அத்துறையில் பிறரைக் காட்டிலும் மேலும் முன்னேற்றமடையும் புதிய வழிமுறைகளைக் கண்டறிகின்றனர். ரைபோசோம் ஆய்வுகளில் சின்குரோட்ரான் எனும் ஒருங்கிணைவுத் துகள்முடுக்கி, நவீன X–கதிர் உணரிகள், சீரற்ற கதிர் விலகல் முறைகள், சக்திவாய்ந்த திறன் கணினிகள், கணினிகளின் அதீத நினைவுச் சேமிப்புத் தட்டுகள் போன்றவை வெற்றிக்குக் காரணமாயின. இவைகள் அனைத்தும் ரைபோசோம் ஆய்வுகளுக்காகக் கண்டுபிடிக்கப்படவில்லை.

அறிவியல் ஆய்வுகளும் கண்டுபிடிப்புகளும் துணிவாண்மை மிக்க செயல்பாடுகள் என்னும் கருத்தினையும் நான் வலியுறுத்த முயலவில்லை. விஞ்ஞானிகளாகிய எங்களில் ஒரு சிலர் முக்கிய கண்டுபிடிப்புகளைச் செய்வதற்கான முகவர்களாக அமைந்துவிட்டோம். நாங்கள் இதை நிகழ்த்தியிராவிட்டாலும் எங்களைத் தொடர்ந்து விரைவில் வேறு யாராவது கண்டுபிடிப்புச் செய்திருப்பார்கள். இத்தகைய விளக்கங்களின் பகுப்பாய்வு எண்ணங்கள் நமது உணர்ச்சிவசப்படும் தன்மைகளோடெல்லாம் ஒத்துப்போவதில்லை. மனிதர்களாகிய நாம் எதனில் கைவைத்தாலும் அதன்மேல் தற்குறிப்பேற்றும் பண்புடையவர்கள். அறிவியல் கோட்பாடுகள், கணிதத் தேற்றங்கள், கண்டுபிடிப்புப் பொருட்கள், ஆய்வகங்கள், ஆய்வகக் கருவிகள் என எவற்றிற்கும் நாம் பெயர் சூட்டிவிடுவோம். அறிவியலானது ஹீரோ – வில்லன் தோன்றும் நாடகத்தைப்போன்று ஆகிவிடுகின்றது. தவிர்க்கவியலாத கண்டுபிடிப்புகளைச் செய்தாலும் உடனே அக்கண்டுபிடிப்புச் செய்தவரை ஏதோ அவர்தான் அத்தன்மையை உருவாக்கியவர்போலக் கருதி அவருக்குச் சிறப்புச் செய்ய எத்தனிக்கிறோம். நாம் இதுவரை இதற்குமேல் இயலாது என்று கருதியிருந்ததையும் அவர் தாண்டிச் சென்றுவிட்டதாகவே கருதிக்கொள்கிறோம். நியூட்டன் அல்லது ஐன்ஸ்டீன் பிறரின் தேடுதல்களையும் மீறிக் கண்டுபிடிப்புகள் செய்தபோதும் வாட்ஸனும் கிரிக்கும் DNAயின் அமைப்புருவாக்கத்தை விவரித்தபோதும் அவர்களை வானுயரப் புகழ்ந்து நிலைத்த புகழ் பெறச் செய்துவிடுகிறோம்.

எனது ஆய்வுகளைப் பின்னோக்கிக் காண்கையில் மலைத்துப் போகிறேன். எத்தனை தவறான ஆய்வுத் துவக்கங்கள்! எத்தனை முட்டுச் சந்துகளாக வழிமறித்த தடைகள்! நம்பிக்கை இழக்கச் செய்த ஆய்வு முனைப்புகள்! பலமுறை நிழ்ந்த தவறுகள்! ஆய்வுப் பாதையில் இடறிவிழுந்து அறிவியல் உலகினை விட்டே நீங்கிவிடுவோமோ எனும்

நிலைகள்! இத்தகைய நிலைகளில் எனது பாதையை மாற்றியமைத்தோ அல்லது செயல்களைப் புதிதாகத் துவங்கியோ தப்பித்திருக்கிறேன். உரிய நேரத்தில் திறமையும் சிறந்த எண்ணங்களும் உடையவர்கள் எனது ஆய்வகத்தில் இணைந்ததும் நண்பர்களும் சக ஆய்வாளர்களும் கவலைக்குரிய காலகட்டங்களில் எனக்குத் துணை நின்றதும் மிகப்பெரிய நல்வாய்ப்புகள். இவ்வகையில் ரைபோசோம் பற்றிய ஆய்வு நிகழ்வுகள் அனைத்தும் பரபரப்பூட்டுகின்ற கதை நிகழ்வுகள் போன்று அமைந்திருந்தன. அத்தொடர் நிகழ்வுகளின் வழியே நாங்கள் கண்டுபிடிப்புகளுக்குக் காரணமானவர்களோ இல்லையோ, ஆனால் நிச்சயம் அந்தத் துடிப்பான நிகழ்வுகளில் பங்குபெற்றவர்களே.

நன்றி

இந்நூல் வெளியானதற்கு முக்கியக் காரணமானவர்கள் இருவர். ஒருவர் எனது முகவர் ஜான் பிராக்மேன் (*John Brockman*). இவர் நூல் பற்றி நான் பேசத் தொடங்கிய நாள் முதலே மிகுந்த ஆர்வம்கொண்டிருந்தார். இரண்டாவதாக அலெக்ஸ் கான் (*Alex Gann*). இவர் பல ஆண்டுகளாகவே இந்நூலினை எழுதும்படி என்னை உற்சாகப்படுத்திவந்திருக்கிறார். எனது பதிப்பாசிரியர்கள் பேசிக் புக்ஸின் டி.ஜே. கெல்லஹர் (*T.J. Kelleher*), எரிக் ஹென்னி (*Eric Henney*) ஆகியோருக்கும் ஒன் வொர்ல்டின் சாம் கார்ட்டர் (*Sam Carter*) போன்றோருக்கும் நான் நன்றியுடையவன். நான் புத்தகம் எழுதிய அனுபவம் இல்லாதவன். இருப்பினும், எனக்கு வாய்ப்புக் கொடுத்துள்ளனர். ஆரம்பத்தில் நான் அளித்த வரைவுப் பிரதிகளைத் திருத்தம் செய்து என்னை முறையாக வழிநடத்தியுள்ளனர்.

பலர் எனது ஆரம்பநிலை எழுத்துப் பிரதிகளை வாசித்துப் பயனுள்ள பின்னூட்டங்களையும் கருத்துகளையும் தெரிவித்துள்ளனர். அவ்விதம் உதவிய ஜூலியட் கார்ட்டர், கிளயர் கிரெய்க், மார்க் டொன்னல்லி, அலெக்ஸ் கான், ஸ்டீவ் ஹேரிசன், கிரீம் மிட்ச்சிஸன், பீட்டர் மூர், கேரல் ராபின்சன், பீட்டர் ரோசன்தால், சாங் டேன், ஸ்டீவ் ஒயிட் ஆகிய அனைவருக்கும் நன்றி கூறுகிறேன். எனது ஆய்வக உறுப்பினர்களாகிய ரெபெக்கா ஊரிஸ், லோரி பாஸ்மோர், பிரையன் வெம்பர்லி, ஆன்டிரூ கார்ட்டர் போன்றோருக்கும் நன்றி. குறிப்பாக எனது நூலை வாசித்ததோடல்லாமல் நூலுக்கான முகவுரையினையும் எழுதிய ஜெனிபர் தௌதுனாவிற்கு மிகுந்த நன்றி. 2.1–2.5, 3.1, 3.2, 3.4, 14.2, 14.5, 17.1, 17.2 ஆகிய படங்களுக்கு உதவிய பால் மார்ஜியோட்டாவிற்கு நன்றி.

ஆரம்ப நிலையில் பெர்லினில் படிகமாக்குதலில் உதவிய பிரிஜிட் விட்மான் – லீபோல்ட், மறைந்த வோல்கர் எர்ட்மான்

ஆகியோருக்கு நன்றி. வீஸ்மேன் ஆய்வகத்தில் ஜோஸ் சுஸ்மான், ஹேகன் ஹோப், லீமேர் ஜாஷுவாடோர் போன்றவர்கள் படிகமாக்குதலில் உதவியுள்ளனர். புஷ்ஷினோவில் மரியா கார்பர் படிகமாக்குதலின் ஆரம்ப நிலைகளைப் பற்றி விரிவாகக் கூறியுள்ளார். இந்நூலில் குறிப்பிட்டுள்ளபடி பலரும் நான் எழுதியவற்றை உறுதிசெய்து கருத்துத் தெரிவித்துள்ளனர். அவர்கள் அனைவருக்கும் நான் நன்றியுடையவன்.

அறிவியலின் பெரும்பகுதி கூட்டு முயற்சியே. நான் இந்நூலில் விவரித்துள்ள பலவும் திறமையும் காப்பளிப்பு உணர்வும் உடைய பல இளம் விஞ்ஞானிகள் எனது ஆய்வகத்தில் சேர்ந்திருந்ததாலேயே நிகழ்ந்துள்ளன. மேலும் பலர் மாணவர்களாகவும் முதுமுனைவர்களாகவும் என்னுடன் இணைந்து பணியாற்றியுள்ளனர். இந்நூலில் அவர்களின் பெயர்கள் இடம்பெறவில்லையெனினும் அவர்கள் அனைவரும் உதவியவர்களே.

இறுதியாகவும் மிக முக்கியமானதாகவும் நான் என் மனைவிக்கு நன்றி கூறக் கடமைப்பட்டுள்ளேன். வேரா ரோசன்பெர்ரி பல ஆண்டுகளாக எனது அற்புதமான இணையர், நண்பர். அவர் எனக்கு அளித்த ஆதரவு எனது ஆய்வுப் பயணத்தைப் பல நிலைகளிலும் எளிதாக்கிற்று. பல முறை எனது பணியின் நிமித்தம் நாங்கள் தங்கியிருந்த இடங்களிலிருந்து இடம்பெயர்ந்து செல்ல மகிழ்ச்சியுடன் ஒத்துழைத்திருக்கிறார். முதலில் அமெரிக்காவின் பல பகுதிகளுக்கும் இறுதியில் இங்கிலாந்திற்கும் என்னுடன் வருகைபுரிந்துள்ளார்.

நூல் குறிப்புகளும் தொடர் வாசித்தலுக்கான பரிந்துரைகளும்

தனிப்பட்ட முறையில் எனக்கு நன்கு தெரிந்தவர்களை இந்நூல் முழுவதிலும் அவர்களது முதல் பெயரால் குறிப்பிட்டிருப்பேன். பிறரைக் குறிப்பிட அவர்களது கடைசிப் பெயரைப் பயன்படுத்தியுள்ளேன். ஒருவரை அறிமுகம் செய்கையிலும் நீண்ட இடைவெளிக்குப் பிறகு ஒருவரை அறிமுகப்படுத்துகையிலும் முதல் பெயர் குறிப்பிடப் பட்டிருக்கும். மூன்றாவது நான்காவது அத்தியாயங்கள் இவற்றிற்கு விதிவிலக்காக அமைந்துவிட்டன. அங்கு நான் நன்கறிந்த பலரின் பெயர்கள், கடைசிப் பெயர்களுடன் சீரற்ற முறையில் அணியமாக அமைந்துவிட்டன.

இந்நூல் எனது நினைவுப் பெட்டகம். இப்பெட்டகம் ரைபோசோம் அமைப்பினை அறிவதில் எனது உறுதியான நிலைப்பாட்டினையும் ஈடுபாட்டினையும் காண்பிப்பதாக அமைந்துள்ளது. இங்கு குறிப்பிட்டுள்ள பல செயல்பாடுகள் ரைபோசோமின் அணுக்கள் அமைப்பினை முதலில் கண்டுபிடித்துவிட வேண்டும் எனும் போட்டி எண்ணத்துடன் அமைந்தவை. போட்டியில் ஈடுபடும் ஒவ்வொருவரின் அனுபவமும் தனியானது. எனவே, இந்நூல் ரைபோசோம் அமைப்பை அறிவதில் ஏற்பட்ட போட்டியைப் பற்றியது அன்று. கண்டுபிடிப்புப் போட்டியில் எனது ஓட்டம் பற்றியது. மட்டுமே விவரிக்கப்பட்டுள்ளது. ரைபோசோமின் அமைப்பை அறியும் ஆய்வுகளில் நான் ஈடுபட்டுச் செயல்படுகையில் எனது மனதில் உதித்த எண்ணங்களின் பதிவாகவே இந்நூல் அமைந்துள்ளது. இந்த நூல் ரைபோசோம் கண்டுபிடிப்பு களின் வரலாற்றுப் பதிவு கிடையாது. ஆய்வில் உள்ள திறமையை வெளிச்சமிட்டுக் காட்டும் துறைசார் அறிவு நூலுமல்ல. நூலின் பெரும்பான்மைப் பகுதிகள் எனது நேரடி அனுபவத்தின் விவரிப்புகள். நினைவாற்றலில்

குறைவுள்ளது. இருப்பினும் 1990ஆம் ஆண்டினைத் தொடர்ந்து ஏற்பட்டிருந்த மின்னஞ்சல் வாயிலான கடிதத் தொடர்புகள் மிகவும் உதவியுள்ளன. எனது விவரிப்பில் பல பொதுவிடங்களில் நிகழ்ந்தவை பற்றியவை. எனவே அங்கிருந்த பலருடனும் மீண்டும் தொடர்புகொண்டு நடந்தவற்றை நிச்சயம் செய்துகொண்டேன். பின்வருபவை பிறரிடமிருந்து நான் புதிதாக அறிந்துகொண்ட குறிப்புகள். இப்பகுதியில் பல ஆய்வுக் கட்டுரைகளையும் ரைபோசோம் குறித்து மேலும் அறிந்துகொள்ளத் தேவையான வாசிப்பு ஆவணங்கள் பற்றியும் குறிப்பிட்டுள்ளேன்.

CHAPTER 2

தேவையான புரோட்டீன்களைத் தயாரிப்பதற்கான மரபுக் குறிப்புச் செய்திகள் DNAவில் எவ்விதம் அமைந்துள்ளன என்பதை எளிதில் வாசித்துப் புரிந்துகொள்ளும் வகையில் அமைந்துள்ள நூல். *'Life's Greatest Secret: The Race to Crack the Genetic Code' by Matthew Cobb* (London: Hachette, 2015).

ரைபோசோம் குறித்து சிட்னி பிரன்னரின் கருத்துகள் அமைந்துள்ள ஆவணம்: *'The Nematode Caenorhabditis elegans'*, edited by W. B. Wood and the community of C. elegans researchers (Cold Spring Harbor, NY: Cold Spring Harbor Laboratory Press, 1988); and in F.H. C. Crick and S. Brenner, *'Report to the Medical Research Council: On the Work of the Division of Molecular Genetics, now the Division of Cell Biology, from 1961-1971'* (Cambridge, UK: MRC Lab of Molecular Biology, 1971).

ரைபோசோம் ஆய்வில் நான் ஈடுபட எனது ஆவலைத் தூண்டிய சயின்டிஃபிக் அமெரிக்கன் இதழில் வெளியான கட்டுரை: *'Neutron-scattering Studies of the Ribosome' by Donald M. Engelman and Peter B. Moore*, Scientific American 235 (October 1976): 44-56.

CHAPTER 3

இங்கு குறிப்பிட்ட இந்நூல் 18ஆம், 19ஆம் நூற்றாண்டுகளில் மூலக்கூறுகள் கண்டுபிடிப்பில் நிகழ்ந்தவற்றை உடலில் புல்லரிப்பு ஏற்படும் வகையில் விவரித்துள்ளது: *'Chasing the Molecule' by John Buckingham* (Phoenix Mill, UK: Sutton Publishing, 2004).

லாரன்ஸ் பிராக் (Lawrence Bragg) படிக வரைபடமாக்கல் தொடர்பாக எழுதிய சிறந்த கட்டுரை: *'X-ray Crystallography,'* Scientific American 219 (July 1968): 58-74

Henry Armstrong's scathing letter was published in the October 1, 1927, issue of Nature, on page 478.

J.D. பெர்னாலும் டோரதி ஹாட்கினும் எழுதிய அபாரமான சுயசரிதைகள்: *Andrew Brown, J. D. Bernal: The Sage of Science* (Oxford, UK: Oxford University Press, 2005); and *Georgina Ferry, Dorothy Hodgkin: A Life* (Cold Spring Harbor, NY: Cold Spring Harbor Laboratory Press, 1998).

புரோட்டீன் படிக வரைபடவியல் மிகவும் சிரமமான, படிகத்தின் அமைப்பைக் குறிப்பிட்ட நிலையில் நிறுத்துதல், அதிலுள்ள பிரச்சனைகளை

எவ்விதம் சமாளித்தல் என்பவற்றைக் கீழுள்ள இரண்டு கட்டுரைகளும் தெளிவாக்குகின்றன: *Max Perutz, 'The Hemoglobin Molecule,' Scientific American 211 (November 1964): 64-79; and in www.nobelprize.org/nobel_ prizes/chemistry/laureates/1962/perspectives.html*

CHAPTER 4

மென்படலங்களின் புரோட்டீன்களைப் படிகமாக்குதல் மிகவும் சிரமமானது. அதைத் தீர்த்துவைத்தவர் ஹார்ட்மட் மைக்கேல் (*Hartmut Michel*). இவர் ஓர் சிறப்பான டிடர்ஜென்டைப் பயன்படுத்தி அதில் புரோட்டீன்களின் கரைதல் இயல்பை ஏற்படுத்திப் படிகமாக்கியுள்ளார். மென்படலப் புரோட்டீனின் அமைப்பை விவரித்ததற்கான நோபல் பரிசை 1988ஆம் ஆண்டு பெற்றார்.

படிகமாக்கலில் தனக்கு ஏற்பட்ட முன் அனுபவங்களை என்னிடம் நைஜல் அன்வின் (*Nigel Unwin*) கூறியிருக்கிறார். பையர்ஸ் (*Byers*) LMBயைப் பார்வையிட வந்திருந்ததைத் தெரிவித்தவரும் அவர்தான்.

பிரிஜிட் விட்மான்–லீபோல்டு (*Brigitte Wittmann–Liebold*); வோல்கர் எர்ட்மான் (*Volker Erdmann*) ஆகியோருடன் இருந்த மின்னஞ்சல் தொடர்புகளைப் பயன்படுத்தியே பெர்லினில் ரைபோசோம் படிகவரைபடவியல் எவ்விதம் தோன்றியது என்பதை இப்பகுதியில் விவரித்துள்ளேன். எர்ட்மானுடன் (*Erdmann*) நான் நிகழ்த்திய நீண்ட பேச்சுவார்த்தையை ஒரு குறிப்பாக அவருக்கு அனுப்பி, அவரது ஏற்பையும் பெற்றுக்கொண்டேன். கடைசியாக விட்மான் நிறுவனத்தின் முன்னணி ரைபோசோம் உயிர்–வேதியலாளராகிய நட் நீர்ஹாசனுடன் (*Knud Nierhaus*) பேசியுள்ளேன். அவர் அண்மையில் ஒரு சில ஆண்டுகளுக்குமுன் இறந்துவிட்டார்.

பாரடீஸ் நிகழ்வுகளை (*The Paradies episode*) பற்றிய செய்திகளை வெயின் ஹென்டிரிக்ஸனும் (*Wayne Hendrikson*) மற்றும் சிலரும் தங்களின் பின்வரும் கடிதங்களின் வழியே விவரித்துள்ளனர்: *'True identity of a diffraction pattern attributed to valyl tRNA,' Nature 303 (May 19, 1983): 195. Paradies's response was published on the following page, and the episode was discussed at length on page 197, including his departure from King's College and eventually the Free University in Berlin. In a recent email, Wayne Hendrickson completely stands by his analysis.*

விட்மான் நிறுவனத்திற்குச் சென்று ரைபோசோம் ஆய்வுகளில் ஈடுபட்டதை பாப் ஃபிலெட்டரிக் தனது மின்னஞ்சல் வழியாக என்னிடம் கூறியுள்ளார். அங்கு 'ஹம்போல்ட் ஆய்வு நிதியுதவி' (*Humboldt fellowship*) தனக்குத் கிடைத்திருப்பதை ஆடா யோனத் தெரிவித்துள்ளார்.

ஆடா யோனத்தின் ஆரம்பகால வாழ்வினைப் பற்றிய செய்திகளைப் பின்வரும் சுயசரிதைக் கட்டுரையில் காணலாம்: *www.nobelprize.org/nobel_ prizes/chemistry/laureats/2099/yonath-bio.html*

புஷ்னவில் ரஷ்யர்கள் ரைபோசோம் படிகமாக்குதலில் மேற்கொண்ட முயற்சிகளின் வரலாற்றை பல மின்னஞ்சல் தொடர்புகளின் மூலம் மரியா கார்பர் தெரிவித்துள்ளார். மேலும் இதுபற்றிய செய்திகளை

மாரட் யூசுப்பா-வும் *(Marat Yusupov)* அலெக்ஸ் ஸ்பைரினும் *(Alex Spirin)* தெரிவித்துள்ளனர்.

CHAPTER 6

ஹேரி நோல்லரின் துவக்க காலப் பணிகள் தொடர்பான விபரங்கள் மிகவும் சுவையான வகையில் பின்வரும் அவரது சுயசரிதைக் கட்டுரையில் தரப்பட்டுள்ளது: autobiographical essay, 'By Ribosome Possessed,' *Journal of Biological Chemistry* 288 (2013): 24872-24885; also available online at www.jbc.org/content/288/34/24872.short

CHAPTER 7

இப்பகுதியில் 'குளிர்விப்பு படிக வரைபடவியல் *(crystallograph)* தோன்றிய விதம் பற்றிய விளக்கங்களை ஹேக்கன் ஹோப் ஜோயல் சுஸ்மான் *(Hakon Hope and Joel Sussman)* ஆகியோருடன் நான் கொண்டிருந்த பல மின்னஞ்சல் தொடர்புகளால் பெற்றிருந்தேன்.

CHAPTER 8

விக்டோரியா கருத்தரங்கில் ஆடா குழுவினர் வெளியிட்ட கட்டுரை: F. Schluenzen, H. A. S. Hansen, J. Thygesen, W.S. Bennett, N. Volkmann, I. Levin. J. Harms. H. Bartels. A. Zaytzev-Bashan, Z. Berkovitch-Yellin, I. Sagi, F. Franceschi, S. Krumbholz, M. Geva, S. Weinstein, I. Agmon, N. Boddeker, S. Morlang, R. Sharon, A. Dribin, E. Maltz, M. Peretz, V. Weinrich, and A. Yonath, 'A Milestone in Ribosomal Crystallography: The Construction of Preliminary Electron Density Maps at Intermediate Resolution,' *Biochemistry and Cell Biology* 73 (1995): 739-749)

இதில் அவர்கள் 30S படிகங்களில் இயல்பாக இருக்க வேண்டும் என நானும் ஆடா யோனத்தும் பிற்காலத்தில் சரியாக வெளியிட்ட P4(1) 2(1) 2 சமச்சீருக்குப் பதிலாக P45 (1) 2 சமச்சீரின் வேறுபாடு, நான்கு மூலக் கூறுகள் ஒரு சதுர மேசையின் நான்கு மூலைகளில் அமைந்துள்ளதற்கும் அதே மூலக்கூறுகள் ஒரு சுழல் படிக்கட்டில் அமைந்துள்ளதற்கும் உள்ள வேறுபாடுகள் போன்றதாகும்.

50S துணையலகுகள் தொடர்பாக யேல் குழுவினர் மூன்றாண்டு களுக்குப் பிறகு தங்களது ஆய்வுகளால் கண்டுபிடித்தது பற்றிய விபரங்களைப் பின்வரும் கட்டுரையின் மூலம் வெளியிட்டனர்: (N. Ban, B. Freeborn, P. Nissen, P. Penczek, R. A. Grassucci, R. Sweet, J. Frank, P. B. Moore, and T. A. Steitz. 'A 9 A Resolution X-ray Crystallographic Map of the Large Ribosomal Subunit,' *Cell* 93 (1998): 1105-1115)

இதில் அவர்களுக்கு இப்போது கிடைத்துள்ள ரைபோசோமின் X-கதிர் மின்னணு வரைபடமானது ஏற்கெனவே வெளியிடப்பட்ட வரைபடத்திலிருந்து வேறுபட்டிருந்தது. அப்போது ரைபோசோம் துணையலகின் இடுக்குணர் திறன் 7 Å (இப்போது 9 Å). துணையலகுகளின் வடிவமும் மாறுபட்டிருந்தது. அவை கரைசல் திரவத்தால் தட்டையான வடிவத்தில் அமைந்திருந்தன.

CHAPTER 15

நோபல் பரிசு தொடர்பாக கிரிக் (Crick) "'பரிசு' 'லாட்டரி' போன்றது" எனக் கூறியது பின்வரும் வீடியோவில் உள்ளது: www.webofstories.com/play/francis.crick/75

CHAPTER 16

When you're Avis you have to try harder இது ஒரு விளம்பர வாசகம்; 1960கள், 1970களில் 'ஹெர்ட்ஸ்' எனும் வாடகைக் கார் நிறுவனத்தால் வெளியிடப்பட்டது. இது பற்றிய செய்தியை இணையத்தில் காணலாம்: www.adweek.com/creativity/how-avis-brilliantly-pioneered-underdog-advertising-with-we-try-harder/

அறிவியல், தொழில்நுட்பக் கலைச்சொற்கள்

அடர்பொருண்மைக் கோட்பாட்டாளர்	–	Condensed Matter Theorist
அணுத்துகள் பொருட்கள்	–	Subatomic Particles
அதிவிசை மையவிலக்கு சுழற்சி	–	Ultracentrifuge
அமைப்புசார் உயிரியல் துறை	–	Structural Biology
அலைவு நீளம்	–	Wave Length
இடுக்குணர் திறன்	–	Resolution
இயற்பியலாளர்	–	Physicist
இயற்பிய வேதியலாளர்	–	Physical Chemist
உட்கருசெல் உயிரிகள்	–	Eukaryotes
உணரி	–	Detector
உயிரி தொழில்நுட்பம்	–	Biotechnology
உலோகவியலாளர்கள்	–	Metallurgist
ஒருங்கிணைவு துகள்முடுக்கி	–	Synchrotron
ஒழுங்கற்ற கதிர்ச் சிதறல்	–	Anomalous Scattering
ஒளிர்நிலை அதிர் சக்தி மாற்றம்	–	Florescence Resonance Energy Transfer
ஒற்றை மூலக்கூறு இயற்பியல்	–	Single Molecule Physics
ஓர் துகள் மீள் கட்டமைப்பு	–	Single Particle Reconstruction
ஓரகத் தனிமம்	–	Isotope

ஓரியல்பின் இரு பெயர்கள்	–	Tautological
கணினி செய்நிரலாக்கம்	–	Program
கதிர்பாய்ச்சி இயந்திரம்	–	Beamline
கதிர் விலகல்	–	Diffraction
கதிர்வீச்சு அளவீடு	–	Amplitude
குளிர்விப்பு படிகவியல்	–	Cryocrystallography
குறைவு இடுக்குணர் திறன் தொழில்நுட்பம்	–	Low –Resolution Techniques
கோட்பாட்டு இயற்பியலாளர்	–	Theoretical Physcist
சமனற்ற ஒத்தமைவு	–	Non Isomorphism
சார்புக் கோட்பாட்டியல்	–	Theory of Relativity
சிதறடிக்கப்பட்ட ஒளிக்கற்றைகள்	–	Scattered Rays
சுழல் மாற்றித்தண்டு	–	Crankshaft
சூழல் மிகைத்தன்மை விரும்பிகள்	–	Extremophiles
தரவு	–	Data
துணையலகு	–	Subunit
நகல் அச்சு	–	Template
நரம்பணு உயிரியல்	–	Neurobiology
நிகழ்நிலை	–	Phase
நிறப்பிரிகை வரைபட நெடுவரிசை	–	Chromatographic Column
நிறப்பிரிகை வரைபட முறை	–	Chromatography
நிறுத்தக் குறியீடு	–	Stop Codon
நுண் குறிப்புத் துணுக்கு	–	Codon
நுண்ணுயிர் வளர் தளம்	–	Culture Media
நுண்ணோக்கி	–	Microscope
நேரெதிர் குறிப்புத் துணுக்கு	–	Anticodon
நொடிப்பொழுதின் ஒளிப்படம்	–	Snapshot

படிகச் சட்ட குறுக்கமைவுகள்	–	Crystal Lattice
படிக வரைபடவியல்	–	Crystallography
பல்லுயிர்த் தன்மை	–	Biodiversity
பன்னலைவு நீளத்தில் சீரற்ற கதிர் விலகல்	–	Multiwave Length Anomalous Diffraction
பிரதிபலிப்பு	–	Reflection
பெருந்துகள் முடுக்கிகள்	–	Big Particle Accelerators
பொருண்மையின் அணுக்கோட்பாடு	–	Atomic Theory of Matter
பொறியூட்டி	–	Spark Plug
மரபணுப் பொறியியல்	–	Genetic Engineering
மாற்றிணைவு புரதங்கள்	–	Allostery
மிகு அடர்வு நீர்	–	Heavy Water
மிகு எடை அணு	–	Heavy Atom
மிகு நுண் இயந்திரம்	–	Nanometer
மிகு விசைத்துகள் இயற்பியல்	–	High Energy Particle Physics
மிகை இயங்கு அயனிகள்	–	Free Radicals
மின்காந்த சிற்றளவு ஆற்றலின் இயக்கவியல்	–	Quantum Mechanics
மின்னணு அடர்வு/அடர்த்தி வரைபடங்கள்	–	Electron Density Maps
மின்னணு கதிர்ப்பீய்ச்சி	–	Beam Line
மின்னணு நுண்ணோக்கியாளர்	–	Electron Microscopist
மீட்டுருவாக்கம்	–	Replicating
முசலகம்	–	Piston
முது ஆய்வுப் பணி	–	Post Doctoral Work
முது முனைவர்	–	Postdoc
மூலக்கூறு இடமாற்று முறை	–	Molecular Replacement Method
மூலக்கூறு உயிரியல்	–	Molecular Biology

மையவிலக்கு சுழற்சிக் கருவி	–	Centrifuge
வளரித் தளம்	–	Culture Medium
விடுப்புக் காரணி	–	Release Factor
விலகல் புள்ளி	–	Diffraction Spot
வெப்ப விரும்பி	–	Thermophilic
யூகேரியாட்கள் / உட்கரு செல் உயிரிகள்	–	Eukaryotes
X–கதிர் ஒளியியல்	–	X–ray Optics
X–கதிர் படிக வரைபட முறை	–	X–ray Crystallography

Abbereviations

A	–	Adenine
APS	–	Advanced Photon Source, Laboratory in Illinois, USA
BBC	–	British Broadcasting Corporation
C	–	Cytosine
DNA	–	Deoxy-Ribose Nucleic Acid
DESY	–	Deutscher Elektronen - Synchrotron, Germany
EMBL	–	European Molecular Biology Laboratory
ESRF	–	The European Synchrotron Radiation Facility in Grenoble, France.
G	–	Guanine
GRE	–	Graduate Record Examination
IF	–	Initiation Factor
IMP	–	Research Institute of Molecular Pathology, Austria
LMB	–	MRC (Medical Reasearch Council) Laboratory of Molecular Biology, Cambridge, England
MAD	–	Multiwavelength Anamalous Diffraction
MRC	–	Medical Research Council, Engaland
mRNA	–	messenger RNA
NIH	–	National Institute of Health, USA
NMR	–	Nuclear Magnetic Resonance
RNA	–	Ribose Nucleic Acid
SBC	–	Structural Biology Center
T	–	Thymine
tRNA	–	transfer RNA
U	–	Uracil
UC	–	University of California
UCLA	–	University of California, Los Angeles
UCSF	–	University of California, San Francisco

காலச்சுவடு பப்ளிகேஷன்ஸ் (பி) லிட்.
Published by Kalachuvadu Publications (Pvt. Ltd.),
669, K.P. Road, Nagercoil 629001, India
Phone: 91-4652-278525
e-mail: publications@kalachuvadu.com

04/2025/S.No.1096, kcp 5694, 18.6 (5) uss